Fertigungsverfahren 3

Thomas Bergs · Fritz Klocke

Fertigungsverfahren 3

Funkenerosion, elektrochemische Bearbeitung und Strahlverfahren

5. Auflage

Thomas Bergs
RWTH Aachen University
Aachen, Deutschland

Fritz Klocke
RWTH Aachen University
Aachen, Deutschland

ISBN 978-3-662-69389-6   ISBN 978-3-662-69390-2   (eBook)
https://doi.org/10.1007/978-3-662-69390-2

Die Deutsche Nationalbibliothek verzeichnet diese Publikation in der Deutschen Nationalbibliografie; detaillierte bibliografische Daten sind im Internet über https://portal.dnb.de abrufbar.

© Der/die Herausgeber bzw. der/die Autor(en), exklusiv lizenziert an Springer-Verlag GmbH, DE, ein Teil von Springer Nature 1990, 1997, 2007, 2025

Das Werk einschließlich aller seiner Teile ist urheberrechtlich geschützt. Jede Verwertung, die nicht ausdrücklich vom Urheberrechtsgesetz zugelassen ist, bedarf der vorherigen Zustimmung des Verlags. Das gilt insbesondere für Vervielfältigungen, Bearbeitungen, Übersetzungen, Mikroverfilmungen und die Einspeicherung und Verarbeitung in elektronischen Systemen.
Die Wiedergabe von allgemein beschreibenden Bezeichnungen, Marken, Unternehmensnamen etc. in diesem Werk bedeutet nicht, dass diese frei durch jedermann benutzt werden dürfen. Die Berechtigung zur Benutzung unterliegt, auch ohne gesonderten Hinweis hierzu, den Regeln des Markenrechts. Die Rechte des jeweiligen Zeicheninhabers sind zu beachten.
Der Verlag, die Autoren und die Herausgeber gehen davon aus, dass die Angaben und Informationen in diesem Werk zum Zeitpunkt der Veröffentlichung vollständig und korrekt sind. Weder der Verlag noch die Autoren oder die Herausgeber übernehmen, ausdrücklich oder implizit, Gewähr für den Inhalt des Werkes, etwaige Fehler oder Äußerungen. Der Verlag bleibt im Hinblick auf geografische Zuordnungen und Gebietsbezeichnungen in veröffentlichten Karten und Institutionsadressen neutral.

Planung/Lektorat: Eric Blaschke
Springer Vieweg ist ein Imprint der eingetragenen Gesellschaft Springer-Verlag GmbH, DE und ist ein Teil von Springer Nature.
Die Anschrift der Gesellschaft ist: Heidelberger Platz 3, 14197 Berlin, Germany

Wenn Sie dieses Produkt entsorgen, geben Sie das Papier bitte zum Recycling.

Vorwort zum Kompendium „Fertigungsverfahren"

Die Auswahl von Fertigungsverfahren, das Gestalten von Prozessketten sowie die Durchführung von Produktionsprozessen sind sowohl in der Industrie als auch im Handwerk Schlüsselfunktionen für die wirtschaftliche Herstellung hochqualitativer Produkte. Technologisch fundiertes Wissen gehört zu den elementaren Kenntnissen von technisch Verantwortlichen, die Fertigungen leiten, Prozesse einstellen, durchführen und optimieren. Aber auch in der Produktentwicklung und in der Konstruktion müssen die Möglichkeiten und Grenzen von Fertigungsprozessen sowie die Wechselwirkungen zwischen den Fertigungsverfahren und dem Bauteilverhalten bekannt sein, damit die Funktionalität der Bauteile sichergestellt ist und eine kostengünstige Fertigung möglich wird. Die Studierenden und die um Fort- und Weiterbildung bemühten Praktikerinnen und Praktiker stehen gleichermaßen vor einer Fülle an Fachliteratur und Praxisberichten, die nur schwer zu überschauen ist. Das vorliegende Kompendium hat die Intention, den interessierten Leserinnen und Lesern einen Überblick über das Gebiet der Fertigungstechnologien und Anleitungen zum Selbststudium zu geben. Die noch unentschlossenen Studierenden sollen für dieses Fachgebiet begeistert werden. Es ist unser Anliegen, über die Beschreibung der einzelnen Verfahrensprinzipien hinausgehend, vor allem grundsätzliche Einblicke in die den Verfahren zugrunde liegenden physikalischen Prinzipien zu vermitteln und zu zeigen, wie die Überführung von technologischem Wissen in die Produktentwicklung, die Auslegung von Prozessen und Prozessketten und die Herstellung von Produkten stattfindet. Innerhalb der einzelnen Bände wurde Wert darauf gelegt, eine enzyklopädische Verfahrenszusammenstellung zu vermeiden. Dies gelang durch eine logische Struktur, die sich am Wirkprinzip der Verfahren orientiert, aber für strukturelle Erweiterungen Raum lässt, um prozessübergreifende Querschnittsthemen ebenfalls angemessen zu behandeln. Hierzu gehören z. B. Entwicklungen in der Modellierung von Fertigungsprozessen und von Prozessoptimierungsmethoden und die Möglichkeiten, die sich durch Digitalisierung und Vernetzung von Produktionssystemen ergeben. Aus didaktischen Gründen hat sich diese Vorgehensweise in der Forschung und Lehre bestens bewährt, zumal über die leitende Norm DIN 8580 sowie durch die von der Internationalen Akademie für Produktionstechnologie CIRP herausgegebenen Wörterbücher für Fertigungstechnik auch eine einheitliche Nomenklatur für Fachausdrücke und Verfahrensbezeichnungen zur Verfügung gestellt wird. Die Aufteilung des umfangreichen Stoffs der Fertigungsverfahren erfolgte auf fünf separate Bände:

- Band 1: Zerspanen mit geometrisch bestimmter Schneide
- Band 2: Zerspanen mit geometrisch unbestimmter Schneide
- Band 3: Funkenerosion, elektrochemische Bearbeitung und Strahlverfahren
- Band 4: Umformen
- Band 5: Urformen

Im ersten Band werden die spanenden Fertigungsverfahren mit geometrisch bestimmter Schneide eingehend behandelt. In diesem Band ist ein kurzer, einführender Abschnitt zur Fertigungsmesstechnik und zur Werkstückqualität vorangestellt. Im Band 2 stehen die Grundlagen und Anwendungen der Fertigungsverfahren mit geometrisch unbestimmter Schneide im Mittelpunkt, das Schleifen stellt einen Schwerpunkt dar. In jedem Band werden Verfahrensgruppen mit ähnlichem Wirkprinzip zusammengefasst, Ausnahme: Band 3. In diesem Band liegt ein Schwerpunkt auf den funkenerosiven und den elektrochemischen Fertigungsverfahren. Aufgrund des elektrochemischen Prinzips wird auch eine Einführung in die Galvanotechnik gegeben. Außerdem werden Laser-, Elektronen- und Wasserstrahlverfahren behandelt. Band 3 schließt mit einer Einführung in die Generierung von Prozesssignaturen und zeigt an praktischen Beispielen, wie Wertschöpfungsketten zusammengestellt und wirtschaftlich bewertet werden können. Die umformenden Fertigungsverfahren mit wichtigen Verfahren der Massiv- und Blechumformung werden in einem eigenständigen Buch, Band 4, zusammengeführt. Das Urformen wird nur kurz, aber in einem separaten Band 5 zusammenfassend dargestellt. Die Herstellung der Halbzeuge und deren Eigenschaften spielen für die Weiterverarbeitung eine wichtige Rolle.

Das Kompendium richtet sich an Ingenieure und Ingenieurinnen sowie Studentinnen und Studenten der Ingenieurwissenschaften in den Bereichen Produktionstechnik, Fertigungstechnik sowie Produktentwicklung und Konstruktion. Den in den Unternehmen für technische Belange Verantwortlichen soll das Kompendium zur Auffrischung und Erweiterung der Kenntnisse unterstützend und hilfreich zur Seite stehen. Wir wünschen den Leserinnen und Lesern, dass dieses Buch ihnen Ausgangspunkte bietet und Wege zeigt, auf denen sie durch ingenieurmäßiges Denken und Arbeiten zu erfolgreichem unternehmerischem Handeln geführt werden.

Aachen	Thomas Bergs
Januar 2024	Fritz Klocke

Vorwort zum Band 3 „Funkenerosion, elektrochemische Bearbeitung und Strahlverfahren"

Im Mittelpunkt des vorliegenden dritten Bandes des Kompendiums „Fertigungsverfahren" steht die Darstellung der Verfahrensgrundlagen, der prozesstechnischen Zusammenhänge und von Anwendungen der Funkenerosion und von elektrochemischen Fertigungsverfahren sowie der Laserstrahl-, Elektronenstrahl und Wasserstrahlverfahren. Dieser Bereich wird ergänzt durch ausgewählte Fertigungstechnologien, die rein chemisch arbeiten. Dazu musste die stringente Klassifizierung der Fertigungsverfahren nach DIN 8580 als Ordnungskriterium verlassen werden. Im Hinblick auf die Geschichte der Fertigungstechnik handelt es sich bei den in diesem Band behandelten Fertigungsverfahren um relativ junge Technologien, die sich, von Ausnahmen abgesehen, erst in der zweiten Hälfte des zwanzigsten Jahrhunderts in der Praxis etabliert haben. Obwohl die physikalischen Wirkprinzipien der Verfahren schon länger bekannt waren, mussten zunächst die technologischen Grundlagen und die maschinenseitigen Voraussetzungen zur praktischen Anwendung geschaffen werden. Die Entwicklungen in der Leistungselektronik haben die Einführung dieser Fertigungsverfahren in praktische Anwendungen unterstützt. Die Digitalisierung und Vernetzung von Produktionssystemen führen auch zu erweiterten Möglichkeiten zur Wissensgenerierung, Modellierung und Optimierung von Fertigungsprozessen. Hierauf wird ebenfalls angemessen eingegangen, und an Beispielen aus der Funkenerosion wird gezeigt, wie Machine-Learning-Ansätze zum Aufbau von datengetriebenen Modellen genutzt werden können.

Die Galvanotechnik arbeitet ebenfalls mit elektrochemischen Wirkprinzipien. Deshalb wird diese Technologie kurz vorgestellt. Der Schwerpunkt liegt auf Verfahren zur Herstellung von Schleifwerkzeugen und auf ausgewählten Aspekten bei der Herstellung von Drähten für die Funkenerosion. Für das Schleifen und Polieren spielen auch die ELID-Verfahren eine Rolle (ELID: Electrolytic In-Process Dressing). Mit den kurz gehaltenen, aber die wesentlichen Prinzipien beschreibenden und auch für die Anwendung relevanten Randbedingungen werden diese Fertigungsverfahren angemessen vorgestellt und diskutiert. Dies gilt auch für die besonderen Aspekte der Mikrobearbeitung. Den Laserstrahlverfahren, Elektronenstrahlverfahren und der Wasserstrahltechnologie ist gemeinsam, dass das Werkzeug durch einen gebündelten Energiestrahl dargestellt wird. Da sich die Energie- und Leistungsdichten und auch die Energieträger grundsätzlich unterscheiden, werden diese Verfahren in eigenständigen Kapiteln zusammenfassend vorgestellt und diskutiert. Auf die additiven Fertigungsverfahren wird nur kurz eingegangen. Dieser sehr umfangreiche Bereich der Fertigungstechnologien und auch der zu verarbeitenden Materialsysteme ist einerseits in der Praxis bereits vielfältig eingeführt, andererseits befinden sich diese Technologien und die zu verarbeitenden Materialsysteme immer noch in starker Entwicklung. Es existieren bereits gute Grundlagenwerke, und es ist umfangreiche Fachliteratur verfügbar, mit der die Entwicklungen verfolgt werden können. Mit Wirtschaftlichkeitsvergleichen für Einzelverfahren und für Prozessketten werden der Leserin und dem Leser abschließend Möglichkeiten an die Hand gegeben, auch die Kostenwirksamkeit einzelner Verfahren und gesamter Prozessketten abschätzen zu können. In diesem Abschnitt werden auch die Grundlagen zum Aufstellen und Anwenden von Prozesssignaturen erläutert.

Die Leserin und der Leser sollen insgesamt einen Einblick in die behandelten Fertigungsverfahren erhalten und zu einem grundlegenden Verständnis gelangen, welches Voraussetzung für einen anwendungsgerechten Einsatz ist. Das Buch wendet sich sowohl an die Studierenden der Ingenieurwissenschaften als auch an die in der Praxis tätigen Ingenieurinnen und Ingenieure. Als Basis für dieses Buch dienen die Vorlesungen „Fertigungstechnik I und II sowie Production Technology I und II", die an der RWTH Aachen gehalten werden sowie die dazugehörigen Übungen. Zur Vertiefung des Stoffes und zur Verbesserung des Verständnisses werden aktuelle Anwendungsbeispiele aus der Praxis herangezogen.

Für die vollständige Überarbeitung und Neustrukturierung dieser Auflage möchten wir uns in alphabetischer Reihenfolge bei Dipl.-Ing. Jens Dieckmann, Dr.-Ing. Miguel Garzon, Stefan Gräfe M.Eng., Dr.-Ing. Simon Harst, Lukas Heidemanns M.Sc. RWTH, Dr.-Ing. Lars Hensgen, Dr.-Ing. Tim Herrig, Raphael Hess M.Sc. RWTH, Dr.-Ing. Maximilian Holsten, Dr.-Ing. Andreas Klink, Dr.-Ing. Alexander Kopp, Ugur Küpper M.Sc. RWTH, Marcel Olivier M.Sc. RWTH, Timm Petersen M.Sc. RWTH, Dr.-Ing. Marcel Prümmer, Elio Tchoupe Sambou M.Sc., Dr.-Ing. Sebastian Schneider, Dipl.-Ing. (FH) Manuel Schüler M.Sc., Daniel Schulze-Brock M.Sc. RWTH, Dr.-Ing. Max Schwade, Florian Sous M.Sc., Dr.-Ing. David Welling, Lukas Welschof M.Sc. RWTH, Dipl.-Ing. Kai Winands, Jan Wittenburg M.Sc. RWTH, Dr.-Ing. Dr. rer. nat. Markus Zeis, bedanken.

Ferner gilt unser Dank auch den weiteren ehemaligen wissenschaftlichen Mitarbeiterinnen und wissenschaftlichen Mitarbeitern, die bei der Erstellung der vorhergehenden Auflagen mitgewirkt haben und jetzt leitende Positionen in der Industrie und in der Wissenschaft einnehmen.

Aachen
Januar 2024

Thomas Bergs
Fritz Klocke

Inhaltsverzeichnis

1	**Einleitung**		1
	1.1 Einordnung in das Normensystem		2
	Literatur		3
2	**Funkenerosives Abtragen (EDM)**		5
	2.1 Grundlagen		6
		2.1.1 Physikalisches Prinzip	6
		2.1.2 Verfahrensvarianten	30
		2.1.3 Aufbau von EDM-Werkzeugmaschinen	36
	2.2 Technologie		41
		2.2.1 Einstellgrößen	41
		2.2.2 Dielektrika	58
		2.2.3 Elektrodenwerkstoffe	60
		2.2.4 Werkstückwerkstoffe	67
		2.2.5 Vergleich Senkerosion und Drahterosion	83
	2.3 Prozess- und Werkzeugauslegung		84
		2.3.1 Prozessparameter in der Funkenerosion	84
		2.3.2 Modellkonfigurationen für Technologieprozesse	86
		2.3.3 Vernetzung, Digitalisierung und adaptive Fertigung	91
		2.3.4 Prozesssteuerungs- und Prozessüberwachungseinrichtungen in der EDM-Bearbeitung	94
		2.3.5 Regelkreiskonzepte in der Funkenerosion	98
		2.3.6 Datenbasierte Prozessmodelle in der EDM-Bearbeitung und Optimierungsstrategien	102
		2.3.7 Lokalisierung von Entladungen	111
		2.3.8 Bildung von pyrolytischem Grafit als Verschleißschutz des Werkzeugs	112
		2.3.9 Bildung von Titankarbid bei der Bearbeitung von Titanlegierungen	114

		2.3.10	Entladekräfte während der Funkenerosion	116
		2.3.11	Schallemissionsanalyse zur Prozessüberwachung	120
	2.4		Anwendungsbeispiele und weitere Verfahrensvarianten	124
		2.4.1	Allgemeines	124
		2.4.2	Funkenerosives Senken (SEDM)	124
		2.4.3	Mikro-Senkerosion	129
		2.4.4	Mikro-Bahnerosion	134
		2.4.5	Drahtfunkenerosion (WEDM)	136
		2.4.6	Mikrodraht-EDM	144
		2.4.7	Hybridprozesse und weitere Anwendungen	156
	Literatur			156
3	**Chemisches Abtragen**			**169**
	3.1	Einteilung		170
	3.2	Ätzabtragen		170
	3.3	Thermisch-chemisches Entgraten		172
	3.4	Chemisch-thermisches Abtragen		175
	Literatur			176
4	**Elektrochemisches Abtragen (ECM)**			**177**
	4.1	Allgemeines		178
	4.2	Grundlagen		179
		4.2.1	Klassifizierung	179
		4.2.2	Prinzip der anodischen Metallauflösung	180
		4.2.3	Aufbau von EC-Senkanlagen	187
	4.3	Technologie		191
		4.3.1	Allgemeines	191
		4.3.2	Maschinenparameter	193
		4.3.3	Gepulste EC-Bearbeitung	199
		4.3.4	Elektrolyte	203
		4.3.5	Werkzeugwerkstoffe	204
		4.3.6	Werkstückwerkstoffe	205
	4.4	Werkzeugauslegung		208
		4.4.1	Allgemeines	208
		4.4.2	Heuristische Auslegungsmethoden	208
		4.4.3	Numerische Auslegungsmethoden	210
	4.5	Anwendungsbeispiele und weitere Verfahrensvarianten		216
		4.5.1	Anwendungsbeispiele für das elektrochemische Senken	216
		4.5.2	Bahn-EC-Bearbeitung	222
		4.5.3	Endbearbeitung funkenerodierter Bauteile durch ECM-Technologien	222
		4.5.4	Elektrochemische Bohrverfahren	224
		4.5.5	Elektrochemisches Entgraten	226

	4.5.6	Elektrochemisches Oberflächenabtragen	228
	4.5.7	Jet-ECM	232
	4.5.8	Elektrochemisches Drahtschneiden (WECM)	234
	4.5.9	Laserinduzierte thermochemische Materialbearbeitung (LCM)	234
	4.5.10	EC-Abrichten feinkörniger Schleifwerkzeuge	235
	4.5.11	Elektrochemische Mikrobearbeitung	240
	4.5.12	Plasmagestützte Oberflächenkonversion	241
	4.5.13	Hybridprozesse	249
Literatur			249

5 Galvanische Beschichtungen . . . 259
5.1 Allgemeines . . . 260
5.2 Grundlagen . . . 260
5.3 Technologie . . . 263
    5.3.1 Allgemeines . . . 263
    5.3.2 Anlagentechnik . . . 263
    5.3.3 Sonderverfahren . . . 264
5.4 Anwendungen . . . 265
    5.4.1 Anwendungsbereiche . . . 265
    5.4.2 Galvanisch beschichtete EDM-Drähte . . . 265
    5.4.3 Galvanisch gebundene Schleifscheiben . . . 266
    5.4.4 Werkzeugherstellung mit dem LIGA-Verfahren . . . 272
Literatur . . . 273

6 Materialbearbeitung mit Laserstrahl . . . 275
6.1 Allgemeines . . . 276
6.2 Grundlagen . . . 277
    6.2.1 Erzeugung und Charakterisierung von Laserstrahlung . . . 277
    6.2.2 Laserstrahlquellen . . . 286
    6.2.3 Aufbau von Laseranlagen . . . 298
6.3 Technologie . . . 308
    6.3.1 Laserstrahlschneiden . . . 308
    6.3.2 Laserstrahlfügen . . . 312
    6.3.3 Laserstrahl-Oberflächenbehandlung . . . 319
    6.3.4 Laserstrahlabtragen . . . 326
    6.3.5 Laserunterstützte Fertigungsprozesse . . . 333
    6.3.6 Freies Biegen mit Laserstrahlung . . . 346
6.4 Anwendungsbeispiele und Verfahrensvarianten . . . 350
    6.4.1 Laserstrahlschneiden . . . 350
    6.4.2 Laserstrahlfügen . . . 352
    6.4.3 Laserstrahloberflächenbehandlung . . . 356

		6.4.4	Laserstrahlabtragen	360
		6.4.5	Laserunterstützte Bearbeitung	366
		6.4.6	Laserunterstütztes Freies Biegen	372
	Literatur.			374

7 Materialbearbeitung mit Elektronenstrahlen (EBM) ... 379

	7.1	Grundlagen		380
		7.1.1	Physikalisches Prinzip	380
		7.1.2	Elektronenstrahlanlage	380
	7.2	Technologie		385
		7.2.1	Allgemeines	385
		7.2.2	Kunststoffbearbeitung mit dem Elektronenstrahl	386
		7.2.3	Elektronenstrahlhärten	386
		7.2.4	Elektronenstrahlumschmelzen	387
		7.2.5	Elektronenstrahlschweißen	388
		7.2.6	Perforieren, Bohren, Fräsen, Gravieren	388
		7.2.7	Polieren	389
	7.3	Anwendungsbeispiele		391
		7.3.1	Kunststoffbearbeitung mit dem Elektronenstrahl	391
		7.3.2	Elektronenstrahlhärten	391
		7.3.3	Elektronenstrahlumschmelzen	391
		7.3.4	Elektronenstrahlschweißen	393
		7.3.5	Perforieren, Bohren, Fräsen, Gravieren	396
		7.3.6	Polieren	397
	Literatur.			398

8 Materialbearbeitung mit Hochdruckwasserstrahl ... 401

	8.1	Allgemeines		402
	8.2	Grundlagen		402
	8.3	Verfahrensmerkmale		405
		8.3.1	Verfahrensvarianten	405
		8.3.2	Systemkomponenten	408
	8.4	Technologie		411
		8.4.1	Wasser-Abrasivstrahlschneiden	411
		8.4.2	Abtragen von Materialschichten	413
		8.4.3	Qualitätsmerkmale	417
		8.4.4	Leistungsfähigkeit verschiedener Abrasiv-Materialien	419
		8.4.5	Zusammenfassung – Übersicht	420
	8.5	Anwendungsbeispiele		421
		8.5.1	Wasserstrahlschneiden	421
		8.5.2	Wasserstrahlabtragen	425
		8.5.3	Sonderanwendungen	425
	Literatur.			426

9	**Technologievergleiche und Verfahrenskombinationen**		429
	9.1	Einteilung	430
	9.2	Herstellen von Blade Integrated Disks	431
		9.2.1 Allgemeines	431
		9.2.2 Technologieanalyse	433
		9.2.3 Wirtschaftlichkeitsanalyse	437
		9.2.4 Prozesskombinationen	439
	9.3	Herstellen von Tannenbaum-Nutprofilen	451
	9.4	Herstellen von Verdichter-Laufrädern aus Titanaluminid	458
	9.5	Bearbeitung von polykristallinem Diamant	459
	9.6	Abrichten von metallisch gebundenen Schleifscheiben	465
	9.7	Prototypenfertigung von Verzahnungen	468
	9.8	Anwendungen im Werkzeugbau	472
		9.8.1 Technologiebeispiele	472
		9.8.2 Oxidationsbeständigkeit als Oberflächenfunktionalität	475
		9.8.3 Technologie-Benchmark	479
	9.9	Anwendungen in der Medizintechnik	481
	9.10	Prozesssignaturen	484
		9.10.1 Allgemeines	484
		9.10.2 Energiedissipation	485
		9.10.3 Herstellen von dünnwandigen Grafitelektroden mit großem Aspektverhältnis	488
		9.10.4 Elektrochemische Metallbearbeitung	491
Literatur			495

Einleitung 1

Zusammenfassung

Der Systematik von DIN 8590 folgend werden in diesem Werk Fertigungsverfahren vorgestellt, die dem Thermischen Abtragen, Chemischen Abtragen und dem Elektrochemischen Abtragens zuzuordnen sind. Schwerpunkte liegen beim funkenerosiven Abtragen, dem elektrochemischen Abtragen und bei der Laserbearbeitung. Beim

Wasserstrahlschneiden dominieren mechanische Trennprinzipien. Aufgrund des Strahlcharakters ergeben sich aber prinzipielle Ähnlichkeiten zu anderen Strahlverfahren, so dass diese Verfahren in einem eigenständigen Kapitel behandelt werden. Die Galvanotechnik gehört zwar nicht zu den trennenden, sondern zu aufbauenden Fertigungsverfahren. Da ausgewählte Aspekte dieser Verfahren für die Herstellung von galvanischen Beschichtungen von Erodierdrähten und galvanisch gebundenen Schleifscheiben essentiell sind, wurden auch die Grundlagen und Anwendungen aus diesem Bereich mit in diesem Werk aufgenommen. Eine übergeordnete Betrachtung zu Technologievergleichen und Prozesskombinationen sowie Prozesssignaturen schließt den Band ab.

1.1 Einordnung in das Normensystem

In diesem Band werden vorwiegend Fertigungsverfahren behandelt, in denen physikalische und chemische Wirkprinzipien zur Formgebung dominieren, durch die Werkstoffmaterial abgetrennt wird. Deshalb werden diese Verfahren in der Norm DIN 8580 ebenfalls der Hauptgruppe 3, Trennen, zugeordnet (Abb. 1.1). Die abtragenden Fertigungsverfahren sind auf der Gruppenebene angeordnet. Auf der nächsten Gliederungsebene folgen die Verfahren des Thermischen Abtragens, Chemischen Abtragens und des Elektrochemischen Abtragens. Zu den thermischen Abtragverfahren gehören das funkenerosive Abtragen sowie die Elektronen- und Laserstrahlbearbeitung. Beim Chemischen Abtragen findet eine direkte chemische Reaktion zwischen dem Werkstück und dem Wirkmedium statt. Im Einzelnen wird auf ausgewählte Ätzverfahren, das thermischchemische Entgraten und das chemisch-thermische Ätzen eingegangen. Das elektro-

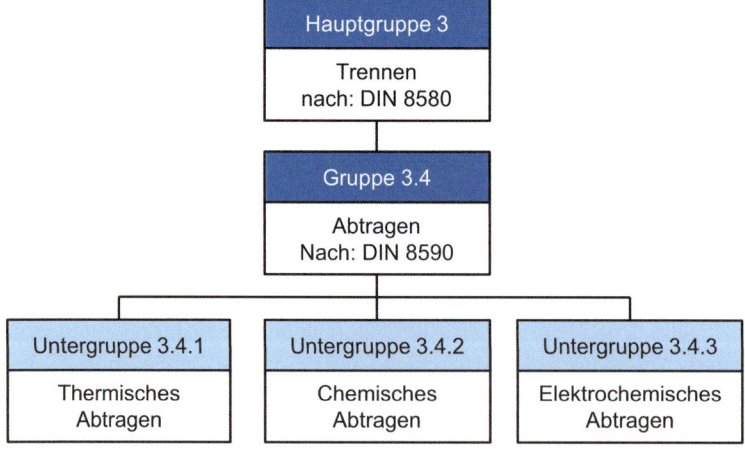

Abb. 1.1 Einteilung der abtragenden Fertigungsverfahren (nach [DIN8580] bzw. [DIN8590])

chemische Abtragen kann mit innerer Spannungsquelle (Lokalelement) oder durch äußere Spannungsquellen in einem Elektrolyten betrieben werden. Auf diesem Verfahrensprinzip liegt das Hauptaugenmerk in diesem Band. Beim Wasserstrahlschneiden dominieren mechanische Trennprinzipien. Aufgrund des Strahlcharakters ergeben sich aber prinzipielle Ähnlichkeiten und auch Substitutionen von anderen Strahlverfahren, sodass es zielführend erscheint, diese Verfahren in einem eigenständigen Kapitel zu behandeln.

Obwohl die Galvanotechnik nicht zu den abtragenden, sondern zu den aufbauenden Verfahren gehört, wurde sie auch in diesen Band integriert. Die kathodische Metallabscheidung aus einem wässrigen Elektrolyten ist das Pendant zur anodischen Metallauflösung des elektrochemischen Abtragens. Beiden Verfahrensgruppen gemeinsam ist das physikalische Wirkprinzip der Elektrolyse. Da die Galvanotechnik für die Beschichtung von Erodierdrähten große Bedeutung besitzt und auch für die Herstellung von Abrichtwerkzeugen und Schleifscheiben angewendet wird, werden auch Grundlagen und Anwendungen für diese Werkzeuge in diesem Band vorgestellt.

Eine übergeordnete Betrachtung zu Technologievergleichen und Prozesskombinationen sowie Prozesssignaturen schließt den Band ab.

Literatur

[DIN8580]   DIN 8580: Fertigungsverfahren – Begriffe, Einteilung. Deutsches Institut für Normung (Hrsg.), Berlin, Beuth Verlag, 2022
[DIN8590]   DIN 8590: Fertigungsverfahren Abtragen – Einordnung, Unterteilung, Begriffe. Deutsches Institut für Normung (Hrsg.), Berlin, Beuth Verlag, 2003

Funkenerosives Abtragen (EDM)

Zusammenfassung

Bei der Funkenerosion (EDM – Electrical Discharge Machining) wird Werkstoffabtrag durch elektrische Entladungen hervorgerufen, die zwischen der Werkzeug- und der Werkstückelektrode stattfinden. Die Abtragvorgänge sind durch thermische Mechanismen dominiert. Materialschichten werden beispielsweise bei Metallen stark erhitzt, schmelzen und verdampfen. Es sind aber auch weitere Abtragmechanismen wie das Abplatzen durch Thermoschock bei elektrisch leitfähigen Keramiken bekannt. Nach Beendigung der Entladung verbleibt am Werkstück eine charakteristische Oberflächentopografie und eine mehrschichtige Oberflächenrandzone. Die Konstitution der Oberflächenrandzone ist für die Funktionalität des Bauteils entscheidend. Nach der Vorstellung der physikalischen Grundlagen werden umfangreiche Beschreibungen zur Technologie und zur Prozess- und Werkzeugauslegung gegeben. Im Mittelpunkt stehen Ausführungen, wie über die Generatoreinstellungen, die Dielektrika, die Spülbedingungen sowie die Elektrodenwerkstoffe der Funkenerosionsprozess beeinflusst werden kann. Es wird auch auf die Bildung von Modellen, Regelstrategien und Möglichkeiten zur Prozessüberwachung eingegangen. Das Kapitel schließt mit Beispielen zur praktischen Anwendung des funkenerosiven Senkens und der Drahtfunkenerosion und zeigt auch, wie mit Sonderverfahren spezielle Fertigungsaufgaben gelöst werden können.

2.1 Grundlagen

2.1.1 Physikalisches Prinzip

2.1.1.1 Allgemeines, Kenngrößen und Begriffsdefinitionen

Die Funkenerosion (EDM, engl.: Electrical/Electro Discharge Machining) zählt zu den abtragenden Fertigungsverfahren und realisiert den Werkstoffabtrag mithilfe eines elektrothermischen Wirkprinzips. Der Werkstoffabtrag wird von elektrischen Entladevorgängen verursacht, die in einem elektrisch nichtleitenden Medium (Dielektrikum) zwischen Werkzeug- und Werkstückelektrode stattfinden. Werkstück und Werkzeug werden so in Arbeitsposition gebracht, dass zwischen beiden ein Arbeitsspalt bleibt. Wird nun eine elektrische Spannung angelegt, bildet sich ein elektrisches Feld aus. Nach Überschreiten der Durchschlagfestigkeit im Arbeitsspalt, vorgegeben durch den Abstand zwischen Werkzeug und Werkstück und durch die Eigenschaften des Dielektrikums, bildet sich ein hochenergetischer Plasmakanal aus. Abb. 2.1 zeigt das generelle Verfahrensprinzip.

Vereinfachend kann die in Abb. 2.1 gezeigte Konstellation als der Aufbau eines Zwei-Plattenkondensators aufgefasst werden. Dies ist hilfreich, um einige grundsätzliche Zusammenhänge zu zeigen und qualitativ zu diskutieren. Es ist hier nicht möglich, die Wirkung elektrischer Ladungen untereinander und die Ausbildung von elektrischen Feldern geladener Körper zu diskutieren, dazu sei auf die einschlägige Fachliteratur verwiesen. Gleichwohl sind diese Grundlagen für das Verständnis der bei der Funkenerosion auftretenden Lade- und Entladevorgänge hilfreich. Der Aufbau und die Wirkungsweise der gebräuchlichen Impulsgeneratoren in der Funkenerosion werden

2.1 Grundlagen

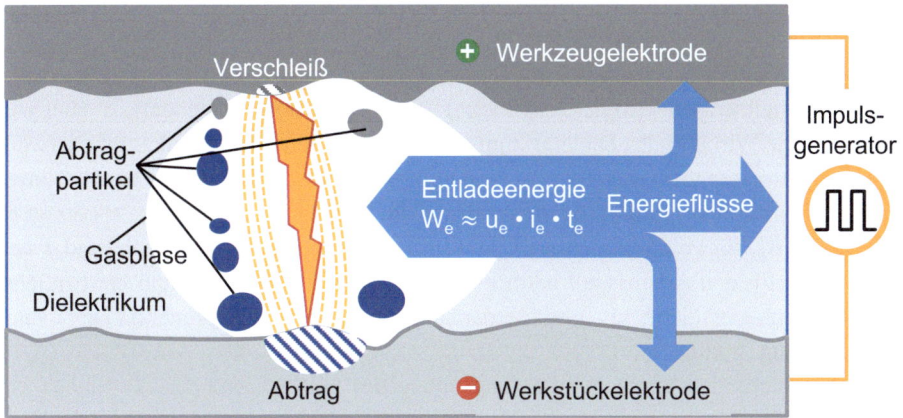

Abb. 2.1 Verfahrensprinzip der Funkenerosion

in Abschn. 2.1.3 näher beschrieben. Bei den in diesem Abschnitt auch beschriebenen Relaxationsgeneratoren werden Kondensatoren parallel zum Funkenspalt aufgeladen, und nach Erreichen der Durchbruchspannung wird die Feldenergie in einem Schwingkreis entladen. Die im Folgenden beschriebene Modellvorstellung geht von folgenden Randbedingungen aus: die Werkzeug- und die Werkstückelektrode bilden einander gegenüberliegende Platten eines Zweiplattenkondensators, der Abstand der Platten beträgt d und die Fläche der Platten ist A, zwischen den Platten ist ein Vakuum. Dann kann der Energieinhalt des elektrischen Feldes im Vakuum folgendermaßen berechnet werden (Gl. 2.1):

$$W = \frac{1}{2}CU^2 = \frac{1}{2}\varepsilon_0\frac{A}{d}U^2 \tag{2.1}$$

Hierin sind C die Kapazität des Kondensators, U ist die anliegende Spannung, A die Fläche der Platten, d der Plattenabstand und ε_0 die elektrische Feldkonstante (oder auch Permittivität des Vakuums) mit dem Wert $8{,}85 \cdot 10^{-12}$ (As/Vm). Aus einem Vergleich der beiden Formulierungen in Gl. 2.1 ist zu sehen, dass die Kapazität gleich $\varepsilon_0 \cdot A/d$ ist. In der praktischen Anwendung der Funkenerosion ist der Zwischenraum zwischen der Werkzeug- und der Werkstückelektrode mit einem nichtleitenden Dielektrikum ausgefüllt (Abschn. 2.2.2). Das Dielektrikum hat bei der Funkenerosion vielfältige Aufgaben. Mit Bezug auf den Energieinhalt des elektrischen Feldes ist die Dielektrizitätskonstante (relative Permittivität) ε_r wichtig. Diese materialspezifische Kenngröße drückt aus, wie sich die Kapazität eines Kondensators verändert, wenn der Zwischenraum zwischen den Platten (Elektroden) nicht mit einem Vakuum, sondern mit einem bestimmten Material ausgefüllt wird. Dann kann die Kapazität des Plattenkondensators folgendermaßen berechnet werden Gl. 2.2:

$$C = \varepsilon_0 \varepsilon_r \frac{A}{d} \qquad (2.2)$$

In vielen Schreibweisen wird der Ausdruck „$\varepsilon_0 \cdot \varepsilon_r$" durch „$\varepsilon$" zusammengefasst. Hier wird die elektrische Wirkung des Dielektrikums deutlich. Funkenerosion findet üblicherweise unter kohlenwasserstoffbasierten oder wasserbasierten Arbeitsmedien statt, in Einzelfällen wird auch unter Gasatmosphäre erodiert. Die Dielektrizitätskonstante ε_r beträgt für Wasser etwa 81, für Petroleum etwa 2,0 und für Luft etwa 1,0. Der Plattenabstand d steht repräsentativ für den Arbeitsspalt beim Erodieren und die Spannung kann bei Erreichen der Durchschlagfestigkeit als Entladespannung (Beginn der Funkenentladung) interpretiert werden.

Die physikalischen Vorgänge, die zur Bildung des Funkens und darüber hinaus zum Werkstoffabtrag führen, sind bis heute noch nicht vollständig geklärt. Das physikalische Phänomen lässt sich allerdings in drei aufeinander folgende Hauptphasen aufteilen (Abb. 2.2). Dies sind die Aufbau-, Entlade- und Abbauphase [Zolo57, Miro65, Kurr72, Eckh76]. Die zugehörigen Strom- und Spannungsverläufe sind ebenfalls dargestellt.

Die Aufbauphase umfasst alle zur Bildung des Entladekanals führenden Vorgänge. In der Aufbauphase liegt eine große zeitliche Strom- und Spannungsänderung vor. Der Generator erzwingt einen Stromfluss bei einer vorgegebenen Entladespannung von etwa 20 bis 30 V [Kuni05], der fast ausschließlich auf der Mantelfläche des Entladekanals stattfindet. In der Entladephase konzentriert sich der Stromfluss auf einen kleinen Querschnitt. Die zugeführte elektrische Energie wird durch Joule'sche Erwärmung in

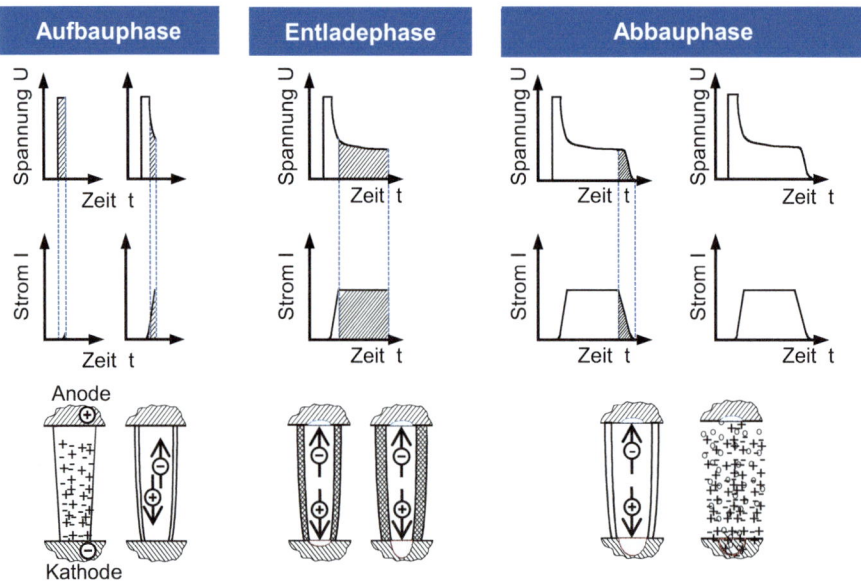

Abb. 2.2 Phasen einer Funkenentladung

2.1 Grundlagen

thermische Energie umgewandelt, was zum Schmelzen bzw. Verdampfen von Werkstoff an beiden Elektroden führt. Es bildet sich eine Gasblase aus verdampftem Elektrodenmaterial und dem Dielektrikum. Die Abbauphase beginnt mit dem Abschalten der Stromzufuhr. Jetzt bricht der Plasmakanal zusammen, und ein weiterer Abtragvorgang findet durch die Implosion der Gasblase statt, indem flüssiger Werkstoff aus dem Arbeitsspalt herausgeschleudert wird.

Zur Beschreibung der Abtragvorgänge hat sich die von Lazarenko [Laza44] und Zolotych [Zolo55, Zolo57] entwickelte „elektrothermische Theorie" weitgehend durchgesetzt. Sie geht davon aus, dass die durch die elektrische Entladung erzeugte Wärme die Elektrodenoberfläche im Bereich der Kanalfußpunkte aufschmilzt und dass der Werkstoffabtrag durch Ausschleudern von schmelzflüssigem Metall bzw. durch Verdampfen erreicht wird. Erst der ungleiche Werkstoffabtrag an den beiden Elektroden – Anode und Kathode – ermöglicht die wirtschaftliche Nutzung der Funkenerosion. Die in der Praxis vorwiegend realisierte Wahl der Polarität von Werkzeug und Werkstück wird in späteren Abschnitten diskutiert. In diesen einleitenden Abschnitten wird erläutert, welche grundsätzlichen physikalischen Erklärungsmodelle für die Energieumsetzung an den Elektroden existieren, denn die Ursachen für den ungleichen Abtrag an den Elektroden sind noch nicht eindeutig erklärt. Der Abtrag auf den Elektrodenoberflächen wird weitestgehend durch das Auftreffen von Ionen bzw. Elektronen hervorgerufen. Im Folgenden wird dargestellt, weshalb bei kurzen Entladedauern ($t_e < 5$ μs) vorwiegend an der Anode, bei langen Entladedauern ($t_e > 20$ μs) vorwiegend an der Kathode Material abgetragen wird. Man nennt dieses Phänomen den Polaritätseffekt. Eine häufig genannte Theorie besagt, dass der Polaritätseffekt eine Folge der unterschiedlichen Massen von Elektronen und Ionen sei, die zeitlich verzögert im Entladekanal beschleunigt werden. Die Anode gewinnt Energie aus der kinetischen Energie der negativ geladenen Elektronen, während die Kathode die kinetische Energie der positiv geladenen Ionen aufnimmt. Die phänomenologische Erklärung sagt nun, dass aufgrund der ungleichen Massen und der damit verbundenen, zeitlich verzögert einsetzenden, unterschiedlichen Beschleunigungen der Elektronen und der schwereren Ionen an der Kathode und an der Anode der Abtrag hervorgerufen wird. Bei kurzen Entladedauern überwiegt der Anodenabtrag, bei langen Entladedauern wird an der Kathode mehr Material abgetragen. Dieses Erklärungsmodell steht jedoch nicht in vollständiger Übereinstimmung mit energetischen Modellen, die Forscher ab der Jahrtausendwende vorstellten. In diesen Arbeiten wurde festgestellt, dass die Anode zu jeder Zeit den größeren Anteil der thermisch umgesetzten Entladeenergie erfährt. Hinduja und Kunieda postulieren in diesem Zusammenhang, dass die unterschiedliche Beschleunigung von Ionen und Elektronen nicht nachweisbar sei. Nicht im Widerspruch ist, dass die Bewegungen von Elektronen und Ionen zeitlich verzögert initiiert werden [Hind13]. Eine weitere, jüngere Erklärung ist, dass bei der Verwendung von ölbasierten Dielektrika die sich kontinuierlich erneuernde Anlagerung von schützend wirkendem pyrolytischem Kohlenstoff an der Anode (Abschn. 2.3.8) für den unterschiedlichen Werkstoffabtrag ursächlich ist, da diese Schicht bei langen Entladedauern stärker ausgebildet wird. Untersuchungen zum Abtragverhalten von Titanlegierungen zeigen, dass auch die Bildung von Sekundärphasen (z. B. von Titankarbid auf der Oberfläche des Werkstücks) durch die Polarität und in der Folge auch das Abtragverhalten beeinflusst werden können (Abschn. 2.3.9).

In Abb. 2.3 ist der charakteristische Verlauf für Spannung und Strom von Entladungen in der Funkenerosion dargestellt. Zu Beginn eines funkenerosiven Prozesses nähern sich die beiden Elektroden an, die Leerlaufspannung $\hat{u}_i$ wird angelegt, und die Impulsdauer t_i beginnt. Bei ausreichender Annäherung und nach stochastisch bestimmtem Ablauf der

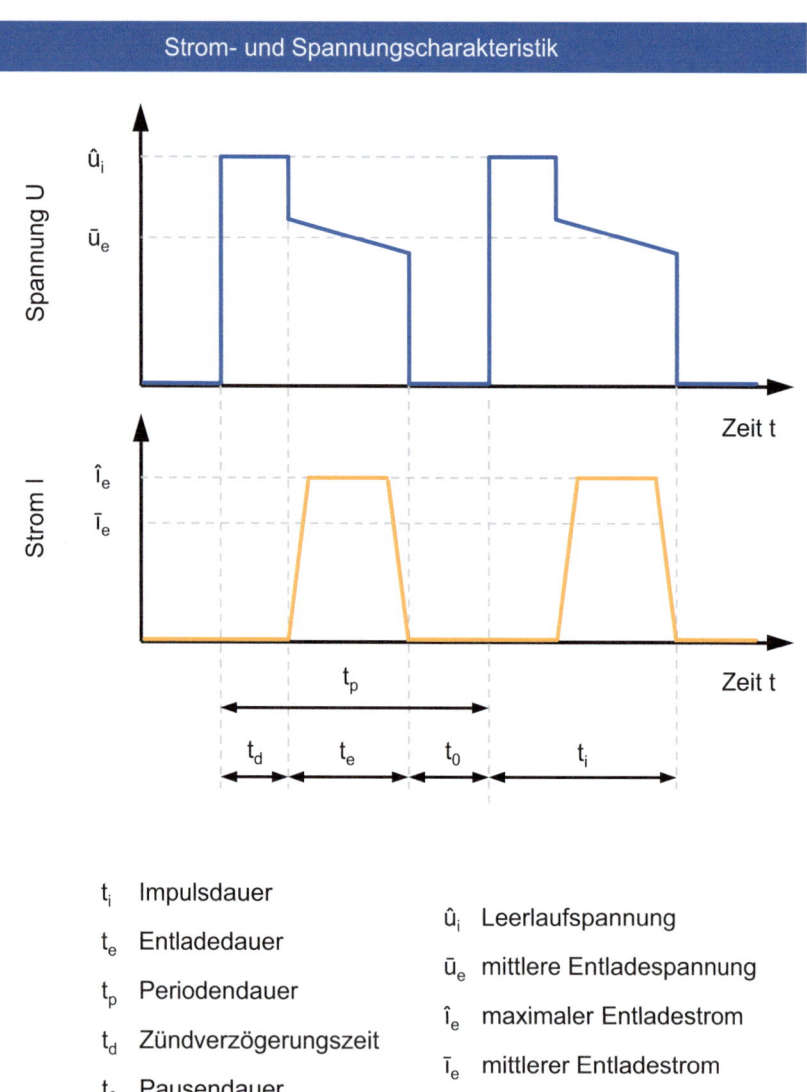

Abb. 2.3 Spannungs- und Stromverlauf bei der Funkenerosion

Zündverzögerungszeit t_d bricht die, im Allgemeinen frei wählbare, Leerlaufspannung zur physikalisch vorgegebenen Entladespannung $u_e(t)$ ein und es entsteht ein Plasmakanal. Der Generator kann nun einen wählbaren maximalen Entladestrom $\hat{i}_e$ in den Entladekanal einprägen, welcher jedoch zeitlich minimal verzögert im Vergleich zum eigentlichen Beginn der Entladedauer t_e sein Maximum erreicht. In der Abbauphase findet der Vorgang umgekehrt statt, der Stopp des Stromflusses geschieht mit einer minimalen Zeitverzögerung, sodass der maximale Stromfluss in einem geringeren Zeitraum erreicht wird, als die eigentliche Entladung dauert. Die produktivitäts- und oberflächenbestimmenden Verfahrensparameter sind insbesondere Impuls- bzw. Entladedauer, Pausendauer und mittlerer Entladestrom. Die Leerlaufspannung ist bestimmend für den verbleibenden Arbeitsspalt und damit die Genauigkeit im Prozess, kann jedoch auch die Spülbedingungen und damit die Produktivität erhöhen.

Der zeitliche Verlauf des Entladestroms ist nahezu rechteckig. Bei sehr hohen Frequenzen wirken sich jedoch der Strombegrenzungswiderstand sowie die Leitungskapazitäten und Leitungsinduktivitäten nachteilig auf die Steigung der Impulsflanken aus. Bei der funkenerosiven Bearbeitung werden die realen elektrischen Ereignisse im Entladungspfad durch charakteristische, zeitabhängige Spannungs- und Stromverläufe [u(t), i(t)] charakterisiert. Für statische Impulsgeneratoren zeigt Abb. 2.4 die dem Arbeitszustand entsprechenden Spannungs- und Stromverläufe. Neben der normalen Funkenent-

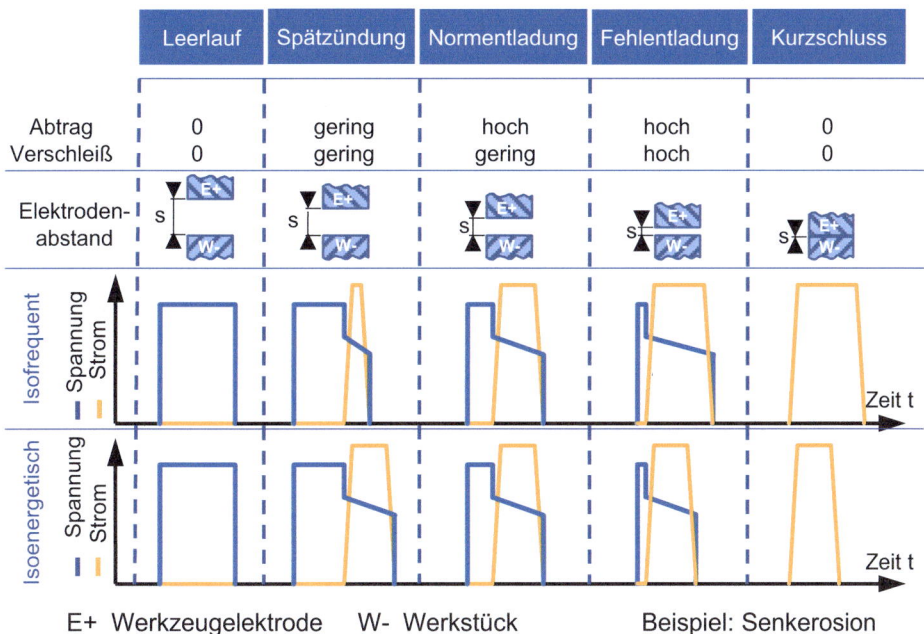

Abb. 2.4 Entladungstypen mit ihren Auswirkungen auf Abtrag und Verschleiß

ladung (Erosion bei optimaler Größe des Arbeitsspaltes) können Entartungen auftreten, die einen wesentlichen Einfluss auf den Abtrag bzw. Verschleiß haben und in Abb. 2.4 schematisch dargestellt sind:

- Leerlaufimpuls (Arbeitsspalt zu groß, keine Funkenentladung kein Abtrag, kein Verschleiß)
- Spätzündung (Arbeitsspalt zu groß, späte Funkenentladung, geringer Abtrag, geringer Verschleiß)
- Erosion (normale Entladung, hoher Materialabtrag, geringer Verschleiß)
- Fehlentladung (Arbeitsspalt zu klein, zu frühe Funkenentladung, hoher Abtrag, hoher Verschleiß)
- Kurzschlussimpuls (Arbeitsspalt gleich Null, kein Abtrag, kein Verschleiß)

Die als Einzelvorgang gezeigten Spannungs- und Stromverläufe treten im Allgemeinen in einer stochastischen Folge auf, da sich die Bedingungen im Arbeitsspalt ständig ändern. In Abhängigkeit von den Impulsparametern, die von den Regelsystemen der Maschine überwacht werden, wird zwischen isofrequenter und isoenergetischer Impulsfolgesteuerung unterschieden. Bei der isofrequenten Arbeitsweise werden die Impulsdauer t_i (Leerlaufspannung $û_i$ liegt an) und die Pausendauer t_0 (Spannung $u(t) = 0$), welche die Zeitdauer für die Deionisierung und Dekontamination des Dielektrikums im Arbeitsspalt darstellt, konstant gehalten. Im Gegensatz dazu werden bei der isoenergetischen Arbeitsweise die Entladedauer t_e und die Pausendauer t_0 konstant gehalten, jeder Impuls koppelt daher den gleichen Energiebetrag in den Arbeitsspalt ein [Slom89, Waße92]. Um den Erosionsprozess stabil zu halten, muss ein Spaltweitenregler die Spaltweite ständig an die sich verändernden Spaltbedingungen anpassen, indem das Werkzeug relativ zum Werkstück bewegt wird [Dehm92]. Bei isofrequenter Impulsfolgesteuerung zündet eine Normalentladung nach der Zündverzögerungszeit t_d, die von der lokalen Leitfähigkeit im Arbeitsspalt und der Spaltweite abhängt. Bei zu hoher lokaler Leitfähigkeit im Spalt oder zu geringer Spaltweite entstehen Fehlentladungen, die bereits zu Impulsbeginn zünden, bevor die Leerlaufspannung $û_i$ erreicht wurde. Diese Entladungen werden Lichtbogenentladungen genannt. Sie weisen im Gegensatz zu den anderen Entladungsformen einen rauschfreien Spannungsverlauf auf und zünden am Ort der vorangegangenen Entladung [Dehm92]. Daraus ergibt sich die Gefahr, dass sich eine Partikelbrücke zwischen Werkstück und Werkzeug aufbaut, als deren Folge Fehlentladungen zu Beschädigungen an beiden Elektroden führen können. Sowohl Fehlentladungen als auch Lichtbogenentladungen gelten als verschleißintensiv. Ein Kurzschluss bildet sich bei Berührung der Elektroden oder bei einer Brückenbildung durch abgetragene Partikel. Weder am Werkzeug noch am Werkstück findet Materialabtrag statt, allerdings besteht die Gefahr einer mechanischen Beschädigung der Elektroden und der Vorschubeinheit der Maschine. Die Spannung beträgt nahezu $U = 0$ V, es wird keine Energie umgesetzt. Liegen große Spaltweiten oder geringe lokale Leitfähigkeiten vor, treten Spätzündungen mit großen Zündverzögerungszeiten t_d auf, wodurch es zu einem

2.1 Grundlagen

Produktivitätsverlust kommt. Ist der Spalt nicht leitfähig genug, beziehungsweise der Abstand der Elektroden zu groß, zündet keine Entladung, es liegt ein Leerlaufimpuls vor. Bei isofrequenter Impulsfolgesteuerung können somit bei fest eingestellter Impulsdauer t_i infolge unterschiedlicher Zündbedingungen im Arbeitsspalt unterschiedliche Entladedauern t_e auftreten [Dehm92, Waße92].

Demgegenüber wird bei der isoenergetischen Impulsfolgesteuerung die Entladedauer t_e konstant gehalten, sodass sich die Impulse lediglich in der Zündverzögerungszeit t_d unterscheiden. Hier dient die Pausendauer t_0 auch dazu, dass ein Folgeimpuls nicht an der gleichen Stelle durchschlägt wie der vorangegangene [Waße92]. Nach der Pausendauer t_0 wird der folgende Spannungsimpuls angelegt, wobei die elektrische Entladung an der Stelle zündet, die durch die größte Leitfähigkeit, beziehungsweise die geringste Durchschlagfestigkeit des Arbeitsmediums im Spalt gekennzeichnet ist.

Anhand von Abb. 2.3 lassen sich einige für die Kennzeichnung und Beurteilung des Prozessverlaufs wichtige Kenngrößen herleiten, die in der VDI Richtlinie VDI 3402 [VDI3402] festgehalten und in Tab. 2.1 und 2.2 aufgeführt sind.

Tab. 2.1 EDM Parameter I/II [VDI3402]

Bezeichnung	Erläuterung	Formelzeichen
Entladedauer	Zeit des Stromflusses während der Entladung	t_e
Zündverzögerungszeit	Zeit vom Einschalten des Spannungsimpulses bis zum Durchzünden der Entladestrecke, d. h. bis zum Stromanstieg	t_d
Impulsdauer	Zeit des eingeschalteten Spannungsimpulses (am Generator einstellbar). Bei isofrequenten Generatoren können bei fest eingestellter Impulsdauer – infolge unterschiedlicher Zündbedingungen im Arbeitsspalt – unterschiedliche Entladezeiten auftreten	$t_i = t_e + t_d$
Pausendauer	Zeitintervall zwischen zwei Spannungsimpulsen. Während dieser Zeit wird die Entladestrecke der vorangegangenen Entladung deionisiert, so dass die folgende Entladung an einer anderen Stelle zünden kann	t_0
Periodendauer	Zeit vom Einschalten eines Spannungsimpulses bis zum Einschalten des folgenden Spannungsimpulses	$t_p = t_i + t_0$
Tastverhältnis	Verhältnis von Impulsdauer zu Periodendauer	$\tau = \frac{t_i}{t_p}$
Impulsfrequenz	Anzahl der eingeschalteten Spannungsimpulse je Zeiteinheit	$f_p = \frac{1}{t_p}$
Frequenzverhältnis	Verhältnis von Entlade- zu Impulsfrequenz	$\lambda = \frac{f_e}{f_p}$
Leerlaufspannung	Höchstwert der an der Entladestrecke anliegenden Spannung, wenn kein Strom fließt. Sie ist meist in mehreren Stufen am Generator einstellbar und bestimmt u. a. die Spaltweite, bei der eine Entladung zünden kann	$\hat{u}_i$

Tab. 2.2 EDM Parameter II/II [VDI3402]

Bezeichnung	Erläuterung	Formelzeichen
Entladespannung	Liegt an der Entladestrecke an, wenn die Entladung gezündet hat und der Strom fließt. Da diese Größe zeitabhängig ist, wird meist die mittlere Entladespannung $\bar{u}_e$ angegeben	$u_e(t)$
Arbeitsspannung	Arithmetischer Mittelwert der während der Bearbeitung an der Entladestrecke anliegenden Spannung	U
Entladestrom	Fließt während der Entladung durch die Entladestrecke. Auch von dieser Größe wird meist der mittlere Entladestrom $\bar{i}_e$ angegeben. Er ist durch die Leistungsfähigkeit der Generatorendstufe begrenzt und lässt sich am Generator in Stufen einstellen	$i_e(t)$
Arbeitsstrom	Arithmetischer Mittelwert des während der Bearbeitung durch die Entladestrecke fließenden Stroms	I
Abtrag pro Entladung	Durch eine Entladung abgetragenes Werkstückvolumen	V_{We}
Verschleiß pro Entladung	Pro Entladung abgetragenes Werkzeugelektrodenvolumen	V_{Ee}
Abtragrate	Pro Zeiteinheit abgetragenes Werkstückvolumen	V_w
Verschleißrate	Pro Zeiteinheit abgetragenes Werkzeugvolumen	V_e
Relativer Verschleiß	Verhältnis von Verschleißrate V_E zu Abtragrate V_W	$\vartheta = \frac{V_E}{V_W}$
Entladeenergie	In der Entladestrecke umgesetzte elektrische Energie $$W_e = \int_{t_e} u_e(t) \cdot i_e(t)\,dt \approx \bar{u}_e \cdot \bar{i}_e \cdot t_e$$	W_e

Um einen guten Erosionsprozess zu gewährleisten, sind im Arbeitsspalt Entladebedingungen zu schaffen, die das Auftreten von Kurzschlüssen, Fehlentladungen und Leerlaufimpulsen möglichst ausschließen. Bei jeder Entladung ändern sich die Eigenschaften des Dielektrikums im Arbeitsspalt. Verschmutzung, Temperaturschwankungen usw. verändern die elektrische Leitfähigkeit, wodurch der Abtrag variieren kann, weshalb Funkenerosionsmaschinen mit einer geeigneten Vorschubregelung ausgerüstet sein müssen. Die Vorschubregelung hat die Aufgabe, die Werkzeugelektrode entsprechend dem Abtrag, dem Verschleiß und der jeweiligen Spaltbedingungen so nachzuführen, dass möglichst keine Kurzschlüsse, Fehlentladungen oder Leerlaufimpulse auftreten. Ein allen funkenerosiven Anlagen gemeinsames Bauelement ist das Aggregat für das Arbeitsmedium, da das Erodieren üblicherweise unter flüssigen Dielektrika stattfindet. Das Dielektrikum hat folgende Hauptaufgaben:

- Einschnürung des Entladekanals zur Erhöhung der Energiedichte
- Abtransport der Abtragpartikel aus dem Spalt

- Kühlung der Bearbeitungsstelle
- Ionisation des Arbeitsspalts
- Isolation von Werkzeug- und Werkstückelektrode

Als Dielektrikum werden beim funkenerosiven Senken hauptsächlich Kohlenwasserstoffverbindungen in Form von Mineralöl- oder Syntheseprodukten eingesetzt, die eigens auf die speziellen Anforderungen bei der funkenerosiven Bearbeitung zugeschnitten sind. Mit diesen Dielektrika ist im Gegensatz zur Verwendung von deionisiertem Wasser die wirtschaftlichste Bearbeitung zu erreichen, d. h. hohe Abtragrate und geringer Verschleiß. Im Bereich der Drahtfunkenerosion werden hauptsächlich wasserbasierte Dielektrika eingesetzt, da noch höhere Entladeenergien als in Öl umgesetzt werden können. Zur Reinigung des Arbeitsmediums von Abtrag- und Zersetzungsprodukten ist eine Filter- oder Zentrifugieranlage und bei Maschinen, die mit Wasser arbeiten, zur Konstanthaltung der Leitfähigkeit des Arbeitsmediums zusätzlich ein Deionisiergerät im Dielektrikumaggregat vorhanden. Als Filtermedien werden Papierfilter oder Anschwemmfilter und Kiesfilter verwendet.

2.1.1.2 Modelle zum Abtragvorgang

Bei der Funkenerosion stehen im Hinblick auf den Abtragmechanismus thermische Mechanismen im Vordergrund. Die Zonen, in denen Entladungen stattfinden, werden stark erhitzt, schmelzen auf, verdampfen und nach der Entladung erstarren die nicht abgetragenen Anteile wieder. Gestützt wird diese Beobachtung durch zahlreiche zu beobachtende Phänomene, wie z. B. die Form des Einzelentladekraters oder die kugelförmigen Abtragpartikel, wie sie z. B. bei der Bearbeitung von Stahl anfallen (Abb. 2.5). Dabei weisen vorhandene Hohlräume in den Abtragpartikeln auf verdampftes Metall hin [Jutz82].

Auch Gefügeveränderungen sowie vorhandene Zugeigenspannungen und Mikrorisse in der Werkstückoberfläche deuten auf den thermischen Charakter des Abtrags. Im linken Randzonenquerschliff einer funkenerosiv erzeugten Oberfläche (Abb. 2.5 oben) ist die wiedererstarrte Schicht, auch „weiße Schicht" oder „Aufschmelzschicht" genannt, deutlich zu erkennen. Sie entsteht durch das Aufschmelzen und abschließende Wiedererstarren von nicht abgetragenem Werkstoff. Dieser Vorgang kann allerdings vermindert werden, indem Schlichtprozesse mit geringen Entladeenergien durchgeführt werden und so die Ausbildung einer weißen Schicht minimiert wird. Der rechte Randzonenquerschliff in Abb. 2.5 oben zeigt eine Bauteiloberfläche, bei der die Dicke der weißen Schicht auf unter 1 µm reduziert wurde. Anhand des ungleichmäßig ausgeformten Höhenprofils innerhalb des Kraters einer Einzelentladung (Abb. 2.5 links) kann hergeleitet werden, dass der Abtragvorgang und die Ausformung der Entladekrater nicht nur durch thermische Vorgänge, sondern auch durch andere Energiearten (möglicherweise Feldenergie) hervorgerufen wird [Wert75a]. Im Allgemeinen ist bei spröden Werkstoffen mit hoher Schmelz- und Verdampfungstemperatur der am Abtragvorgang beteiligte nicht thermisch bedingte Anteil größer als bei Materialien mit hoher Zähigkeit und niedriger

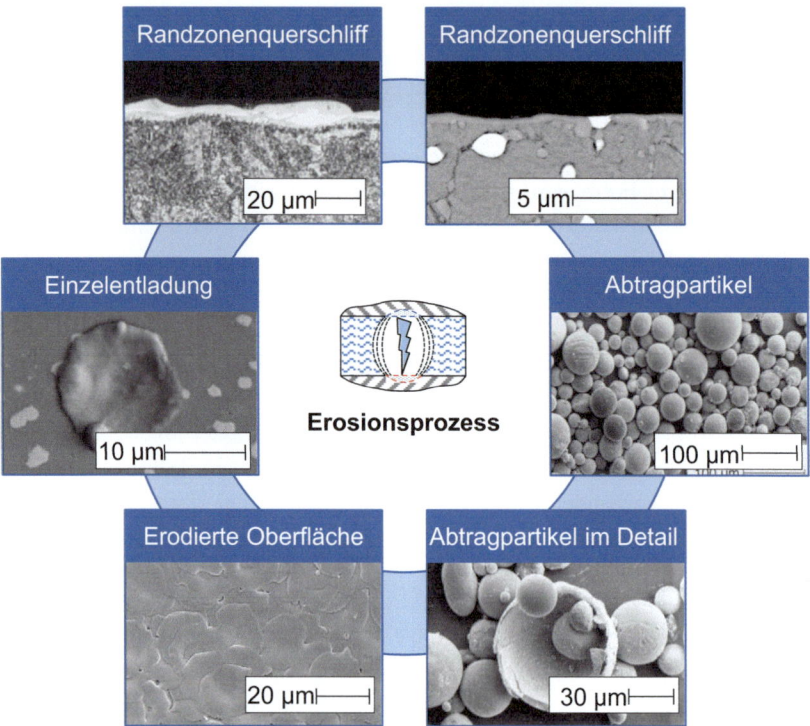

Abb. 2.5 Oberflächenausbildung und Abtragpartikel nach der funkenerosiven Bearbeitung

Schmelztemperatur. Prinzipiell sind alle Werkstoffe unabhängig von ihrer Härte und Festigkeit funkenerosiv bearbeitbar. Die einzige Voraussetzung ist eine bestimmte elektrische Mindestleitfähigkeit. So ist es auch möglich, einige Hochleistungskeramiken mithilfe der Funkenerosion zu bearbeiten [Pant90]. Das am Werkzeug und Werkstück aufgrund einer Entladung abgetragene Werkstoffvolumen hängt von der Polarität und den physikalischen Eigenschaften der Elektrodenmaterialien sowie von der Entladedauer und dem Entladestrom ab. Bei geeigneter Wahl des Werkzeugelektrodenwerkstoffs und der Einstellparameter kann eine bedeutende Asymmetrie des Elektrodenabtrags (z. B. 99,5 % Erosion an der Werkstückelektrode) erzielt werden.

Mit der generellen Aufteilung und Dissipation der elektrisch in den Arbeitsspalt eingekoppelten Energie in Anode, Kathode und Dielektrikum beschäftigen sich eine Vielzahl an wissenschaftlichen Arbeiten, z. B. [Oßwa17]. Eine aktuelle Übersicht – auch zu entsprechenden Modellierungsansätzen – findet sich in [Schn21, Schn22].

Bisher veröffentlichte Modelle zu den elektrischen Entladungen bei der funkenerosiven Bearbeitung beschreiben drei unterschiedliche Phasen in Abhängigkeit von den Strom- und Spannungsverläufen [Zolo57, Wert75a]. Während der Aufbauphase kommt es, nachdem die Durchschlagspannung des Arbeitsmediums durch die angelegte Leerlaufspannung überschritten wurde, zur Bildung des Entladekanals. In der Entladephase konzentriert sich im Falle eines statischen Impulsgenerators der zeitlich konstante Strom auf einen kleinen Querschnitt. Der Entladestrom fließt aufgrund der hohen elektrischen Leitfähigkeit des Entladekanals. Die Spannungsdifferenz zwischen den Elektroden fällt auf die Entladespannung ab. Während der Abbauphase, die mit dem Abschalten der Stromzufuhr beginnt, bricht der Entladekanal zusammen. Um die Vorgänge während der Entladung, die zu unterschiedlichen Abtragverhalten führen, erklären zu können, wurde seit der industriellen Einführung der funkenerosiven Senkbearbeitung intensiv versucht, den Prozess zu modellieren. Bis in die sechziger Jahre wurden vor allem Einzelentladungen betrachtet, bevor in den siebziger Jahren begonnen wurde, auch die den realen Bedingungen entsprechenden Folgeentladungen zu modellieren [Jenn84, Deke88]. Es zeigte sich jedoch immer, dass es nicht gelang, ein generell gültiges, mathematisches Modell zu entwickeln, das die während der Aufbau-, Entlade- und Abbauphase wirkenden Phänomene und Abhängigkeiten umfassend erklärt [Kard01, Schu04]. Für die einzelnen Phasen gibt es allerdings eine Reihe robuster Modelle und Theorien, die im Folgenden vorgestellt werden und den derzeitigen Kenntnisstand widerspiegeln.

2.1.1.3 Aufbauphase

Der Ort der Entladung wird durch eine Vielzahl von Einflussgrößen bestimmt. Feste Abtragpartikel sind fein verteilt im Dielektrikum suspendiert und verändern lokal die Entladebedingungen. Gasblasen, die sich während der Entladungen bilden, wandern durch den Spalt, bis das verdampfte Material wieder kondensiert. Die Kondensation sowie das Wandern der Blasen durch den Spalt verändern lokal die Entladebedingungen [Hock64, Dehm92]. Die geometrisch kleinste Spaltweite wird durch lokale Rauheitsspitzen mitbestimmt. Diese ändern sich dementsprechend bei Folgeentladungen. Dadurch liegen für jeden Impuls neue Randbedingungen vor, selbst wenn das Werkzeug nicht bewegt wird [Slom89]. Die Beeinflussung der lokalen Leitfähigkeit führt zu einem stochastischen Prozessverlauf, wobei einerseits der Ort der folgenden Entladung und andererseits auch die Entladungsform nicht explizit vorhersagbar sind [Sieb94]. Im Folgenden sollen Theorien zur Aufbauphase von Einzelentladungen diskutiert werden, da diese weniger einer stochastischen Natur unterliegt und auch in anderen Forschungsbereichen vielzählig untersucht worden ist. In den neunziger Jahren wurden für elektrische Entladungen unter flüssigen Dielektrika eigenständige Modelle entwickelt. Dazu wurden zunächst entsprechende Aufnahmen der Entladungen ausgewertet [Fors90, Chad91]. Um die Entladungen an einem bestimmten Ort zünden und aufnehmen zu können, wurden die Entladungen zwischen einer spitzen und einer flachen Elektrode gezündet, wobei der Elektrodenabstand 5 bis 25 mm betrug und die Leerlaufspannung im Bereich von $û_i = 10$ kV gewählt werden musste. Die Verwendung sowohl spitzer als auch flacher Elektroden in Grundlagenuntersuchungen ist zulässig, da es sich bei dem Durchbruch einer elektrischen Entladung um einen Vorgang in einem inhomogenen elektrischen Feld handelt [Fors90, Chad91].

Bei Flüssigkeitsentladungen wird der Entladekanal während der Durchbruchphase allgemein als Streamer bezeichnet. Aufnahmen zeigen, dass die Kanalentstehung immer an der spitzen Elektrode beginnt [Feli88, Fors90, Chad91]. Dabei ergeben sich unterschiedliche Formen, abhängig davon, ob die spitze Elektrode positiv (anodisch) oder negativ (kathodisch) gepolt ist. Damit ist es bei Flüssigkeitsentladungen im Gegensatz zu Gasentladungen möglich, zwischen positiven Streamern, die an der Anode entstehen, und negativen Streamern, die an der Kathode entstehen, zu unterscheiden. Es konnte festgestellt werden, dass die Ausbreitung von positiven Streamern unabhängig von der kinematischen Viskosität der eingesetzten Öle ist, die negativen Streamer jedoch stark durch die Viskosität des Dielektrikums beeinflusst werden. Die positiven Streamer wachsen mit zunehmender Spannung und Zeitdauer faserartig in den Spalt hinein, wobei nur wenige Fasern mit geringer Verzweigung zu beobachten sind. Bei kinematischen Viskositäten zwischen 0,65 und 10 mm^2/s, wie sie übliche Dielektrika aufweisen, erscheint der negative Streamer dagegen buschförmig mit starker Verästelung. Nachdem etwa vier Fünftel des Spalts überbrückt sind, erfolgt der komplette Durchschlag mit erhöhter Wachstumsgeschwindigkeit. Die nicht verzweigten positiven Streamer sind deutlich schneller als die negativen Streamer. So erreicht unter identischen Bedingungen (kinematische Viskosität 10 mm^2/s, Leerlaufspannung 12 kV) der positive Streamer gemittelte Vorwachsgeschwindigkeiten von etwa 2 km/s, der von der Kathode ausgehende buschartige negative Streamer lediglich 75 m/s [Chad91, Hebn82, Hebn85]. Für negative Streamer kann gezeigt werden, dass aufgrund der hohen notwendigen Mobilität der Ladungsträger Elektronen im Streamer vorliegen müssen [Feli88]. Es kann angenommen werden, dass es aufgrund der angelegten Spannung an einigen, zufällig ausgewählten Stellen der Kathodenoberfläche zu einer feldinduzierten Elektronenemission kommt [Fors90]. Bei negativen Streamern sind die kathodenseitigen Austrittsstellen der Elektronen durch 100-fache bis 500-fache lokale Feldüberhöhungen des elektrischen Felds charakterisiert, die durch Verschmutzung des Dielektrikums oder lokale Rauheitsspitzen verursacht werden können. Bei anhaftenden Verschmutzungspartikeln können austretende Elektronen zunächst in dem Partikel leitfähige Kanäle bilden, wodurch sie Energien von mehreren Elektronenvolt aufnehmen, bevor sie in das Dielektrikum selbst gelangen. Der Austrittsvorgang beruht auf dem Tunneleffekt, wobei die Elektronen eine Barriere vor der Elektrodenoberfläche überwinden müssen. Der Strom ergibt sich aus der Addition der Einzelströme an den einzelnen Austrittsstellen [Fors90].

Karden [Kard01] analysierte elektrische Entladungen unter handelsüblichen dielektrischen Flüssigkeiten, die in der Funkenerosion eingesetzt werden. Nach seinen Beobachtungen stellt er fest, dass der vorherrschende Mechanismus des Funkendurchschlags von der Anode ausgeht und die Bildung der positiven Streamer weitgehend unabhängig von der Viskosität des Dielektrikums ist. Das Dielektrikum erwärmt sich und für Folgeentladungen sinkt die Durchschlagfestigkeit. Zusammen mit den Abtragpartikeln ist dies der Grund, weshalb sich der Arbeitsspalt mit steigender Entladeenergie bei Folgeentladungen vergrößert. Am Fußpunkt der Kathode bleibt die Plasmasäule eingeschnürt, auf der Anodenseite findet im Vergleich nur eine geringe Einschnürung der Plasmasäule statt. Karden postuliert, dass bereits während der Entladung Material abgetragen wird, dass aber der Hauptabtrag dann stattfindet, wenn zum Ende des Entladevorgangs Schmelze schlagartig verdampft [Kard01].

2.1.1.4 Entladephase und Abbauphase

Die Entladungen der Funkenerosion sind physikalisch vergleichbar mit drei anderen Phänomenen: Den Gasentladungen, dem unerwünschten Durchschlag in Flüssigkeiten bei elektrischen Transformatoren sowie Unterwasserexplosionen [Euba93]. Ähnlich wie bei vielen Gasentladungen wird bei der Funkenerosion ein konstanter Strom durch ein Plasma geleitet, allerdings sind die Impulszeiten im Allgemeinen kürzer, und der Einsatz eines flüssigen Dielektrikums mit höherer Dichte führt zu anderen Plasmaeigenschaften hinsichtlich Druck, Abmessungen und Temperatur, wodurch erst der hohe Abtrag an den Elektroden ermöglicht wird. Bei einer Unterwasserexplosion wird die gesamte wirkende Energie auf einmal freigesetzt, während bei der Funkenerosion die Energie bei konstantem Strom kontinuierlich während der Entladedauer eingekoppelt wird.

Das erste umfassende Modell zur Beschreibung der Entladephase, die nach dem elektrischen Durchschlag und der Bildung des Entladekanals beginnt, wurde von van Dijck entwickelt [Dijc73]. Die elektrisch leitfähige Plasmasäule besteht nach dieser Theorie aus einer Mischung aus verdampftem Dielektrikum und Elektrodenmaterial, das in molekularem, atomarem und ionisiertem Zustand vorliegt. Der Materialabtrag beruht auf der Umwandlung von elektrischer in thermische Energie. Die Temperaturen in der Plasmasäule werden durch die Gaszusammensetzung, den Entladestrom und den Druck beeinflusst [Dijc73]. Mithilfe von Temperaturmessungen, durch die Aufnahme der Intensität der vom Plasma emittierten Spektrallinien, wurde die Temperatur auf 8000 bis 10.000 K geschätzt [Albi95, Desc05].

Die Temperaturzunahme in den Elektroden aufgrund von Joule'scher Erwärmung kann vernachlässigt werden, da die Stromdichte mit zunehmendem Abstand von der Elektrodenoberfläche stark abfällt. Der Gesamtstrom an der Kathode setzt sich aus dem Elektronenstrom, den emittierten Elektronen und dem Ionenstrom der auftreffenden Ionen zusammen. Die Austrittsarbeit der Elektronen aufgrund von thermischer Elektronenemission bewirkt eine Kühlung der Kathode [Dijc73]. Die Emission von Ionen an der Anode kann vernachlässigt werden [Cobi58]. Das Modell von van Dijck unterscheidet die Kathoden-, die Anoden- und die Plasmaregion [Dijc73]. Die Festlegung der Kathodenregion erfolgt durch die freie Weglänge eines Elektrons. Die Energie der Elektronen in dieser Region ist kleiner als die Ionisierungsenergie. Die Entladespannung während einer Entladung setzt sich aus dem Spannungsabfall an der Anode, dem Spannungsabfall im Plasma und dem Spannungsabfall an der Kathode zusammen. Der Spannungsabfall im Plasma wird zu Null gesetzt, da dieses Modell voraussetzt, dass im Plasma keine Leistung umgesetzt wird. Das Modell beruht auf der Theorie der thermischen und feldinduzierten Emission von Elektronen. Die Elektronenstromdichte kann berechnet werden, wenn das elektrische Kathodenpotenzial und die Kathodentemperatur bekannt sind. Nach McKeown lässt sich dann eine Beziehung zwischen den Potenzialgradienten, dem Elektronen- und dem Ionenstrom herstellen [Mack29]. Mit den Potenzialgradienten und über das Verhältnis von Elektronen- zu Ionenstrom an der Kathode wird das Leistungsverhältnis zwischen Anode und Kathode berechnet.

Der Plasmakanal wird als zylindrische Wärmequelle mit zeitabhängigem Radius und zeitabhängigem Wärmefluss auf einem halb unendlichen Zylinder angesehen. Mit zunehmender Entladedauer weitet sich der Plasmakanal radial auf, sodass die Stromdichte sinkt und sowohl das Verhältnis von Elektronen- zu Ionenstrom als auch das Verhältnis von Anoden- zu Kathodenleistung abnehmen, wodurch unterschiedliche Werkstoffvolumen abgetragen werden. Dieser Polaritätseffekt kann das unterschiedliche, von der Polarität abhängige, Abtragverhalten zwischen Kathode und Anode somit teilweise erklären. Die theoretische Leistungsverteilung wird an das experimentell ermittelte Abtragverhalten angepasst, damit sich ein empirisch ermittelter mathematischer Zusammenhang zwischen dem Verhältnis der Abtragvolumina an Werkzeug und Werkstück und der Leistungsverteilung zwischen Anode und Kathode ergibt. Der Abtrag an den Elektroden erfolgt am Ende der Entladedauer, wenn in der Abbauphase der Druck im Plasmakanal plötzlich abfällt und die über die Siedetemperatur bei Normaldruck erhitzte Schmelze schlagartig verdampft. Durch die schnelle Bildung von Dampfblasen werden Flüssigkeitstropfen ausgeschleudert. Das Sieden findet in einem Metallvolumen statt, das durch die Elektrodenoberfläche und die Siedepunktisotherme bei Normaldruck begrenzt wird. Gerade am Ende des Impulses, wenn das maximal mögliche Volumen geschmolzen wurde, stellt dieser Evakuierungsprozess den einzigen Mechanismus dar, der beträchtliche Mengen von Metall abtragen kann. Damit kann der Abtrag pro Impuls durch die Berechnung des überhitzten Metalls mithilfe des Wärmeleitungsmodells bestimmt werden. Neben diesem Abtragmechanismus, der auf dem hohen Druck im Plasmakanal beruht, könnten weitere Prozesskräfte zu einem Materialabtrag führen, indem aus dem Schmelzbad Tropfen abgeschnürt würden. Das Formen dieser Tropfen benötigt Energie, da die Oberflächenspannung ansteigt. Ein Vergleich der für diese Vorgänge notwendigen Kräfte mit den in dem Prozess auftretenden Kräften zeigt jedoch, dass sowohl elektrostatische als auch elektromagnetische, hydrodynamische und aerodynamische Kräfte keinen Abtrag verursachen können, da diese Kräfte viel zu klein sind [Dijc73].

Das von Eubank [Euba93] vorgestellte Modell beruht auf der Annahme, dass für das Plasma lediglich adiabate Zustandsänderungen vorliegen; Strahlung wird ausgeschlossen bzw. nicht berücksichtigt. Außerdem wird für das Plasma die Wärmekapazität eines idealen Gases angenommen, die latente Wärme für Verdampfung und Ionisierung wird nicht berücksichtigt. Aus diesem Grund wird die Plasmatemperatur nicht weiter berücksichtigt. Das Modell widerspricht z. B. Messungen von Siebers, der über die Aufteilung der elektrischen Generatorleistung beim Erodieren mit unterschiedlichen Arbeitsmedien und Elektrodenwerkstoffen berichtet [Sieb94]. Demnach wird der größte Teil der elektrischen Generatorleistung über das Arbeitsmedium abgeführt, daneben werden durch die Werkstück- und Werkzeugelektroden Leistungsanteile aufgenommen. Der durch die anodisch gepolten Kupfer- und Grafitwerkzeugelektroden abgeführte Leistungsanteil ist, unabhängig von dem jeweils verwendeten Dielektrikum, höher als der durch das metallische Werkstück abgeführte Leistungsanteil. Es wird jedoch nicht geklärt, welche Leistungsanteile zum Aufschmelzen und Verdampfen des Materials führen und welche Leistungsanteile durch Wärmeleitung abgeführt werden. Weingärtner et al.

2.1 Grundlagen

[Wein12] konnten zeigen, dass der Einbezug von temperaturabhängigen Werkstoffeigenschaften der Elektroden für die realitätsnahe Modellierung des Entladevorgangs unabdingbar ist. Berechnungen der Schmelzbadisothermen und der damit zu erwartenden Entladekratergeometrie lieferten die präzisesten Ergebnisse, wenn neben temperaturabhängiger Wärmeleitfähigkeit und spezifischer Wärme auch die latente Wärme zur Phasenumwandlung berücksichtigt wurde. Bei den Simulationen wurde davon ausgegangen, dass die Wärmeeinleitung in das Werkstück vom Plasmakanal zunächst über eine punktförmige Fläche erfolgt, die sich über die betrachteten Entladedauern von $t_e = 1 - 1,8$ µs ausbreitet. Der Vergleich der Simulationsergebnisse mit Messungen zeigte, dass der Durchmesser des zu erwartenden Entladekraters mit einer Präzision von etwa 99 % berechnet werden kann. Die berechnete Tiefe des Entladekraters wich mit $h = 12$ µm zwar rund 33 % von der gemessenen Kratertiefe $h = 8,1$ µm ab, dennoch lieferte das vorgestellte Berechnungsmodell deutlich präzisere Ergebnisse als Modelle, die von temperaturunabhängigen Werkstoffeigenschaften oder einer konstanten Wärmeeinleitungsfläche ausgehen [Wein12].

DiBitonto et al. [Dibi89a, Dibi89b] und Eubank et al. [Euba93] entwickelten für die Entladephase getrennte Modelle für die Anode, die Kathode und das Plasma, wobei die Vorgänge während der Durchbruchphase nicht betrachtet wurden. Grundsätzlich wird angenommen, dass zeitgleich nur eine Entladung stattfinden kann. Das Plasma strahlt demnach Energie auf die Elektrodenoberflächen ab, was lokal zum Aufschmelzen und später zum Ausschleudern von Material aufgrund von Überhitzung führt. Üblicherweise bezeichnet Überhitzung die bei Druckabfall eintretende plötzliche Expansion von Material, das auf Temperaturen über dem Siedepunkt bei Normaldruck erhitzt wurde. Dabei kann das Elektrodenmaterial bis annähernd zum Siedepunkt unter dem herrschenden Überdruck erhitzt werden. Während der Entladephase wird aufgrund des hohen Überdrucks im Kanal kaum Material durch Verdampfung abgetragen. Sowohl die theoretischen Betrachtungen als auch experimentelle Daten beruhen auf anodisch gepolten Kupferelektroden und kathodisch gepolten Stahlelektroden. Bei den Berechnungen wurde als Dielektrikum deionisiertes Wasser gewählt. Die thermophysikalischen Eigenschaften der Elektrodenmaterialien sind von der Temperatur abhängig. Um die Modelle einfacher zu gestalten, wurden jedoch Mittelwerte genutzt, die wiederum aus der arithmetischen Mittelung mehrerer Mittelwerte aus Temperaturintervallen im Temperaturbereich von 298 K bis zum Schmelzpunkt des Materials gewonnen wurden. Für das unterschiedliche Abtragverhalten an Anode und Kathode wird die Aufteilung der eingekoppelten elektrischen Energie als entscheidend angesehen. Unabhängig von der Entladedauer und dem Entladestrom wird angenommen, dass während der Entladedauer zeitlich konstante Anteile von 18 % der gesamten eingekoppelten elektrischen Leistung an der Kathode und von 8 % an der Anode umgesetzt werden und zu Materialabtrag führen [Dibi89a, Dibi89b]. Diese Leistungsanteile werden nur durch den Elektrodenwerkstoff und das Dielektrikum beeinflusst. Der Rest der eingekoppelten Energie wird benötigt, um die Masse und die Abmessungen des Plasmakanals zu Lasten des umgebenden flüssigen Dielektrikums zu vergrößern. Damit wird aber im Gegensatz zu dem

Modell von van Dijck vorausgesetzt, dass auch im Plasma ein Spannungsabfall auftritt. Die elektrische Leistung wird aus dem Produkt der Entladespannung und des Entladestroms berechnet, die Entladespannung wird unabhängig von dem Entladestrom mit $u_e = 25$ V angenommen, wobei das Modell für beliebige Entladeströme zwischen $i_e = 1$ A und 1000 A gültig sein soll. Es wird nicht zwischen Anoden-, Kathoden- und Plasmaregion unterschieden, sodass auch die Entladespannung nicht in Anoden- und Kathodenfall sowie in den Spannungsabfall in dem Plasma aufgeteilt werden muss. Zur Energieübertragung zwischen Entladekanal und Dielektrikum bzw. zwischen Entladekanal und Elektroden wird nur Strahlung und Partikelbeschuss angenommen, da aufgrund der Impulsdauern im Bereich von Mikrosekunden sowohl Wärmeleitung als auch Konvektion vernachlässigt werden können.

Die Abtragvorgänge an den Elektroden beruhen jedoch auf Wärmeleitung. Im Gegensatz zu anderen Modellen wird die Masse des Kanals nicht als konstant angenommen, sondern es wird während der gesamten Entladedauer kontinuierlich in jedem Zeitinkrement durch Strahlung aus dem Plasma eine dünne Schicht des umgebenden flüssigen Dielektrikums verdampft und ionisiert. Der Plasmakanalradius nimmt aufgrund des hohen Drucks, der das flüssige Dielektrikum hoher Dichte zurückdrängt, und der Umwandlung von flüssigem Dielektrikum in Plasma, ständig zu. In diesem vereinfachenden Modell werden die makroskopischen Eigenschaften des Plasmas, Druck und Temperatur, als räumlich konstant angesehen. Der reale Plasmakanal ist weder kugel- noch zylinderförmig, aus Gründen der Vereinfachung wird jedoch die letztgenannte Geometrie angenommen, wobei aufgrund einer Einschnürung der Radius im Bereich der Kathode viel kleiner ist als im Bereich der Anode. Die radiale Aufweitung des Plasmakanals als Funktion der Entladedauer wird durch die Kontinuitäts- und Bewegungsgleichungen für den Plasmakanal, den Energiesatz, die Strahlungsgleichung sowie die thermodynamische Zustandsgleichung beschrieben. Für vorgegebene Impulsparameter, d. h. Entladespannung, Entladestrom, Impulsdauer und Spaltweite, können die Ausgangsgrößen Plasmakanalradius, Temperatur, Druck und Masse numerisch bestimmt werden. Der Plasmakanal kann gemäß der Größengleichung 2.3 berechnet werden:

$$R_p = k_p \cdot \left(\frac{t_e}{1\,\mu s}\right)^{0{,}75} \cdot 1\,\mu m \qquad (2.3)$$

Der Vorfaktor k_p ändert sich nicht wesentlich mit dem Entladestrom, ist aber von der Entladedauer abhängig. Eine Theorie besagt, dass an der Kathode der Abtrag erst mit zeitlicher Verzögerung einsetzt, da die positiv geladenen Ionen eine im Vergleich zu den Elektronen geringe Mobilität aufweisen. Da außerdem an der Kathode Elektronen emittiert werden, bleibt der Plasmakanal eingeschnürt. Der Plasmakanalfußpunkt auf der Kathode, der sogenannte Brennfleck, wird deshalb als punktförmige Wärmequelle mit einem Radius kleiner 5 μm betrachtet (Point Heat Source Model, PHSM). Dabei beruht die Schätzung des Kanalradius auf Messwerten für Plasmakanäle in Kerr-Zellen, die bei Spaltweiten von 6 mm bis 5 cm in Wasser von Robinson et al. beobachtet wurden

[Robi73]. Um die entsprechenden Werte für die funkenerosive Bearbeitung zu erhalten, wurden die Radien entsprechend den angenommenen Spaltweiten von 40 µm skaliert. Die Temperatur der Wärmequelle liegt deutlich über der Verdampfungstemperatur des Elektrodenmaterials bei Normaldruck, wobei das zu Beginn der Entladung abgetragene Elektrodenmaterial vernachlässigt werden kann. Der Materialabtrag beruht auf dem Aufschmelzen des Materials aufgrund von Wärmeleitung. Damit kann ausgehend von der partiellen Differentialgleichung für Wärmeleitungsprobleme eine Lösung gefunden werden, die für jeden Zeitpunkt der Entladung die Position der Schmelzisothermen bestimmt. Entsprechend dem zeitlich konstanten Anteil der eingekoppelten elektrischen Leistung wird pro Zeitinkrement ein Volumeninkrement des Elektrodenmaterials aufgeschmolzen, wobei die durch Wärmeleitung in die Elektrode dem Abtragprozess entzogene Energie nicht berücksichtigt wird. Der Leistungsanteil von 18 %, der für die Kathode gilt, ist aus dem Vergleich der theoretisch berechneten sowie der experimentell bestimmten abtragoptimalen Impulsdauer ermittelt worden. Im Gegensatz dazu wird an der Anode eine sich ausdehnende, kreisrunde Wärmequelle angenommen (Expanding Circular Heat Source Model, ECHSM). Für den Brennfleckradius r_g gilt die Größengleichung 2.4:

$$r_g = 0{,}788 \cdot \left(\frac{t_e}{1\,\mu s}\right)^{0{,}75} \cdot 1\,\mu m \qquad (2.4)$$

Der Vorfaktor wurde aus experimentellen Ergebnissen, der Exponent aus Betrachtungen von Robinson et al. [Robi73] zur „Explosion" von Drähten in Wasser gewonnen. Innerhalb dieses Brennfleckradius herrscht eine gleichmäßige Strahlung, die einen Wärmefluss mit Gaußverteilung bewirkt. Die Temperaturverteilung lässt sich für diese instationäre Wärmeleitung durch eine partielle Differentialgleichung beschreiben [Cars59]. Um jedoch eine analytische Lösung dieser partiellen Differentialgleichung zu ermöglichen, wird vereinfachend ein äquivalenter gleichmäßiger Wärmefluss angenommen, dessen Temperaturverteilung berechnet werden kann. Aus der Superposition der Temperaturverteilung unterschiedlicher Wärmequellenradien nach van Dijck [Dijc73] ergibt sich die resultierende Temperaturverteilung, sodass die Position der Schmelzisothermen berechnet werden kann. Die Temperatur der Wärmequelle liegt auch anodenseitig über der Verdampfungstemperatur des Elektrodenmaterials bei Normaldruck. Das zu Beginn der Entladung abgetragene Elektrodenmaterial kann vernachlässigt werden. An der Anode wird direkt zu Beginn der Entladung Material aufgeschmolzen, da hier zunächst die sehr beweglichen, schnellen Elektronen auftreffen, absorbiert werden und damit ihre kinetische Energie abgeben. Nach einer bestimmten Entladedauer erstarrt das Material jedoch zumindest teilweise wieder. Dadurch wird für einen Entladestrom $i_e = 2{,}34$ A ein maximaler Krater bei Entladedauern $t_e = 1$ µs, für einen Entladestrom $i_e = 68$ A entsprechend bei Entladedauern $t_e = 80$ µs erreicht. Dieser Effekt wird durch die radiale Aufweitung der Wärmequelle und die daraus abgeleitete Abnahme der Leistungsdichte des Wärmeflusses erklärt, da der an der Anode wirkende

Anteil der Gesamtleistung als zeitlich konstant angesehen wird. Aufgrund der sich aufweitenden Wärmequelle weisen die Schmelzisothermen an der Anode nicht die Form einer Halbkugel, sondern einer halben Ellipse auf. Mit diesen Annahmen lässt sich eine Differentialgleichung aufstellen, deren numerische Lösung die Berechnung der Schmelzisothermen ermöglicht. Die Abhängigkeit des Plasmakanalradius R_p und des anodenseitigen Brennfleckradius r_g von der Entladedauer t_e ist konstant, was sich in dem gleichen Exponenten der jeweiligen Gleichungen niederschlägt (Abb. 2.6). Allerdings sind die absoluten Abmessungen des Brennflecks geringer. Dabei entwickelt sich der Brennfleck unabhängig vom gewählten Entladestrom. Sowohl der Plasmakanalradius als auch der Brennfleckradius nehmen mit der Entladedauer zu, sodass bei einem Entladestrom von $i_e = 68$ A Plasmakanalradien von etwa $R_p = 10$ µm erreicht werden. Das Verhältnis zwischen Plasmakanalradius und Brennfleck erreicht Werte von $R_p/r_g = 98$ für den Entladestrom $i_e = 68$ A respektive $R_p/r_p = 90$ für den Entladestrom $i_e = 2{,}34$ A. Um diese auf plausiblere Werte zu reduzieren, müsste nach Eubank an der Anode ein höherer Anteil der Gesamtleistung und im Plasma ein reduzierter Anteil der umgesetzten Leistung angenommen werden.

Im Gegensatz zu den vorgestellten Modellen stellen Kunieda et al. [Kuni92] in ihrem Modell fest, dass sich der Fußpunkt des Plasmakanals an der Anode mit fortschreitender Entladedauer nicht vergrößert, sondern eingeschnürt bleibt und kreisförmige Bewegungen an der Anode beschreibt. Diese Ergebnisse wurden durch die Messung von Entladekratern erarbeitet. Die Entladungen wurden innerhalb eines quer zur Entladefläche liegenden Magnetfeldes gezündet. Die Anodenkrater bildeten längliche Kavitäten, da der Fußpunkt nicht mehr kreisförmig wanderte, sondern in Richtung der Magnetfeldlinien abgelenkt wurde.

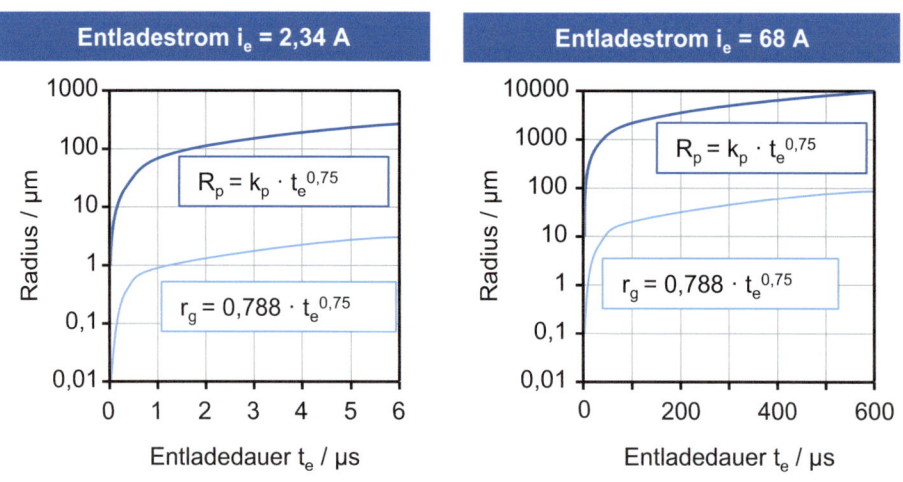

Abb. 2.6 Plasmakanalradius R_p und Brennfleckradius r_g als Funktionen der Entladedauer (nach [Euba93])

Schönbeck hat für Nadelimpulse, die üblicherweise in der Drahtfunkenerosion eingesetzt werden, die resultierenden Temperaturfelder berechnet [Schö93]. Er ist von der Grundannahme ausgegangen, dass während der Entladedauer eine konstante Stromdichte in der Wärmequelle erhalten bleibt, da der Entladestrom und die Fläche des Entladekanalfußpunktes proportional zunehmen. Diese Grundannahme kann auf die funkenerosive Senkbearbeitung nicht übertragen werden, da der Entladestrom konstant ist, wohingegen der Plasmakanalradius bzw. der Wärmequellenradius jedoch zunehmen. Außerdem werden bei Schönbeck nur sehr kurze Entladedauern von maximal $t_e = 4$ μs betrachtet.

Bei einer zusammenfassenden Wertung der bisher entwickelten Theorien und Modelle zeigt sich, dass die der funkenerosiven Bearbeitung zugrunde liegenden physikalischen Effekte bislang nicht eindeutig geklärt werden konnten. Weitergehende Möglichkeiten zur Grundlagenforschung eröffnen sich jedoch mit neuester Hochgeschwindigkeitskameramesstechnik, vgl. [Kuni19]. Einen weiteren Forschungsschwerpunkt stellt die grundlegende Erforschung der Plasmaphysik dar, vgl. [Wies21].

2.1.1.5 Randschichteneigenschaften

Im Verlauf einer Funkenentladung wird an den Fußpunkten des Plasmakanals eine extrem hohe Energiedichte induziert, die zum Schmelzen und Verdampfen des Materials in der bereits dargestellten Weise führt. Der eigentliche Abtrag findet beim Abschalten der Entladung durch Herausschleudern eines Teils des schmelzflüssigen Metalls statt, während die restliche Menge des geschmolzenen Materials in Kontakt mit dem bearbeiteten Werkstoff bleibt. Aufgrund der hohen Temperaturen treten in diesem Bereich metallurgische Veränderungen auf. Es können auch weitere Abtragmechanismen, z. B. bei der funkenerosiven Bearbeitung von leitfähigen Keramiken oder Hartmetallen auftreten. So ist hier ein Materialabtrag durch Thermoschock oder durch Abplatzen von wiedererstarrtem Material möglich. Bei Hartmetallen kann das Abtragen der Bindephase zum Herauslösen von Hartstoffen führen.

Als thermisch beeinflusste Zone wird allgemein der Bereich zwischen der Werkstückoberfläche und dem unbeeinflussten Gefüge bezeichnet. Dieser Bereich umfasst, wie in Abb. 2.7 schematisch dargestellt, drei Bereiche.

- Die Randzone. Sie wird von herkömmlichen Ätzmitteln kaum angegriffen. Dadurch erscheint sie auf Querschliffbildern weiß, weshalb sie häufig auch als weiße Schicht bezeichnet wird [Rüdi60, Schu66, Schm73]. Der Werkstoff der Randzone wird durch die Funkenentladungen in dem jeweiligen Entladekrater aufgeschmolzen und bei Entladungsabbruch schlagartig abgeschreckt. Durch Materialübertragungsvorgänge kann Werkstoff der gegenüberliegenden Werkzeugelektrode sowie aus dem Dielektrikum in die Schmelze eindringen und so die mechanischen Eigenschaften der Randzone beeinflussen [Kloc16a]. Entsprechend der Ausbildung der Oberflächentopografie ist die Breite der Randzone meist sehr unregelmäßig; stellenweise kann die Randzone unterbrochen sein [Oßwa22]. Beim Erodieren mit hohen Entladeenergien entstehen

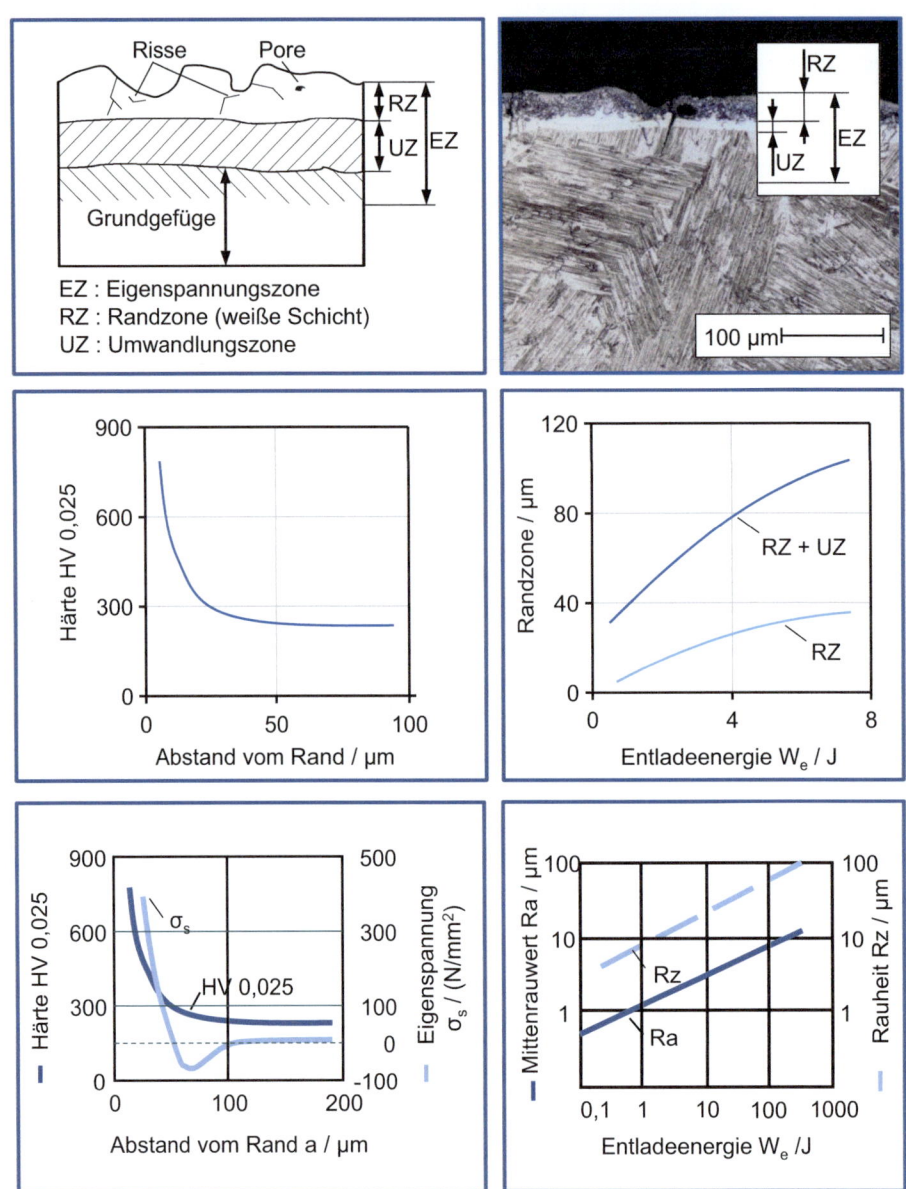

Abb. 2.7 Ausbildung der Oberflächenrandschicht bei der Funkenerosion

Mikrorisse, deren Eindringtiefe bei duktilen Werkstoffen die Breite der Randzone jedoch nur unter anormalen Erodierbedingungen überschreitet. Poren und Mikrorisse sind als Schwachstellen in der Oberfläche anzusehen.

- Die Umwandlungszone. Diese liegt unterhalb der Randzone, ist von dieser durch die Schmelzisotherme abgegrenzt und meist nur bei Stählen sichtbar. In diesem Bereich haben Phasenumwandlungen bei Temperaturen unterhalb des Schmelzpunkts des betreffenden Werkstoffs stattgefunden. Aufgrund der hohen Wärmespannungen können hier, abhängig von der Kristallstruktur, Gleitlinien, Zwillingsbildung und Korngrenzenrisse auftreten [Lloy65, Wert75a]. Genauere Analysen zur Auswirkung der Funkenerosion auf die lokale Gefügestruktur können heute durch Elektronenrückstreubeugung (EBSD) erzielt werden, vgl. [Kloc14a].
- Die Eigenspannungszone. Sie reicht noch tiefer in das Grundgefüge hinein. Lichtmikroskopisch ist das Gefüge unterhalb der Umwandlungszone nicht vom unbeeinflussten Grundgefüge zu unterscheiden. Untersuchungen haben gezeigt, dass die durch den thermischen Erosionsprozess induzierten Eigenspannungen weiter in das Grundgefüge eindringen. Der funktionale Zusammenhang von Eigenspannungen und Eindringtiefe ändert sich, wie auch die mittlere Breite der Rand- und Umwandlungszone mit der Entladeenergie. Während sich die maximalen Zugeigenspannungen, die bei geschlichteten Werkstücken nur an der Oberfläche und bei geschruppten innerhalb der Randzone liegen, nur unwesentlich unterscheiden, nimmt die Eindringtiefe der Zugeigenspannungen mit der Entladeenergie erheblich zu.

2.1.1.6 Anfänge der Funkenerosion und generelle Entwicklungen

Die Geschichte der Funkenerosion geht zurück bis ins Jahr 1750. Zu dieser Zeit erforschte Benjamin Franklin bereits die in der Natur vorkommende Elektrizität in Form von Blitzen. Er berichtete von mehreren erfolgreichen Versuchen, bei denen er die Blitze selbst erzeugt hatte. 20 Jahre später im Jahre 1770 entdeckte der englische Wissenschaftler Joseph Priestley Anzeichen von Abtrag bei elektrischer Entladung zwischen zwei Elektroden. Es wurde erstmals die elektroerosive, d. h. nicht-mechanisch abtragende, Wirkung von Entladungen und Funken beschrieben. Die Geburtsstunde der heutigen Funkenerosion war allerdings im Jahr 1943 am sowjetischen All Union Electrotechnical Institute in Moskau, an dem die Technologie des funkenerosiven Senkens ungewollt entdeckt wurde. Ein wichtiger Werkstoff für elektrische Kontakte in zeitgenössischen Automobilmotoren war Wolfram. Um das Ausgehen dieses seltenen Rohstoffs zu vermeiden, beauftragte die sowjetische Regierung das Ehepaar Lazarenko, den Verschleiß zu minimieren, also die Vermeidung der Erosion bei Schaltvorgängen. Im Rahmen ihrer Experimentreihen kam es auch zu Versuchen, bei denen die Erosion in Öl betrachtet wurde. Sie beobachteten, dass die Funkenbildung auch in Öl nicht vermieden wurde. Sie konnten jedoch beobachten, dass durch das Ölbad die Funken gleichmäßiger und vorhersagbarer auftraten. Sie kamen auf die Idee, Funken gezielt zum Abtrag metallischer Werkstoffe zu nutzen, diese Theorie ist als elektrothermische Theorie bekannt [Laza44, Laza74].

Im Jahre 1943 schrieb Boris Lazarenko in seiner Dissertation [Laza43] über die Umkehr der Wirkung von Verschleiß aufgrund von elektrischer Entladung und schlug vor, diesen als negativ angesehenen Effekt für die abtragende Bearbeitung von metallischen

Werkstücken zu nutzen. Im gleichen Jahr bekam das Ehepaar Lazarenko ein Erfinderzertifikat mit dem englischen Titel „A method of working metals and other electroconductive materials and means for applying same". Zum selben Zeitpunkt wurde aufgrund ihrer Erfindungen ein internationales Patent angemeldet. Solotych stellt 1955 die vorliegenden Erkenntnisse „über das physikalische Wesen und den Mechanismus zur Erosion von Metallen, die unter der Wirkung einer Impulsentladung in einem flüssigen Medium stattfindet" zusammenfassend dar [Solo55]. Der von Lazarenko entwickelte Funkenerosionsprozess wurde zur Vorlage für Funkenerosionssysteme, welche noch heute Anwendung in der ganzen Welt finden. Der entwickelte RC-Stromkreis („Resistor-Capacitor Circuit") hat viele Gemeinsamkeiten mit den in der Automobilindustrie genutzten Zündungssystemen. Die Arbeiten der Lazarenkos wurden vielfach gewürdigt, im Jahr 1946 erhielt Boris Lazarenko die höchste zivile Auszeichnung der Sowjetunion.

Zeitgleich zu den Experimenten des Ehepaars Lazarenko begann das Unternehmen ELOX in den USA, welches Hydraulikventile produziert, Lösungen zur Entfernung von abgebrochenen Bohrern und Gewindebohrern innerhalb der Ventile in der Produktion zu finden. Daraufhin schrieb das Unternehmen ein Forschungsprojekt aus und beauftragte die drei Wissenschaftler Harold Stark, Victor Harding und Jack Beaver sich diesem Problem anzunehmen. Der Elektroingenieur Harding hatte die Idee, mithilfe von Funken, welche Erosionen bewirken sollten, die gebrochenen Werkzeugteile zu entfernen. Kurze Zeit später wurde dieses Vorgehen und die Idee für dieses System patentiert. Stark, Beaver und Harding verließen daraufhin das Unternehmen und begannen mit der Entwicklung von Vakuumröhren, EDM Maschinen und einer elektrischen Servoschaltung (Stark-Harding-Beaver-Schaltung) zur automatischen Einstellung des optimalen Arbeitsspalts zwischen Elektrode und Werkstück. Mit den entwickelten Vakuumröhren waren Funkenfrequenzen von 60 Hz bis 100 Hz möglich.

Im Jahr 1952 überzeugte der russische Wissenschaftler Nicolas Mironov, welcher in Kontakt mit den Lazarenkos stand, die Firma Ateliers des Charmilles (heute: GF Machining Solutions), eine Werkzeugmaschine für die Nutzung des EDM Verfahrens zu entwickeln. Die 1955 vorgestellte Maschine zur funkenerosiven Senkbearbeitung, welche den Namen Eleroda D1 trägt, beinhaltet den bei Lazarenkos Versuch genutzten Funkengenerator, bekannt als Lazarenko Stromkreis [Wege20]. Zur selben Zeit erfolgten auch die ersten Versuche zur Funkenerosion am WZL der RWTH Aachen (Abb. 2.8).

Im Jahr 1958 entwickelte Jean Hoerni die Planartechnik, welche die elektrischen Eigenschaften von Transistoren in der Herstellung deutlich verbesserte. Ein Jahr später entwickelte Robert Noyce, auf der Grundlage von Hoernis Erfindung, den ersten zusammenhängend gefertigten integrierten Schaltkreis. Der daraus resultierende statische Impulsgenerator lieferte von nun fortan die Energie für die Funkenerosion und verbesserte so die Steuer- und Regelbarkeit des Prozesses. Im Jahr 1965 kam der erste kommerziell erfolgreiche Minirechner auf den Markt. Der PDP-8 (Programmed Data Processor), entwickelt von der Firma Digital Equipment Corporation, wurde verwendet, um den Prozess der Funkenerosion zu steuern.

2.1 Grundlagen

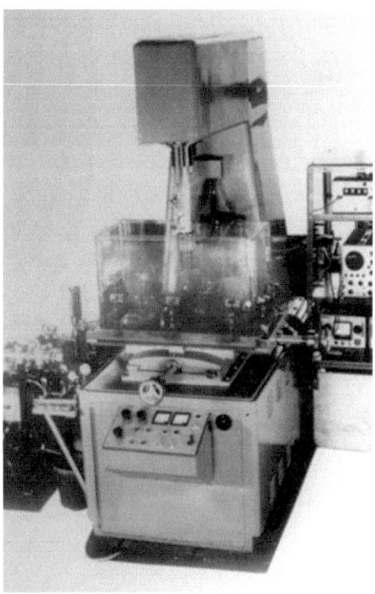

Abb. 2.8 Funkenerosionsmaschine „WZL 54" [Ever06]

Aufgrund der teuren und arbeitsintensiven Produktion von Bearbeitungselektroden entwickelten die Erfinder der Funkenerosions-Technologie Methoden und Lösungen, um gebrauchte Elektroden wieder einsatzfähig zu machen. Als Folge daraus wurde in den Jahren 1960 bis 1970, aufbauend auf den Prinzipien der funkenerosiven Senkbearbeitung, die Drahtfunkenerosion entwickelt. In der ersten Ausführung wurde ein statischer Draht als Elektrode genutzt. Der hohe Drahtverschleiß führte jedoch immer wieder zu Brüchen, sodass ein kontinuierlich fortlaufender Draht eingeführt wurde, um dieses Problem zu lösen. Ein Meilenstein in der Entwicklung der Drahtfunkenerosion war die numerische Steuerung, welche eine genaue Positionierung des Drahtes zum Werkstück ermöglicht. 1969 wurde die erste numerisch gesteuerte Drahtfunkenerosionsmaschine von dem Schweizer Unternehmen Agie (heute: GF Machining Solutions) entwickelt. Die Maschine DEM15 arbeitete mit einer Universalelektrode aus feinem Draht und konnte hochpräzise Konturen vollautomatisch schneiden.

Seit seiner Einführung in die industrielle Praxis im Jahre 1969 hat das funkenerosive Schneiden (auch Drahtfunkenerosion genannt) in einigen Produktionsbereichen, zum Beispiel dem Werkzeugbau, eine geradezu vorherrschende Stellung erworben. Die Möglichkeit der Funkenerosion, härteste Werkstoffe nahezu kraftfrei zu bearbeiten, in Verbindung mit hoher Präzision und Gestaltungsfreiheit, begründet diesen Erfolg. Es können nicht nur sehr filigrane Details hergestellt, sondern auch äquidistante Konturen für Stempel und Matrizen erzeugt werden. Des Weiteren sind der Bau von Extrudier- und Strangpresswerkzeugen sowie die senkerosive Herstellung von Spritz- und Druckgussformen wirtschaftliche Anwendungsbereiche. Darüber hinaus sind die Herstellung von Extrusionswerkzeugen und das Senkerodieren von Spritzguss- und Druckgussformen Anwendungsgebiete. Funkenerosionsverfahren haben sich in der Klein- und Mittelserienfertigung und in Einzelfällen auch in der Großserienfertigung etabliert [Maso90, Maso93]. Wesentliche Meilensteine in der Entwicklung waren Maßnahmen zur Erhöhung der Schnittgeschwindigkeiten, die Einführung von Geräten zum autonomen Elektrodenwechsel und zum automatischen Wiedereinfädeln des Drahtes nach Drahtbruch sowie Weiterentwicklungen in der Technologie, der Leistungselektronik und der NC-Steuerungen sowie der CAD-/CAM-Systeme.

2.1.2 Verfahrensvarianten

2.1.2.1 Prozessvarianten, Prozessmodifikationen und Klassifizierungssystematiken

Die wichtigsten Prozessvarianten sind das funkenerosives Senken und das funkenerosive Schneiden mit ablaufender Drahtelektrode (Abb. 2.9).

Beim funkenerosiven Senken (Sinking Electrical Discharge Machining, SEDM) wird die Herstellung von Werkzeugkavitäten im Allgemeinen mit einer profilierten Senkelektrode durchgeführt. Modifikationen des ED-Senkens sind das elektroerosive Bohren, die Planetärerosion und die Bahnerosion. Auch das planetäre Senkerodieren und die Bahnerosion erlauben die Erzeugung von Konturen im Werkzeug, die aber nicht das negative Abbild der verwendeten Werkzeugelektrode sind. Die gefertigte Kontur im Werkstück entsteht durch eine Kombination aus der Werkzeuggeometrie und der programmierten Vorschubbewegungen.

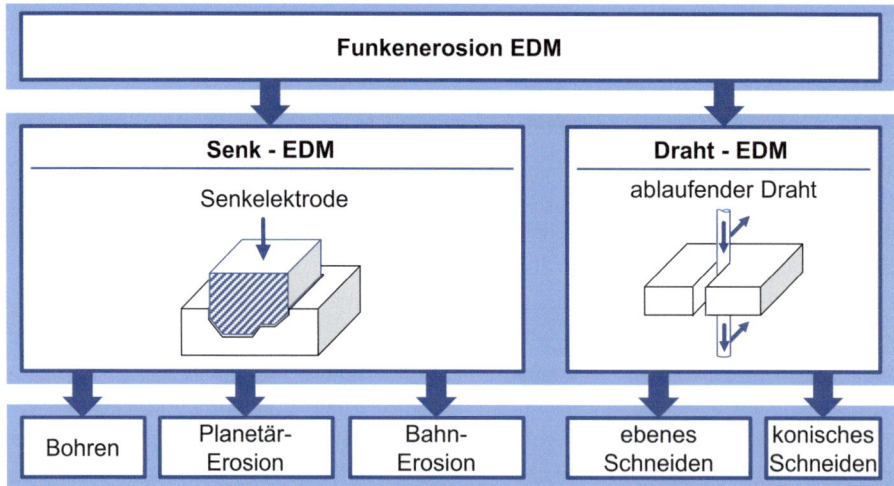

Abb. 2.9 Verfahrensvarianten und -modifikationen der funkenerosiven Bearbeitung

Beim funkenerosiven Schneiden (Wire Electrical Discharge Machining, WEDM) wird vorwiegend ein ablaufender Draht als Werkzeug verwendet. Sonderanwendungen arbeiten mit hin- und hergehendem Draht. Beim konventionellen Drahtschneiden erfolgt die Formgebungsbewegung des Drahtes durch Steuerung der Vorschubbewegung in der Ebene, beim konischen Drahtschneiden werden 2,5-dimensionale Geometrien durch Steuerung der Vorschubbewegung hergestellt.

Zur weiteren Charakterisierung der Verfahren können auch technologische Besonderheiten herangezogen werden, wie z. B. das High-Speed Drahtschneiden oder die Mikrobearbeitung.

2.1.2.2 Funkenerosives Senken

Die Herstellung von Raumformen erfolgt im Allgemeinen durch funkenerosives Senkens (SEDM, engl.: Sinking EDM). Beim klassischen Senken trägt die Werkzeugelektrode das Negativprofil der zu erzeugenden Werkzeugkavität, korrigiert um den Arbeitsspalt. Die Vorschubbewegung ist geradlinig und erfolgt in der Regel als Zustellbewegung über die z-Achse.

2.1.2.3 Funkenerosives Bohren

Das funkenerosive Bohren ist nach DIN 8580 kein genormtes Bohrverfahren. Bohrverfahren gehören nach DIN 8580 zu den spanenden Verfahren mit geometrisch bestimmten Schneiden. Das funkenerosive Bohren ist jedoch hinsichtlich der Erzeugungskinematik und der herstellbaren inneren Geometriemerkmale dem konventionellen Bohren sehr ähnlich. Aus diesem Grund hat sich in der Praxis die Verfahrensbezeichnung „funkenerosives Bohren" durchgesetzt und wird auch in diesem Buch verwendet. Das funkenerosive Bohren wird zur Herstellung von Bohrungen und anderen Durchbrüchen mit gleichen oder variablen Querschnitten eingesetzt. Es können sehr kleine Bohrungsdurchmesser (bis 5 µm) mit hohen Aspektverhältnissen hergestellt werden, bei denen konventionelle Bohrverfahren an ihre technischen Grenzen stoßen, insbesondere bei der Bearbeitung hochfester Werkstoffe. Die Vorschubrichtung ist parallel zur Werkzeuglängsachse, und die Querschnittsgeometrie der verwendeten Elektrode bestimmt die Innengeometrie-Merkmale. Zusätzlich können sich Elektroden mit zylindrischem Querschnitt um ihre Längsachse drehen. Die kontinuierliche Drehung der Elektrode verbessert die Rundheit der erhaltenen Bohrung. Wenn die Rotationsgeschwindigkeit und die Vorschubgeschwindigkeit in einem festen Verhältnis zu einander stehen, können schraubenförmige Geometrien erzeugt werden. Im Allgemeinen ist die geometrische Genauigkeit bei der Herstellung von Startlöchern für das Drahterodieren von untergeordneter Bedeutung, aber bei der Herstellung von Spritzlöchern in Einspritzdüsen oder Kühlbohrungen in Turbinenschaufeln ist die Präzision der Löcher von großer Bedeutung.

2.1.2.4 Planetärerosion

Die Planetärerosion erweitert das Anwendungsgebiet der Senkerosion. Kennzeichnendes Merkmal dieser Technik ist, dass die Werkzeugelektrode parallel zum Einsenken in der Ebene bewegt werden kann (Abb. 2.10). Die Werkstückkontur ist jetzt nicht mehr direkt

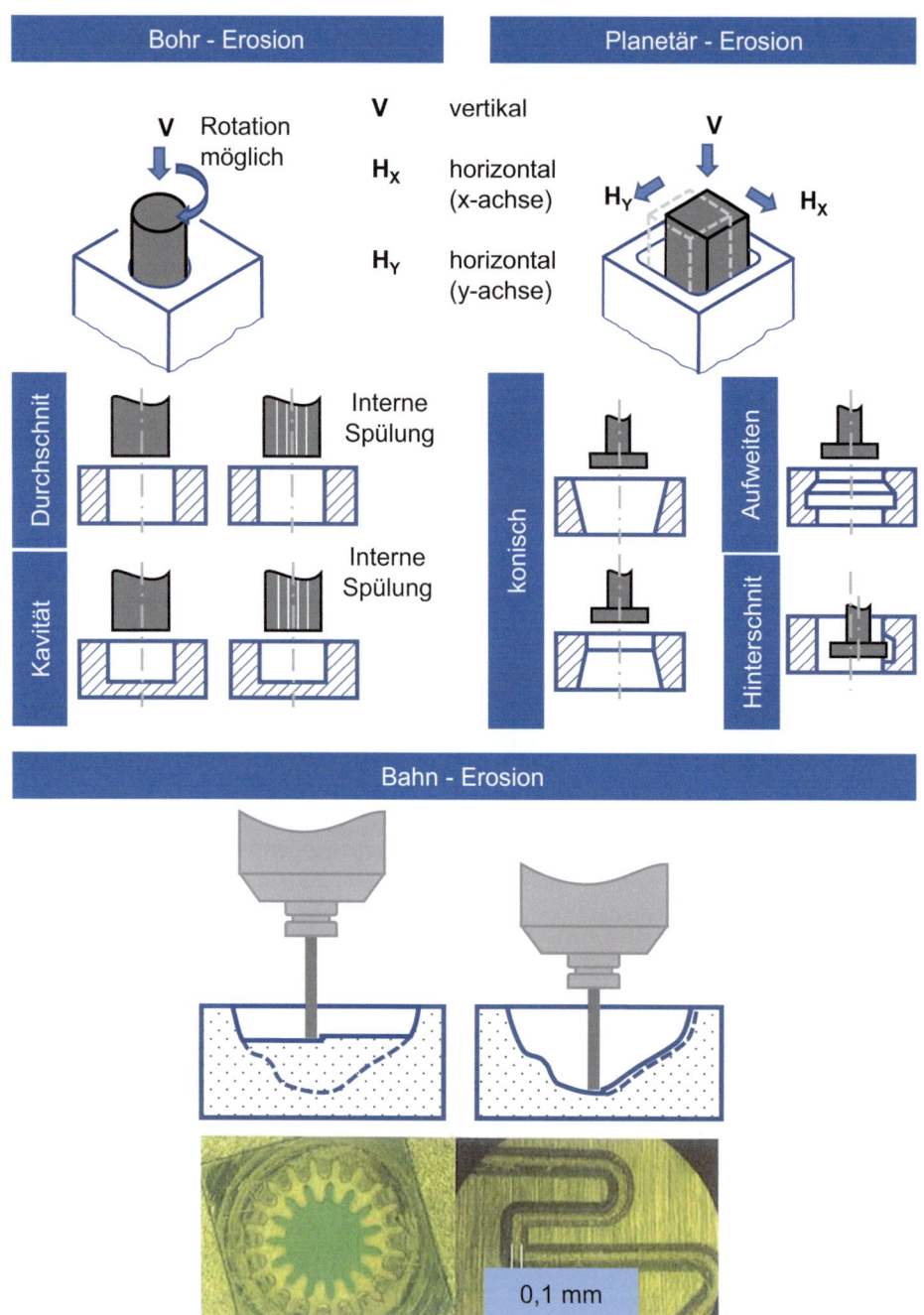

Abb. 2.10 Prozessvarianten des funkenerosiven Senkens

von der Elektrodengeometrie abhängig, sondern wird durch die Steuerung der Planetärbewegung mitbestimmt. Anwendungen sind das Herstellen von Hinterschneidungen und von konischen Durchbrüchen durch Senkerodieren. Durch die Kinematik der Planetärbewegung entstehen in technologischer Hinsicht Vorteile. Bei der Umlaufbewegung ergibt sich aufgrund der sich ständig ändernden Spaltweiten automatisch eine wechselnde Saug-Druck-Spülung, die die abgetragenen Partikel sehr gut aus dem Arbeitsbereich entfernt. Das erreichbare Tiefen-/Durchmesserverhältnis ist infolge dieser verbesserten Spülbedingungen auch ohne zusätzliche Spülhilfen erhöht. Dementsprechend verbessert sich die Prozessstabilität, was sich in kürzeren Bearbeitungszeiten und kleineren Oberflächenrauheiten bemerkbar macht. Da an allen bearbeiteten Geometriemerkmalen die gleichen Prozessbedingungen herrschen, wird eine gleichmäßige Oberflächenausbildung an den Stirn- und Seitenflächen erreicht. Ein weiterer Vorteil ist die gleichmäßige Verteilung des Elektrodenverschleißes. Dies macht sich bei der Schlichtbearbeitung bemerkbar, da der Verschleiß gleichmäßig über die gesamte Elektrodenoberfläche verteilt ist [Schu80]. Die ersten Planetärbewegungssysteme wurden als mechanische Hilfsmittel konzipiert. Heute können vielfältige Bewegungskombinationen über die Maschinensteuerung realisiert werden.

2.1.2.5 Zusammenfassung der Prozessvarianten in der Senkerosion

Eine Übersicht über wichtige Merkmale von Prozessmodifikationen des funkenerosiven Senkens zeigt Abb. 2.10.

Beim Bohrerodieren bewegt sich die Elektrode in Richtung der eigenen Achse. Mit diesem Verfahren können rotationssymmetrische Durchbrüche hergestellt werden. Es können Durchgangslöcher und Sacklöcher hergestellt werden. Wenn kreisrunde Elektroden verwendet werden, kann zur Unterstützung der Spülung die Elektrode zusätzlich um die eigene Achse rotieren. Durch Planetärerosion können komplexe Geometrien mit hoher Präzision erzeugt werden. Durch den Einsatz zusätzlicher Achsen sind erweiterte Positionszuordnungen von Werkstück und Werkzeug möglich (5-Achsen-Senkerodieren). Bei der Bahnerosion werden stabförmige Elektroden verwendet, die über eine numerische Steuerung räumlich bewegt werden können. Auf diese Weise können komplexe Raumgeometrien mit einfachen Werkzeugen hergestellt werden. Die Produktivität des Verfahrens ist gering, der wesentliche Vorteil ist die hohe Flexibilität. Hinsichtlich der Erzeugungskinematik ist die Bahnerosion mit dem Fräsen mit Schaftfräsern vergleichbar.

2.1.2.6 Funkenerosives Schneiden mit ablaufender Drahtelektrode (Drahtfunkenerosion, WEDM)

Diese Verfahrensvariante hat breite Anwendungen in der Praxis zur Herstellung von Durchbrüchen, von Schnittstempeln und Pressstempeln sowie Schablonen. Im Schnittwerkzeugbau ist es möglich, Schnittstempel und Matrizen ohne Teilungen aus einem gehärteten Halbzeug zu fertigen. Beim funkenerosiven Schneiden mit ablaufender Elektrode wird kontinuierlich neuer Draht in den Bearbeitungsraum geführt, und der Elektrodenabschnitt, der im Arbeitsspalt die Erosion durchführt, wird so stets erneuert. Der Draht wird von einer Spule über eine Drahtzuführeinrichtung (Rollensystem) in die Bearbeitungszone gebracht und nach der Nutzung über eine Drahtabtransporteinrichtung (Rollen und Bänder) dem Recycling zugeführt. Der Draht wird nur einmal genutzt. In Abhängigkeit von der zu erreichenden Oberflächengüte und den geforderten Geometriegenauigkeiten sind häufig mehrere Schnitte notwendig. Man unterscheidet Haupt- und Nachschnitte. Der Hauptschnitt, auch Voll- bzw. Leistungsschnitt genannt, dient dazu, mit hohen Abtragraten/Schnittraten die gewünschte Kontur zu erzeugen. Der Draht wird aufgrund der hohen Impulsenergie, die übertragen werden muss, thermisch hoch belastet. Häufig müssen zum Erreichen der geforderten Oberflächengüten oder auch einer gewollten Konstitution der Oberflächenrandzone zusätzlich ein oder mehrere Nachschnitte durchgeführt werden. Bei einem Nachschnitt, auch Fein- oder Schlichtschnitt genannt, wird der Draht lateral zur mit dem Hauptschnitt erzeugten Kontur geführt. Der Draht befindet sich dann nicht mehr mit vollem Umfang im zu bearbeitenden Werkstück. Es werden bevorzugt die Rauheitsspitzen des vorangegangenen Schnittes abgetragen. So werden die Oberflächengüte und die Geometriegenauigkeit des Werkstücks erhöht. Außerdem kann durch geringe Entladeenergien auch die thermisch beeinflusste Oberflächenrandzone minimiert werden.

2.1.2.7 Konisches Drahtschneiden

Durch synchronisierte Überlagerung der x-, y-Bewegungsachsen der unteren Drahtführung mit den u-, v-Achsen der oberen Drahtführung können schräge Regelgeometrien

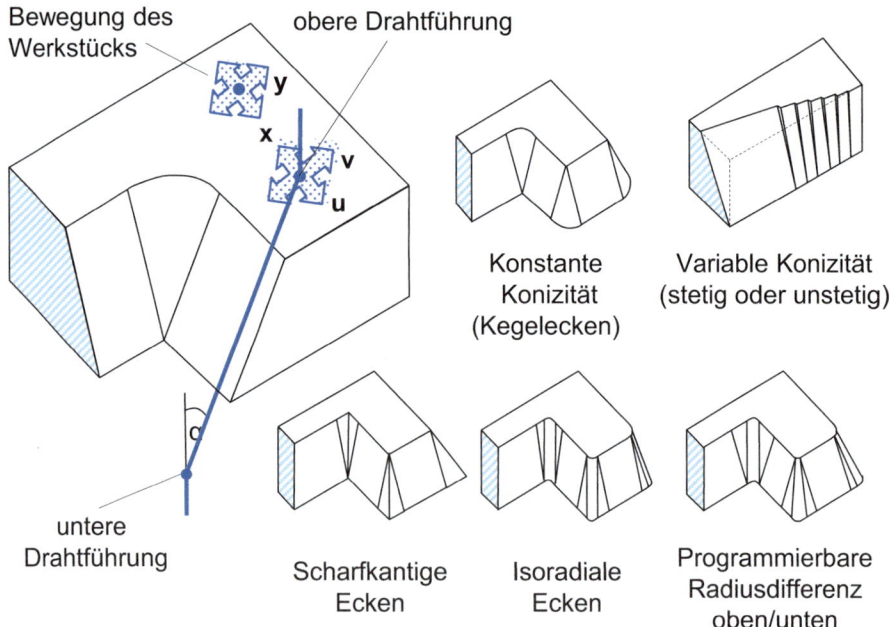

Abb. 2.11 Bewegungsüberlagerung und geometrische Alternativen beim konischen Schneiden mit Draht

2.1 Grundlagen

hergestellt werden. Auf diese Weise werden beispielsweise Hinterschnitte und Freiwinkel in Schnittmatrizen erzeugt. Die notwendigen Einstellungen und Bewegungsabläufe werden numerisch gesteuert. Die meisten Anlagen besitzen Vorrichtungen, die eine numerisch gesteuerte Schrägstellung des Drahts gestatten. Wie in Abb. 2.11 erkennbar, wird der Winkel durch Verschiebung der oberen Drahtführung (u- und v-Achse) realisiert. Die untere Drahtführung bleibt in der Regel ortsfest. Beim Schneiden komplizierter Konturen wird eine Überlagerung der Auslenkbewegung der Drahtführung mit der Bewegung des Werkstücks in der x–y Ebene erforderlich. Es können Konizitätswinkel bis etwa 45° erzeugt werden, dadurch sind viele Anwendungsbereiche zum Herstellen von Extrudierwerkzeugen, im Formenbau, zur Herstellung von Sintermatrizen sowie von Profilwerkzeugen in der Zerspanung möglich.

2.1.2.8 Zusammenfassung: konventionelles und konisches Drahtschneiden

In Abb. 2.12 sind die wichtigsten Verfahrensmerkmale des konventionellen und des konischen Drahtschneidens zusammengefasst.

Konische Schnitte können durch Verschieben der u-, v-Achsen der oberen Drahtführung relativ zu den x-, y-Achsen der unteren Drahtführung erreicht werden. Der Konizitätswinkel wird durch die Drahteigenschaften, die Drahtführung sowie den Verfahrweg der beiden Köpfe zueinander begrenzt.

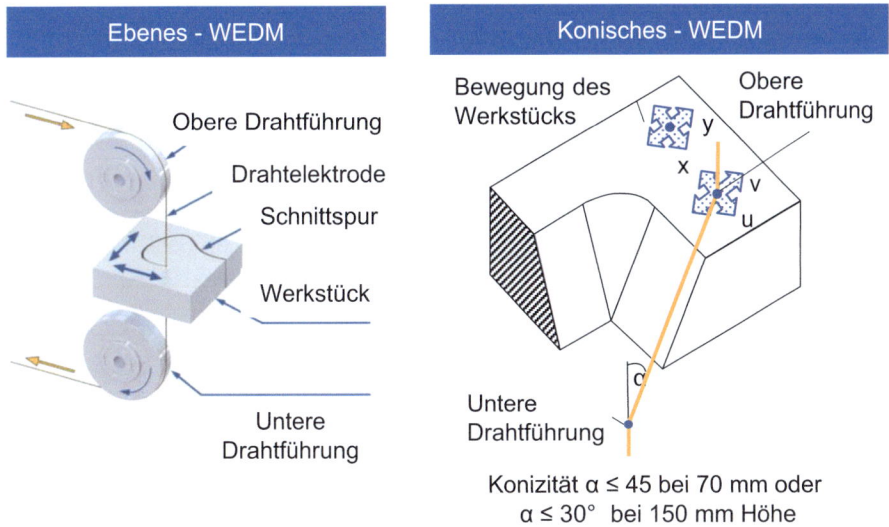

Abb. 2.12 Ebenes und konisches Drahtschneiden

Beim konventionellen Drahterodieren sind die erzielbaren Schnittgeschwindigkeiten höher als beim konischen Drahterodieren, da die Spülbedingungen beim konischen Drahterodieren schlechter sind. Dem kann allerdings durch die Verwendung von Hohlachsen [Kutt10] entgegengewirkt werden.

2.1.2.9 High-Speed-Drahtfunkenerosion

Bei der High-Speed-Drahtfunkenerosion (HSWEDM; auch Fast Wire EDM) kommt eine Drahtelektrode zum Einsatz, die kontinuierlich sehr schnell hin- und her bewegt wird. Die Drahtelektrode wird mehrfach durch den Funkenspalt bewegt und sie muss deshalb eine besonders hohe thermische Beständigkeit aufweisen. Der verwendete Draht besteht meistens aus einer Molybdänlegierung und durchläuft das Werkstück mehrfach mit Geschwindigkeiten von bis zu $v = 10$ m/s. Die hohe Drahtgeschwindigkeit ermöglicht auch ohne aufwendige Düsentechnik und hohe Spüldrücke eine effiziente Spülung des Schnittspalts, wodurch hohe Schnittraten erreicht werden können. Andererseits ist die Präzision begrenzt, weil durch die hohen Drahtgeschwindigkeiten auch hohe Drahtauslenkungen auftreten. Die Kernkomponente der Drahtführung ist eine mit Rillen versehene Trommel, die synchronisiert axial bewegt wird, um den Draht in einer konstanten Position zur Drahtführung zu halten und gleichmäßig auf- und abzuspulen. Als Dielektrikum kommt ein Gemisch aus Wasser und Wachs sowie Salzen zur Einstellung einer definierten elektrischen Leitfähigkeit zum Einsatz. Die Leitfähigkeit der Flüssigkeit liegt zwischen den üblichen Werten für wässrige Dielektrika, die in EDM-Prozessen verwendet werden, und denen, die als Elektrolyten in ECM-Prozessen genutzt werden. Aus diesen Gründen wird der HSWEDM-Prozess auch als hybrider Prozess bezeichnet. Zur schnellen und wiederholgenauen Erzeugung einfacher Geometrien oder von Halbzeugen aus schwer zerspanbaren Werkstoffen stellt HSWEDM eine zu beachtende Alternative zu herkömmlichen Verfahren dar.

2.1.3 Aufbau von EDM-Werkzeugmaschinen

Eine Funkenerosionsanlage, hier am Beispiel einer funkenerosiven Senkanlage gezeigt, besteht prinzipiell aus folgenden Baugruppen und Systemelementen (Abb. 2.13):

- Generator
- Regeleinrichtung
- Maschine, bestehend aus Gestell, Pinole, Elektrodenhalter
- Aggregat für das Arbeitsmedium, bestehend aus Pumpe, Filter und Sauber- sowie Schmutztank

Um einen guten Erosionsprozess zu gewährleisten, müssen im Arbeitsspalt Entladungsbedingungen geschaffen werden, die das Auftreten von Kurzschlüssen, Fehlentladungen und Leerlaufimpulsen verhindern. Die Bedingungen im Arbeitsspalt variieren nach jeder

2.1 Grundlagen

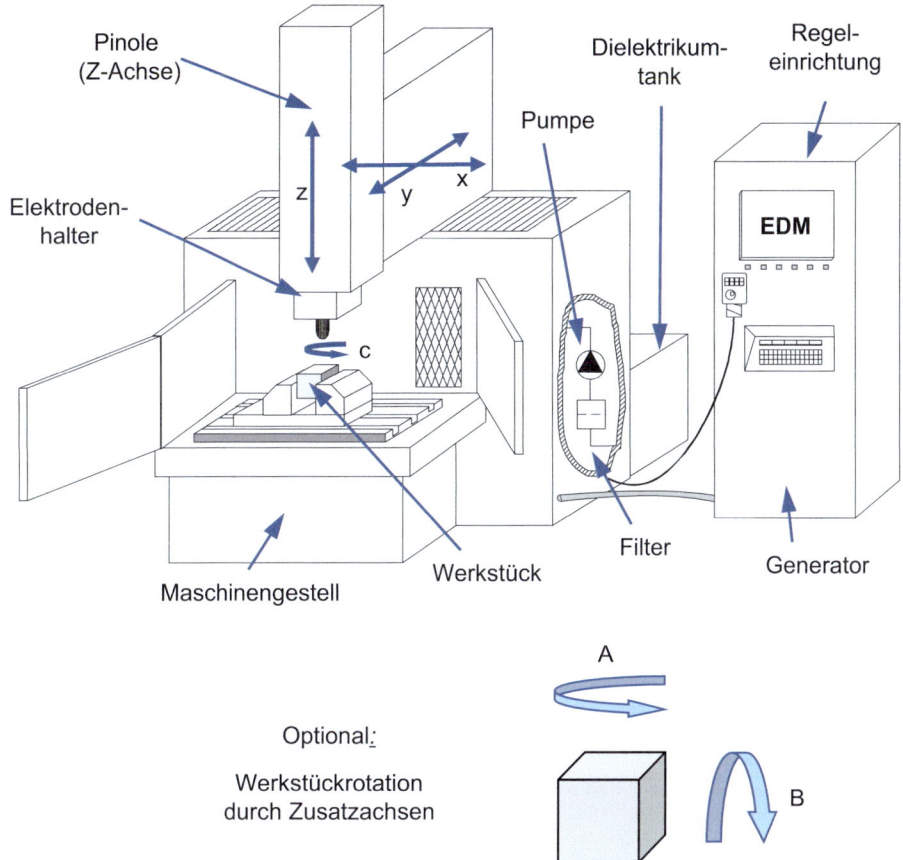

Abb. 2.13 Schematischer Aufbau einer Werkzeugmaschine zur funkenerosiven Senkbearbeitung

Entladung aufgrund von Veränderungen der Eigenschaften des Dielektrikums, wie Verunreinigungen durch Abtragpartikel, Temperatur usw., die wiederum die elektrische Leitfähigkeit verändern. Daher müssen Erodiermaschinen mit geeigneten Vorschubregelungen ausgestattet sein. Die Vorschubregelung regelt die Werkzeugelektrodenposition entsprechend dem Abtrag, dem Elektrodenverschleiß und den jeweiligen Spaltverhältnissen so, dass keine Kurzschlüsse, Fehlentladungen und Leerlaufimpulse auftreten. Die Regelgröße ist die Zündverzögerungszeit t_d. Dieser Parameter ist proportional zum Arbeitsspalt. t_d kann entweder durch Komparatoren, die den Spannungsverlauf auswerten, oder durch Auswertung des Spannungs- und Stromgradienten bestimmt werden.

Zur Impulsspannungserzeugung kommen in der Praxis zwei Generatortypen zum Einsatz: der Speichergenerator (Relaxationsgenerator) und der statische Impulsgenerator. Die anfänglich eingesetzten Speichergeneratoren arbeiten nach dem Schwingkreisprinzip. Heute werden sie hauptsächlich in der Mikrofunkenerosion und der Feinschnittbearbeitung eingesetzt, da diese kleinere Entladeenergien als Impulsgeneratoren liefern

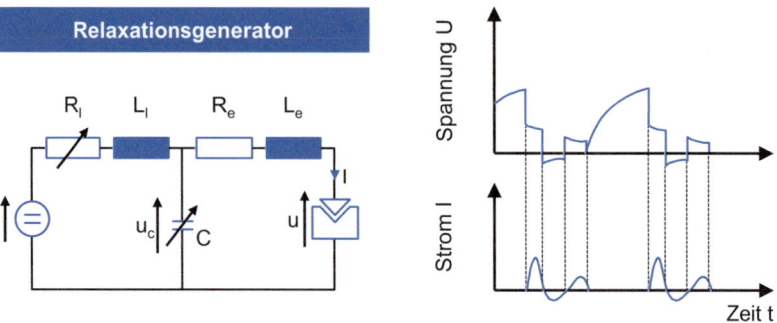

Abb. 2.14 Schaltbild und exemplarischer Strom-/Spannungsverlauf eines Relaxationsgenerators

können. Abb. 2.14 zeigt das typische Schaltbild sowie den Spannungs- und Stromverlauf eines Relaxationsgenerators. Die Aufladung des Kondensators C erfolgt schwingend, solange der Widerstand im Ladekreis $R_l < 2\sqrt{L_l/C}$ ist. Wird R_l jedoch größer, so geschieht die Aufladung exponentiell mit der Zeitkonstanten $\tau_R = R_l \cdot C$. Wenn der Strom i = 0 A ist, entspricht die Spannung u am Spalt der Kondensatorspannung u_C. Erreicht u_C die Durchbruchspannung u_D, so wird die Speicherenergie im Entladeschwingkreis umgesetzt. Sofern die Dämpfung durch den Widerstand des Entladekreises R_e und des Spalts unberücksichtigt bleibt, berechnet sich die Entladefrequenz f_e nach der allgemeinen Bedingung für Reihenresonanz gemäß Gl. 2.5:

$$f_e = \frac{1}{2\pi \cdot \sqrt{L_e \cdot C}} \tag{2.5}$$

Die Funkenstrecke selbst steuert den Entladeverlauf und die Spannung am Kondensator u_C. Einerseits muss der Widerstand im Aufladekreis R_l so groß gewählt werden, dass bei hoher Leitfähigkeit im Spalt keine stationären Entladungen auftreten. Anderseits wird hierdurch aber eine Verringerung der Entladefrequenz bewirkt. Mit diesem Generator kann nur ein kleines Tastverhältnis erreicht werden.

Standardmäßig werden statische Impulsgeneratoren eingesetzt. Es werden zwei Bauarten von statischen Impulsgeneratoren unterschieden, die Strom- und die Spannungsquelle. Die jeweiligen Schaltbilder zeigt Abb. 2.15. Beim funkenerosiven Senken, das im Vergleich zur Drahtfunkenerosion durch eine verhältnismäßig lange Impulsdauer und eine kurze Pausendauer gekennzeichnet ist, werden die statischen Impulsgeneratoren zumeist als Stromquelle aufgebaut. Beim funkenerosiven Schneiden mit Drahtelektrode werden die Generatoren aufgrund der kurzen Impulsdauer bei langer Pausendauer in der Regel als Spannungsquelle aufgebaut. Die statischen Impulsgeneratoren weisen gegenüber Relaxationsgeneratoren einen wesentlichen Vorteil auf: bei statischen Impulsgeneratoren ist es möglich, die den Energiegehalt einer Entladung bestimmenden Kenngrößen Impulsdauer t_i, Entladestrom i_e sowie Pausendauer t_0 fest vorzugeben. Statische Impulsgeneratoren können aufgrund der Variationsbreite ihrer Einstellgrößen den

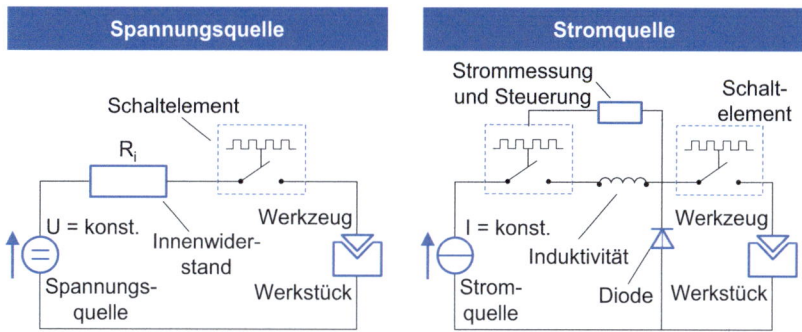

Abb. 2.15 Schaltbild von statischen Impulsgeneratoren als Spannungs- und Stromquelle

verschiedensten Bearbeitungsproblemen angepasst werden. So lässt sich die Impulsdauer t_i im Allgemeinen zwischen $t_i = 0{,}5$ μs und 3000 μs verändern. In der Regel ist die Generatorleerlaufspannung $\hat{u}_i$ in den Grenzen von $\hat{u}_i = 60$ V bis 300 V und der Entladestrom $\hat{\imath}_e$ in den Grenzen von $\hat{\imath}_e = 0{,}1$ A bis 300 A wählbar.

Der Generator zur Impulserzeugung ist zentraler Bestandteil jeder Funkenerosionsanlage, auch der übrige Aufbau der Maschinen zum Senkerodieren und zum Drahtschneiden ist ähnlich. Allerdings unterscheiden sich die Maschinensysteme deutlich in Bezug auf die Elektrodenhalterung, da hier verfahrensbedingt sehr unterschiedliche Spannprinzipien und Austauschsysteme zum Einsatz kommen. Den schematischen Aufbau einer Maschine zur Drahtfunkenerosion zeigt Abb. 2.16. Die Maschine besteht im Wesentlichen aus dem Gestell mit den Drahtführungen und Drahtkontaktierungen, dem Drahtantrieb und dem auf einem Kreuztisch angeordneten Arbeitsbehälter mit den Spannsystemen für das Werkstück. Durch die Ansteuerung der Vorschubantriebe erfolgt eine Bewegung des Werkstücks relativ zum Draht. Durch gleichzeitige Bewegungen der Achsen in x- und y-Richtung können beliebige Konturen erzeugt werden. Der Generator ist in dem in Abb. 2.16 gezeigten Beispiel eine separate Einheit. Mit ihm werden Spannungen bis zu 400 V und elektrische Ströme bis ca. 1000 A erzeugt.

Im Gegensatz zum SEDM müssen statische Impulsgeneratoren für das WEDM die Fähigkeit haben, kleine Impulsenergien zu generieren, weil die thermische Beanspruchung der Drähte aufgrund des geringen Leitungsquerschnitts begrenzt ist. Deshalb wird bei der Drahtfunkenerosion die Impulsdauer auf wenige Mikrosekunden (0,2 bis 4 μs) begrenzt und die Pausendauer auf das Zehn- bis Zwanzigfache dieses Wertes ausgedehnt, sodass trotz eines hohen Entladestroms der Arbeitsstrom nur wenige Ampere beträgt. Die Entladeenergie wird dem Draht nach Möglichkeit in unmittelbarer Nähe des Arbeitsbereichs über Schleifkontakte in den Drahtführungen zugeleitet, um die elektrische Verlustleistung so gering wie möglich zu halten. Beim funkenerosiven Schneiden wird vorwiegend deionisiertes Wasser als Dielektrikum eingesetzt. Die Dielektrikumversorgung besteht aus Pumpe, Filter und Ionentauscher. Das Dielektrikumaggregat hat die Aufgabe, die Abtragpartikel auszufiltern, die elektrische Leitfähigkeit

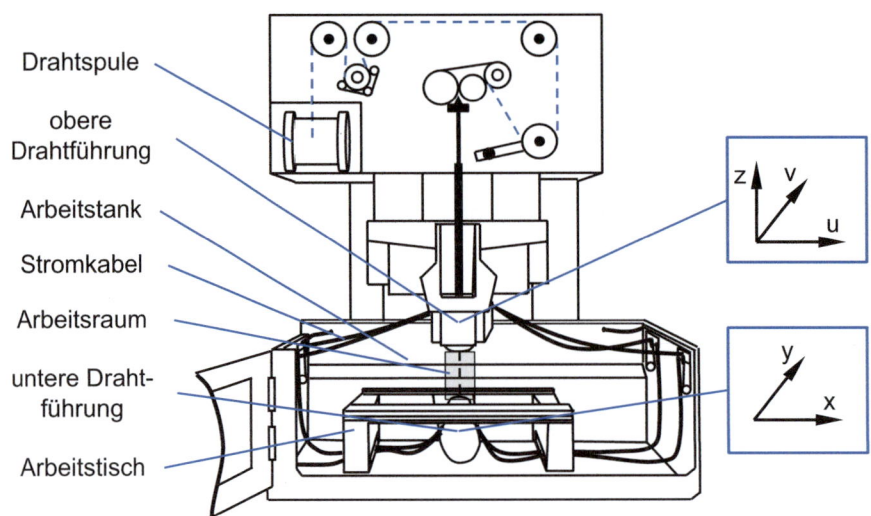

Abb. 2.16 Schematischer Aufbau einer Werkzeugmaschine zur Drahtfunkenerosion

durch den Ionentauscher konstant zu halten und das deionisierte Wasser zu speichern und zu kühlen. Die spezifischen elektrischen Leitwerte des deionisierten Wassers liegen üblicherweise im Bereich von 2 bis 100 µS/cm. Wenn kohlenwasserstoffbasierte Dielektrika eingesetzt werden, ist kein Ionentauscher notwendig.

Die Spülung bei der Drahtfunkenerosion erfolgt durch axial zum Draht ausgerichtete Freistrahlen von oben und unten, darüber hinaus kann das zu erodierende Bauteil komplett im Dielektrikumbad eingetaucht sein. Die letztgenannte Verfahrensweise hat jedoch infolge der trotz geringer elektrischer Leitfähigkeit des deionisierten Wassers vorhandenen Streuströme eine höhere Verlustleistung zur Folge. Der Vorteil ist, dass durch eine konstante Wassertemperatur die thermischen Schwankungen am Werkstück gering sind und ein Wasserbad bessere Dämpfungseigenschaften besitzt [Schö93, Sieg94a].

Je nach Arbeitsaufgabe kommt bei der Senkerosion (SEDM) eine Druck- oder Saugspülung, eine Kombination aus beiden Formen sowie eine Bewegungsspülung durch Abheben der Elektrode in Intervallen zum Einsatz. Abb. 2.17 zeigt ausgewählte Möglichkeiten des Spülens beim funkenerosiven Senken und Schneiden mit ablaufender Drahtelektrode. Die seitliche Druckspülung lässt sich beim funkenerosiven Senken nur bei flachen Gesenken wirkungsvoll einsetzen. Die meisten Bearbeitungsaufgaben erfordern eine Saug- oder Druckspülung bzw. eine Kombination beider Spülprinzipien, die in der Regel durch ein zyklisches Abheben der Elektrode unterstützt werden. Da die Spülung die Abtrag- und Verschleißkennwerte sowie die Prozessstabilität maßgeblich beeinflusst, müssen die Durchflussmenge bzw. der Eintrittsdruck des Arbeitsmediums sowohl bei der Senk-, als auch bei der Drahtfunkenerosion der Bearbeitungsaufgabe entsprechend eingestellt werden (Abschn. 2.3.4).

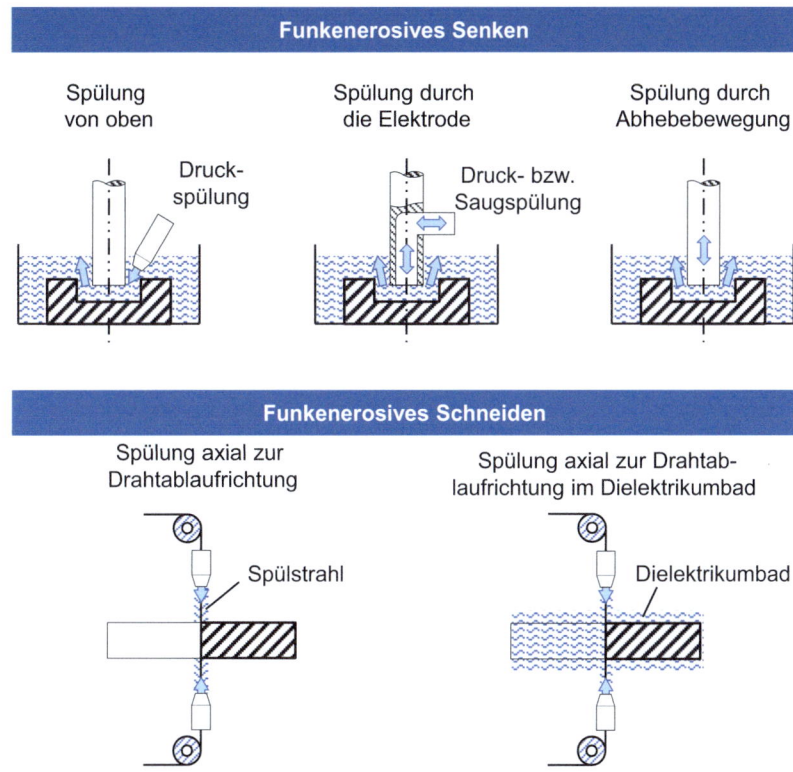

Abb. 2.17 Spülmethoden beim funkenerosiven Senken und Schneiden

Spülungsinduzierte Fluidstrukturwechselwirkungen (Fluid Structure Interaction FSI) mit filigranen Geometrieelementen und hierbei insbesondere lang auskragenden Werkzeugelektroden (vgl. [Zeis17, Kloc18c] und Kap. 9) müssen zur Erzielung hoher Geometriegenauigkeiten bei der Technologieentwicklung mit berücksichtigt werden.

2.2 Technologie

2.2.1 Einstellgrößen

2.2.1.1 Einleitung

Kenntnisse der Technologie sind essentiell, um den Prozess für gegebene Arbeitsaufgaben optimal einstellen zu können. Eine Eigenschaft des Erosionsprozesses ist der stochastische Charakter, der durch sich ständig ändernde physikalische Verhältnisse im Bearbeitungsspalt bedingt ist. Abweichungen vom erwarteten Arbeitsergebnis sind zum einen auf Maschineneinstellungen zurückzuführen, die den Anforderungen der Bearbeitungsaufgabe nicht genügen, oder nicht an den Arbeitsfortschritt angepasst wur-

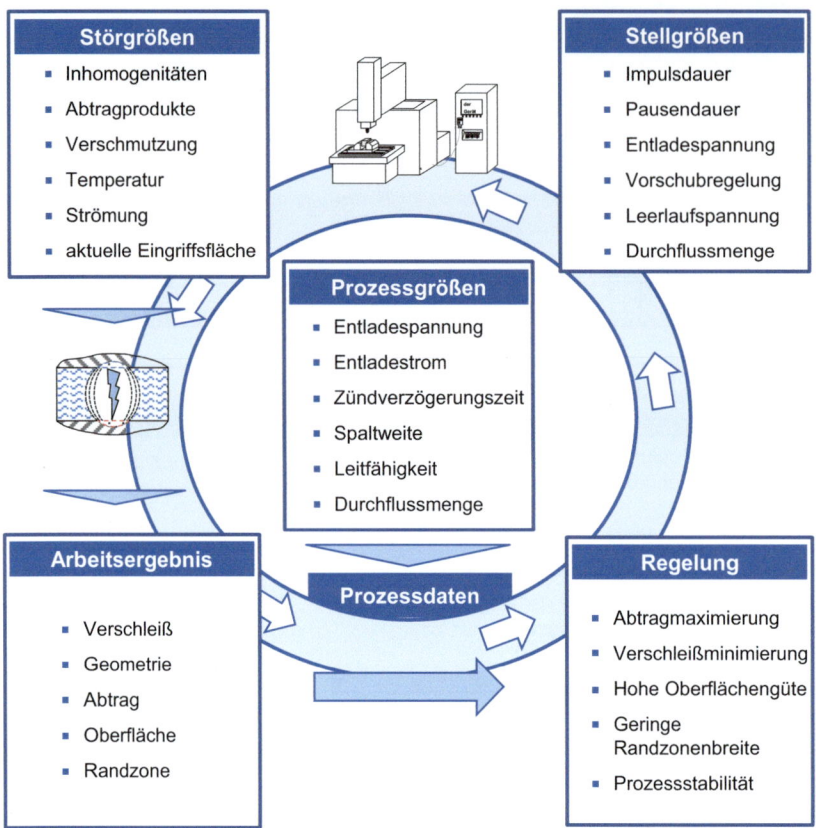

Abb. 2.18 Möglichkeiten zur adaptiven Regelung beim funkenerosiven Senken

den. Der Prozess kann auch durch plötzlich auftretende Störungen überlagert werden, die z. B. in Form von Fehlentladungen oder Leerlaufpulsen auftreten. In die Maschinensteuerung integrierte Prozessregelungs- und Prozess-Überwachungseinrichtungen sollen den Prozess in einem optimalen Arbeitsbereich halten bzw. bei nicht zu eliminierenden Störungen unterbrechen (Abb. 2.18). Wesentlich ist die Überwachung von Prozesskenngrößen, die Beurteilung des momentanen Prozesszustandes und das Einleiten von Maßnahmen.

Verschiedene Strategien, die unterschiedliche Zielfunktionen beinhalten können, führen dann zu einer entsprechenden Nachführung der Stellgrößen an der Maschine.

2.2.1.2 Einfluss der Entladeparameter auf die Abtragkennwerte

Der Erosionsprozess lässt sich über eine Variation der Generatorparameter, der Vorschubregelung und der Spülbedingungen beeinflussen. Den größten Einfluss auf die Abtrag- und Verschleißkennwerte übt die Entladeenergie W_e aus, die durch Verändern des mittleren Entladestroms $\bar{i}_e$ sowie durch Verändern der Entladedauer t_e variiert werden

2.2 Technologie

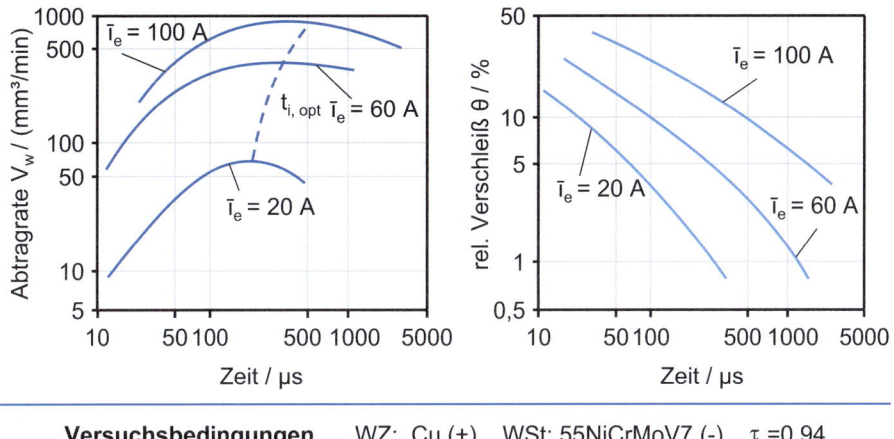

Versuchsbedingungen   WZ: Cu (+)   WSt: 55NiCrMoV7 (−)   τ = 0,94

Abb. 2.19 Abtragrate und relativer Verschleiß beim funkenerosiven Senken

kann (Tab. 2.1). Die im Folgenden präsentierten Zusammenhänge stützen sich auf Untersuchungen beim funkenerosiven Senken, sie gelten aber im Grundsatz auch für die Drahterosion. Wie Abb. 2.19 zeigt, steigt die Abtragrate bei konstanter Impulsdauer mit steigendem Entladestrom überproportional. Dies ist auf ein Ansteigen des für den Abtrag nutzbaren Energieanteils zurückzuführen [Wert75a]. Ebenso steigt beim Einsatz von Kupfer als Elektrodenwerkstoff der relative Verschleiß mit dem Entladestrom.

Mit der Verlängerung der Impuls- bzw. Entladedauer steigt die Abtragrate zunächst an, durchläuft ein Maximum und nimmt dann wieder leicht ab. Dieser Verlauf der Abtragkurve lässt sich wie folgt erklären: mit steigender Impulsdauer dehnt sich der Entladekanal aus. Nach Erreichen eines optimalen Kanaldurchmessers nehmen die Energieverluste durch die Wärmeableitung in den Elektroden und im Arbeitsmedium sowie durch die Strahlung so zu, dass die Abtragrate mit weiter steigender Impulsdauer sinkt. Der relative Verschleiß nimmt mit größerer Impulsdauer bei konstantem Entladestrom ab. Es wird angenommen, dass am Anfang einer Entladung ein wesentlicher Verschleißanteil durch Verdampfung aufgrund der größeren Energiedichte eintritt. Mit sich vergrößerndem Entladekanal wechselt der Erosionsmechanismus, sodass im weiteren Verlauf einer Entladung der Abtrag vorwiegend am Werkstück stattfindet. Hieraus kann gefolgert werden, dass die Verschleißabnahme mit der Verlängerung der Impulsdauer einhergeht, da der Verschleißanteil je Entladung abnimmt [Peul81]. Eine weitere Einstellgröße, die den Prozessverlauf und somit auch das Arbeitsergebnis wesentlich beeinflusst, ist die Pausendauer t_0, die an den Maschinen direkt oder durch das Tastverhältnis τ indirekt eingestellt werden kann. Eine große Pausendauer bzw. ein kleines Tastverhältnis bedeutet eine verminderte zeitliche Ausnutzung der verfügbaren Energie und damit eine Verringerung der Abtragrate, wie in Abb. 2.20 dargestellt [Barz76]. Die Pausendauer sollte daher nur so lang gewählt werden, wie es für eine ausreichende Deionisierung des

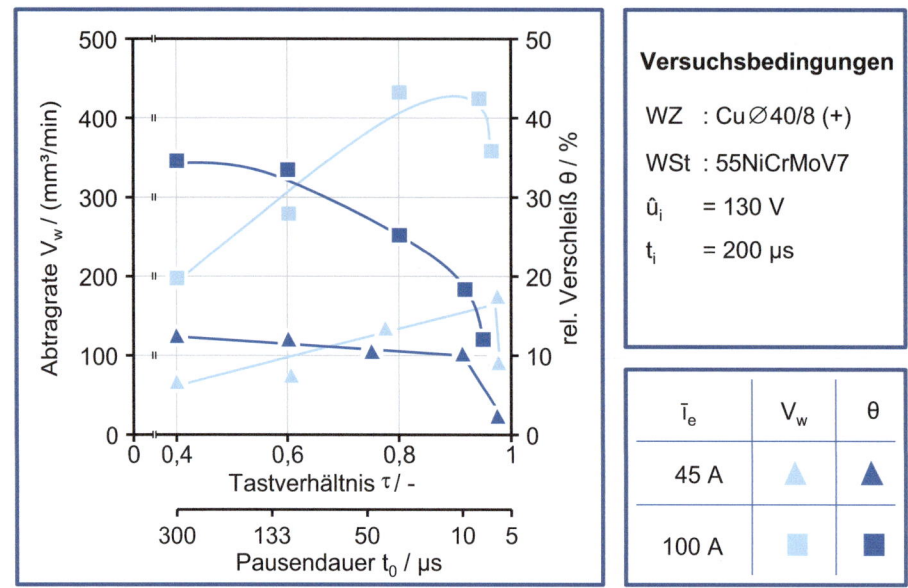

Abb. 2.20 Abtragrate und relativer Verschleiß als Funktion der Pausendauer

Entladekanals zum Erreichen eines stabilen Prozessverlaufs notwendig ist. Bei zu kurzer Pausendauer bzw. bei zu hohem Tastverhältnis steigt die Leitfähigkeit infolge zunehmender Verschmutzung des Arbeitsspalts stark an. Der Spalt wird nicht ausreichend deionisiert. Es entstehen Fehlentladungen, und die Gefahr einer Lichtbogenbildung steigt.

Weiterhin beeinflusst die Spaltweitenregelung den Prozessverlauf und damit das Arbeitsergebnis. In ersten Erosionsmaschinen haben sich Proportionalregler für den Vorschub bewährt, da diese hinreichend schnell auf Prozessänderungen reagieren können. Als Eingangsgröße diente eine der Arbeitsspannung proportionale Sollwertspannung, mit der indirekt die Spaltweite geregelt werden konnte. Neuere Regler basieren auf der Auswertung der Zündverzögerungszeit. Dies hat den Vorteil, dass unterschiedliche Leitwerte des Dielektrikums bzw. der Materialien keinen störenden Einfluss auf das Regelverhalten besitzen. Bedingt durch das stochastische Verhalten der Funkenerosion und der durch das Antriebssystem erforderlichen Regelzykluszeiten, korreliert der Mittelwert aus aufeinanderfolgenden Zündverzögerungen t_d mit der Spaltweitenänderung durch den Antrieb [Dehm92]. Durch einen zu kleinen Reglersollwert treten vermehrt Kurzschlüsse und Fehlentladungen, und bei zu hohem Sollwert häufiger Leerläufe auf. Der Spaltweitenregler bestimmt somit die mittlere Arbeitsspannung.

Abb. 2.21 zeigt, wie die Abtragrate von ihrem Maximum bei einer Arbeitsspannung von U = 25 V bis 30 V mit abnehmender Arbeitsspannung schnell und mit zunehmender Arbeitsspannung langsamer abfällt.

2.2 Technologie

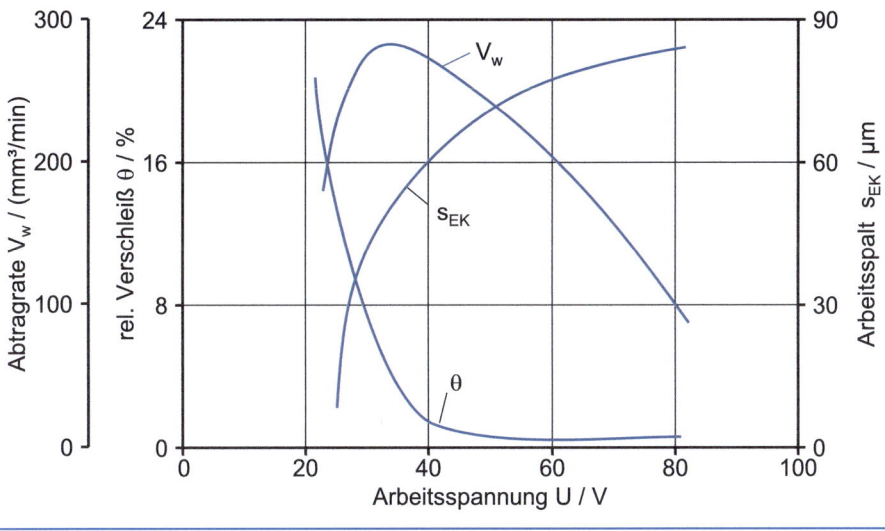

Versuchsbedingungen

WSt: 55NiCrMoV7 (-) $\bar{I}_e$ = 51 A τ = 0,88

WZ: Cu ⌀40/8 (+) $\hat{u}_i$ = 100 V t_i = 1000 µs

Abb. 2.21 Spaltbereich und technologische Kenngrößen als Funktion der Arbeitsspannung

Bei zu kleinem Reglersollwert kommt es infolge des kleinen Spaltbereichs s_{EK} vorwiegend zu Kurzschlüssen und Fehlentladungen. Dies hat kleine Abtragraten und einen hohen relativen Verschleiß zur Folge [Kurr72]. Unter Spaltbereich s_{EK} ist der zwischen Erosion und Kurzschluss verfahrbare Weg der Pinole zu verstehen. Mit steigender Sollwert- und Arbeitsspannung wird ein Abtragmaximum bei stark abfallenden Verschleißwerten erreicht. Eine weitere Erhöhung der Sollwertspannung führt über eine Zunahme des Spaltbereichs zu Entladungen mit längeren Zündverzögerungszeiten. Hierbei wird die Entladeenergie wegen der Verkürzung der Entladedauer vermindert, die wiederum eine Abnahme der Abtragrate bewirkt. Schließlich wird der Spalt zwischen Werkstück und Werkzeug so groß, dass nur noch Leerlaufimpulse anliegen und keine Entladungen mehr zünden können. Der Prozess kommt zum Erliegen.

Der Einstellung der Leerlaufspannung, die die Spaltweite mitbestimmt, kommt eine große Bedeutung zu, da sie die Beschleunigung der Ionen im Dielektrikum beeinflusst. Während des Schruppbetriebs, also beim Erodieren mit hoher Entladeenergie, ist die Spaltweite in der Regel aufgrund der energiereichen Funkenentladung auch bei kleiner Leerlaufspannung so groß, dass Prozessentartungen ohne Überschwingungen der Elektrode in den Leerlauf oder in den Kurzschlussbereich ausgeregelt werden. Mit abnehmender Entladeenergie, also beim Übergang in den Schlicht- und Feinschlichtbereich, wird der Erosionsspalt kleiner. Bis zum Erreichen einer "kleinsten Spaltweite" arbeitet der Prozess noch stabil, obwohl erodierte Partikel immer schwieriger aus der Bearbeitungszone zu entfernen sind. Unterhalb dieser Grenze, die von der Leistungsfähigkeit der Vorschubregelung bestimmt wird, können Prozessentartungen nicht mehr ausgeregelt werden. Hier kann durch Erhöhung der Leerlaufspannung der Erosionsspalt wieder vergrößert werden, sodass sich der Prozess stabilisiert. Einen weiteren Einfluss auf das Abtrag- und Verschleißverhalten übt die Polarität aus. Um ein günstiges Abtragverhalten zu erreichen, polt man das Werkzeug gewöhnlich anodisch. Eine kathodische Polung ist bei der Bearbeitung mit extrem kurzen Entladezeiten (Größenordnung $t_e < 5$ µs) sinnvoll, z. B. bei der Drahtfunkenerosion oder beim funkenerosiven Polieren zum Erreichen besonders hoher Oberflächengüten. Auf den Einfluss der Polung wird im Speziellen in den Abschnitten Abschn. 2.4.4 und 2.4.5 eingegangen. Außer den elektrischen Einstellparametern beeinflusst auch die Spülung den Erosionsprozess. Eine Zwangsspülung durch die Werkzeug- oder Werkstückelektrode oder alternativ die Bewegungsspülung durch periodische Abhebebewegungen ist bei tieferen Einsenkungen zum Abtransport der Abtragpartikel und auch zur Prozessstabilisierung nötig. Den Zusammenhang zwischen den technologischen Kenngrößen und der Durchflussmenge des Arbeitsmediums durch den Arbeitsspalt bei der Zwangsspülung zeigt Abb. 2.22.

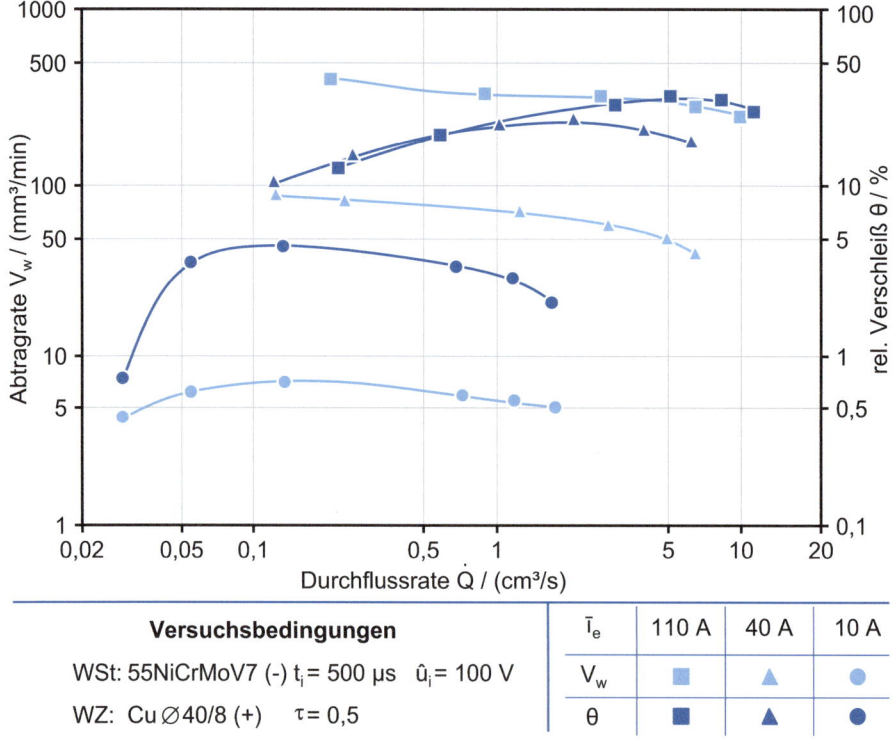

Abb. 2.22 Einfluss der Durchflussmenge der Spülung auf die technologischen Kenngrößen

Allgemein ergibt sich daraus, dass eine Verbesserung der Abtragkenngrößen grundsätzlich dann festzustellen ist, wenn möglichst wenig Dielektrikum im Spalt fließt. Allerdings besteht eine untere Grenze insofern, als dass bei einer zu geringen Durchflussmenge der Abtragprozess zum Erliegen kommt, weil die Abtragprodukte nicht mehr aus dem Spalt entfernt werden können [Barz76].

Da die Druck- oder Saugspülung zu nicht reproduzierbaren Arbeitsergebnissen führen kann, wird sie immer häufiger durch eine reine Bewegungsspülung ersetzt, die jedoch zwangsläufig durch die periodischen Abhebebewegungen der Pinole zu einer Verlängerung der Bearbeitungszeit führt.

2.2.1.3 Verfahrenscharakteristika des funkenerosiven Schneidens

Die im vorherigen Abschnitt für das funkenerosive Senken beschriebenen grundlegenden Zusammenhänge zwischen Impulsparametern, Abtrag, Verschleiß und Oberflächenbeschaffenheit gelten auch weitgehend für das funkenerosive Schneiden, da beide Verfahrensvarianten auf demselben Abtragprinzip beruhen. Die Drahtfunkenerosion weist jedoch spezielle Eigenschaften auf, die sich in einer eigenständigen Technologie ausdrücken. Die Konturerzeugung erfolgt durch die Realisierung der programmierten Schnittbahn im Werkstück. Der thermischen und mechanischen Beanspruchbarkeit der Drahtelektrode sind durch ihren geringen Querschnitt (Durchmesser von 0,02 – 0,35/0,4 mm) Grenzen gesetzt. Zur Vermeidung von Drahtbruch, dessen Hauptursache in einer gleichzeitigen räumlichen und zeitlichen Konzentration von Entladungen liegt [Deke88], wird daher einerseits der erosionsbedingte Verschleiß am Draht durch eine kontinuierliche Drahterneuerung kompensiert. Andererseits findet die Drahtfunkenerosion im Vergleich zur Senkbearbeitung auf einem deutlich geringeren Entladeenergieniveau statt.

Die geringen Entladeenergien resultieren hauptsächlich aus sehr kleinen Impulsdauern (t_i = 0,1 µs bis 4 µs), die aufgrund der begrenzten thermischen Belastbarkeit der Drahtelektrode sowie zur Gewährleistung einer ausreichenden Spülung des relativ schmalen Arbeitsspalts notwendig sind. Da der anodenseitige Abtrag pro Entladung im Bereich der für die Drahtfunkenerosion genutzten Impulsdauern (Größenordnung t_e < 4 µs) über dem kathodenseitigen Abtrag liegt, ist die Elektrode im Unterschied zu den meisten Fällen der Senkbearbeitung negativ gepolt und gewährleistet so eine höhere Leistungsfähigkeit des funkenerosiven Schneidens [Köni90, Sieg94a]. Ein weiteres charakteristisches Merkmal des funkenerosiven Schneidens stellt die übliche Verwendung von deionisiertem Wasser als Dielektrikum dar. Hierfür sind im Wesentlichen zwei Ursachen zu nennen: Der Dipolcharakter und die im Vergleich zu Kohlenwasserstoffverbindungen höhere elektrische Leitfähigkeit des Wassers führen zur Ausbildung eines größeren Arbeitsspalts [Sieg94a]. Hierdurch reduziert sich die Kurzschlussgefahr durch Berührung zwischen Draht und Werkstück, und die Spülung wird verbessert. Darüber hinaus sind die Abtragpartikel beim Einsatz von Wasser als Dielektrikum kleiner [Hens84]. Als zweiter Grund ist zu nennen, dass von Wasser aufgrund seiner besseren Wärmeleit- und Wärmespeichereigenschaft eine stärkere Kühlwirkung auf die Elektrode ausgeht [Schu75].

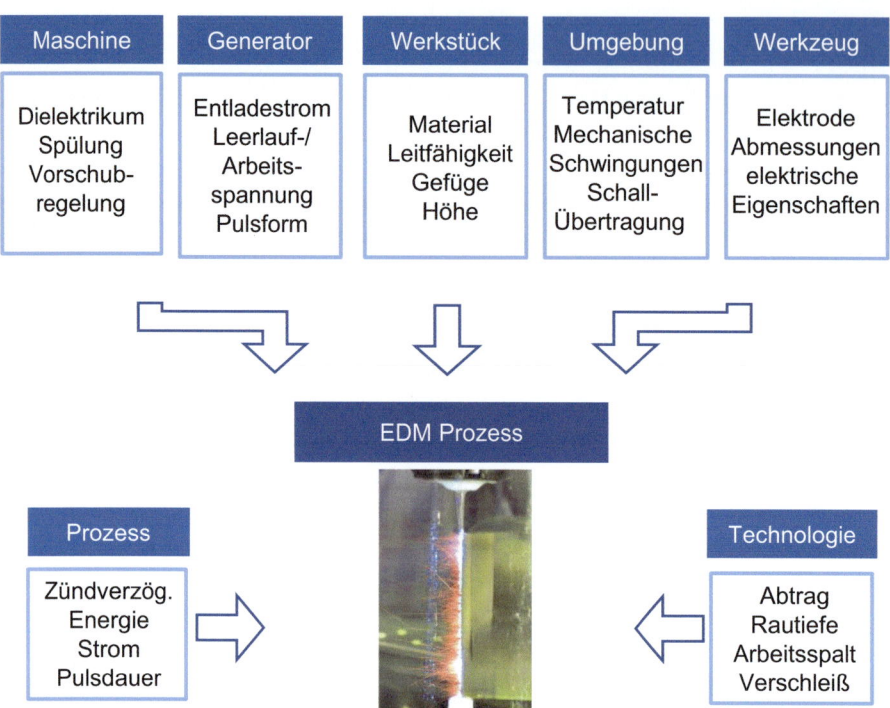

Abb. 2.23 Charakterisierende bzw. einflussnehmende Größen beim funkenerosiven Drahtschneiden

Die Verwendung von kohlenwasserstoffbasiertem Dielektrikum führt zu kleineren Arbeitsspalten, sodass es zum funkenerosiven Schneiden von Konturen mit sehr kleinen Innenradien weiterhin verwendet wird. Außerdem können durch den Einsatz von kohlenwasserstoffbasierten Dielektrika die Korrosionen bei der Bearbeitung von Hartmetall und Polykristallinem Diamant (PKD) vermieden werden. In Abb. 2.23 sind zusammenfassend die den funkenerosiven Schneidprozess beeinflussenden bzw. charakterisierenden Größen dargestellt.

Beim Leistungsschnitt (Hauptschnitt) kommt dem Elektrodenverschleiß nur im Hinblick auf einen Drahtbruch Bedeutung zu. Im Schlichtbetrieb (Nachschnitte) ist der Verschleiß so gering, dass kaum Einfluss auf die Maßgenauigkeit des Werkstücks ausgeübt wird. Die Genauigkeit beim funkenerosiven Schneiden ist in erster Linie durch die Geometrie der Schnittspur gekennzeichnet (Abb. 2.24). In Abhängigkeit von Drahtwerkstoff, -durchmesser, -vorspannung, Werkstückhöhe sowie Entlade- und Spülbedingungen bilden sich unterschiedliche Schnittspuren und Bauchungen aus. Bei Nachschnitten befindet sich die Drahtelektrode nicht mehr mit ihrem ganzen Durchmesser im Eingriff, sodass in solchen Fällen die laterale Spaltweite s_L herangezogen wird.

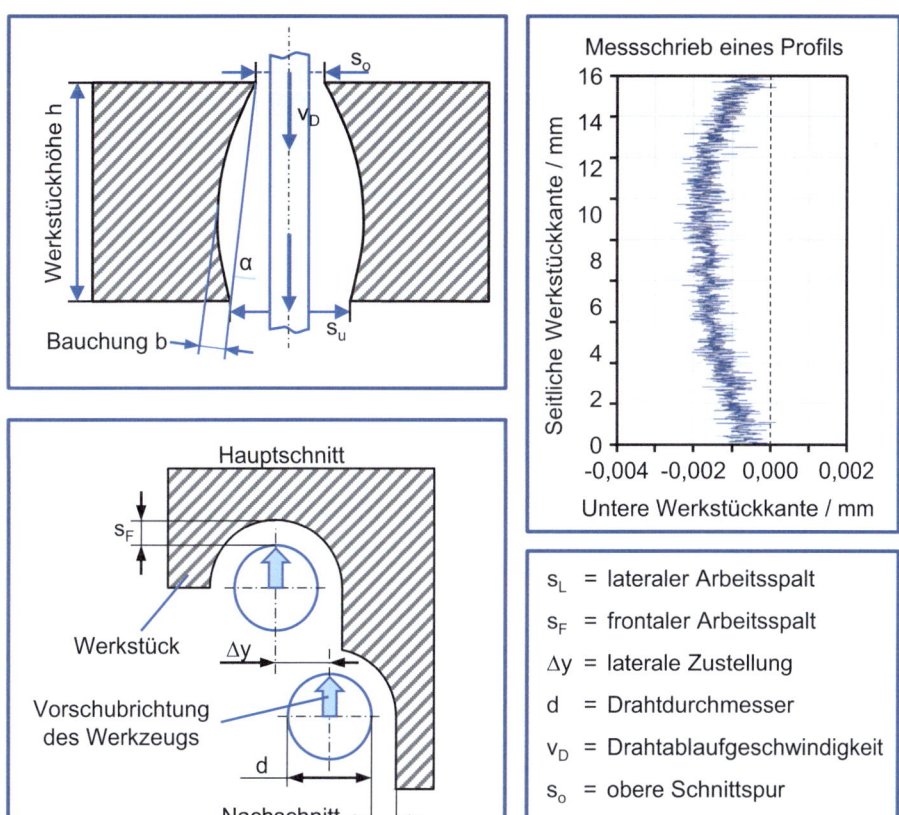

Abb. 2.24 Geometrie der Schnittspur

Als Kenngröße zum Vergleich verschiedener Schnittspalte dient die mittlere Schnittspur s_m, welche das arithmetische Mittel aus oberer und unterer Schnittspur (s_u und s_o) darstellt:

$$S_m = \frac{S_o + S_u}{2} \qquad (2.6)$$

Das Messen der Schnittspuren gestattet es weiterhin, die Konizität des Schnittspalts zu bestimmen, die infolge schlechter Spülverhältnisse oder einer ungünstigen Lage des Werkstücks auftreten kann:

$$\tan \alpha = \frac{S_o - S_u}{2 \cdot h} \qquad (2.7)$$

Die Oberflächen- und Randzonenausbildung bei der Drahtfunkenerosion wird analog zur funkenerosiven Senkbearbeitung durch eine Reihe von Kenngrößen charakterisiert:

Während Rauheitskennwerte und Oberflächenwelligkeit die Morphologie der erodierten Oberfläche kennzeichnen, beziehen sich Gefüge, Härte und Eigenspannungszustand der Randzone sowie Dauerfestigkeit des Bauteils auf die mechanischen und chemischen Eigenschaften der Randschichten.

2.2.1.4 Schnittrate

Zu den Zielgrößen der Drahtfunkenerosion zählen einerseits die Abtraggeschwindigkeit, andererseits die Genauigkeit, Oberflächen- und Randzoneneigenschaften. Als Produktivitätskenngröße wird beim funkenerosiven Schneiden die Schnittrate V_w benutzt. Zur Vergleichbarkeit der Abtragraten bei unterschiedlichen Werkstückhöhen wird die Vorschubgeschwindigkeit v_f des Drahts senkrecht zur Ablaufrichtung mit der Werkstückhöhe h multipliziert:

$$V_W = v_f \cdot h \qquad (2.8)$$

Die Schnittrate besitzt daher im Gegensatz zur Abtragrate beim Senken die Dimension einer Fläche pro Zeiteinheit. Die Schnittrate wird bei vorgegebenem Drahtmaterial und Drahtdurchmesser in erster Linie von den elektrischen Parametern Entladeenergie und Impulsfrequenz bestimmt. Bei konstanter Entladeenergie und Erhöhung der Impulsfrequenz nimmt die Schnittrate aufgrund der wachsenden Anzahl der Entladungen je Zeiteinheit zu (Abb. 2.25). Eine Erhöhung der Entladeenergie bei konstanter Impuls-

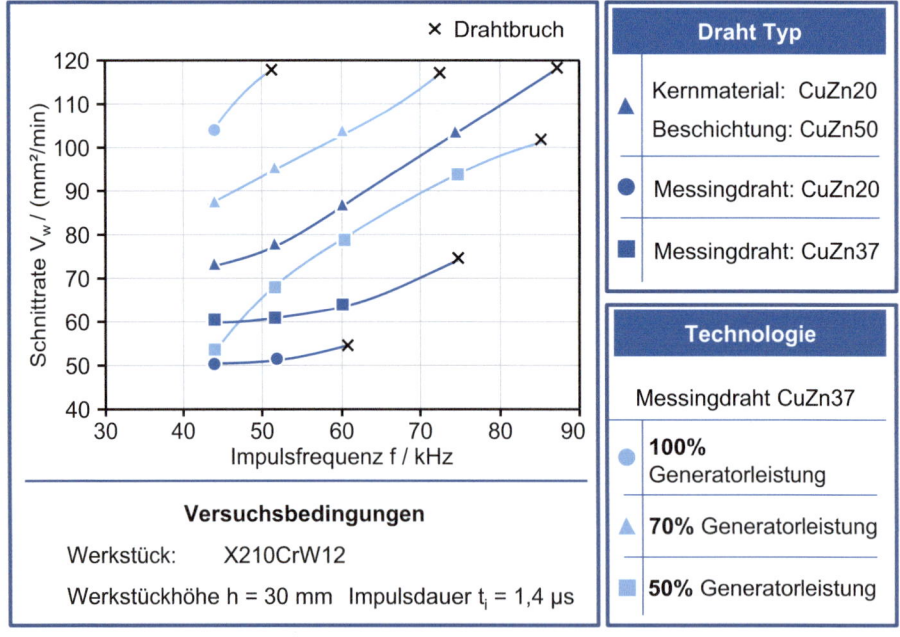

Abb. 2.25 Schnittrate in Abhängigkeit von der Impulsfrequenz und der Drahtelektrode

2.2 Technologie

frequenz führt ebenfalls zu einer Schnittratensteigerung, die auf einen wachsenden Abtrag je Entladung zurückzuführen ist. Wie aus Abb. 2.25 weiter hervorgeht, sind einer Erhöhung der Impulsfrequenz aufgrund der thermischen Belastbarkeit des Drahts sowie der unzureichend kurzen Pausendauern zur Spülung des Arbeitsspaltes Grenzen gesetzt. Auch ist erkennbar, dass mit optimierter Technologie höhere Schnittraten möglich sind. Die Verwendung von Hochleistungsdrähten bietet darüber hinaus das Potenzial zur weiteren Erhöhung der Schnittrate. Es sind Schnittraten von bis zu $V_W = 500$ mm²/min erreichbar.

Einen weiteren deutlichen Einfluss auf die Schnittrate besitzt die Werkstückhöhe (Abb. 2.26). Mit wachsender Werkstückhöhe ist zunächst eine Zunahme der Schnittrate verbunden, für die verschiedene Ursachen in Betracht kommen. Die größere Drahteingriffslänge bei steigender Werkstückhöhe führt zu einer Zunahme der Beladung des Dielektrikums mit Abtragpartikeln. Daneben erhöht sich die Wärmeleitung durch das Werkstück. Die bei dickeren Werkstücken entstehende, breitere Schnittspur verbessert die Spülverhältnisse und somit die Kühlung des Drahtes durch das Arbeitsmedium. So liegen in Abhängigkeit von den Arbeitsbedingungen bei einer bestimmten Werkstückhöhe optimale Spaltbedingungen und damit einhergehend ein Schnittratenmaximum

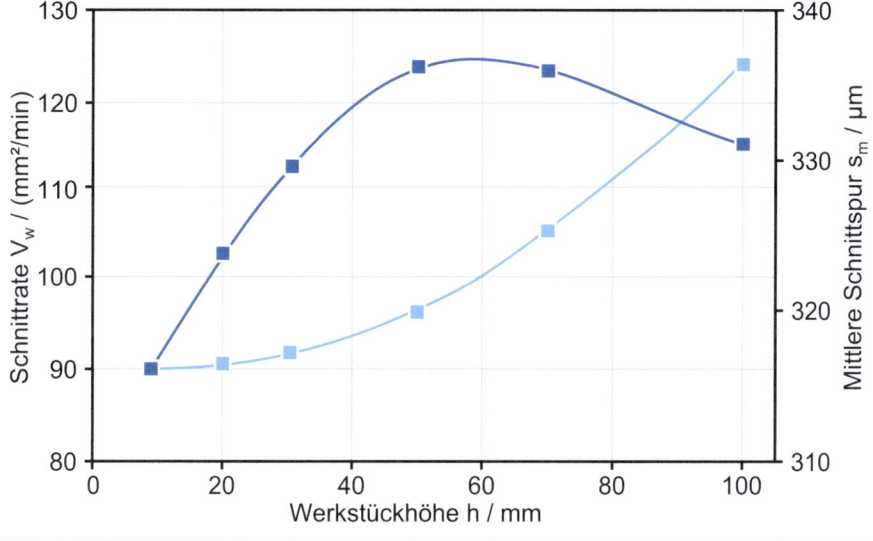

Abb. 2.26 Einfluss der Werkstückhöhe auf das Arbeitsergebnis bei der Drahtfunkenerosion

vor (Abb. 2.26). Bei einer weiteren Steigerung der Werkstückhöhe wird die Spülung zunehmend erschwert. Die Folge ist eine Anhäufung von Prozessstörungen, die sich in einem Absinken der Schnittrate niederschlagen. Nachteilig auf den Prozessfortschritt wirkt sich auch das infolge einer verbreiterten Schnittspur größere abzutragende Materialvolumen aus.

In Hinblick auf die Erzielung möglichst hoher Schnittraten kommt der Wahl der Drahtelektrode eine wesentliche Bedeutung zu. Um eine weitgehend verlustfreie Übertragung der elektrischen Energie zum Arbeitsspalt zu gewährleisten, sollte der Drahtwerkstoff eine hohe elektrische Leitfähigkeit besitzen. Weiterhin sollte der elektrische Übergangswiderstand an den Stromzuführungen möglichst gering sein, was sich durch eine oxidfreie und glatte Oberfläche erzielen lässt. Untersuchungen haben aber gezeigt, dass sich mit aufgerauten Drähten höhere Schnittraten erzielen lassen. Dies resultiert in der verbesserten Benetzung mit dem Dielektrikum und gleichmäßigeren Zündbedingungen [Hens84]. Der Elektrodenwerkstoff besitzt darüber hinaus Einfluss auf die Bedingungen im Arbeitsspalt. So haben sich vor allem Messinglegierungen und der Einsatz zinkbeschichteter Drähte durchgesetzt, da durch das leicht verdampfbare Zink eine gleichmäßige Spaltkontamination eingestellt werden kann [Köni74, Hens84]. Näheres über den Aufbau von Drahtelektroden ist in Abschn. 2.2.3 beschrieben. Der Durchmesser der Drahtelektrode stellt einen weiteren wichtigen Einflussparameter auf die Schnittrate dar. Aufgrund der Tatsache, dass die Strombelastbarkeit des Drahtes mit dem Quadrat des Durchmessers steigt, während das Abtragvolumen lediglich linear wächst, sind mit größeren Durchmessern höhere Schnittraten erreichbar [Schu75].

Die Einstellparameter Drahtvorspannung und Drahtablaufgeschwindigkeit müssen der gewählten Drahtelektrode so angepasst werden, dass ein Reißen des Drahtes vermieden wird. Die Drahtvorspannung hat die Aufgabe, Drahtschwingungen zu kompensieren, welche durch die prozessbedingten, am Draht angreifenden Kräfte ausgelöst werden. Der Einfluss des Werkstückwerkstoffs auf die Schnittrate ist im Wesentlichen durch seine thermischen und elektrischen Kenngrößen, aber auch durch seine Dichte und Gefügezusammensetzung gekennzeichnet. So können z. B. nichtmetallische Einschlüsse im Gefüge ab einer gewissen Größenordnung einen gleichmäßigen Prozessverlauf stark behindern. Der Vergütungszustand eines Werkstoffs hingegen ist für die erzielbare Schneidleistung nicht von Bedeutung [Förs79, VDI3400].

2.2.1.5 Konturgenauigkeit

Wie in Abb. 2.27 dargestellt, lässt sich die Genauigkeit beim funkenerosiven Schneiden anhand von Schnittspur, Bauchigkeit und Konizität beschreiben. Die Schnittflächenkontur wird nachhaltig vom Ausmaß der Drahtschwingungen bestimmt, welche durch die verschiedenen am Draht angreifenden Kräfte hervorgerufen werden [Pans74, Schu75, Förs79, Sieg94a]. Hierbei sind zu nennen:

- Drahtvorspannkraft
- Spülungsbedingte Kräfte

2.2 Technologie

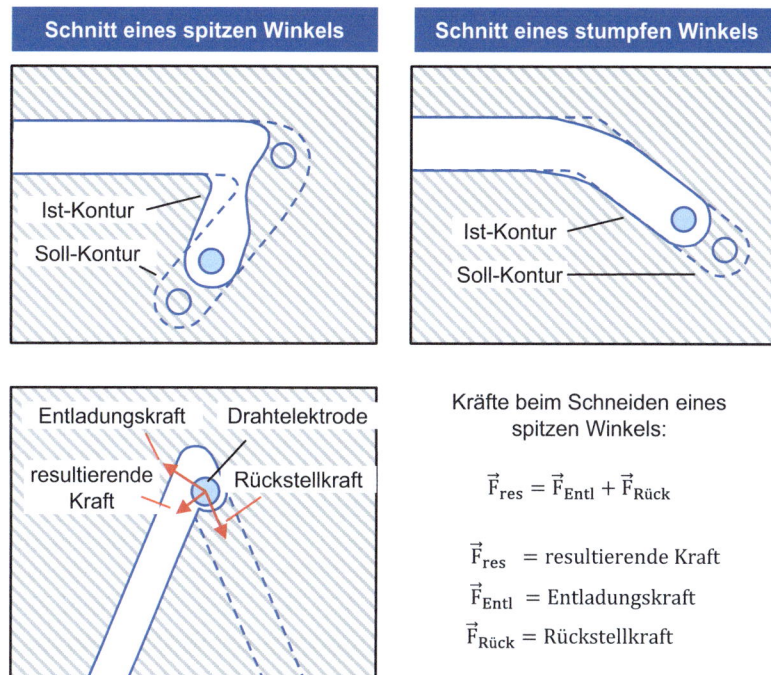

Abb. 2.27 Konturfehler beim Schneiden durch statische Drahtlagefehler

- Elektrostatische Kräfte
- Elektromagnetische Kräfte
- Entladungsbedingte Kräfte infolge des Gasdrucks im Entladekanal

Bei steigender Werkstückhöhe bzw. Einspannlänge des Drahts nimmt die Steifigkeit des eingespannten Drahts ab. Hierdurch werden Schwingungen begünstigt, sodass Schnittspur und Bauchigkeit zunehmen. Der Übergang von einer konvexen zu einer konkaven Bauchungsform deutet darauf hin, dass ab einer bestimmten Werkstückhöhe von $h = 40$ mm die Drahtelektrode eine ausgeprägte Saitenschwingung ausführt [Sieg94a]. Eine Erhöhung der Entladeenergie bewirkt ebenfalls eine Zunahme der Spaltweite bzw. der Schnittspur. Ursache hierfür ist zum einen die mit der Entladeenergie steigende Kontamination des Arbeitsspaltes, welche die Durchschlagfestigkeit sinken lässt [Sieg94a]. Zum anderen bewirkt der Anstieg der entladungsbedingten Kräfte die Ausbildung einer größeren Spaltweite. Weiterhin ist die Breite des Arbeitsspalts in gewissen Grenzen durch die Sollwertspannung beeinflussbar. Auf diese Weise werden über die Vorschubregelung günstige Entlade- und Spülbedingungen eingestellt. Die Drahtelektrode beeinflusst die Schnittspurbreite über ihren Durchmesser und über die Materialzusammensetzung in der Außenschicht, die Auswirkungen auf die Kontamination und damit auch auf die Breite des Arbeitsspalts besitzt.

Die Konizität der Schnittspur resultiert meistens aus nicht optimalen Spülbedingungen oder einer ungünstigen Lage des Werkstücks. Neben der Beeinflussung der Schnittflächenkontur führen statische Drahtauslenkungen infolge der oben genannten Kräfte zu Abweichungen von der programmierten Bahn, wie in Abb. 2.27 dargestellt [Schu91]. Beim Richtungswechsel des Vorschubs entsteht bei spitzen Konturwinkeln am Draht eine senkrecht zur Kontur verlaufende Kraftkomponente (Entladungskraft). Der zweite Vektor ist eine Rückstellkraft, die aus statischer Drahtauslenkung und Drahtvorspannkraft resultiert. Er weist vom Drahtmittelpunkt in Richtung der Position der voreilenden Drahtführungen in der x–y-Ebene. Seine Richtung wird durch die vorgegebene Schnittbahn bestimmt. Aus diesen beiden Kräften ergibt sich eine resultierende Kraft, die die Schnittkontur verursacht. Eine Möglichkeit der Abhilfe besteht in der Reduzierung der Schnittgeschwindigkeit im Kurvenbereich. Dadurch wird der Schleppfehler kleiner, die Bauteilgenauigkeit steigt, aber die Bearbeitungszeit erhöht sich.

2.2.1.6 Topografie

Die Topografie funkenerosiv bearbeiteter Oberflächen ist charakterisiert durch die Aneinanderreihung und Überlagerung einzelner Entladekrater. Die Oberflächengestalt ist daher als narbig oder muldig zu bezeichnen, sie weist keine gerichteten Bearbeitungsspuren auf. Die Beschreibung der Topografie stützt sich in der Regel auf die Erfassung von Rauheitskennwerten mittels Tastschnittgeräten und optischer Messmethoden. Die Rauheit einer funkenerosiv erzeugten Oberfläche wird durch die Größe der einzelnen Entladekrater und damit im Wesentlichen durch die Entladeenergie bestimmt (Abb. 2.28). Mit zunehmender Entladeenergie wird mehr Material erschmolzen, sodass größere Erosionskrater zu einer höheren Rauheit führen. Hierbei wirkt sich eine Steigerung der Entladeenergie über den Entladestrom stärker auf die Rauheitszunahme aus als eine Energieerhöhung über die Impulsdauer.

Zur schnellen, überschlägigen Beurteilung der Rauheit wurde vom Verein Deutscher Ingenieure (VDI) ein Oberflächennormal geschaffen, mit dessen Hilfe erodierte Oberflächen verglichen und klassifiziert werden können. Die einheitslose VDI-Klasse ergibt sich aus dem dekadischen Logarithmus (Tab. 2.3) des Rauheitskennwertes Ra der jeweiligen Oberfläche gemäß folgender Berechnungsformel:

$$\text{VDI} - \text{Klasse} = 20 \cdot \lg(10 \cdot \text{Ra}) \qquad (2.9)$$

Der überschlägige Charakter der VDI-Klassen wird anhand von Abb. 2.29 deutlich. Abgebildet sind Rasterelektronenmikroskopaufnahmen von drei verschiedenen, funkenerosiv erzeugten Oberflächen, darüber sind die jeweils in mehreren Messungen ermittelten Rauheiten aufgeführt. Zur Erzeugung der abgebildeten Oberflächen kamen unterschiedliche Bearbeitungsstrategien zum Einsatz, die jeweils spezielles Wiedererstarrungsverhalten des aufgeschmolzenen Werkstoffs bewirkten und so die verschieden ausgeformten Oberflächenbeschaffenheiten verursachten. Trotz der offensichtlich unter-

2.2 Technologie

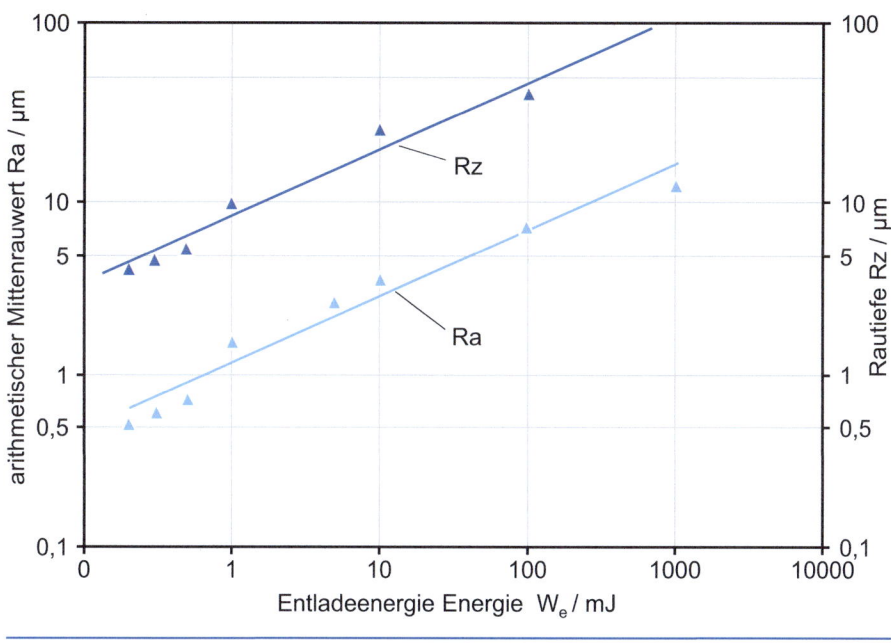

Versuchsbedingungen

Werkstück: 55NiCrMoV7 (−) Leerlaufspannung: $\hat{u}_i = 120...180$ V

Werkzeug: Cu (+) Entladestrom: $\bar{i}_e = 1...90$ A

Abb. 2.28 Oberflächenrauheit in Abhängigkeit von der Entladeenergie bei der Senkerosion

Tab. 2.3 Oberflächennormal für funkenerosiv bearbeitete Oberflächen (nach VDI)

VDI-Klasse	12	15	18	21	24	27	30	33	36	39	42	45
Ra/µm	0,4	0,56	0,8	1,12	1,6	2,2	3,15	4,5	6,3	9,0	12,5	18,0

schiedlich ausgeformten Oberflächen unterscheiden sich die gemessenen Rauheiten nur geringfügig, alle liegen innerhalb des Toleranzbandes der VDI-Klasse 18. Auch konventionelle Bearbeitungsverfahren, wie z. B. Honen oder Drehen, erzeugen bei ähnlicher Rauheit (bspw. Ra-Wert) teils sehr verschiedene Oberflächenbeschaffenheiten, die starken Einfluss auf die spätere Verwendung haben können, allerdings in VDI-Klassen nicht differenziert werden. So hat z. B. die Oberflächenbeschaffenheit eines Spritzgusswerkzeuges starken Einfluss auf das spätere Abformverhalten und muss daher differenzierter beschrieben werden, als es mit VDI-Klassen möglich ist. In diesem Zusammenhang konnte Koshy aufzeigen, wie durch gezieltes Strukturieren hydrophobe Ober-

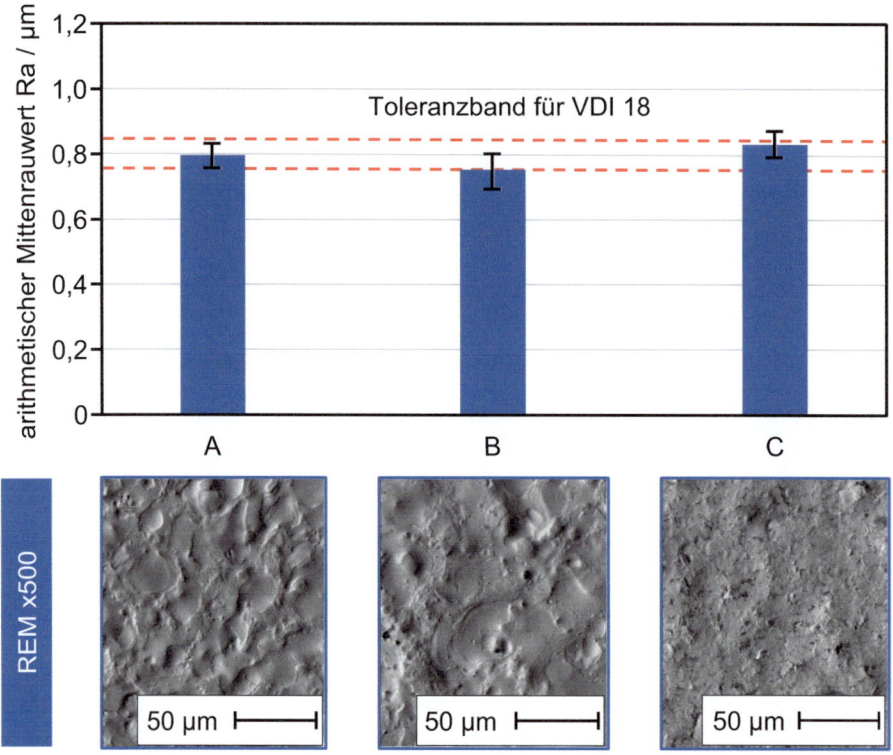

Abb. 2.29 Toleranzband der VDI-Klasse 18 und REM-Aufnahmen [Klin17]

flächeneigenschaften durch die Senkerosion sehr einfach und schnell hergestellt werden können [Guoc19].

Abb. 2.30 verdeutlicht, dass eine Erhöhung der Entladeenergie über den Entladestrom einen Anstieg der Oberflächenrauheit zur Folge hat. Ursache hierfür ist die mit dem Entladestrom zunehmende Kratertiefe, welche unmittelbar die Oberflächenrauheit bestimmt. Die Erhöhung der Entladeenergie über eine Verlängerung der Entladedauer führt gleichfalls zu einem Anstieg der Oberflächenrauheit [Sieg94a].

Mit wachsender Impulsfrequenz ist eine Abnahme der Oberflächenrauheit zu verzeichnen, die auf die steigende Wahrscheinlichkeit der Einebnung noch vorhandener Rauheitsspitzen infolge dort stattfindender Entladungen zurückzuführen ist (Abb. 2.31). Es können Oberflächengüten von Ra = 0,04 µm erreicht werden.

Ein Einfluss auf die Oberflächenausbildung geht ebenfalls von den mechanischen Einstellparametern, wie Drahtvorspannkraft, Drahtablaufgeschwindigkeit, Vorschubgeschwindigkeit und von den Spülströmen, aus. Die Drahtvorspannkraft sollte zur Erzielung eines gleichmäßigen Prozessverlaufs ohne starke zeitliche Spaltweitenschwankungen so hoch wie möglich eingestellt werden. Die Drahtablaufgeschwindigkeit ist so zu wählen, dass trotz des entladungsbedingten Drahtverschleißes die Gefahr

2.2 Technologie

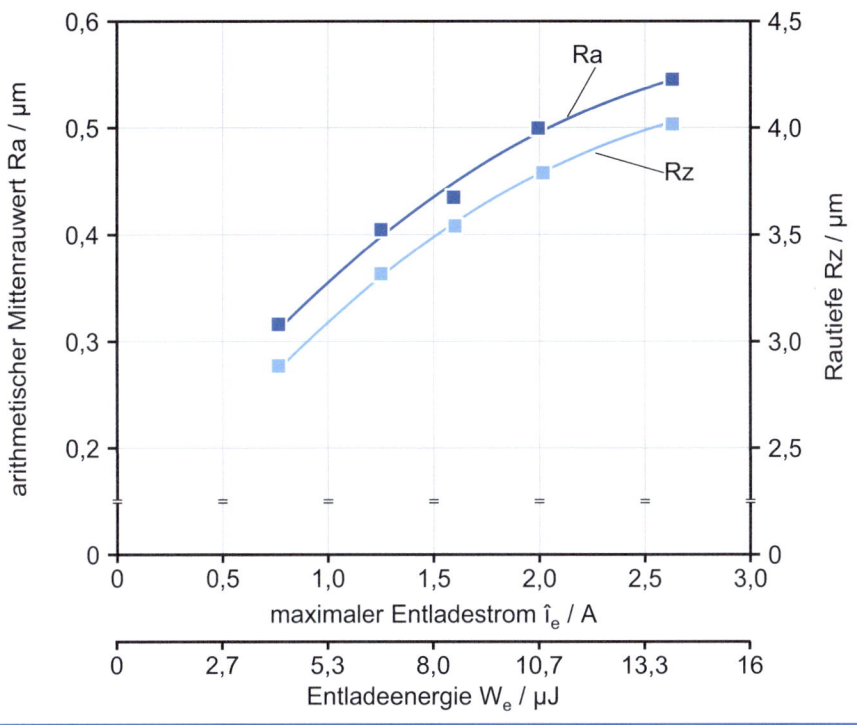

Abb. 2.30 Einfluss des Entladestroms bzw. der Entladeenergie auf die Oberflächenrauheit bei WEDM

eines Drahtbruchs im regulären Betrieb durch thermische oder mechanische Überlastung ausgeschlossen werden kann. Die Vorschubgeschwindigkeit muss für Nachschnitte, bei denen sich kein zur Vorschubgeschwindigkeitsregelung ausreichend großer Stirnspalt ergibt, fest vorgegeben werden. Die Oberflächenrauheit steigt mit einer Anhebung der Vorschubgeschwindigkeit an, da ähnlich wie auch bei sinkender Impulsfrequenz die Wahrscheinlichkeit abnimmt, noch vorhandene Rauheitsspitzen einzuebnen. Die Spüldurchflüsse müssen in Hinblick auf die Erreichung hoher Oberflächenqualitäten optimiert werden: Zu große Spüldurchflüsse führen zu einer Verschlechterung der Zündbedingungen, und die an der Drahtelektrode angreifende spülungsbedingte Kraft wächst

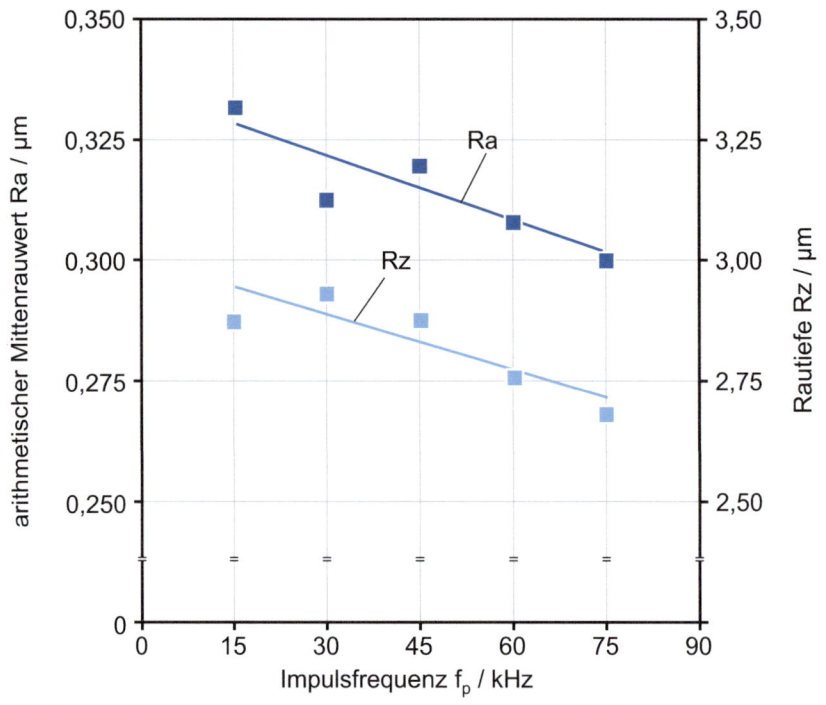

Abb. 2.31 Einfluss der Impulsfrequenz auf die Oberflächenrauheit beim WEDM

an. Zu niedrig gewählte Spüldurchflüsse hingegen verursachen eine zu hohe Kontamination des Arbeitsspalts und somit einen ungünstigen Prozessverlauf.

2.2.2 Dielektrika

Die funkenerosive Bearbeitung findet in einem Dielektrikum statt, das einen erheblichen Einfluss auf den Abtragprozess und seine Wirtschaftlichkeit ausübt. Meist werden flüssige Arbeitsmedien verwendet, doch auch die Erosion in Gas ist möglich (sogenannte Trockenfunkenerosion, vgl. [Roth14, Schi16]). Es wird grundsätzlich zwischen kohlenstoffbasierten und wasserbasierten flüssigen Dielektrika unterschieden. In Abb. 2.32 sind

2.2 Technologie

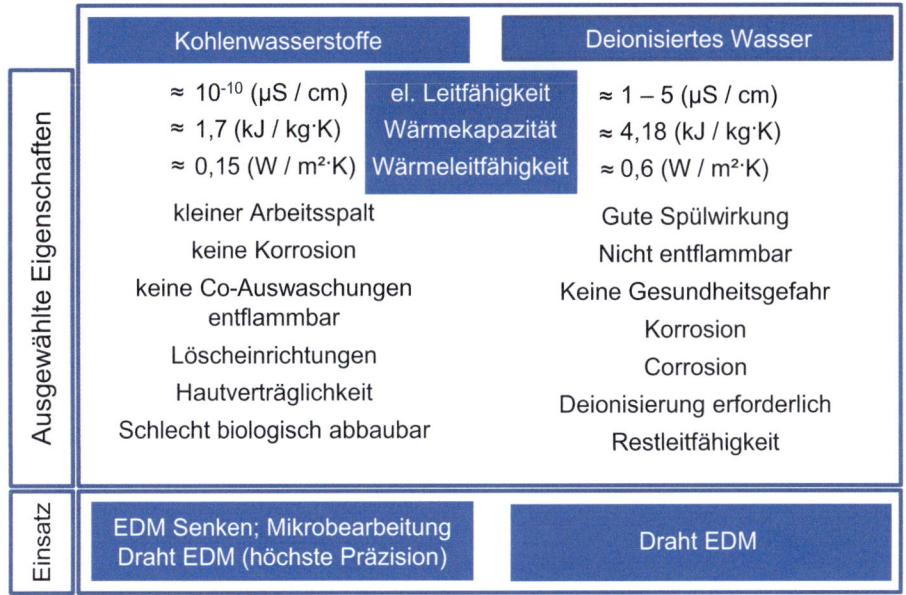

Abb. 2.32 Gegenüberstellung unterschiedlicher Dielektrika für die Funkenerosion

ausgewählte technische und ökologische Eigenschaften sowie typische Einsatzbereiche für die verschiedenen Dielektrika gezeigt.

Das Arbeitsmedium dient zum Aufbau des elektrischen Feldes, zur Einschnürung des Entladekanals, zur Reinigung und zur Kühlung des Arbeitsbereichs. Im Kühlvermögen unterscheiden sich reine Kohlenwasserstoffe, wässrige Lösungen und deionisiertes Wasser erheblich. Bei Verdampfung der Wasserkomponente tritt eine starke Kühlwirkung auf (Phasenübergang flüssig-gasförmig). Der Arbeitsbereich wird dann so intensiv gekühlt, dass bereits kleine Elektrodengeometrien von relativ hohen Strömen durchflossen werden können, ohne das eine thermische Überlastung der Elektrode eintritt. Im Bereich der Entladung bilden sich darüber hinaus aufgrund der geringeren Viskosität von Wasser größere Gasblasen, die daraus resultierenden Prozesskräfte steigen an [Klin16a]. Bei der Verwendung von wasserbasierten Dielektrika werden kürzere Erodierzeiten erreicht, die insbesondere bei der Fertigung von großvolumigen Werkzeugen zu merklichen Zeitvorteilen führen [Sieb91, Dünn92, Köni92]. Mit dem Einfluss gezielt pulveradditivierter Dielektrika setzten sich Klotz für die Senkfunkenerosion [Klot04], Thomaidis für die Mikrosenkerosion [Thom07] und Kamenzky für die Drahterosion [Kame12] auseinander. Auf weitere technologische Besonderheiten bei der Draht- und Mikroerosion wird in den Technologiekapiteln eingegangen.

2.2.3 Elektrodenwerkstoffe

2.2.3.1 Funkenerosive Senkbearbeitung

Prinzipiell lassen sich beim funkenerosiven Senken alle elektrisch leitenden Werkstoffe als Werkzeugelektrode einsetzen. Die Auswahl gut geeigneter Werkstoffe muss sich jedoch an verschiedenen Anforderungen orientieren. Für hohe Abtragraten bei gleichzeitig niedrigem Verschleiß muss der Elektrodenwerkstoff eine hohe elektrische Leitfähigkeit und Wärmeleitfähigkeit sowie einen hohen Schmelzpunkt aufweisen. Eine hohe Festigkeit und eine hohe Fließgrenze sind notwendig, wenn z. B. lange, schlanke Steg-Geometrien gefertigt werden müssen. Außerdem bestimmt die thermische Ausdehnung der Werkzeugelektrode die Genauigkeit des erodierten Werkstücks. Mit Bezug auf die Abbildungsgenauigkeit kommt den Fertigungs- und Einspanntoleranzen der Elektroden erhebliche Bedeutung zu. Sollen z. B. Werkstücke mit geometrischen Toleranzen unter 10 µm hergestellt werden, ist es erforderlich, dass die Elektrodenfertigung noch genauer durchgeführt wird. Deshalb müssen sich Elektrodenwerkstoffe auch gut bearbeiten lassen. Mit verschiedenen Elektrodenwerkstoffen sind bei sonst gleichen Erodierbedingungen unterschiedliche Abtragraten möglich, weil sich aufgrund der Werkstoffeigenschaften der Abtrag je Entladung und auch der Verschleiß unterscheiden [Köni74, Jutz76, Hens81, Hens82, Jutz83].

Als gebräuchlichste Elektrodenwerkstoffe im Bereich des funkenerosiven Senkens sind Elektrolytkupfer (Cu-ETP bzw. Werkstoff-Nr. CW004A) und Grafit zu nennen. Eine Besonderheit gegenüber metallischen Werkstoffen weist Grafit im Verschleißverhalten auf. Während der relative Verschleiß von Kupfer mit steigendem Entladestrom bei konstanter Impulsdauer wächst, nimmt er bei Grafitelektroden ab (Abb. 2.33) [Sasa90]. Aufgrund dieser Eigenschaft eignet sich Grafit vorzugsweise für die Schruppbearbeitung mit hohem Entladestrom und langer Impulsdauer. Kupfer weist dagegen bei der Schlichtbearbeitung mit kleinem Entladestrom und kurzer Impulsdauer signifikante Vorteile auf.

Die geringe Wärmeausdehnung von Grafitelektroden (etwa 25 % der Wärmeausdehnung von Kupfer) ermöglicht eine höhere Bearbeitungsgenauigkeit gegenüber dem Einsatz von Kupferelektroden. Die bedeutend geringere Dichte von Graphit macht sich besonders bei großvolumigen Elektroden bemerkbar [Weiß78, Sasa90]. Die Primärkorngröße des Grafits ist eine wichtige Materialkenngröße, ebenso die Biegefestigkeit. Kommen Feinstkorngrafite (mittlere Korngröße < 3 µm) zum Einsatz, können unter angepassten Prozessparametern sehr gute Oberflächenrauhwerte bis Ra = 0,8 µm erreicht werden. Der Einfluss unterschiedlicher Graphite wurde beispielhaft untersucht, vgl. [Kloc13a]. Außerdem wird es möglich, sehr filigrane Geometrieelemente herzustellen. Zur verschleißarmen Bearbeitung, besonders zum Erodieren von Hartmetall und Keramiken, haben sich Sinterlegierungen aus Wolframkupfer bewährt. Wolframkupfer ist ein Verbundwerkstoff, der durch Sintern hergestellt wird. Ebenso wurden hier metallinfiltrierte Graphitelektroden bereits erfolgreich eingesetzt, vgl. [Kloc16b]. Die Anwendung von Werkzeugelektroden aus Aluminiumlegierungen, Messing oder Stahl

2.2 Technologie

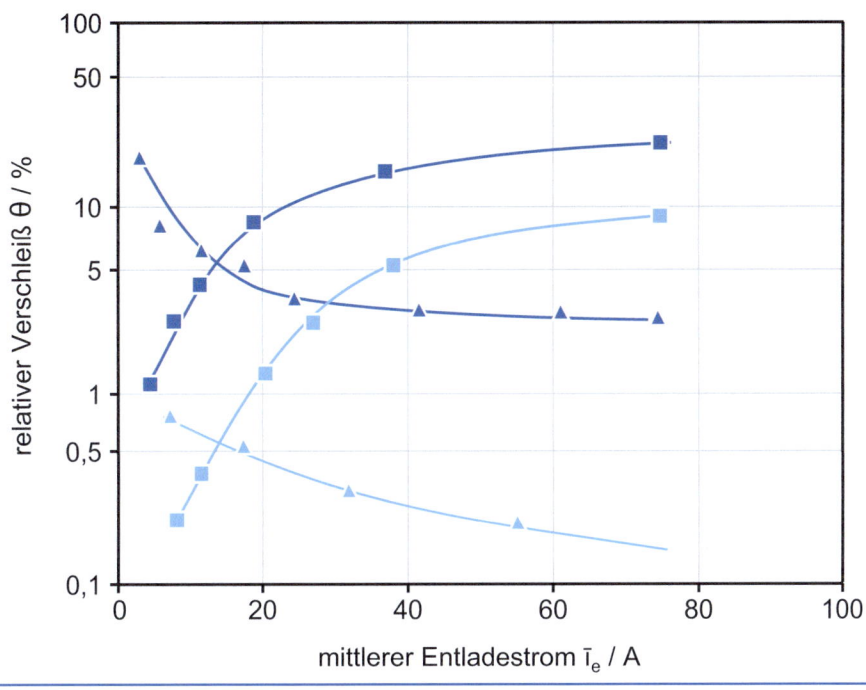

Abb. 2.33 Verschleißverhalten von Kupfer- und Grafitelektroden

beschränkt sich wegen des hohen Verschleißes auf einige Sonderfälle. Hierzu gehören auch Anwendungen, in denen als Elektrodenwerkstoffe metallinfiltrierte bzw. metallimprägnierte Grafite eingesetzt werden. Grundsätzlich muss berücksichtigt werden, dass bei einem Austausch der Elektrodenmaterialien immer auch das Dielektrikum und die sonstigen Einstellparameter auf den neuen Prozess abgestimmt werden müssen. Eine zusammenfassende Übersicht der wichtigsten Eigenschaften von Kupfer- und Grafitelektroden zeigt Abb. 2.34.

Das etablierte Fertigungsverfahren zur Herstellung von Elektroden zum Senkerodieren ist das NC-gesteuerte Mehrachsfräsen. Insbesondere Grafit lässt sich hervorragend zerspanen, jedoch ist die Staubentwicklung bei der Bearbeitungs- und Maschinenauslegung zu berücksichtigen. Auf Standardmaschinen müssen entsprechende Anpassungen des Arbeitsraumes und zur Staubabsaugung vorgesehen werden, es sind

Abb. 2.34 Eigenschaften und Arbeitsergebnis bei der Verwendung von Grafit- und Kupferelektroden

aber auch speziell für das Hochgeschwindigkeitsfräsen von Grafitwerkstoffen entwickelte Maschinen verfügbar. Es ist auch möglich, Grafitelektroden unter der Verwendung von Kühlschmierstoff zu fräsen. Bei der Zerspanung von Kupfer ist zu berücksichtigen, dass trotz geringer Festigkeit des Werkstoffs die Spanbildung und der Spanbruch ungünstig sein können. Hier müssen die Werkzeuge und die Schnittstrategien angepasst werden.

Durch Drahtfunkenerosion können ebenfalls Elektroden für die funkenerosive Senkbearbeitung erzeugt werden (Abschn. 2.4.4). Dies findet zur Herstellung von filigranen, bruchgefährdeten Geometrien – z. B. auskragende schmale Stege – statt. Ansonsten ist die Herstellung der Elektroden durch spanende Bearbeitung dominierend. Abschließend sei die Möglichkeit erwähnt, Elektroden auch durch generative Fertigungsverfahren aus metallischen Werkstoffen (z. B. Kupfer oder Wolframkupfer) zu fertigen, es ist allerdings im Allgemeinen immer noch eine Endbearbeitung durch spanende Prozesse notwendig.

2.2.3.2 Drahtfunkenerosion

Die Drahtelektrode stellt das Werkzeug beim funkenerosiven Schneiden dar. Sie besitzt einen deutlichen Einfluss auf Schnittrate, Genauigkeit und Oberflächengüte und bestimmt darüber hinaus auch die Automatisierbarkeit des Erosionsprozesses mit. Hieraus resultieren die Anforderungen an die stoffliche Zusammensetzung und die geometrische Gestalt des Drahts (Tab. 2.4).

In der Anfangsphase der Drahtfunkenerosion kamen in erster Linie Kupferdrähte zum Einsatz, da diese aus dem Bereich der Elektrotechnik verfügbar und außerdem preis-

2.2 Technologie

Tab. 2.4 Anforderungen Drahtelektroden und Möglichkeiten zu deren Erfüllung

Forderungen	Maßnahmen
Kleiner elektrischer Widerstand	Drahtwerkstoff mit hoher spezifischer Leitfähigkeit Großer Drahtdurchmesser
Kleiner elektrischer Übergangswiderstand	Oxidfreie, glatte Drahtoberfläche
Hohe mechanische Festigkeit	Drahtwerkstoff mit hoher spezifischer Festigkeit. Großer Drahtdurchmesser
Kleine herstellbare Innenradien	Kleiner Drahtdurchmesser
Gleichmäßige Spaltkontamination	Auswahl des Drahtwerkstoffs in Abhängigkeit von der Entladeenergie
Besserer Wärmeübergang zwischen Draht und Dielektrikum	Mikrostrukturierte Drahtoberfläche
Keine Ablagerungen des Drahtes an der Werkstückoberfläche	Geeignete Auswahl der Drahtwerkstoffs

wert waren. Dem Vorteil einer sehr guten elektrischen Leitfähigkeit steht nachteilig gegenüber, dass Kupfer eine niedrige mechanische Festigkeit besitzt und die Abtragpartikel im Erosionsspalt zu nichtleitendem Kupferoxid oxidiert werden können. Dadurch können die Zündbedingungen verschlechtert werden. Die am häufigsten verwendeten Elektrodenwerkstoffe für Erosionsdrähte sind Kupfer-Zink-Legierungen (Messing, CuZn37). Die schlechtere elektrische Leitfähigkeit und Wärmeleitfähigkeit von Messing gegenüber Kupfer hat nur untergeordnete Bedeutung, da das Zink einen entscheidenden Einfluss auf die Spaltbedingungen ausübt. Zink hat einen niedrigen Schmelzpunkt, verdampft während der Entladung und erstarrt dann im Dielektrikum. Aufgrund der hohen Sauerstoffaffinität des Zinks bildet sich rasch eine Oxidschicht, sodass die Partikel weder aneinander haften noch sich auf der Werkstückoberfläche absetzen können. Des Weiteren fördern die sehr kleinen und fein verteilten Zinkpartikel die Zündfähigkeit im Erosionsspalt. Hierdurch ist es möglich, mit höheren Entladefrequenzen zu arbeiten, die zu einer Schnittratensteigerung führen. Die verbesserten Zündbedingungen haben außerdem eine Spaltvergrößerung und damit eine Senkung der Kurzschlussgefahr zur Folge. Messingdraht mit der Zusammensetzung CuZn37 lässt sich aufgrund seines α-Mischkristallgefüges gut kaltumformen und verfestigen. Es sind Zugfestigkeiten von über 1000 N/mm^2 erreichbar. Ansonsten werden für besondere Anwendungen Drähte zur Funkenerosion auch aus Materialverbunden hergestellt, wobei der Kern die Festigkeit und die maximale Vorspannung bestimmt, und über Beschichtungen das Zündverhalten und die Kontamination und damit die Ausbildung des Schnittspaltes beeinflusst werden.

Abb. 2.35 links zeigt schematisch den Querschnitt zweier Drahtelektroden. Hierbei handelt es sich um einen Messingblankdraht „Berocut spezial" und den messingbeschichteten Schnellschneidedraht „Topas plus X" mit Kupferkern. Die Beschichtungen werden in der Regel galvanisch aufgebracht (siehe Kap. 5) und anschließend wärme-

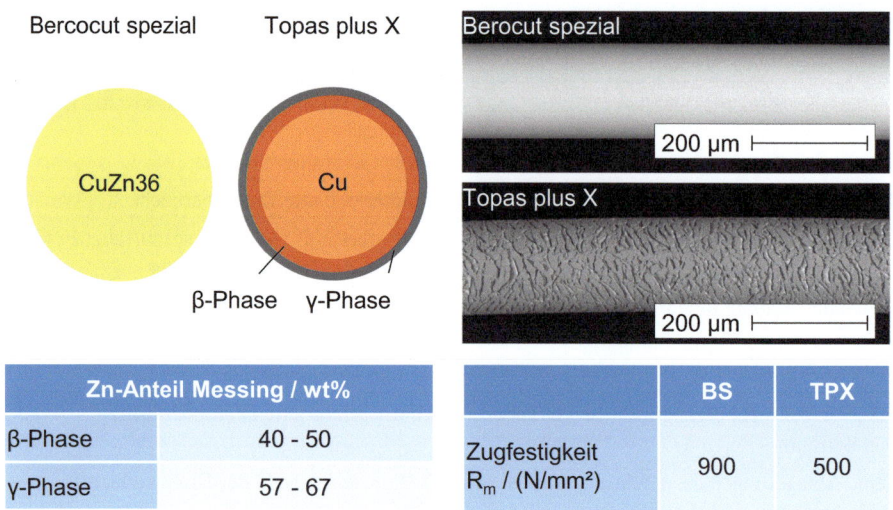

Abb. 2.35 Drahtelektroden und Drahtbeschichtungen. (Quelle: Berkenhoff)

behandelt. Ziel dieser thermischen Behandlung ist es, die Beschichtung des Drahts derart zu modifizieren, dass der Draht einen hoch zinkhaltigen Mantel besitzt, aus dem das Zink jedoch nur langsam verdampft. Das an der Elektrodenoberfläche liegende Zink verdampft während der Bearbeitung und führt bereits bei geringen Entladeenergien zu einer produktivitätssteigernden Spaltkontamination. Bei Schnellschneidelektroden mit einem relativ dicken Mantel aus β- und γ-Messing verdampft das Zink selbst bei Impulsen mit hoher Entladeenergie nur so schnell, dass die Beschichtung des Drahtes auch beim Verlassen des Werkstücks noch nicht vollständig abgetragen wurde. Abb. 2.35 zeigt rechts Aufnahmen der Elektrodenoberflächen. Durch die raue Oberfläche des „Topas plus X" wird mehr Dielektrikum in den Arbeitsspalt transportiert als bei einem unbeschichteten Draht, was die Spülbedingungen und damit die Produktivität weiter verbessert.

Zu den weiteren Spezialitäten zählen Drähte mit einer hohen Dehnbarkeit. Damit können insbesondere die Anforderungen bei der Herstellung konischer Schnitte ($> 7°$) gut erfüllt werden. Diese Drähte eignen sich allerdings nur bedingt für den Betrieb auf Anlagen mit automatisierter Drahteinfädelung. Hierfür sind gerichtete Drähte erforderlich, welche die zum Einfädeln erforderliche Steifigkeit und Geradheit aufweisen. Die aus dem Standardbereich (Durchmesser bis 350 μm) bekannten messing- und kupferbasierten Drähte gestatten aufgrund ihrer relativ geringen Zugfestigkeit ($R_m = 500 - 1200$ N/mm²) meist nur oberhalb eines Durchmessers von 70 μm eine ausreichende Prozesssicherheit. Der minimal verwendete Drahtdurchmesser beträgt 20 μm. In Anwendungsfällen, in denen diese geringen Drahtdurchmesser notwendig sind, kommen Drähte aus Molybdän ($R_m \approx 1400$ N/mm²), ggf. beschichtetem Stahl ($R_m \approx 2000$ N/mm²) oder Wolfram ($R_m \approx 2500$ N/mm²) zum Einsatz (siehe auch Abschn. 2.4.5).

Die Herstellung von Nichteisen-Drahtelektroden erfolgt durch Ziehen aus kaltgewalztem und weichgeglühtem Stangenmaterial. Ein Mehrfachziehprozess ist in der

2.2 Technologie

Regel in die drei Ziehstufen Grobzug, Mittelzug und Feinzug unterteilt. Zwischen den Ziehstufen wird der Draht aufgrund der Kaltverfestigung geglüht. Eine mögliche Beschichtung findet vor dem Feinzug statt. Soll der Draht außerdem diffusionsgeglüht werden, wird der Glühvorgang zwischen dem ersten und zweiten Feinzug durchgeführt. Nach dem Feinzug wird der Draht gerichtet, bevor er auf Spulen aufgewickelt wird, die in Funkenerosionsanlagen verwendet werden.

Die maximal mögliche Schnittrate wird durch die thermische Belastbarkeit des Drahtes begrenzt. Entscheidend für die thermische Belastbarkeit ist die Querschnittsfläche des Drahtes. Dabei skaliert mit dem Drahtdurchmesser jedoch auch das abzutragende Volumen. Jedoch ist die Verringerung der Schnittrate nicht proportional zum Querschnittsflächenverhältnis der Drähte, weil mit einem geringeren Durchmesser auch das abzu-

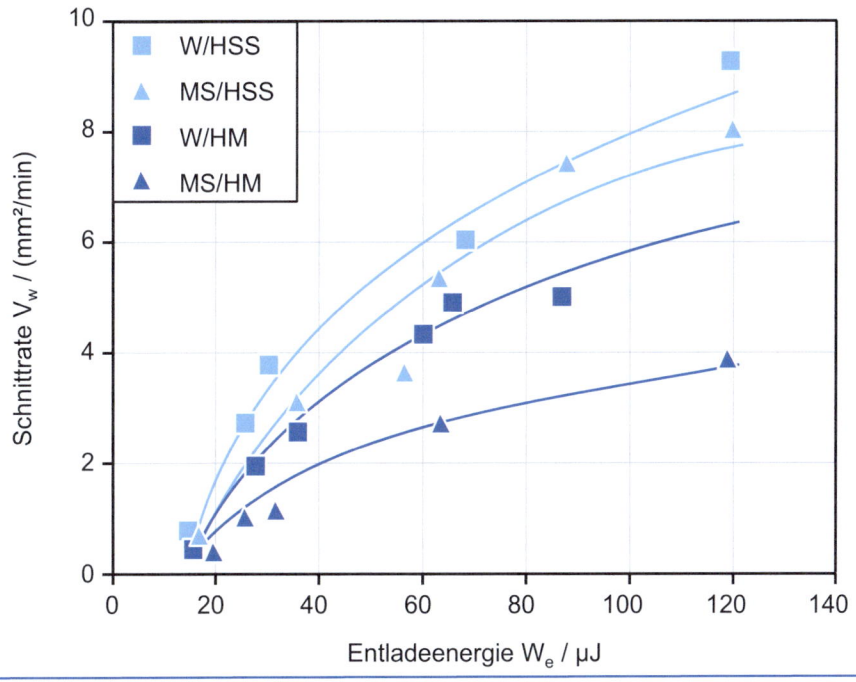

Abb. 2.36 Schnittrate in Abhängigkeit von der Entladeenergie und vom Werkstückwerkstoff bei der Verwendung von Dünndrähten

tragende Materialvolumen sinkt. Dies zeigt, dass die Energieübertragung bei kleineren Drahtdurchmessern mit höheren Verlusten behaftet ist.

In Abb. 2.36 ist die Schneidleistung unterschiedlicher Drahtsorten in Abhängigkeit von der Entladeenergie und vom Werkstückwerkstoff gezeigt. Bei allen untersuchten Kombinationen steigt die Schnittrate mit steigender Entladeenergie. Wie anhand der thermophysikalischen Eigenschaften der Werkstoffe (Schmelztemperatur, Wärmeleitfähigkeit, Dichte etc.) zu erwarten ist, erzielt Wolframdraht (W) bei der Bearbeitung von Schnellarbeitsstahl die höchsten Schnittraten, während die Schneidleistung von messingbeschichtetem Stahldraht (MS) bei der Bearbeitung von Hartmetall am geringsten ausfällt. Bei gleichem Werkstückstoff liegen die Schnittraten von messingbeschichtetem Stahldraht (MS) und Molybdändraht mit 20 – 50 % deutlich unter denjenigen, die beim Schneiden mit Wolframdraht erreicht werden. Die Leistungsunterschiede beruhen nicht auf dem Einfluss der Drahtsorte auf die Schnittspurbreite. So ist z. B. bei einem Durchmesser von 50 µm die Schnittspur von messingbeschichtetem Stahldraht nur etwa 1 – 2 µm breiter als bei der Bearbeitung mit Wolframdraht.

Bei allen eingesetzten Drähten (d = 50 µm) kommt es ab Entladeenergien $W_e > 80$ µJ zu einem erhöhten Drahtbruchrisiko. In diesem Zusammenhang ist ergänzend anzumerken, dass sich 30-µm-Drähte beim Schneiden von Hartmetall als besonders empfindlich gegenüber Drahtbruch zeigen. Es kommt hier offenbar vermehrt zu Entladungs-

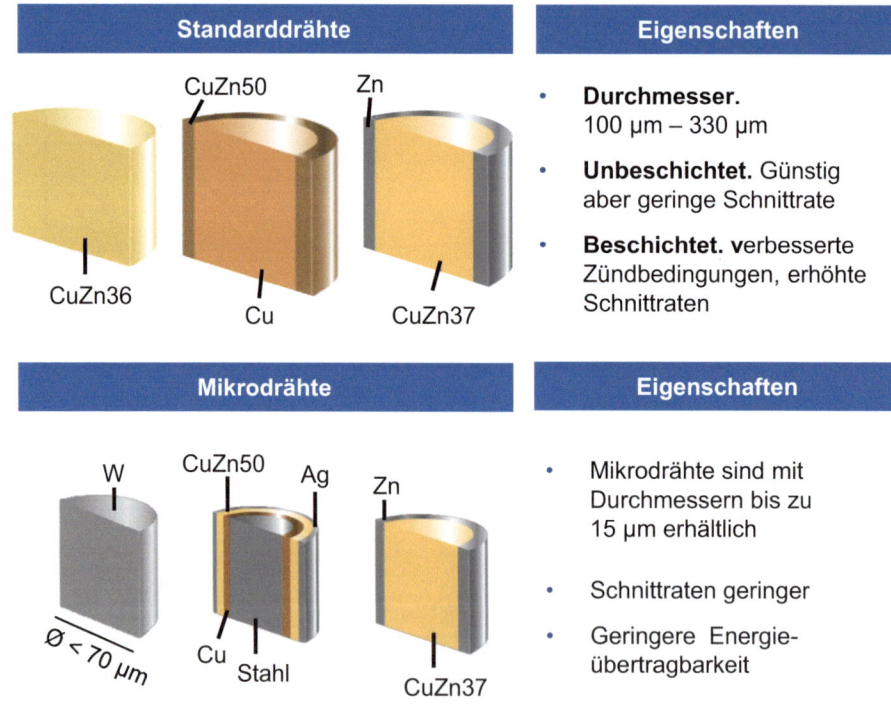

Abb. 2.37 Erodierdrähte. (Quelle: Berkenhoff, Sumitomo)

konzentrationen, die auf dem unterschiedlichen Abtragverhalten von Karbid und Bindephase beruhen. Hier ist ein sicherer Prozess erst unterhalb von maximalen Entladeströmen von 3 A möglich, sodass z. B. die Schnittrate bei Wolframdraht nur noch etwa 0,3 mm^2/min beträgt.

Eine Übersicht über gebräuchliche Erodierdrähte zeigt Abb. 2.37.

2.2.4 Werkstückwerkstoffe

2.2.4.1 Erodierbarkeit und Oberflächenbeschaffenheit (Surface Integrity)

Unter dem Begriff Oberflächenbeschaffenheit werden die Beschreibungen der geometrischen Gestalt der Oberfläche und auch die physikalischen und chemischen Eigenschaften der unmittelbar unter der Oberfläche liegenden Werkstoffbereiche zusammengefasst (Abb. 2.38). Häufig wird dies auch mit dem englischen Begriff *Surface Integrity* beschrieben. Der Oberflächenbeschaffenheit funkenerosiv bearbeiteter Werkstücke kommt besondere Bedeutung zu, da der Abtragmechanismus auf thermophysikalischen

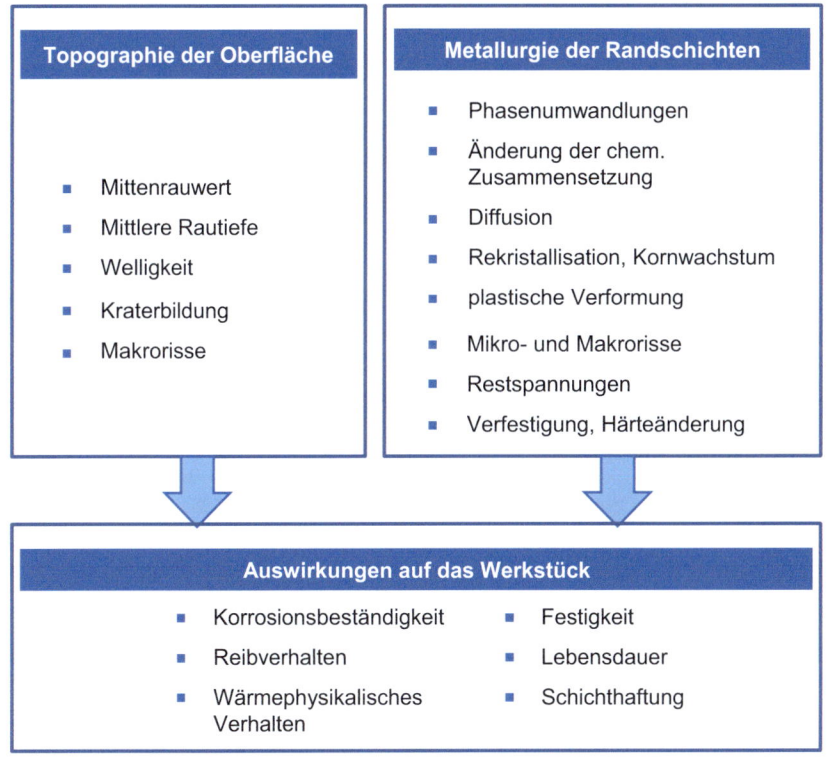

Abb. 2.38 Oberflächenbeschaffenheit funkenerodierter Werkstücke

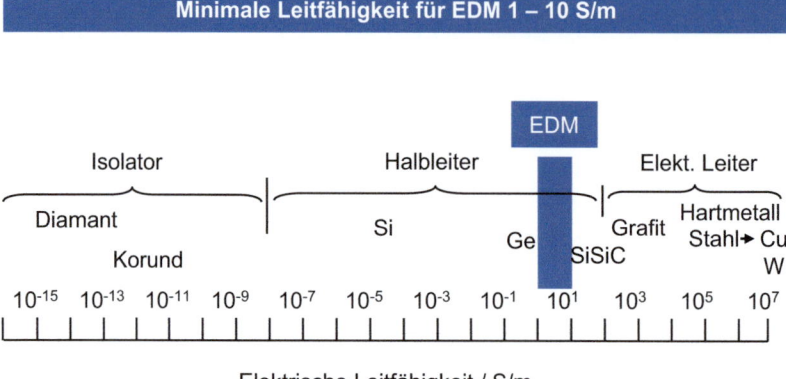

Abb. 2.39 Einfluss der elektrischen Leitfähigkeit auf die Erodierbarkeit von Werkstoffen

Vorgängen beruht und daher Gefügeveränderungen, Eigenspannungen und die Härte verändert werden können. Dies kann Einfluss auf eine zuverlässige Funktionalität der Bauteilkomponente haben. Außerdem muss die Oberflächenbeschaffenheit für weiterführende Prozessschritte bekannt sein und berücksichtigt werden.

Grundsätzlich kann die Erodierbarkeit eines Werkstoffs folgendermaßen definiert werden: Die *Erodierbarkeit ist die Fähigkeit eines Werkstoffs, sich unter gegebenen Bedingungen durch Funkenerosion bearbeiten zu lassen.* Diese allgemeine Definition ist hilfreich, denn sie führt auf eine elektro-physikalische Stoffeigenschaft, die einen bestimmten Grenzwert überschreiten muss, um das funkenerosive Bearbeiten grundsätzlich zu ermöglichen. Dies ist die elektrische Leitfähigkeit. Sie muss größer als 1 bis 10 S/m sein. Metalle und Metalllegierungen sowie einige Halbleitermaterialien erfüllen diese Voraussetzung (Abb. 2.39), auch polykristalliner Diamant, Hartmetall und metallgebundene Diamantschleifscheiben (Kap. 5 und 9) sowie einige technische Keramiken können funkenerosiv bearbeitet werden.

Wenn die elektrische Leitfähigkeit ausreichend ist, muss die Erodierbarkeit durch weitere, für die praktische Anwendung relevante Bewertungsgrößen beurteilt werden. Hierzu gehören Produktivitätskenngrößen (Abtragraten und Schnittraten), der Werkzeugverschleiß, erreichbare Oberflächengüten, die Konstitution der Oberflächenrandzone und bearbeitungsbedingte Festigkeitseigenschaften.

Im Abschn. 2.2.4.2 wird der Einfluss der Werkstoffzusammensetzung schwerpunktmäßig für die funkenerosive Bearbeitung von Metalllegierungen durch SEDM und WEDM diskutiert, deshalb werden im folgenden physikalische Grundvoraussetzungen und der Vollständigkeit halber auch die Bearbeitung von elektrisch leitfähigen Keramiken kurz zusammengefasst.

Bei der Bearbeitung von Reinmetallen ist im Allgemeinen eine Abnahme der Abtragrate mit steigender Schmelztemperatur festzustellen (Abb. 2.40).

2.2 Technologie

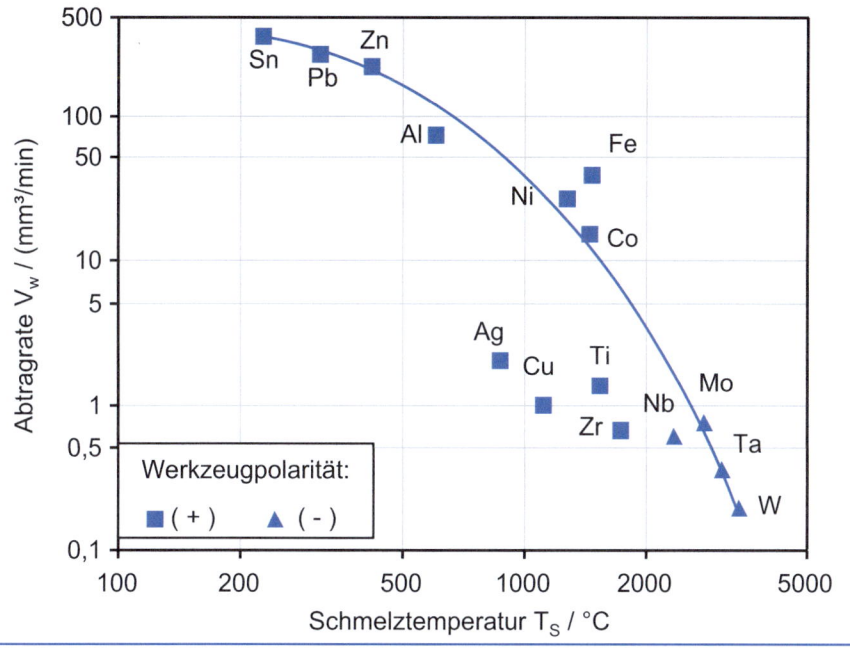

Abb. 2.40 Abtragverhalten einiger Reinmetalle

Das nicht allein über die Schmelztemperatur auf die erreichbaren Abtragraten geschlossen werden kann, zeigen die Abtragraten für Kupfer- und Silberwerkstoffe. Trotz zahlreicher Untersuchungen ist es bisher nicht gelungen, die Erodierbarkeit aller Reinmetalle lückenlos über Stoffeigenschaften zu beschreiben [Pala56, Long68, Wert75a, Wert75b, Jutz76].

Wenn mehrphasige metallische Werkstoffe mit komplexen intermetallischen Phasen oder keramische Werkstoffe durch Funkenerosion bearbeitet werden sollen, müssen weitere Stoffeigenschaften zur Bewertung der Erodierbarkeit berücksichtigt werden. Beispielhaft können aus der Gruppe der thermophysikalischen Stoffeigenschaften die Schmelztemperatur, die Verdampfungstemperatur, die Schmelzenergie sowie die Wärmeleitfähigkeit, die Wärmekapazität und die Wärmespeicherfähigkeit des Werkstoffs genannt werden, von den chemischen Stoffeigenschaften können die Bindungsenergie und die Oxidationsbeständigkeit genannt werden und aus der Gruppe der mechanischen Werkstoffeigenschaften können die Risszähigkeit, die Dichte und die Gefügekonstitution berücksichtigt werden.

Auf Basis verschiedener Stoffeigenschaften hat Meeusen einen Erosionswiderstandsindex formuliert, um den Verschleißwiderstand von Elektrodenwerkstoffen in der Senkerosion zu bestimmen. Er verbindet die Wärmeleitfähigkeit λ, die Dichte ρ, die spezifische Wärmekapazität c_p und die Schmelztemperatur T_m multiplikativ miteinander [Meeu03], wobei er den Einfluss der Schmelztemperatur T_m quadratisch berücksichtigt. Meeusen weist aber darauf hin, dass es sich bei diesem Modell um eine empirisch gefundene Beziehung handelt, die physikalisch kein vollständiges Erklärungsmodell abgibt. Wenn dieses Ziel verfolgt wird, müssen weitere Stoffeigenschaften und Prozessrandbedingungen berücksichtigt werden. Berechnete Erosionswiderstandsindizes sind für Wolfram, Molybdän und Kupfer hoch und bestätigen die in wissenschaftlichen Versuchen und in der Praxis gewonnenen Erkenntnisse, dass diese Werkstoffe als Elektroden in der Funkenerosion grundsätzlich geeignet sind [Meeu03].

Auch technische Keramiken können so modifiziert werden, dass eine ausreichende elektrische Leitfähigkeit erreicht wird, um die Bearbeitung durch Funkenerosion grundsätzlich zu ermöglichen [Köni88, Pant90, Lenz97, Gomm21, Molli23]. 1988 stellten König und Dauw in einem Keynote Paper den damaligen Stand der Technik zum Erodieren vor [Köni88]. Sie führten aus, dass bei der elektroerosiven Bearbeitung von Keramiken grundsätzlich die gleichen Mechanismen wirksam werden wie bei der Metallbearbeitung, dass aber insbesondere die Abtragmechanismen durch die besonderen Stoffeigenschaften sehr unterschiedlich ausgeprägt sind. In diesem Paper wird u. a. auch die elektroerosive Bearbeitung von siliziuminfiltriertem Siliziumkarbid vorgestellt. Während das Bruchgefüge einer SiSiC-Keramik ein dichtes Netzwerk im Ausgangszustand zeigte, war nach der Funkenerosion eine poröse Oberfläche zu sehen, bei der bevorzugt die Siliziumphase entfernt und einzelne SiC-Körner freigelegt wurden [Köni88]. Es wurde deutlich, dass die Abtragmechanismen bei der Bearbeitung von Keramiken bekannt sein müssen, um Aussagen zur Produktivität und zur Funktionalität erodierter Bauteile machen zu können. Panten untersuchte die Abtragmechanismen beim Erodieren verschiedener elektrisch leitfähiger Keramiken und widmete sich insbesondere der wissenschaftlichen Untersuchung der dominierenden Abtragmechanismen. Bei der Bearbeitung von einphasigen, spröden Keramiken wie Titandiborid TiB_2 führte die ausgeprägte Thermoschockempfindlichkeit zu sprödem Abplatzen von Gefügebestandteilen, bei mehrphasigen Mischkeramiken bestimmen die Stoffeigenschaften der Phasenanteile wesentlich den Abtragprozess. Panten stellte fest, dass Schmelzen, Verdampfen und das Herausschleudern von Schmelzphasen beachtet werden müssen, wenn die Oberflächenkonstitution der Werkstücke bewertet werden soll. Panten weist aber auch darauf hin, dass die Beurteilung der Erodierbarkeit für das Senken und das Drahtschneiden unter Beachtung der prozessspezifischen Besonderheiten, wie Dielektrikum, Generatoreinstellungen, Werkzeugelektroden, durchgeführt werden muss [Pant90]. Lenzen strukturierte Bauteile aus SiSiC durch verschiedene Erodiertechnologien und wertete die Arbeitsergebnisse im Hinblick auf die Funktionalität der Bauteile im tribologischen Kontakt aus [Lenz97].

Bei keramischen Mehrphasenwerkstoffen ist es wichtig, dass über den volumetrischen Anteil leitender Phasen eine ausreichende Leitfähigkeit realisiert wird. Bellosi et al. geben für Titannitrid-infiltriertes Siliziumnitrid (Si_3N_4-TiN) eine Mindestmenge von 30 Vol.-% TiN an [Bell92]. Matsuo und Bonn haben bei Zirkonoxid (ZrO_2-NbC und ZrO_2-TiC) eine Abhängigkeit des Prozessergebnisses von der Art und von dem Anteil der Zweitphase nachgewiesen [Mats92, Bonn08]. Die Arbeiten von Schmitt-Radloff zeigen ähnliche Zusammenhänge bei der Drahterosion von Niobcarbid-infiltriertem Aluminiumoxid (ZTA-NbC) [Schm17, Schm19]. Olivier führte Grundlagenuntersuchungen bei der Drahterosion von Si_3N_4-TiN, ZrO_2-WC und TiB_2 durch, er verwendete CH-Dielektrika. Er zeigt, dass die drei von ihm untersuchten Keramiken grundsätzlich verschiedene Abtragmechanismen zeigen, die darüber hinaus von der Entladeenergie abhängig sind. Er stellte fest, dass grundsätzlich Zersetzen, Schmelzen, Verdampfen sowie Ausbrechen von Gefügebestandteilen auftreten können, wobei sich die Mechanismen auch überlagern. Neben der Werkstoffzusammensetzung sind die elektrischen Einstellparameter und die im Funkenspalt vorliegenden Bedingungen, insbesondere die Kontamination des Arbeitsspaltes durch feste und gasförmige Abtragprodukte, für einen stabilen Prozessablauf bestimmend. Alle diese Wechselwirkungen bilden sich auch in den Abtragmechanismen, in der Größenverteilung der Abtragprodukte und in der Konstitution der Oberfläche und der Randzone ab. Der aus dem Dielektrikum abgespaltene Kohlenstoff kann in die Oberflächenrandzone eingebaut werden, und es können im Arbeitsspalt kleine Abtragpartikel zu größeren Haufwerken koagulieren. Olivier bezeichnet das Entstehen von Gasen durch chemische Zersetzung von Gefügebestandteilen, das er bei der Bearbeitung von Si_3N_4-TiN feststellte, als sekundären Abtragmechanismus, der bei geringen und mittleren Entladeenergien auftritt [Molli23].

Auch komplexe Mehrphasenlegierungen wie Hochentropie-Legierungen (High Entropy Alloys, HEA) oder Nitinol (Nickel-Titan-Legierungen) können erfolgreich mittels Funkenerosion bearbeitet werden, vgl. [Klin20, Guoy13]. Ebenso wurde die Bearbeitbarkeit und insbesondere auch die Auswirkung auf die Biokompatibilität von Magnesiumlegierungen untersucht, vgl. [Kloc13b]. Beispiele für die Bearbeitung von Titan- und Nickelbasislegierungen sowie PKD finden sich in Kap. 9 sowie in [Anto10, Kloc14b].

2.2.4.2 Einflüsse des Werkstückmaterials (Metalllegierungen) auf das Abtragverhalten

Im Folgenden wird der Einfluss der Werkstoffzusammensetzung schwerpunktmäßig für die funkenerosive Bearbeitung von ausgewählten Metalllegierungen durch SEDM und WEDM diskutiert. Abb. 2.41 zeigt die Abhängigkeit die Oberflächenausbildung nach der funkenerosiven Bearbeitung von legierten und hochlegierten Stahlwerkstoffen und von Schnellarbeitsstahl. Anhand der Schliffbilder wird deutlich, welche Gefügeeigenschaften für die entstehende Oberflächenrauheit verantwortlich sind. Es ist naheliegend, dass die Art, die Größe und Verteilung der Karbide einen wichtigen Einfluss auf die erreichbare Oberflächengüte ausüben.

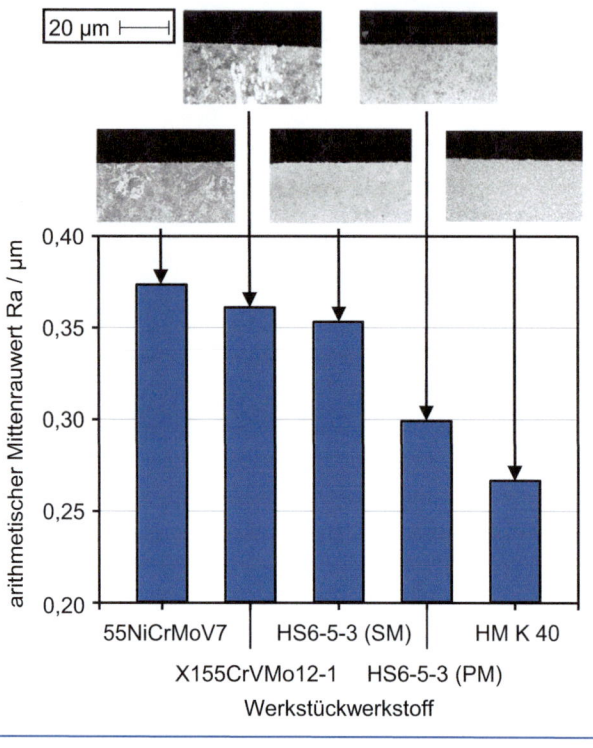

Abb. 2.41 Einfluss des Werkstückwerkstoffs auf die sich ausbildenden Oberflächeneigenschaften

Dieser Zusammenhang wird ebenfalls nach der Bearbeitung von Schnellarbeitsstahl HS6-5-3 sichtbar. Bei der pulvermetallurgisch hergestellten Variante (HS 6-5-3 PM) liegt eine gleichmäßigere Verteilung und insgesamt kleinere Korngröße der Karbide vor, als in der durch Schmelzmetallurgie hergestellten Variante (HS 6-5-3 SM). Diese Gefügeunterschiede führen beim Erodieren des pulvermetallurgisch hergestellten Schnellarbeitsstahls zu einem gleichmäßigeren Abtragverhalten und zu einer geringeren Oberflächenrauheit. Die beste Oberfläche wurde beim Erodieren von Hartmetall HM K 40 erzielt. Dies liegt zum einen an den kleineren Entladekratern infolge der gegenüber Stahl höheren Schmelz- und Verdampfungsenthalpie und zum anderen an der selbst im Vergleich zu HS6-5-3 (PM) kleineren Korngröße und noch besseren Homogenität des Hartmetallgefüges [Sieg94a].

2.2 Technologie

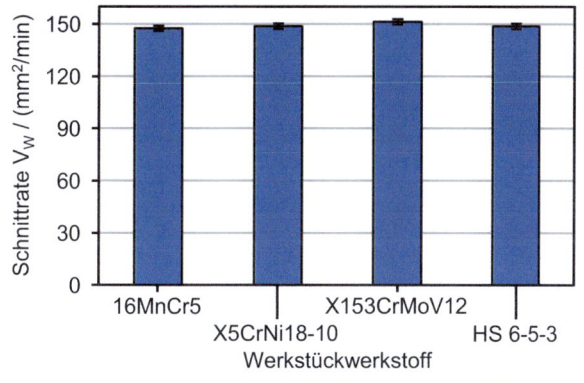

Abb. 2.42 Einfluss des Werkstückwerkstoffs auf die Schnittrate beim Drahterodieren [Kloc18a]

Beim Erodieren von Werkstoffen mit unterschiedlichem elektrochemischen Auflösungsverhalten der Gefügebestandteile, wie beispielsweise Hartmetall, kommt es bei einem hohen Leerlaufspannungsanteil und bei der üblichen anodischen Werkstückpolung beim Drahtschneiden zu einem elektrochemischen Abtrag der Bindephase in deionisiertem Wasser [Köni74]. Dies bewirkt z. T. ein Herauslösen ganzer Karbidkörner aus dem Verbund und führt somit zu entsprechend rauen Oberflächen. Dieser Effekt wird darüber hinaus durch eine hohe Restleitfähigkeit des Dielektrikums sowie eine lange Verweildauer im Wasserbad verstärkt. In diesem Zusammenhang werden heutzutage auch sogenannte Antielektrolysegeneratoren eingesetzt, die eine gezielte kathodische Schutzpolung in den Impulspausen realisiert, um diesen Effekt zu unterdrücken. In Abb. 2.42 ist ersichtlich, dass die jeweils erreichbare Schnittrate im Gegensatz zur erreichbaren Oberflächengüte nur geringfügig von der jeweiligen Stahllegierung des Werkstücks beeinflusst wird.

2.2.4.3 Beeinflussung der Randschicht

Die Randzonenausbildung bei der funkenerosiven Bearbeitung ist allgemein in Abschn. 2.1.1 beschrieben. Die Tiefe der durch rasches Aufschmelzen und Wiedererstarren gekennzeichneten weißen Randschicht sowie die Tiefe der Eigenspannungszone nimmt mit sinkender Entladeenergie ab, damit einhergehend reduzieren sich auch die Größe und Eindringtiefe der Zugeigenspannungen [Sieg94a]. Dies zeigt sich im unterschiedlichen Verlauf der Kurven für die Haupt- und Nachschnitte (Abb. 2.43), die von Klink et al. unter Verwendung von kohlenstoffbasiertem (links) sowie wasserbasiertem Dielektrikum (rechts) in ASP2023 Werkzeugstahl erzeugt wurden [Klin11].

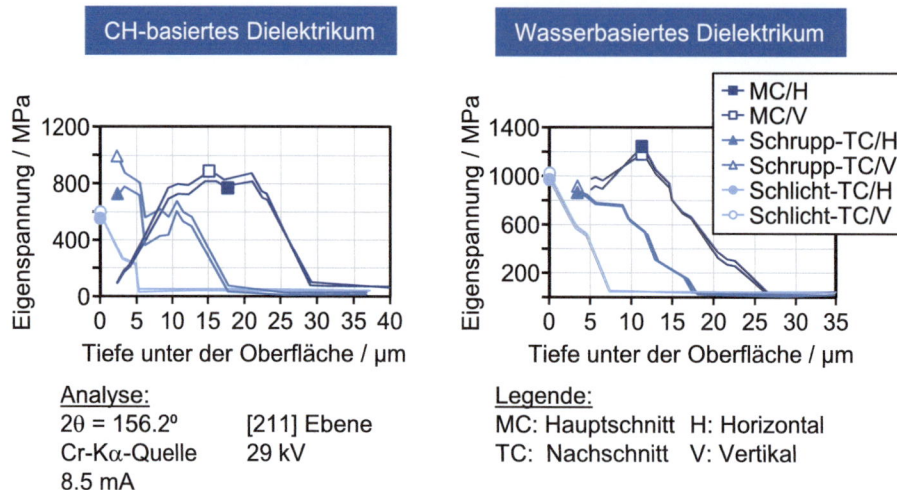

Abb. 2.43 Eigenspannungsverlauf in Abhängigkeit von der Eindringtiefe bei der Drahterosion mit verschiedenen Dielektrika [Klin11]

Es zeigt sich, dass der Betrag sowie die Eindringtiefe der auftretenden Eigenspannungen bei der Verwendung von wasserbasierten Dielektrika höher sind, als beim Erodieren unter ölbasierten Dielektrika. Hierfür ist primär die höhere Kühlwirkung von Wasser verantwortlich, da mehr aufgeschmolzener Werkstoff an der Werkstückoberfläche zur weißen Schicht erstarrt. Nach dem Erstarren schrumpft die Schicht weiter und es entstehen höhere Spannungen sowie eine tiefer unter die Oberfläche reichende Eigenspannungszone. Wenn Festigkeitsgrenzen überschritten werden, können auch Risse an der Oberfläche auftreten. Insgesamt lassen sich mit Haupt- und Nachschnitten in ölbasierten Dielektrika eine dünnere Eigenspannungszone und geringere Eigenspannungen erreichen als bei der Verwendung von wasserbasiertem Dielektrikum [Klin11].

In den Randschichten können Mikrorisse auftreten, deren Entstehung auf Zugeigenspannungen zurückzuführen ist [Fiel72, Schm73]. Abb. 2.44 oben zeigt den Verlauf der tangentialen Eigenspannungen in Abhängigkeit von der Entladeenergie. Diese Spannungen können Radialrisse verursachen, die sich unter Last tiefer und breiter ausdehnen und die Lebensdauer dynamisch belasteter Bauteile beeinflussen.

Trotz der sehr unterschiedlichen Bearbeitungsbedingungen unterscheiden sich die maximalen Zugeigenspannungen über dem gesamten Bereich der Entladeenergie nur wenig, da in der einmal aufgeschmolzenen Zone vergleichbare Spannungszustände herrschen. Der unerhebliche Abfall bei sehr großen Entladeenergien ist auf Mikrorissbildung zurückzuführen. Diese Mikrorisse gehen von der Oberfläche aus und bauen so Eigenspannungen ab [Schm73]. Die Eindringtiefe der Zugspannungen und der plastischen Verformungen nimmt mit steigender Entladeenergie deutlich zu. Zur Rissbildung kann es besonders bei Hartmetall, Keramiken oder wärmeempfindlichen Legierungen kommen. Den Zusammenhang zwischen den elektrischen Kenngrößen und der maximalen

2.2 Technologie

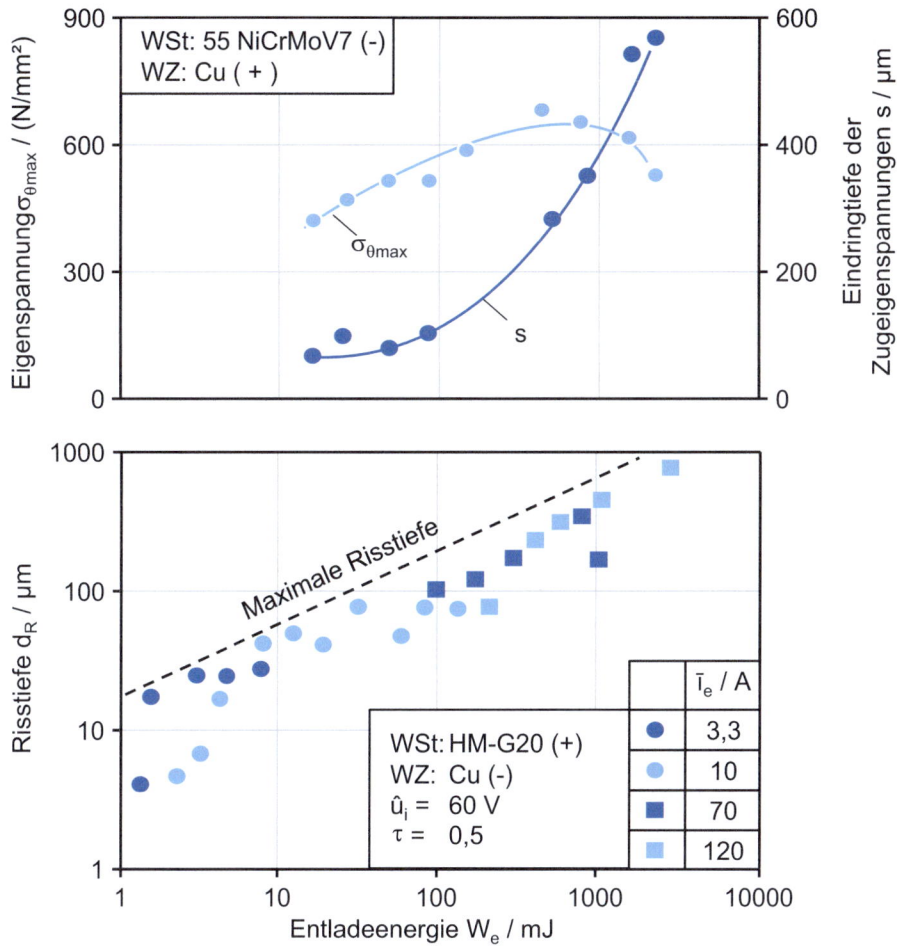

Abb. 2.44 Eigenspannungen und Rissbildung als Funktion der Entladeenergie bei der Senkerosion

Risstiefe zeigt Abb. 2.44 unten nach der Bearbeitung der Hartmetallsorte G20 mit Kupferelektroden. Die Risstiefe wird mit längerer Impulsdauer und höherem Entladestrom größer. Die gestrichelt gezeichnete Gerade in Abb. 2.44 unten zeigt die unter den angegebenen Bedingungen maximal auftretenden Risstiefen. Bis zu dieser Tiefe müssten die Oberflächen nachbearbeitet werden, wenn alle Risse entfernt werden sollen. Eine weitere negative Beeinflussung der Randzone ergibt sich dann, wenn der Erosionsprozess durch eine ungünstige Wahl der Spülbedingungen und/oder der Impuls- und Pausenzeiten mit verstärkter Lichtbogenbildung arbeitet. Wenn Lichtbogenentladungen auftreten, reicht die zwischen den Impulsen verbleibende Pausenzeit nicht mehr aus, um

Tab. 2.5 Arbeitsergebnisse unterschiedlicher Bearbeitungstechnologien

	Hauptschnitt	3. Nachschnitt	6. Nachschnitt	Schleifen
max. Eigenspannung / MPa	610	180	200	
Randzonendicke d_s / µm	10	4	2	
Rauheit Rz längs / µm	24,64	4,69	2,76	0,53
Rauheit Rz quer / µm	24,55	4,68	2,50	1,93
Spannungsamplitude / MPa	270	450	600	810

die Entladestrecke ausreichend zu deionisieren. Die aufeinanderfolgenden Impulse führen zu einem Lichtbogen (stehenden Entladung). Durch die punktförmig eingebrachte, entsprechend der Summe der Entladungen, vergrößerte Wärmemenge wird die Werkstückoberfläche an dieser Stelle intensiver aufgeschmolzen. Dies hat eine Verbreiterung der Randzone mit Rissbildungen zur Folge. Außer den Einstellparametern und den erodierten Werkstoffen beeinflusst auch das Arbeitsmedium die Oberfläche und deren randnahe Schichten.

Beim funkenerosiven Drahtschneiden lässt sich durch Nachschnitte die Randzonendicke verringern, das Eigenspannungsniveau senken und die Oberflächenrauheit verbessern. Dadurch werden ähnliche Rauheitswerte wie beim Schleifen realisiert. Versuche zeigen, dass vom Hauptschnitt zum dritten Nachschnitt sowohl Oberflächenrauheit als auch Eigenspannungsniveau sinken, während durch drei weitere Nachschnitte hauptsächlich eine zusätzliche Verbesserung der Oberflächenrauheit erreicht wird (Tab. 2.5) [Sieg94a].

Ein weiteres Beispiel zur Ausbildung der Randzone im Hauptschnitt und nach 5 Nachschnitten zeigt Abb. 2.45. Es wurde die Titanlegierung Ti-6Al-4V mit einem Messingdraht erodiert. Die Oberflächengüte verbessert sich nach dem Hauptschnitt mit jedem Nachschnitt und eine weiße Schicht konnte nach dem sechsten Nachschnitt nicht mehr festgestellt werden.

Die Viskosität des Arbeitsmediums bestimmt wesentlich die Ausdehnung des Entladekanals und damit die Ausbildung des Entladekraters. Die Zusammensetzung beeinflusst dagegen den Abschreckvorgang. Die sehr hohen Temperaturen begünstigen das Eindiffundieren von Kohlenstoff in die Randzone. Der zu einer solchen Aufkohlung benötigte elementare Kohlenstoff wird neben Wasserstoff durch Zersetzung von Kohlenwasserstoffverbindungen des Dielektrikums frei, was bei den hohen Prozesstemperaturen möglich ist (siehe Abschn. 2.3.8) [Schu78].

Der Kohlenstoff kann aber auch vom Werkzeugwerkstoff eingebracht werden, wenn beispielsweise mit Grafit erodiert wird. Abb. 2.46 zeigt die Ergebnisse qualitativer Vergleichsmessungen zur Kohlenstoffkonzentration. Der Kohlenstoffgehalt wurde durch Punktanalysen bestimmt. Bei diesen wurde der Elektronenstrahl auf einen unter dem Lichtmikroskop auszuwählenden Punkt fixiert und die Impulse des zu analysierenden

2.2 Technologie

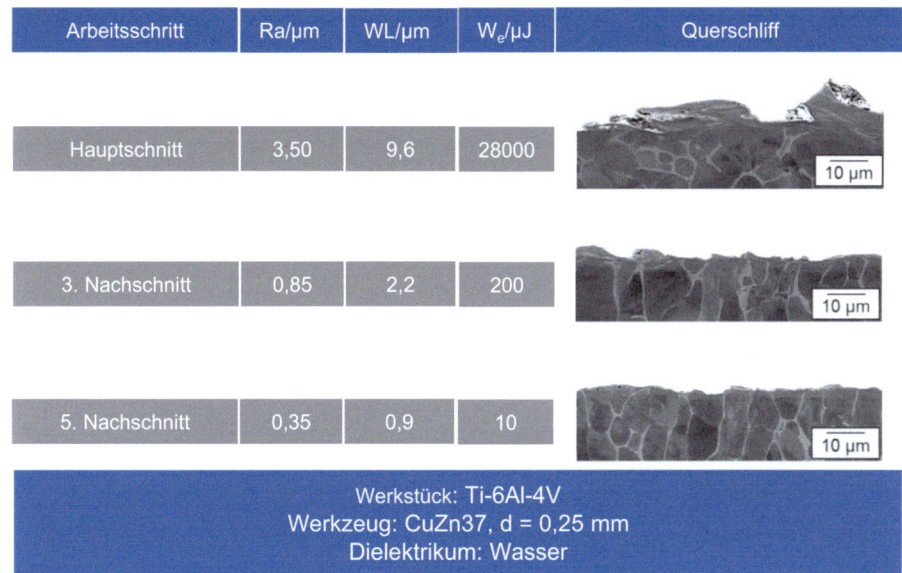

Abb. 2.45 Entwicklung der weißen Randschicht beim Drahterodieren

Elementes wurden von einem elektronischen Zählwerk registriert. Durch Vergleichen der Intensität der charakteristischen Strahlung des betrachteten Elements in der Probe mit der von Standardproben (Proben unterschiedlicher Grafitkonzentration) kann die Konzentration des Elements in der Probe berechnet werden. Erwartungsgemäß ergibt sich eine Abstufung des Kohlenstoffgehalts entsprechend der jeweiligen Kohlenstoffverfügbarkeit. Die Verfügbarkeit ist am höchsten, wenn mit Grafitelektroden in Kohlenwasserstoffdielektrikum erodiert wird (Kurve C_1). Hier erreicht deshalb auch der in der Randzone nachgewiesene Kohlenstoff seine höchste Konzentration. Durch einen Wechsel der Werkzeugelektrode von Grafit auf Kupfer wird der Kohlenstoffgehalt auf etwa die Hälfte reduziert (Kurve C_2). Die Randzone enthält jetzt zusätzlich Kupfer.

Wird in deionisiertem Wasser mit Grafitelektroden erodiert, ist eine weitere Verminderung der Kohlenstoffkonzentration festzustellen (Kurve C_3). Im Fall der Bearbeitung mit α-Eisen-Elektroden in deionisiertem Wasser fällt die Impulszählrate vom Wert der Untergrundstrahlung auf Platin, gegen das die Probe im Schliffhalter eingebettet ist, auf den Wert der Untergrundstrahlung auf α-Eisen ab, da weder das Arbeitsmedium noch die Werkzeugelektrode Kohlenstoff enthält. Die Aufkohlung der Werkstückrandzone wird demnach sowohl durch die Wahl des Werkzeugstoffs als auch des Arbeitsmediums bestimmt [Jutz82]. Eigene Untersuchungen nach der Bearbeitung mit optimierten Schlichttechnologien zeigen, dass die Aufkohlung sogar auf die Dicke der verbleibenden weißen Randschicht (unter 1 μm) begrenzt.

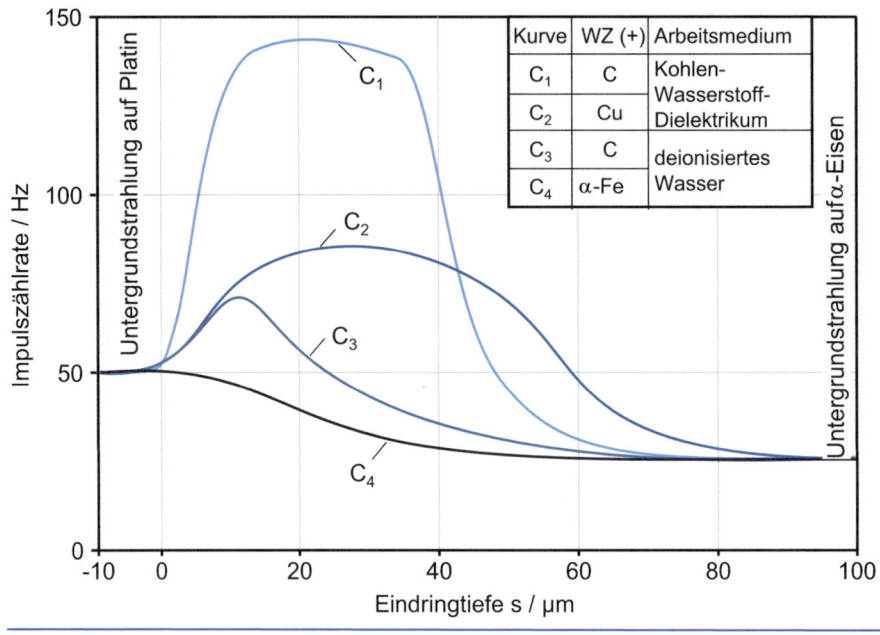

Abb. 2.46 Einfluss von Arbeitsmedium und Werkzeugstoff auf den Kohlenstoffgehalt als Funktion der Eindringtiefe

2.2.4.4 Festigkeit funkenerodierter Bauteile

Die durch den Funkenerosionsprozess hervorgerufenen Eigenspannungen und eventuell erzeugte Mikrorisse in den oberflächennahen Schichten beeinflussen das Festigkeitsverhalten funkenerodierter Bauteile sowohl bei statischer als auch bei dynamischer Belastung. Es hat sich gezeigt, dass bei statischer Zug- und Biegebelastung an spröden Werkstoffen Festigkeitseinbußen zu verzeichnen sind, die bei duktilen Werkstoffen unter gleicher Belastung nicht so ausgeprägt sind. Bei dynamischer Belastung werden auch bei duktilen Werkstoffen häufig Festigkeitsminderungen beobachtet. So ist die dynamische Festigkeit funkenerosiv bearbeiteter Bauteile häufig geringer als bei spanend bearbeiteten Bauteilen. Das Arbeitsergebnis der funkenerosiven Bearbeitung ist abhängig von vielen verschiedenen Parametern, wie z. B. Arbeitsmedium, Elektrodenwerkstoff und Entladeenergie. Diese Parameter beeinflussen die Randzone des Werkstücks auf verschiedene Weise und verändern die Festigkeit funkenerodierter Bauteile.

Für die Lebensdauer dynamisch belasteter Bauteile ist deren Oberflächenbeschaffenheit von erheblicher Bedeutung, da die Rissbildung in der Regel von der Oberfläche ausgeht. Für das Entstehen eines Bauteilschadens unter dynamischer Belastung ist daher das

2.2 Technologie

Zusammenwirken der Oberflächentopografie, der Eigenspannungen in der Randzone und deren Härte ausschlaggebend. Die durch die Rauheit der Oberfläche erzeugte Kerbwirkung wirkt sich besonders bei spröden Werkstoffen aus. Durch die funkenerosive Bearbeitung von legierten und hochlegierten Werkzeugstählen kann die Härte in den oberflächennahen Randzonen ansteigen. Hierfür können unterschiedliche Phänomene verantwortlich sein, die sich auch gegenseitig beeinflussen. Insbesondere bei massiven Bauteilen ist der Wärmeabfluss in das Werkstoffinnere groß. Es treten hohe Abkühlgeschwindigkeiten auf, durch die sich Hartphasen bilden können (Härteeffekt). In Abhängigkeit vom Grundmaterial und vom Dielektrikum wurde auch festgestellt, dass Kohlenstoff in die Oberfläche des Werkstücks diffundiert. Dies hat Einfluss auf kritische Abkühlgeschwindigkeiten, die den zuvor genannten Härtemechanismus verstärken oder sogar erst ermöglichen. Modellrechnungen von Nöthe zeigen, dass unter bestimmten Annahmen Abkühlungsgeschwindigkeiten über 10^6 K/s an der Oberfläche auftreten [Nöth01]. In diesem Fall steigt die Wahrscheinlichkeit, dass das geschmolzene Metall nicht mehr kristallin erstarrt. Es können amorphe Oberflächenschichten entstehen, die als metallisches Glas bezeichnet und die auch experimentell nachgewiesen werden können [Barg04].

Der funkenerosiven Bearbeitung liegt ein rein thermischer Abtragmechanismus zugrunde. Aus der Bearbeitung resultierende Eigenspannungen sind deshalb Zugeigenspannungen, sofern Eigenspannungen durch Phasenänderungen nicht dominierend sind. In spanenden Fertigungsprozessen überlagern sich mechanische und thermische Wirkmechanismen. Welcher Art die entstehenden Eigenspannungen in diesem Fall sind, ist ohne Kenntnis der Verfahrensbedingungen nicht generell vorhersagbar. Häufig gelingt es in spanenden Fertigungsprozessen, Druckeigenspannungen in der Oberfläche zu erzeugen. Allgemeingültig kann man dies aber nicht voraussagen. Die grundsätzlichen Mechanismen zum Entstehen von Eigenspannungen durch thermisch bedingte Dehnungen zeigt Abb. 2.47.

Unter der Voraussetzung, dass funkenerosiv bearbeitete Bauteile Zugeigenspannungen aufweisen, elektrochemisch bearbeitete Oberflächen nahezu spannungsfrei sind und durch spanende Verfahren Druckeigenspannungen erzeugt wurden, liegt die Dauerfestigkeit (Wöhlerkurve) funkenerosiv bearbeiteter Werkstücke unter denjenigen von ECM und spanend bearbeiteten Bauteilen. Zur Beurteilung der Dauerfestigkeit und des Verlaufs der Zeitfestigkeit werden Wöhlerdiagramme nach den Normen DIN 50100 und DIN 50142 erstellt. Eine Beispielgeometrie für entsprechende Untersuchungen ist in Abb. 2.48 gezeigt.

Abb. 2.49 zeigt die Dauerfestigkeit von Proben aus Warmarbeitsstahl 55NiCrMoV7, die durch Funkenerosion bearbeitet wurden. Die Auswirkungen von Elektrodenmaterial, Dielektrikum und Bearbeitungsenergie wurden untersucht [Kard01]. Darüber hinaus wird der Einfluss der Vor- und Nachbehandlung des Werkstücks dargestellt [Jutz82]. Die Verwendung unterschiedlicher Elektrodenwerkstoffe hat einen Einfluss sowohl auf die Oberflächenrauheit als auch auf das Eigenspannungsniveau. Durch die Verwendung von Kupferelektroden bei der funkenerosiven Senkbearbeitung lässt sich zwar eine geringere Oberflächenrauheit erzeugen, aber gleichzeitig werden höhere Eigenspannungen

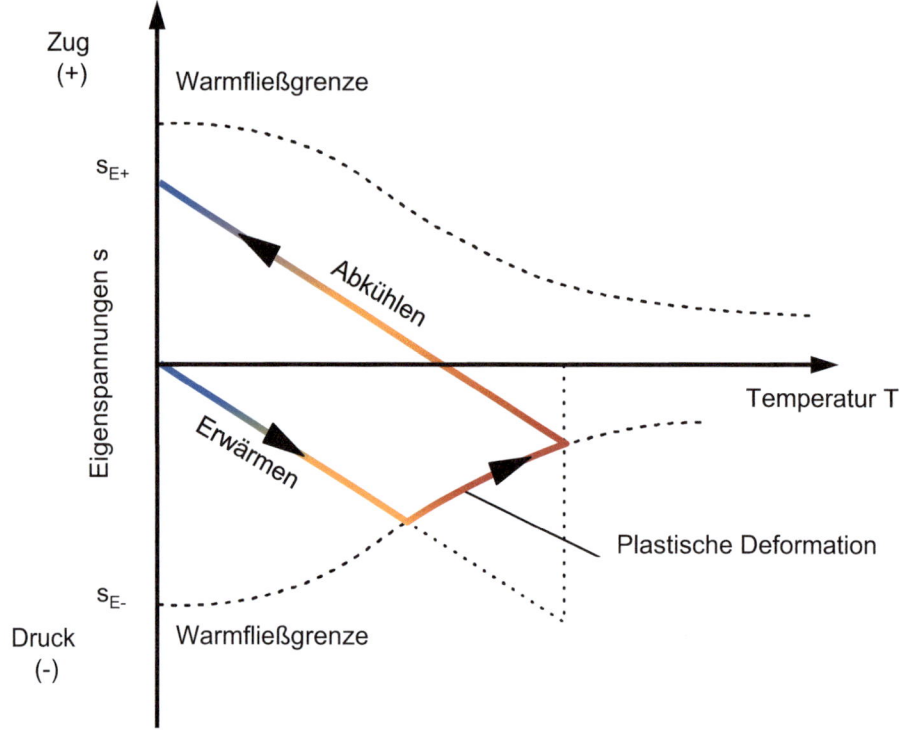

Abb. 2.47 Entstehung von Eigenspannungen durch thermische Dehnungen

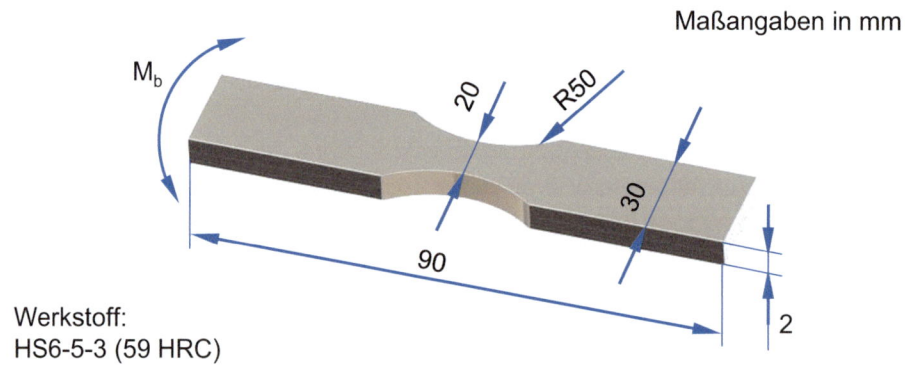

Abb. 2.48 Probengeometrie für Dauerfestigkeitsuntersuchungen

induziert. Daher ist die Dauerfestigkeit häufig niedriger als die von Bauteilen, die mit Grafitelektroden hergestellt werden (Abb. 2.49, Fall 5). Durch den Einsatz ölbasierter Dielektrika bei der funkenerosiven Senkbearbeitung lässt sich eine geringere Oberflächenrauheit bei ebenfalls geringerem Eigenspannungsniveau erzielen, als es in der Bearbeitung unter wasserbasiertem Dielektrikum möglich ist. Dadurch stellt sich eine

2.2 Technologie

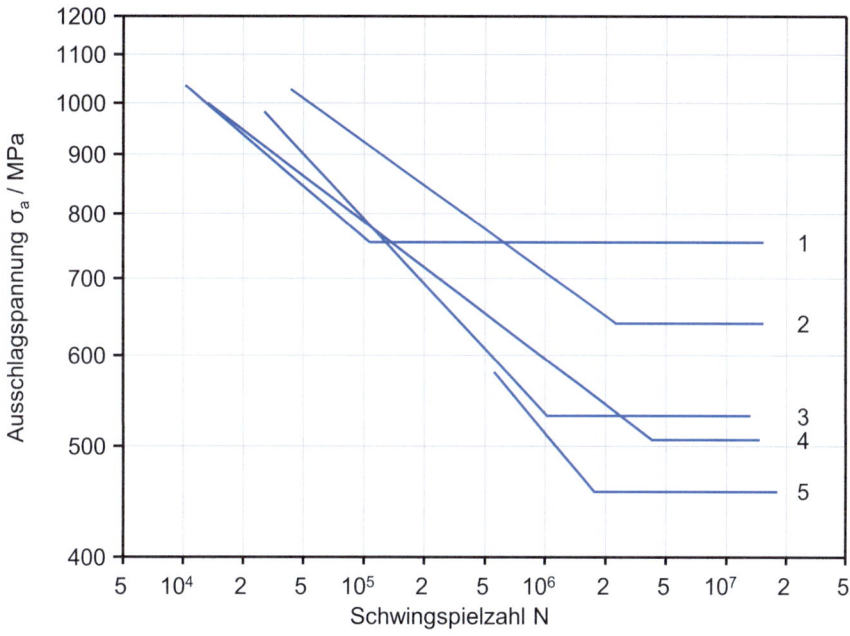

1	Kupfer-Elektrode vor der Erosion vergütet, nach der Erosion badnitriert		
2	Graphit-Elektrode Öl-Dielektrikum	$\bar{i}_e = 0{,}8$ A $t_i = 0{,}4$ µs	$\hat{u}_i = 180$ V
3		$\bar{i}_e = 4$ A $t_i = 8$ µs	$\hat{u}_i = 200$ V
4	Graphit-Elektrode Wasser-Dielektrikum	$\bar{i}_e = 4$ A $t_i = 8$ µs	$\hat{u}_i = 200$ V
5	Kupfer-Elektrode Öl-Dielektrikum	$\bar{i}_e = 4$ A $t_i = 8$ µs	$\hat{u}_i = 200$ V

Abb. 2.49 Dauerfestigkeit in Abhängigkeit von unterschiedlicher Prozessparametrierung bei der funkenerosiven Senkbearbeitung

höhere Dauerfestigkeit ein. Werden Entladestrom, Impulsdauer und Leerlaufspannung verringert, wird dadurch die in das Werkstück eingebrachte Energie gesenkt und eine geringere Oberflächenrauheit und ein niedrigeres Eigenspannungsniveau erzielt, was eine entsprechende Steigerung der Dauerfestigkeit zur Folge hat [Kard01]. Im folgenden Beispiel (Abb. 2.49, Fall 2 und Fall 3) wurden Grafitelektroden verwendet, als Dielektrikum wurden Kohlenwasserstoffe eingesetzt. Außerdem können folgende Parameter angegeben werden: Schruppprozess: Entladestrom $i_e = 4$ A; Pulsdauer $t_i = 8$ µs; Leerlaufspannung $\hat{u}_i = 200$ V. Der Schlichtvorgang wird mit geringer Energie und folgenden Einstellungen durchgeführt: Entladungsstrom $i_e = 0{,}8$ A; Pulsdauer $t_i = 0{,}4$ µs;

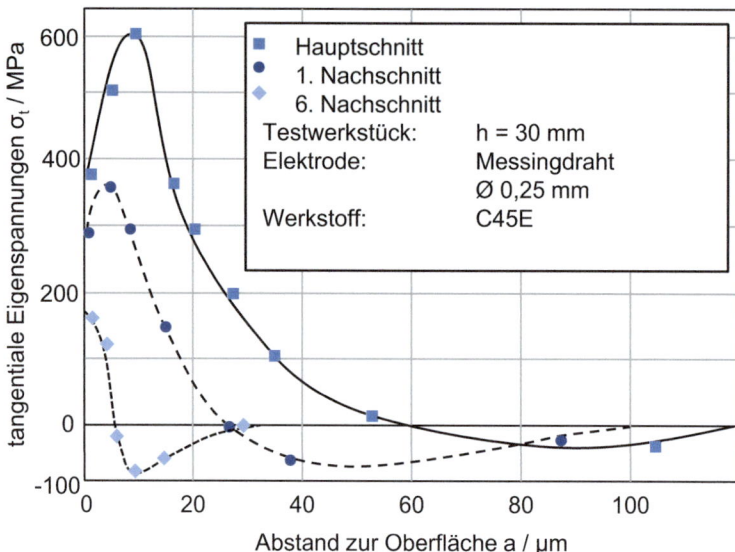

Abb. 2.50 Dauerfestigkeit in Abhängigkeit von der Anzahl durchgeführter Nachschnitte bei der Drahterosion von C45E

Leerlaufspannung $\hat{u}_i = 180$ V. Das Schruppen erzeugt eine höhere Oberflächenrauheit und deutlich höhere maximale Eigenspannungen im Werkstück, wodurch die Dauerfestigkeit nach dem Schruppen (ca. 540 MPa) geringer ist als nach dem Schlichten (ca. 650 MPa). Durch Anlassen des Werkstoffs vor der Bearbeitung und anschließendes Nitrieren kann die Dauerfestigkeit erheblich gesteigert werden. Das Nitrieren führt durch Stickstoffdiffusion zu einer leichten Volumenvergrößerung in der Randzone. Dies führt zu Druckspannungen, die die Dauerfestigkeit erhöhen (Abb. 2.49, Fall 1).

Beim Drahterodieren kann neben den genannten Einflüssen auch durch Nachschnitte die Oberflächengüte und auch der Eigenspannungsverlauf verändert werden (Abb. 2.50).

Die anschließend durchgeführten Versuche zur Dauerfestigkeit zeigen, dass ein Zusammenhang zwischen den Eigenspannungen in der Oberflächenrandzone, erzeugt durch Nachschnitte, und der Dauerfestigkeit hergestellt werden kann (Abb. 2.51). Aus Vergleichsgründen sind auch Ergebnisse eingetragen, die nach dem Schleifen der Proben oder nach der elektrochemischen Bearbeitung vorhanden waren. Deutlich ist der positive Einfluss der Nachschnitte auf die Dauerfestigkeit zu sehen. Nach der elektrochemischen Bearbeitung kann davon ausgegangen werden, dass die Oberfläche frei von Eigenspannungen ist, beim Schleifen ist nicht vorauszusagen, welcher Eigenspannungszustand vorliegt, da sich mechanische und thermische Wirkungen überlagern. In diesem Fall ist es wahrscheinlich, das Druckeigenspannungen in der Oberflächenrandzone dominieren und in der Folge die Wöhler Kurve für die geschliffenen Testwerkstücke nur wenig unterhalb der ECM bearbeiteten Werkstücke liegt.

Ähnliche Untersuchungen zur Biegewechselfestigkeit wurden für die drahtfunkenerosive Bearbeitung von Titanwerkstoffen sowie zur Biegebruchfestigkeit von Hart-

2.2 Technologie

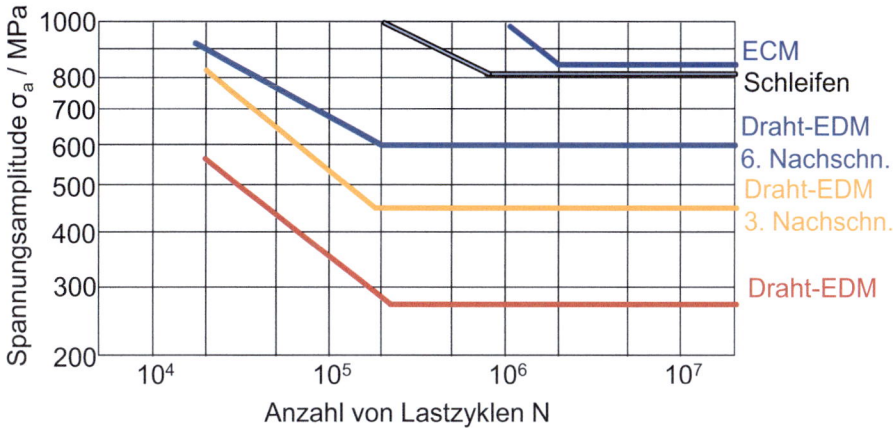

Abb. 2.51 Eigenspannungen in Abhängigkeit von der Anzahl an Nachschnitten bei der Drahterosion, ECM-Bearbeitung und beim Schleifen

metallen durchgeführt, vgl. [Klin16b, Klin19, Kloc18b]. Ebenso erfolgte ein Screening für Stahlwerkstoffe aus dem Werkzeug- und Formenbau [Berg19].

2.2.5 Vergleich Senkerosion und Drahterosion

Einen grundsätzlichen Vergleich charakteristischer Merkmale der Senk- und der Drahterosion zeigt Abb. 2.52, ansonsten wurden Unterschiede zu Spülkonzepten und zu den

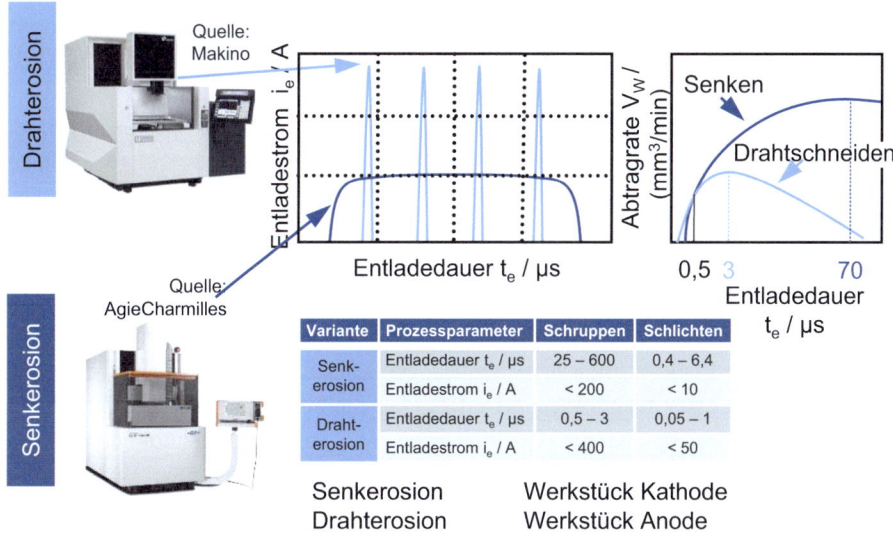

Abb. 2.52 Richtwerte für die Senkerosion und die Drahterosion

verwendeten Dielektrika in den vorhergehenden Abschnitten behandelt. Es wird im Wesentlichen auf die Entladecharakteristika eingegangen und es werden grundsätzliche Richtwerte für die Entladevorgänge beim Schruppen und beim Schlichten von Stahlwerkstoffen gezeigt.

2.3 Prozess- und Werkzeugauslegung

2.3.1 Prozessparameter in der Funkenerosion

Die folgenden Ausführungen zur Bestimmung von Einstellparametern in Fertigungsprozessen sind für alle Fertigungstechnologien gültig, wenngleich in diesem Abschnitt Besonderheiten der EDM-Bearbeitung hervorgehoben werden. Die Stabilität des Bearbeitungsprozesses, die am Werkstück messbaren Qualitätskenngrößen und die betriebswirtschaftlich relevanten Kenngrößen Fertigungszeit und Fertigungskosten werden durch eine Vielzahl von Prozessparametern festgelegt, die untereinander auch noch in Wechselbeziehungen stehen können. Abb. 2.53 zeigt beispielhaft, dass für eine vorgegebene EDM-Bearbeitungsaufgabe mehr als 30 Parameter eingestellt werden mussten. Das für die Parameterbestimmung notwendige Wissen kann auf Erfahrungen beruhen, aus Technologiedatenbanken entnommen worden sein oder durch Modelle zur Verfügung gestellt werden. In diesem Zusammenhang gewinnen Datenanalysen und datengetriebene Modelle Bedeutung. Grundsätzlich muss unterschieden werden, ob die Prozessparameter für die Planung oder für die Prozessdurchführung benötigt werden.

In der Bearbeitung können die vorgegebenen Sollwerte der Prozessparameter konstant gehalten oder auch adaptiv an sich ändernde Prozesszustände angepasst werden. Auf Möglichkeiten zur Prozessüberwachung und zur adaptiven Prozessregelung von EDM-Prozessen wird im Abschn. 2.3.4 eingegangen, und die grundsätzliche Auslegung von gekoppelten mechanischen und elektrischen Regelkreisen für die Funkenerosion wird in Abschn. 2.3.6 erläutert.

In der Planung von neuen Fertigungsprozessen sind die vorliegenden Informationen häufig nicht ausreichend, um eine neue Bearbeitungstechnologie vollständig auszulegen. Abb. 2.54 zeigt, welche Schritte zur Auslegung einer Technologie zur Bearbeitung eines neuen Werkstoffsystems grundsätzlich und strukturiert durchlaufen werden müssen.

Die vier Säulen in Abb. 2.54 müssen in der Planung von Fertigungsprozessen mit ausreichendem Prozesswissen gefüllt werden. Die sichere Erfüllung der Funktionalität des Bauteils ist die übergeordnete Randbedingung, die in jedem Fall sicherzustellen ist. Dennoch kann die Funktionalität branchenbezogen sehr unterschiedliche Anforderungen zur Qualifizierung einer Technologie erfordern. Auf die besonders hohen Anforderungen der Triebwerksindustrie und die Qualifizierung von Fertigungstechnologien wird in Abschn. 9 eingegangen. Bei gleicher technologischer Eignung eines Fertigungsverfahrens sind betriebswirtschaftliche und andere unternehmensbezogene Randbe-

2.3 Prozess- und Werkzeugauslegung

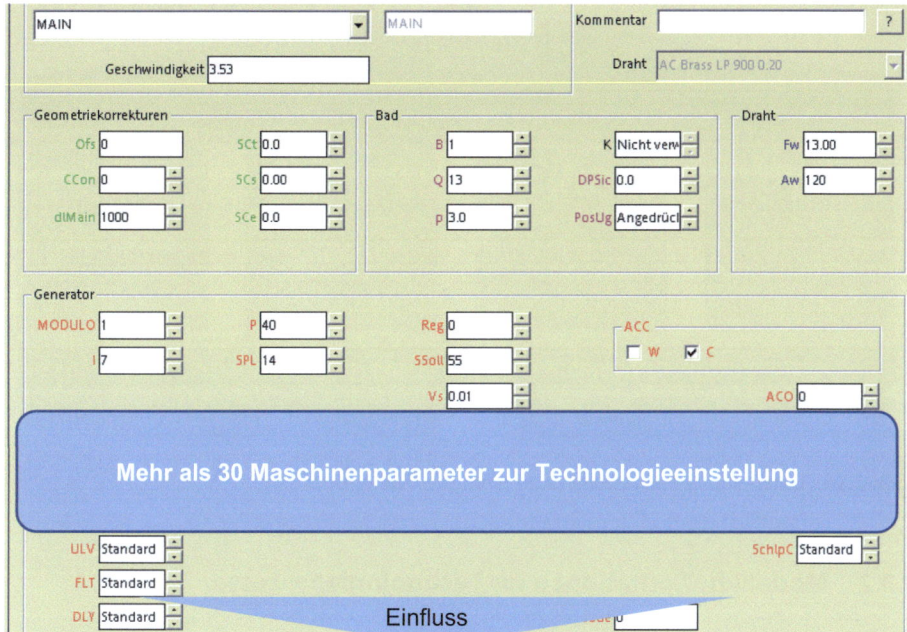

Abb. 2.53 Parameter für das Einrichten einer EDM-Bearbeitung

dingungen leitend bei der Auswahl eines geeigneten Fertigungsverfahrens. Für die Qualifizierung eines Fertigungsverfahrens ist es zeit- und kostensparend, wenn mit Modellen in der Planungsphase virtuelle Machbarkeitsstudien und Prozessoptimierungen durchgeführt werden. Häufig ist eine Kombination aus Experimenten und Simulationen die geeignetste Möglichkeit, Prozessauslegungen durchzuführen.

In Abschn. 2.3.2 werden allgemeine Ausführungen zu unterschiedlichen Modelltypen und Fertigungssimulationen gemacht, die fallspezifisch auf bestimmte Technologien angepasst werden können.

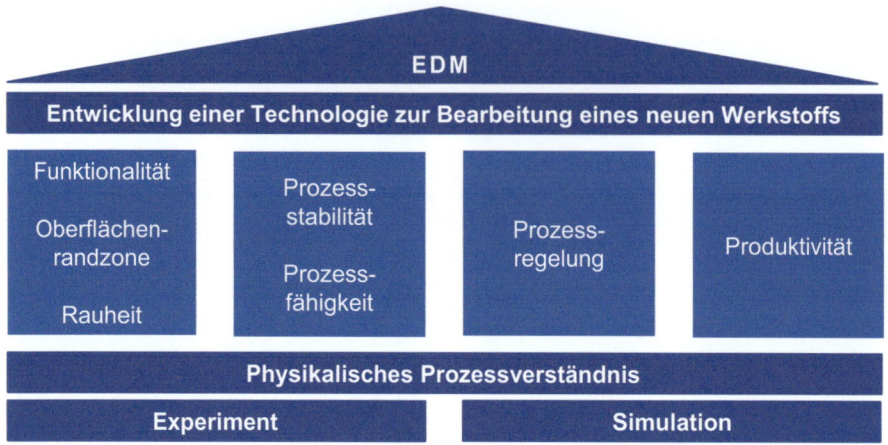

Abb. 2.54 Entwicklung einer neuen Bearbeitungstechnologie

2.3.2 Modellkonfigurationen für Technologieprozesse

2.3.2.1 Allgemeines

Nachfolgend werden grundsätzliche Vorgehensweisen für das Aufstellen und die Nutzung von Technologiemodellen beschrieben. Die generellen Modellkonfigurationen sind für alle fertigungstechnischen Fragestellungen anwendbar, dies gilt auch für die betriebswirtschaftlichen Problemstellungen. Bei den im Folgenden genannten Beispielen wird ein Schwerpunkt auf die Modellierung von EDM- und ECM-Prozessen gelegt. Eine Vielzahl von prozessspezifischen Modellen wird in den einzelnen Hauptkapiteln dieses Buches vorgestellt und dort im Anwendungszusammenhang diskutiert.

Bei der Bildung von technologischen Modellen handelt es sich um ein strukturiertes Vorgehen, um technologische Zusammenhänge unter Verwendung von Regeln zu beschreiben und abzubilden. In den verschiedenen Wissenschaftsdisziplinen werden unterschiedliche Modelltypen angewendet. Deshalb ist die Terminologie nicht einheitlich. In der Fertigungstechnik werden in Abhängigkeit von der Zielsetzung unterschiedliche Modelltypen angewandt. Um die Wirtschaftlichkeit von Prozessen abzuschätzen, müssen betriebliche Randbedingungen berücksichtigt werden und Kostenfunktionen bekannt sein. Die Modellierung der Fertigungsphysik beschäftigt sich mit den durch den Fertigungsprozess generierten Zustandsgrößen in der Wirkzone zwischen Werkzeug und Werkstück und den sich in der Folge einstellenden Beanspruchungen und Werkstoffmodifikationen. Diese allgemein gültige Sichtweise ist unter dem Begriff „Prozesssignaturen" bekannt. In Kap. 9 wird eine Einführung in die strukturierte Vorgehensweise zum Aufstellen von Prozesssignaturen gegeben und an Beispielen gezeigt, wie Signaturen für

2.3 Prozess- und Werkzeugauslegung

spezifische Prozesse auf verschiedenen Skalen aufgestellt und praktisch genutzt werden können.

2.3.2.2 Modellierungsziele

Das Ziel von Technologiemodellen ist, die Komplexität des Systems so zu reduzieren, dass die Realität immer noch ausreichend genau abgebildet wird. Der Genauigkeitsgrad ist variabel und in Abhängigkeit von der Zielsetzung anpassbar. Für die praktische Anwendung ist es das Ziel der Modellierung, die Realität so genau wie nötig abzubilden. Die signifikanten Aspekte müssen durch das Modell gut repräsentiert werden. Für das Erreichen des Ziels dürfen unwesentlich erscheinende Aspekte unscharf abgebildet oder weggelassen werden. Technologische Modellierungen sind häufig die einzige Möglichkeit, signifikante Prozessphänomene grundsätzlich zu verstehen, zu diskutieren und daraus Erklärungsmodelle abzuleiten, weil Experimente unter realen Bedingungen nicht möglich sind. Beispielhaft seien für die EDM-Technologien thermische Modelle für die Diskussion des Plasmas, fluiddynamische Modelle zur Beschreibung der Spaltströmungen, mechanische Modelle, um elastische Strukturveränderungen an Werkzeugen (Erodierdrähte, filigrane Elektroden beim Senken) vorherzusagen und Phasenmodelle zur Prognose von Phasenänderungen in der Randzone des Werkstücks genannt. Die zu beschreibenden Phänomene laufen bei der EDM-Bearbeitung auf sehr unterschiedlichen Zeit- und Längenskalen ab und können mit extremen Gradienten versehen sein. Außerdem werden statistische Modelle verwendet, um örtliche Funkenentladungen darzustellen und deren Wirkung zu analysieren.

Wissenschaftlich ist ein wesentliches Ziel von physikalischen Modellierungen, die ablaufenden Vorgänge grundlegend zu verstehen. Die Modellergebnisse können zur Verifikation von Hypothesen oder auch zum Aufstellen neuer Hypothesen verwendet werden. Auf Modellen aufbauende Simulationen ermöglichen es, Prozesse virtuell darzustellen, Parameterkombinationen mit Bezug auf Modellergebnisse zu simulieren und Prozessoptimierungen virtuell durchzuführen. In diesem Zusammenhang sei auf die Auslegung von Kathodengeometrien in der ECM-Bearbeitung hingewiesen (Abschn. 4.3.2 und [Zeis17]). In Echtzeit rechnende Modelle sind geeignet, in modellbasierten Prozessregelungen eingesetzt zu werden. Zusammenfassend können die wissenschaftlichen Zielsetzungen folgendermaßen formuliert werden:

- Verstehen der physikalischen Wirkungen in der Wirkzone zwischen Werkzeug und Werkstück
- Verifikation von Hypothesen
- Simulation von Prozesszuständen und Durchführen von virtuellen Simulationen
- Aufbau von Echtzeitmodellen für die modellbasierte prädiktive Regelung

Betriebswirtschaftlich stehen bei der Anwendung von Simulationsmodellen folgende Ziele im Vordergrund:

- Senken von Entwicklungszeiten für neue technologische Anwendungen
- Reduzierung von kostenintensiven Vorversuchen
- Steigerung der Produktivität
- Verringerung von Bearbeitungszeiten und Durchlaufzeiten
- Multikriterielle Optimierung von Prozesseinstellungen

In der Prozessdurchführung können Modelle helfen, auf Prozessstörungen zu reagieren und Handlungsempfehlungen an die bedienenden Fachleute zu geben oder direkt Handlungen zur Adaption von Bearbeitungsstrategien zu initiieren. Auf die Vernetzung von Prozessen und Maschinellem Lernen wird in Abschn. 2.3.4 eingegangen. Eine Übersicht über Modelle für die EDM- und ECM-Bearbeitung wird von Hinduja und Kunieda in [Hind13] gegeben.

Technologiemodelle können auch als Beschreibungsmodelle aufgebaut sein. Sie können genutzt werden, regelbasierte Handlungsempfehlungen zur Einstellung und Überwachung von Fertigungsprozessen zu geben. Diese Methodik wird auch bei der Anwendung von EDM- und ECM-Prozessen genutzt. Im Folgenden werden Modelltypen beschrieben, die in der Technologie angewandt werden, und sie werden im Anwendungszusammenhang eingeordnet. Die Definitionen grenzen die Modelltypen nicht scharf gegeneinander ab, die Modellsystematiken und Modellzielsetzungen überschneiden sich häufig.

2.3.2.3 Physikalische Modelle/Chemische Modelle

Bei der physikalischen und chemischen Modellierung eines Systems ist es das Ziel, die naturwissenschaftlichen Zusammenhänge zwischen den Einfluss- und Ergebnisgrößen mathematisch zu formulieren, um sie so berechenbar zu machen. Eine Diskussion der Modellergebnisse kann zur Erklärung von Prozessphänomenen, zum Ableiten von Theorien oder Prozessgesetzen sowie zur Validierung von Prozessmodellen dienen. In den Technologieabschnitten dieses Buches werden Beispiele für diese Modellkategorie vorgestellt. Es werden häufig auch gekoppelte Modellierungen durchgeführt. Bei den gekoppelten Modellen handelt es sich nicht um eine grundsätzlich neue Modellkategorie, denn es werden in einem betrachteten System miteinander in Wechselbeziehung stehende physikalische Grundprinzipien und chemische Zusammenhänge in ihrer gesamtheitlichen Wirkungsweise unter den gegebenen Randbedingungen abgebildet. Ein Beispiel für die Anwendung von gekoppelten physikalischen Modellen ist die inverse Auslegung von Kathodengeometrien in der ECM-Bearbeitung (Abschn. 4.3.2 und [Zeis17]) oder die Modellierung von Grenzschichten in der ECM-Bearbeitung sowie die Interaktion mit der Elektrolytströmung (Kap. 9, [Hars19]).

Wenn die Wirkzone zwischen Werkzeug und Werkstück örtlich und zeitlich durch Zustandsgrößen beschrieben werden kann, können daraus die Werkstoffbeanspruchungen

2.3 Prozess- und Werkzeugauslegung

(sowohl am Werkstück als auch am Werkzeug) abgeleitet werden. Im nächsten Schritt können dann die sich einstellenden Werkstoffmodifikationen bestimmt werden. Dazu müssen Werkstoffgesetze bekannt sein, die bei der EDM-Bearbeitung aufgrund der Kurzzeitprozesse im allgemeinen ausgeprägte Ungleichgewichtszustände beschreiben müssten. Als Beispiel sei genannt, dass in der Forschung Ansätze untersucht werden, Phasenfeldberechnungen für die EDM-Bearbeitung durchzuführen. Die ersten Ergebnisse zeigen, dass qualitativ Abschätzungen für die sich in EDM-Prozessen bildenden Phasen möglich erscheinen, dass aber quantitativ die Modellergebnisse noch nicht ausreichend gut sind [Moha20]. Der Weg ist aufgezeigt, die Forschung arbeitet an diesem Problem.

2.3.2.4 Empirische Modelle

Empirische Modelle werden aus einer Datenbasis abgeleitet, die durch Experimente und Erfahrungswissen gewonnen wurden. Die Vorgehensweise der empirischen Modellierung zeichnet sich auch durch eine nachvollziehbare Systematik und eine logische Forschungsmethodik aus. Die Ergebnisse werden in der Fertigungstechnik häufig mathematisch formuliert. Mit Regressionsanalysen können Zusammenhänge zwischen Eingangsgrößen und Ergebnisgrößen überprüft und quantifiziert werden. Die Ergebnisse der empirischen Forschung können häufig auch physikalisch interpretiert und erklärt werden. Beispielhaft sei genannt, dass in Kap. 4 Zusammenhänge zwischen der zu erwartenden Rauheit und der Stromdichte vorgestellt werden. In Abschn. 2.3.5 wird gezeigt, wie der Düsenabstand beim Drahtschneiden die mögliche Schnittrate beeinflusst. Die Ergebnisse der empirischen Forschung können auch Grundlage für regelbasierte Modellierungen und Handlungsempfehlungen sein.

2.3.2.5 Analogiemodelle, Normmodelle und Ersatzmodelle

Analogieexperimente sind dadurch gekennzeichnet, dass bereits im Aufbau des Experimentes ganz gezielt Vereinfachungen vorgenommen werden, ohne die grundsätzliche Aussagefähigkeit der Ergebnisse infrage zu stellen. Beispielhaft können für EDM Experimente an Einzelentladungen genannt werden. Sie können für das Studium des Plasmas oder die Formation der Entladekrater verwendet werden. Karden analysierte z. B. die Ausbildung von Streamern in frühen Phasen der Plasmabildung [Kard01], siehe auch Abschn. 2.1.1. Auch die Bildung von pyrolytischem Grafit wurde in Einzelentladungen analysiert (Abschn. 2.3.3). Die aus Analogieversuchen gewonnenen Modelle werden auch als Analogiemodelle bezeichnet.

Eine weitere Möglichkeit ist, standardisierte Experimente durchzuführen, mit denen Referenzergebnisse erzielt werden. Von diesen Ergebnissen kann auf ähnliche Anwendungen geschlossen werden. In der elektrochemischen Bearbeitung steht z. B. ein Normversuch zur Bestimmung der elektrochemischen Bearbeitbarkeit zu Verfügung ([Beme70] Abschn. 4.2.1).

Harst stellt ein elektrochemisches Ersatzmodell in der ECM-Bearbeitung vor, in dem die elektrochemischen Eigenschaften von einzelnen Werkstoffphasen als Halbleiterelemente (Dioden) in die gebildete Oxidschicht integriert sind. So konnte er unterschiedliche Durchbruchpotenziale von Ferrit und Zementit in der Modellierung berücksichtigen und den Auflösevorgang numerisch berechnen (Kap. 9, ([Hars19]).

2.3.2.6 Mathematische Modelle

Wenn mathematische Modellierungen angesprochen werden, sagt dies zunächst nur, dass für den betreffenden Gültigkeitsbereich Zusammenhänge zwischen Eingangsgrößen und Ausgangsgrößen mit gängigen mathematischen Notationen beschrieben wurden. Wenn die Randbedingungen bekannt und die Modellergebnisse vorhersagbar sind, werden diese Modelle auch deterministische Modelle genannt. Ein Beispiel hierfür ist die $\cos(\varphi)$-Methode zur Berechnung der Spaltgeometrie in ECM-Prozessen (Abschn. 4.3.1, [Hümb75], [Tipt64]). Physikalische, chemische oder auch empirische Modelle können mathematisch deterministisch formuliert sein.

Neben deterministischen Modellen sind für die Fertigungstechnik auch statistische Modelle von Bedeutung. In der Funkenerosion können die Orte der Entladungen nicht eindeutig vorhergesagt werden. Zeis [Zeis17] benutzte die Monte-Carlo Methode, um Mehrfachentladungen zu simulieren und örtlich zu akkumulieren. Hiervon ausgehend konnte er die thermischen Beanspruchungen an dünnwandigen Elektroden berechnen. Er berücksichtigt dann Fluid-Struktur Wechselwirkungen und berechnet mit guter Genauigkeit die 3D-Verformung dünnwandiger Grafitelektroden (Kap. 9, [Zeis17]). Der Rechenaufwand ist hoch, aber für die Wissenschaft akzeptabel. Für die praktische Anwendung reduziert Zeis die Modellkomplexität und berechnet ein Kennlinienfeld, mit dem die Wahl sicherer Einstellparameter möglich ist.

Wenn geschlossene, analytische Lösungen der mathematisch formulierten Gleichungen möglich sind, sind hierauf aufbauende Simulationen sehr schnell. Wenn analytische Lösungen nicht möglich sind, werden numerische Näherungsverfahren angewendet. In diesem Zusammenhang spricht man auch von numerischen Modellen.

2.3.2.7 White-Box-Modelle, Black-Box-Modelle, Grey-Box-Modelle

In White-Box-Modellen sind die Eingabe- und Ergebnisbeziehungen eindeutig formuliert. Auch die im Inneren ablaufenden Wechselbeziehungen und Dynamiken sind bekannt und beherrscht. Diese Modelle beschreiben die Zusammenhänge in allgemeiner mathematischer Notation. Dies ist bei physikalischen Gesetzen der Fall. Die Modelllösungen erfolgen analytisch oder mit numerischen Näherungsverfahren.

In Black-Box-Modellen sind Ursache-Wirkungsbeziehungen nicht bekannt. Kausale Zusammenhänge zwischen signifikanten Prozesskenngrößen und Ausgangsgrößen werden mithilfe von Algorithmen gesucht. Dazu ist es notwendig, dass ausreichend große, prozessrelevante Datenmengen zu Verfügung stehen. Datengetriebene Modelle basieren auf der Anwendung von Methoden des Maschinellen Lernens. Sie befinden sich für die Modellierung von Technologien in der Entwicklung. Auf diese Modellkategorie wird in Abschn. 2.3.3 ausführlicher eingegangen.

2.3 Prozess- und Werkzeugauslegung

Maschinelles Lernen und datengetriebene Modelle benötigen einen ausreichenden Datenvorrat. Nicht immer ist dies gegeben. Dann können deterministische White-Box-Modelle auch mit Anwendungswissen und mit datengetriebenen Black-Box-Modellen gekoppelt werden. Die Modellkonfigurationen nennt man Grey-Box-Modelle.

2.3.2.8 Beschreibungs-, Erklärungs-, Entscheidungs-, Prognosemodelle

Diese Modellkonfigurationen besitzen in der Fertigungstechnik sowohl in der Wissenschaft als auch in der Anwendung Bedeutung. Sie spielen auch in der automatisierten Datenanalyse und im Maschinellen Lernen eine wichtige Rolle.

Beschreibungsmodelle dienen dazu, Systeme oder Teile des Gesamtsystems zu einem ausgewählten Zeitpunkt zu beschreiben. So kann beispielsweise der gegenwärtige Zustand von Interesse sein. Es ist auch möglich, die zeitliche Entwicklung eines Systems zu studieren, um Trends zu erkennen und zu diskutieren. In EDM-Prozessen verändern sich beispielsweise Systemrandbedingungen im Prozessablauf durch Werkzeugverschleiß oder durch sich ändernde Eigenschaften des Dielektrikums und der Spaltströmung.

Erklärungsmodelle sind geeignet, um die Vorgänge innerhalb eines Systems zu beschreiben, um so die Wirkungsweise analysieren und verstehen zu können.

Entscheidungsmodelle sind zur Ableitung von konkreten Handlungsmaßnahmen gedacht und helfen dem Anwender, sich zwischen Handlungsalternativen zu entscheiden. Entscheidungsmodelle sind häufig als strukturierte Regelmodelle konzipiert. Sie können auch in automatisiert ablaufende adaptive Prozessregelungen eingebunden sein.

Prognosemodelle sind speziell ausgelegt, die Vorhersage des zukünftigen oder über die Systemgrenzen hinausgehenden Verhaltens vorherzusagen. In der Fertigungstechnik sind Verschleißmodelle häufig als Prognosemodelle aufgebaut. Szenarienmodelle gehören auch in diese Modellkategorie.

2.3.3 Vernetzung, Digitalisierung und adaptive Fertigung

Zunehmend werden Fertigungseinrichtungen in Wertschöpfungsnetzwerken digital miteinander verbunden. Das Ziel der adaptiven Fertigung ist, mit numerischen, empirischen, analytischen und statistischen Modellen Fertigungsprozesse am Leistungslimit zu führen. Bei der Offline-Adaption wird die Anpassung der Prozessparameter außerhalb des Fertigungssystems in der Planung durchgeführt. Bei der Online-Adaption wird der Prozess geregelt, und die Stellgrößen werden auf der Basis von Prozessinformationen und Prozessmodellen ermittelt [AWK17b]. In Abschn. 2.2.5 werden beispielhafte Konfigurationen für das Zusammenwirken eines mechanischen und elektrischen Regelkreises für die Funkenerosion vorgestellt. Die grundsätzlichen Ziele der Offline- und Online-Adaption zeigt Abb. 2.55. In weitergehenden Ansätzen werden Methoden vorgestellt, bei denen Prozessregelungen so erweitert werden, dass sich das Fertigungssystem mit vorgegebenen Zielfunktionen selbst optimiert. Dazu werden die zur Verfügung stehenden Mess- und Prozessdaten und die Modelle laufend dem Prozesszustand angepasst. Um

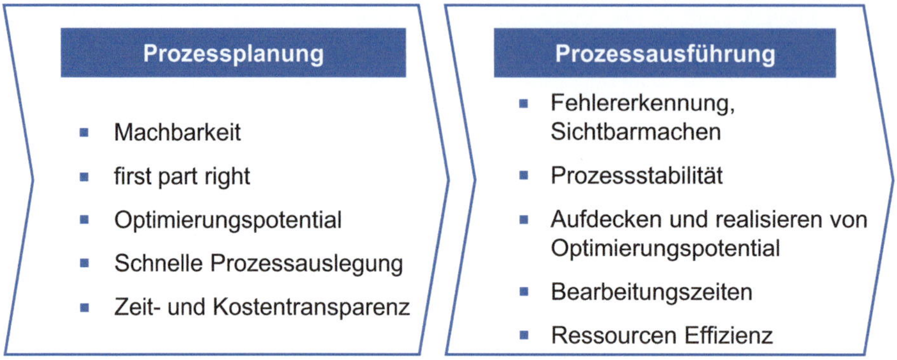

Prozessplanung
Machbarkeit
first part right
Optimierungspotential
Schnelle Prozessauslegung
Zeit- und Kostentransparenz
Prozessausführung
Fehlererkennung, Sichtbarmachen
Prozessstabilität
Aufdecken und realisieren von Optimierungspotential
Bearbeitungszeiten
Ressourcen Effizienz

Abb. 2.55 Prozessadaptionen in der Prozessauslegung und in der Prozessdurchführung

das vorhandene oder das identifizierte Prozesswissen explizit berücksichtigen zu können, wurden modellgestützte, prädiktive Regelungen konzipiert [Abel11].

Adaptive Prozessplanungen können in vernetzten Fertigungssystemen auch auf die gesamte Prozesskette ausgedehnt werden. Für die EDM- und ECM-Bearbeitung bedeutet dies, dass auf der Basis von realen Prozessdaten das Arbeitsergebnis prognostiziert wird, und dann können auch Folgeprozesse in der Wertschöpfungskette angepasst werden.

Wichtig in vernetzten Produktionssystemen sind strukturierte Prozesse zur Informationsgewinnung, Informationsverarbeitung, zur Datenorganisation und Regeln zur Ableitung von Handlungen. Softwareunterstützungen in diesem Wirkungsfeld werden auch als technische Assistenzsysteme bezeichnet (Abb. 2.56).

Cloud
Sensor Integration
Daten Acquisition
Model & Analytics
Data Processing
Fertigungstechnik
Software App
Daten Nutzung

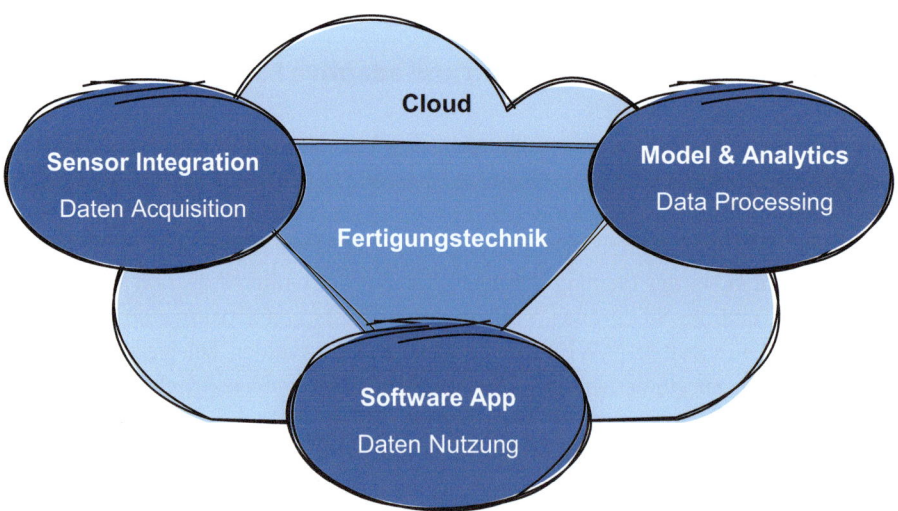

Abb. 2.56 Assistenzsysteme in der Fertigungstechnik [AWK17b]

2.3 Prozess- und Werkzeugauslegung

Die Datenakquise, die Datenverarbeitung und die Nutzung werden über eine gemeinsame Datenbasis miteinander verbunden. Die grundsätzlichen Ziele der digitalen Vernetzung sind:

- Ausstattung aller in der Wertschöpfungskette beteiligten Maschinen und Anlagen mit geeigneter Sensorik, um Fertigungsprozesse zu charakterisieren
- Aufbau eines Produktionsnetzwerkes, in dem Sensordaten vernetzt sind
- Speichersysteme und geeignete Datenbanken für die Speicherung von strukturierten und nichtstrukturierten Daten
- Vorverarbeitung und Aufbereitung der Daten für technische Anwendungen
- Entwicklung und Implementierung von Software-Tools (Data-Analytics) zum Generieren von Modellen, die in der Planung und in der Prozessdurchführung genutzt werden können

In diesem Zusammenhang wurden die Begriffe „Digitaler Zwilling" und „Digitaler Schatten" eingeführt. Der Digitale Zwilling ist das möglichst vollständige, virtuelle Abbild eines physischen Gegenstandes (Bauteil, Maschine, etc.) [Berg21, Berg23]. Die Daten werden durch Sensoren oder auch aus Modellen generiert, in Datenbanken weiterverarbeitet und zur Verfügung gestellt. Der Digitale Schatten ist ein hinreichend genaues Abbild der Realität (reduziertes Modell), mit dem z. B. echtzeitfähige Auswertungen aller relevanten Daten ermöglicht werden [AWK17a]. Mit Datenanalysen und Maschinellem Lernen werden aus dem Digitalen Zwilling für die Planung und Prozessdurchführung relevante Modelle extrahiert (Abb. 2.57), [AWK17a].

Eine grundsätzliche Klassifizierung kann helfen, einen Überblick über die Systeme zur Datenanalyse und zur Modellgenese zu bekommen. Hierzu gehören das Supervised Learning (überwachtes Lernen), das Unsupervised Learning (unüberwachtes Lernen) und das Reinforcement Learning (bestärkendes Lernen) [Wues16, Mono03, AWK17a].

Abb. 2.57 Modellkategorien der automatischen Datenanalyse [AWK17a]

Zu den explorativen Methoden des Unsupervised Learnings gehören zum Beispiel Clustering-Algorithmen, mit denen Prozessanalysen und Prozessdiagnosen durchgeführt werden können. Das Supervised Learning arbeitet mit Zielvorgaben und prognostiziert Ergebnisse der Zukunft. Prozessoptimierungen können auf dieser Basis durchgeführt werden. Diese können von Menschen oder automatisch initiiert werden. Wenn dieses Vorgehen gewählt wird, sind die Voraussetzungen für die Entwicklung von autonomen Fertigungssystemen und auch für selbstoptimierende Systeme gegeben.

2.3.4 Prozesssteuerungs- und Prozessüberwachungseinrichtungen in der EDM-Bearbeitung

Die Funkenerosion wird maßgeblich von den gewählten Prozessparametern beeinflusst, die während der Bearbeitung konstant gehalten, aber auch adaptiv an variierende Bearbeitungssituationen angepasst werden können [Guoy23]. Die adaptive Parameteranpassung erfolgt in der Regel automatisch, in Abhängigkeit von den gewählten Zielgrößen. Bei der Schruppbearbeitung können dies eine hohe Abtragrate bei einem vorgegebenen konstanten relativen Verschleiß oder bei der Schlichtbearbeitung die Minimierung von Prozessschwankungen sowie die Vermeidung von Fehlentladungen sein. Mit Sensoren können die aktuellen Spaltspannungs- und Stromverläufe erfasst werden. Mit diesen Prozessinformationen können unter anderem die Zündverzögerungszeiten einzelner Entladungen ermittelt und das Abtrag- und Verschleißverhalten des Erosionsprozesses charakterisiert werden. Bei unzulässigen Abweichungen von den vorgegebenen Sollwerten werden die prozessbestimmenden Einstellgrößen dem jeweiligen Prozesszustand angepasst. Die Spaltweite wird anhand der ermittelten Spaltspannung geregelt. Wenn z. B. die Spaltspannung den vorgegebenen Sollwert übersteigt, wird der Vorschub erhöht, die Spaltweite verringert sich. Wenn verschiedene Stellgrößen angepasst werden müssen, kann es zu einer Wechselwirkung zwischen den Parametern kommen, in diesem Fall können manuelle Eingriffe aufgrund vorliegender Erfahrungen die beste Lösung sein.

Es gab Bemühungen, den EDM-Prozess durch statistische Methoden abzubilden [Dauw85, Raju90]. Diese „Data Dependent Systems" basierten auf der Grundannahme, dass ein diskretes, gemessenes Eingangssignal immer von den vorangegangenen Werten des Eingangssignals abhängig ist. Diese Systeme berücksichtigten jedoch keine physikalischen Zusammenhänge der Prozessparameter. In der Praxis konnten sich diese Systeme nicht durchsetzen, da einerseits der Rechenaufwand sehr hoch war, sodass eine Echtzeitverarbeitung kaum möglich war, und andererseits die physikalischen Grundlagen nicht berücksichtigt wurden. Weil exakte mathematische Beschreibungen der Vorgänge nicht vorlagen, wurde in den siebziger Jahren begonnen, adaptive Kontrollsysteme zu entwickeln, die nicht auf expliziten mathematischen Modellen beruhten, sondern basierend auf empirischen Erfahrungswerten selbständig den Prozess optimierten [Krut79]. Eine typische Anwendung war die Maximierung des Wirkungsgrads, der die erreichte Abtragrate durch die Optimierung der Pausendauer und des Sollwerts der Spaltspannung bewertet. Problematisch waren diese auf mathematischen Algorithmen aufgesetzten Systeme aufgrund von Instabilitäten und Schwierigkeiten, lokale Maxima zu erkennen. In den achtziger und neunziger Jahren wurden diese adaptiven Kontrollsysteme alternativ als Expertensysteme ausgelegt, da diese Systeme besser geeignet waren, Erfahrungswissen des Bedieners abzubilden [Copp95, Dauw95]. Diese Expertensysteme beruhen auf einer Wissensbasis, die experimentell erarbeitet wurde. Bis heute werden Maschinen zur funkenerosiven Senkbearbeitung mit Expertensystemen, teilweise ergänzt um Fuzzy-Systeme, ausgestattet, um den Prozess zu optimieren. Arbeiten auf dem Gebiet der Prozessregelung für das funkenerosive Senken zeigten, dass Fuzzy-Systeme sinnvoll anwendbar sind, da ein gewünschtes Systemverhalten mit einfachen Wenn-Dann-Regeln beschrieben werden kann. Der Einsatz der Fuzzy-Logik ermöglicht durch das Formulieren von Regelwerken eine Integration der Bedienererfahrung und darüber hinaus die Kombination verschiedener Einzelregler zu einem Mehrgrößenregelsystem [Raab94]. Ein wissensbasiertes Regelungssystem kann die Bedienpersonen bei der Lösung der Bearbeitungsaufgabe unterstützen. Jedoch setzt dies eine genaue Kenntnis über den Prozess voraus. Hier stößt die Fuzzy-Technologie an ihre Grenzen, da das Systemverhalten nur unzureichend linguistisch beschreibbar ist [Raab99].

Daher wurden Systeme entwickelt, bei denen der Maschinensteuerung lediglich die Materialpaarung, gewünschte Rauheiten und Geometriekennwerte mitgeteilt werden müssen. Die Steuerung wählt geeignete Maschinenparameter und passt diese während des Prozessverlaufs adaptiv an (Abb. 2.58). Unbekannte Bearbeitungsfälle, bei denen die Maschinenparameter nicht aus Technologietabellen gewonnen werden können und die bisher nur durch umfangreiche Technologieversuche realisierbar sind, erfordern lernfähige Systeme. Hier kommen Neuronale Netze zum Einsatz, die in der Lage sind, durch Trainieren neue Regeln zu erlernen und zu optimieren sowie durch Anpassung der Maschinenparameter an den jeweiligen Prozesszustand zum gewünschten Arbeitsergebnis zu führen [Dauw95].

Im Bereich der Prozessregelung und -optimierung sind Systeme bekannt, die auf eine Steigerung der Schnittrate oder auf eine Verbesserung der Oberflächenrauheit eingestellt sind [Sieg94b]. Als Regelgröße dient meist die Zündverzögerungszeit t_d, die als Mittelwert über mehrere Millisekunden eine zum Arbeitsspalt proportionale Größe ist. Sie wird entweder mit Komparatoren, die den Spannungsverlauf analysieren, oder über die Auswertung von Spannungs- und Stromanstieg ermittelt. Alternativ kann auf die mittlere Spannung während der Bearbeitung zurückgegriffen werden. Die Höhe der mittleren Spannung wird maßgeblich durch die Zündverzögerungszeiten bestimmt. Diese ist leichter zu messen, jedoch stärker durch Fehlentladungen negativ beeinflusst. Über eine rechentechnische Auswertung der Signale und die Weiterverarbeitung durch Regelalgorithmen wird ein entsprechendes Ausgangssignal an die Stellsysteme weitergeleitet. Es gibt adaptive Regler, die die Generatorparameter und Charakteristik des Vorschubreglers auch auf die jeweils zu bearbeitende Werkstückhöhe und den aktuellen Prozessverlauf abstimmen. Hierdurch wird es möglich, den Prozess mit ständig an-

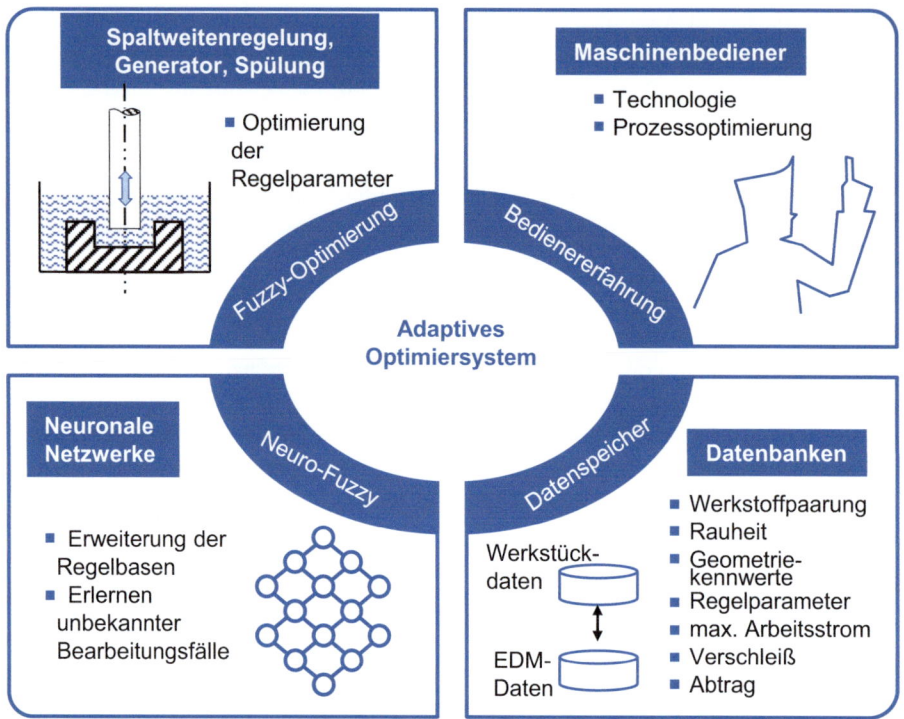

Abb. 2.58 Wissensbasierte Optimierung des funkenerosiven Senkens

gepassten und somit optimierten Parametern zu betreiben. Weiterhin können Drahtfunkenerosionsmaschinen mit einer Höhenkompensation ausgerüstet sind. Deren Ziel ist es, die Biegung des Drahtes infolge äußerer Prozesskräfte durch Überlagerung einer Gleichspannung (elektrostatische Kraft) zu minimieren. Beim Leistungsschnitt besteht die Gefahr eines Drahtbruchs infolge mehrerer Entladungen, die direkt nacheinander an einer Stelle zünden und somit zu einer lokalen thermischen Überlastung der Drahtelektrode führen. Um dieser Gefahr entgegen zu wirken, gibt es Sensoren, die mithilfe der Höhe des über den oberen bzw. unteren Stromkontakt fließenden Entladestroms die örtliche Position einer Entladung bestimmen können. Dann ist es z. B. möglich, bei einer gewissen Zahl aufeinander folgender Entladungen einige Impulse zu unterdrücken, um einen Drahtbruch zu vermeiden. Diese Systematik kann auch angewendet werden, um lokal überhöhten Abtrag zu verhindern, wenn z. B. scharfe Kanten hergestellt werden sollen.

Die Werkzeugauslegung ist von zentraler Bedeutung für die Funkenerosion. Bei der Drahtfunkenerosion ist das der Erodierdraht. Die Spezifikation wird über den Werkstoff, den Durchmesser und ggf. die Beschichtung bestimmt. Darüber hinaus beeinflusst der Abstand zwischen den Spüldüsen und der Werkstückoberfläche die erreichbare Schnittrate, wie in Abb. 2.59 dargestellt. Bei geringerem Düsenabstand dringt mehr

2.3 Prozess- und Werkzeugauslegung

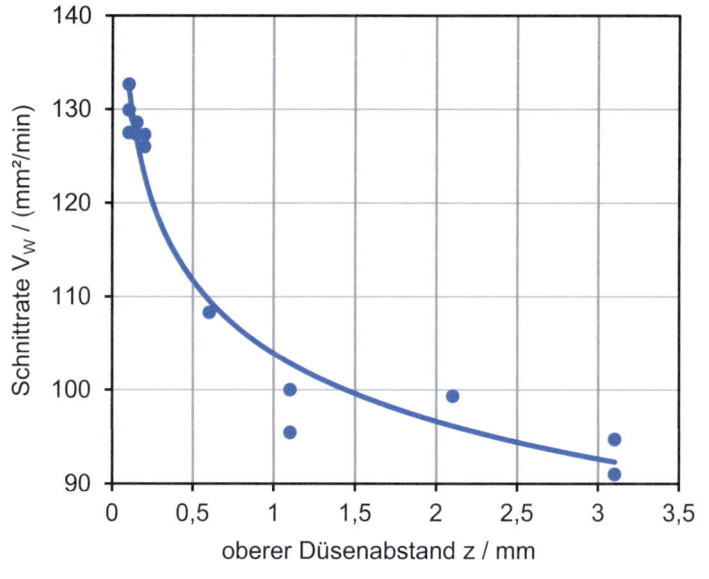

Abb. 2.59 Schnittrate in Abhängigkeit vom Düsenabstand bei der Drahtfunkenerosion

Dielektrikum in den Erosionsspalt ein, wodurch der Abtransport von Erosionspartikeln verbessert wird und der Erosionsprozess effizienter, das heißt mit höherer Schnittrate, ablaufen kann.

Auch bei der Senkbearbeitung muss der Elektrodenwerkstoff entsprechend der Bearbeitungsaufgabe ausgewählt werden. Darüber hinaus muss die Werkzeuggeometrie unter Berücksichtigung des Funkenspaltes und des relativen Verschleißes ausgelegt werden.

Das Prinzip, das der Planetärerosion zugrunde liegt, leitet sich aus den Bedingungen ab, die bei der Schlichtbearbeitung vorliegen (Abb. 2.60). Nach dem Schruppen wäre es notwendig, beim Schlichten mit einer größeren Elektrode zu arbeiten, weil aufgrund der geringeren Entladeenergie auch der Arbeitsspalt kleiner wird. Praktisch hieße das, dass für die Schlichtbearbeitung eine zweite Elektrode nötig wäre. Dies wird bei der Planetärerosion vermieden, in dem durch translatorische Kompensationsbewegungen die richtige Lagezuordnung der Elektrode gegenüber dem Werkstück eingestellt wird.

Die unterschiedlichen Elektrodenuntermaße müssen also bei der Fertigung der Elektroden für die einzelnen Schlichtstufen nicht berücksichtigt werden. Damit reduzieren sich die Elektrodenherstellkosten, insbesondere dann, wenn mit einer einzigen oder

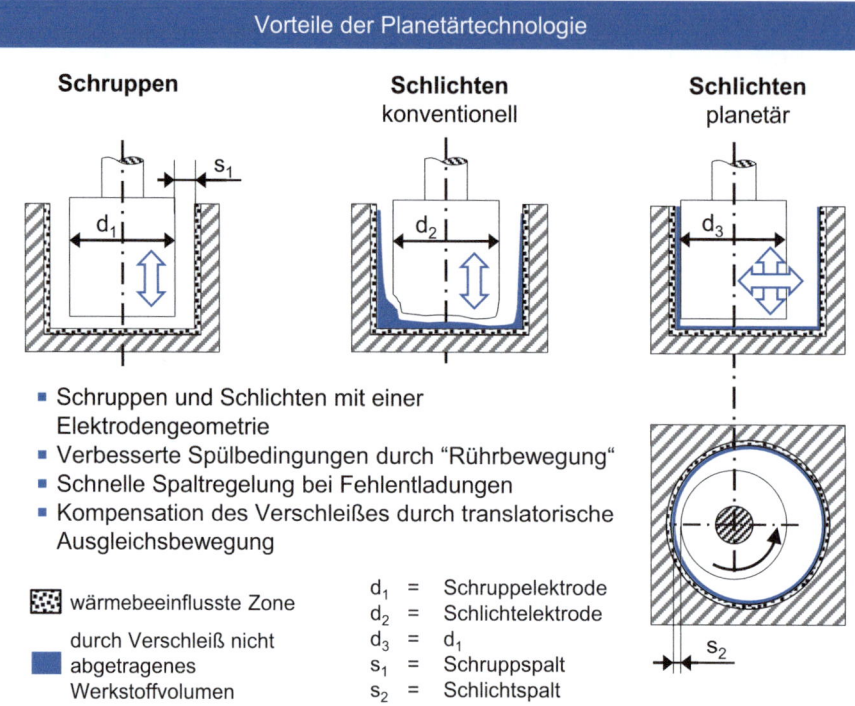

Abb. 2.60 Vorteile durch den Einsatz der Planetärbewegung beim funkenerosiven Senken

zumindest mit einer geringeren Anzahl an Werkzeugen die Fertigbearbeitung durchgeführt werden kann. Unabhängig vom Arbeitsspalt und vom Elektrodenuntermaß können hochgenaue Geometrien gefertigt werden [Schu80].

2.3.5 Regelkreiskonzepte in der Funkenerosion

Das Auftreten von Kurzschlüssen und Fehlentladungen zählt zu den wesentlichen produktivitätslimitierenden Prozessstörungen bei der funkenerosiven Schruppbearbeitung. Eine wesentliche Aufgabe der Prozessregelung ist es, das Auftreten solcher Prozesszustände zu verhindern [Krut79]. Diese Entwicklungen wurden wesentlich durch die Weiterentwicklung in der Leistungselektronik unterstützt. Erst durch die Verwendung von schnell schaltenden Bauteilen der Leistungselektronik konnte die Geschwindigkeit der Regelungs- und Steuerungstechnik der hohen Prozessdynamik der Funkenerosion gerecht werden. In diesem Abschnitt wird auf grundsätzliche Konzeptionen, den Aufbau und die Wirkung der bei der Funkenerosion verwendeten Regelkreise kurz eingegangen. Es handelt sich hier nur um grundsätzliche Erläuterungen zur Konzeption von Regelkreisen in der Funkenerosion, um ein grundsätzliches Verständnis für Prozess-

2.3 Prozess- und Werkzeugauslegung

regelungen in EDM-Prozessen zu vermitteln. Im Einzelfall sind die in der Praxis realisierten Prozessregelungen komplexer und werden durch Entwicklungen in der Leistungselektronik und auch durch Integration von Modellen und neuen Methoden der KI ständig weiterentwickelt.

Für das Verständnis der Prozessregelung bei der Funkenerosion müssen zwei wesentliche Ziele unterschieden werden. Zum einen sollen Prozesszustände vermieden werden, die zu signifikanten Prozessstörungen führen. In der Drahterosion wären dieses beispielsweise Drahtbrüche und in der Senkerosion qualitätsrelevante Veränderungen der Senkelektroden. Mit dieser kurzen Einführung wird schon deutlich, dass für die Draht- und Senkerosion unterschiedliche Detailkonzeptionen erforderlich sind.

Um die genannten übergeordneten Regelziele erreichen zu können, muss an unterschiedlichen Stellen im Erosionsprozess eingegriffen werden. Grundsätzlich werden die elektrischen Stellgrößen über den Generator geregelt, der Vorschub wird über den Vorschubantrieb geregelt. Diese Regelungen werden in zwei Regelkreisen durchgeführt, die miteinander in Wechselwirkung stehen, aber mit sehr unterschiedlichem Zeitverhalten arbeiten.

Aufgrund der thermischen Empfindlichkeit der Erodierdrähte sind Kurzschlüsse in der Drahterosion besonders kritisch. Abb. 2.61 zeigt den vereinfachten Wirkungsplan der gekoppelten Prozessregelung für einen Drahtfunkenerosionsprozess.

Es ist die Aufteilung der Prozessregelung in einen mechanischen und einen elektrischen Regelkreis dargestellt. Gelb hinterlegt ist der mechanische Regelkreis, der Kurz-

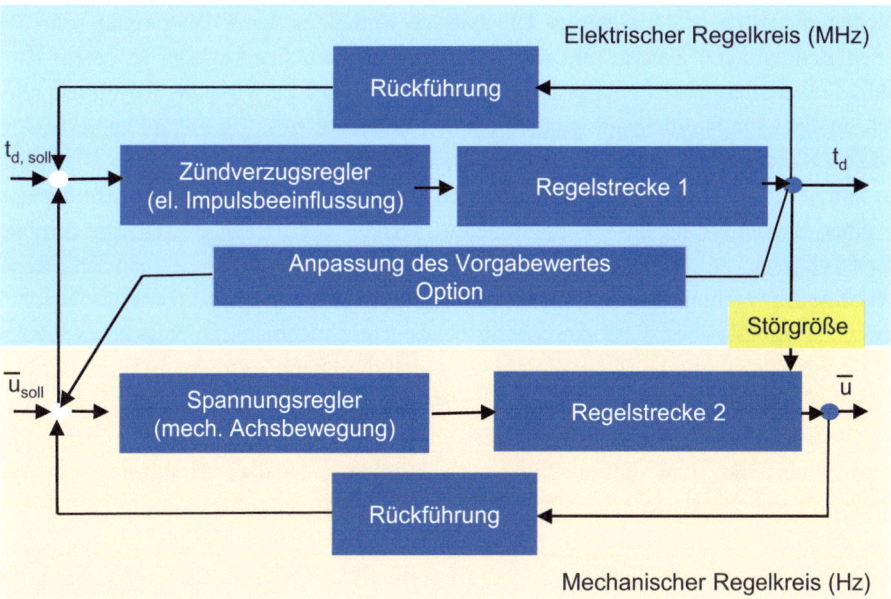

Abb. 2.61 Vereinfachter Wirkungsplan der Prozessregelung in der Drahtfunkenerosion

schlüsse vermeiden soll. Die Eintrittswahrscheinlichkeit für das Auftreten von Kurzschlüssen ist stark vom eingestellten Arbeitspalt abhängig. Die mittlere Spaltspannung ū korreliert mit der Arbeitsspaltweite, sie ist einfach zu messen. Damit steht eine geeignete Kenngröße für die Spaltweitenregelung zur Verfügung. Um eine Vergrößerung der mittleren Spannung zu erreichen, wird die Drahtvorschubgeschwindigkeit reduziert oder bei sehr großen Abweichungen wird die Vorschubrichtung sogar umgekehrt. Dadurch reduziert sich die Gefahr von Kurzschlüssen deutlich und die Bearbeitung wird stabilisiert. Allerdings ist die Dynamik in der Anpassung der Vorschubbewegung durch die Massenträgheit im mechanischen System begrenzt. Regelfrequenzen über den Hertz-Bereich hinaus können kaum erreicht werden. Bei Periodenfrequenzen in der Drahtfunkenerosion, die im Kilo- oder Megahertz-Bereich liegen, wird deutlich, dass diese Regelung für das Verhindern der genannten Prozessstörungen unzureichend ist. Es ist deshalb naheliegend, zusätzlich einen schnell reagierenden, hochdynamischen Regelkreis zu realisieren [Kole09]. Dieser Regelkreis ist in Abb. 2.61 hellblau dargestellt. Er ist als elektrischer Regelkreis gekennzeichnet. In diesem Regelkreis (MHz) wird für jede Entladung die Zündverzögerungszeit herangezogen und mit einem Vorgabewert verglichen. Ist die gemessene Zündverzögerungszeit zu kurz, ist mit einer Kurzschlussentladung zu rechnen. Um die große Joule'sche Erwärmung in Folge des hohen Stromflusses bei einer Kurzschlussentladung zu vermeiden, wird in diesem Fall die Leistungsstufe des Generators nicht zugeschaltet. Daher fließt nur der relativ kleine Strom der Zündstufe. Dadurch wird die thermische Belastung der Drahtelektrode während der Entladung begrenzt. So kann verhindert werden, dass die thermische Energie einer Kurzschlussentladung zum Drahtbruch führt. Allerdings führt die deutlich reduzierte elektrische Entladeenergie zu einem reduzierten Materialabtrag. Die nächste Entladung wird daher unter sehr ähnlichen Bedingungen zünden und mit hoher Wahrscheinlichkeit wieder in einem Kurzschluss resultieren. Es ist also ersichtlich, dass der elektrisch wirkende Regelkreis allein nicht in der Lage ist, die Bedingungen für den Entladeprozess signifikant zu verbessern, er kann allein nur die Folgen schlechter Prozessbedingungen abschwächen. Des Weiteren führen das Abschalten der Leistungsstufe und damit die Reduktion des Abtrags auch zu einer Beeinflussung des übergeordneten mechanischen Regelkreises. Das Problem des zu geringen Arbeitspaltes wird erst dann beseitigt, wenn der mechanische Regelkreis eine Abweichung in der mittleren Spaltspannung detektiert und dann die Vorschubbewegung anpasst. Für diese Anpassung benötigt der mechanische Regelkreis eine relativ lange Zeit. Während dieser Zeit bewegt sich die Drahtelektrode aufgrund der noch nicht angepassten Vorschubgeschwindigkeit weiter auf das Werkstück zu. Im Prozess wird weiterhin versucht, Entladungen zu zünden, wodurch sich die Abweichung vom Sollwert verstärkt. Um diesen Effekt zu minimieren, besitzen Drahtfunkenerosionsmaschinen eine direkte Rückkopplung des elektrischen Regelkreises auf die vorgegebene Spaltspannung im mechanischen Regelkreis. Diese Rückkopplung muss aber sorgfältig ausgeführt werden, um Überschwingen zu verhindern. Das grundsätzliche Ziel dieser Rückkopplung ist, den Sollwert der Spaltweite im mechanischen Regelkreis schon anzupassen, bevor ausreichende Veränderungen in der Spaltspannung gemessen wurden.

2.3 Prozess- und Werkzeugauslegung

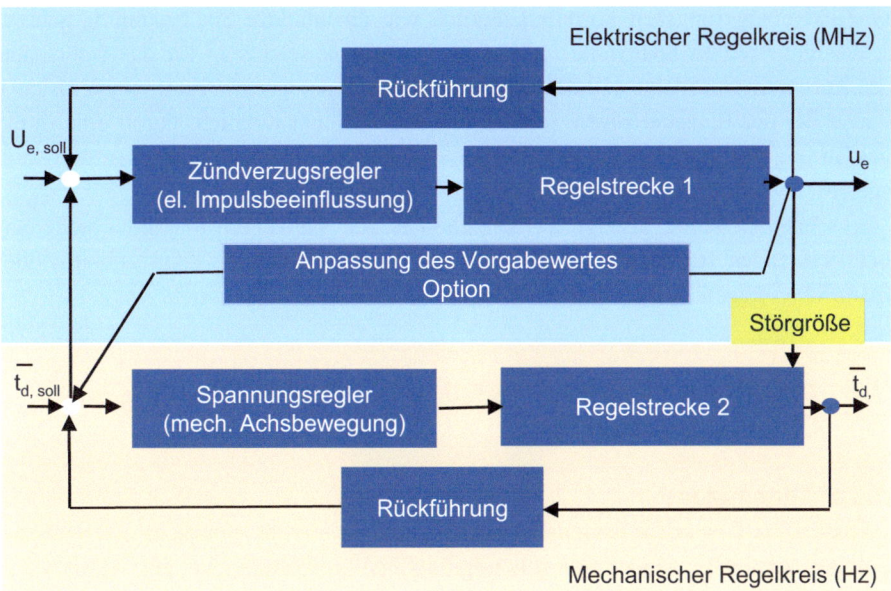

Abb. 2.62 Vereinfachter Wirkungsplan der Prozessregelung in der Senkfunkenerosion

Regelungstechnisch unterscheidet sich die Senkerosion in wichtigen Punkten von der Drahterosion. Aufgrund der größeren thermischen Stabilität der Elektrode ist im Vergleich zur Drahtfunkenerosion eine geringere Prozessdynamik notwendig, es werden im Prozess auch längere Entladedauern realisiert. Hieraus resultiert grundsätzlich eine höhere Robustheit des Prozesses gegenüber Prozessstörungen. Allerdings können auch in der Senkbearbeitung Prozessstörungen zu qualitätsrelevanten Abweichungen im Arbeitsergebnis führen. Kurzschlüsse und Fehlentladungen können auch hier zu relevanten Veränderungen in der Elektrodengeometrie führen. Mit diesen Beschreibungen der Prozessrandbedingungen wird in Abb. 2.62 eine Regelung vorgestellt, die konzeptionell ähnlich aufgebaut ist, wie in der Drahterosion. Die Regelstrategie ist aber unterschiedlich.

Wie die Abb. 2.62 zeigt, wird bei der funkenerosiven Senkbearbeitung die langfristige Prozessstabilität über den Mittelwert der Zündverzögerungszeit geregelt. Die Entscheidung, ob es sich bei der aktuellen Entladung um eine entartete Entladung handelt, wird auf Basis der Entladespannung getroffen. Wenn die Entladespannung sehr stark abfällt wird eine entartete Entladung angenommen und die Regelung schaltet die Stromquelle ab. Diese Strategie hat den gleichen Effekt, wie das Ausbleiben des Zuschaltens der Leistungsstufe in der Drahtfunkenerosion. In beiden Fällen wird der Prozesszustand nicht grundsätzlich verbessert, sondern nur der Energieeintrag minimiert. Auch bei der funkenerosiven Senkbearbeitung ist deshalb ein weiterer Regelkreis realisiert, der die Bearbeitung wieder in ein produktives Prozessfenster führt. Dies geschieht bei der funkenerosiven Senkbearbeitung anhand der mittleren Zündverzögerungszeit. Die mittlere Zündverzögerungszeit korreliert ähnlich wie die mittlere Spaltspannung sehr gut mit der eingestellten Spaltweite und erlaubt so eine Abschätzung für das wahrscheinliche Auftreten von nicht produktiven Entladungen. Analog zur Drahtfunkenerosion ist es auch bei der funkenerosiven Senkbearbeitung optional möglich, durch eine direkte Rückführung den Vorgabewert des übergeordneten Regelkreises anzupassen und so die Regelgeschwindigkeit zu erhöhen.

Grundsätzlich sollte gezeigt werden, dass in der Funkenerosion mit einem langfristig wirkenden Regelkreis die Prozessstabilität erhöht werden kann und mit hochdynamischen Regelkreisen Prozessstörungen minimiert werden können.

2.3.6 Datenbasierte Prozessmodelle in der EDM-Bearbeitung und Optimierungsstrategien

2.3.6.1 Allgemeines

In Abschn. 2.3.2 wurden wissenschaftliche und betriebswirtschaftliche Zielsetzungen für unterschiedliche Modellierungskonfigurationen vorgestellt, in den Abschn. 2.3.5 und 2.3.6 werden Arbeiten und Anwendungen zur Prozessoptimierung und zur Prozessregelung von Funkenerosionsprozessen erläutert.

Neue Entwicklungen in der Sensorik und in der Leistungselektronik haben Möglichkeiten geschaffen, mit großen Datenmengen [Schw16, Hols19] effizient und schnell zu arbeiten, um so in Echtzeit Prozessadaptionen in der Funkenerosion zu ermöglichen. Auf einige Entwicklungen wird im Folgenden eingegangen. Der Schwerpunkt der Ausführungen liegt auf Entwicklungen zur Drahterosion. Der wesentliche Grund ist, dass die Erodierdrähte im Vergleich zu Senkelektroden mechanisch wesentlich labiler sind und darüber hinaus aufgrund der geringen Masse auch die thermische Beanspruchbarkeit geringer ist. In der Drahterosion führen abnormale Entladungen schnell zum Drahtbruch. Selbst wenn ein Drahtbruch vermieden wird, können sich die Auswirkungen von Fehlentladungen dennoch in der Oberflächenausbildung des Werkstücks und in der Randzone niederschlagen.

Grundsätzlich können online und offline arbeitende Strategien unterschieden werden. Ein Beispiel für die Prozessanalyse im offline Modus ist in Abb. 2.63 dargestellt. Welling [Well15] hat umfangreiche Untersuchungen zum Drahtschneiden von Tannenbaumprofilen durchgeführt. Es wird gezeigt, dass zwischen der mittleren Spaltspannung und messbaren Oberflächendefekten ein Zusammenhang besteht, der zur Prozessüberwachung genutzt werden kann.

Es hat einige Arbeiten gegeben, die Position von Entladungen im Arbeitsspalt zu lokalisieren. Als Messprinzip wurde genannt, die Ströme am Eintritt und am Austritt des Drahtes zu messen. Beispielhaft seien die Arbeiten von Lauwers, Kruth und Kunieda genannt [Kuni90, Lauw98, Hanf04]. Okada versucht die Position der Entladungen mit optischen Sensoren aufzulösen [Okad10]. Die Implementierung in praktischen An-

2.3 Prozess- und Werkzeugauslegung

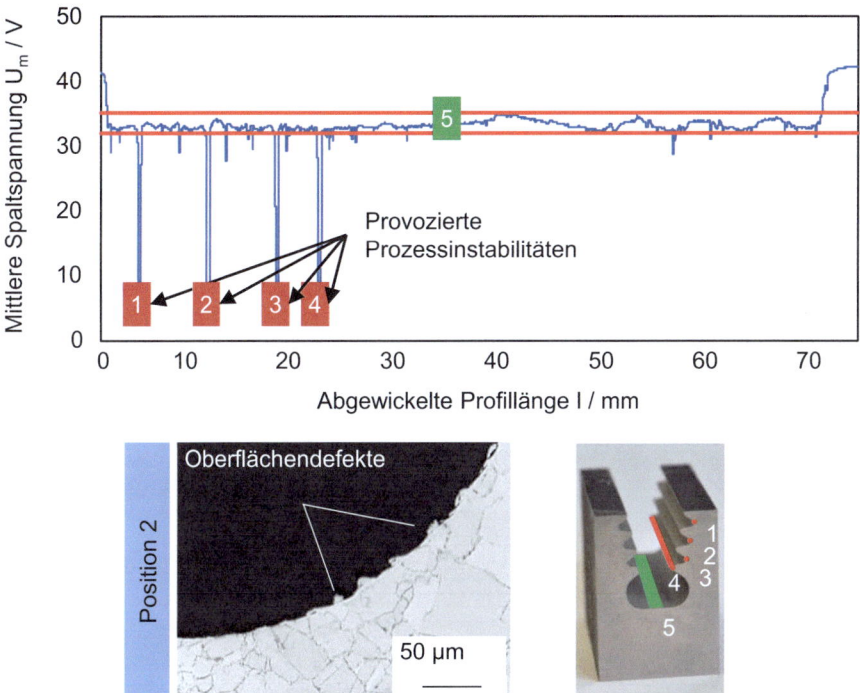

Abb. 2.63 Spaltspannung und Oberflächendefekte [Kloc14c]

wendungen blieb aber begrenzt. Die Messprinzipien waren bekannt, die anschließende Verarbeitung der Signale war unzureichend. Mit schnellen Mikrocontrollern und FPGA (Fast Programmable Gate Arrays) war der nächste Entwicklungsschritt möglich. Boccardoro et al. [Bocc17, Bocc20] stellen ein System vor, mit dem in Echtzeit Informationen über den Entladungsort beim WEDM gewonnen werden können und wie diese Erkenntnisse zur Prozessoptimierung verwendet werden können (Abb. 2.64). Sie beschreiben die Messtechnik und eine Vorgehensweise, mit der eine Beeinflussung der Entladungskonzentration vorgenommen werden kann [Bocc20]. Die Farbendarstellung rechts in Abb. 2.64. zeigt die Entladeorte in Schnittrichtung die Entladedichten. Wenn das Überwachungssystem einen kritischen Anstieg der Entladefrequenz feststellt, wird der Entladestrom abgeschaltet. Hier wird ein Weg gezeigt, Prozessoptimierungen in Echtzeit zu realisieren. Das Optimierungsziel ist, eine flache Verteilung der Entladungen zu realisieren, um unzulässige Veränderungen der Oberflächen des Werkstücks und der Randzone sowie Drahtbruch zu vermeiden [Bocc20]. Das System ist als Discharge Location Tracker (DLT) eingeführt [Bocc20]. Die Informationen können so auch verwendet werden, die Drahtauslenkung und damit verbundene Geometrieabweichungen zu prognostizieren und durch Anpassung der Generatoreinstellungen zu kompensieren [Bocc20].

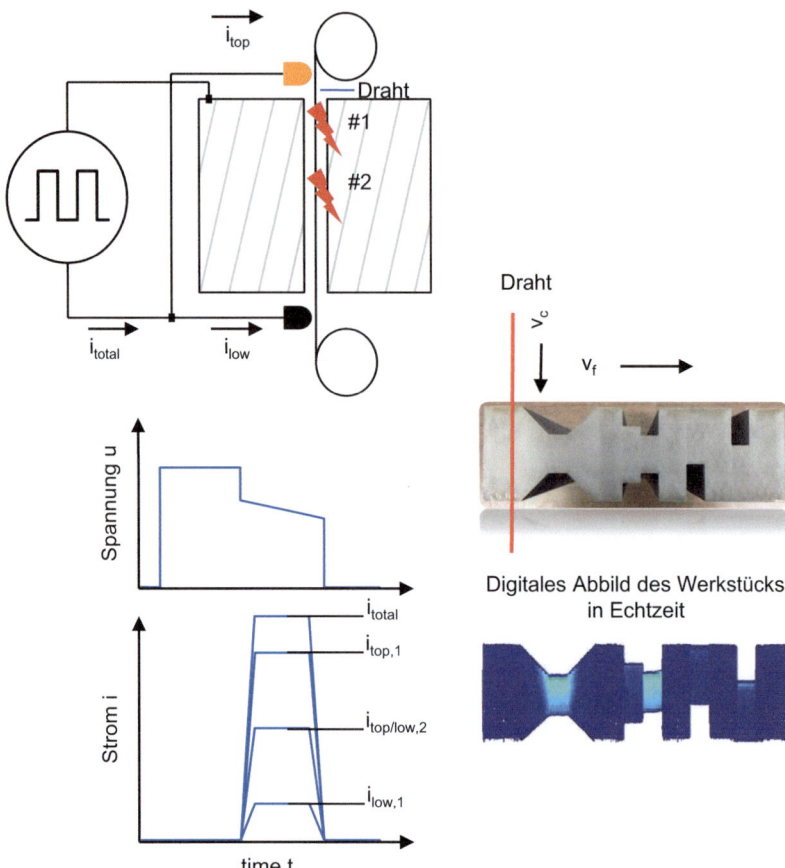

Abb. 2.64 Gezielte Manipulation von Entladungskonzentrationen (GF Machining Solutions, [Bocc20])

Von diesen Vorbemerkungen ausgehend werden nachfolgend weiterführende Konzepte zum Aufbau und zum Nutzen von datengetriebenen Modellen für die Funkenerosion vorgestellt.

2.3.6.2 Nutzung von Daten (quasistationärer Prozesszustand)

Die Nutzung von Prozessdaten, die aus den Strom- und Spannungssignalen abgeleitet werden, wird bereits erfolgreich für Optimierungen und Überwachungsstrategien genutzt. So ist es zum Beispiel möglich, durch Analyse und Akkumulation von Fehlentladungen bei der Drahterosion einen bevorstehenden Drahtbruch zu identifizieren [Yanm98, Wata90, Caba08, Port09, Berg18]. Für diese Untersuchungen werden die Strom- und Spannungssignale im hohen Megahertzbereich aufgezeichnet, gespeichert und im Anschluss ausgewertet. In den meisten Untersuchungen umfasst die

2.3 Prozess- und Werkzeugauslegung

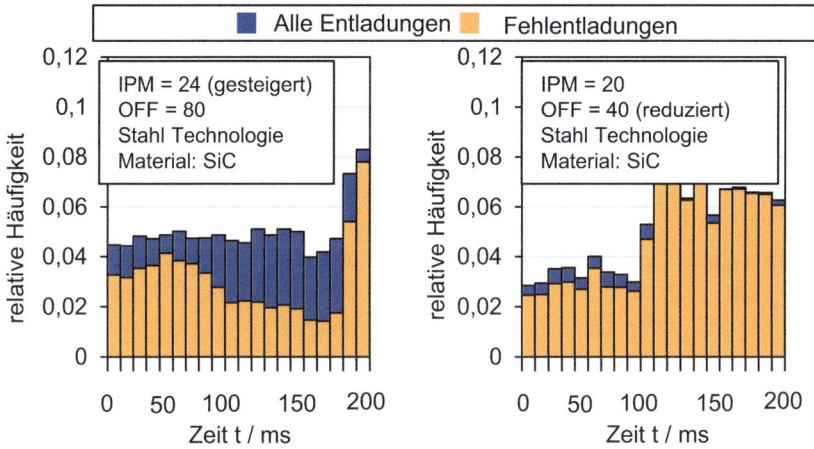

Abb. 2.65 Verteilung der Entladungen bei gesteigerter Entladeenergie und reduzierte Pausendauer [Berg18]

Aufzeichnung der Daten vor einem Drahtbruch nur wenige Millisekunden. Aus den Erkenntnissen werden empirische Werte ermittelt, die zur Regelung des Prozesses verwendet werden, um Überlastungen der Erodierdrähte und unzulässige Werkstückveränderungen zu vermeiden. Es ist allerdings so, dass Prozessanomalien beim funkenerosiven Drahtschneiden im Einzelfall aus einer Vielzahl von miteinander wechselwirkenden Einflussgrößen entstehen.

Bergs et al. [Berg18] haben Untersuchungen durchgeführt, in denen sie die zeitliche Verteilung von Norm- und Fehlentladungen 200 ms vor einem Drahtbruch bei der Bearbeitung von einem Stahl- und einem Keramikwerkstoff analysieren. Die Drahtbrüche wurden dabei zum einen durch Erhöhung der Entladeenergie (Abb. 2.65 links) und zum anderen durch Reduzierung der Pausendauer herbeigeführt (Abb. 2.65 rechts). Wie zu sehen ist, ergeben sich für die beiden Technologievarianten unterschiedliche Verteilungen. Während der Drahtbruch, welcher durch eine erhöhte Entladeenergie verursacht wurde, einen Anstieg abnormaler Entladungen 20 ms vor dem Eintritt aufweist, führt eine reduzierte Pausendauer bereits 110 ms vor Eintritt zu einem signifikanten Anstieg abnormaler Entladungen.

Die Experimente umfassten aufgrund der hohen Entladefrequenz jedoch nur eine kurze Messdauer und einen geringen Anteil an Entladungen. Zur Datenerfassung wurde eine gängige Methode verwendet, in der Rohdaten der Strom- und Spannungssignale mit einer hohen Abtastrate digitalisiert und dann in einem Oszilloskop gespeichert wurden. Anschließend wurden aus diesem Datenbestand die charakteristischen Prozesskennwerte extrahiert. Diese Vorgehensweise kann den offline arbeitenden Modellierungen zugeordnet werden. Da sich mit dieser Methodik lediglich Daten im unteren Sekundenbereich aufzeichnen lassen, kann nur ein quasistationärer Zustand des Prozesses abgebildet werden. Wenn sich Randbedingungen ändern, zum Beispiel die zu bearbeitende Bauteilhöhe, können die gewonnenen Ergebnisse nicht ohne weiteres auf diesen neuen Anwendungsfall übertragen werden.

Dieses Beispiel zeigt, dass eine kontinuierliche Aufnahme von Prozessdaten wünschenswert ist, um auch das Zeitverhalten zu berücksichtigen und um umfangreichere Analysen durchführen zu können. Es liegt nahe, Methoden des maschinellen Lernens zum Aufbau von datengetriebenen Modellen in Erwägung zu ziehen. Küpper greift diesen Ansatz auf und zeigt, dass dann aber weitere Randbedingungen zu berücksichtigen sind, dass aber auch erhebliche Optimierungspotenziale bestehen [Küpp20, Küpp21, Küpp22, Küpp23]. Hierauf wird im Folgenden kurz eingegangen.

Für eine Technologieoptimierung ist die kontinuierliche Aufzeichnung von Prozessdaten nicht zwingend notwendig. Eine der ersten Untersuchungen wurde für das Senkerodieren durchgeführt und zeigte das Potenzial der datenbasierten Modelle für die Optimierung des Prozesses auf [Indu92]. In anderen Untersuchungen wurde ein neuronales Netz aufgebaut, um die beste Maschinenparameterkombination zur Erhöhung der Schnittgeschwindigkeit bei guter Oberflächenrauheit zu ermitteln [Chen10]. Weiter konnten diese Arbeiten durch die Angabe von Wahrscheinlichkeiten für die Parameterauswahl einer Optimierung erweitert werden [Abhi20]. Die Gültigkeit und Übertragbarkeit dieser Modelle auf den Prozess außerhalb des gewählten Parameterraums ist jedoch nicht gegeben. Dies liegt zum einen an der geringen Datenmenge, die für den Einsatz von Machine Learning Methoden nicht ausreichend ist. Die Modellgüte wird durch overfitting- und underfitting-Einflüsse beeinflusst. Zum anderen werden beim Training des Algorithmus nur unterschiedliche Stufen von Maschinenparametern ausgewählt und Änderungen der Prozessbedingungen im kontinuierlichen Prozess nicht berücksichtigt. Dies hat zur Folge, dass Eingangsparameter, wie z. B. die Entladeparameter, konstant bleiben. Das Training des Algorithmus muss jedes Mal wiederholt werden, wenn sich die Prozessbedingungen ändern.

Die Verwendung aufzeichnungsfähiger physikalischer Prozessdaten birgt großes Potenzial. So wurde versucht, geometrische Abweichungen durch Analyse des Spannungssignals beim Nachschnitt mit Methoden des Unsupervised Machine Learnings vorherzusagen [Wang18, Wang19]. Diese Verfahren beschränkten sich zunächst auf die Nachschnitte, grundsätzlich kann die Methode aber auch auf Hauptschnitte übertragen werden. Mit Deep-Learning-Techniken wurden Hauptschnitte modelliert [Sanc18]. Der Ansatz zeigte grundsätzlich gute Ergebnisse, aber es wurde nur eine geringe Anzahl von Beispielen berücksichtigt.

Um ein datenbasiertes Modell für das kontinuierliche Drahtschneiden zu entwickeln, das auch veränderte Prozessbedingungen berücksichtigt, entwickelte Küpper [Küpp20, Küpp21, Küpp22, Küpp23] zunächst eine Strategie zur kontinuierlichen Aufzeichnung von Prozessdaten im Hauptschnitt. Nach der Datenakquisition erfolgte eine systematische Datenvorverarbeitung und Datenkomprimierung, ohne relevante Informationen zu verlieren. Mit statistischen Methoden und durch Korrelationsanalysen ermittelte er signifikante Kennwerte. Dazu wurden Prozessdaten mit den Prozesseinstellungen und Qualitätskriterien des Werkstücks miteinander korreliert [Küpp20, Küpp21, Küpp22, Küpp23].

2.3 Prozess- und Werkzeugauslegung

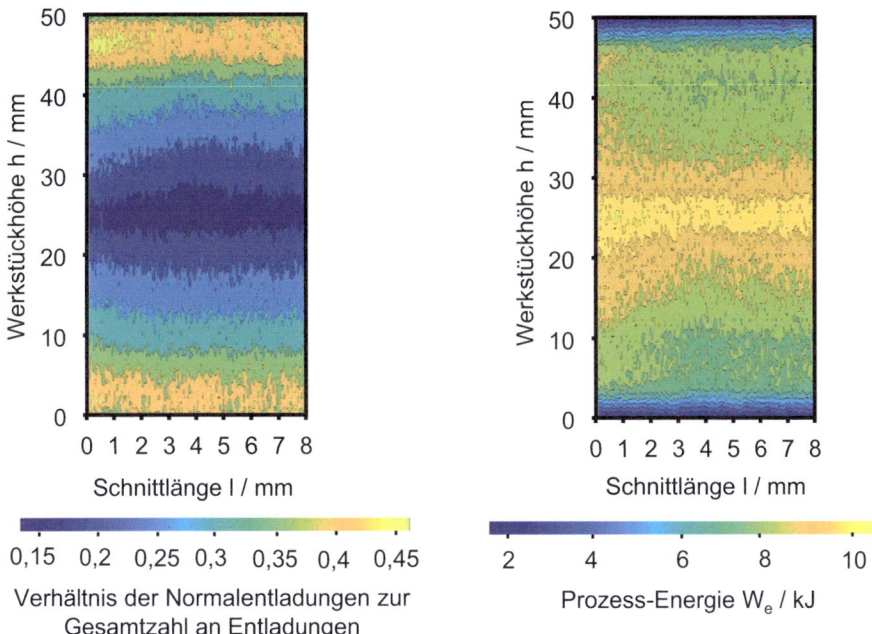

Abb. 2.66 Ortsaufgelöste Verteilung der Entladearten und der Entladeenergie [Küpp21]

2.3.6.3 Datenakquisition (kontinuierlicher Prozess)

Die Datenqualität ist bei der Entwicklung von datenbasierten Modellen und der Anwendung von Machine-Learning-Methoden essenziell. Neben der Datenmenge muss auch eine ausreichend große Informationsdichte in den Daten vorhanden sein. Zudem sollten diese verlässlich, replizierbar und plausibel sein. Bezüglich der Einzelheiten zur zeit- und ortsaufgelösten Datenaufnahme sei auf die Literatur verwiesen [Küpp20, Küpp21]. Die Datenvorverarbeitung fand online und in Echtzeit über ein „Field Programmable Gate Array" (FPGA) statt. Über eine Synchronisation der gespeicherten Prozessdaten mit den Positionsdaten der Maschinenachsen konnte Küpper die Entladungen auf der bearbeiten Fläche lokalisieren und darstellen. Mit der Unterscheidung der Entladetypen lassen sich Prozesskennwerte, wie die Verteilung von Norm- und Fehlentladungen oder der Entladeenergie, abbilden (Abb. 2.66).

Die Ergebnisse in Abb. 2.66 zeigen, dass in der Mitte des Bauteils eine Akkumulation von Kurzschlüssen auftritt. Dies ist prozesstechnologisch plausibel zu erklären, denn in der Mitte tritt eine hohe Konzentration an Abtragprodukten auf, weil die obere und die untere Spülung hier aufeinandertreffen.

2.3.6.4 Datenanalyse

Küpper [Küpp22] führte dann umfangreiche Schneidexperimente durch. Er wendet verschiedene statistische Methoden zur Datenanalyse an und generiert einen prozessbeschreibenden Kennwert e_{max}, der das Verhältnis der maximalen Anzahl von Kurzschlüssen entlang der Werkstückhöhe zu der entsprechenden Anzahl Normentladungen an der gleichen Stelle ausdrückt. In weiterführenden Untersuchungen stellte Küpper fest, dass diese Kenngröße das Potenzial besitzt, für eine Echtzeit-Prozessüberwachung genutzt zu werden. Aber auch dieser Kennwert muss für geänderte Bearbeitungsbedingungen im Experiment ermittelt werden.

Küpper [Küpp23] geht deshalb den Schritt, mit Parametervariationen umfangreiche Experimente unter verschiedenen Randbedingungen durchzuführen, mit denen er eine hinreichend große Datenmenge erzeugt, von der ausgehend Machine Learning Modelle generiert werden können, die auch Veränderungen im Prozess ausreichend gut abbilden. Dazu wurden die Prozesseinflussgrößen beim Drahterodieren in zwei Kategorien unterteilt: in "einstellbare" und "nicht einstellbare" Parameter. Einstellbare Parameter sind Maschinenparameter, die vor Beginn der Bearbeitung festgelegt werden. Zu dieser Art von Parametern gehören zum Beispiel die elektrischen Parameter wie Entladestrom, Endladespannung und Entladedauer sowie die Pausendauer und die Leerlaufspannung. Aber auch mechanische Maschinenparameter wie Drahtspannung, Drahtablaufgeschwindigkeit oder der Spüldruck gehören dazu. Nicht einstellbare Parameter sind Prozesseinflussgrößen, die hauptsächlich durch das Werkstück bestimmt werden. Hierzu gehören das Werkstückmaterial und die Geometrie. Die Werkstückgeometrie wirkt sich insbesondere bei variierenden Bearbeitungshöhen auf den Prozess aus.

Auch wenn in den meisten Anwendungen der Hauptschnitt nicht der letzte Prozessschritt ist und Nachschnitte die endgültige geometrische Genauigkeit und die Oberflächenrandzone erzeugen, ist es wichtig, Abweichungen nach dem Hauptschnitt zu kennen, um sie für folgende Nachschnitte berücksichtigen zu können. Der Einfluss der Geometrieabweichung auf die Nachschnitte ist in Abb. 2.67 beispielhaft dargestellt. Die Proben wurden unter veränderten Prozesseinflussgrößen bearbeitet. Es wurden jeweils

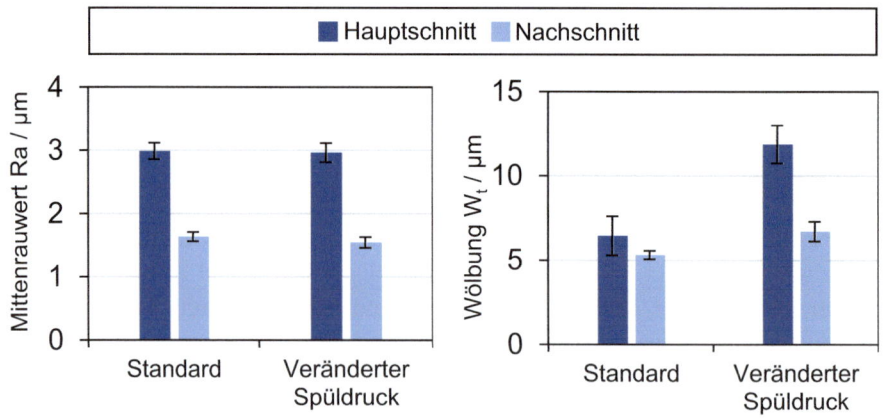

Abb. 2.67 Geometrieabweichungen nach dem Hauptschnitt und dem Nachschnitt [Küpp23]

Referenzproben unter optimalen Bedingungen bzw. mit Standardtechnologien und Proben unter verschlechterten Bedingungen hergestellt. Für ein Bauteil mit einer Bearbeitungshöhe von 120 mm wurden die Düsenabstände verändert. Für die Oberflächenrauheit konnte kein signifikanter Einfluss festgestellt werden. Unter verschlechterten Spülbedingungen wurde jedoch eine Krümmung der geschnittenen Fläche erzeugt, die durch einen weiteren Nachschnitt nicht vollständig kompensiert werden konnte. Diese Beobachtung deutet darauf hin, dass durch Vorhersage der Konturabweichung nach dem Hauptschnitt Maßnahmen für den Nachschnitt abgeleitet werden können.

2.3.6.5 Training des neuronalen Netzes

Für das Training und die Validierung des generierten datenbasierten Modells wurden mehr als 3,3 Mrd. einzelne Entladungen ausgewertet, die in über 30 h Schnittzeit erzeugt wurden. Trotz der Signal-Vorverarbeitung und einer starken Datenreduktion wurden mehr als 200 GB an Informationen als Binärdatei gespeichert. Zur Vorhersage der Profilkrümmung am Werkstück wurden über 900 Konturmessungen auf einem Koordinatenmessgerät durchgeführt. Daraus ergaben sich insgesamt 330 Datensätze für den Einfluss einstellbarer Prozessgrößen und 450 Datensätze für den Einfluss nicht einstellbarer Prozessgrößen. Zum Trainieren der Modelle wurden nur Informationen verwendet, die auf physikalischen Parametern basieren. Eingangsparameter wie die Information über den Düsenabstand wurden bewusst nicht für das Training der Algorithmen verwendet. Stattdessen wurden neben den Informationen über die einzelnen Entladungen auch statistische Kennwerte, welche mehrere Entladungen umfassen, ermittelt und berücksichtigt. So wurde z. B. die Standardabweichung der Verteilung verschiedener Entladetypen als Eingangsparameter verwendet. Weiterhin wurde der neue Prozessparameter e_{max} berücksichtigt. Einige Eingangsparameter und die Struktur des verwendeten Künstlichen Neuronalen Netzes sind in Abb. 2.68 exemplarisch abgebildet. Auf der Grundlage dieser Eingangsparameter wurde das KNN mit 70 % der gesamten Prozessdaten trainiert.

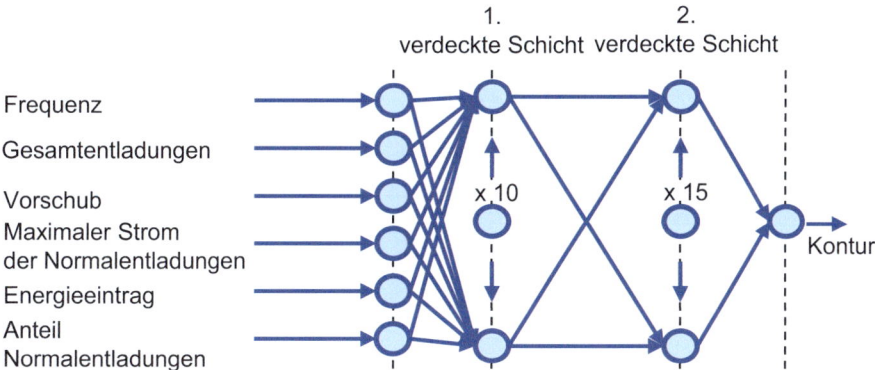

Abb. 2.68 Struktur und ausgewählte Eingangsdaten sowie Ergebnisdaten des datengetriebenen Modells [Küpp23]

2.3.6.6 Modellvoraussagen

Im Folgenden werden Vorhersageergebnisse des Modells vorgestellt. Abb. 2.69 zeigt einige Ergebnisse für die zu erwartende Krümmung der Schnittfläche. Die Gesamtvorhersagegenauigkeit des Modells bei Berücksichtigung der einstellbaren und der nichteinstellbaren Parameter liegt bei über 80 %.

Das vorgestellte Modell kann auch zur Entwicklung einer neuen Technologie eingesetzt werden. Die Ergebnisse für einige Datensätze zur Vorhersage der Schnittgeschwindigkeit sind in Abb. 2.70 dargestellt. Es wurden sowohl die einstellbaren als

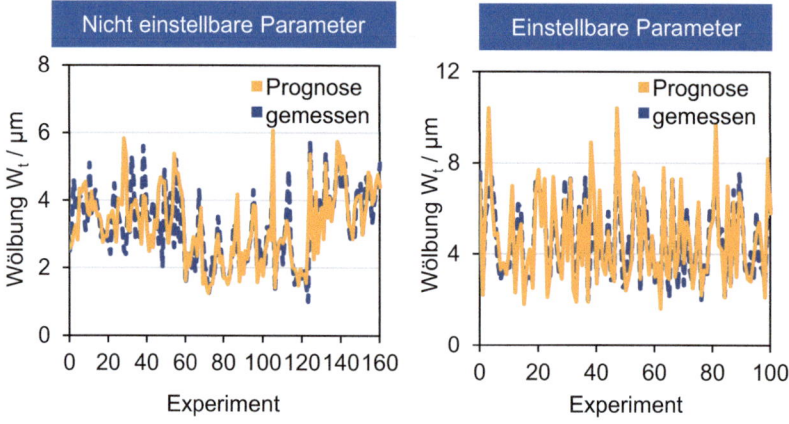

Abb. 2.69 Voraussage des Modells zur entstehenden Profilkrümmung [Küpp23]

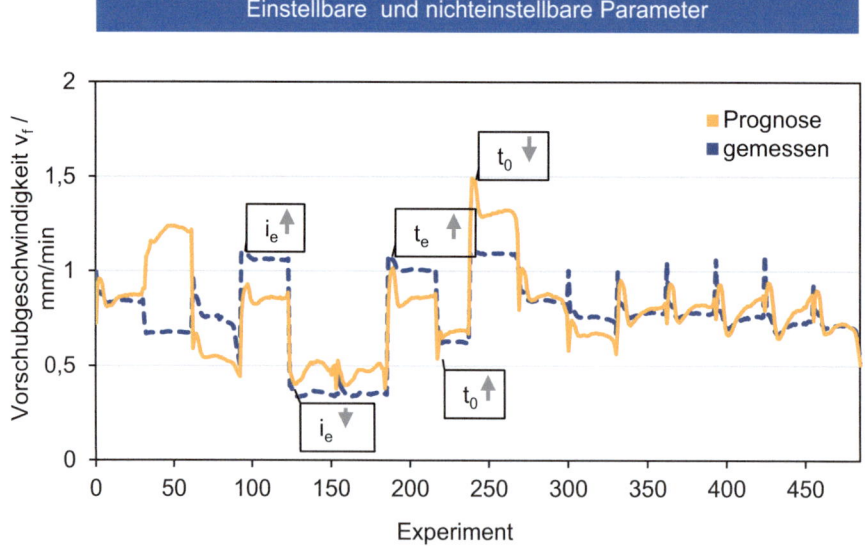

Abb. 2.70 Vorhersage der Vorschubgeschwindigkeit unter Berücksichtigung aller beeinflussenden Parameter [Küpp23]

2.3 Prozess- und Werkzeugauslegung

auch die nichteinstellbaren Parameter berücksichtigt. Die Vorhersagegenauigkeit liegt bei über 75 %. Die Sprünge im Verlauf der Ergebniskurven resultieren aus einer Änderung der Maschineneinstellungen. Im Gegensatz zu vielen anderen Arbeiten arbeitet die Vorhersage dieses Modells ohne die Information, dass z. B. der Entladestrom oder die Pausendauer an den jeweiligen Stellen verändert wurde. Das Modell erkennt dies anhand der aufgezeichneten Prozessdaten. Das hier vorgestellte Modell besitzt das Potenzial, für eine Echtzeit-Optimierung der Drahterosion in Erwägung gezogen zu werden.

2.3.7 Lokalisierung von Entladungen

Während des funkenerosiven Senkens zünden Entladungen nicht nur an der Stirnseite, sondern auch an den Ecken sowie den Seitenflächen der Elektrode. Dadurch werden die Prozesseffizienz, die Geometriegenauigkeit und der Elektrodenverschleiß negativ beeinflusst. Maradia et al. haben das Auftreten von lateralen Entladungen untersucht und darauf aufbauend einen Ansatz für eine adaptive Prozessregelung entwickelt, mit der die Entladestellen lokalisiert und laterale Entladungen unterbunden werden können [Mara15a]. Die Entladestellen bei der funkenerosiven Senkbearbeitung wurden mit Hochgeschwindigkeitsaufnahmen erfasst und unter anderem mit der Entladespannung korreliert. Eine zwischen zwei Glasplatten eingespannte Stahlplatte wurde mit einer Elektrode aus Grafit bearbeitet. Mithilfe einer Hochgeschwindigkeitskamera wurden die Entladestellen einzelner Entladungen bei der Bearbeitung lokalisiert und der Spannungsverlauf zeitsynchron aufgezeichnet. Die Elektrode wurde für die Auswertung in zwei Bereiche unterteilt, nämlich in Stirn- und Seitenflächen. Abb. 2.71 zeigt diese Unterteilung

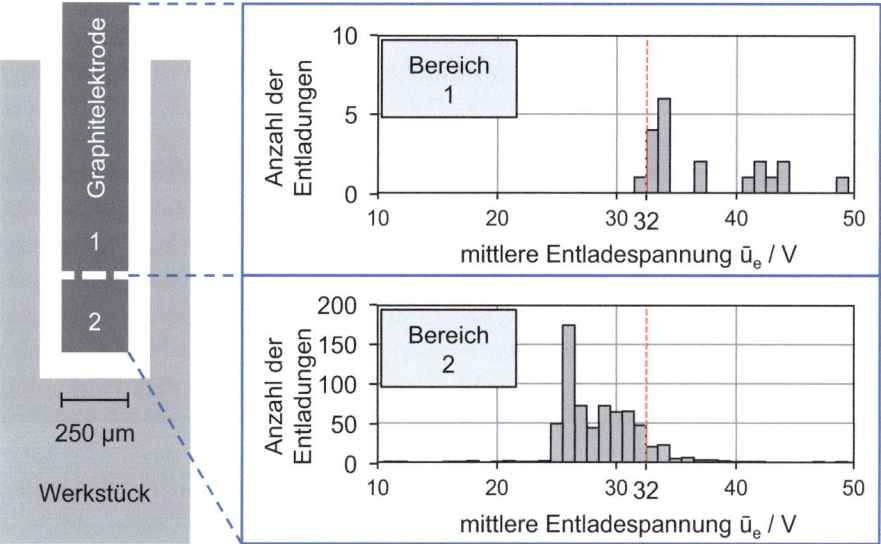

Abb. 2.71 Entladungsverteilungen an einer Grafitelektrode [Mara15a]

sowie die Anzahl der Entladungen in Abhängigkeit von der mittleren Entladespannung in den beiden Elektrodenbereichen.

Die Entladungen, die nachweislich an der Stirnfläche der Elektrode gezündet haben, wiesen eine durchschnittlich niedrigere mittlere Entladespannung ($\bar{u}_e < 32$ V) auf als an den Seitenflächen ($\bar{u}_e > 32$ V). Daraus wurde der Schluss gezogen, dass die mittlere Entladespannung einer Entladung direkte Rückschlüsse auf die Entladestelle zulässt. Aufbauend auf dieser Erkenntnis wurde ein Konzept für eine adaptive Prozessregelung entwickelt, die die Entladespannung jeder einzelnen Entladung mit vorgegebenen Grenzwerten vergleicht. Im Mikrosekundentakt kann so beurteilt werden, an welchem Ort der Elektrode die jeweilige Entladung stattfindet. So kann eine Entladung abgebrochen werden, wenn die gemessene Spannung anzeigt, dass die Entladung an der Elektrodenseite stattfinden wird.

An der Elektrode treten neben Verschleiß auch Ablagerungen aus Kohlenstoff auf, der pyrolytisch aus dem Dielektrikum gelöst wird und an der Entladestelle anhaftet (siehe Abschn. 2.3.8). Wenn die seitlichen Entladungen unterdrückt werden, lagert sich der pyrolytische Grafit vornehmlich an der Stirnseite der Elektrode an. Die Geometrie der Seitenflächen bleibt annähernd konstant. Bei ähnlicher Bearbeitungszeit konnten mit der beschriebenen Prozessregelung die Formgenauigkeit erhöht und der Innenradius in den Ecken einer funkenerosiv hergestellten Kavität verringert werden.

2.3.8 Bildung von pyrolytischem Grafit als Verschleißschutz des Werkzeugs

In Abschn. 2.1 wurde beschrieben, dass sich an der Anode in kohlenstoffhaltigem Dielektrikum pyrolytischer Grafit anlagern kann. Diese Abscheidungen haben Einfluss auf das Abtrag- und Verschleißverhalten. In Abb. 2.72 ist beispielhaft eine Kupferelektrode gezeigt, auf der sich pyrolytische Grafitschichten abgelagert haben.

Die Pyrolyse ist ein thermo-chemischer Prozess, bei dem organische Verbindungen durch hohe Temperaturen und unter Ausschluss von Sauerstoff in kleinere Moleküle aufgetrennt werden. Durch die hohen Temperaturen funkenerosiver Entladungen können kohlenstoffbasierte Dielektrika pyrolytisch in Kohlenstoff und Wasserstoff aufgespalten werden. Die abgespalteten Kohlenstoffatome sind zunächst im aufgeheizten und teilweise gasförmigen Dielektrikum gelöst. Durch die nach der Entladung einsetzende Abkühlung von Dielektrikum und Elektroden lagert sich gelöster Kohlenstoff vornehmlich an der anodisch gepolten Werkzeugelektrode nahe der Entladestelle an und bildet eine turbostratische Grafitdecke. Turbostratisch bedeutet, dass die einzelnen Grafitschichten zwar parallel übereinander liegen, aber in ebener Richtung keine einheitliche Orientierung aufweisen. Aus der Werkzeug- bzw. Werkstückelektrode gelöste Partikel können ebenfalls an der Werkzeugelektrode anhaften und teilweise als Katalysator für den Kohlenstoffniederschlag agieren (z. B. Eisen, Nickel, Chrom) [Mohr95].

2.3 Prozess- und Werkzeugauslegung

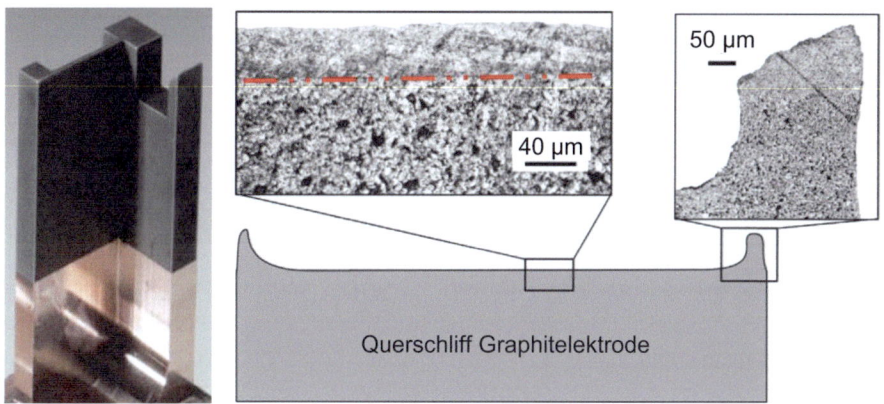

Abb. 2.72 Pyrolytische Grafitabscheidung – Kupferelektrode nach der funkenerosiven Senkbearbeitung (links) und pyrolytischer Grafit auf einer Grafitelektrode im Querschliff (rechts), [Bocc11, Mara15b]

Der ausgeschiedene Kohlenstoff lagert sich in hexagonalen Kohlenstoffgitter-Ebenen an, die nahezu parallel zur Elektrodenoberfläche übereinander liegen und deren kristallografische c-Achse annähernd mit der Aufwachsrichtung zusammenfällt [Lers67].

Ab einer Entladedauer von $t_e > 20$ µs wird aus dem Dielektrikum stammendes Wasserstoffgas im Entladespalt ionisiert und der Plasmakanal weitet sich auf. Durch Wärmeleitung und die Plasmakanalausweitung sinkt die Elektrodentemperatur um die Entladestelle, wodurch weniger Elektrodenmaterial aufgeschmolzen wird. Der sinkende Elektrodenverschleiß lässt sich allerdings nicht allein anhand der Energieverteilung während der Entladung begründen [Kuni05]. Es liegt nahe, dass die Verschleißminderung durch die mit zunehmender Entladedauer gebildete Grafitschicht und deren thermische Eigenschaften bedingt ist. Grafit (auch pyrolytisch erzeugter Grafit) weist in interplanarer Richtung der kristallografischen c-Achse im Vergleich zu Kupfer eine hohe spezifische Wärmekapazität ($c_C = 715$ J/(kg·K); $c_{Cu} = 385$ J/(kg·K)) und eine hohe Sublimationstemperatur ($T_{S,C} = 3700$ °C; Siedepunkt $T_{Cu} = 2595$ °C) sowie eine geringe thermische Leitfähigkeit ($\lambda_C = 5$ W/(m·K); $\lambda_{Cu} = 400$ W/(m·K)) auf. Anhand des Studiums von Einzelentladungen wurde gezeigt, dass der Niederschlagsradius um die Entladestelle sowie die Menge des gebildeten Grafits von der Entladedauer abhängen [Mohr95, Xiah96]. Als Folge der Plasmakanalausweitung sowie der Temperaturverteilung in der Elektrode wächst mit steigender Entladedauer ($t_e > 20$ µs) der Radius um die Entladestelle, in dem Dielektrikum verdampft, aber kein Elektrodenwerkstoff aufgeschmolzen wird [Mara15b].

Kunieda und Kobayashi haben den Zusammenhang zwischen Entladedauer, Grafitablagerungen und Elektrodenverschleiß untersucht. Ihre Hypothese besagt, dass mit langer Entladedauer eine zunehmend dicke Grafitschicht das Verdampfen der verwendeten

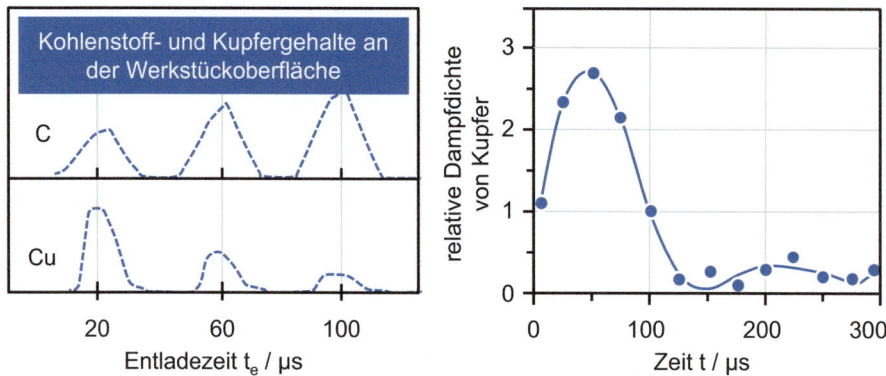

Abb. 2.73 Kohlenstoff- und Kupfergehalt an der Werkzeugoberfläche in Abhängigkeit von der Entladedauer (links) und relative Dampfdichte von Kupfer als Funktion der Entladedauer (rechts)

Kupferelektrode sukzessiv reduziert [Kuni04]. Zum Beweis der Hypothese wurden Entladungen zwischen einer Kupferwerkzeug- und einer Stahlwerkstückelektrode untersucht. Es wurde beobachtet, dass die Ablagerung von Kohlenstoff an der Werkzeugoberfläche mit steigender Entladedauer zunahm (Abb. 2.73 links), bis die gesamte Entladefläche mit einer Grafitschicht überzogen war. Röntgen-Mikroanalysen der Werkzeugoberfläche haben gezeigt, dass als Folge der kontinuierlichen Grafitablagerungen der Kupferanteil an der Oberfläche mit steigender Entladedauer abnimmt, während der Kohlenstoffanteil steigt (Abb. 2.73 links).

Die Strahlungsintensität des Plasmakanals wurde für zwei Wellenlängen ($\lambda_1 = 510$ nm und $\lambda_2 = 521$ nm, beide im von Kupferatomen emittierten Spektrum) spektroskopisch erfasst. Damit konnte der Verlauf der relativen Dichte des Kupferdampfs über eine Entladedauer von $t_e = 200$ µs bestimmt werden. Ab einer Entladedauer $t_e = 60$ µs nahm die relative Kupferdampfdichte im Plasmakanal stark ab. Dies zeigt, dass bei fortlaufender Entladung weniger Kupfer von der Elektrodenoberfläche geschmolzen und abgetragen wird (Abb. 2.73 rechts). So konnte nachgewiesen werden, dass der abnehmende Elektrodenverschleiß von Kupferelektroden direkt von der gebildeten Grafitschicht abhängt. Mit steigender Entladedauer bildet sich auf der Elektrodenoberfläche eine Schutzschicht aus Grafit, die aufgrund ihrer thermischen Eigenschaften den Abtrag von Elektrodenwerkstoff und damit den Werkzeugverschleiß verringert.

2.3.9 Bildung von Titankarbid bei der Bearbeitung von Titanlegierungen

Holsten hat die beim funkenerosiven Senken von Titanlegierungen ablaufenden Mechanismen unter besonderer Berücksichtigung der Polarität untersucht [Hols18a,

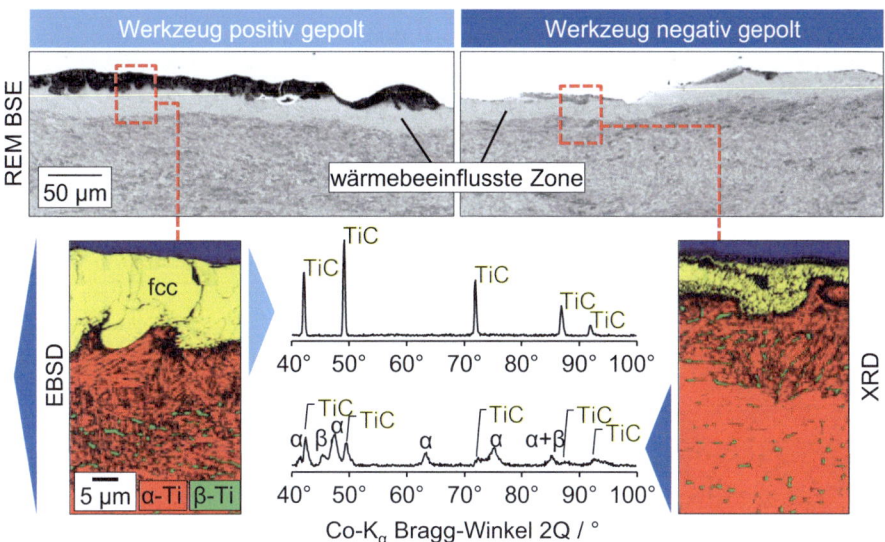

Abb. 2.74 Bildung von Titankarbidschichten bei unterschiedlicher Polarität der Grafitelektrode [Hols18a, Hols18b]

Hols18b]. Ausgehend vom Stand der Technik zeigten Abtragexperimente, dass bei positiver Werkzeugpolung und bei der Verwendung von kohlenstoffbasiertem Dielektrikum bei der Bearbeitung von Ti6Al4V nur geringe Abträge realisiert wurden. Er weist nach, dass bei der Senkerosion von α/β-Titanlegierungen, wie Ti6Al4V, polaritätsunabhängig Titankarbid (TiC) gebildet wird (Abb. 2.74).

Bei positiver Polung des Werkzeugs ist eine durchgehende, kontinuierliche Schicht zu sehen, die eine kubisch-flächenzentrierte Gitterstruktur hat. Diese wurde als Titankarbid identifiziert. Auch bei negativer Polarität des Werkzeugs wurde TiC an der Werkstückoberfläche gebildet, aber die Schicht ist inhomogen und weniger stark ausgebildet. Bei positiver Werkzeugpolung traten bevorzugt TiC-Kornwachstum und ausgeprägte TiC-Schichtbildung am Werkstück auf. Als Quelle für den notwendigen Kohlenstoff zur TiC-Bildung identifizierte Holsten eindeutig das Dielektrikum und nicht die Grafitelektrode [Hols18a, Hols18b].

Holsten führte auch Experimente mit Einzelentladungen durch (Abb. 2.75). Er untersuchte die Ausbildung der Entladekrater hinsichtlich der Abmessungen und der Kratermorphologie. Die Polarität bestimmt den Energieeintrag durch die elektrischen Ladungen und die Leistungsdichte. Mit zunehmender Entladedauer wird der Kraterdurchmesser der Entladungen bei positiver Werkzeugpolung zwar größer, das abgetragene Werkstoffvolumen aber kaum. Bei negativer Werkzeugpolung sind die Verhältnisse umgekehrt, der Kraterdurchmesser steigt moderat mit steigender Entladezeit, das abgetragene Werkstoffvolumen aber überproportional. Als Erklärung für das Abtragverhalten gibt Holsten an, dass bei positiver Werkzeugpolarität sich kontinuierlich eine neue

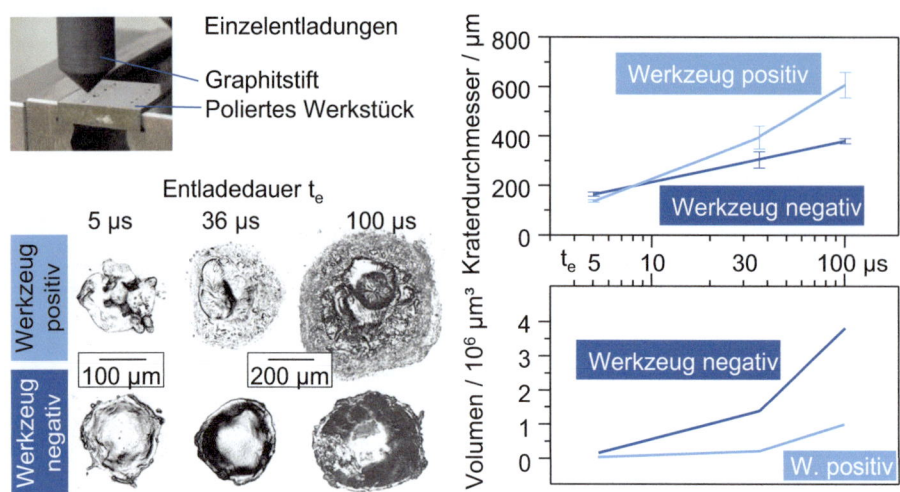

Abb. 2.75 Kraterabmessungen und Materialabträge bei Einzelentladungen auf TiAl6V4 in Abhängigkeit von der Entladedauer und der Polarität des Werkzeugs [Hols18a, Hols18b]

TIC-Schicht bilden kann, diese Schicht schmilzt und verdampft erst bei wesentlich höheren Temperaturen, in der Konsequenz sinkt die Effektivität des Prozesses. Mit diesen Erkenntnissen und auch aufgrund der Schichtmorphologie (Abb. 2.74 rechts) wird empfohlen, die Senkbearbeitung von TiAl6V4 mit negativer Werkzeugpolarität durchzuführen.

Holsten führt auch umfangreiche Experimente zur Bearbeitung von Titanaluminid durch. Für detaillierte Informationen sei auf [Hols18a, Hols18b] verwiesen. Die Experimente haben u. a. gezeigt, dass bei positiver Werkzeugpolarität die Bearbeitung von Titanaluminiden wesentlich effektiver abläuft, als bei der Bearbeitung von TiAl6V4. Er führt dies auf die erhöhte Wärmeleitfähigkeit und die damit verbundenen geringeren Randzonentemperaturen zurück, wodurch die Bildung von TiC unterdrückt oder mindestens gehemmt wird [Hols18, Hols18b].

2.3.10 Entladekräfte während der Funkenerosion

2.3.10.1 Allgemeines

Die Funkenerosion wird im Allgemeinen als kraftfreier Prozess angesehen, da die auftretenden Kräfte sehr klein sind. Die Entladekräfte spielen erst eine Rolle, wenn die Elektroden, das Werkzeug und / oder das Werkstück, sehr filigran sind und eine geringe Steifigkeit haben. Daher ist die Kenntnis der auftretenden Kräfte besonders in der Mikrofunkenerosion von großer Bedeutung und soll im Zuge dieses Abschnitts zur Prozess- und Werkzeugauslegung behandelt werden. Während der Funkenerosion wirken

2.3 Prozess- und Werkzeugauslegung

elektrostatische, elektrodynamische Kräfte und Gasdruckkräfte. Dominierend sind im allgemeinen die Gasdruckkräfte. Der Betrag und die Richtung ändern sich permanent während des Entladevorgangs. Der Angriffspunkt der Kraft verändert sich mit den zufällig auftretenden Entladungen auf der sich im Eingriff befindlichen Elektrodenfläche [Sieg94a]. Im Folgenden werden weitere Erkenntnisse zu Entladekräften während der Mikrofunkenerosion beschrieben. Es wird sowohl auf Polaritätseffekte und Elektrodengeometrien eingegangen als auch auf den grundsätzlichen Zusammenhang zwischen der Gasblasenausbildung und den Entladekräften.

2.3.10.2 Beziehung zwischen Entladekräften und Elektrodenpolarität

Bei der Funkenerosion hat die Polarität der Werkzeug- bzw. Werkstückelektrode großen Einfluss auf das Abtragverhalten – insbesondere aber auf die Ausbildung der Entladekrater. Trotzdem zeigen Untersuchungen, dass die Entladekräfte nicht von der Polarität beeinflusst werden. Die Untersuchungen zur Ermittlung des Einflusses von Elektrodenpolarität und Elektrodenfläche auf die Entladekräfte sind in Abb. 2.76 dargestellt. Die Änderung der Polarität hat auf die gemessene Kraft bei einer Entladung weder an der Anode noch an der Kathode einen signifikanten Einfluss. Natsu und Kojima et al. zu-

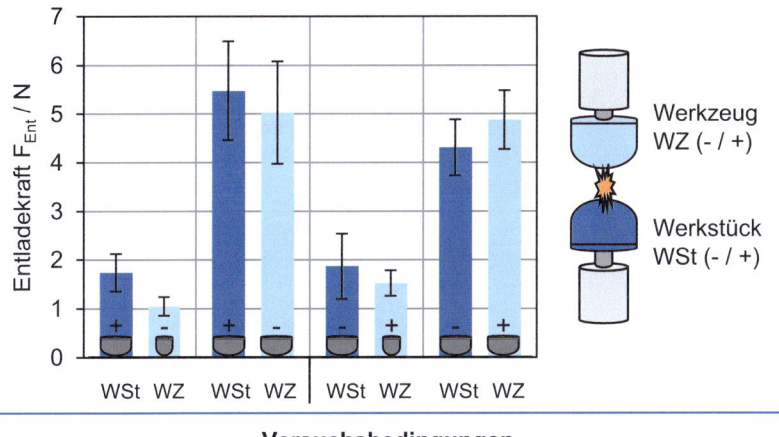

Abb. 2.76 Einfluss von Polarität und Elektrodenfläche auf die Entladekräfte [Garz13]

folge steht dies im Zusammenhang mit der radialen Ausbreitung des zylindrischen Plasmakanals über mehrere hundert Mikrometer vom Punkt der Entladung ausgehend. Es konnte zwischen den Kontaktflächen an der Anode und der Kathode mit dem Plasmakanal kein Unterschied festgestellt werden [Nats06, Koji08]. Im Gegensatz dazu wirkt sich eine Änderung der Elektrodenfläche deutlich auf die Entladekräfte aus, wie Abb. 2.76 zeigt. Die Kräfte sind bei der Verwendung von Elektroden (sowohl Anode als auch Kathode) mit gleicher Elektrodenfläche bis zu 80 % höher als bei Elektroden mit unterschiedlich großer Elektrodenfläche.

2.3.10.3 Zusammenhang zwischen Gasblase und Entladekräften

Mithilfe von Hochgeschwindigkeitsaufnahmen einzelner Entladungen wurde das Ziel verfolgt, die zeitliche Entwicklung der Gasblase während und nach einer Entladung zu untersuchen und Zusammenhänge zu den auftretenden Entladekräften herzustellen. Dazu wurden mit dem in Abb. 2.77 schematisch dargestellten Versuchsaufbau Entladeparameter, Entladekraftverlauf und Hochgeschwindigkeitsaufnahmen

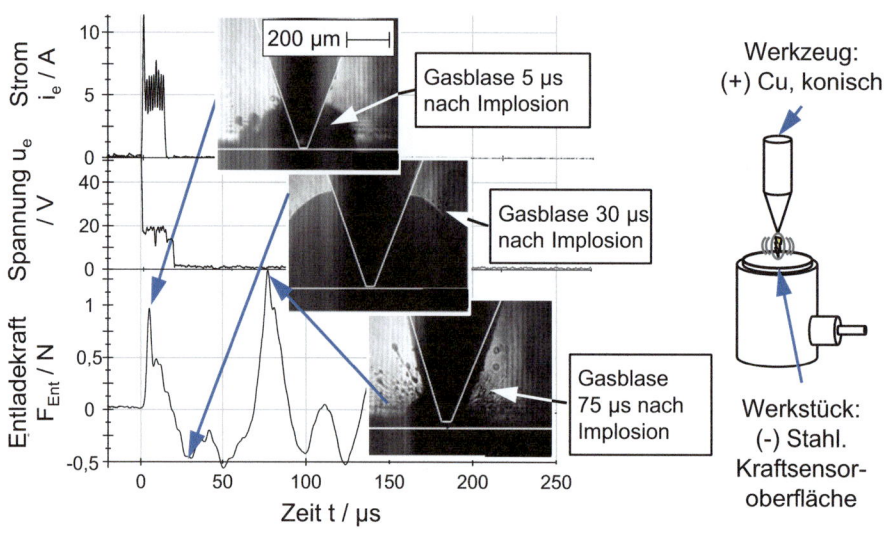

Abb. 2.77 Verlauf von Strom, Spannung, Kraft und Gasblasenformation einer einzelnen Entladung [Garz13]

2.3 Prozess- und Werkzeugauslegung

simultan aufgezeichnet. Die Gasblase entsteht im Punkt der Entladung zwischen einer konisch geformten Kupferelektrode (Werkzeug) und der Oberfläche des Sensors zur hochfrequenten Kraftmessung. Sie beginnt sich nach der Ausbildung des Plasmakanals auszubilden (5 µs) und kollabiert schließlich (75 µs), nachdem sich ihr Volumen in Folge eines Druckausgleichs in der Blase stetig vergrößert hat. Zu Beginn dieses Expansionsprozesses der Gasblase ist der Wert der Entladekraft aufgrund des schnellen Druckanstieges durch die Entstehung des Plasmakanals und der darauf folgenden Schockwelle sehr hoch. Während der Prozess sich fortsetzt sinkt die Entladekraft. Negative Entladekräfte treten auf, sobald der Druck der Gasblase den Wert des Atmosphärendrucks unterschreitet. Dies geschieht durch dynamische Wechselwirkungen der Gasblase mit dem umgebenden Dielektrikum. Infolge des herrschenden Unterdrucks in der Gasblase beginnt sich diese bei gleichzeitig ansteigender Entladekraft zu kontrahieren (30 µs). Beim Zusammenbruch wird die maximale Entladekraft verzeichnet. Aufgrund von thermo- und hydrodynamischen Effekten treten auch nach der Entladung noch Kräfte auf, die durch den Sensor erfasst werden. Die Wärme und der Überdruck im verbliebenen Gas erzeugen eine erneut expandierende Gasblase, sodass sich der Prozess der Ausbildung und des Zusammenbruchs der Blase mehrfach wiederholt. Daher wird von oszillierendem Prozessverhalten gesprochen. Bei jeder Expansion wird Energie in Form von Druckwellen und Wärme an das Dielektrikum abgegeben, sodass das maximale Volumen der Gasblase mit jeder neuen Ausbreitung geringer ist. Abb. 2.77 zeigt die drei verschiedenen Hochgeschwindigkeitsaufnahmen für die Zustände der Gasblase. Parallel dazu sind die auftretenden Entladekräfte dargestellt.

2.3.10.4 Einfluss der Elektrodengeometrie auf das dynamische Verhalten der Entladekraft

Die Geometrien von Werkzeug- und Werkstückelektrode spielen eine fundamentale Rolle im Hinblick auf die Art und Weise wie sich die bei der Entladung entstehende mechanische Energie im Anschluss daran „ausbreitet". Insbesondere der Kontaktwinkel zwischen Blase und Oberfläche, an der sie sich entwickelt, hat großen Einfluss auf das Verhalten der Gasblase, vor allem beim Zusammenbruch [Shim79]. Durch die unterschiedlichen Geometrien der Werkzeugelektroden, wie sie in den Untersuchungen, die Abb. 2.78 zugrunde liegen, verwendet wurden, entsteht ein differentes Strömungsverhalten am Arbeitsspalt. Dieses wirkt sich auf die Entladekräfte aus.

Der Einsatz einer abgerundeten Werkzeugelektrode bewirkt im Vergleich zu einer zylindrischen Elektrode mit flacher Elektrodenfläche eine kürzere Oszillationsperiode t_k, also einen früheren Zusammenbruch der Gasblase. Dies ist darauf zurückzuführen, dass das Strömungsfeld durch die abgerundete Form der Elektrode geringere Schergradienten ausbildet, da das Dielektrikum weniger stark abgebremst wird.

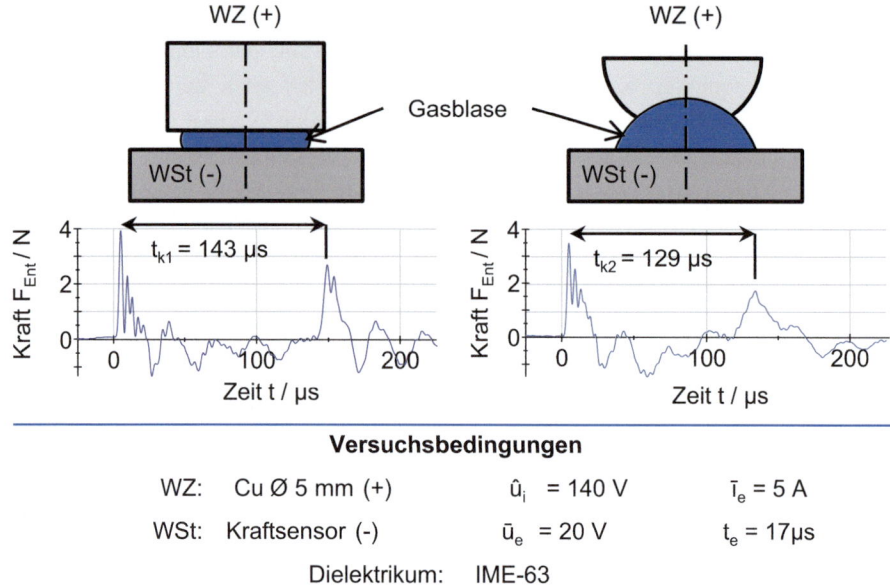

Abb. 2.78 Effekt der Elektrodengeometrie auf das dynamische Verhalten der Entladekraft [Garz13]

2.3.11 Schallemissionsanalyse zur Prozessüberwachung

Die Beobachtbarkeit von Vorgängen im Funkenspalt ist stark eingeschränkt, weil die physikalischen Phänomene in kleinsten räumlichen sowie zeitlichen Fenstern ablaufen. Der Einsatz von Spektroskopie, Gaschromatografie und Röntgenstrahlung ermöglicht Einsicht in viele der ablaufenden Vorgänge. Diese Messmethoden werden in der Wissenschaft auch eingesetzt, für reale Fertigungsprozesse sind diese Verfahren aufgrund der Komplexität des notwendigen Messaufbaus aber bisher nicht anwendbar.

Die Messung und Auswertung von Schallemissionen (engl.: Acoustic Emission, kurz: AE) findet zunehmend Anwendung in der Überwachung von Fertigungsprozessen. Für EDM-Prozesse bietet die Anwendung von AE-Messungen die Möglichkeit, einen Gesamtprozess abzubilden und auch bis in den Bereich einzelner Entladungen aufzulösen. Smith und Koshy beschreiben Möglichkeiten zur Identifizierung der Werkstückhöhe während eines WEDM-Prozesses und der Elektrodenlänge im Fast-Hole EDM durch die Interpretation von AE-Signalen [Smit13]. In wissenschaftlichen Untersuchungen wurden fundamentale Erkenntnisse über die Anwendung der AE-Messung in der Funkenerosion erlangt, welche im folgenden Abschnitt vorgestellt werden [Klin16a].

Als Schallquellen bei der Funkenerosion können angesehen werden:

- Plasmakanal
- Entstehen der Gasblase

2.3 Prozess- und Werkzeugauslegung

- Verdampfung von flüssigem Dielektrikum in der Umgebung des Plasmakanals
- Druckwellen, welche von der Entstehung, der Implosion und dem Abprallen der Gasblase ausgehen

Durch einen Vergleich zwischen trockener Erosion und Erosion unter Dielektrikum wurde gezeigt, dass die Schallemissionen durch den Plasmakanal verhältnismäßig gering sind [Good15]. Es konnte weiterhin nachgewiesen werden, dass die Emissionen der Gasblase eine Ordnung größer sind als die der Druckwellen [Klin16a].

Um elektromagnetische Einflüsse zu eliminieren (elektromagnetische Interferenz, kurz.: EMI) war es notwendig, einen Bandpassfilter anzuwenden. Der Einfluss der EMI konnte so verringert, allerdings nicht komplett beseitigt werden. Das verbleibende Signal konnte genutzt werden, um den Zeitpunkt der Entladung zu bestimmen; ein zeitliches Referenzieren mit Strom-/Spannungssignalen war deshalb nicht notwendig. Abb. 2.79 verdeutlicht die Möglichkeit der Prozessüberwachung mittels AE bei der Funkenerosion. Dargestellt sind der Verlauf von Schallemission und Kraft für eine Einzelentladung bei der funkenerosiven Senkbearbeitung. Es zeigt sich eine Korrelation zwischen dem Verlauf des Kraftsignals und der Schallemission des Prozesses.

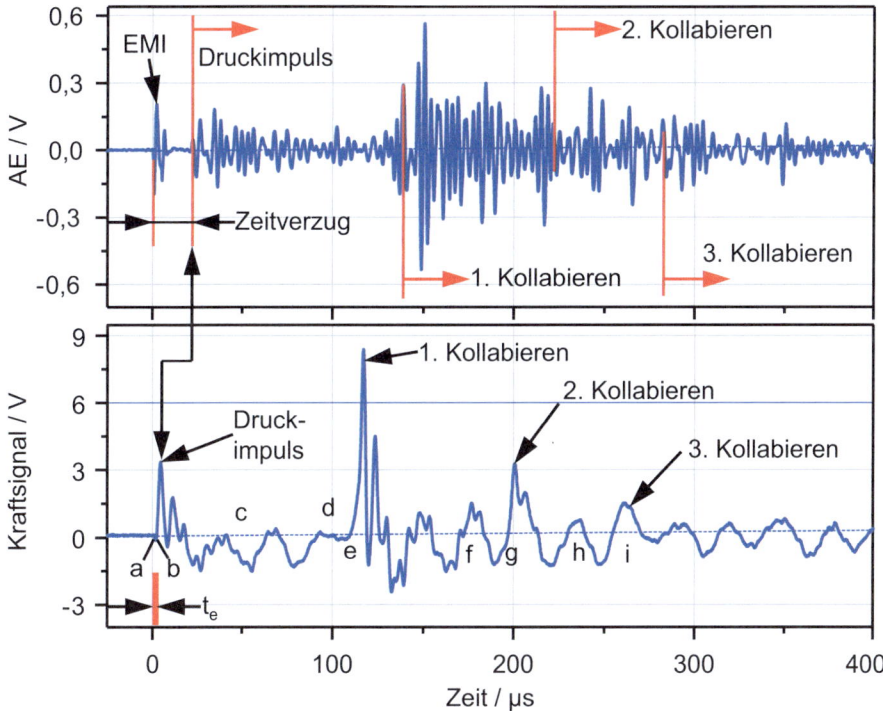

Abb. 2.79 Analyse einer Einzelentladung – AE-Signal (oben) und Kraftsignal (unten) über der Zeit [Klin16a]

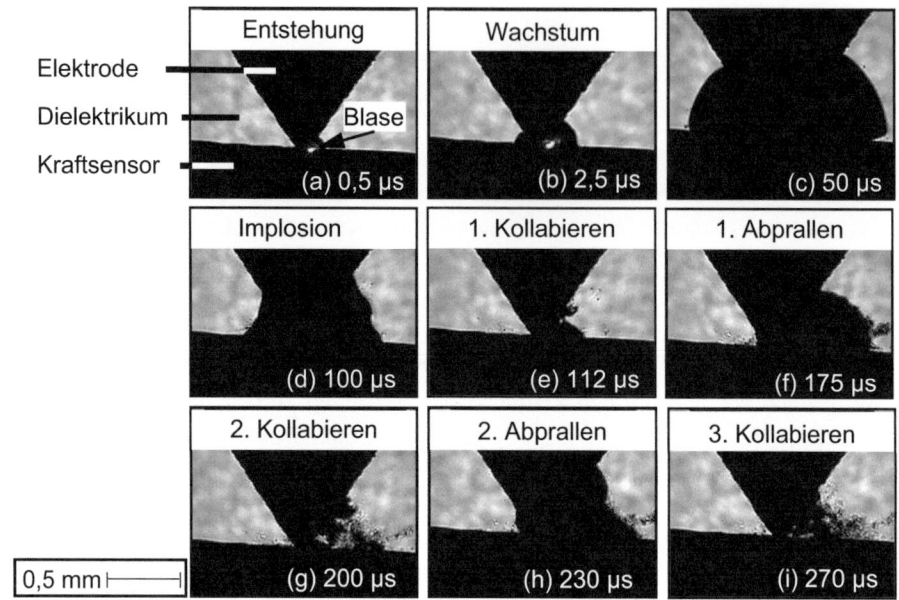

Abb. 2.80 Gasblasenformationen nach der Funkenentladung [Klin16a]

Abb. 2.80 zeigt die zugehörigen Bildaufnahmen, die mit einer Hochgeschwindigkeitskamera aufgenommen wurden. Die Elektrodenspitze erhielt eine konische Form, um die gezündeten Einzelentladungen zu zentrieren.

Die Zeitspanne „t_e" in Abb. 2.79 unten beschreibt den Zeitraum der Entladung (Entladedauer $t_e = 2$ µs). Das Kraftsignal zeigt den Druckimpuls als direkte Folge in Abb. 2.79 unten (a). Der Doppelpfeil in Abb. 2.79 zeigt den Zeitverzug, der zwischen der Entstehung der Gasblase und dem Identifizieren des Druckimpulses durch den Schallsensor auftritt. Der Grund hierfür ist die Schallleitung. Nach der Entstehung (a) und dem Wachsen (b) der Gasblase kommt es durch Überexpansion zu einem Unterdruck in der Blase, erkennbar an einer negativen Kraft, die auf den Sensor wirkt (c). Der hydrostatische Druck des umgebenden Dielektrikums komprimiert die Gasblase (d); das folgende, erste Kollabieren der Gasblase (e) führt zu einem Maximum im Kraftsignal und zu Ausschlägen im Akustiksignal. Die Restenergie der Gasblase resultiert in zwei weiteren Zyklen: aus Abprallen (f und h) und Kollabieren (g und i). Lokale Maxima zwischen diesen Punkten sind keinem Vorgang im Spalt zuzuordnen und werden deshalb der Dynamik des Sensors zugeschrieben. Abb. 2.81 zeigt den Zusammenhang zwischen den Maxima aus Kraft- und Körperschallsignalen unter Variation von Leerlaufspannung, Entladestrom und Entladezeit.

2.3 Prozess- und Werkzeugauslegung

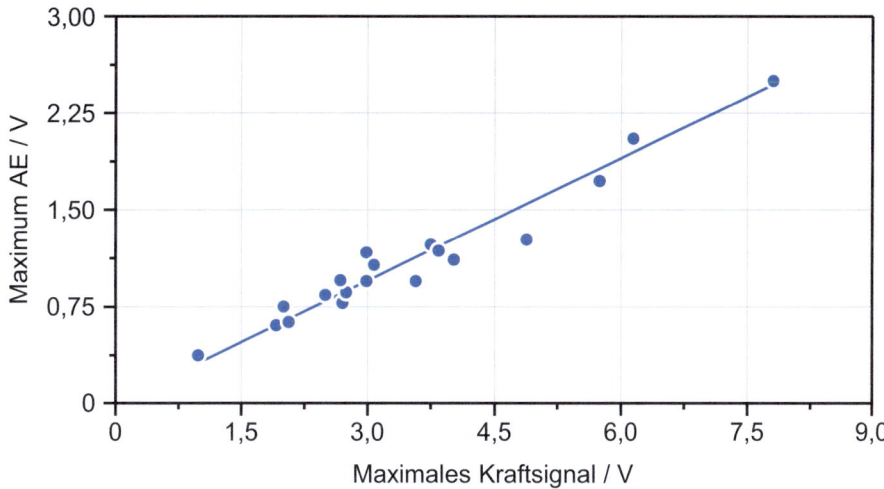

Abb. 2.81 Zusammenhang zwischen Kraftsignal und AE-Signal [Klin16a]

Erkennbar ist ein linearer Zusammenhang zwischen der Kraft und dem AE-Signal. Daraus folgt, dass die maximale Kraft im Funkenerosionsprozess aus Signalen des Körperschalls gewonnen werden kann. Beim Aufbau der Messkette zur Aufnahme von Schallemissionen bei der Funkenerosion ist zu beachten, dass die Anzahl der Trennfugen zwischen Messobjekt und AE-Sensor minimal ist, um eine zu starke Dämpfung des Körperschalls zu verhindern.

Mit steigender Leerlaufspannung steigt die Spaltweite und dadurch auch die Schallemission, weil sich die Kontaktfläche zwischen der Gasblase und den Elektroden vergrößert und auch der Innendruck in den Gasblasen steigt. Dieser Effekt wurde bestätigt, indem die Schallemissionen bei der Verwendung von Öl und Wasser als Dielektrika verglichen wurden. Es zeigte sich, dass beim Bearbeiten in Wasser, das eine erheblich geringere kinematischen Viskosität ($v = 1$ mm^2/s) als Öl ($v = 3{,}8$ mm^2/s) aufweist, die Schallemissionen deutlich ausgeprägter auftreten [Klin16a].

Zusammenfassend lässt sich sagen, dass die Messung von AE-Signalen bei der Funkenerosion eine Korrelation zur Höhe auftretender Prozesskräfte und damit auch eine Korrelation zur Energie, die der Gasblasenimplosion zur Verfügung steht, zulässt. Weiterhin lässt sich aus dem Signal ableiten, zu welchem Anteil Entladungen abtragwirksam im Dielektrikum oder weniger abtragwirksam innerhalb einer Gasblase stattfinden. Somit kann dem AE-Signal bei der Funkenerosion ein einzigartiger Informationsgehalt zugeschrieben werden, der in den konventionellen elektrischen Strom- und Spannungssignalen nicht zu finden ist und zur adaptiven Prozessoptimierung verwendet werden könnte.

2.4 Anwendungsbeispiele und weitere Verfahrensvarianten

2.4.1 Allgemeines

Seit der Einführung der Funkenerosion in die industrielle Anwendung haben die verfahrensbedingten Vorteile in Verbindung mit einer zunehmenden Beherrschung der Prozesstechnologie sowie weiterentwickelter Erosionsanlagen zu einer deutlichen Ausweitung des Einsatzgebiets geführt. Anhand ausgewählter Beispiele aus der Praxis werden im Folgenden einige verfahrenscharakteristische Anwendungen vorgestellt.

2.4.2 Funkenerosives Senken (SEDM)

Der Einsatzschwerpunkt der Senkerosion liegt im Bereich der Einzel- und der Kleinserienfertigung, z. B. im Werkzeug- und Formenbau. Herausfordernd ist die Elektrodenherstellung, da hier oft ähnliche Fertigungsprobleme auftreten wie bei der Herstellung des Werkstücks selbst. Allerdings sind Elektrodenwerkstoffe einfacher spanend zu bearbeiten als die Werkstückwerkstoffe. Abb. 2.82 links zeigt ein Anwendungsbeispiel zum funkenerosiven Senken aus dem Bereich der kunststoffverarbeitenden Industrie. Das für die Herstellung von Kunststoffflaschen mit 1,5 l Inhalt benötigte, zweigeteilte Spritzgußformwerkzeug aus Stahl wird nach der spanenden Vorbearbeitung (Bohrung mit 50 mm Durchmesser) der Kavität mit je einer Grafitelektrode zum Schruppen und Schlichten funkenerosiv fertigbearbeitet. Die hierbei erreichte Oberflächenrauheit

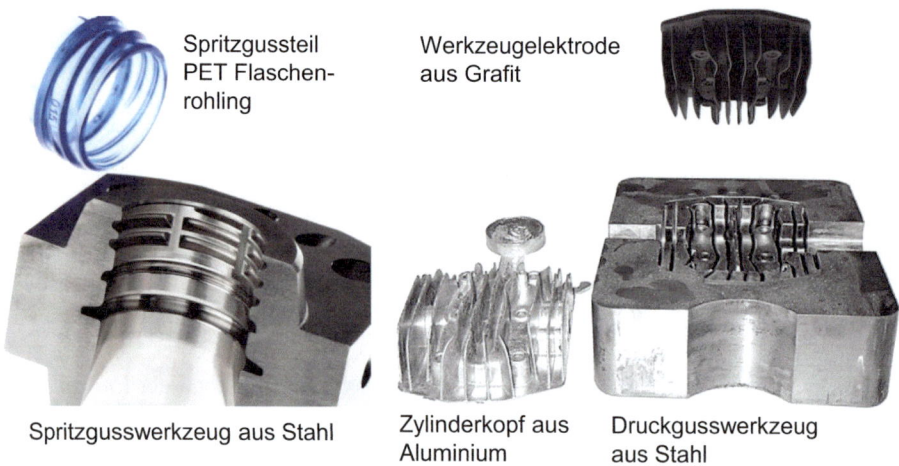

Abb. 2.82 Funkenerosion im Werkzeugbau – Spritzgusswerkzeug und Kunststoffteil (links) sowie Druckgusswerkzeug und Grafitelektrode für Zylinderkopf (rechts). (Quelle: GF Machining Solutions, WiKa)

2.4 Anwendungsbeispiele und weitere Verfahrensvarianten

beträgt Ra = 1,3 µm, die Gesamtbearbeitungsdauer beträgt 50 h im vollautomatischen Betrieb ohne manuelle Überwachung. Abb. 2.82 rechts zeigt ein Druckgusswerkzeug zum Herstellen eines Zylinderkopfkompressors zusammen mit der zugehörigen Werkzeugelektrode. Die Schrupp- und Schlichtelektroden aus Feingrafit werden durch Hochgeschwindigkeitsfräsen gefertigt. Diese können aufgrund des geringen Verschleißes mehrfach eingesetzt werden. Die Erodierzeit des Druckgusswerkzeugs beträgt 40 h, es wurde eine Rauheit von Ra = 2,8 µm (VDI 29) erreicht. Bei dieser Oberflächenqualität ist nur eine kurze Polierzeit nötig. Dieses Druckgusswerkzeug erreichte eine Standzeit von 100.000 Teilen.

Die in Abb. 2.83 gezeigte Elektrode veranschaulicht, dass sich die Fertigung stark heterogener Teilbereiche durch eine Aufteilung der Elektrode in Segmente wesentlich erleichtern lässt. Nach der spanenden Bearbeitung der einzelnen Segmente können diese in einer Spannvorrichtung montiert und als eine zusammenhängende Werkzeugelektrode genutzt werden.

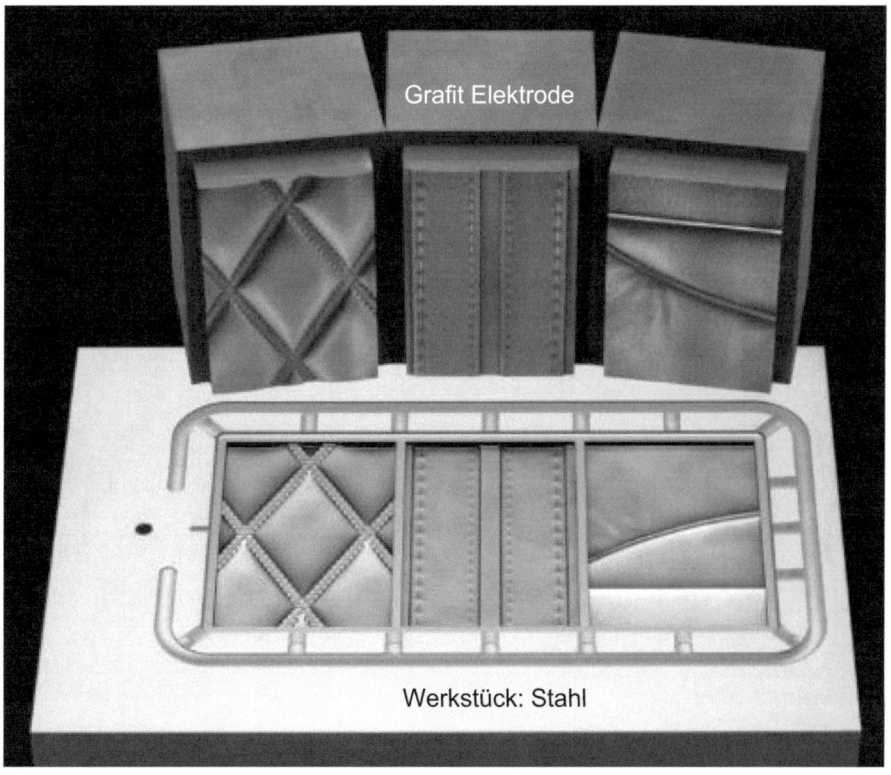

Abb. 2.83 Grafitelektroden und funkenerosiv senkbearbeitetes Werkstück mit sehr feiner Oberflächenstruktur für Spritzgussanwendungen. (Quelle: Makino)

Ein weiterer Einsatz von Grafitelektroden wird in Abb. 2.84 gezeigt. Hier wird durch funkenerosives Senken ein Schmiedegesenk für PKW-Felgen gefertigt. Für den Fall, dass feinere Oberflächen gefordert sind, kann als letzter Bearbeitungsschritt die Oberfläche durch funkenerosives Polieren endbearbeitet werden. Mit diesem Verfahren können schwer zugängliche, schmale und tiefe Einsenkungen für Rippen ebenso wie strukturierte Flachgravuren in Prägewerkzeugen vollautomatisch und formgenau hergestellt werden.

Es lassen sich Oberflächenrauheiten bis $Rz = 1{,}2\,\mu m$ bzw. $Ra = 0{,}2\,\mu m$ und teilweise noch besser reproduzierbar herstellen. Dies gilt jedoch nur für die Bearbeitung von hochlegierten Stählen mit geringem Kohlenstoffanteil, wobei die Wärmebehandlung hier ohne Einfluss auf die erzielbare Oberflächenrauheit ist. Demgegenüber sind Stähle mit hohem Kohlenstoffgehalt und Leicht-, Hart- und Buntmetalle zum funkenerosiven Polieren weniger geeignet [Jörr89]. Die maximale Fläche für ein wirtschaftliches Polieren ist begrenzt, da mit anwachsender Erodierfläche aufgrund des Kondensatoreffekts eine zunehmend raue und matte Oberfläche entsteht. Die Bearbeitungsdauer beträgt je nach Form und Größe der Einsenkung 15 bis 60 min pro Quadratzentimeter Eingriffsfläche.

Insbesondere zur Herstellung komplexer und filigraner Geometrien kann die Funkenerosion aufgrund der abbildenden Formerzeugung und der relativ niedrigen Prozesskräfte vorteilhaft eingesetzt werden. Um die Herstellung einer einteiligen, komplexen und sehr aufwendig zu fertigenden Formelektrode zu umgehen, kann eine Aufteilung der Formelektrode in einfache Elementar-Geometrien vorgenommen werden. Die dann einfach zu fertigenden Teilelektroden können mithilfe eines automatischen Elektrodenwechslers die geforderte Werkzeugform schrittweise erzeugen.

Abb. 2.84 Fertigbauteil PKW-Felge und Grafitelektrode. (Quelle: SGL Carbon)

2.4 Anwendungsbeispiele und weitere Verfahrensvarianten

Einen weiteren Anwendungsfall zeigt die in Abb. 2.85 dargestellte Spritzgussform für ein Kunststoffuhrengehäuse. Zum Senken der Schalenaußenformen, inklusive der Gravur, werden verschiedene Schrupp- und Schlichtelektroden aus Kupfer eingesetzt. Für die Schaleninnenformen kommen in den Schlichtdurchgängen hauptsächlich Hartmetallelektroden zum Einsatz. Hierbei sind einzelne Formsegmente in einem Halter zusammengefasst, wobei die verschiedenen Höhen durch Verschieben der Segmente einstellbar sind. Die einzelnen Segmente werden durch WEDM mit Drähten der Durchmesser $d = 0{,}03 - 0{,}1$ mm hergestellt. Die Präzision der gefertigten Kavität beträgt $\pm 0{,}005$ mm.

Die Kavitäten der Spritzgießform bestehen aus hochlegierten Warmarbeitsstählen, die Stammformen (das ist die äußere Formenkonstruktion) besteht aus Kaltarbeitsstählen. Der Fertigungsaufwand für 4 Kavitäten mit festen und beweglichen Seiten

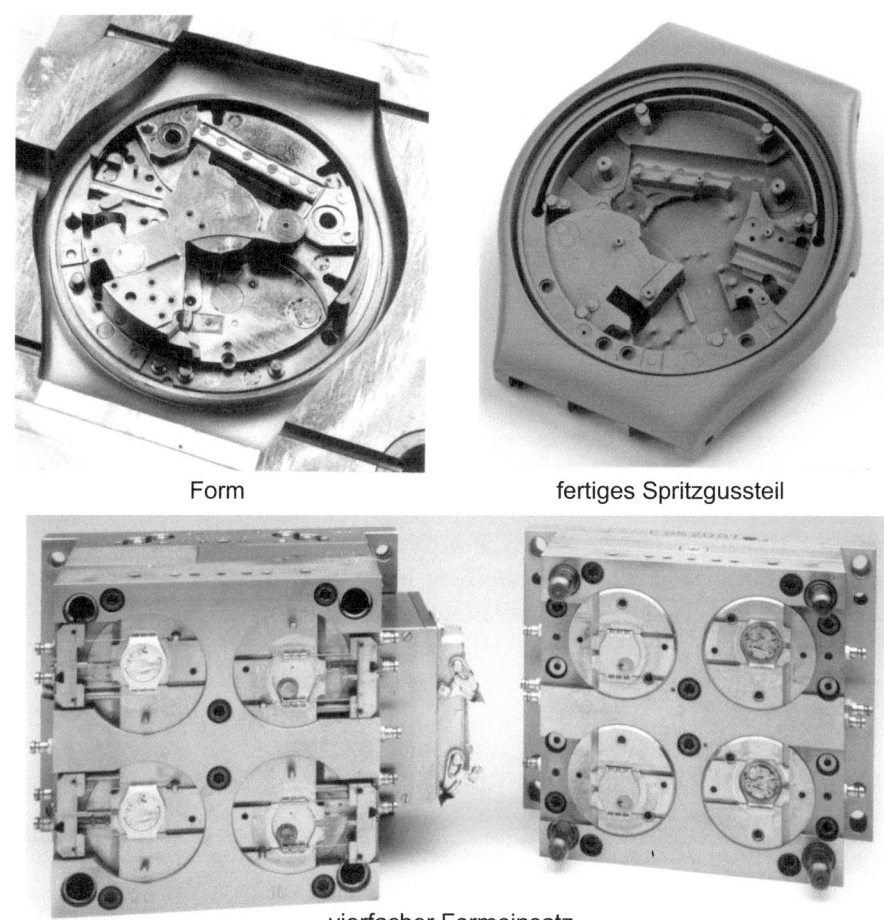

Form   fertiges Spritzgussteil

vierfacher Formeinsatz

Abb. 2.85 Spritzgusswerkzeug für Uhrengehäuse aus Kunststoff. (Quelle: ETA)

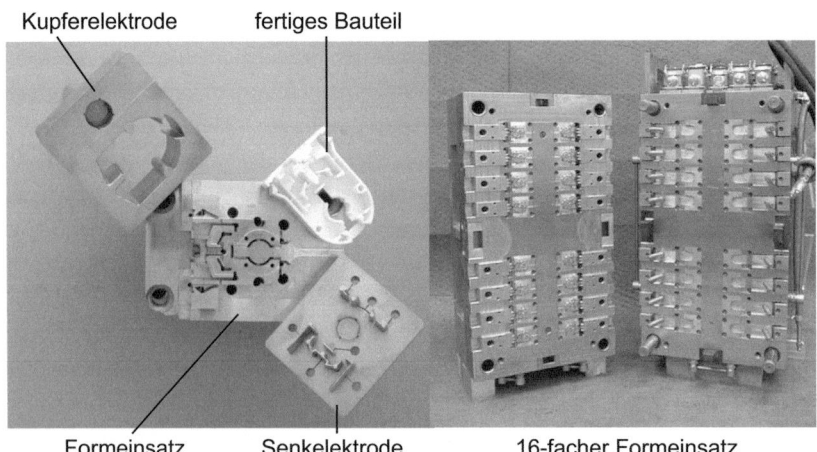

Abb. 2.86 Funkenerosive Bearbeitung: Spritzgießwerkzeug für eine Lampenfassung. (Quelle: Vossloh-Schwabe)

beträgt ca. 3500 h. Innen- und Außenform werden TiN-beschichtet, sodass eine Werkzeugstandzeit von ca. 1,5 Mio. Schuss erreicht wird. Die Präzision der Spritzgussteile beträgt ± 0,01 mm. Abb. 2.86 links zeigt sowohl einen der 16 Formeinsätze auf der Auswerferseite des Werkzeugs als auch die durch Drahtfunkenerosion hergestellte Senkelektrode zur Fertigung der Außen- und Innenkontur im Halter. Der Halter der Innenkonturelektroden wurde ebenfalls durch WEDM hergestellt. Abb. 2.86 rechts zeigt das 16-fache Spritzgießwerkzeug zur Herstellung eines Gehäuses einer Lampenfassung aus Polycarbonat (PC).

Ein weiteres Anwendungsbeispiel zeigt Abb. 2.87. Das Spritzgusswerkzeug wurde funkenerosiv hergestellt. Das Fertigbauteil (Abb. 2.87 rechts) ist ein sog. "Tropfer", ein Bauteil zur Regulierung des Wasserdurchflusses in Bewässerungsanlagen. Der Werkzeugeinsatz besteht aus dem legierten Stahl X190CrVMo20. Die benötigten Kupferelektroden wurden durch Drahtfunkenerosion hergestellt. Ein Satz einer Elektrodenform, jeweils bestehend aus Schrupp-, Vorschlicht- und Schlichtelektrode, ist nach der Herstellung von etwa vier Kavitäten verschlissen. Bedingt durch die filigranen Konturen können nur relativ kleine Entladeenergien realisiert werden. Die Bearbeitungszeit pro Kavität beträgt ca. 22 h bei einer Senktiefe von umlaufend ca. 2 mm und einer Endrauheit von VDI 27, das entspricht einer Rauheit von Ra = 2,24 μm.

Eine weitere charakteristische Anwendung des funkenerosiven Senkens besteht in der Fertigung des Kunststoffspritzgusswerkzeugs für Handyschalen (Abb. 2.88). Die Möglichkeit, eine bestimmte Endrauheit gezielt mit geeigneten EDM-Parametern zu erzeugen, ist ein großer Vorteil der Funkerosion gegenüber anderen Verfahren. Die raue Oberfläche von etwa Ra = 6,3 μm (VDI-Klasse 36) sorgt für eine gute Haptik und Optik.

2.4 Anwendungsbeispiele und weitere Verfahrensvarianten

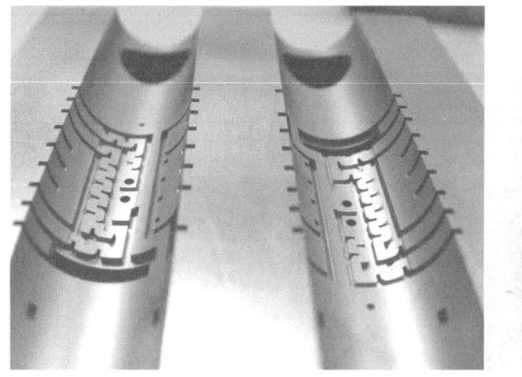 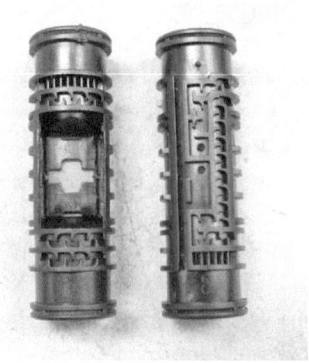

Formeinsatz — fertiges Kunststoffprodukt

Abb. 2.87 Spritzgusswerkzeug für ein Tropferbauteil einer Bewässerungsanlage. (Quelle: C.F.K. Erodierzentrum)

Abb. 2.88 Kunststoffspritzgusswerkzeug für Handyschale. (Quelle: GF Machining Solutions)

2.4.3 Mikro-Senkerosion

In wachstumsstarken Branchen, wie der Informations- und Elektronikindustrie, werden neue Produkte zunehmend durch die Verwendung komplexerer Baugruppen realisiert. Diese zeichnen sich in starkem Maße durch hochpräzise Strukturen und kleinste Abmessungen aus. Die Vorteile mikrotechnischer Produkte sind eine höhere Funktionsdichte und ein geringeres Bauteilgewicht sowie eine höhere Leistungsfähigkeit. Diese Entwicklungen zeichnen sich neben der Automobilindustrie in zahlreichen anderen zukunftsträchtigen Bereichen, wie z. B. in den Kommunikationstechnologien, der Medizin- und Haustechnik, der chemischen Reaktor- und Analysetechnik sowie in der molekularbiologischen Verfahrenstechnik ab [Wilk00, VDE02, Kelc02, Flei04]. Die Funktionsträger und Prinzipien der Bauteile werden vielfach aus den konventionellen Anwendungen übernommen und auf Mikro-Baugrößen herunterskaliert. Die Fertigung klein skalierter Strukturen ist eine Herausforderung an die Fertigungstechnologie, da sich das Prozesswissen und die Maschinentechnik nicht ohne Weiteres von großen Abmessungen auf kleine Abmessungen übertragen lassen. Da die Funkenerosion in der Einzel- und Kleinserienfertigung wirtschaftlich eingesetzt werden kann, eignet sie sich neben der Primärstrukturierung von Mikrobauteilen insbesondere zur Herstellung von Mikrowerkzeugen und Mikroformen. Aktuelle Übersichten zu den Möglichkeiten und Grenzen der Funkenerosion zur Herstellung von Präzisionskomponenten mit Mikro-Features und zur multiskaligen Oberflächenstrukturierung bis in den Mikrometerbereich und im Vergleich mit anderen Fertigungstechnologien finden sich in [Uhlm16, Brin20].

Die Mikro-Senkbearbeitung eröffnet die Möglichkeit, nicht durchgängige Geometriebereiche, wie Bohrungen oder Nuten sowie Freiformflächen, zu erzeugen. Der Herstellung der Elektroden kommt eine besondere Bedeutung zu, da diese grundsätzlich kleiner als der bearbeitete Formeinsatz sind. Limitierend für die herstellbaren Strukturgrößen ist oftmals nicht der Prozess der funkenerosiven Senkbearbeitung, sondern das Design und die Herstellung geeigneter Werkzeugelektroden. Zur Strukturierung der Senkelektroden wird die LIGA-Technik, die Mikrozerspanung (Drehen, Fräsen) und die Mikro-Drahtfunkenerosion eingesetzt [Holl00, Mich01, Uhlm01, Weul01]. Lithographische Verfahren, wie die LIGA-Technik, liefern beliebig geformte, im Submikrometerbereich genaue Mikrostrukturen mit vielen Quadratzentimetern Gesamtfläche. Durch galvanisches Abscheiden von metallischen Werkstoffen in die belichteten und entwickelten Resiststrukturen entstehen für das Senken geeignete Elektroden. Allerdings wurden wegen relativ hoher Einmalkosten und Prozessdurchlaufzeiten von mehreren Wochen LIGA-Elektroden bisher nur für Forschungszwecke genutzt [Mich01]. Durch die zusätzlichen Prozessschritte und Handhabungsvorgänge wird es bei kleineren Strukturen immer schwieriger, die Toleranzen sicher einzuhalten und kleinste Konturelemente zu erzeugen. Die Elektroden können auf ± 1 µm genau positioniert werden. Die Konturabweichung (zum Beispiel wegen Funkenspaltschwankungen) liegt zusätzlich bei ± 1 µm, beim Senken tiefer Strukturen aufgrund des Elektrodenverschleißes bei ± 2 µm. Sicher beherrscht werden für beide Abweichungen jeweils ± 5 µm [Mich01]. Hauptmerkmal der Mikrofunkenerosion ist, neben der miniaturisierten Elektrode und der Fertigungskontur, die gegenüber der konventionellen Funkenerosion geringere realisierbare Entladeenergie, die unterhalb von $W_e = 100$ µJ pro Einzelentladung liegt [Uhlm01]. Daraus resultieren sehr kleine Spaltweiten von 3 µm bis 5 µm. Neue Feinst-Schlichtgeneratoren mit Arbeitsströmen von $I = 0{,}01$ A bis 2 A und Entladedauern von $t_e = 0{,}2$ µs können minimale Entladeenergien von $W_e = 0{,}3$ µJ pro Einzelentladung erzeugen. Die

2.4 Anwendungsbeispiele und weitere Verfahrensvarianten

Mikrosenkerosion mit strukturierten Formelektroden wird hauptsächlich zur Herstellung von Mikrospritzguss- und Prägewerkzeugen für die Serienfertigung mikrotechnischer Bauteile eingesetzt. Es besteht jedoch auch die Möglichkeit, direkt hochpräzise Bauteile aus hochharten oder extrem warmfesten Legierungen herzustellen. Abb. 2.89 links zeigt eine Machbarkeitsstudie zur Mikro-Senkerosion von Hartmetallen. Rechts sind eine zweistufige Getriebewelle sowie Umlenkprofile abgebildet, die aus der warmfesten Kobaltbasislegierung CoCr20W15Ni (Werkstoff-Nr. 2.4967) hergestellt wurden. Die Elektroden für die in Abb. 2.89 dargestellten Bauteile wurden durch Mikro-Drahtfunkenerosion mit einem 50-μm-Kupferdraht für die Umlenkschaufeln und mit einem 25-μm-Draht aus Kupfer für die Getriebewelle hergestellt.

Thomaidis studiert die Durchschlagfestigkeit und die initialen Vorgänge, die zum Bilden des Plasmas führen, wenn bei der Mikroerosion mit Grafitpulver dotierte Dielektrika eingesetzt werden. Er verwendet den dielektrischen Verlustfaktor und die relative Permittiviät zur Charakterisierung des dotierten Dielektrikums [Thom07]. Es besteht bei Variation der Pulverkonzentration ein linearer Zusammenhang zwischen der relativen Permittivität und der Arbeitsspaltweite. Bei der Bearbeitung von Hartmetall mit Grafit dotiertem Dielektrikum erhöhte sich die Abtragrate und der Elektrodenverschleiß wurde gesenkt [Thom07].

Im Gegensatz zur konventionellen funkenerosiven Senkbearbeitung ist bei der Mikroerosion generell ein höherer Elektrodenverschleiß zu beobachten. Aus diesem Grund kommen bei der Mikrosenkerosion vorzugsweise verschleißfeste Elektrodenmaterialien, wie Wolframkupfer oder Hartmetall zum Einsatz. Technologische Fragestellungen ergeben sich bei der Mikrosenkerosion hauptsächlich aus der Vorschubregelung bei kleinsten Arbeitsspalten und den ungünstigen Spülbedingungen. Neben der direkten Fertigung von Mikrokomponenten kann die Mikrofunkenerosion auch für die Erzeugung von Mikrostrukturen, die auf einem Abformwerkzeug großflächig verteilt sind, angewendet werden. Derartige Werkzeuge können beispielsweise für das Heißpressen von Glaskomponenten (Flat Panel Displays) eingesetzt werden [Thie00].

Abb. 2.89 Bearbeitung hochharter und hochwarmfester Werkstoffe – Mikrogesenkte Umlenkprofile in Hartmetall (links) und zweistufige Getriebewelle aus einer warmfesten Co-Legierung (rechts)

Die prozess- und maschinenseitigen Herausforderungen der Mikro-Funkenerosion sind in Abb. 2.90 oben am Anwendungsbeispiel eines Formeinsatzes aus Stahl für das Schnappelement eines Mikrogreifers dargestellt [Holl00]. Dieser Greifer weist sehr komplexe 3D-Freiformflächen auf, die sich durch das Mikrosenkerodieren herstellen lassen. An den beiden Schnappelementen muss am Bauteil eine Hintergrifftiefe von t = 54 µm

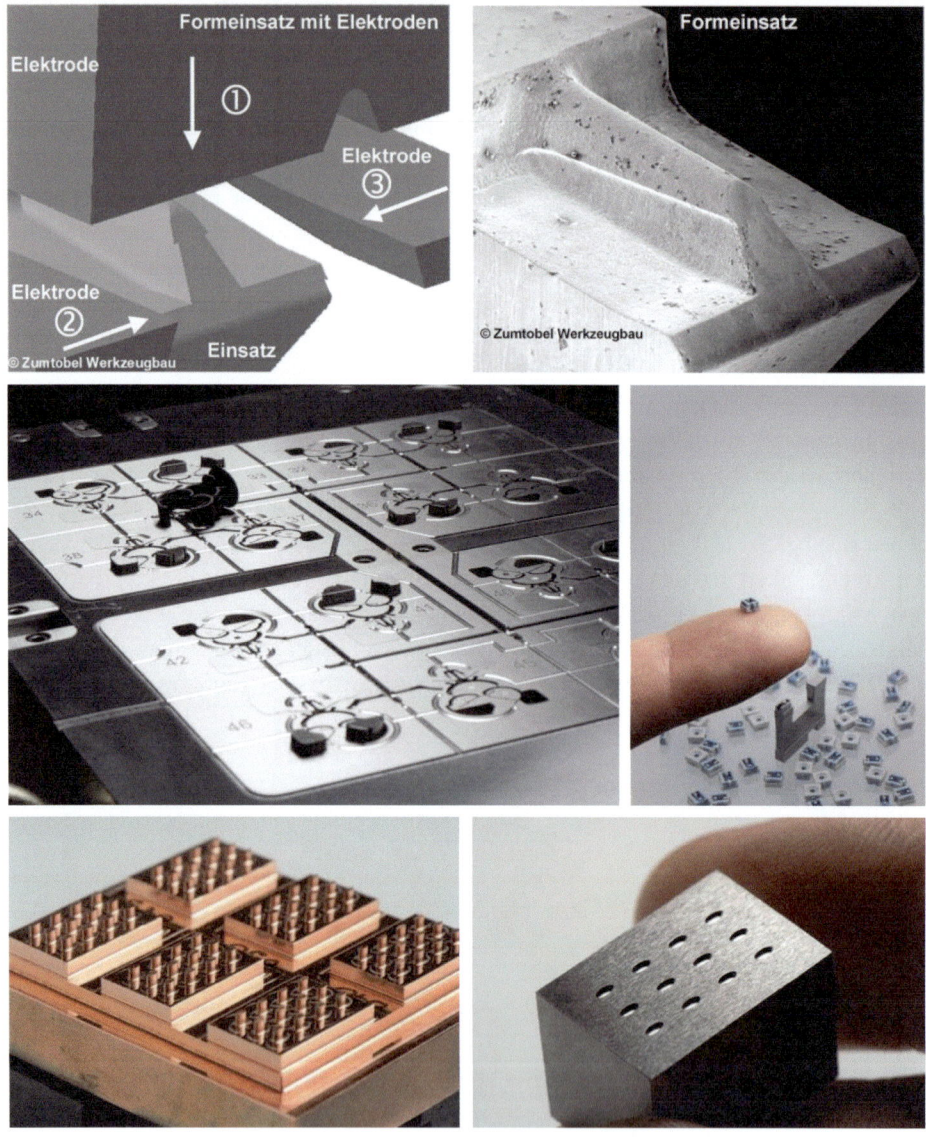

Abb. 2.90 Mikrofunkenerosion – Mikroformeinsatz für ein Schnappelement (oben), Mikroformeinsatz und Bauteile (Mitte), Werkzeug aus Kupfer und funkenerodiertes Werkstück aus Stahl (unten). (Quelle: Zumtobel Werkzeugbau, WiKa, GF Machining Solutions)

2.4 Anwendungsbeispiele und weitere Verfahrensvarianten

bei kleinsten Eckradien von nur r = 8 µm realisiert werden. Die Wandstärke des Bauteils beträgt minimal s = 120 µm.

Für den gesamten dargestellten Schnappbereich wird nur ein Formeinsatz verwendet, um alle Funktionsflächen zu erzeugen. Für diesen Formeinsatz sind insgesamt drei Elektroden aus Kupfer erforderlich, von denen jede einzelne gefräst und versatzfrei positioniert werden muss. Dies stellt außerordentlich hohe Anforderungen an die Schritte der Prozesskette, beginnend bei der CAD-Darstellung und der Auslegung des Elektrodenuntermaßes sowie der Abstimmung der Prozesstechnologien Fräsen und Erodieren. Auch an die übrigen in Abb. 2.90 gezeigten Anwendungsbeispiele für die Mikro-Senkerosion aus der Werkzeugfertigung für Mikrobauteile werden höchste Präzisionsanforderungen gestellt, um die Fertigungstoleranzen einhalten zu können.

Fast ohne Alternative ist der Einsatz der Funkenerosion bei der in Abb. 2.91 dargestellten Turbinenschaufel, in deren Abströmkante Kühlbohrungen mit einem Durch-

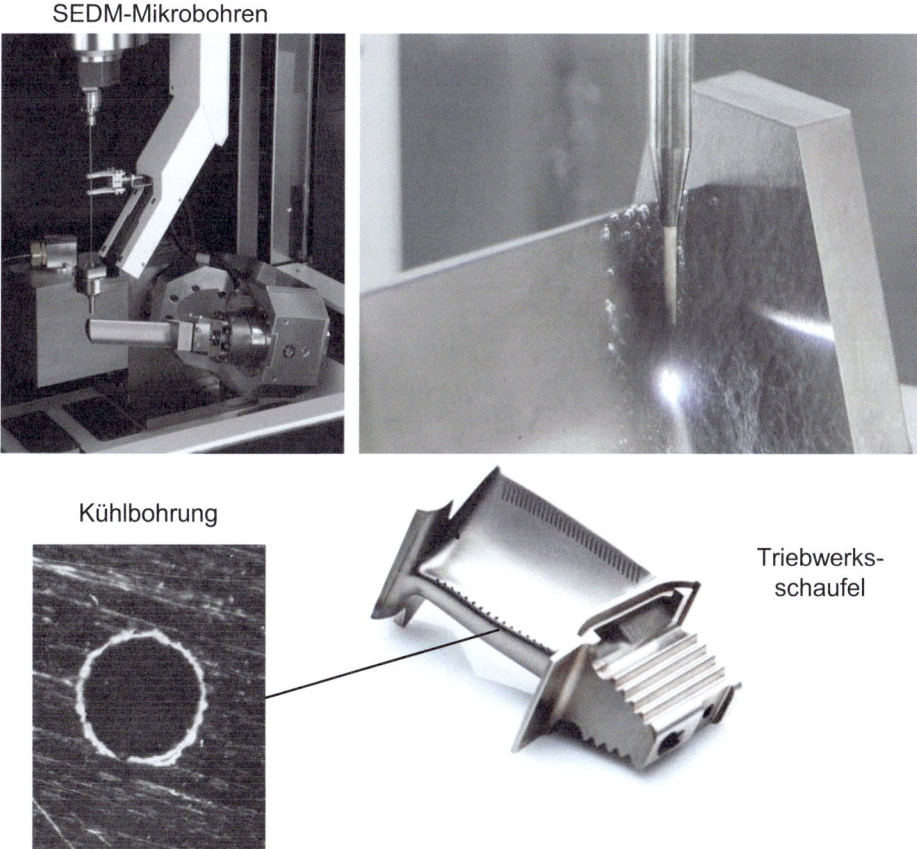

Abb. 2.91 Herstellen von Kühlbohrungen durch Mikrosenken. (Quelle: GF Machining Solutions, Makino)

Abb. 2.92 Funkenerosives Bohren von Einspritzlöchern. (Quelle: Bosch, [Klot13])

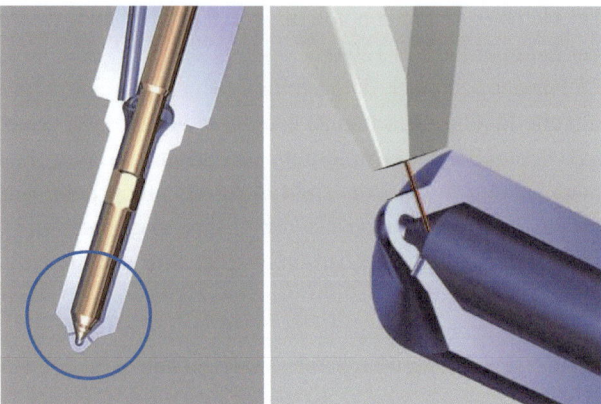

messer von 50 µm durch funkenerosives Bohren eingebracht wurden. Die Schwierigkeit bei der Herstellung besteht in dem hohen Aspektverhältnis der Bohrungen. Als Werkzeuge kommen Drahtelektroden aus Wolframkupfer zum Einsatz. Durch die Kühlung der Schaufeln wird deren Lebensdauer verlängert (eine Temperaturverminderung von nur 50 °C kann eine Verdoppelung der Lebensdauer erzielen). Die erodierte Bohrung hat infolge der muldenförmigen Mikrostruktur eine größere Oberfläche und somit eine bessere Kühlwirkung als eine durch Zerspanen oder durch ECM hergestellte Bohrung. Kürzlich wurde im Kontext dieser Anwendung noch über Ersatzinvestitionen in neue Anlagentechnik bei einem großen Triebwerkskomponentenhersteller (MTU) berichtet, siehe [DSFB23].

Eine weitere erfolgreiche industrielle Applikation ist das funkenerosive Bohren mit Durchmessern von 100 µm bis 200 µm für Dieseleinspritzdüsen [Mich01, Klot13], (Abb. 2.92). Die erzeugten Spritzlöcher an der Düsenspitze werden mit rotierenden Stabelektroden, beispielsweise aus Hartmetall oder Wolfram, gebohrt. Durch Rotation der zylindrischen Elektrode werden die Kreisformabweichungen minimiert.

Die Nutzung einer mit bis zu 2000 min^{-1} drehenden Schnellläuferspindel verbessert darüber hinaus die Spülung. Dies wird auch mit Röhrchenelektroden, durch die zusätzliches Dielektrikum mit bis zu 60 bar gedrückt wird, erreicht. Röhrchenelektroden in guter Qualität und mit mehreren Zentimetern Länge sind bis zu einem Durchmesser von 100 µm erhältlich. Sie werden durch direkt über dem Werkstück positionierte Keramikhülsen geführt. Die gute Wiederholbarkeit und hohe Präzision des Verfahrens gewährleisten ein einwandfreies Einspritzverhalten der Düsen im späteren Gebrauch.

2.4.4 Mikro-Bahnerosion

Die Bahnerosion wird primär in der Mikrobearbeitung realisiert. Diese Technologie zeichnet sich durch eine hohe kinematische Flexibilität aus, eine stabförmige Elektrode

2.4 Anwendungsbeispiele und weitere Verfahrensvarianten 135

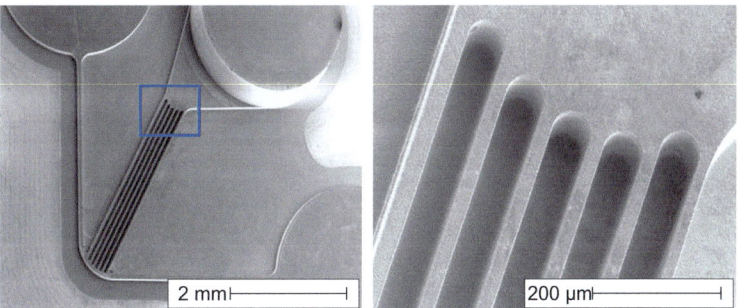

Abb. 2.93 Spritzgusskavität für mikrofluidische Komponenten und Detailaufnahme. (Quelle: SARIX, IMTEK)

wird durch Steuerung der Vorschubbewegungen bewegt und erzeugt so die gewünschte Geometrie am Werkstück. Es muss eine Synchronisation der Achsen- und Generator-Steuerung realisiert werden. Die Lageregelkreise der Vorschubachsen gewährleisten die zeitliche und örtliche Zuordnung der Elektrode und der Werkstückkontur. Der Generator muss die Entladeparameter zeitgenau zur Verfügung stellen. Durch die Synchronisation der beiden Regelkreise ist der regelungstechnische Aufwand anspruchsvoll. Abb. 2.93 zeigt eine durch Bahnerosion erzeugte Kavität eines Spritzgusswerkzeugs aus gehärtetem Werkzeugstahl. Das gezeigte Bauteil veranschaulicht die vielseitige Einsetzbarkeit und das breite Geometriespektrum, das mittels Bahnerosion auch in schwer zerspanbaren Werkstoffen erzeugt werden kann.

Die verwendete Elektrode ist in der Regel deutlich kleiner als die zu erzeugende Kavität, deshalb können die Abtragprodukte relativ gut aus dem Arbeitsspalt entfernt werden. Ist die Maschine mit einer Präzisionsspindel ausgerüstet, kann der Elektrodenverschleiß kompensiert werden, und es lassen sich auch Umspann- und Ausrichtungsfehler eliminieren. Die Elektrode kann gleichzeitig als Werkzeug und als Messinstrument genutzt werden. Das Antasten bis zur Detektion eines elektrischen Kontakts ermöglicht zum Beispiel eine reproduzierbare Werkzeugzentrierung oder die Überprüfungen der Höhe von gefertigten Strukturen. Die erzielbare Genauigkeit liegt im Bereich weniger Mikrometer. Ein zusätzliches optisches Messsystem zum Bestimmen des Elektrodendurchmessers und die Möglichkeit, die Elektrode direkt auf der Maschine durch WEDM nachzuarbeiten, sind Maßnahmen, mit denen der Prozess automatisiert werden kann. Außerdem wird die Wiederholgenauigkeit erhöht. Die stabförmige Elektrode ist nur in einem kleinen Bereich mit dem Werkstück im Eingriff, dadurch wird die Entladeenergie begrenzt [Waße92].

Die Mikro-Bahnerosion ist vielseitig anwendbar und hat sich im Werkzeug- und Formenbau zur Herstellung von Mikrobauteilen, in der Medizintechnik und im Werkzeugbau für Umformprozesse fest etablieren können. Abb. 2.94 zeigt die Kavität eines Kunststoff-Spritzgusswerkzeuges aus gehärtetem Werkzeugstahl, die mit die-

Abb. 2.94 Kavität für den Kunststoff-Spritzguss und Detailaufnahme. (Quelle: SARIX)

ser Technologie gefertigt wurde. In der Detailaufnahme sind die scharfen Kanten der funkenerosiv erzeugten Rippen im Werkzeug gut zu erkennen.

2.4.5 Drahtfunkenerosion (WEDM)

2.4.5.1 Werkzeug- und Formenbau sowie Sonderanwendungen

Abb. 2.95 zeigt einen 526 mm hohen Spritzguss-Formeneinsatz, der durch WEDM hergestellt wurde. Dieses Bauteil ist aufgrund der Konizität und des hohen Aspektverhältnisses nur durch WEDM herstellbar. Der Formeinsatz lässt sich sowohl an den Außen- als auch an den Innenflächen präzise und mit hoher Oberflächengüte bearbeiten.

Zahnräder müssen hohen Belastungen standhalten, besonders die kraftübertragenden Zahnflanken sind hohen statischen und dynamischen Kräften ausgesetzt. Der Endbearbeitung der Zahnflanken kommt besondere Bedeutung zu, da hierüber die Leistungsfähigkeit des Zahnradtriebs bestimmt wird. Die finale Oberflächenbearbeitung erfolgt in der Regel mit spanenden Verfahren wie dem Profilschleifen. Zur Überprüfung der Leistungsfähigkeit der Drahterosion wurden Zahnflanken durch WEDM hergestellt. In Abschn. 9.7 werden weiterführende Informationen zur Leistungsfähigkeit dieser Prototypen gegeben.

In Abb. 2.96 links ist das funkenerosive Schneiden einer Zahnradgeometrie abgebildet. Um den Prozess technologisch zu bewerten, wurden die Oberflächenintegrität sowie die Funktionalität von profilgeschliffenen und funkenerosiv bearbeiteten Zahnflanken vergleichend untersucht [Sari16]. Hierzu wurden Testzahnräder erzeugt, die nach dem Härten funkenerosiv und durch Profilschleifen endbearbeitet wurden. Die Versuchszahnräder wiesen eine Qualität von mindestens IT 5 auf, REM-Aufnahmen der Flankenoberflächen vor Belastungsuntersuchungen sind in Abb. 2.96 rechts abgebildet. Als Folge des Profilschleifens sind Schleifspuren über die gesamte Flanke zu erkennen sowie die für die Funkenerosion typische Oberflächenausbildung. Es zeigte sich, dass beide Verfahren vergleichbare Oberflächenrauheiten erzeugten und ähnlich große Zugeigenspannungen unter der Flankenoberfläche induzierten, die für die Drahterosion bis zu einer Tiefe $t = 300$ μm und für das Profilschleifen bis zu einer Tiefe von $t = 150$ μm nachgewiesen wurden.

2.4 Anwendungsbeispiele und weitere Verfahrensvarianten

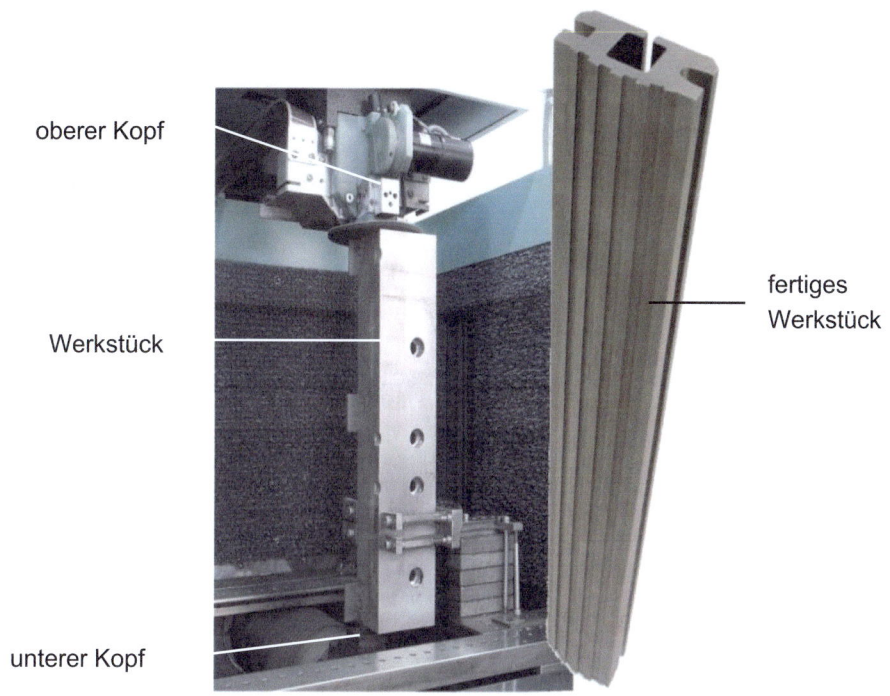

Abb. 2.95 Spritzgussformeneinsatz. (Quelle: C.F.K. Erodierzentrum)

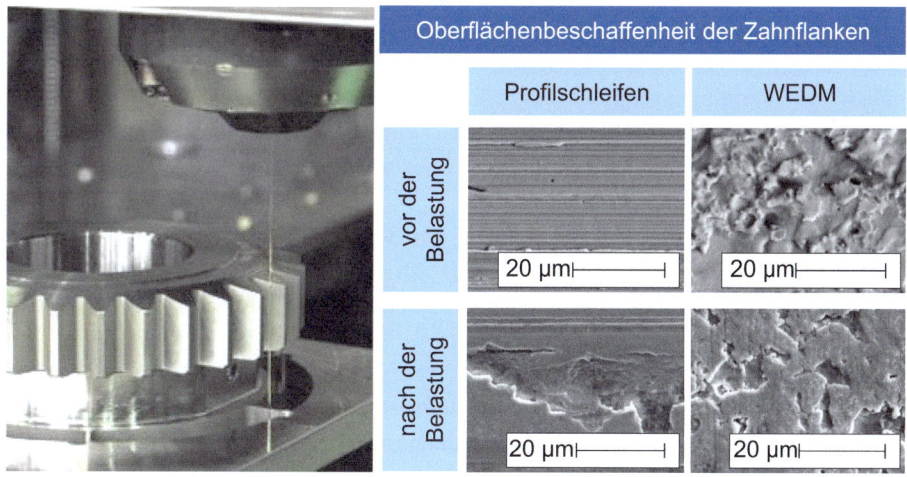

Abb. 2.96 Links: Zahnflankenbearbeitung mittels Drahtfunkenerosion; Rechts: Gegenüberstellung von Zahnflanken vor und nach Belastungstests

Abb. 2.97 Bearbeitung komplexer zweidimensionaler Geometrien mittels Drahtfunkenerosion. (Quelle: Makino)

Zusammenfassend kann man feststellen, dass mit der Drahterosion mit Bezug auf diese Beurteilungskriterien eine ähnliche Oberflächenbeschaffenheit erzeugt werden kann wie durch Profilschleifen. Die Zahnräder wurden dann in Flankentragfähigkeitstests gemäß ISO 14635 im Bereich der Zeitfestigkeit überprüft. Erfasst wurde die Anzahl an Lastzyklen, bis 4 % einer Flankenfläche Pittingschäden (Materialausbruch und oberflächennahe Mikrorissbildung als Folge tribologischer Beanspruchung) aufwiesen. Die funkenerosiv bearbeiteten Räder konnten deutlich mehr Lastzyklen ertragen als die profilgeschliffenen. Nach den Belastungsuntersuchungen zeigte sich, dass die Rauheitskennwerte Ra und Rz der durch WEDM bearbeiteten Flanken reduziert waren. Herstellungsbedingte Rauheitsspitzen wurden eingeebnet, wodurch die mechanische Belastung der Rauheitsspitzen abgebaut und die Lasten auf die gesamte Kontaktfläche gleichmäßiger verteilt wurden. Es sind noch nicht alle Phänomene geklärt, die zu einem umfassenden Verfahrensvergleich notwendig sind. Die Forschungen laufen noch, insbesondere müssen die tribologischen Wechselwirkungen noch genauer erforscht werden. Dennoch zeigt dieses Beispiel, dass die Funkenerosion erhebliche Potenziale besitzt (siehe Kap. 9).

Die Drahtfunkenerosion ist auch für die hochpräzise Bearbeitung von großen Bauteilen geeignet. Abb. 2.97 zeigt beispielhaft ein drahtfunkenerosiv gefertigtes Stanzwerkzeug, bei dem trotz Bauteilabmaßen von bis zu 800 mm eine Steigungsgenauigkeit von ± 2 µm wiederholbar erzeugt werden kann.

Die aus Titan bestehende Radnabe der Abb. 2.98 enthält Rippen, die früher zusammengeschweißt wurden. Bei einer integrierten Bauweise können die Rippen ohne Reduzierung der Bauteilfestigkeit dünner dimensioniert werden, damit wird Gewicht eingespart. Die Bereiche zwischen den Rippen wurden in insgesamt 17 h funkenerosiv entfernt.

2.4 Anwendungsbeispiele und weitere Verfahrensvarianten

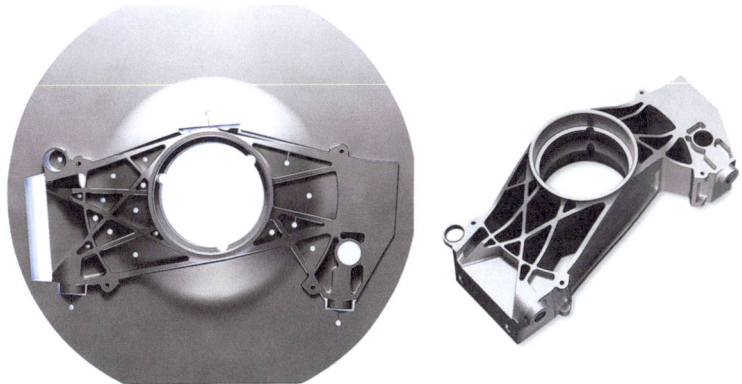

Abb. 2.98 Radnabe aus Titan für Formel-1-Rennfahrzeuge. (Quelle: Agie-Charmilles)

2.4.5.2 Herstellung von Tannenbaumprofilen in Triebwerksscheiben

Die Fertigung von Profilnuten in Triebwerksscheiben erfolgt überwiegend durch Räumen. Das Räumen arbeitet mit komplexen Profilwerkzeugen und entsprechend hohen Werkzeugkosten. Es wurde analysiert, ob die WEDM Technologie eine technologische und wirtschaftliche Alternative zum bestehenden Räumprozess darstellen kann [Well15]. Der besondere Fokus lag in diesen Untersuchungen zum einen auf den technologischen Auswirkungen des Prozesses auf die Oberflächenintegrität, die Maßgenauigkeit und die Bauteilfestigkeit. Zum anderen wurde die erreichbare Produktivität des Prozesses untersucht, um die Wirtschaftlichkeit im Vergleich zum Räumen beurteilen zu können. Hierzu wurden in Inconel 718 mittels Drahtfunkenerosion Tannenbaumprofilnuten gefertigt. Abb. 2.99 links zeigt beispielhaft eine Triebwerksscheibe in einem Bearbeitungsraum, der zusätzlich ein Kippen der Scheibe durch eine zusätzliche Schwenkachse ermöglicht. Eine solche Maschinenkonfiguration erhöht die Flexibilität des Prozesses, da Tannenbaumnuten so auch im schrägen Winkel zur Rotationsachse der Scheibe gefertigt werden können. Abb. 2.99 rechts zeigt die Nutgeometrie, die dem Stand der Technik in der Triebwerksindustrie entspricht und bei den Untersuchungen zugrunde gelegt wurde.

Im Betrieb von Triebwerken werden die auftretenden statischen und dynamischen Lasten, die durch die Schaufeln in die Scheibe übertragen werden, in die Druckflanken der Profilnut eingeleitet. Deshalb sind die Oberflächenintegrität und die Maßgenauigkeit dieser Flanken von besonderer Sicherheitsrelevanz. Abb. 2.100 links zeigt beispielhaft die Sollwertabweichung der Druckflanken an einer Nut. Die Messungen zeigen, dass die Konturabweichungen der funkenerosiv erzeugten Druckflanken innerhalb des vorgegebenen Toleranzbandes von ± 5 µm liegen. Die Oberflächenintegrität sowie die mechanischen Eigenschaften der funkenerodierten Oberflächen entsprachen darüber hinaus ebenfalls den technischen Anforderungen. Abb. 2.100 rechts zeigt beispielhaft, dass die erzeugten Oberflächen keine Risse oder sonstige prozessbedingte Defekte enthalten, die weiße Schicht weist eine durchschnittliche Dicke von $d < 3$ µm auf. Anschließend an die

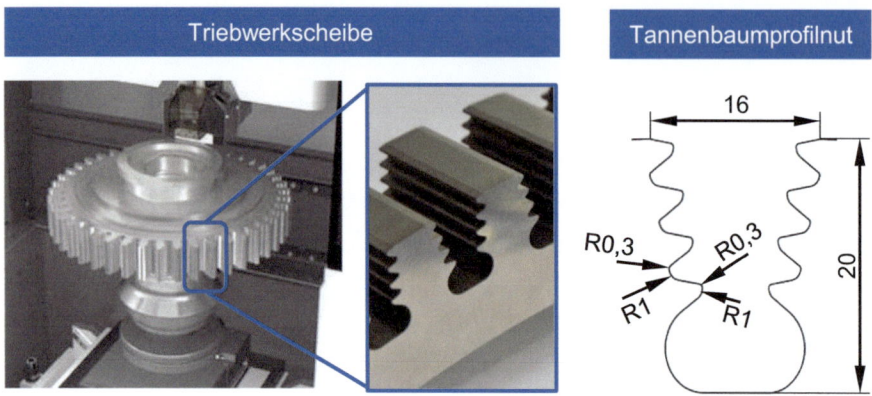

Abb. 2.99 Drahtfunkenerosive Fertigung von Tannenbaum-Profilnuten [Well15]

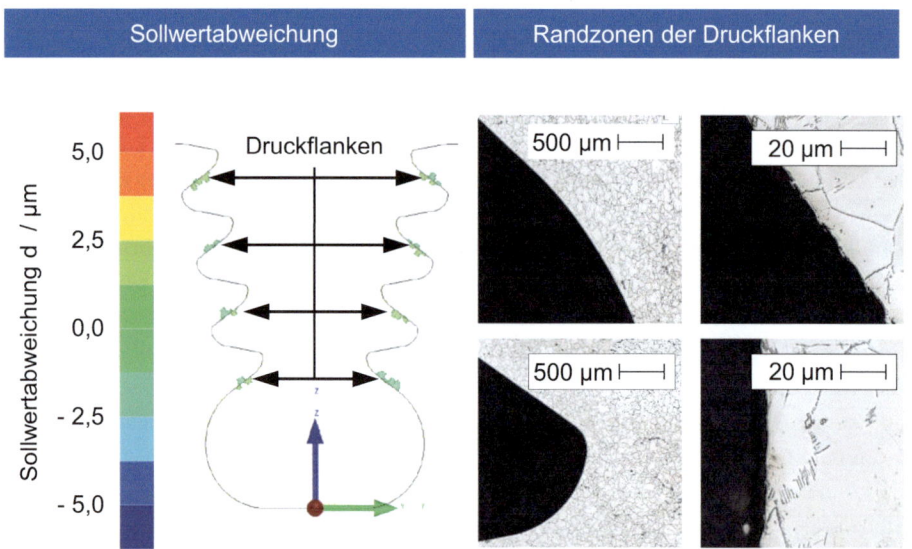

Abb. 2.100 WEDM – Sollwertabweichung einer Tannenbaumprofilnut (links) und Querschliffe von Druckflanken (rechts), [Well15]

Untersuchung der technischen Eigenschaften wurde anhand eines Kostenmodells festgestellt, dass die Drahtfunkenerosion eine Alternative zum Räumen darstellt. Weitere Ausführungen zum Herstellen von Tannenbaum-Nutprofilen sind in Abschn. 9.3 zu finden.

2.4.5.3 Funkenerosives Abrichten von Schleifwerkzeugen

Schleifscheiben mit hochharten Schneidstoffen aus kubisch kristallinem Bornitrid (cBN) oder Diamant haben einen großen Einsatzbereich in der zerspanenden Bearbeitung (siehe

2.4 Anwendungsbeispiele und weitere Verfahrensvarianten

Fertigungsverfahren Band 2: Schleifen, Honen, Läppen). Insbesondere mit metallischen Bindungssystemen zeigen diese Schleifscheibensysteme eine hohe Profilstandhaltigkeit und Verschleißfestigkeit bei gleichzeitig hoher Zerspanleistung. Die Einsatzgebiete dieser Schleifscheiben liegen in der Bearbeitung von schwer zerspanbaren Stahlwerkstoffen, Hartmetallen oder nichtmetallisch anorganischen Werkstoffen, wie Glas, Naturstein und Keramiken (siehe Kap. 9 und [Kloc07, Kloc13c]).

Die hohe Verschleißfestigkeit metallgebundener Schleifscheiben wird dann zum Nachteil, wenn die Schleifscheiben nachbearbeitet und abgerichtet werden müssen. Grundsätzlich müssen durch das Abrichten zwei Aufgaben erfüllt werden:

- Erstellen der geforderten Makrogeometrie (Profilieren)
- Erzeugen eines ausreichenden Kornüberstands (Schärfen)

Aufgrund der elektrischen Leitfähigkeit der Bindung eignen sich für das Abrichten mehrschichtiger, metallgebundener Schleifscheiben elektrounterstützte, abtragende Verfahren. Wegen des apparativen Aufwands findet das funkenerosive Abrichten aber meistens beim Werkzeughersteller statt. Es sind aber auch Maschinensysteme bekannt, bei denen in Schleifmaschinen EDM-Systeme direkt integriert sind (siehe auch Abschn. 9.6).

Bei den elektrounterstützten abtragenden Abrichtverfahren kann zwischen der Funkenerosion und elektrochemischen Verfahren unterschieden werden. Es sind auch Anwendungen bekannt, in denen beide Wirkmechanismen miteinander kombiniert werden (Kap. 4). Die elektrochemischen Verfahren werden vorwiegend zum Schärfen angewendet. Häufig findet das Schärfen der Schleifscheiben auch durch rein chemische Verfahren (Ätzen) statt. Durch Funkenerosion werden auch die Profile von Schleifscheiben nachgearbeitet. Die funkenerosiven Abrichttechnologien lassen sich in zwei Verfahrensgruppen einteilen (Abb. 2.101) [Klin09]:

- Funkenerosives Profilieren und Schärfen mit Drahtelektrode
- Funkenerosives Profilieren und Schärfen mit Scheiben- oder Senkelektrode

Neben diesen beiden Grundvarianten sind Weiterentwicklungen und Sonderanwendungen bekannt geworden, wie das kontakterosive Konditionieren [Falk98, Töns00, Denk04] und das ECDM-Verfahren. Das funkenerosive Profilieren und Schärfen von Schleifbelägen mit Draht-, Scheiben- oder Senkelektrode ist im Prinzip in Abb. 2.101 gezeigt.

Bei beiden Verfahrensvarianten rotiert die Schleifscheibe. Die Funkenerosionsmaschine muss deshalb mit einem geeigneten Drehantrieb für die Schleifscheibe (das Werkstück) ausgerüstet werden. Bei der Drahtfunkenerosion wird das Profil über die numerische Steuerung der Vorschubachsen in die Schleifscheibe übertragen. Beim Arbeiten mit profilierter Scheibenelektrode muss zusätzlich ein Drehantrieb für die Werkzeugelektrode vorgesehen sein. Die Werkzeugelektrode überträgt das Profil durch Senken auf die Schleifscheibe. Um später mit den profilierten Schleifscheiben arbeiten zu können,

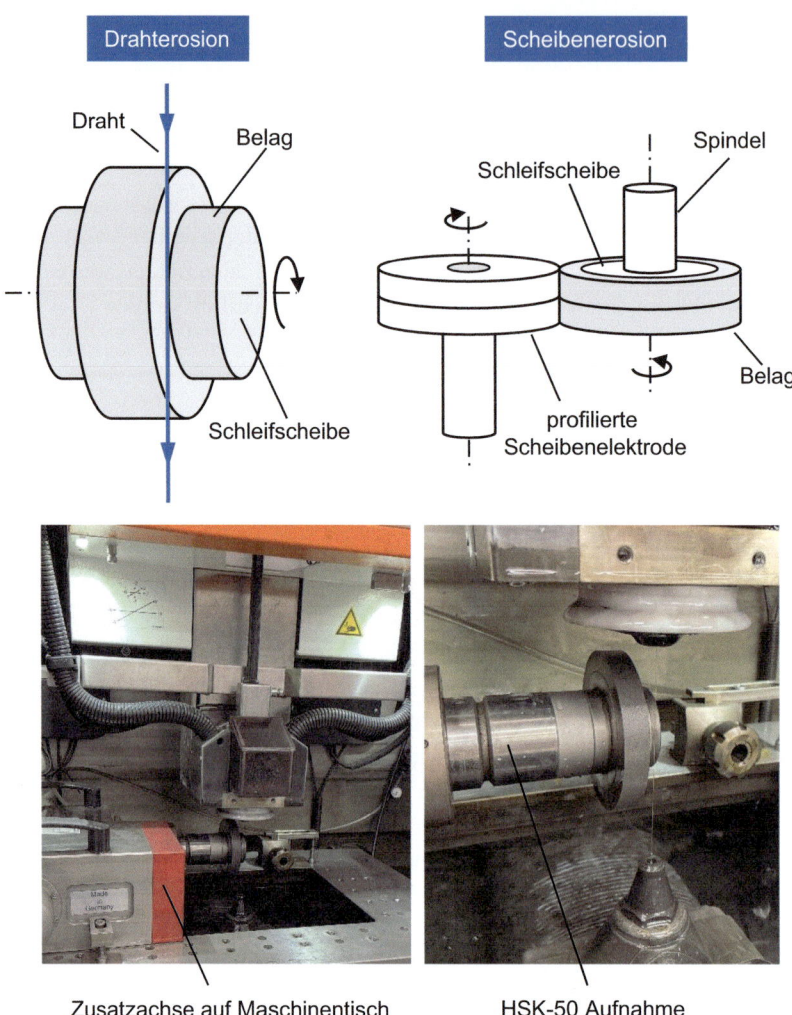

Abb. 2.101 Funkenerosive Abrichtverfahren von Schleifscheiben [Klin09]

müssen an der Schleifscheibe entsprechende Ausricht- oder mitlaufende Kontrollabsätze vorgesehen werden. Über diese Kontrollbunde wird die Schleifscheibe auf der Maschine bezüglich des Rundlaufs ausgerichtet. Es sind auch Lösungen üblich, bei denen komplette Schleifspindeleinheiten mit aufgeflanschten Schleifscheiben in die Abrichteinheiten integriert werden.

Beim Profilieren mit Drahtelektroden wird durch Steuerung der Werkzeugwege in der Tischebene das Profil in die Schleifscheibe übertragen. Beim Profilieren mit Scheiben- oder Senkelektroden muss das Negativprofil vorher in die Elektrode eingebracht werden. In beiden Fällen muss die Geometrie der Elektroden um den prozessbedingten

2.4 Anwendungsbeispiele und weitere Verfahrensvarianten

Arbeitsspalt korrigiert werden. Als Elektrodenwerkstoffe werden bei der funkenerosiven Senkbearbeitung vorwiegend Wolfram-Kupfer-Sinterwerkstoffe verwendet. Rotierende Scheibenelektroden haben gegenüber Flachelektroden den Vorteil, dass die Profilgenauigkeit über eine längere Zeit eingehalten wird, weil der Werkzeugverschleiß sich auf der gesamten Umfangsfläche verteilt. Alle genannten Verfahrensvarianten lassen sich grundsätzlich auf konventionellen, handelsüblichen Funkenerosionsmaschinen durchführen. Eine Variante, die insbesondere bei Schleifscheibensätzen angewandt wird, ist das Ein- und Auswechseln eines komplett auf der Schleifspindel montierten Schleifscheibensatzes. Diese Variante muss dann angewandt werden, wenn einzelne Schleifscheiben zueinander mit hoher Rundlaufgenauigkeit und auch genauen Achsabständen positioniert sein müssen. Dies ist häufig nur durch eine Komplettbearbeitung des gesamten Schleifscheibensatzes in einer Aufspannung möglich. Ein Beispiel hierfür ist das Profilieren von Kantenverrundungsscheiben für die Bearbeitung von Siliziumwafern. Grundsätzlich wird die Aufspannproblematik dann umgangen, wenn die Abrichtverfahren direkt in die Schleifmaschine integriert werden. Auch hierzu sind Lösungen bekannt. Dabei werden die Schleifmaschine und die Funkenerosionsmaschine in einem Bearbeitungszentrum zusammengeführt (Abschn. 9.6). Neben dem zusätzlichen Generator und den für die Elektroden notwendigen Einrichtungen ist insbesondere die Dielektrikum-Versorgung ein Punkt, auf den besonders geachtet werden muss. Wenn die Kühlschmierstoffflüssigkeit für den Schleifprozess auch als Dielektrikum genutzt werden kann, sind wichtige Randbedingungen einfach einzuhalten. Wenn aber mit unterschiedlichen Medien gearbeitet werden muss, ist eine Trennung der Flüssigkeiten notwendig, was mit hohem zusätzlichen Aufwand verbunden ist. Metallgebundene Diamantschleifscheiben werden häufig zum Schleifen von Keramik eingesetzt. Wenn der Schleifprozess trocken durchgeführt wird, muss nur der Dielektrikum-Kreislauf realisiert werden. In diesem Anwendungsfeld sind auch integrierte Schleif-/Senkbearbeitungszentren bekannt geworden.

Beim funkenerosiven Profilieren von Schleifscheiben findet der Funkenüberschlag zwischen der Werkzeugelektrode (Draht, Scheibenelektrode, Senkelektrode) und dem Schleifbelag statt. Hierdurch wird der Abtrag realisiert. Durch Steuerung der Entladeenergien kann ganz gezielt auch Einfluss auf den Kornüberstand, d. h. die Schärfe der Schleifscheibe, genommen werden. Da die Abrasivkörner, Diamant und cBN, elektrisch nicht bzw. kaum leitfähig sind, bilden sich die Entladekanäle der Funkenerosion vorwiegend zwischen der Elektrode und der elektrisch leitfähigen Bindephase der Schleifscheibe aus. Bei hohen Entladeenergien ist nicht auszuschließen, dass insbesondere beim Profilieren von Diamantschleifscheiben auch der Diamant thermisch geschädigt wird. Beim Vorprofilieren und Einbringen der Grobkontur wird dies häufig in Kauf genommen. Zum Herstellen der Endkontur und auch zum Herstellen des notwendigen Kornüberstandes ist dann durch Steuerung der Abrichtbedingungen dafür zu sorgen, dass sich der Abtrag auf die Bindung konzentriert und so vorwiegend der Kornüberstand realisiert wird [Klin10]. In der internationalen Literatur wird das funkenerosive Abrichten bzw. Profilieren von metallisch gebundenen Schleifwerkzeugen oft auch als Electrical

Discharge Truing (EDT) bezeichnet [Suzu87, Ogum99]. Der Funkenerosionsprozess kann auch als In-Prozess Abrichtverfahren (In-Process Electrical Discharge Dressing, IEDD) eingesetzt werden [Leee00].

2.4.6 Mikrodraht-EDM

2.4.6.1 Entwicklungen
Die ersten serienmäßigen Erodieranlagen, die mit dünnen Drähten bis zu d = 30 µm betrieben werden konnten, standen zu Beginn der 80er-Jahre zur Verfügung [Nöth01]. Die anfänglichen Anwendungen waren vor allem die Herstellung von Formeinsätzen zur Herstellung von Mikrozahnrädern für die Uhrenindustrie, Schnittwerkzeuge zum Stanzen von Elektronikbauteilen, Spinndüsen für die Textilindustrie sowie Ziehprofile für die Schmuckindustrie [Levy85, Stut98, Chri99]. Minimale Innenradien von 20 µm und Oberflächen mit arithmetischen Mittenrauwerten Ra von 0,2 µm bis 0,5 µm werden als Leistungsmerkmale des Verfahrens in dieser Zeit angegeben. Jetzt wird die Mikrodrahtfunkenerosion auch zur direkten Herstellung von Prototypen und Produkten eingesetzt. Beispiele finden sich bei Instrumenten für die Medizintechnik und im Schnitt- und Presswerkzeugbau sowie der Herstellung von Extrusionswerkzeugen. Die geringen Prozesskräfte und die Unabhängigkeit von der Materialhärte ermöglichen die Herstellung komplexer Geometrien mit höchster Genauigkeit und Oberflächenqualität in hochfesten Werkstoffen, welche durch spanende Verfahren nicht realisierbar sind. Aufgrund der kontinuierlichen Weiterentwicklung von Maschinen, Generatoren, Elektroden und Technologien lassen sich zusätzlich zu den hohen Genauigkeiten und Oberflächenqualitäten auch hohe Abtragleistungen erzielen. Dadurch ist das funkenerosive Schneiden ein geradezu prädestiniertes Verfahren für die Mikrobearbeitung (Tab. 2.6). Durch Verkleinerung der Drahtdurchmesser und Anpassung der Maschinen auf den Einsatz

Tab. 2.6 Anforderungen und Eigenschaften der Funkenerosion bei der Mikrobearbeitung

Anforderungen in der Mikrotechnik	Vorzüge der Drahterosion
Großes herstellbares Formenspektrum	Hohe Gestaltungsfreiheit und hohe Präzision
Wirtschaftlichkeit auch in der Klein- und Mittelserienfertigung	Keine Werkzeugfertigung notwendig
Hohe Präzision und Oberflächenqualität	Sehr geringe Prozesskräfte
Große bearbeitbare Werkstoffpalette	Alle elektrisch leitfähigen Werkstoffe sind bearbeitbar
	Bearbeitung ist unabhängig von den mechanischen Werkstoffeigenschaften

der Dünndrähte (d < 0,1 mm) ließ sich das Mikrobearbeitungspotenzial in weiteren Anwendungen in der Praxis nutzen.

2.4.6.2 Geometrie

Die durch funkenerosives Schneiden herstellbare Geometrie ist in ihrer Genauigkeit makroskopisch von der Elektrodenauslenkung und mikroskopisch von der Oberflächenrauheit abhängig. Die funkenerodierte Oberfläche wird durch die Aneinanderreihung und Überlagerung einzelner Entladekrater gebildet. Die Abmessungen der Entladekrater bestimmen somit, welche Genauigkeit und Oberflächenqualität bei der EDM-Mikrobearbeitung erreicht werden können. Somit wirkt sich die Entladeenergie direkt auf die Kratergröße aus. Je geringer die Entladeenergie ist, desto kleiner die Krater und umso besser ist die Oberfläche. Mit geringen Entladeenergien im letzten Nachschnitt kann die Rauheit nur soweit vermindert werden, wie die eingebrachte Energie zur Einebnung der Ausgangsoberfläche ausreicht. Beim Schneiden von Radien und Ecken entstehen durch die Elektrodenauslenkung Konturfehler. Die Elektrodenauslenkung wird durch die während des Prozesses am Draht angreifenden Kräfte verursacht. Diese wirken sich beim Mikrodrahtschneiden aufgrund des geringeren Drahtdurchmessers stärker als in der konventionellen Drahtfunkenerosion aus. Auch durch das Drahttransportsystem können Störungen im Prozess verursacht werden. Eine stabilisierende Wirkung auf die Drahtelektrode üben die Drahtvorspannkraft sowie die Reibungskraft, hervorgerufen durch die Grenzflächenreibung zwischen dem Draht und dem strömenden Dielektrikum, aus. Die Drahtvorspannkraft sollte so groß wie möglich gewählt werden. Auch eine Anhebung der Impulsfrequenz hat einen Anstieg der Schwingungsamplitude des Drahtes zur Folge, da die realisierten Impulsfrequenzen wesentlich höher als die Grundschwingfrequenzen der Drähte sind. Die laterale Bauchung liegt mit ca. 1 µm im letzten Nachschnitt im Bereich der mittleren Rautiefen. Mit steigender Impulsfrequenz und steigender Entladeenergie erhöht sich die Bauchung. Durch Messen der Drahtschwingung wird deutlich, dass mit zunehmendem Entladestrom die Schwingungsamplitude ansteigt. Mit steigender Drahtvorspannkraft tritt eine Verringerung der Schwingungsamplitude (Abb. 2.102) ein, die bei dicken Drähten geringer als bei dünnen Drähten ist.

Zum Erzielen einer hohen Konturgenauigkeit ist es notwendig, die durch die Prozesskräfte verursachten Drahtschwingungen zu minimieren. Dies kann durch möglichst große Drahtvorspannkräfte realisiert werden. Abb. 2.103 zeigt einen Vergleich der maximal möglichen Vorspannkraft für verschiedene Drahtdurchmesser und Drahtmaterialien. Der $d = 0,1$ mm dicke messingbeschichtete Stahldraht (MS) erträgt maximal eine Vorspannkraft von $F = 6$ N. Das gleiche Drahtmaterial kann bei einem Durchmesser von $d = 0,05$ mm noch mit $F = 2,5$ N vorgespannt werden, ohne zu reißen. Bei $d = 0,03$ mm sind es nur noch $F = 1,2$ N. Molybdändraht (Mo) mit $d = 0,05$ mm verhält sich ähnlich wie messingbeschichteter Stahldraht. Während der messingbeschichtete Stahldraht seine

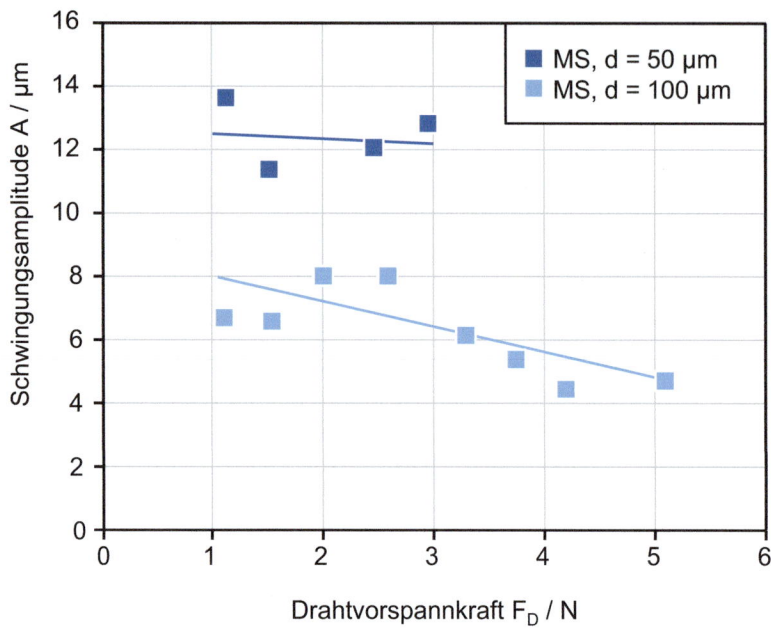

Abb. 2.102 Einfluss der Drahtvorspannkraft und des Drahtdurchmessers auf die Schwingungsamplitude im Nachschnitt bei der Mikro-Drahtfunkenerosion

Belastbarkeit aus der hohen Zugfestigkeit bezieht, ist es bei Molybdändraht der aufgrund der thermophysikalischen Kennwerte geringere Verschleiß. Wolframdraht (W) lässt bei $d = 0{,}05$ mm eine fast doppelt so hohe Vorspannkraft zu, da Wolfram eine hohe Zugfestigkeit und einen geringen Verschleiß vereint.

Ein Vergleich der maximalen Vorspannkräfte (MS, W, Mo) mit $d = 0{,}05$ mm beim Erodieren zeigt, dass sich Wolfram- und Molybdändraht thermisch wesentlich stabiler als messingbeschichteter Stahldraht verhalten.

Abb. 2.104 oben zeigt die Ergebnisse von Machbarkeitsstudien in der Drahtfunkenerosion. Die links abgebildeten Evolventenprofile aus Hartmetall mit einem Modul von 0,14 und 0,80 mm wurden mit Drahtdurchmessern von 200 µm und 30 µm erzeugt. Nach einer Bearbeitungszeit von 31 h wurde eine Oberflächengüte von $Ra = 0{,}06$ µm erreicht.

2.4 Anwendungsbeispiele und weitere Verfahrensvarianten

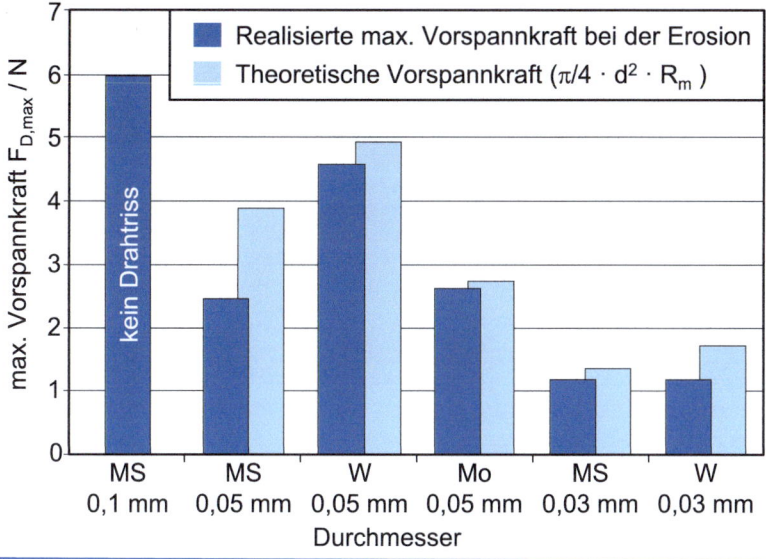

Abb. 2.103 Einfluss von Drahtsorte und -durchmesser auf die maximale Drahtvorspannkraft im Hauptschnitt bei der Mikro-Drahtfunkenerosion

Das Bild unten zeigt als Bearbeitungsbeispiel die Herstellung stoffschlüssiger Gelenke für die Feinwerktechnik. Das stoffschlüssige Gelenk aus einem pulvermetallurgischen Stahl weist im engsten Querschnitt in Nachgiebigkeitsrichtung eine minimale Dicke von 40 µm auf. Eine solche Verjüngung über eine Werkstückhöhe von 15 mm lässt sich ausschließlich mittels Drahterosion herstellen [Kloc18a].

Die wesentlichen Wirkmechanismen bei der Konturerzeugung lassen sich anhand einer getrennten Betrachtung der drei unterschiedlichen Geometriemerkmale Stege, Ecken und Radien ableiten (Abb. 2.105). Bei der Erzeugung schmaler Stege haben die induzierten Eigenspannungen einen entscheidenden Einfluss auf die erzielbare Konturgenauigkeit. Sie bewirken eine plastische Deformation oder einen Bruch des Stegs in Abhängigkeit von der angestrebten Stegbreite, der Entladeenergie und der Werkstoffeigenschaften. Durch Minimierung der Entladeenergie im Hauptschnitt sind Stegbreiten unter 20 µm herstellbar, ohne dass größere Verformungen auftreten. Es bestätigt sich der Zusammenhang zwischen räumlichen Temperaturgradienten und Zugeigenspannungen, da bei konstanter Entladeenergie ein geringer Strom und eine lange Entladedauer zu

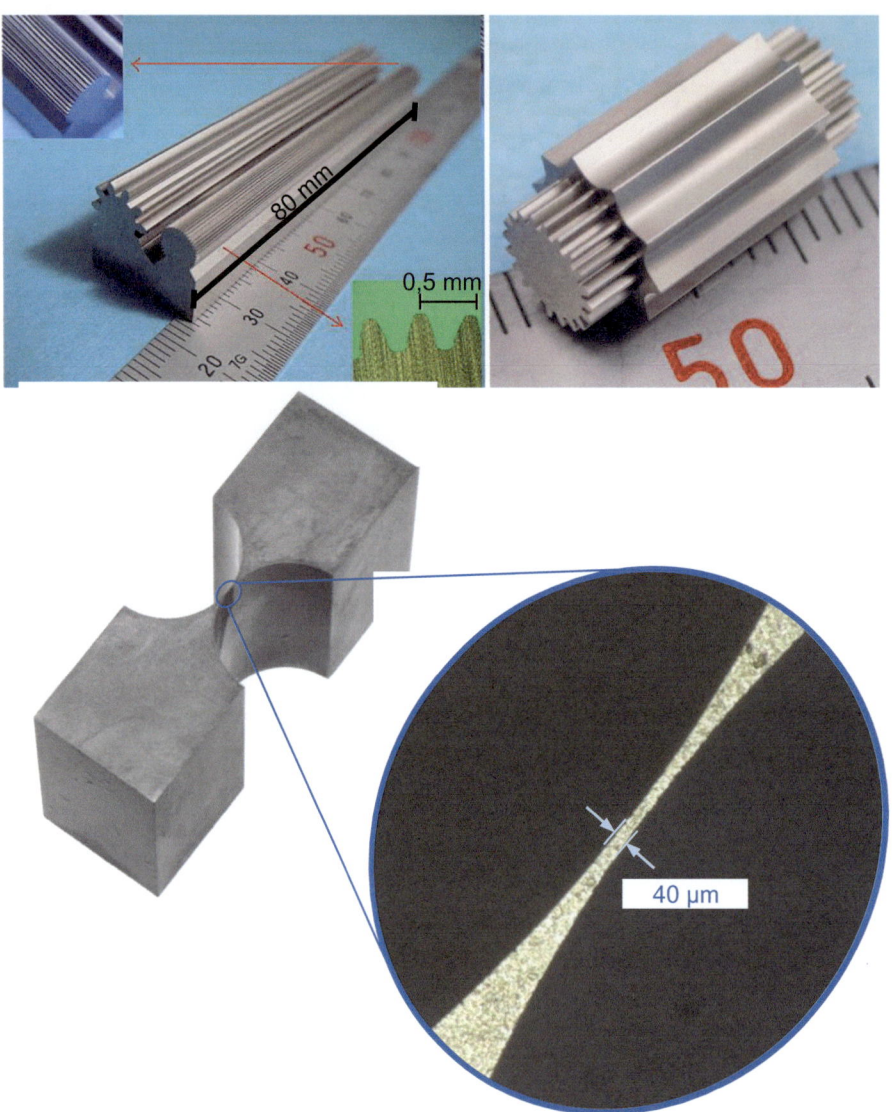

Abb. 2.104 Filigrane und hochgenaue Bauteile für die Feinwerktechnik, die mittels Mikro-Drahtfunkenerosion hergestellt wurden. (Quelle: Sodick, [Klin16b])

kleineren Stegkrümmungen führen [Zahi16]. Beim Schneiden von Ecken und Radien wird die Genauigkeit durch verschiedene Mechanismen beeinträchtigt. Bei rechtwinkligen Ecken besitzt der Schleppfehler der Vorschubabtriebe einen hohen Anteil an der Gesamtabweichung. Demgegenüber dominiert bei kleineren Winkeln ungleich-

2.4 Anwendungsbeispiele und weitere Verfahrensvarianten 149

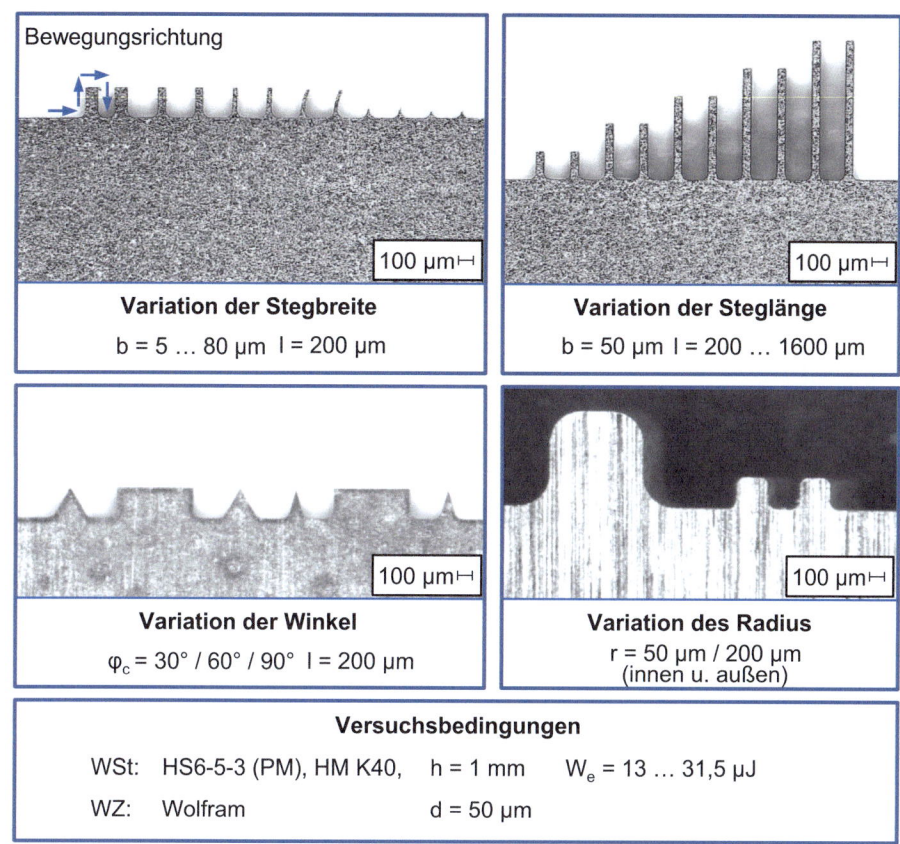

Abb. 2.105 Gewählte Geometrien für die Untersuchungen zur Mikrostrukturierung

mäßiger Abtrag die Gesamtabweichung. Der ungleichmäßige Abtrag an dem Geometriemerkmal wird durch Feldstärkeüberhöhungen an der Spitze sowie aufgrund einer ungleichmäßigen Entladungsverteilung hervorgerufen. Die ungleichmäßige Entladungsverteilung ist beim Schneiden kleiner Radien dafür verantwortlich, dass der Abtrag am Innenradius zu gering und am Außenradius zu groß ist. Eine Variation des Sollwerts für die Leerlaufspannung führt nur bedingt zu einer Steigerung der Konturgenauigkeit. Die Abweichungen sind aber insgesamt auf etwa 2 – 3 µm begrenzbar.

Die Mikrodraht-Funkenerosion ermöglicht die hochpräzise, gleichzeitige Fertigung von Stempel und Matrize für Prägewerkzeuge aus einem Werkstück (Abb. 2.106 links). Ebenso ist die Fertigung von Mikrogeometrien aus Hartmetall, z. B. Hartmetalleinsätze zum Prägen, möglich (Abb. 2.106 rechts).

Abb. 2.106 Mikrogeometrien aus Hartmetall – Stempel und Matrize (links) Hartmetalleinsatz (rechts). (Quelle: Makino)

2.4.6.3 Prozess, Anlagen, Generatoren

Im Vergleich zum konventionellen funkenerosiven Schneiden ist der Einfluss der Prozesskräfte auf die Elektrodenauslenkung bei dünnen Drähten der Mikroerosion größer. Am bedeutendsten ist die Berücksichtigung der Entlade- und der elektrostatischen Kräfte. Bei hohen Spüldrücken haben auch spülungsbedingte Kräfte einen großen Einfluss auf die Elektrodenauslenkung. Beim Schneiden von Radien und Ecken entstehen aufgrund der Prozesskräfte Konturfehler. Die Entladekraft ist hierbei von der Entladeenergie abhängig. Bei der EDM-Mikrobearbeitung wird mit kleinen Entladeenergien ($W_e < 5\,\mu J$) gearbeitet. Daher müssen die zeitlichen und elektrischen Eingangsgrößen der einzelnen Entladungen für den Prozess reduziert und an die Erfordernisse der Mikrobearbeitung angepasst werden. Es werden deutlich geringere Werte für den Entladestrom und die Entladedauer benötigt, da andernfalls die Werkzeugelektrode der auftretenden thermischen Belastung nicht standhalten kann [Uhlm03].

Zu den Eingangsgrößen zählen jedoch nicht nur die maschinenseitigen Parameter, sondern auch die Prozessrandbedingungen, wie z. B. die Wahl eines geeigneten Dielektrikums. Es muss die originären Aufgaben der Potenzialtrennung, Kühlung, des Abtragabtransports, der Ionisierfähigkeit und des Plasmakanalaufbaus auch bei geringen Spaltweiten erfüllen. Der Art der Spülung bzw. der Spülstrategie fällt eine wichtige Rolle zu, da sie das Arbeitsergebnis entscheidend mitbestimmt. Die Abtragpartikel müssen durch Spaltbreiten unter 5 µm abgeführt werden können, ohne dass die Spülströmungen die Elektrode und das Werkstück auslenken. Eine Funkenerosionsmaschine hat die Aufgabe, die geforderten Positioniergenauigkeiten reproduzierbar zu erreichen. Die Anforderungen an die Positioniergenauigkeit der Maschine sind bei der Herstellung von Strukturen im Mikrometerbereich sehr hoch. Mitentscheidend für das Arbeitsergebnis ist bei Funkenerosionsmaschinen die Energiequelle, der Generator. Zur Erzeugung der gewünschten elektrischen und zeitlichen Parameter sind spezielle Generatoren notwendig. Sie müssen in der Lage sein, geringe Werte für die Entladedauer und geringe Ströme zu liefern.

2.4 Anwendungsbeispiele und weitere Verfahrensvarianten

Für die Mikrodraht-Funkenerosion stehen Anlagen zur Verfügung, die zunächst für die Präzisions- und Oberflächenfeinstbearbeitung mit Standarddrahtdurchmessern entwickelt wurden und zusätzlich mit einem für Durchmesser unter d = 0,1 mm angepassten Drahttransport- und Drahtführungssystem ausgerüstet wurden. Es sind auch Anlagen verfügbar, die speziell für die Feinbearbeitung kleiner Werkstücke mit dünnen Drähten konzipiert wurden. Diese Maschinen besitzen einen reduzierten Arbeitsbereich und kleinere Verfahrwege im Bereich von 100 – 220 mm. Darüber hinaus verfügen Mikrodraht-Funkenerosionsanlagen einiger Hersteller über Linearantriebe. Linearantriebe erlauben eine höhere Maschinenachsendynamik und die spielfreie Positionierung mit hoher Genauigkeit (< 1 µm). Außerdem besitzen sie hochdynamische Vorschubregelungen und Wegmesssysteme mit Auflösungen im Submikrometerbereich. In einigen Anlagen werden keramische Komponenten im Maschinengestell, Spannrahmengestell und in den Drahtführungen verwendet. Hierdurch sollen die thermische Stabilität erhöht und Streukapazitäten, die zu unerwünscht hohen Entladeenergien führen, minimiert werden. Zur Vermeidung von Korrosion und weiteren elektrochemischen Reaktionen am Werkstück, insbesondere bei der Bearbeitung von WC/Co-Hartmetallen, werden auch kohlenwasserstoffbasierte (CH) Dielektrika eingesetzt. Deionisiertes Wasser weist eine zu hohe elektrische Restleitfähigkeit auf. Die höhere Durchschlagfestigkeit von CH-Dielektrika bewirkt geringere Spaltweiten, ermöglicht aber die Herstellung kleinerer Innenradien.

2.4.6.4 Oberflächenausbildung

Zum erfolgreichen Schneiden mit dünnen Drähten reichen die maschinen- und werkzeugseitigen Voraussetzungen allein nicht aus. Die bei der Anwendung von Standarddraht verwendeten Technologien sind aufgrund der veränderten Prozessrandbedingungen auf die Mikrodraht-Funkenerosion nicht übertragbar. Die geringere thermische und mechanische Belastbarkeit der dünnen Drähte sowie die hohen Anforderungen an die Oberflächengüte in der Mikrobearbeitung erfordern den Einsatz sehr geringer Entladeenergien, was sich in einem veränderten Prozessverhalten niederschlägt. Darüber hinaus kommt die thermische Beeinflussung infolge des größeren Verhältnisses von Oberfläche zu Volumen bei Mikrostrukturen stärker zur Geltung. Für die EDM-Mikrobearbeitung sind sehr kurze Impulsdauern erforderlich (Senken: t_i < 5 µs, Schneiden: t_i < 0,5 µs). Die Oberflächenrauheit ist unter anderem auch durch die Abmessungen der Entladekrater festgelegt. Diese werden mittels Rasterkraftmikroskopie (Atomic Force Microscopy, AFM) gemessen. Mit diesem Verfahren werden Oberflächen aus beliebigen Werkstoffen mithilfe einer scharfen Spitze aus Siliziumkarbid, die ca. 200 µm lang ist und deren Spitzenradius weniger als 10 nm beträgt, abgetastet. Die Spitze befindet sich am freien Ende eines Federarms, der eine Länge von 100 bis 200 µm hat. Ein Detektorsystem misst die Auslenkung des Federarms, während die Spitze über die Oberfläche des Untersuchungsobjekts in Abtastrastern bewegt wird. Die gemessene Auslenkung entspricht der Oberflächeninformation und wird in einer parallel laufenden Bildverarbeitung quantitativ ausgewertet und als dreidimensionales Bild dargestellt. Die maximale Auflösung des Verfahrens liegt unterhalb von 0,05 nm.

Die minimale Tiefe der Krater beträgt 0,2 – 0,4 µm bei Durchmessern von 3 – 5 µm. Die Kratertiefe resultiert vornehmlich aus dem Kraterwall, der am Rand des Kraters durch erstarrtes Material gebildet wird. Die Kratermuldentiefen sind verhältnismäßig gering. Es zeigen sich Abweichungen von der Kreisform, die aus einer ungleichmäßigen Ausbildung des Kraterwalls resultieren. Als Grund hierfür kann zum einen das sehr geringe aufgeschmolzene Materialvolumen genannt werden, das erstarrt, bevor es sich gleichmäßig über dem Kraterumfang verteilen kann. Zum anderen wirken sich bei der geringen Größe der Krater offenbar stochastische Asymmetrien in der Druckverteilung über dem Krater während und nach der Entladung erkennbar aus.

Insgesamt liegen bei den Kratern aus Hartmetall stärkere Abweichungen von der idealen Kraterform vor, was durch die sehr unterschiedlichen thermophysikalischen Kennwerte Schmelzpunkt, Dichte und elektrische Leitfähigkeit der wesentlichen Phasen erklärt werden kann. So ist z. B. die Kraterinnenfläche, im Gegensatz zu den Stahlkratern, meistens mit schmalen Einzelvertiefungen versehen. Ferner sind der im Vergleich zu Stahl hohe Schmelzpunkt und die hohe Dichte der Wolframkarbide als Ursachen zu nennen. Bei gleicher Entladeenergie wird bei Hartmetall weniger Werkstoff aufgeschmolzen. Auch der kleinste wählbare Entladestrom führt zur Entstehung von Kratern. Daraus folgt, dass die Ausbildung eines Entladekraters vom Entladestrom beeinflusst wird. Um die Prozessstabilität zur Erzielung feinster Oberflächen zu gewährleisten, müsste also ein Stromimpuls mit möglichst geringer Entladedauer und einem gerade ausreichend hohen Entladestrom gewählt werden. Untersuchungen zur Oberflächenausbildung im Nachschnitt haben gezeigt, dass Entladestrom und Entladedauer den größten Einfluss auf die Kraterausbildung haben. Die minimal durch den letzten Nachschnitt erzielbare Rauheit hängt jedoch auch von der durch den vorangegangenen Schnitt verursachten Rauheit ab. Die Oberflächenrauheit nach dem Hauptschnitt kann durch Einsatz geringer Entladeenergien auf Rauheitswerte Ra < 0,5 µm reduziert werden. Eine Erhöhung der Impulsfrequenz hat einen nur mäßigen Anstieg der Rauheit zur Folge. Entladeenergien von $W_e > 30$ µJ führen bei der Bearbeitung von Hartmetall zur Entstehung von Mikrorissen. Gleichsam ist durch eine geringe Entladeenergie eine Begrenzung der mittleren Dicke der weißen Randschicht auf ca. 1 µm möglich. Durch die relativ geringen Oberflächenrauheiten und Randzonenbreiten nach dem Hauptschnitt kann im ersten Nachschnitt bereits mit konstantem Vorschub und mit geringen Entladeenergien gearbeitet werden. Daneben erfordert die Vermeidung von Drahtriss auch im Nachschnitt eine Begrenzung von Vorspannkraft, Entladeenergie und Impulsfrequenz. Das hiermit verbundene Prozessverhalten bedingt die Anpassung weiterer Parameter, wie Spannungsamplitudendifferenz, laterale Drahtzustellung und Vorschubgeschwindigkeit.

Mit messingbeschichtetem Stahldraht sind beste Oberflächenqualitäten möglich. Es muss allerdings eine sehr hohe Impulsdichte gewählt werden. Beim Einsatz von Wolframdraht erfordern geringe Rauheiten hingegen eine Senkung der Impulsdichte. Mit optimierten Einstellungen und sehr geringen Entladeenergien sind bei der Erosion von Schnellarbeitsstahl und Hartmetall in nur zwei Nachschnitten Rauheiten im Bereich von Ra = 0,1 µm erreichbar. Die reduzierten Vorspannkräfte und größeren Drahtschwingungen bei der Verwendung von dünnen Drähten stellen somit nicht zwingend eine Beeinträchtigung der Oberflächenqualität dar. Einer Verbesserung der Oberflächenqualität durch weitere Senkung des Entladestroms sind aufgrund der stark abnehmenden

2.4 Anwendungsbeispiele und weitere Verfahrensvarianten

Prozessstabilität, die aus der gleichzeitigen Senkung der Leerlaufspannung resultiert, Grenzen gesetzt. Die laterale Bauchung kann im Feinstschlichtbereich auf deutlich unter 1 µm reduziert werden. Die Randzonenausbildung ist bestimmt durch Art und Ausmaß der thermischen Beeinflussung sowie durch das Arbeitsmedium und den Elektrodenwerkstoff. Die thermische Beeinflussung wird von der Entladeenergie vorgegeben. Das Volumen an aufgeschmolzenem und wiedererstarrtem bzw. umgewandeltem Material ist ein direkter Indikator für die thermische Beeinflussung des Werkstücks, insbesondere den Aufbau der Randzone. Daher kann die Dicke der weißen Randschicht als primäre Beurteilungskenngröße für die Randzonenausbildung herangezogen werden.

2.4.6.5 Anwendungsbeispiele

Zur Elektrodenherstellung kann auch das WEDM eingesetzt werden (Abb. 2.107). Die Führung des Drahts an der Bearbeitungsstelle verhindert Drahtschwingungen, die Auswirkung des Drahtverschleißes ist minimal, weil immer neuer Draht in die Bearbeitungsstelle eingeführt wird. Es lassen sich minimale Durchmesser von unter 5 µm und eine Genauigkeit von 0,5 µm erzielen. Die minimalen Entladeenergien werden mit $W_e = 0{,}1 - 1$ µJ angegeben.

Weitere Anwendungsbeispiele für die Mikrodraht-Funkenerosion sind das Erodieren von Formeinsätzen zum Spritzgießen von Mikro-Zahnrädern für die Uhrenindustrie (Abb. 2.108) und der Aktivelemente für Folgeverbundwerkzeuge zum Stanzen von

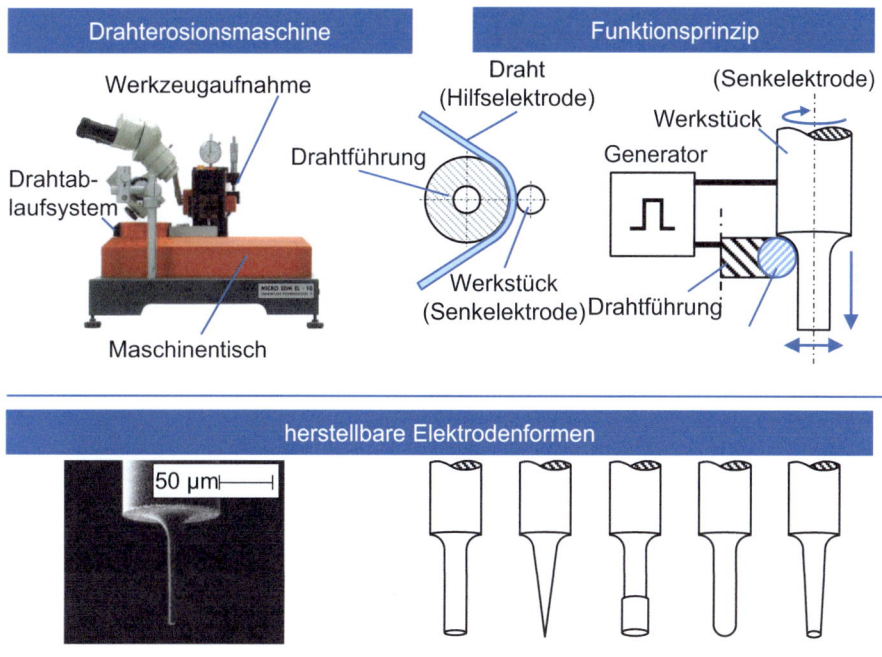

Abb. 2.107 Herstellung von Mikro-Senkelektroden mittels Drahtfunkenerosion

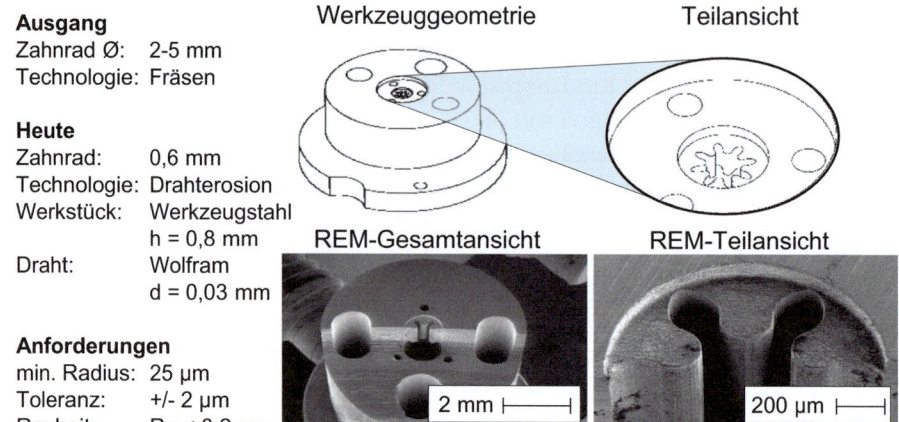

Ausgang
Zahnrad Ø: 2–5 mm
Technologie: Fräsen

Heute
Zahnrad: 0,6 mm
Technologie: Drahterosion
Werkstück: Werkzeugstahl
                      h = 0,8 mm
Draht: Wolfram
                      d = 0,03 mm

Anforderungen
min. Radius: 25 µm
Toleranz: +/− 2 µm
Rauheit: Ra < 0,2 µm

Abb. 2.108 Herstellen eines Formeinsatzes zum Spritzgießen von Mikrozahnrädern. (Quelle: Christmann)

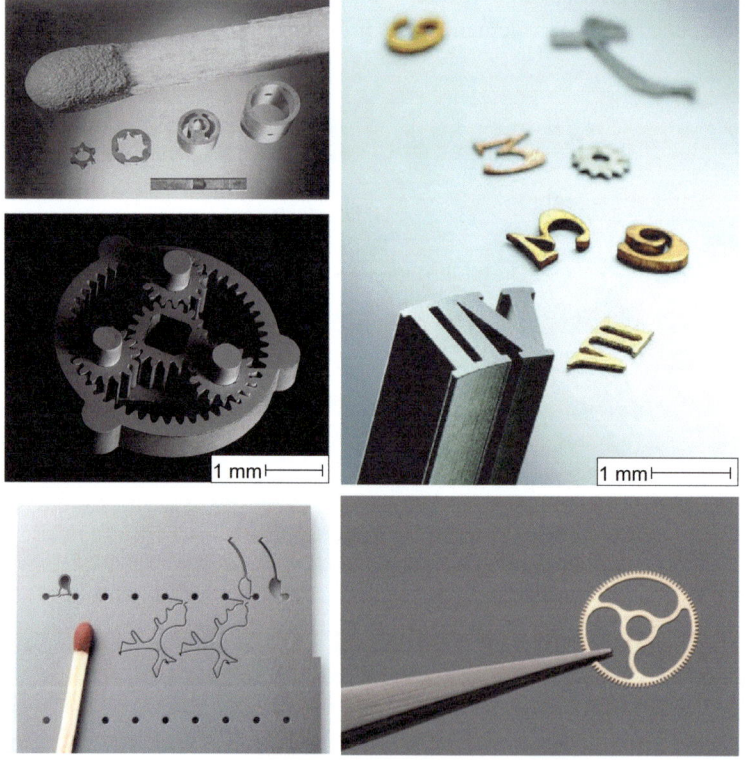

Abb. 2.109 Beispiele von Anwendungen der Mikro-Drahtfunkenerosion. (Quelle: GF Machining Solutions, C.F.K. Erodierzentrum, WiKa Erodiertechnik)

2.4 Anwendungsbeispiele und weitere Verfahrensvarianten

Elektronikbauteilen. Dabei zählt die Herstellung von Leadframes zu den größten Einsatzgebieten des funkenerosiven Schneidens mit dünnen Drähten.

In Abb. 2.109 oben links wird eine mit Mikrodraht-Funkenerosion hergestellte Zahnringpumpe gezeigt, welche als Mikropumpe eingesetzt wird. Die Fertigungstoleranzen liegen bei ± 1,5 µm, damit die Pumpe effizient laufen kann. Die Anforderung an die Oberflächengüte wird mit Ra < 0,1 µm angegeben. Abb. 2.109 links zeigt ein Mikroplanetengetriebe aus vergütetem Werkzeugstahl. Das Planetengetriebe besteht aus drei Planetenrädern (Modul 0,06 mm, z = 15), einem Hohlrad (z = 48) und einem Sonnenrad (z = 18). Der zur Fertigung eingesetzte Wolframdraht hat einen Durchmesser von d = 50 µm. Das Mikrogetriebe wird zusammen mit einem Mikromotor eingesetzt, um dessen hohe Drehzahl zu senken und das Drehmoment zu erhöhen. Darüber hinaus zeigt Abb. 2.109 weitere Anwendungsbeispiele u. a. aus der Uhrenfertigung.

In Abb. 2.110 werden die Komponenten eines zweistufigen Planetengetriebes gezeigt. In diesem Getriebe werden Zahnräder mit unterschiedlichen und nicht genormten Modulen verbaut. Mit der Mikroerosion können sehr schnell Prototypen solcher Art hergestellt werden. Bei dieser Getriebeausführung sind je zwei Planetenräder mit unterschiedlichen Zähnezahlen auf einer Achse montiert. Da die Teilkreisdurchmesser beider Planetenräder gleich sind, muss bei einem Rad ein nicht ganzzahliger Modul realisiert werden.

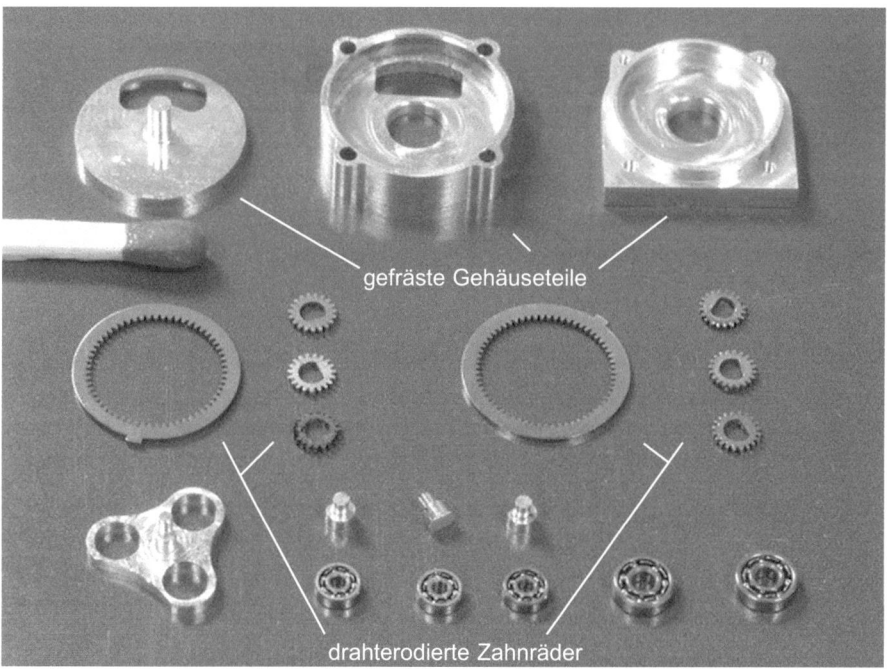

Abb. 2.110 Einzelteile eines zweistufigen 400:1 Planetengetriebes

2.4.7 Hybridprozesse und weitere Anwendungen

Eine Übersicht zur gezielten Verfahrenskombination der Funkenerosion mit anderen Fertigungstechnologien findet sich in [Lauw14]. So können beispielsweise auch Werkstückabträge an elektrisch nicht-leitfähigen Werkstoffen wie beispielsweise Glas durch thermischen Energiefluss infolge von Funkenentladungen, die durch lokal hohe Stromdichten und Gasblasenentstehung an einer Hilfselektrode in einem Elektrolyten erzeugt werden, beim Spark Assisted Engraving (SACE) erzielt werden. Ein zweites Beispiel befasst sich mit der Verwendung eines begrenzt leitfähigen Dielektrikums (Übergangsbereich zwischen EDM und der Elektrochemischen Metallbearbeitung ECM – Kap. 4) im Bereich der Drahtfunkenerosion, um additiv gefertigte Bauteile mit gesteigerter Schnittrate von Bauplatten in einem Horizontalschnitt effizient abtrennen zu können [Basi21].

Unter der Bezeichnung „Electrical Discharge Texturing (EDT)" wird die Funkenerosion zur Walzentexturierung im Bereich der Stahlverarbeitung eingesetzt. Hierbei werden gezielt kleine Kavitäten, die als Schmierstofftaschen dienen, in die Walzenoberflächen eingebracht.

Schließlich findet die Funkenerosion auch Anwendung in der Dentaltechnik zur wirtschaftlichen Einbringung von Funktionselementen und Geometrien in schwer zerspanbare Werkstoffe sowie zur Oberflächenpassivierung.

Literatur

[Abel11]   ABEL, D. et al.: Modellprädiktive Regelung als Baustein selbstoptimierter Produktionssysteme. Hrsg.: C. Brecher in Integrative Produktionstechnik für Hochlohnländer. Springer Verlag, Heidelberg 2011

[Albi95]   ALBINSKI, K. et al.: Plasma Temperature in Electrodischarge Machining. In: Proceedings of the 11th International Symposium for Electro Machining, Lausanne, Switzerland: April 17–21, 1995

[Abhi20]   ABHILASH, P.; CHAKRADHAR, D.: Prediction and analysis of process failures by ANN classification during wire-EDM of Inconel 718. In: Advances in Manufacturing, 8. Jg., 2020, S. 519–536

[Anto10]   ANTONOGLOU, G.: Drahtfunkenerosives Schneiden von Grafit und polykristallinem Diamant zur Werkzeugherstellung. Dissertation, RWTH Aachen. Hrsg: Apprimus Verlag. Wissenschaftsverlag des Instituts für Industriekommunikation und Fachmedien an der RWTH Aachen. Aachen 2011

[AWK17a] KLOCKE, F.: Vernetzte, adaptive Produktion. Aachener Werkzeugmaschinenkolloquium. Hrsg: Apprimus Verlag. Wissenschaftsverlag des Instituts für Industriekommunikation und Fachmedien an der RWTH Aachen. Aachen 2017

[AWK17b] BOENSCH, CHR. et al.: Assistenzsysteme in der Produktionstechnik. Aachener Werkzeugmaschinenkolloquium. Hrsg: Apprimus Verlag. Wissenschaftsverlag des Instituts für Industriekommunikation und Fachmedien an der RWTH Aachen. Aachen 2017

[Barg04]	BARGEL, H.- J.; SCHULZE, G.: Werkstoffkunde. Berlin: Springer-Verlag, 8. Aufl., 2004
[Barz76]	BARZ, E.: Strategien für die selbsttätige Optimierung des funkenerosiven Senkens. Dissertation, RWTH Aachen, 1976
[Basi21]	BASIC, D.: Separating metal AM parts from the built plate – an underestimated challenge. Metal Additive Manufacturing, Vol. 7, No. 3, 195–199, 2021
[Bell92]	BELLOSI, et al.: Development and characterization of electroconductive Si_3N_4-TiN composites. In: Journal of the European Ceramic Society, 9. Jg., 1992, S. 83–93
[Beme70]	BEMELMANS, N. J.: Untersuchungen zur elektrochemischen Bearbeitung von Metallen und Metallkarbiden durch anodische Auflösung bei hohen Stromdichten. Dissertation, RWTH Aachen, 1970
[Berg18]	BERGS, T. et al.: Analysis of Characteristic Process Parameters to Identify Unstable Process Conditions during Wire EDM. In: Procedia Manufacturing, 18. Jg., 2018, S. 138–145
[Berg19]	BERGS, T. et al.: Effects of different electrical discharge machining strategies on the fatigue life of tool steel for molds and dies. in: 11th TOOLING conference & exhibition, Aachen, 12. 14. Mai, Hrsg.: Broeckmann, C., TEMA Technologie Marketing AG Aachen, 2019
[Berg21]	BERGS, T. et al.: The Concept of Digital Twin and Digital Shadow in Manufacturing. Procedia CIRP 101, 81–84, 2021
[Berg23]	BERGS, T. et al.: Digital twins for cutting processes. CIRP Annals-Manufacturing Technology 72, 541–567, 2023
[Bocc11]	BOCCADORO, M. et al.: Aufbringung funktionaler Schichten durch Drahtfunkenerosion und deren Potenzial. 8. Fachtagung Funkenerosion, 23.-24. November 2011, Aachen
[Bocc17]	BOCCARDORO, M.: Ein Durchbruch in der Drahterosion. Industrielle Anwendungen eines Entladesensors. 11. Fachtagung Funkenerosion 2017. WZL-RWTH Aachen.
[Bocc20]	BOCCARDORO, M. et al.: Towards a better controlled EDM: industrial applications of a discharge location sensor in an industrial wire electrical discharge machine. In: Procedia CIRP, 95. Jg., 2020, S. 600–604
[Bonn08]	BONNY et al.: Influence of secondary electro-conductive phases on the electrical discharge machinability and frictional behavior of ZrO2-based ceramic composites. In: Journal of Materials Processing Technology, 208. Jg., 2008, S. 423–430
[Brin20]	BRINKSMEIER, E. et al.: Manufacturing of multiscale structured surfaces. CIRP Annals – Manufacturing Technology 69, 717–739, 2020
[Caba08]	CABANES, I. et al.: An industrial application for on-line detection of instability and wire breakage in wire EDM. In: Journal of Materials Processing Technology, 195. Jg., 2008, S. 101–109
[Cars59]	CARSLAW, H.S.; JAEGER, J.C.: Conduction of Heat in Solids. Oxford: Clarendon, 1959
[Chad91]	CHADBAND, W.G.: Electrical Breakdown – From Liquid to Amorphous Solid. In: J. Phys. D: Appl. Phys. 24, S. 56–64, 1991
[Chen10]	CHEN, H. et al.: Optimization of wire electrical discharge machining for pure tungsten using a neural network integrated simulated annealing approach. In: Expert Systems with Applications, 37. Jg., 2010, S. 7147–7153
[Chri99]	CHRISTMANN, H.: Mikroschneiderosion in der Anwendung. Fachtagung: Funkenerosion – Zukunftstechnologie im Werkzeug- und Formenbau, Aditec GmbH Aachen, 1999

[Cobi58]   COBINE, J.D.: Gaseous Conductors. New York: Dover Publications, 1958
[Copp95]   COPPENOLLE, B. VAN; DAUW, D.F.: On the Evolution of EDM Research – Part 1: Modeling and Controlling the EDM Process. In: Proceedings of the 11th International Symposium for Electro Machining, Lausanne, 17.-21. April 1995
[Dauw85]   DAUW, D.F.: On-Line Identification and Optimization of Electro-Discharge Machining. Dissertation, KU Leuven, Belgium, 1985
[Dauw95]   DAUW, D.F.; VAN COPPENOLLE, B.: On the Evolution of EDM Research, Proc. of ISEM XI, Lausanne, 1995
[Dehm92]   DEHMER, J.M.: Prozeßführung beim funkenerosiven Senken durch adaptive Spaltweitenregelung und Steuerung der Erosionsimpulse. Fortschritt-Berichte VDI, Reihe 2: Fertigungstechnik. Dissertation, RWTH Aachen, 1992
[Deke88]   DEKEYSER, W.: Knowledge Based System for Wire EDM. Dissertation, KU Leuven, Belgium, 1988
[Denk04]   DENKENA, B. et al.: Kontakterosives Konditionieren. In: Hoffmeister H.-W.; Tönshoff H.-K. (Hrsg.): Jahrbuch Schleifen, Honen, Läppen und Polieren – Verfahren und Maschinen 61, S. 189–197, 2004
[Desc05]   DESCOEUDRES, A. et al.: Time – resolved imaging and spatially – resolved spectroscopy of electrical discharge machining plasma. In: J. Appl. Phys. Vol. 38, pp. 4066–4073, 2005
[Dibi89a]   DIBITONTO, D.D. et al.: Theoretical Models of the Electrical Discharge Machining Process – I. A Simple Cathode Erosion Model. In: J. Appl. Phys. Vol. 66, No. 9, S. 4095–4103, 1989
[Dibi89b]   DIBITONTO, D.D. et al.: Theoretical Models of the Electrical Discharge Machining Process – II. The Anode Erosion Model. In: J. Appl. Phys. Vol. 66, No. 9, S. 4104–4111, 1989
[Dijc73]   DIJCK, F. VAN: Physico-Mathematical Analysis of the Electro Discharge Machining Process. Dissertation, KU Leuven, Belgium, 1973.
[DSFB23]   N.N.: Anwenderberichte – MTU-Hannover: Von der Handarbeit zur Vollautomation – Konsequente Modernisierung als Antwort auf die Herausforderungen der Zukunft. Der Stahlformenbauer 5/2023, 8–11.
[Dünn92]   DÜNNEBACKE, G.: High Performance EDM Using a Water Based Dielectric. Proc. of ISEM 10, Magdeburg, 1992
[Eckh76]   ECKHARD, H.: Impulstechnik bei Generatoren für Funkenerosiv-Werkzeugmaschinen. Elektro-Technik, 1976
[Euba93]   EUBANK, P.T. et al.: Theoretical Models of the Electrical Discharge Machining Process – III. The Variable Mass, Cylindrical Plasma Model. In: J. Appl. Phys. Vol. 73, No. 11, S. 7900–7909, 1993
[Ever06]   EVERSHEIM, W. et al.: 100 Jahre Produktionstechnik. Springer, 2006
[Falk98]   FALKENBERG, Y.: Elektroerosives Schärfen von Bornitridschleifscheiben. Dissertation, Universität Hannover, 1998
[Feli88]   FELICI, N.J.: Blazing a Fiery Trail with the Hounds. In: IEEE Transactions on Electrical Insulation Vol. 23 No.4, 1988
[Flei04]   FLEISCHER, J. et al.: Mikro-Produktionstechnik. VDI-Z Integrierte Produktion 146, S. 59, 2004
[Fiel72]   FIELD, M.; KAHLES, J.F.: Übersicht über die Oberflächenbeschaffenheit bearbeiteter Werkstücke, „Surface Integrity". Fertig. 3, S. 145–156, 1972
[Förs79]   FÖRSTER, K.: Untersuchung der technologischen und physikalischen Zusammenhänge beim funkenerosiven Drahtschneiden. Dissertation, TU München, 1979

[Fors90]	FORSTER, E.O.: Progress in the Understanding of Electrical Breakdown in Condensed Matter. In: J. Phys. D: Appl. Phys. 23, S. 1506–1514, 1990
[Garz13]	GARZON, M.; Analysis of Discharge Forces in Sinking EDM with High Aspect Ratio Electrodes; Dissertation RWTH Aachen; 2013
[Good15]	GODDLET, A.; KOSHY P.; Real-Time Evaluation of Gap Flushing in Electrical Discharge Machining. CIRP Annals – Manufacturing Technology 64, S. 241–244; 2015
[Gomm21]	GOMMERINGER, A.: Erodierbare Hochleistungskeramiken mit Zirkonium-Dioxidmatrix. Dissertation Universität Stuttgart, 2021
[Guoc19]	GUO, C. et al.: Sink electrical discharge machining of hydrophobic surfaces. CIRP Annals – Manufacturing Technology 68, 185–188, 2019
[Guoy13]	GUO, Y. et al.: Machinability and surface integrity of Nitinol shape memory alloy. CIRP Annals – Manufacturing Technology 62, 2013, 83–86, 2013
[Guoy23]	GUO, Y. et al.: Digital twins for electro-physical, chemical, and photonic processes. CIRP Annals – Manufacturing Technology 72, 593–619, 2023
[Hanf04]	HAN, F. et al.: Improvement Of Controllability Of Discharge Locations In WEDM. Journal of The Japan Society of Electrical Machining Engineers 38(87). Page 31–36.
[Hars19]	HARST, S.: Entwicklung einer Prozesssignatur für die elektrochemische Metallbearbeitung. Dissertation, RWTH Aachen. Hrsg: Apprimus Verlag. Wissenschaftsverlag des Instituts für Industriekommunikation und Fachmedien an der RWTH Aachen. Aachen 2021
[Hebn82]	HEBNER, R.E. et al.: Observation of Prebreakdown and Breakdown Phenomena in Liquid Hydrocarbons. J. Electrostat. 12 265, 1982
[Hebn85]	HEBNER, R.E. et al.: Observation of Prebreakdown and Breakdown Phenomena in Liquid Hydrocarbons II – Non-uniform Field Conditions, IEEE Trans. Electr. Insul. 20 281, 1985
[Hens81]	HENSGEN, G.: Funkenerosives Schneiden – schneller und genauer durch Einsatz moderner Impulsgeneratoren. Ind. Anz. 103, S. 108/109, 1981
[Hens82]	HENSGEN, G.: Einfluss verschiedener Drahtwerkstoffe auf das Leistungs- und Verschleißverhalten beim funkenerosiven Schneiden. 11. Arbeitstagung des Technologie-Arbeitskreises, WZL (Hrsg.), RWTH Aachen, 1982
[Hens84]	HENSGEN, G.: Werkzeugspezifische Einflüsse beim funkenerosiven Schneiden mit ablaufender Drahtelektrode. Dissertation, RWTH Aachen, 1984
[Hind13]	HINDUJA, S.; KUNIEDA, M.; Modelling of ECM and EDM processes. CIRP Annals – Manufacturing Technology, 62, S. 775–797; 2013
[Hock64]	HOCKENBERRY, T.O.: The Influence of Hydrodynamic Effects on Electrode Erosion in Transient Arc Discharge in Liquids. Dissertation, Carnegie Institute of Technology, Pittsburgh, Pennsylvania, 1964
[Holl00]	HOLLENSTEIN, G.: Formentechnik für Mikroteile und mikrostrukturierte Teile, Tagungsunterlagen IVAM-Workshop Industrielle Mikrosysteme aus Kunststoff, Dortmund, 2000
[Hols18a]	HOLSTEN, M.: Polarity-Dependent Removal Interferences in Sink EDM of Titanium Alloys. Dissertation, RWTH Aachen. Hrsg: Apprimus Verlag. Wissenschaftsverlag des Instituts für Industriekommunikation und Fachmedien an der RWTH Aachen. Aachen 2018.
[Hols18b]	HOLSTEN, M. et al.: Anomalous influence of polarity in sink EDM of titanium alloys. CIRP Annals – Manufacturing Technology 67, 221–224, 2018
[Hols19]	HOLSTEN, M. et al.: Concepts for Advancing the Use of Process Data in Electrical Discharge Machining. Procedia CIRP 82, 220–223, 2019

[Hümb75]	HÜMBS, H.J.: Elektrochemisches Senken. Experimentelle und analytische Untersuchung der Prozeßzusammenhänge. Dissertation, RWTH Aachen, 1975
[Indu92]	INDURKHYA G. R.: Artificial Neural Network approach in modelling of EDM process. In: Proc. ANNIE '92. 1992
[Jenn84]	JENNES, M. et al.: Comparison of Various Approaches to Model the thermal Load on the EDM Wire Electrode. Annals of the CIRP 30, 1984
[Jörr89]	JÖRRES, L.: Funkenerosives Polieren – Verfahrenseinflüsse auf die Oberflächenbeschaffenheit. Dissertation, RWTH Aachen, 1989
[Jutz76]	JUTZLER, W.-I.; WEISS, A.: Funkenerosive Bearbeitung schwer zerspanbarer Werkstoffe. 5. Arbeitstagung des Arbeitskreises „Schwer zerspanbare Werkstoffe", WZL, RWTH Aachen, 2/1976
[Jutz82]	JUTZLER, W.-I.: Funkenerosives Senken Verfahrenseinflüsse auf die Oberflächenbeschaffenheit und die Festigkeit des Werkstücks. Dissertation, RWTH Aachen, 1982
[Jutz83]	JUTZLER, W.-I.: Technologie und Einsatzmöglichkeiten des funkenerosiven Polierens, Industrie-Anzeiger 105, S. 17–19, 1983
[Kame12]	KAMENSKY, S.: Einsatz von pulveradditiviertem Dielektrikum in der Drahterosion. Disseration RWTH Aachen, 2012
[Kard01]	KARDEN, A.: Funkenerosive Senkbearbeitung mit leistungssteigernden Elektrodenwerkstoffen und Arbeitsmedien. Dissertation, RWTH Aachen. Hrsg: Shaker Verlag. Berichte aus der Produktionstechnik, Bd. 2001, 2. Aachen 2001
[Kelc02]	KELCH, J.: Hardwareforschung noch nicht ausgereizt. Computerwoche, S. 36–37, 3/2002
[Klin09]	KLINK, A.: Funkenerosives und elektrochemisches Abrichten feinkörniger Schleifwerkzeuge. Dissertation, RWTH Aachen. Hrsg: Apprimus Verlag. Wissenschaftsverlag des Instituts für Industriekommunikation und Fachmedien an der RWTH Aachen. Aachen 2009
[Klin10]	KLINK, A.: Wire electro discharge trueing and dressing of fine grinding wheels. CIRP Annals – Manufacturing Technology 59, 235–238, 2010
[Klin11]	KLINK, A. et al.: Surface Integrity Evolution of Powder Metallurgical Tool Steel by Main Cut and Finishing Trim Cuts in Wire-EDM; Procedia Engineering 19, S. 178–183; 2011
[Klin16a]	KLINK, A. et al.: Acoustic emission signatures of electrical discharge machining. CIRP Annals – Manufacturing Technology (2016)
[Klin16b]	KLINK, A.: Process Signatures of EDM and ECM Processes – Overview from Part Functionality and Surface Modification Point of View. Procedia CIRP 42, 2016, 240 – 245, 2016
[Klin17]	KLINK, A. et al.: Crater morphology evaluation of contemporary advanced EDM generator technology. CIRP Annals-Manufacturing Technology 66, 197–200, 2017
[Klin19]	KLINK, A. et al.: Funkenerosion für mechanisch hochbelastete Titanstrukturbauteile – Produktlebensdauer und Ausfallwahrscheinlichkeit unter den charakteristischen Einsatzbedingungen der Raumfahrt. Abschlussbericht zum Verbundprojekt EDMTiSpace; RWTH Aachen/ WZL Aachen, 2019
[Klin20]	KLINK, A.: High Entropy Alloy machining by EDM and ECM. Procedia CIRP 95, 178–182, 2020
[Kloc07]	KLOCKE, F. et al.: Manufacturing structured tool inserts for precision glass moulding with a combination of diamond grinding and abrasive polishing. Industrial Diamond Review, Volume 67, Issue 4, Pages 65–69, 2007

[Kloc13a]	KLOCKE, F. et al.: Analysis of material removal rate and electrode wear in sinking EDM roughing strategies using different graphite grades. Procedia CIRP 6, 163–167, 2013
[Kloc13b]	KLOCKE, F. et al.: Influence of Electro Discharge Machining of Biodegradable Magnesium on the Biocompatibility. Procedia CIRP 5, 88–93, 2013
[Kloc13c]	KLOCKE, F. et al.: Novel Processes for the Machining of Tool Inserts for Precision Glass Molding. Lecture Notes in Production Engineering, Volume Part F1132, Pages 85–98, 2013
[Kloc14a]	KLOCKE, F. et al.: EBSD-Analysis of Flexure Hinges Surface Integrity Evolution via Wire-EDM Main and Trim Cut Technologies. Procedia CIRP 13, 237–242, 2014
[Kloc14b]	KLOCKE, F. et al.: Turbomachinery component manufacture by application of electrochemical, electro-physical and photonic processes. CIRP Annals – Manufacturing Technology 63, 703–726, 2014
[Kloc14c]	KLOCKE, F. et al.: Quality assessment through in-process monitoring of wire-EDM for fir tree slot production. Procedia CIRP 24, 97–102, 2014
[Kloc16a]	KLOCKE, F. et al.: Structure and Composition of the White Layer in the Wire EDM Process; Procedia CIRP 42, S. 673–678; 2016
[Kloc16b]	KLOCKE, F. et al.: Technological and Economic Investigations on the Application of Metal Infiltrated Graphite Electrodes for the Sinking EDM of Cemented Carbides. Procedia CIRP 42, 632–637, 2016
[Kloc18a]	KLOCKE, F. et al.: Abtragende Verfahren: Funkenerosion und elektrochemische Bearbeitung. In: Handbuch Stahl: Auswahl, Verarbeitung, Anwendung / Wolfgang Bleck, Elvira Moeller, 204–222, Hanser, 2018
[Kloc18b]	KLOCKE, F. et al.: Evaluation of Contemporary Wire EDM for the Manufacture of Highly Loaded Titanium Parts for Space Applications. Procedia Manufacturing 18, 146–151, 2018
[Kloc18c]	KLOCKE, F. et al.: Fluid structure interaction of thin graphite electrodes during flushing movements in sinking electrical discharge machining. CIRP Journal of Manufacturing Science and Technology 20, 23–28, 2018
[Klot04]	KLOTZ, M.: Auswirkung von pulverförmigen Additiven auf Werkstück und Prozessverhalten bei der funkenerosiven Senkbearbeitung. Dissertation RWTH Aachen, 2004
[Klot13]	KLOTZ, M.: Herausforderung Einspritztechnologie – Hochpräzises Erodieren in der Großserienproduktion. Vortrag, 9. Fachtagung Funkenerosion Aachen, 2013
[Köni74]	KÖNIG, W.; WEIß, A.; WERTHEIM, R.: Funkenerosive Bearbeitung von Hartmetall. Forschungsberichte des Landes Nordrhein-Westfalen Nr. 2406, Opladen: Westdeutscher Verlag, 1974
[Köni88]	KÖNIG, W., DAUW, D.F.: EDM-Future Steps towards the Machining of Ceramics. Annals of the CIRP. Vol. 37/2/1988. Page 623–631
[Köni90]	KÖNIG, W.; PANTEN, U.: Physikalische Grundlagen zum Abtragmechanismus und Polaritätseffekte beim funkenerosiven Bearbeiten mit bipolaren Impulsen. Abschlußbericht zum Forschungsvorhaben I/63 180, WZL, RWTH Aachen, 1990
[Köni92]	KÖNIG, W.; SIEBERS, F.-J.: Funkenerosive Schmiedegesenkherstellung mit wäßrigen Arbeitsmedien. Industrielle Gemeinschaftsforschung im IDS Nr. 29, Hagen, 1992.
[Koji08]	KOJIMA, A. et al.: Spectroscopic measurement of arc plasma diameter in EDM, CIRP Annals – Manufacturing Technology, 2008, VOL 57, Number 1, P. 203–207

[Kole09]   KOLEK, K. et al.: The FPGA technology in control of Electrical Discharge Machining process. In: 14th IFAC Conference on Methods and Models in Automation and Robotics. 2009, S. 125–130

[Krut79]   KRUTH, J. et al.: Adaptive control optimization of the EDM process using minicomputers. In: Computers in Industry. 1979, S. 65–75

[Küpp20]   KÜPPER, U. et al.: Evaluation of the Process Performance in Wire EDM Based on an Online Process Monitoring System. In: Procedia CIRP, 95. Jg., 2020, S. 360–365

[Küpp21]   KÜPPER, U. et al.: Visualization of Spatially Resolved Energy in Wire Electrical Discharge Machining. In: Procedia CIRP, 104. Jg., 2021, S. 1512–1517

[Küpp22]   KÜPPER, U. et al.: Prediction of Geometrical Accuracy in Wire EDM by Analyzing Process Data. In: Procedia CIRP, 113. Jg., 2022, S. 23–28

[Küpp23]   KÜPPER, U. et al.: T.: Data-driven model for process evaluation in wire EDM. In: CIRP Annals – Manufacturing Technology 72, 169–172, 2023

[Kuni92]   KUNIEDA, M. et al.: Observation of Arc Column Movement During Monopulse Discharge in EDM. In: Annals of the CIRP, S. 227, 1992

[Kuni04]   KUNIEDA, M.; Kobayashi, T.: Clarifying mechanism of determining tool electrode wear ratio in EDM using spectroscopic measurement of vapor density; Journal of Materials Processing Technology, Volume 149, Issues 1–3, S. 284–288; 10 Juni 2004

[Kuni05]   KUNIEDA, M. et al.: Advancing EDM through Fundamental Insight into the Process; CIRP Ann. Manuf. Technol. 54(2), S. 64–87; 2005

[Kuni90]   KUNIEDA, M. et al.: On-Line Detection of EDM Spark Locations by Multiple Connection of branched Electrical Wires. Annals of the CIRP 39/1. Page 171–174

[Kuni19]   KUNIEDA, M. et al.: Visualization of electro-physical and chemical machining processes. CIRP Annals – Manufacturing Technology 68, 751–774, 2019

[Kurr72]   KURR, R.: Grundlagen zur selbsttätigen Optimierung des funkenerosiven Senkens. Dissertation, RWTH Aachen, 1972

[Kutt10]   KUTTKAT, B.: Hohlachse erweitert Drahterodieren. MM Maschinenmarkt, ID: 365278, 10.11.2010

[Lauw98]   LAUWERS, B. et al: Wire Rupture Prevention Using On-Line Pulse Localisation In WEDM. In: Proc. 12th ISEM. Aachen. Page 203–213

[Lauw14]   LAUWERS, B. et al.: Hybrid processes in manufacturing. CIRP Annals – Manufacturing Technology 63, 561–583, 2014

[Laza43]   LAZARENKO, B.R.: Inversion der elektrischen Erosion von Metallen und Methoden des Kampfes gegen die Zerstörung von Kontakten. Kandidatendissertation, WEI (Unionsinstitut für Elektrotechnik), Moskau 1943

[Laza44]   LAZARENKO, B.R.; LAZARENKO, N.I.: Elektrische Erosion von Metallen. Cosenergoidat, Moskau, 1944

[Laza74]   LAZARENKO, B.R.: Die Elektrofunkenbearbeitung von Metallen. Vestuik Maschinostroia 1, S. 25–36, 1974

[Leee00]   LEE, E.-S.: Surface characteristics in the precision grinding of Mn-Zn ferrite with in-process electro-discharge dressing. Journal of Materials Processing Technology 104, S. 215–225, 2000

[Lenz97]   LENZEN, R.W.: Die funkenerosive Bearbeitung der Hochleistungskeramik SiSiC unter Berücksichtigung der Oberflächenausbildung und des Verhaltens unter tribologischer Beanspruchung. Dissertation RWTH Aachen. Fortschr.-Ber. VDI, Reihe 2, Nr. 53. VDI Verlag, Düsseldorf 1997

[Levy85]   LEVY, G.N.: Weiterentwicklung des funkenerosiven Schneidens. Werkstatt und Betrieb 118, S. 601–604, 1985

[Lers67]	LERSMACHER, L. et al.: Zur Technologie der pyrolytischen Graphit-Herstellung; Zeitschrift für Technische Chemie, Verfahrenstechnik und Apparatewesen 39, Heft 14, S. 833–884; 26 Juli 1967
[Lloy65]	LLOYD, H.K.; WARREN, E.H.: Metallurgy of Spark-Machined Surfaces. Journ. of the Iron and Steel Inst. 203, S. 238–247, 1965
[Long68]	LONGFELLOW, J. et al.: The Effects of Electrode Material Properties on the Wear Ratio in Spark-Machining. Journal of the Institute of Metals 96, S. 43–48, 1968
[Mack29]	MACKEOWN, S.S.: The Cathode Drop in an Electric Arc. In: Physical Review 34, 1929
[Mara15a]	MARADIA, U. et al.: Spark location adaptive process control in meso-micro EDM; The International Journal of Advanced Manufacturing Technology, Volume 81, Issue 9, S. 1577–1589; 2015
[Mara15b]	MARADIA, U. et al.: Electrode wear protection mechanism in meso–micro-EDM; Journal of Materials Processing Technology 223, S. 22–33; 2015
[Maso90]	MASON, F.: Wire EDM is for Your parts. American Machinist, S. 43–52, 9/1990
[Maso93]	MASON, F.: Wire EDM beats milling at GE. American Machinist, S. 51–53, 3/1993
[Mats92]	MATSUO, T., OSHIMA, E.: Investigation on the Optimum Carbide Content and Machining Condition for Wire EDM of Zirconia Ceramics. In: CIRP Annals, 41. Jg., 1992, S. 231–234
[Meeu03]	MEEUSEN, W.: Micro-Electro-Discharge Machining: Technology, Computer-aided Design & Manufacturing and Applications. Dissertation KU Leuven, 2003
[Mich01]	MICHEL, F. et al.: Mikrofunkenerodieren. wt Werkstattstechnik online Jg. 91, 2001
[Miro65]	MIRONOFF, N.: Die Elektroerosion – Ihre physikalischen Grundlagen und industriellen Anwendungen. Microtecnic 19, S. 149–53; 4, S. 171–77; 5, S. 253–58, 1965
[Moha20]	MOHAMMADNEDJAD, M.: Phase Field Simulation of Microstructure Evolutions in the Heat Affected Zone of a Spark-Eroded Workpiece. Dissertation, RWTH Aachen. Hrsg: Apprimus Verlag. Wissenschaftsverlag des Instituts für Industriekommunikation und Fachmedien an der RWTH Aachen. Aachen 2020
[Mohr95]	MOHRI, N. et al.: Electrode wear process in electrical discharge machining; CIRP Annals – Manufacturing Technology, Volume 44, Issue 1, page 165–168
[Molli23]	OLIVIER, M.C.: Klassifizierung der drahtfunkenerosiven Bearbeitbarkeit elektrisch leitfähiger Keramiken im CH-basierten Dielektrikum auf Basis der dominierenden Abtragmechanismen. Manuskript zur Dissertation RWTH Aachen. 2023
[Mono03]	MONOSTRORI, L: AI and machine learning techniques for managing complexity, changes and uncertainties in manufacturing. Engineering Applications of Artificial Intelligence 16(4), S. 277–291. (2003).
[Nats06]	NATSU, W. et al.: Study on Expansion Process of EDN Arc Plasma, JSME, 2006, Series C, Vol 49
[Nöth01]	NÖTHE, T.: Funkenerosive Mikrobearbeitung von Stahl und Hartmetall durch Schneiden mit dünnen Drähten. Dissertation, RWTH Aachen, 2001
[Ogum99]	OGUMA, H. et al.: Micro-Profile Grinding of Stamping Tools by Combination of ELID (Electrolytic In-Process Dressing) and Electric Discharge Truing. Euspen 1st International Conference Proceedings Bremen, S. 357–360, 1999
[Okad10]	OKADA, A. et al.: Evaluations of spark distributions and wire vibration in wire EDM by high-speed observation. Annals of the CIRP 59/1. Page 231–234
[Oßwa17]	OSSWALD, K. et al.: Experimental investigation of energy distribution in continuous sinking EDM. CIRP Journal of Manufacturing Science and Technology 19, 36–43, 2017

[Oßwa22]   OSSWALD, K. et al.: White Layer Thickness Variation in Die Sinking EDM. Procedia CIRP 113, 5–9, 2022

[Pala56]   PALATNIK, L.S.; LJULITCHEW, A.N.: Anwendung der spektralen Analyse bei den Untersuchungen der verdampften Phase bei der elektroerosiven Bearbeitung der Metalle. Zurnal. Techn. Fiziki 26, S. 839-849, 1956

[Pans74]   PANSCHOW, R.: Über die Kräfte und ihre Wirkungen beim elektroerosiven Schneiden mit Drahtelektrode. Dissertation, TU Hannover, 1974

[Pant90]   PANTEN, U.: Funkenerosive Bearbeitung von elektrisch leitfähigen Keramiken. Dissertation, RWTH Aachen, 1990

[Peul81]   PEULER, H.: Identifizierung des Entladungsprozesses bei der funkenerosiven Senkbearbeitung und Auslegung von Regelungseinrichtungen. Dissertation, RWTH Aachen, 1981

[Port09]   PORTILLO, E. et al.: Real-time monitoring and diagnosing in wire-electro discharge machining. In: The International Journal of Advanced Manufacturing Technology, 44. Jg., 2009, S. 273–282

[Raab94]   RAABE, R.: Fuzzy-Logik – Regelung und Optimierung des funkenerosiven Senkprozesses. 3. Aachener Fachtagung „Funkenerosive Bearbeitung", Aachen, 1994

[Raab99]   RAABE, R.: Prozeßoptimierung für das funkenerosive Senken mit Neuro-Fuzzy-Control. Dissertation, RWTH Aachen, 1999

[Raju90]   RAJURKAR, K.P.; WANG, W.M.: Real-Time Stochastic Model and Control of EDM. In: Annals of the CIRP Vol. 39, S. 187–190, 1990

[Robi73]   ROBINSON, J.W. et al.: Ultraviolet Radiation from Electrical Discharges in Water. J. Appl. Phys. Vol. 44, No. 1, 1973

[Roth14]   ROTH, R.A.: Trockene Funkenerosion. Dissertation ETH Zürich, 2014

[Rüdi60]   RÜDIGER, O.; WINKELMANN, A.: Gefügebeeinflussung und Oberflächengüte bei der elektroerosiven Bearbeitung. Jahrbuch der Oberflächentechnik 16, S. 53-67, 1960

[Sasa90]   SASAGAWA, T.; EMA, T.: Hochgeschwindigkeits-Senkerodieren mit Absaugung halbiert die Fertigungszeiten. Werkstatt und Betrieb 123, S. 551-556, 1990

[Sanc18]   SANCHES, J. et al.: Unexpected Event Prediction in Wire Electrical Discharge Machining Using Deep Learning Techniques. In: Materials (Basel, Switzerland), 11. Jg., 2018

[Sari16]   SARI, D. et al.: Adjusting surface integrity of gears using wire EDM to increase the flank load carrying capacity; Procedia CIRP 45, S. 295 – 298; 2016

[Schi16]   SCHIMMELPFENNIG, T.-M.: Trockenfunkenerosives Feinbohren von Hochleistungswerkstoffen. Dissertation TU Berlin, 2016

[Schm73]   SCHMOHL, H.P.: Ermittlung funkenerosiver Bearbeitungseigenspannungen in Werkzeugstählen. Dissertation, TU Hannover, 1973

[Schm17]   SCHMITT-RADLOFF, U. et al.: Wire-electrical discharge machinable alumina zirconia niobium carbide composites – Influence of NbC content. In: Journal of the European Ceramic Society, 37. Jg., 2017, S. 4861–4867

[Schm19]   SCHMITT-RADLOFF, U.: Werkstoff- und Prozessentwicklung für funkenerosiv bearbeitbare ZTA Keramiken mit NbC- und TiC Dispersion. Dissertation Universität Stuttgart, 2019

[Schn21]   SCHNEIDER, S.: Modellierung der Energiedissipation in der Funkenerosion. Dissertation, RWTH Aachen. Hrsg: Apprimus Verlag. Wissenschaftsverlag des Instituts für Industriekommunikation und Fachmedien an der RWTH Aachen. Aachen 2015

[Schn22]   SCHNEIDER, S. et al.: Modeling of the temperature field induced during electrical discharge machining. CIRP Journal of Manufacturing Science and Technology 38, 650–659, 2022

[Schö93]	SCHÖNBECK, J.: Analyse des Drahterosionsprozesses. Dissertation, TU Berlin, 1993
[Schu66]	SCHUMACHER, B.: Das Leistungsverhalten und der Werkzeugverschleiß bei der funkenerosiven Bearbeitung von Stahl mit Speicher- und Impulsgeneratoren. Dissertation, RWTH Aachen, 1966
[Schu75]	SCHUMACHER, B.: Bahngesteuertes funkenerosives Schneiden mit Drahtelektroden – Technologie und Anwendung. Werkstatt und Betrieb 108, S. 499–505, 1975
[Schu78]	SCHULZE, D.: Einfluss des Dielektrikums auf die elektroerosive Bearbeitung. Maschinenmarkt 84, S. 662–666, 1978
[Schu80]	SCHUMACHER, B.: Funkenerosives Schneiden und Planetärsenkerodieren in der Werkzeugfertigung. Blech Rohre Profile 27, S. 539–544, 1980
[Schu91]	SCHUMACHER, B.: Grundlagen und Anwendung des funkenerosiven Schneidens. Fachtagung „Funkenerosive Bearbeitung", WZL, RWTH Aachen, März 1991
[Schu04]	SCHUMACHER, B.: After 60 years of EDM the discharge process remains still disputed. Journal of Materials Processing Technology 149, 376–381, 2004
[Schw16]	SCHWADE, M.H.: Automatisierte Analyse hochfrequenter Prozesssignale bei der funkenerosiven Bearbeitung von Magnesium für die Medizintechnik. Dissertation, RWTH Aachen. Hrsg: Apprimus Verlag. Wissenschaftsverlag des Instituts für Industriekommunikation und Fachmedien an der RWTH Aachen. Aachen 2016
[Shim79]	SHIMA, A., SATO, Y., The Collapse of a Bubble Attached to a Solid Wall, Ingenieur Archiv 48, 1979, P. 85–95
[Sieb91]	SIEBERS, F.-J.: Thermoenergetische Verhältnisse im Arbeitsspalt bestimmen die Leistungsfähigkeit. dima 45, 1991
[Sieb94]	SIEBERS, F.: Funkenerosives Senken mit wäßrigen Arbeitsmedien. Dissertation, RWTH Aachen, 1994
[Sieg94a]	SIEGEL, R.: Funkenerosives Feinstschneiden, Verfahrenseinflüsse auf die Oberflächen- und Randzonenausbildung. Dissertation, RWTH Aachen, 1994
[Sieg94b]	SIEGEL, R.: Technologie und Anwendung des funkenerosiven Schneidens. Fachtagung „Funkenerosive Bearbeitung", WZL, RWTH Aachen, Sept. 1994
[Slom89]	SLOMKA, M.: Funkenerosives Senken – adaptive Vorschubregelung und Planetärbewegung. Dissertation, RWTH Aachen, 1989
[Smit13]	SMITH C.; KOSHY, P.: (2013) Applications of Acoustic Mapping in Electrical Discharge Machining. CIRP Annals – Manufacturing Technology 62:171–174.
[Solo55]	SOLOTYCH, B.N.: Physikalische Grundlagen der Elektrofunkenbearbeitung von Metallen. VEB Verlag Technik, Berlin 1955
[Stut98]	STUTZ, E. et al.: Mit Mikrofunkenerosion ins nächste Jahrtausend – Präzision für die Mikrotechnik. Tagungsband Micro Engineering 98, Stuttgart, 1998
[Suzu87]	SUZUKI, K.: On-machine Trueing/Dressing Of Metal Bond Grinding Wheels By ElectroDischarge Machining. Annals of CIRP 36(1):115–118, 1987
[Thie00]	THIEL, S. et al.: Abformung von Mikrostrukturen in Glas. VDI-Z – Integrierte Produktion 142 Special Werkzeug- und Formenbau (VII), 11/ 2000
[Thom07]	THOMAIDIS, D.: Pulveradditivierte Dielektrika in der Mikrosenkerosion. Dissertation, RWTH Aachen. Shaker Verlag, Band 14, 2007.
[Tipt64]	TIPTON, H.: The Dynamics of Electrochemical Machining. Proceedings of the 5th International M.T.D.R Conference, S. 509–522, 1964
[Töns00]	TÖNSHOFF, H.-K.; FRIEMUTH, T.: In-process dressing of fine diamond wheels for tool grinding. Precision Engineering 24, S. 58-61, 2000

[Uhlm01] UHLMANN, E. et al.: High Precision Manufacturing using PEM. In: Proceedings of the 13th , International Symposium for Electromachining ISEM XIII, pp. 261–268, 2001

[Uhlm03] UHLMANN, E.: Potenziale der Funkenerosion für Anwendungen in der Mikrotechnik. In: WECK, M. (Hrsg.) Mikromechanische Produktionstechik, Aachen: Shaker, S. 89–114, 2003

[Uhlm16] UHLMANN, E. et al.: Process chains for high-precision components with microscale features. CIRP Annals – Manufacturing Technology 65, 549–572, 2016

[VDE02] N.N.: Zukunftstechnologien verändern Wirtschaft – Verband stellt Studie Mikrotechnologien 2010 vor. Pressemitteilung VDE, 25.09.2002

[VDI3400] VDI 3400: Elektroerosive Bearbeitung – Begriffe, Verfahren, Anwendung. Düsseldorf: VDI-Verlag GmbH, 1975

[VDI3402] VDI 3402: Elektroerosive Bearbeitung. Definition und Terminologie. Verein Deutscher Ingenieure (Hrsg.). Ausg. 1976

[Wang18] WANG J. et al.: Unsupervised Machine Learning for Advanced Tolerance Monitoring of Wire Electrical Discharge Machining of Disc Turbine Fir-Tree Slots. In: Sensors (Basel, Switzerland), 18. Jg., 2018

[Wang19] WANG J. et al.: Geometrical Defect Detection in the Wire Electrical Discharge Machining of Fir-Tree Slots Using Deep Learning Techniques. In: Applied Sciences, 9. Jg., 2019, S. 90

[Wata90] WATANABE, H. et al.: WEDM Monitoring with a Statistical Pulse-Classification Method. In: CIRP Annals – Manufacturing Technology (39), 1990, S. 175–178

[Waße92] WAßENHOVEN, K.: Bahnerosion mit rotierender Stiftelektrode, Prozeßauslegung und Verfahrensanalyse. Dissertation, RWTH Aachen, 1992

[Wege20] WEGENER, K.: Introduction to ISEM XX. Procedia CIRP 95, 1–5, 2020

[Weiß78] WEIß, L.: Funkenerosions-Elektroden aus Grafit, Werkstatt und Betrieb 111, S. 7/11, 1978

[Well15] WELLING, D.: Wire EDM for the Manufacture of Fir Tree Slots in Nickel-Based Alloys for Jet Engine Components; Dissertation RWTH Aachen, 2015

[Wein12] WEINGÄRTNER, E. et al.: Modeling and simulation of electrical discharge machining; Procedia CIRP 2, Seite 74–78; 2012

[Wert75a] WERTHEIM, R.: Untersuchung der energetischen Vorgänge bei der funkenerosiven Bearbeitung als Grundlage für eine Verbesserung des Prozeßablaufs. Dissertation, RWTH Aachen, 1975

[Wert75b] WERTHEIM, R. et al.: Funkenerosives Senken und Schneiden schwerzerspanbarer Werkstoffe. 4. Arbeitstagung des Arbeitskreises „Schwerzerspanbare Werkstoffe", WZL (Hrsg.), RWTH Aachen, 2/1975

[Weul01] WEULE, H. et al.: Prozesskette zur Fertigung mikromechanischer Bauteile. wt werkstattstechnik online Jg. 91 H. 12, S. 726–732, 2001

[Wilk00] WILKINSON, M.: Mikrosysteme in der Medizin, inno Nr. 16, IVAM-NRW, S. 6–7, 5/2000

[Wies21] WIESSNER, M.: Design of spatial and time resolved plasma diagnostics for small gap discharges. Disseration ETH Zürich, 2021

[Wues16] WUEST, T. et al.: (2016) Machine learning in manufacturing: advantages, challenges, and applications. Production and Manufacturing Research 4(1), S. 23–45

[Xiah96] XIA, H.; KUNIEDA, M.; NISHIWAKI, N.: Removal Amount Difference between Anode and Cathode in EDM Process; International Journal of Electrical Machining, No. 1; 1996

[Yanm98] YAN, M.; LIAO, Y.: Adaptive control of the WEDM process using the fuzzy control strategy. In: Journal of Manufacturing Systems, 17. Jg., 1998, S. 263–274

[Zahi16]	ZAHIRRUDIN, M.; KUNIEDA, M.: Analysis of Micro Fin Deformation due to Micro EDM; Procedia CIRP 42, S. 569–574; 2016
[Zeis17]	ZEIS, M.: Funkenerosives Senken – Verformung dünnwandiger Graphitelektroden mit hohen Aspektverhältnissen. Dissertation, RWTH Aachen. Hrsg: Apprimus Verlag. Wissenschaftsverlag des Instituts für Industriekommunikation und Fachmedien an der RWTH Aachen. Aachen 2017.
[Zolo55]	ZOLOTYCH, B.N.: Physikalische Grundlagen der Elektrofunkenbearbeitung von Metallen. Berlin: SVT 175 VEB-Verlag Technik, 1955
[Zolo57]	ZOLOTYCH, B.N.: Über die physikalischen Grundlagen der elektroerosiven Metallbearbeitung. Bd. 1 Elektroerosive Bearbeitung von Metallen. Moskau: Akademie der Wissenschaften der UdSSR, 1957

Chemisches Abtragen

3

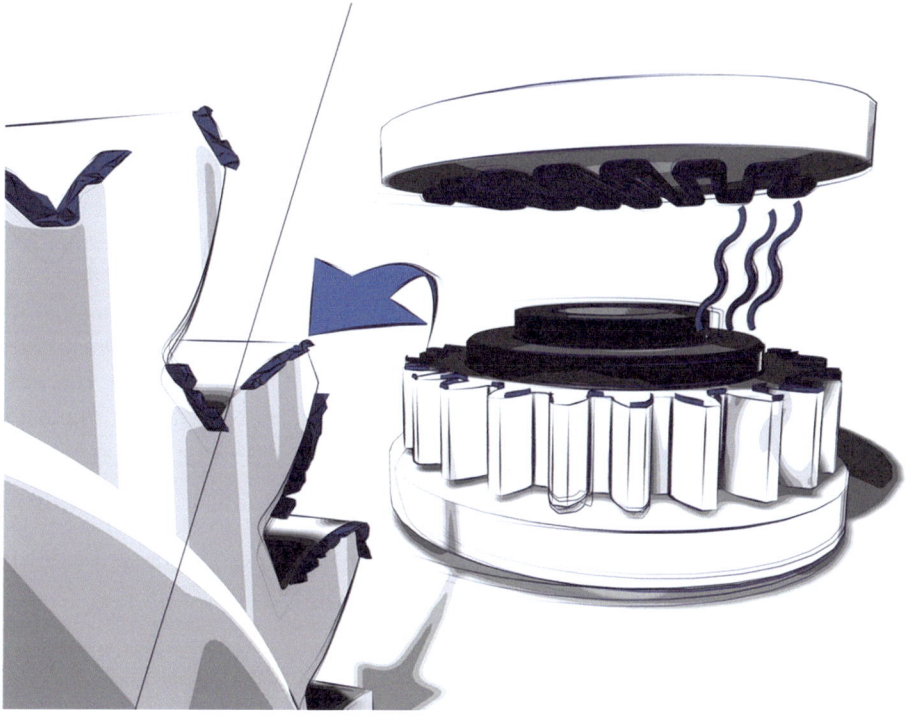

Zusammenfassung

Beim chemischen Abtragen findet der Materialabtrag durch eine direkte chemische Reaktion zwischen dem zu bearbeitenden Werkstoff und einem Wirkmedium statt. Grundsätzlich werden das Ätzabtragen, das thermisch-chemische Abtragen und das chemisch-thermische Abtragen unterschieden. Neben der grundsätzlichen Wirkungsweise dieser Technologien wird in diesem Kapitel das thermisch-chemische Entgraten an Beispielen umfangreicher erläutert.

3.1 Einteilung

Das Prinzip des chemischen Abtragens beruht auf einer chemischen Reaktion des Werkstoffs mit einem Wirkmedium. Dabei entsteht eine Verbindung, die flüchtig ist oder leicht entfernt werden kann. Als Wirkmedium kommen je nach Anwendungsfall Flüssigkeiten oder Gase zum Einsatz. Die Stoffumsetzung findet ausschließlich durch direkte chemische Reaktion statt, wobei mindestens einer der Reaktionspartner (Werkstoff/Wirkmedium) elektrisch nichtleitend ist. Eine Übersicht über die chemischen Abtragverfahren zeigt Abb. 3.1 [DIN8590].

3.2 Ätzabtragen

Beim Ätzabtragen findet eine direkte chemische Reaktion eines elektrisch nichtleitenden Werkstoffes mit einem flüssigen Wirkmedium statt [DIN8590]. Das industriell häufiger eingesetzte Ätzen metallischer Werkstücke, wie beispielsweise bei der Vorbereitung von Metallschliffen oder der Leiterplattenherstellung, wird dagegen aufgrund des dabei zugrunde liegenden, elektrolytischen Wirkprinzips dem elektrochemischen Ätzen (Kap. 4) zugeordnet. Ein Beispiel für das Ätzabtragen ist das Glasätzen, mit dem Ornamente, Beschriftungen usw. durch Ätzen mit Fluorwasserstoff (HF) unter Bildung von gasförmigem Siliziumtetrafluorid (SiF_4) in Glas eingebracht werden können (3.1) [Frie69].

$$SiO_2 \quad + \quad 4HF \quad \rightarrow \quad SiF_4 \quad + \quad 2H_2O$$

| Nichtleitender Reaktionspartner Glas | Wirkmedium | flüchtiges Reaktionsmedium | Wasser | (3.1) |

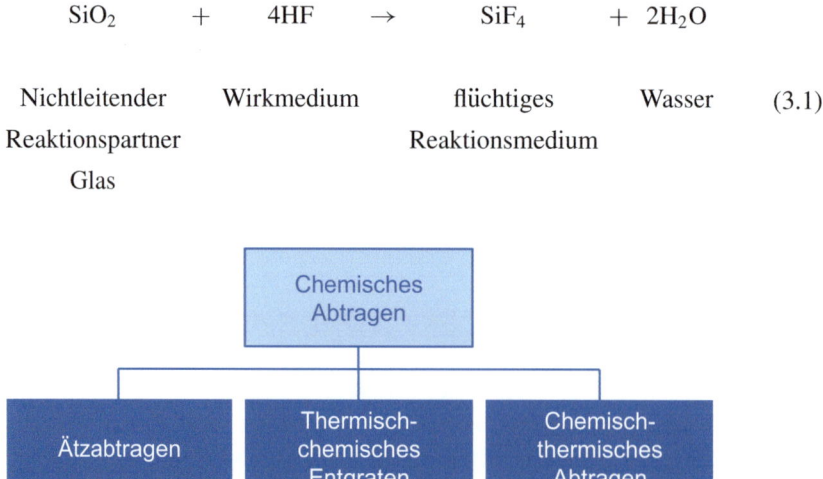

Abb. 3.1 Unterteilung chemisch abtragender Fertigungsverfahren [DIN8590]

3.2 Ätzabtragen

Zur Vorbereitung der Ätzbearbeitung werden die Glaspartien, die nicht mit dem Ätzmedium in Berührung kommen sollen, mit einer Wachs-, Paraffin- oder Harzschicht abgedeckt (Abb. 3.2), die nachher durch geeignete Lösungsmittel entfernt werden kann. Das Arbeitsergebnis ist durch die Art des Ätzmediums beeinflussbar. Bei der Ätzung mit wässriger Fluorwasserstofflösung bleiben die geätzten Glasflächen klar und durchsichtig, bei Verwendung von gasförmigem Fluorwasserstoff werden sie matt.

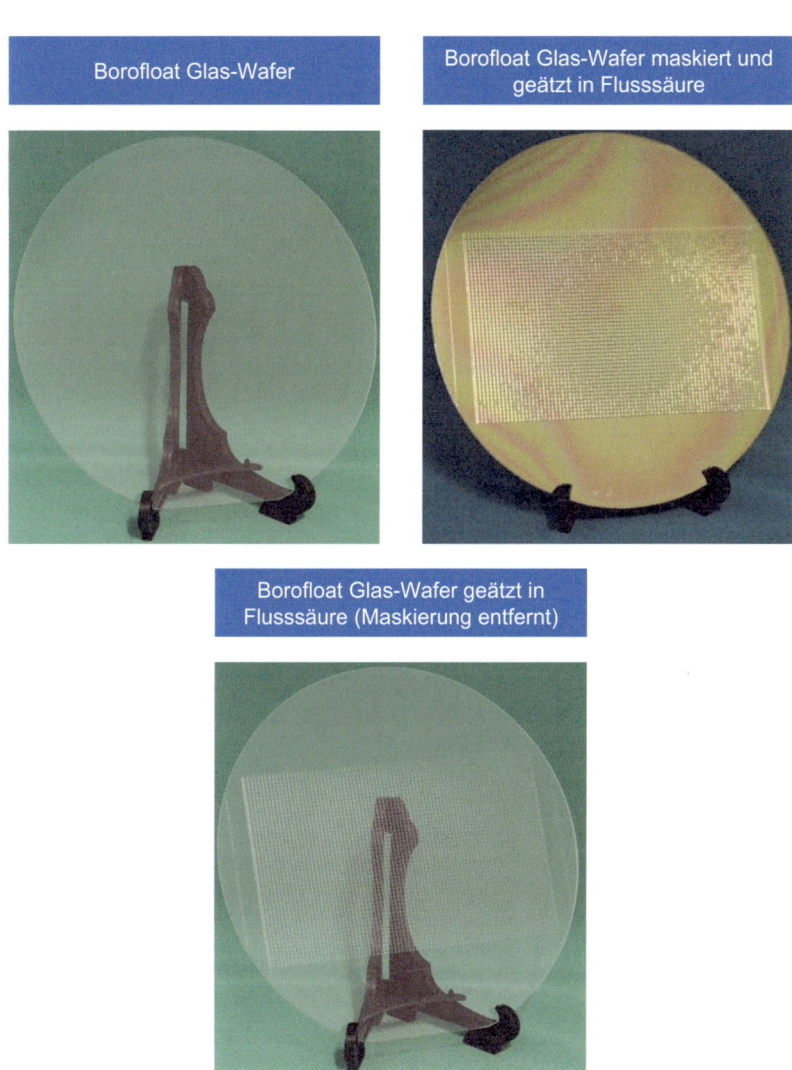

Abb. 3.2 Ätzen von Glas-Wafern (vorher/nachher). (Quelle: Teprosa GmbH)

3.3 Thermisch-chemisches Entgraten

Das thermisch-chemische Entgraten (TEM: Thermische Entgrat-Methode) ist ein Bearbeitungsverfahren, bei dem Grate an metallischen oder nicht-metallischen Werkstücken in einer sauerstoffhaltigen Atmosphäre „abgebrannt" werden [DIN8590]. Die zu entgratenden Werkstücke werden hierzu in eine hermetisch verschließbare, stabile Entgratkammer eingebracht (Abb. 3.3). Dann wird ein Mischgas aus Wasserstoff und Sauerstoff zugeführt und dieses Gemisch in der Kammer elektrisch gezündet (3.2):

$$2H_2 + O_2 \rightarrow 2H_2O + \text{Wärmeenergie} \tag{3.2}$$

Deshalb wird dieses Verfahren umgangssprachlich auch Explosionsentgraten genannt. Die bei dieser Reaktion entstehende Wärmeenergie (es entstehen örtliche Temperaturen von 2500 bis 3500°C) leitet die eigentliche chemische Reaktion am Bauteil, die Oxidation (Verbrennung) des Gratwerkstoffs mit dem überschüssigen Sauerstoff des Mischgases, ein. Außer Wasserstoff kann auch Erdgas bzw. Methan als Brenngas zum Sauerstoff gemischt werden (Abb. 3.3).

An den Graten werden die zur Verbrennung notwendigen Temperaturen erreicht, da die Wärme hier wegen des im Verhältnis zur Gratoberfläche sehr kleinen Gratvolumens nicht in das Werkstückinnere abgeleitet werden kann. Damit bleibt der Abtrag auf den Grat beschränkt. Einige Beispiele vor und nach dem thermischen Entgraten sind in Abb. 3.4 gezeigt. Verschiedene Größen haben dabei Einfluss auf das Arbeitsergebnis:

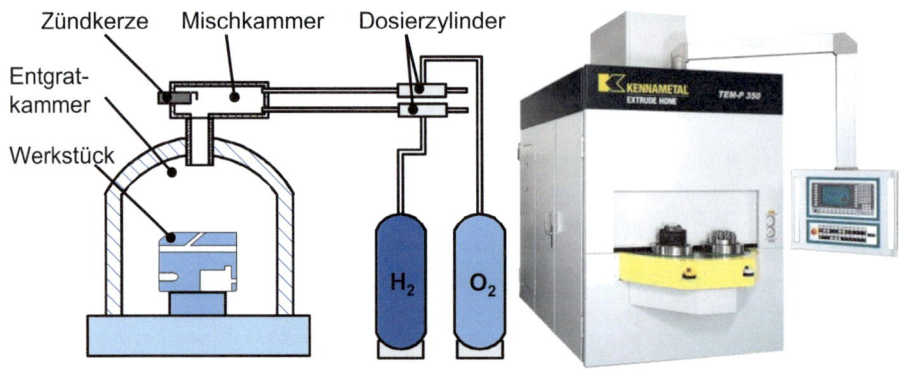

Abb. 3.3 Thermisches Entgraten, Prinzip und Anlage. (Quelle: Kennametal Extrude Hone)

3.3 Thermisch-chemisches Entgraten

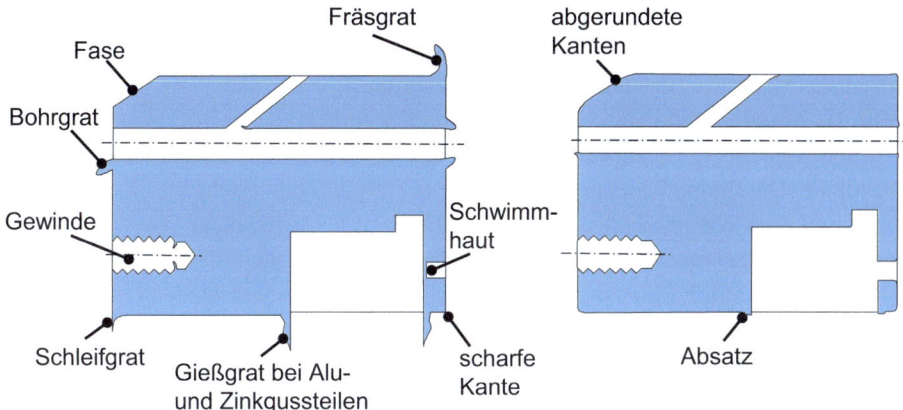

Abb. 3.4 Entfernung verschiedener Grate beim thermischen Entgraten

- Größe und Lage des Grates
- Verhältnis Gratvolumen zu Gratoberfläche
- Zünd- und Schmelztemperatur sowie Wärmeleitfähigkeit des Werkstoffs
- Gasfülldruck und Mischungsverhältnis der Reaktionsgase

Das Arbeitsergebnis wird bei diesem Verfahren erheblich von den thermischen Eigenschaften des zu bearbeitenden Werkstückmaterials bestimmt, so u. a. von dessen Zündtemperatur, insbesondere aber von dessen Wärmeleitfähigkeit [Müll75]. Im Allgemeinen lässt sich mit abnehmender Wärmeleitfähigkeit eine Effektivitätssteigerung des Entgratprozesses bezüglich der Kantenverrundung und des Materialabtrags erzielen. Während die hier beschriebenen Einflussgrößen das Arbeitsergebnis im Hinblick auf die Entgratqualität werkstoffseitig festlegen, wird eine Steuerung des Entgratergebnisses durch die Wahl des Gasfülldrucks und des Mischverhältnisses von Brenngas und Sauerstoff von außen ermöglicht. Größe und Gleichmäßigkeit der erreichten Kantenverrundung werden darüber hinaus von der Form und zum Teil auch von der Lage des Grats beeinflusst [Leis75]. Im Gegensatz zu festen Graten werden Grate, die über einen verhältnismäßig dünnen „Fuß" mit dem Grundkörper verbunden sind, oder lose Grate in der Regel problemlos entfernt. Die Lage des Grats hat insofern einen Einfluss, als dass dieser während des Entgratprozesses allseitig von Gas umgeben sein sollte. So sind z. B. die von einem Gewindebohrer am Grund eines Sacklochs zusammengepressten Grate nur schlecht zu entfernen, ebenso Grate, die an einer bearbeiteten Fläche anliegen. Vor der TEM-Bearbeitung müssen die Werkstücke völlig trockene und fettfreie Oberflächen aufweisen. Beispielsweise können die sich in einer Bohrung befindlichen Flüssigkeitstropfen den Gaszutritt blockieren und damit eine Entgratung verhindern. Fett- und Ölschichten führen zur Entwicklung von brennbaren Dämpfen, die sich bereits beim Eintritt des Knallgasgemischs in die Entgratkammer infolge der hohen Fülldrücke bis zur

Zündtemperatur erwärmen können. Nach dem Entgratvorgang sind die Werkstücke von einer dünnen Oxidschicht überzogen, die aus Verbrennungsrückständen des abgetragenen Materials besteht. Bei Eisenwerkstoffen können außerdem an Stellen, an denen das Material verbrannt ist, Schlackenperlen zurückbleiben. Aluminium-, Druckguss- und Kunststoffwerkstücke erfordern in der Regel nach dem Entgraten keine Nachbehandlung. Die Entgratkammer ist zweiteilig ausgeführt und besteht aus einer Kammerglocke und dem Kammerboden, der zur Aufnahme der Werkstücke dient. Auf einem Rundtisch sind mehrere Aufnahmen angeordnet. Dies ermöglicht das Be- und Entladen gleichzeitig mit dem Entgratvorgang. Hierbei können Maschinentaktzeiten in Abhängigkeit von der Prozessdauer sowie der Handhabung der zu bearbeitenden Werkstücke zwischen 20 und 30 s erreicht werden [Leis75]. Nach dem Beladen schwenkt der Kammerboden unter die Kammerglocke und wird hydraulisch angehoben, um die Druckkammer zu schließen. Der durch die Zündung ausgelöste Verbrennungsdruck ist außer vom vorgewählten Gasfülldruck auch von der Kammergeometrie abhängig. Die Kammerdurchmesser schwanken je nach maximal zulässigem Kammerdruck (Verbrennungsdruck), der ca. das 20-Fache der Gasfülldrücke betragen kann, zwischen 150 und 250 mm. Die Betriebskosten sind praktisch proportional zum Gasverbrauch. TEM kann daher wirtschaftlich sowohl in der Serienfertigung als auch bei der Einzelfertigung eingesetzt werden. Abb. 3.5 und 3.6 zeigen einige Beispiele für das Entgraten von metallischen und nichtmetallischen Werkstücken.

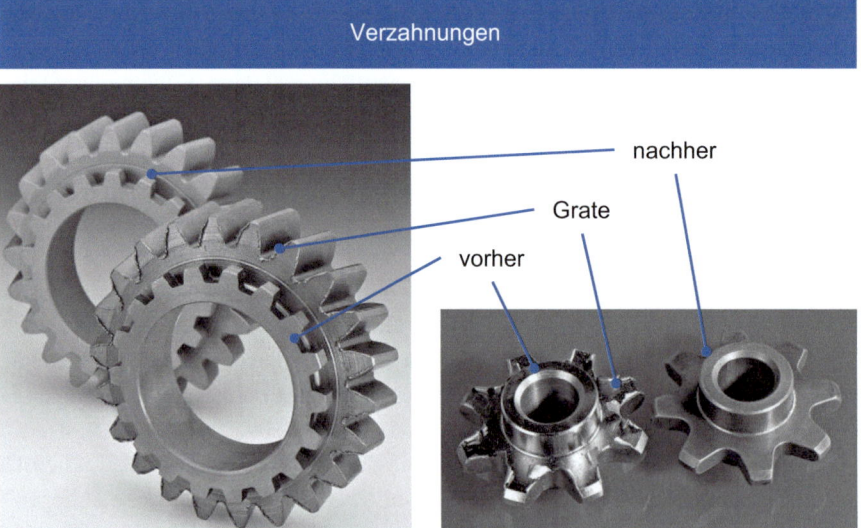

Abb. 3.5 Bearbeitungsbeispiele (vorher – nachher) des thermischen Entgratens. (Quelle: Bosch und Benseler)

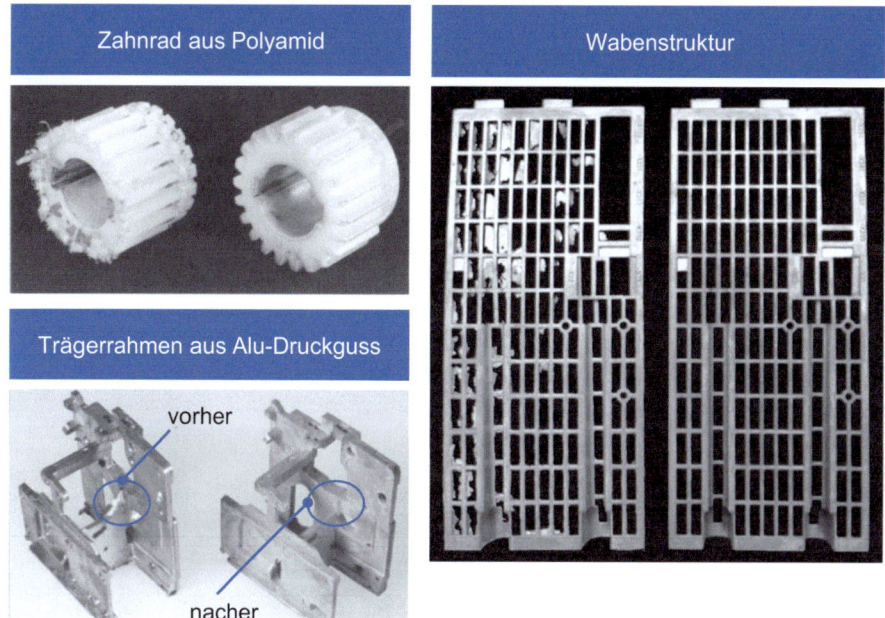

Abb. 3.6 Bearbeitungsbeispiele (vorher – nachher) des thermischen Entgratens. (Quelle: Extrude Hone)

3.4 Chemisch-thermisches Abtragen

Während beim Glasätzen und dem thermisch-chemischen Entgraten der Großteil des Materialabtrags durch chemische Reaktionen erfolgt, gibt es noch eine Reihe weiterer Fertigungsverfahren bei denen ein Teil des Materialabtrags chemisch dominiert ist. Unter chemisch-thermischem Abtragen wird das Abtragen durch chemische Reaktionen, meist mit Sauerstoff, bei dem die Werkstoffteilchen überwiegend abgebrannt werden und dann durch mechanische und/oder elektromagnetische Kräfte entfernt werden, verstanden [DIN8590]. Bei diesen Prozessen läuft das chemisch-thermische Abtragen meistens simultan in thermischen Hauptprozessen mit ab, wenn zum Beispiel Schlacke bei Brennschneidprozessen mit Treibgas ausgeblasen wird und es dabei zu Kontakt mit Sauerstoff kommt. Somit ist eine exakte Trennung zwischen thermischen und chemisch-thermischen Prozessen in der Praxis nicht möglich. Aus diesem Grund werden die einzelnen chemisch-thermischen Prozesse den eigentlichen Hauptprozessen zugeordnet [DIN8590] (Tab. 3.1).

Tab. 3.1 Einordnung der chemisch-thermischen Fertigungsverfahren [DIN8590]

Fertigungsverfahren	Einordnung	Beispiel
Chemisch-thermisches Abtragen durch Gas	Thermisches Abtragen durch Gas	Autogenes Brennschneiden
Chemisch-thermisches Abtragen durch Lichtbogen	Thermisches Abtragen durch Lichtbogen	Lichtbogenschweißen
Chemisch-thermisches Abtragen mit Lichtstrahl	Thermisches Abtragen mit Laserstrahl	Laserstrahlbohren

Literatur

[Frie69] FRIEDMANN, H. et al.: Die Anwendung chemischer Bearbeitungsverfahren. Mod. Mach. Shop 42, S.88-94, 1969

[Leis75] LEISNER, E.: Die thermische Entgratmethode – Das Verfahren und seine Anwendung. VDI-Ber. 240, S.57-60, 1975

[Müll75] MÜLLER, H.; WAGNER, T.: Thermochemisches Entgraten, Gefügeveränderung, Material-abtrag und Härtebeeinflussung. wt-Z. ind. Fertig. 65 Nr.8, S.473-478, 1975

[DIN8590] N.N.: DIN 8590: Fertigungsverfahren Abtragen – Einordnung, Unterteilung, Begriffe. Institut für Normung (Hrsg.). Berlin: Beuth Verlag. 2003

Elektrochemisches Abtragen (ECM) 4

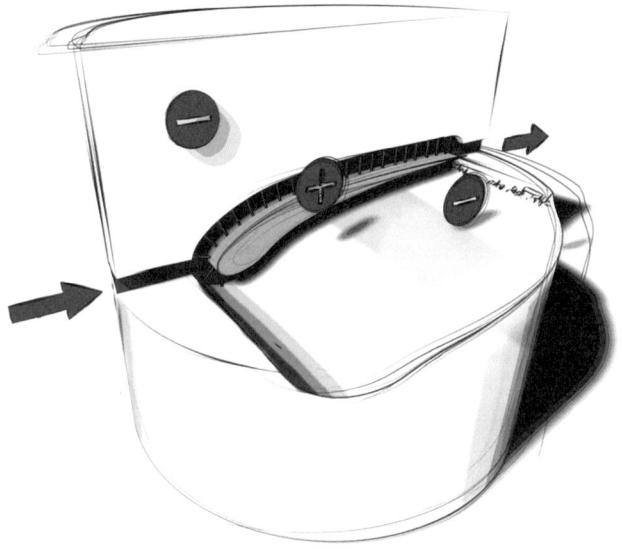

Zusammenfassung

Das Grundprinzip des elektrochemischen Abtragens (ECM – Electrochemical Machining) ist der durch Elektrolyse hervorgerufene Abtrag bzw. die Oberflächenveränderung am anodisch gepolten Werkstück. Zunächst werden die grundsätzlichen Reduktions- und Oxidationsvorgänge (Redox-Vorgänge) diskutiert, die bei einem Stromdurchgang durch einen Elektrolyten auftreten und durch die Positionierung einer kathodisch gepolten Werkzeugelektrode beim ECM gezielt initiiert werden. Hierbei kommt es zur Jouleschen Erwärmung des Elektrolyten, der die lokale Abtragcharakteristik maßgeblich beeinflusst. Es werden die wichtigsten ECM-Maschinenparameter, gepulste ECM-Technologien (Puls-ECM, PECM), handelsübliche Elektrolyte sowie Werkzeug- und Werkstück-Werkstoffe vorgestellt. Es wird auch umfangreich auf die Anwendung von etablierten heuristischen und neueren numerischen Methoden zur Auslegung von Kathodengeometrien beim ECM-Senken eingegangen. An zahlreichen Beispielen aus der Praxis wird die Leistungsfähigkeit von Verfahrensmodifikationen der ECM-Bearbeitung gezeigt. In einem eigenständigen Abschnitt werden plasmaunterstützte anodische Oxidationsverfahren zur Oberflächenkonservierung diskutiert. Hier wird gezeigt, dass durch die Wahl geeigneter Elektrolyte und Stromparameter durch Plasmaentladungen auch neue Oberflächen mit gezielten Eigenschaften aufgebaut, statt abgetragen werden können.

4.1 Allgemeines

Beim elektrochemischen Abtragen, kurz ECM (Electrochemical Machining), wird die Elektrolyse als zugrunde liegendes Wirkprinzip angewendet. Unter Elektrolyse werden dabei alle chemischen Vorgänge und chemischen Veränderungen eines Stoffes, die bei einem Stromdurchgang durch einen Elektrolyten auftreten, verstanden.

Bei der Stromleitung in Metallen ändert sich die chemische Zusammensetzung des metallischen Leiters nicht. Im Gegensatz dazu laufen beim Stromdurchgang durch wässrige Elektrolyten chemische Reaktionen ab, die zu Stoffveränderungen führen. Bei diesen Vorgängen werden Elektronen ausgetauscht (Reduktionen und Oxidationen, Redox-Vorgänge). Es wird Energie umgewandelt und die umgesetzte Energie tritt häufig als Wärmeenergie auf [Näse76]. Die elektrische Leitfähigkeit von Elektrolyten beruht darauf, dass sie mindestens teilweise in Ionen dissoziiert sind. Die elektrische Leitfähigkeit ist eine Kenngröße, über die der Dissoziationsgrad bestimmt werden kann. Beim elektrochemischen Auflösen und beim elektrochemischen Abscheiden von Metallen werden unterschiedliche Elektrolyten verwendet, diese beiden Verfahrensgruppen werden häufig unter dem Oberbegriff der Elektrolyse behandelt.

Ein Schwerpunkt in Band 3 ist das elektrochemische Abtragen, bei dem die anodische Metallauflösung das formgebende Wirkprinzip ist. In Kap. 4 werden die ECM-Verfahren eingehend behandelt. Beim elektrolytischen Abscheiden werden an der Kathode Metallschichten aus einem wässrigen Elektrolyten abgeschieden. Für diese Prozesse wird in Kap. 5 eine kurze Einführung gegeben (Galvanisches Beschichten, Electroplating) und mit Anwendungen in der Herstellung von EDM-Drähten und galvanisch gebundenen

CBN- und Diamantschleifscheiben erläutert. In Abschn. 9.6 wird die ELID-Technologie zum Abrichten metallgebundener Schleifscheiben vorgestellt, die ebenfalls nach den grundsätzlichen Gesetzen der Elektrolyse abläuft.

In diesem Buch können nur die grundlegenden chemischen Vorgänge an den Phasengrenzen zwischen der Anode und dem Elektrolyten (ECM-Verfahren) und an der Kathode und dem Elektrolyten (galvanisches Beschichten) beschrieben werden, soweit sie für das Verständnis der verschiedenen Prozesse notwendig sind. Die Reaktionen an den Phasengrenzflächen werden häufig auch als Primärvorgänge bezeichnet. Daneben können eine Vielzahl weiterer Reaktionen zwischen den beteiligten Elementen des elektrolytischen Systems (Elektroden, Elektrolytzusammensetzung, elektrische Parameter und Ausbildung des elektrischen Feldes, Joul'sche Erwärmung, etc.) stattfinden, auf die in ausgewählten Einzelfällen in den Abschnitten von Kap. 3, 4 und 9 detaillierter eingegangen wird.

Die grundlegenden Zusammenhänge zur Elektrolyse wurden von Faraday erforscht und in zwei grundlegenden Gesetzmäßigkeiten (Faraday'sche Gesetze) formuliert. Das erste Faraday'sche Gesetz formuliert die Ergebnisse aus Experimenten, dass die aufgelöste oder abgeschiedene Masse proportional zum geflossenen Strom und zur Zeit ist ($m \sim I \cdot t$). Im zweiten Gesetz ist formuliert, dass in Abhängigkeit von der benutzten Elektrolytart bei gleichen Ladungsmengen ($I \cdot t$) zwar unterschiedliche Massen abgeschieden werden, dass aber bei Berücksichtigung der Äquivalentmasse (= Molmasse dividiert durch die elektrochemische Wertigkeitsänderung) die gleiche Anzahl an Grammäquivalenten erhalten wurden [Näse76]. Diese grundsätzlichen Erkenntnisse sind in Kap. 4 in Gl. 4.1 zusammengeführt. Dies mag erklären, warum in der Praxis und im allgemeinen Sprachgebrauch häufig nur von "dem Faraday'schen" Gesetz gesprochen wird. Der Vollständigkeit halber soll aber auch erwähnt werden, dass neben vielen anderen Zusammenhängen auch die Induktionsgesetze (auch hier werden das erste und zweite Gesetz unterschieden) aus den Forschungen von Faraday hervorgegangen sind.

4.2 Grundlagen

4.2.1 Klassifizierung

Das elektrochemische Abtragen beruht auf der Auflösung eines als Anode (positiv) polarisierten metallischen Werkstoffs in einem elektrisch leitenden Medium. Der dazu erforderliche Stromfluss kann durch eine äußere, aber auch durch eine innere Spannungsquelle (Lokalelement) hervorgerufen werden (Abb. 4.1).

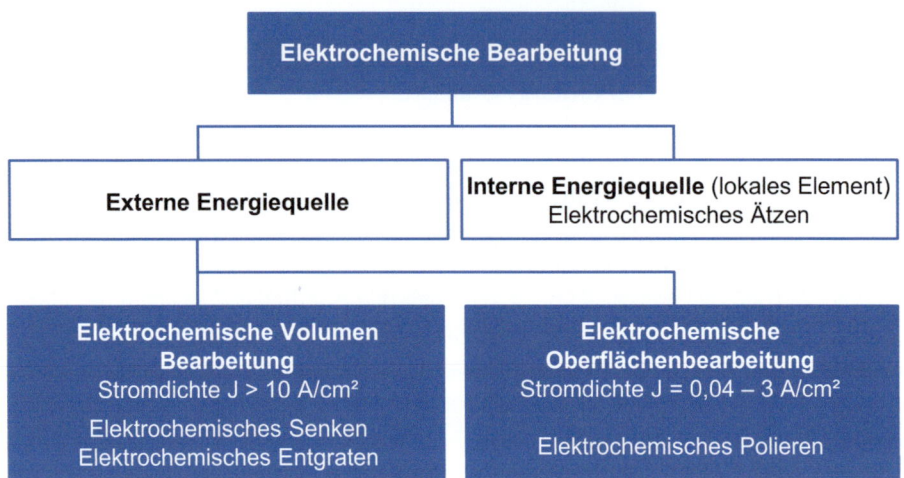

Abb. 4.1 Einteilung elektrochemisch abtragender Fertigungsverfahren [VDI3401]

4.2.2 Prinzip der anodischen Metallauflösung

Die Grundlagen der anodischen Metallauflösung mithilfe einer äußeren Spannungsquelle sind in Abb. 4.2 dargestellt. Der positive Pol einer Gleichspannungsquelle (DC-ECM) wird an den abzutragenden metallischen Werkstoff (Anode) gelegt, der negative Pol wird

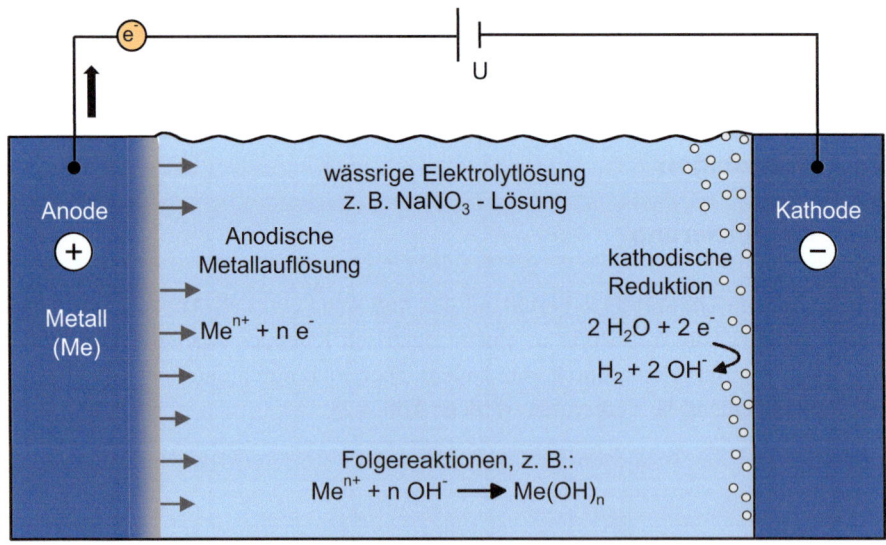

Abb. 4.2 Grundlagen der anodischen Metallauflösung

4.2 Grundlagen

ebenfalls an einen metallischen Werkstoff angelegt (Kathode). Für den Stromtransport zwischen diesen beiden Elektroden ist ein elektrisch leitendes Medium erforderlich, in der Regel werden dazu wässrige Natriumnitrat- oder Natriumchlorid-Elektrolytlösungen eingesetzt. In Sonderfällen kommen auch saure bzw. basische Lösungen zum Einsatz [Berg77]. Durch das Anlegen der Gleichspannung laufen an den Elektroden komplexe elektrochemische Reaktionen ab. An der Anode gibt das abzutragende Metall Elektronen ab und geht als Metallionen in die Elektrolytlösung über. Je nach den chemischen Eigenschaften der Metallionen und der Zusammensetzung der Elektrolytlösung bleiben die Metallionen entweder gelöst oder reagieren mit Bestandteilen der Elektrolytlösung, z. B. unter Bildung von Metallhydroxiden. Diese sind in der Elektrolytlösung im Neutralbereich nicht löslich und fallen aus. Das Trennen der Abtragprodukte (Hydroxide) erfolgt durch unterschiedliche Trennverfahren (Absetzbehälter, Zentrifuge, Filterpresse).

An der Kathode laufen ebenfalls elektrochemische Reaktionen ab, an denen die Bestandteile der Elektrolytlösung beteiligt sind. Auf diese soll hier nicht näher eingegangen werden. Hervorzuheben ist aber, dass an der Kathode kein Abtrag erfolgt. Der Werkstoffabtrag an der Anode wird durch das Faraday'sche Gesetz beschrieben, nach dem die anodenseitig abgetragene Masse m proportional zur Molmasse M des aufgelösten Materials und zur geflossenen Ladungsmenge I · t ist [Vett61]. Die mathematische Formulierung dieses Zusammenhangs lautet:

$$m = \frac{M}{z \cdot F} \cdot I \cdot t \tag{4.1}$$

In Gl. 4.1 sind m die abgetragene Masse in g, M die Molmasse in g/mol, I die Stromstärke in A, t die Bearbeitungszeit in s, F die Faraday-Konstante (96.487 As/mol) und z die elektrochemische Wertigkeitsänderung (z. B. für die Reaktion Fe → Fe^{2+} + $2e^-$ ist z = 2).

Unter Berücksichtigung der Dichte ρ berechnet sich das aufgelöste Materialvolumen V zu:

$$V = \frac{M}{\rho \cdot z \cdot F} \cdot I \cdot t \tag{4.2}$$

Der das aufgelöste Materialvolumen V und die transportierte Ladungsmenge I · t verknüpfende Proportionalitätsfaktor, das spezifische Abtragvolumen

$$V_{sp} = \frac{M}{\rho \cdot z \cdot F} \tag{4.3}$$

ist für eine bekannte Reaktion eine Materialkonstante, falls die elektrochemische Wertigkeitsänderung z und die Ladungsausbeute konstant bleiben. Die Bearbeitbarkeit eines Werkstoffs hängt deshalb nur von seinen elektrochemischen Eigenschaften bzw. von dessen Reaktionsprodukten ab, nicht aber von den mechanischen Eigenschaften, wie z. B. der Zugfestigkeit und der Härte. Besteht ein Werkstoff aus mehreren Legierungselementen $Me_1 \ldots Me_n$ mit den Massenprozentanteilen $p_1 \ldots p_n$ und den Molmassen $M_1 \ldots$

M_n, so lässt sich ebenfalls das spezifische Abtragvolumen der Legierung $V_{\text{spLeg.}}$ durch Superposition der Einzelkomponentenabträge berechnen:

$$V_{\text{spLeg.}} = \frac{1}{\rho_{\text{leg}}} \sum_{i=1}^{n} \frac{p_i}{100} \frac{M_i}{z_i \cdot F} \qquad (4.4)$$

Dieser theoretische Zusammenhang gilt jedoch nur für die Bedingung, dass ausschließlich die in diesem Ansatz vorausgesetzten Reaktionen mit den eingesetzten elektrochemischen Wertigkeitsänderungen z_i ablaufen [Lind77]. Eine weitere Voraussetzung für die Anwendbarkeit des Faraday'schen Gesetzes ist, dass die gesamte dem Prozess zugeführte Ladungsmenge für abtragwirksame Reaktionen verbraucht wird. Im Verlauf des elektrochemischen Prozesses wird aber die Geschwindigkeit des metallischen Auflösevorgangs von den Gesetzen der elektrochemischen Kinetik bestimmt. Der bestimmende Faktor ist dabei das Elektrodenpotenzial. Das Elektrodenpotenzial wird bestimmt durch das Elektrodenmaterial (elektrochemische Spannungsreihe) und die Elektrolysebedingungen. Bei bestimmten Elektrodenpotenzialen werden die Ionen des wässrigen Elektrolyten oxidiert bzw. reduziert, sodass an der Anode Sauerstoff entsteht und an der Kathode Wasserstoff entwickelt wird. Ebenfalls können bereits aufgelöste Metallionen oxidiert oder reduziert werden [Maok73, Lind77]. Bei der Verwendung von Natriumnitrat-Elektrolyten werden die Nitrationen teilweise zu niedrigeren Oxidationsstufen des Stickstoffs reduziert (Nitrit, Hydroxylamin und Ammonium) [Frie73]. Somit wird ein Teil der zugeführten elektrischen Energie für abtragunwirksame Reaktionen verbraucht, wodurch der Wirkungsgrad der anodischen Metallauflösung verringert wird [Lind77].

Außer den angeführten Redox-Reaktionen bildet sich bei bestimmten Elektrodenpotenzialen auf der Anodenoberfläche eine Oxidschicht aus [Vett61]. Diese behindert den Übergang der Metallionen in die Elektrolytlösung. Die Ausbildung solcher Deckschichten, auch Passivschichten genannt, wird von der Art des Elektrolyten und den vorliegenden Elektrolysebedingungen sowie von dem Anodenwerkstoff selbst beeinflusst. Letzteren kommt dabei besondere Bedeutung zu. Dieses bisher in der Elektrochemie häufig untersuchte Phänomen, das zum ersten Mal an Eisen und später auch an anderen Metallen beobachtet wurde [Schw58, Vett58, Hoar67], ist im Schrifttum unter dem Begriff Passivität bekannt. Durch die Aufnahme einer Stromdichte-Potenzial-Kennlinie kann die Passivität messtechnisch erfasst werden (Abb. 4.3).

Mit zunehmendem Anodenpotenzial steigt die Stromdichte, bis das Anodenpotenzial einen Schwellwert erreicht. Dieser wird nach seinem Entdecker „Flade-Potential" genannt [Hens58]. Danach fällt die Stromdichte scharf bis auf den Betrag der „Korrosionsstromdichte" ab. Ein Ansteigen der Stromdichte tritt erst bei höheren Anodenpotenzialen wieder ein. Die Metallauflösung findet jetzt im transpassiven Bereich statt. Die im passiven Bereich gebildeten Metalloxiddeckschichten an der Anode wirken sich aufgrund ihrer elektrochemischen Eigenschaften auf den Metallabtrag aus. Die Metallauflösung wird vornehmlich durch die Struktur, die Porosität und die Leitfähigkeit der Deckschicht und die chemische Löslichkeit der Oxide beeinflusst.

4.2 Grundlagen

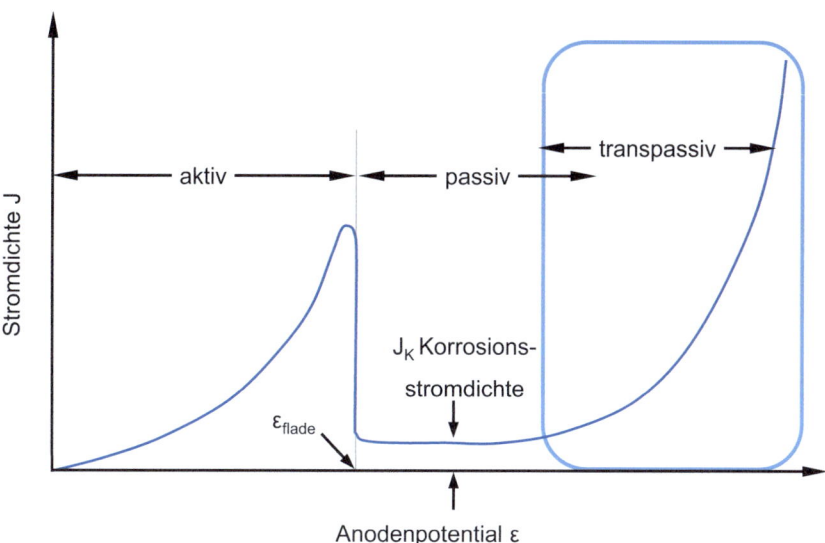

Abb. 4.3 Schematische Stromdichte-Potenzialkennlinie für ein passivierendes Elektrolytsystem

Die angeführten abtragunwirksamen Reaktionen, welche das Passivitätsverhalten und die ablaufenden Redox-Reaktionen bestimmen, sind potenzial- und damit auch stromdichteabhängig, sodass das aus den theoretischen Zusammenhängen des Faraday'schen Gesetzes hergeleitete spezifische Abtragvolumen V_{sp} nicht immer die Eigenschaft eines konstanten Proportionalitätsfaktors hat. Vielmehr ist dieser Kennwert auch mit der Stromdichte veränderlich. Dieser veränderliche, den tatsächlichen Zusammenhang zwischen dem aufgelösten Materialvolumen und der am Umsatz beteiligten Ladung beschreibende Faktor, wird als „effektives Abtragvolumen" V_{eff} bezeichnet. Durch Einführen eines Wirkungsgrades η kann geschrieben werden:

$$V_{eff} = V_{sp} \cdot \eta \tag{4.5}$$

Das effektive Abtragvolumen ist proportional zum Wirkungsgrad und hat die gleiche Aussagekraft wie die Stromausbeute. Beim EC-Senken wird im allgemeinen das kathodisch gepolte Werkzeug mit konstanter Vorschubgeschwindigkeit in das anodisch gepolte Werkstück eingesenkt. Zwischen Werkstück und Werkzeug bildet sich ein charakteristischer Arbeitsspalt aus, durch den die Elektrolytlösung mit hoher Geschwindigkeit strömt und die entstehenden Abtragprodukte sowie die durch den Stromfluss entstehende Joule'sche Wärme abführt. Da sich der Werkstückwerkstoff entsprechend der Geometrie des kathodischen Formwerkzeugs auflöst, ist das Verfahren abbildend [Kube65, Pahl69, Piel86]. Die Werkstückgeometrie unterscheidet sich von der Werkzeuggeometrie um den Betrag des Arbeitsspalts. Zur Herstellung eines maßgenauen Werkstücks muss deshalb das Werkzeug um diesen Betrag korrigiert werden. Dies setzt die Kenntnis der Spaltausbildung voraus. In erster Näherung kann die Spaltausbildung mithilfe des Ohm'schen und des Faraday'schen Gesetzes berechnet werden (Abb. 4.4). Der Spannungsabfall in der Elektrolytlösung U_{el} berechnet sich zu:

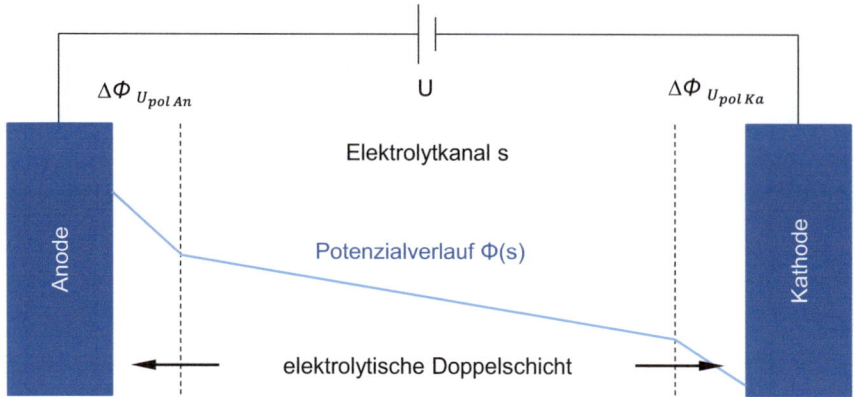

Abb. 4.4 Grundlagen zur Berechnung der Spaltweite

$$U_{el} = R \cdot I \tag{4.6}$$

Der Widerstand der Elektrolytlösung R ist von der spezifischen Leitfähigkeit κ, der Spaltweite s und der Elektrodenfläche A abhängig:

$$R = \frac{1}{\kappa} \cdot \frac{s}{A} \tag{4.7}$$

Berücksichtigt man, dass die Stromdichte J

$$J = \frac{I}{A} \tag{4.8}$$

ist, so ergibt sich für die Spaltweite s:

$$s = \frac{U_{el} \cdot \kappa}{J} \tag{4.9}$$

Die anzulegende Arbeitsspannung U setzt sich aus dem Spannungsabfall in der Elektrolytlösung U_{el} und der anodischen ($U_{pol\,An}$) sowie der kathodischen ($U_{pol\,Ka}$) Polarisationsspannung zusammen:

$$U = U_{el} + U_{pol\,An} + U_{pol\,Ka} = U_{el} + \Delta U \tag{4.10}$$

Das aufgelöste Materialvolumen V kann aus der Abtraggeschwindigkeit v_A, der Elektrodenfläche A und der Bearbeitungszeit t berechnet werden:

$$V = v_A \cdot A \cdot t \tag{4.11}$$

Nach dem Faraday'schen Gesetz ist dieses Volumen von dem spezifischen Abtragvolumen V_{sp} abhängig:

$$V = V_{sp} \cdot I \cdot t \tag{4.12}$$

4.2 Grundlagen

Durch Kombination dieser Gleichungen wird unter Berücksichtigung der Stromdichte J die Abtraggeschwindigkeit v_A berechnet:

$$v_A = V_{sp} \cdot J \qquad (4.13)$$

Im Falle stationärer Senkbedingungen ist die Abtraggeschwindigkeit v_A gleich der Vorschubgeschwindigkeit v_f:

$$v_A = v_f \qquad (4.14)$$

Unter Berücksichtigung dieser Zusammenhänge berechnet sich die Spaltweite zu:

$$s = \frac{(U - \Delta U) \cdot V_{sp} \cdot \kappa}{v_f} \qquad (4.15)$$

Die Spaltweite s ist damit von den Einstellparametern Arbeitsspannung U und der Vorschubgeschwindigkeit v_f sowie den werkstoffspezifischen Kenngrößen spezifisches Abtragvolumen V_{sp} und Polarisationsspannung ΔU abhängig. Außerdem ist sie direkt proportional zur spezifischen Leitfähigkeit κ des Elektrolyten, welche von dessen Zusammensetzung, Konzentration und Temperatur bestimmt wird. Darüber hinaus ergibt sich, dass die Spaltweite s und die Stromdichte J umgekehrt proportional sind:

$$s \approx \frac{1}{J} \qquad (4.16)$$

Entsprechend dem Zusammenhang zwischen der Abtraggeschwindigkeit v_A und der Stromdichte J bedingen unterschiedlich vorgegebene Vorschubgeschwindigkeiten v_f unterschiedliche Stromdichten J. Daraus entstehen wiederum unterschiedliche Spaltweiten (Abb. 4.5).

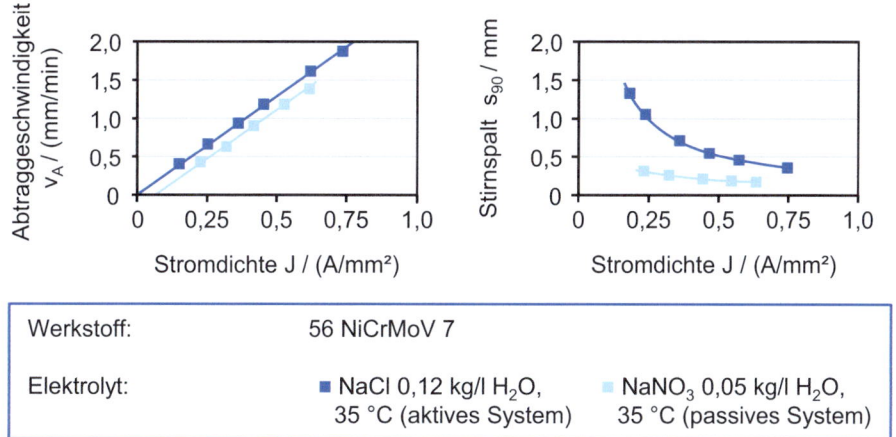

Abb. 4.5 Verlauf der Abtraggeschwindigkeit v_A und des Stirnspaltes s_{90} in Abhängigkeit von der Stromdichte J bei unterschiedlichen Elektrolysebedingungen

Die Abtraggeschwindigkeit v_A lässt sich direkt aus der Vorschubgeschwindigkeit v_f der Werkzeugelektrode schon während des elektrochemischen Bearbeitungsprozesses ablesen. Prozessbedingt wird sich bereits nach kurzer Zeit ein stationärer Gleichgewichtszustand einstellen, bei dem sich ein konstanter Arbeitsspalt s mit einer konstanten Stromdichte J bildet. Stationäre Bedingungen werden damit während der Bearbeitung an der Konstanz der Stromdichte erkannt. Die Abtraggeschwindigkeit entspricht dann der vorgegebenen Vorschubgeschwindigkeit. Unter der Polarisationsspannung ΔU wird der Spannungsabfall an den Phasengrenzen Elektroden/Elektrolytlösung verstanden. Wird die Spaltweite s in Abhängigkeit von der an die Elektroden angelegten Arbeitsspannung U für unterschiedliche Leitfähigkeiten κ oder auch Vorschubgeschwindigkeiten v_f gemessen, ergeben sich Geraden, die nicht durch den Koordinatenursprung laufen, sondern die Abszisse bei der Polarisationsspannung ΔU schneiden. Dies bedeutet, dass sich erst dann eine endliche Spaltweite s ausbilden kann, wenn zwischen den Elektroden eine Spannung angelegt wird, die größer als die Polarisationsspannung ΔU ist [Dege72].

Beim Einsenken von Raumformen wird die Spaltausbildung von einer weiteren Variablen, und zwar vom Neigungswinkel der Werkstückkontur, bestimmt. Wie aus Abb. 4.6 zu entnehmen ist, ändert sich die Normalkomponente der Abtraggeschwindigkeit mit dem Sinus des Konturneigungswinkels α. Wird diese Normalkomponente an Stelle der Vorschubgeschwindigkeit v_f in die Gleichung für die Spaltweite s eingesetzt, so ergibt sich ein umso größerer Spalt, je steiler die Kontur ist.

Bei zylindrischen Formen oder Durchbrüchen (zweidimensionale Geometrie) ist eine Korrektur der Werkzeugelektrode verhältnismäßig einfach, da man die Seitenwände isolieren kann und sich dann ein nahezu konstanter Seitenspalt ausbildet. Die Werkzeugkorrektur wird durch eine allseitige Verkleinerung um den Betrag des Seitenspalts erreicht, der in empirischen Untersuchungen in Abhängigkeit von den Bearbeitungsbedingungen und der Werkzeuggeometrie bestimmt wird. Je nach Korrekturaufwand sind Genauigkeiten von bis zu 0,01 mm erreichbar. Bei Raumformen ist eine Werkzeugkorrektur nicht mehr so einfach auszuführen, weil der Korrekturbetrag aufgrund der unterschiedlichen Spaltausbildung entlang der Kontur variiert. Wenn die Werkstückgeometrie nur flache Konturen aufweist, kann jedoch auch schon die verhältnismäßig einfache Korrektur um einen allseitig konstanten Betrag zur Erzielung einer vergleichsweise guten Genauigkeit ausreichend sein. Der Spalt verringert sich umso mehr, je größer die Vorschubgeschwindigkeit gewählt wird. Eine detailliertere Werkzeugauslegung wird im Abschn. 4.4 gezeigt und es werden Methoden zur Verbesserung der Werkstückgeometrie vorgestellt. Anstelle der sin(α) Methode hat sich hier jedoch international die sogenannte cos(φ) Methode mit entsprechend anders definiertem Winkel durchgesetzt.

4.2 Grundlagen

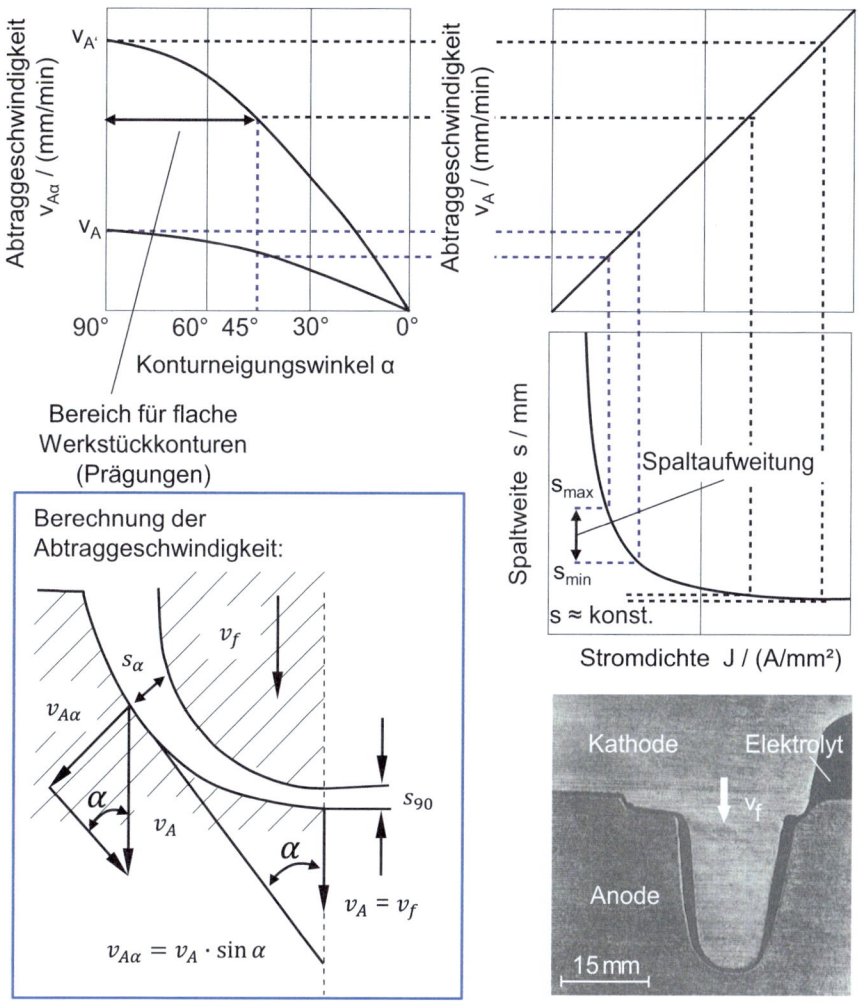

Abb. 4.6 Grundlagen zur Spaltausbildung beim elektrochemischen Senken von Raumformen

4.2.3 Aufbau von EC-Senkanlagen

EC-Senkanlagen bestehen grundsätzlich aus der Elektrolytversorgung, der Bearbeitungsmaschine und dem Generator (Abb. 4.7). Die eigentliche Bearbeitungsmaschine verfügt über Aufspanntische für die Werkzeug- und Werkstückelektroden. Während des Bearbeitungsprozesses wird dabei mittels einer Vorschubeinheit eine Relativbewegung zwischen Werkzeug und Werkstück hergestellt. Diese muss bei der Gleichstrombearbeitung eine gleichförmige Bewegung der Elektrode (in der Regel die Werkzeugelektrode) gewährleisten [Gosg75], da Vorschubschwankungen zum mechanischen Kontakt der Elektroden und damit zum Kurzschluss führen können. Die Vorschubgeschwindigkeit sollte im Bereich von 0,1 bis 20 mm/min stufenlos einstellbar sein.

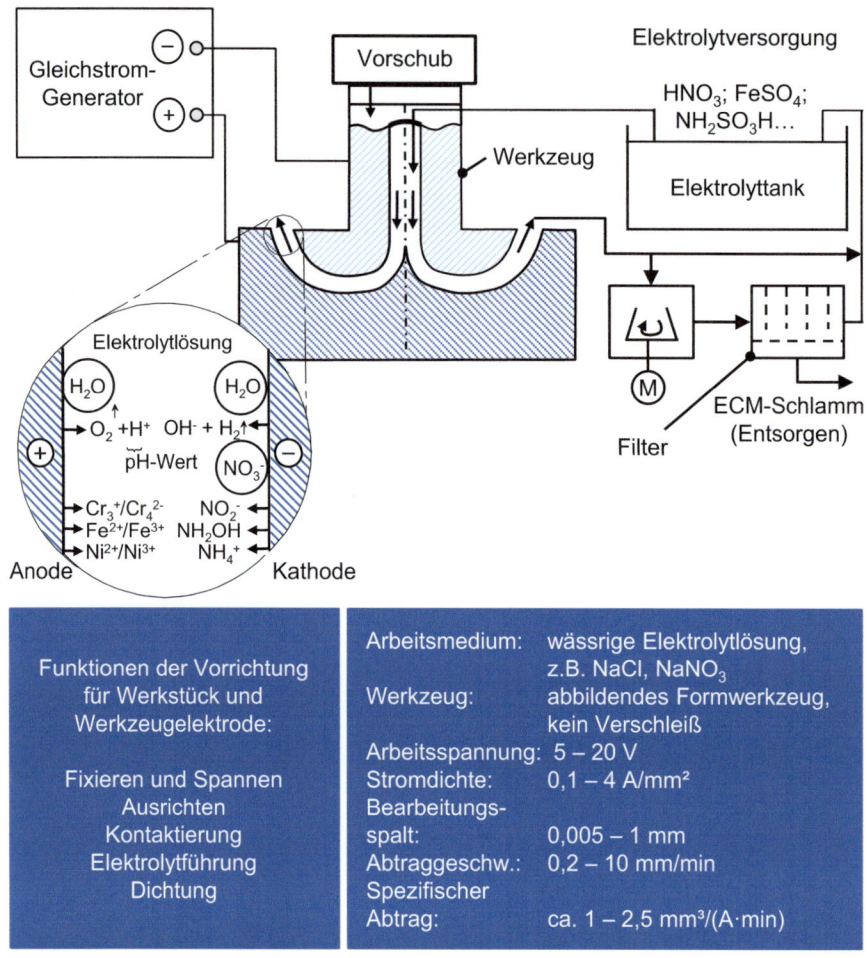

Abb. 4.7 Elektrochemisches Senken – Abtragprinzip und Maschinensystem

Da zwischen den Elektroden verhältnismäßig hohe Elektrolytdrücke wirksam werden (5 bis 50 bar), muss das Maschinengestell eine hohe statische Steifigkeit aufzuweisen, damit Biegungen nicht zu Lageveränderungen zwischen Werkzeug und Werkstück führen, die zu ungenauen Einsenkungen führen. Weiterhin muss die Maschine thermisch stabil sein, um auch thermo-elastische Lageveränderungen zwischen Werkzeug und Werkstück gering zu halten. Die thermoelastische Stabilität ist besonders wichtig, da im Arbeitsspalt verhältnismäßig große elektrische Energien in Wärme umgesetzt werden, die vom Elektrolyten abgeführt werden, und z. T. aber auch in die Maschinenstruktur fließen. Aus diesen Gründen werden EC-Senkmaschinen in vertikaler oder horizontaler Bauart mit C-förmigen Gestellen oder in Portalbauweise ausgeführt. Letztere haben sich zur Aufnahme und Kompensation der hohen Elektrolytdrücke als besonders günstig erwiesen.

Außerdem müssen die Maschinenkomponenten eine hohe Korrosionsbeständigkeit haben, um die korrosive Wirkung der aggressiven Elektrolytlösung zu verringern.

Soweit die mit dem Elektrolyten in Berührung kommenden Bauteile nicht bereits aus korrosionsbeständigen Materialien bestehen, werden sie häufig mit Kunststoff beschichtet. Die zur Elektrolyse notwendige Gleichspannung liefert ein Generator, der aus einem Transformator zur Herabsetzung der Netzspannung auf eine maximale Arbeitsspannung von 20 bis 30 V und aus einem Gleichrichter besteht. Die Arbeitsspannung ist zur Beeinflussung des Arbeitsergebnisses stufenlos einstellbar und unabhängig vom Generatorstrom konstant geregelt. Außerdem verfügt ein ECM-Generator über eine Kurzschlusserfassung und eine Stromschnellabschaltung, die im Fall einer nicht immer zu vermeidenden Prozessstörung (z. B. aufgrund ungünstiger Elektrolytströmungen) Kurzschlussschäden an den Werkzeug- und an den Werkstückelektroden verhindert bzw. minimiert [Gosg75, Kell82]. Trotz genau festgelegter Prozessbedingungen, die in der Regel gut konstant gehalten werden, können solche Phänomene sporadisch auftreten. Im Bereich der Fertigung von sicherheitskritischen Bauteilen im Flugtriebwerkbau werden dann Bauteile, die nach der Finishbearbeitung eine sogenannte Kurzschlussmarke aufweisen, generell nicht akzeptiert, da der Schadensumfang bisher nicht näher untersucht und somit ausreichend quantifiziert wurde.

Die Elektrolytversorgung und Elektrolytaufbereitung bestehen im Wesentlichen aus einer Elektrolytpumpe, einem oder mehreren Elektrolytbehältern und aus einem Wärmeübertrager zur Temperaturregelung des Elektrolyten. Als Elektrolytpumpen werden vorzugsweise Kreiselpumpen mit Förderleistungen zwischen 100 und 800 l/min [Gosg75] bei Förderdrücken von 10 bis 50 bar eingesetzt. Die Elektrolytbehälter bestehen aus korrosionsbeständigen bzw. korrosionsgeschützten Werkstoffen (nichtrostender Stahl, Kunststoff u. a.). Die Temperaturregelung der Elektrolytlösung übernehmen ein Kühlaggregat, ein Temperaturregler sowie Heizelemente, die meistens im Elektrolyttank angeordnet sind. Die Kühlleistung muss auf die im Generator installierte Leistung und Pumpenförderleistung abgestimmt sein. Die in Form von Metallhydroxiden anfallenden Abtragprodukte müssen ständig aus dem Elektrolytkreislauf entfernt werden, da sie mit zunehmender Konzentration die elektrischen Eigenschaften des Wirkmediums verändern und auch zähflüssiger machen. Hierzu finden vorzugsweise Separatoren, Zentrifugen und Filterpressen Anwendung, die in einem Zusatzkreislauf des Elektrolytleitungssystems angeschlossen sein können.

Eine Schwierigkeit, die den Erfolg und die Fertigungskosten einer EC-Bearbeitung entscheidend beeinflussen kann, ist die bei diesem Fertigungsverfahren meist aufwendige Vorrichtung, die eine Reihe von Funktionen erfüllen muss (Abb. 4.8). Außer den vorrichtungsüblichen Funktionen, wie Spannen, Ausrichten und Fixieren von Werkzeug und Werkstück, übernimmt die Vorrichtung in diesem Fall Aufgaben, die für das Verfahren spezifisch sind. Hierzu gehören insbesondere die Kontaktierung der Werkzeugelektroden und vor allem der Werkstückelektroden. Bei der Auslegung der Werkstückkontaktierung muss auf die saubere Ausführung der Kontaktflächen geachtet werden, um Übergangswiderstände zwischen Kontaktmaterial und Werkstück klein zu halten.

Außerdem übernimmt die für eine elektrochemische Senkbearbeitung notwendige Vorrichtung die Aufgabe, die Elektrolytlösung durch den Bearbeitungsspalt zu führen, bzw. das Wirkmedium dem zu bearbeitenden Werkstück zuzuleiten. Die Teile der

190 4 Elektrochemisches Abtragen (ECM)

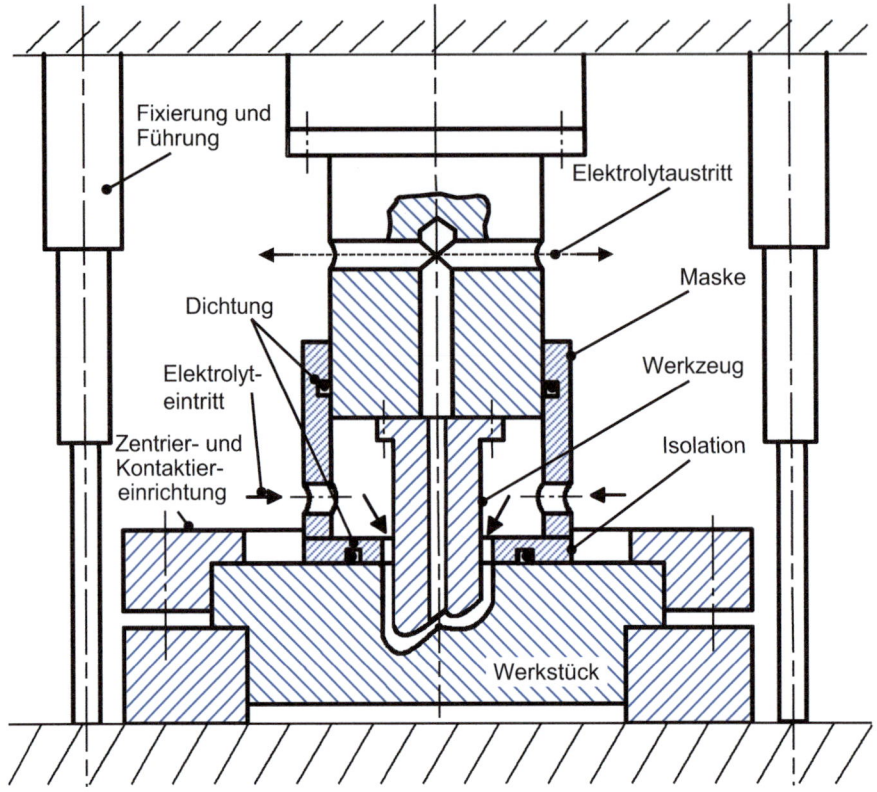

Abb. 4.8 Prinzip einer ECM-Vorrichtung

Vorrichtung, die nicht kathodisch gepolt sind und zudem während der Bearbeitung mit dem Elektrolyten in Berührung kommen (hauptsächlich bei der Werkstückaufnahme), sind korrosionsgefährdet, sie werden aus besonders korrosionsfesten Werkstoffen hergestellt. Als geeignete Werkstoffe bieten sich hier Kupfer, Messing, Graphit, rostfreie Stähle und auch Titan, dessen Verwendung jedoch äußerst kostenintensiv ist, an. Kunststoffe, gegebenenfalls auch glasfaserverstärkte Kunststoffe (GFK), finden als Isolationswerkstoffe Anwendung. Der elektrolytische Abtragprozess kann nur dann störungsfrei ablaufen, wenn die entstehenden Abtragprodukte und die Joule'sche Wärme an jeder Stelle des Arbeitsspalts ausreichend schnell abgeführt werden können. Es ist deshalb bei der Auslegung der Werkzeugelektrode darauf zu achten, dass die Strömungslänge des Elektrolyten im Arbeitsspalt so kurz ist, dass ein Verdampfen der Elektrolytlösung vermieden wird (Verlust der Leitfähigkeit).

Das Arbeitsmedium kann dem Arbeitsspalt auch über Bohrungen und Schlitze in der Werkzeugelektrode zufließen. In der Praxis wird, je nach Strömungsrichtung, zwischen innerer und äußerer Zuführung unterschieden (Abb. 4.9a und b) Bei einer inneren Zuführung der Elektrolytlösung besteht die Gefahr der Strömungsablösung und damit einer örtlichen Verdampfung des Elektrolyten. Dies kann durch eine Drosselung

4.3 Technologie

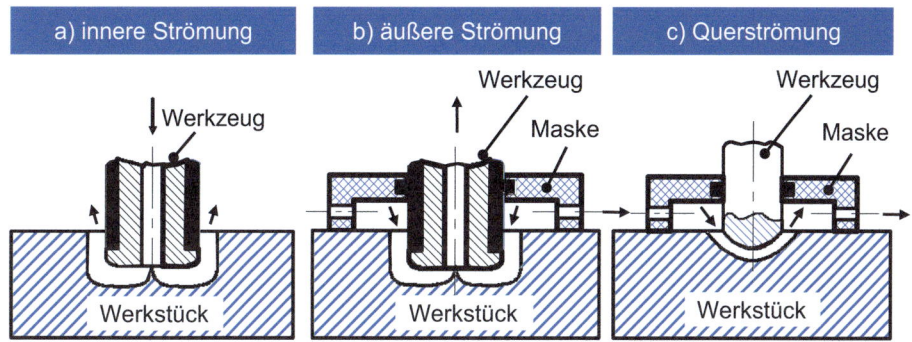

Abb. 4.9 Möglichkeiten der Strömungsführung im Bearbeitungsspalt

der Elektrolytströmung auf der Austrittseite gemindert werden. Bei kleineren Werkzeugabmessungen ist die Elektrolytzufuhr in Querrichtung möglich (Abb. 4.9c).

Beispiele für konventionell gefertigte innere Spülbohrungen in der Werkzeugstirnseite und additiv gefertigte innengespülte Elektroden finden sich in [Berg19, Heid22a].

4.3 Technologie

4.3.1 Allgemeines

Die Entwicklung des elektrochemischen Auflösungsprinzips zu einem praxisreifen, formgebenden Verfahren ist durch die steigenden Anforderungen an die Festigkeit der zu bearbeitenden Werkstoffe und die Komplexität der herzustellenden Formen gekennzeichnet.

Die technologischen Vorteile der ECM-Technologie sind, dass die Bearbeitung elektrisch leitender Werkstoffe praktisch ohne Beeinflussung des Gefüges möglich ist und dass die Härte und Festigkeit des Werkstoffs die Bearbeitung kaum beeinflussen. Die Entstehung einer durch die Bearbeitung hervorgerufenen mechanischen oder thermischen Veränderung der Oberflächenrandzone tritt auf der Gefüge-Skala und auf der Makro-Skala nicht auf. Auf der molekularen Skala finden jedoch die Redox-Reaktionen statt, die zur Bildung von Grenzflächenschichten führen und auch das Auflöseverhalten einzelner Phasen beeinflussen. Hierauf wird im Kap. 9 (Prozesssignaturen) eingegangen. Ein Beispiel zum Auflösen verschiedener Phasen einer Titanlegierung aus dem Flugzeugbau zeigt Abb. 4.10. Bei der EC-Bearbeitung von Ti-6Al-4V löst sich die α-Phase (helle Körner) etwas schneller auf als die β-Phase (dunkle Körner), diese Vorgänge können auch bei der Bearbeitung von Eisen-Kohlenstofflegierungen mit Ferrit und Zementit als Gefügephasen sichtbar werden (Kap. 9 und [Hars19]). Weitere Beispiele in Abhängigkeit vom verwendeten Elektrolytsystem finden sich in [Kloc18e]. Das Thema der Bildung von Strömungsriefen wird detailliert in [Kloc18f, Hars19] behandelt.

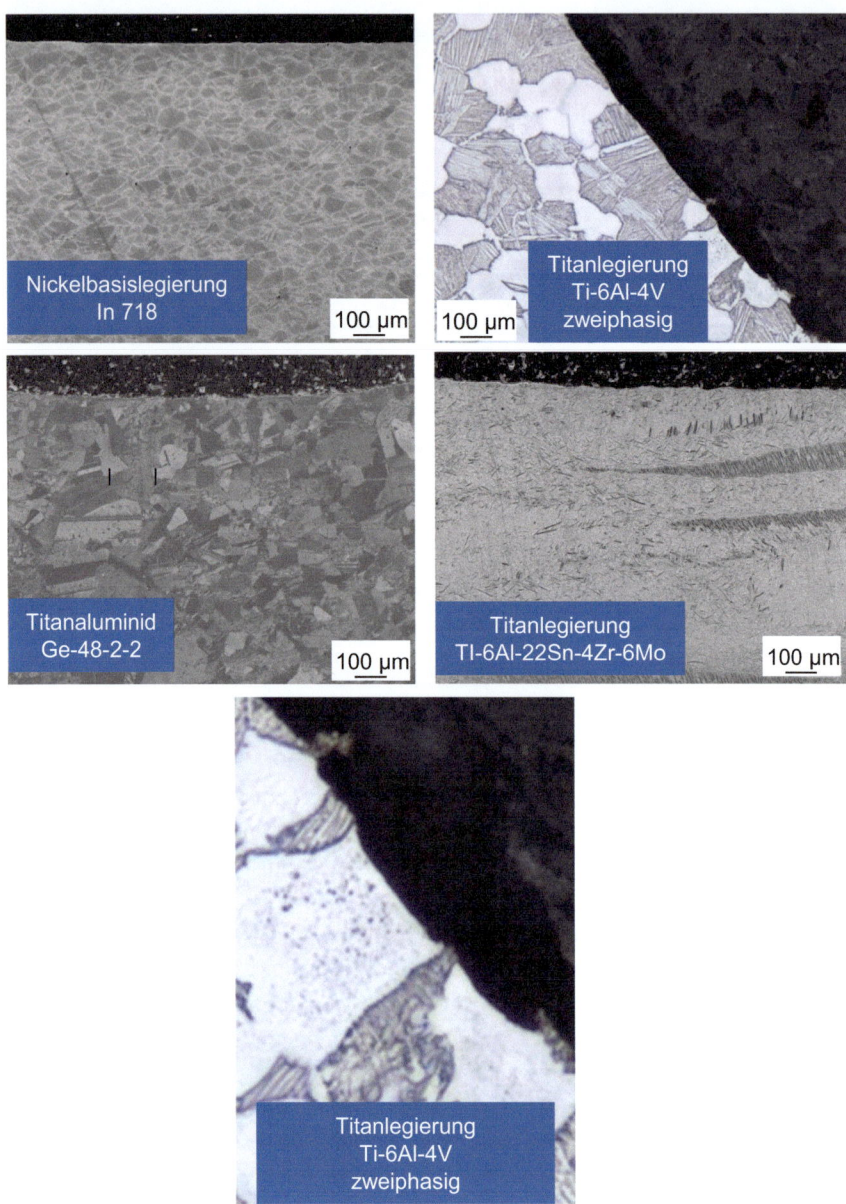

Abb. 4.10 Oberflächenintegrität – Auflösung unterschiedlicher Werkstoff-Phasen [Klin16]

Trotz der Vorteile, die das elektrochemische Senken für die Lösung von Bearbeitungsaufgaben bietet, blieb die Anzahl der Anwendungsfälle lange hinter den Erwartungen zurück. Eine der Hauptursachen ist die ungleichmäßige Spaltausbildung bei der Fertigung von komplizierten Raumformen, welche durch Berechnungen nur annähernd berücksichtigt werden konnte. Somit musste lange Zeit die optimale Kontur der Werkzeugelektrode durch aufwendige Vorversuche ermittelt werden. Dies lohnte sich oft nur in der Serienfertigung oder bei Werkstücken, die durch andere Verfahren nicht herstellbar waren. Jetzt wird der Auslegungsprozess durch Modellierungen und Simulationen unterstützt, was zu erheblichen Verbesserungen führt [Zeis15]. Daher wird dieser Themenbereich in einem eigenständigen Abschn. 4.4 behandelt.

4.3.2 Maschinenparameter

Um eine wirtschaftliche Fertigung und eine kontrollierte Formgenauigkeit zu gewährleisten, sind detaillierte Kenntnisse der elektrochemischen Prozesszusammenhänge zur Handhabung dieses Fertigungsverfahrens unerlässlich. Ohne Kenntnis des elektrochemischen Abtragverhaltens [Dege72, Lind77] ist eine Voraussage des Arbeitsergebnisses, gekennzeichnet durch Formgenauigkeit und Oberflächengüte, genau so wenig möglich, wie eine Abschätzung der Hauptzeit und des erforderlichen Energiebedarfs.

Außer diesen elektrochemisch bedingten Einflüssen wirkt sich die Geometrie des Werkstücks aufgrund komplizierter Stromdichteverteilungen an Kanten, Ecken und Radien, aber auch durch die Veränderung der lokalen Elektrolysebedingungen im Strömungsverlauf der Elektrolytlösung auf die Ausbildung der Arbeitsergebnisse aus. Weitere Einflussgrößen sind die Einstellparameter wie Spannung, Vorschubgeschwindigkeit und Elektrolyteintrittstemperatur, deren Konstanz und Einhaltung die Reproduzierbarkeit der Arbeitsergebnisse gewährleisten. Nicht zu vernachlässigen sind auch maschinenbedingte Einflüsse, die Lagefehler im System Werkzeug-Werkstück verursachen und damit die Formgenauigkeit ebenfalls bestimmen. Um den zur Auslegung einer EC-Bearbeitung notwendigen Aufwand an Vorversuchen zu minimieren, steht ein Normversuch zur Verfügung, der eine Ermittlung der elektrochemischen Bearbeitbarkeit in allgemeingültiger Form unabhängig von bestimmten problemorientierten Geometrien erlaubt [Beme70]. In diesem Zusammenhang wurde die elektrochemische Senkbarkeit definiert [Dege72], die als Beschreibung der im Normversuch ermittelten Eigenschaften eines Werkstoffs bei bestimmten Bearbeitungsbedingungen Angaben über das Abtragverhalten, die Spaltausbildung und Oberflächengüte enthält. Die Korrelation zwischen dem Mittenrauwert Ra und der Stromdichte J wird u. a. im Normversuch ermittelt [Dege72, Lind77]. Dieser Zusammenhang folgt einem hyperbolischen Verlauf (Abb. 4.11). Daraus lässt sich ablesen, dass die Oberflächengüte mit zunehmender Bearbeitungsgeschwindigkeit tendenziell besser wird. Er bedingt allerdings auch den negativen Effekt, dass die Oberflächengüte im Seitenspaltbereich von Raumformen aufgrund der dort vorliegenden kleinen Stromdichten beeinträchtigt werden kann. Wie auch Abb. 4.11 zu entnehmen ist, übt nicht die absolute Spaltweite, sondern ausschließlich die Stromdichte J den bestimmenden Einfluss auf die Oberflächengüte aus [Lind77]. Abweichungen dieses Ra-J-Kennlinienverlaufs können durch die örtlich unterschiedlichen Polarisationen auf der Werkstückoberfläche auftreten. Diese können bedingt sein durch Unregelmäßigkeiten im Kristallgitter, unterschiedliche Kristallstrukturen und Orientierungen sowie durch örtlich unterschiedliche Legierungszusammensetzungen [Köni82, Neub84, Neub85].

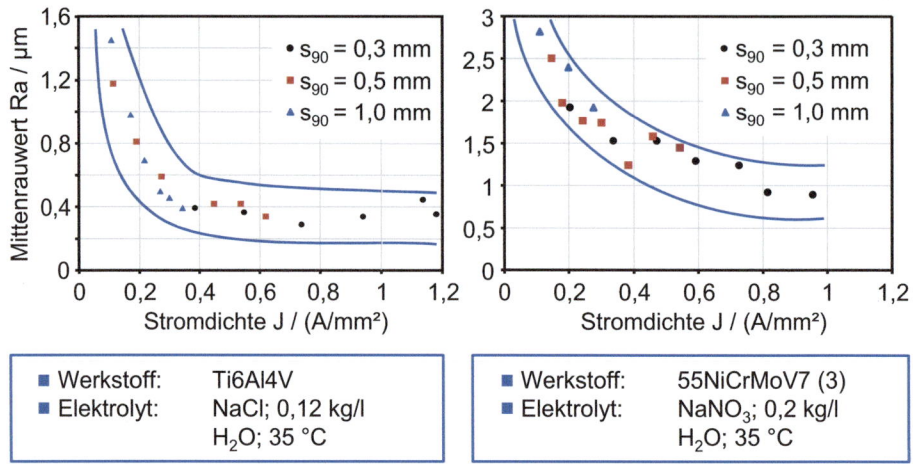

Abb. 4.11 Einfluss der Stromdichte auf die Oberflächengüte

Das spezifische Abtragvolumen ist für das elektrochemische Abtragverhalten ein weiterer bedeutsamer Kennwert. Wesentlich ist, dass das Abtragverhalten des zu bearbeitenden Werkstoffs außer von seiner chemischen Zusammensetzung auch von dessen Gefügestruktur und damit von der Wärmebehandlung, vom Verarbeitungszustand und von weiteren, die Struktur eines Werkstoffs bestimmenden Größen, abhängt [Beme70, Dege72, Pahl73, Hümb75, Kops75, Lind77]. Das Abtragverhalten muss darüber hinaus in direktem Zusammenhang mit der Temperatur gesehen werden [Hoar69, Fran71, Maok71, Datt77, Yucy83]. Die direkte Proportionalität zwischen der Abtraggeschwindigkeit v_A und der Stromdichte J leitet sich aus den Faraday'schen Gesetzmäßigkeiten ab. Dieser theoretische Zusammenhang gilt jedoch nur für die Bedingung, dass die ausschließlich abtragwirksamen Reaktionen mit den angenommenen elektrochemischen Wertigkeitsänderungen ablaufen. Gerade diese Voraussetzung ist aber in der Praxis nicht immer zutreffend, da an einer Elektrode in Abhängigkeit von den vorliegenden Bearbeitungsbedingungen (z. B. Art des Elektrolyten, pH-Wert, angelegte Arbeitsspannung usw.) mehrere elektrochemische Reaktionen ablaufen, die sowohl abtragwirksam als auch abtragunwirksam sein können. Außerdem sind die unterschiedlichen elektrochemischen Reaktionen oftmals potenzialabhängig und damit auch stromdichteabhängig [Lind77].

Die v_A-J-Kennlinie wird durch die nicht homogene Gefügestruktur der in der Praxis eingesetzten Werkstofflegierungen beeinflusst. Diese enthalten oftmals nicht lösliche oder schlecht lösliche Partikel (z. B. Zementit), die wegen der bevorzugten Auflösung des umgebenden Grundmaterials aus dem Werkstoff herausgespült werden, ohne dass hierzu elektrische Ladung verbraucht wird. Während ein linearer Zusammenhang zwischen der Abtraggeschwindigkeit v_A und der Stromdichte J nach dem Faraday'schen Gesetz auf einen konstanten Reaktionsmechanismus hinweist, bewirken die zuvor beschriebenen Reaktions- bzw. Abtragmechanismen ein Abknicken des Kennlinienverlaufs. Grundsätzlich können jedoch alle untersuchten Abhängigkeiten von Abtraggeschwindigkeit und

4.3 Technologie

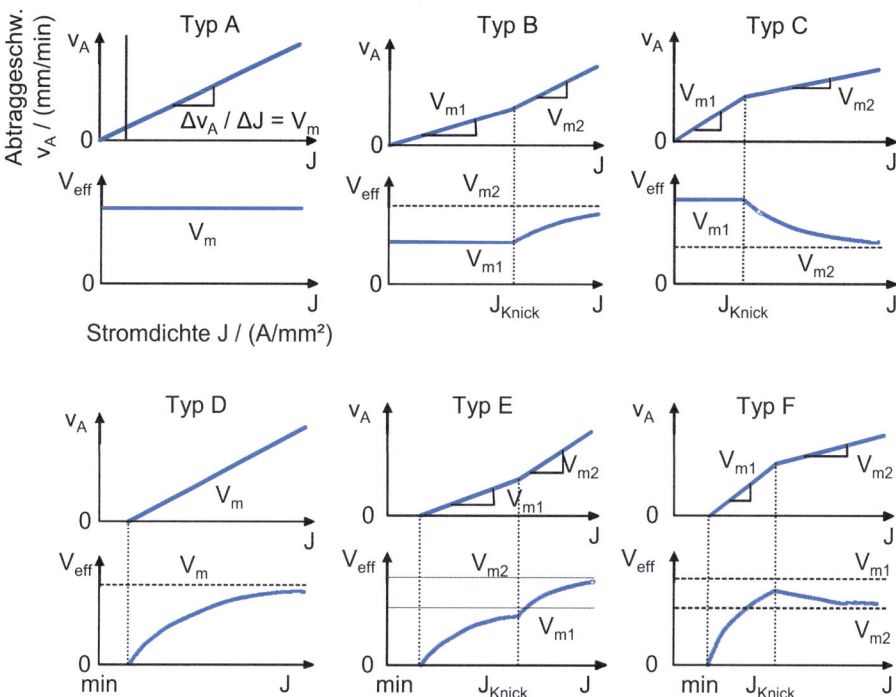

Abb. 4.12 Kenngrößen zur Beschreibung des effektiven Abtragvolumens [Lind77]

Stromdichte durch Geraden oder Geradenabschnitte dargestellt werden. Eine Analyse der vorliegenden Zusammenhänge von Abtraggeschwindigkeit v_A und Stromdichte J zeigt einige charakteristische Merkmale, die auf nur wenige Reaktionsmöglichkeiten hinweisen, wie in [Lind77] festgestellt wurde (Abb. 4.12).

Mit dieser Klassifizierung von charakteristischen v_A-J-Kennlinien besteht die Möglichkeit zur Einordnung von Werkstoffgruppen nach ihrer elektrochemischen Bearbeitbarkeit [Lind77]. Da der Kennlinienverlauf in bestimmter Weise die anodischen Reaktionsvorgänge widerspiegelt, kann ein spezifischer Kennlinientyp auf eine bestimmte charakteristische Abtragform zurückgeführt werden. Die das elektrochemische Abtragverhalten bestimmenden Einflussgrößen verdeutlichen, dass es nicht möglich ist, eine Klassifizierung von Werkstoffgruppen hinsichtlich ihrer elektrochemischen Senkbarkeit allein auf Basis der chemischen Werkstoffzusammensetzung vorzunehmen. Vielmehr verhalten sich Werkstoffe mit gleicher chemischer Zusammensetzung bei der Bearbeitung mit unterschiedlichen Elektrolyten völlig verschieden, sodass die Art der verwendeten Elektrolytlösung als übergeordnetes Unterscheidungskriterium vorangestellt werden muss.

Eine Vorrichtung zum Bestimmen des effektiven Abtragvolumens zeigt Abb. 4.13. Die zylinderförmige Kathode wird vertikal verfahren und trägt das Werkstück mit der Stirnseite ab. Die Abtraggeschwindigkeit ist über den Vorschub vorgegeben. Der Elektrolyt wird von außen durch die Kathode zugeführt und dann durch den Arbeitsspalt abgeführt.

Zur Ermittlung der v_A-J-Kurve wird bei unterschiedlichen Vorschubgeschwindigkeiten der geflossene Strom gemessen. Die Bestimmung der Stromdichte wird über die mittlere Stromstärke und die bekannte Stirnfläche der Kathode vorgenommen. In Abb. 4.13 ist

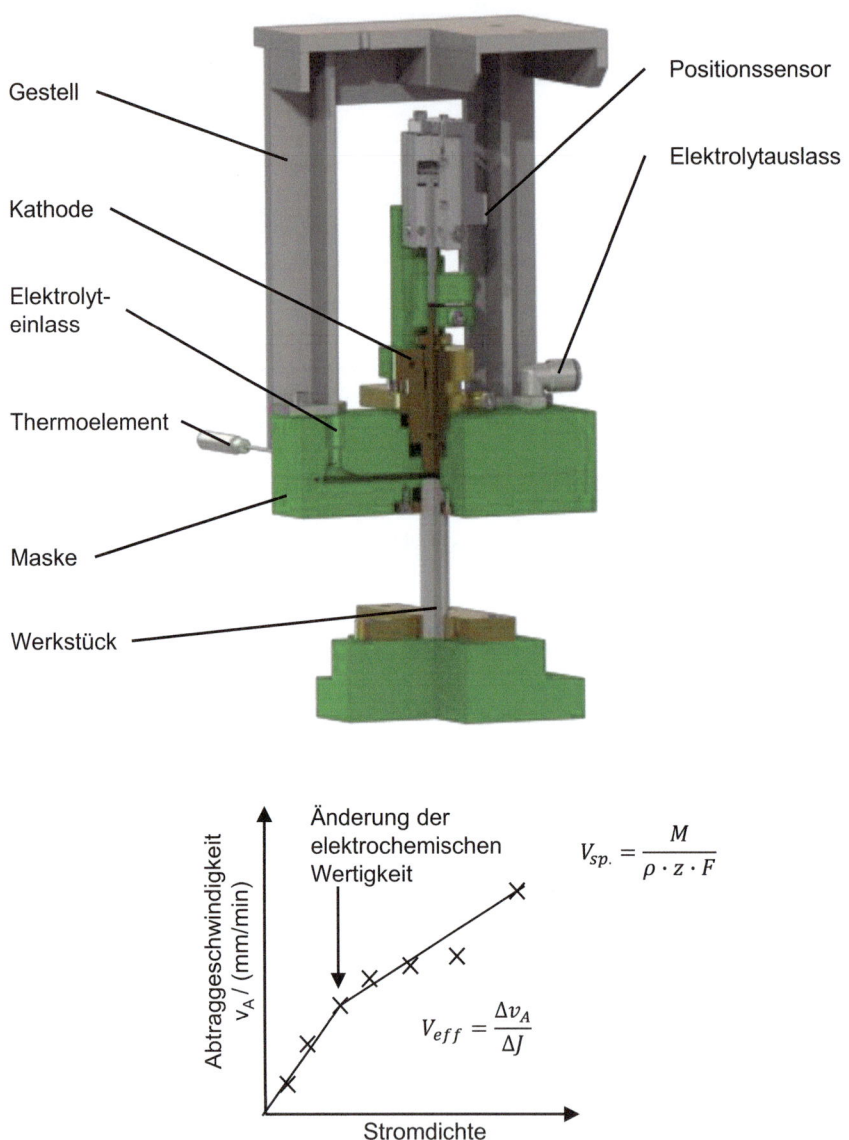

Abb. 4.13 Experiment zum Bestimmen des effektiven aufgelösten Materialvolumens [Kloc15a, Kloc18e]

4.3 Technologie

ein Knickpunkt gezeigt, der durch eine Änderung der elektrochemischen Wertigkeit hervorgerufen wurde.

Durch Stromdichtemessungen mit der zuvor vorgestellten Vorrichtung kann das effektive Abtragvolumens (Abb. 4.13) bestimmt werden. Da die Stromdichte jedoch von vielen weiteren Faktoren, wie beispielsweise der Temperatur, der Gaskonzentration, der Strömungsgeschwindigkeit, dem örtlichen Leitwert oder der Kathodengeometrie, abhängt, müssen Experimente im Strömungsspalt vorgenommen werden, um genauere Modelle formulieren zu können. Dazu zeigt Abb. 4.14 einen Experimentaufbau, mit dem in-situ Untersuchungen im Arbeitsspalt durchgeführt werden können [Kuni19]. Die verwendeten Saphirgläser dienen der Abdeckung des Arbeitsspaltes nach außen. Die Gläser sind für die emittierte Infrarotstrahlung durchlässig. Sie ermöglichen auch, mit einer Hochgeschwindigkeitskamera die Gasentwicklung entlang des Strömungskanals aufzunehmen und zu analysieren (Abb. 4.14). Zusammen mit Temperaturbestimmungen wird es möglich, orts- und zeitaufgelöst wichtige Zustandsgrößen der Spaltströmung zu studieren.

Mit dem in Abb. 4.14 gezeigten Experimentaufbau wurden die in Abb. 4.15 gezeigten Strömungen aufgenommen. Die Aufnahme zeigt den Arbeitsspalt zwischen Anode (unten) und Kathode (oben). Die Kathode bewegt sich in Richtung der Anode.

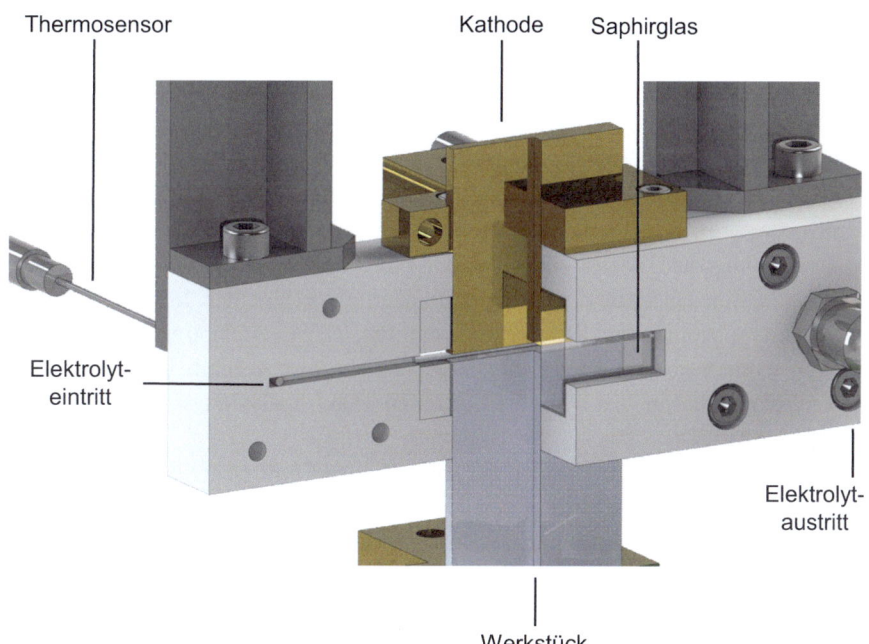

Abb. 4.14 Experiment zur Analyse der Spaltströmung

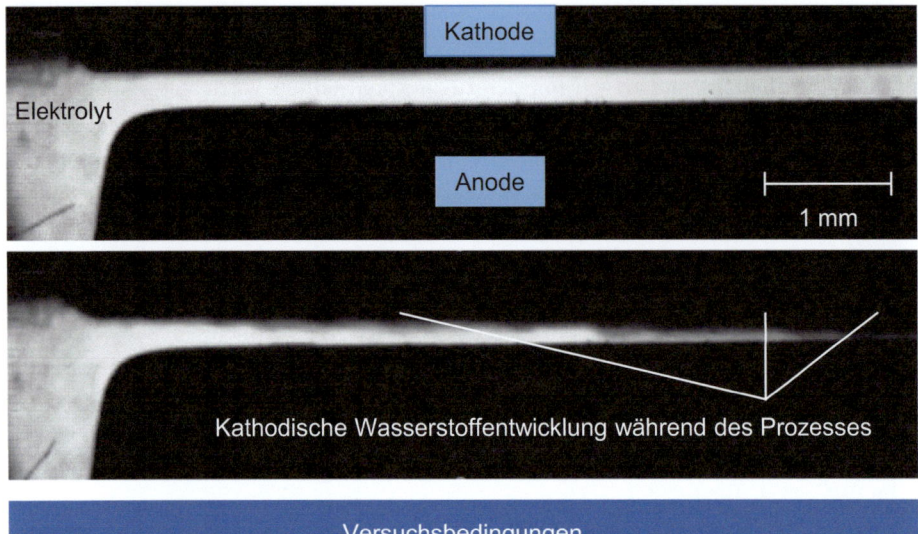

Abb. 4.15 Hochgeschwindigkeitsaufnahmen und Gasentwicklung im Strömungskanal [Kloc14a]

Der Elektrolyt strömt von links nach rechts. Besonders gut ist die Wasserstoffbildung an der Kathode zu erkennen. Die Gasblasenentwicklung ist nach rund einer halben Sekunde vollständig ausgebildet, sodass ab diesem Zeitpunkt ein stationäres Strömungsbild vorliegt. In ähnlichen Untersuchungen zur PECM-Bearbeitung konnte auch das Phänomen der Kavitation an engen Kanalströmungsöffnungen nachgewiesen werden, vgl. [Klin20].

Mit der Thermografie-Kamera kann die Erwärmung des Elektrolyten über der Strömungslänge im Arbeitsspalt bestimmt werden. Es stellt sich eine annähernd lineare Erwärmung des Elektrolyten über der Strömungslänge ein (Abb. 4.16). Sowohl die Gasproduktion als auch die Temperaturänderung ändern den lokalen Leitwert im Arbeitsspalt und beeinflussen dadurch auch den lokalen Materialabtrag. Ähnliche Untersuchungen wurden ebenfalls für den PECM-Prozess durchgeführt, bei denen der Anstieg der Temperatur in den Pulseinschaltzeiten exakt analysiert werden konnte, vgl. [Heid22b].

Eine qualitative Zusammenfassung der wesentlichen Einflussbereiche auf das Arbeitsergebnis bei der ECM-Bearbeitung zeigt abschließend Abb. 4.17. Neben physik- bzw. chemiebasierten Modellierungsansätzen finden sich aktuell auch erste datenbasierte Modellierungsansätze im Bereich ECM, um den Prozess anwendungsspezifisch optimieren zu können, vgl. [Tcho22, Guoy23].

4.3 Technologie

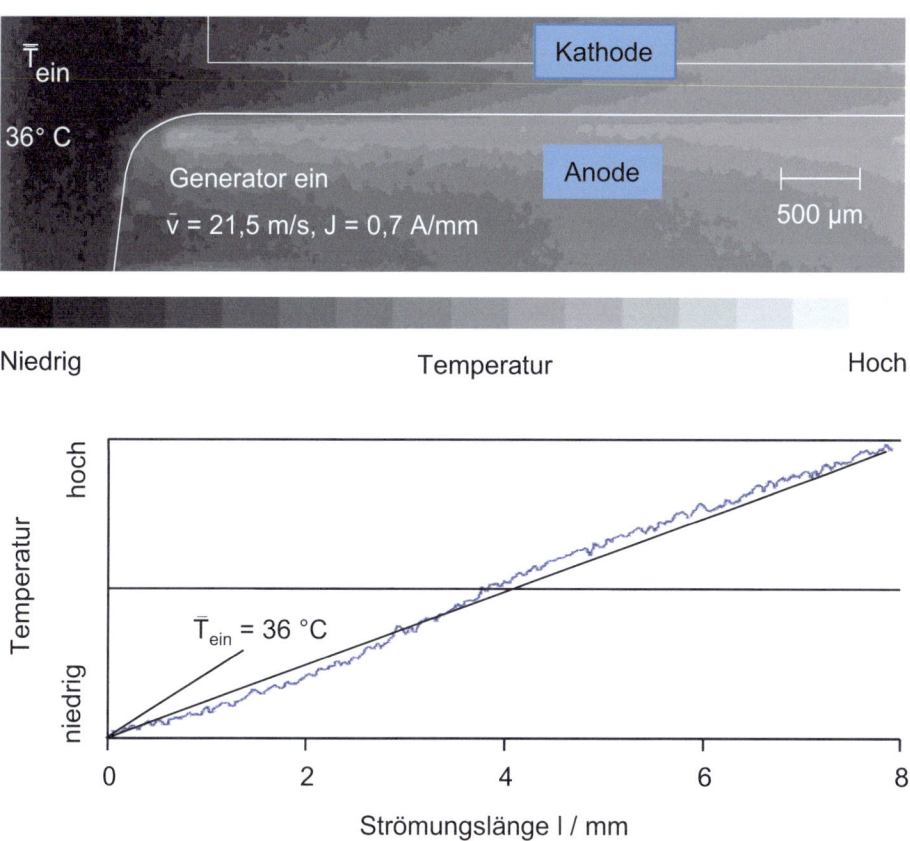

Abb. 4.16 In-Situ-Temperaturanalysen im Strömungskanal [Kloc14a]

4.3.3 Gepulste EC-Bearbeitung

4.3.3.1 Elektrisch gepulste EC-Bearbeitung

Im Laufe der Jahre haben sich verschiedene Prozessmodifikationen gebildet, in denen mit gepulsten Parametern gearbeitet wird. Deshalb ist die Nomenklatur nicht eindeutig und auch nicht standardisiert. National und international ist aber vorherrschend, dass bei der gepulsten EC-Bearbeitung die elektrischen Einstellgrößen als Prozesspulse realisiert werden. Die Kurzbezeichnung ist PECM bzw. Puls-ECM, (Abb. 4.18, oben rechts). Außerdem ist es möglich, auch die Kathodenbewegung nicht kontinuierlich, sondern oszillierend zu realisieren (Abb. 4.18, unten). Aber diese Art von „mechanischem Pulsen" drückt man im Allgemeinen nicht mehr in allgemeiner Form durch eine Erweiterung der PECM-Nomenklatur aus, sodass auch diese Variante als PECM bezeichnet wird.

Maschine

Lagefehler durch:

Systemaufbau
Positioniergenauigkeit
Wärmeausdehnung
Biegung

Werkstoff

Chem. Zusammensetzung

Vorbearbeitung

Gefüge

Arbeitsgenauigkeit

Geometrische Genauigkeit   Oberflächengüte   Abtragrate

Einstellparameter

Arbeitsspannung
Vorschubgeschwindigkeit
Ein- und Austrittsdruck
Kathodenwerkstoff

Elektrolyt

Art und Konzentration

Temperatur

pH – Wert

Verschmutzung

Geometrie

Fläche

Konturneigung

Radien und Kanten

Abb. 4.17 Einflussgrößen auf das Arbeitsergebnis

Die spezifische Variante muss sich dann aus dem Kontext ergeben. Zusätzlich sind auch firmenbezogen bestimmte Verfahrensvarianten mit geschützten Bezeichnungen im Markt verfügbar (z. B. Precise Electrochemical Machining PEM). Grundsätzliche Charakteristika der nicht gepulsten und gepulsten EC-Bearbeitung zeigt Abb. 4.18.

Durch das Pulsen wird der Arbeitsspalt geringer. Damit erhöht sich die Abbildegenauigkeit. Es können mit dieser Technologie auch kleine, filigrane Strukturen mit höchster Präzision abgebildet werden [Uhlm01]. Bei PECM kann während der Einschaltdauer (t_{on}) ein höherer Strom realisiert werden, die höhere Stromdichte führt zu einer reduzierten Spaltweite. Während der Ausschaltdauer (t_{off}) kann der Elektrolyt seine ursprünglichen, idealen Prozessparameter durch Wärmeabfuhr, Entpolarisierung, Spülung von Verunreinigungen und Abtragprodukten sowie Austausch des Elektrolyten wiederherstellen [Raju99, Desi00]. Die Periodendauer liegt im Allgemeinen in der Größenordnung von Millisekunden bis Mikrosekunden.

Bei kleinem Arbeitsabstand (s < 100 μm) können mit PECM Kurzschlüsse oder Funkenüberschläge verhindert werden und der Prozess kann stabil ablaufen. Die Länge der Zeiten und das Einschaltverhältnis (Verhältnis von Einschaltdauer zu Gesamtdauer eines Pulses) haben Einfluss auf die erzielbare Oberflächengüte. Kleine Einschaltdauern bei relativ langen Ausschaltdauern führen beispielsweise zu einer verbesserten Ober-

4.3 Technologie

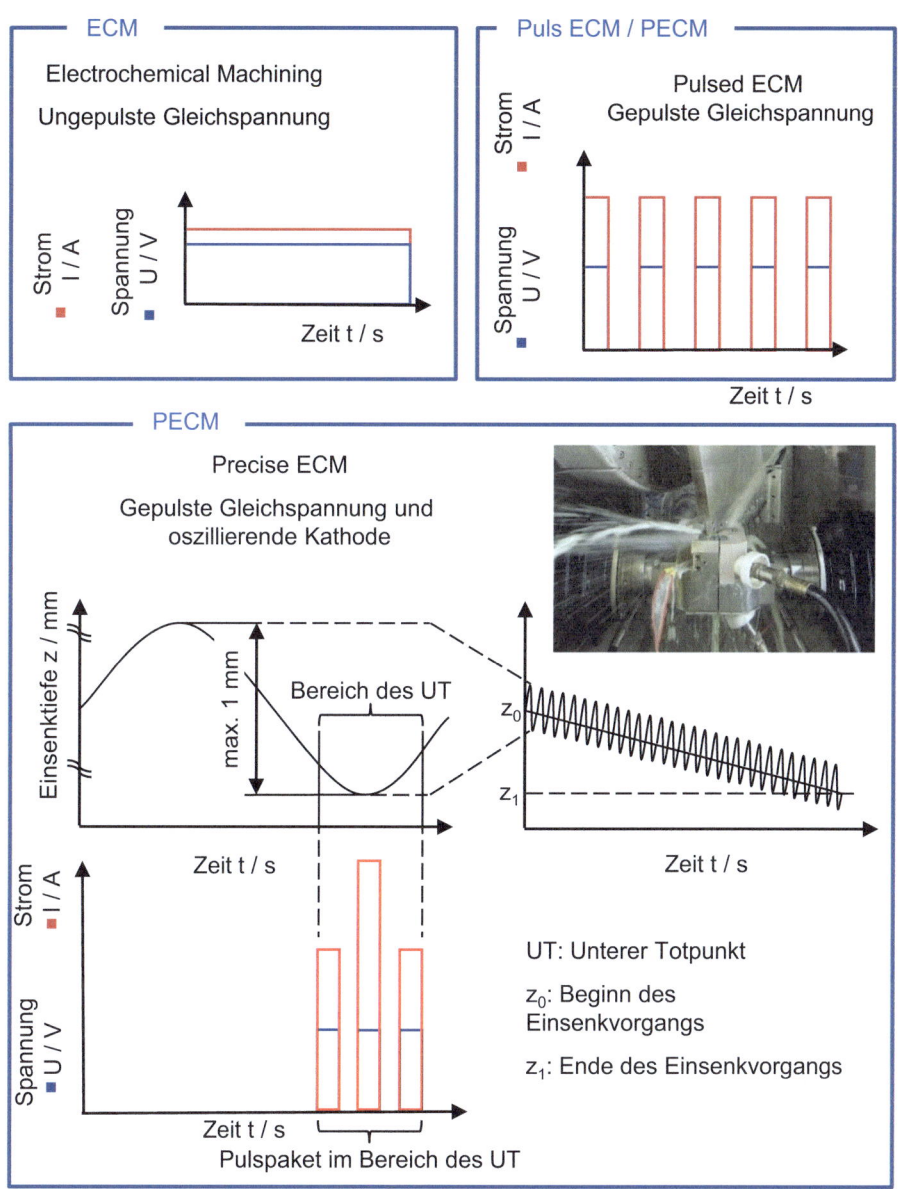

Abb. 4.18 Prozessvarianten der elektrochemischen Metallbearbeitung

fläche bei der gepulsten Bearbeitung von Ti6Al4V, einem gängigen Material für Verdichterschaufeln [Raju99]. Mit der gepulsten EC-Bearbeitung lassen sich komplexe Formen mit einer Genauigkeit von 0,02 – 0,1 mm herstellen [Koza94]. Weitere Verbesserungen der Materialabtragrate und der Oberflächengüte lassen sich bei einigen Materialien durch die Verwendung eines zeitweise umgepolten gepulsten Stroms erreichen.

Dabei wird dem anodischen Puls noch vor der Pausendauer ein kathodischer Puls vorgeschaltet, um eventuelle Ablagerungen auf der Werkzeugelektrode abzutragen [Raju99].

4.3.3.2 Zusätzliche Abhebebewegung der Werkzeugelektrode

Eine weitere Prozessvariante stellt die Verwendung einer oszillierenden Werkzeugelektrode dar. Diese Prozessvariante (Precise Electro Chemical Machining, Abb. 4.18 unten) nutzt die Ausschaltdauer, um die Elektrode ein Stück vom Werkstück wegzubewegen. Dadurch wird der Arbeitsspalt vergrößert. Hierdurch wird dann eine kontinuierliche und vollständige Spülung der Bearbeitungsstelle ermöglicht. Der Arbeitsspalt während der Periode der Einschaltzeit kann somit noch enger auf Werte im Bereich von etwa 10 μm zugestellt werden [Emag15]. Eine dadurch gewährleistete sehr hohe Geometriegenauigkeit ermöglicht insbesondere die Fertigung von komplexen Mikrostrukturen [Uhlm01]. Die Ausschaltperiode kann zusätzlich zur Spaltüberwachung und Neupositionierung der Elektrode genutzt werden [Raju99]. Die Oszillationsbewegung der Elektrode wird maschinenseitig durch den Einbau von entsprechenden Exzenter- oder Piezoantrieben realisiert, die die Bewegungen mit der notwendigen Geschwindigkeit gewährleisten können. Amplituden von 100 – 400 μm bei einer Schwingungsfrequenz von f = 50 Hz stellen Beispielwerte dar [Förs04, Wätz04]. Diese Bewegung wird der generellen Vorschubbewegung zusätzlich überlagert. Realisierte Vorschubgeschwindigkeiten liegen in der Regel zwischen $v_f = 0{,}1$ mm/min und $v_f = 1$ mm/min [Pemt04].

Das gepulste ECM-Verfahren bietet gegenüber der konventionellen EC-Bearbeitung Verbesserungspotenzial bezüglich der Abbildungsgenauigkeit. Nachteilig sind die höheren Kosten für den gepulsten Stromgenerator und die geringere Materialabtragrate. Daher ist die Anwendung des Verfahrens in erster Linie bei der Mikrostrukturierung zu finden [Raju99] oder bei Anwendungen, bei denen die Anforderungen an Toleranz und Oberflächengüte durch die nicht gepulste Bearbeitung nicht mehr erfüllt werden können.

4.3.3.3 EC-Bearbeitung mit ultrakurzen Spannungspulsen

Ultrakurze Pulse im Bereich von Nanosekunden und Pikosekunden ermöglichen bei der Mikrostrukturierung von Bauteilen eine weitere Steigerung der Abbildungsgenauigkeit bis zu lateralen Auflösungsgenauigkeiten im Submikrometerbereich. Eine Spaltaufweitung kann dabei weitgehend verhindert werden. Nicht die Stromdichteverteilung im Elektrolyt, sondern die Variation des Spannungsabfalls in der elektrochemischen Doppelschicht steuert bei diesem Verfahren die lokale elektrochemische Reaktionsrate. Zum Materialabtrag muss diese Doppelschicht, die sich wie ein Plattenkondensator verhält, während des Pulses umgeladen werden. Die Ladezeit τ wird durch das Produkt aus Elektrolytwiderstand R und Doppelschichtkapazität C_{DL} bestimmt:

$$\tau = C_{DL} \cdot R \tag{4.17}$$

Bei Veränderung des Elektrodenabstands bleibt die Kapazität der Doppelschicht konstant, während sich der wirksame Elektrolytwiderstand R mit der Länge des Stromlaufpfades ändert (Gl. 4.7). Durch hinreichend schnelle An- und Abschaltung der Spannung können gezielt nur die Elektrodenbereiche wirkungsvoll umgeladen werden, die einen entsprechend kleinen Abstand zur Gegenelektrode aufweisen. Die Reaktionsrate hängt dabei exponentiell von der Umladespannung ab. Eine Ortsauflösung von 1 μm kann bei einer Pulsdauer bis maximal 100 ns erreicht werden. Realisierbare Abtraggeschwindigkeiten liegen in der Größenordnung von 10 μm/min [Kock03, Ecmt06].

4.3.4 Elektrolyte

Die Elektrolytlösung hat bei der Elektrolyse die Funktion, die in der Lösung vorhandenen Ladungsträger zu transportieren und an den Elektroden eine elektrochemische Umsetzung hervorzurufen. Weitere Anforderungen, die zusätzlich an die Elektrolytlösung gestellt werden müssen, sind nach [VDI3401]:

- Hohe chemische Stabilität (Elektrolytlösung soll ihre Eigenschaften nicht verändern)
- Geringe Korrosionswirkung auf die Bearbeitungsapparatur
- Physiologische Neutralität in Bezug auf das Bedienungspersonal
- Günstiger Preis

Aufgrund der unterschiedlichen Bedingungen, denen eine Elektrolytlösung genügen muss, können keine eindeutigen Aussagen über den im Einzelfall anzuwendenden Elektrolyten gemacht werden [Yucy81, Zhus83]. Die Leitfähigkeit einer Elektrolytlösung ist direkt abhängig von

- der Art und der Zusammensetzung des Elektrolyten,
- der Konzentration und der Temperatur,
- der an der Kathode entwickelten Wasserstoffmenge,
- der Art der Abtragprodukte.

Für gebräuchliche Elektrolytlösungen ($NaCl$ und $NaNO_3$) liegt die spezifische Leitfähigkeit zwischen 50 und 300 mS/cm. In der Praxis kommen vorwiegend die folgenden Elektrolytlösungen mit unterschiedlichen Konzentrationen und Temperaturbereichen zum Einsatz.

4.3.4.1 Natriumchloridlösungen (NaCl)

Bei Prozessen, die mit Natriumchloridlösungen (Kochsalzlösungen) arbeiten, kommt es wegen der großen Adsorptionsaffinität der Chloridionen zu einer vorrangigen Adsorption dieser Ionen auf der Metalloberfläche im Vergleich zu den OH^--Ionen oder den Wasserdipolen. Dadurch können die Metallionen direkt mit den Chloridionen reagieren. Meistens bildet sich dabei das lösliche Metallchlorid. In einem anschließenden Hydrolysevorgang werden die Chloridionen durch (OH^-)-Ionen ausgetauscht und es entsteht das in der Elektrolytlösung ausfallende Metallhydroxid. Wegen der bei hohen Stromdichten auftretenden großen Bildungsgeschwindigkeit der Metallchloride wird deren Sättigungsgrenze in der Elektrolytlösung überschritten. Dies führt zur Bildung eines viskosen Elektrolytfilms in Anodennähe, der eine Einebnung der Oberfläche bewirkt. Weiterhin zeichnen sich diese Elektrolyte bei der Bearbeitung der meisten Stähle durch hohe Stromausbeuten aus, ein Materialabtrag findet schon im unteren Potenzialbereich statt.

4.3.4.2 Natriumnitratlösungen (NaNO$_3$)
Bei der Verwendung von Natriumnitratlösungen verläuft die Metallauflösung über einen Oxidationsvorgang des Metalls im transpassiven Bereich. In einer Nebenreaktion wird die bei der Bearbeitung von Kohlenstoffstählen erwünschte Passivschicht ausgebildet, welche zu einer guten Abbildungsgenauigkeit führt. Wird im unteren Stromdichtebereich gearbeitet, so wird nur wenig Metall aufgelöst, da nahezu die gesamte Ladungsmenge für die Sauerstoffentwicklung verbraucht wird.

4.3.4.3 Säuren
Während bei den bisher genannten Elektrolytlösungen (NaCl und NaNO$_3$) die Anodenreaktionsprodukte in der Regel als Metallhydroxide ausgefällt werden, bleiben die Abtragprodukte beim Einsatz von starken Säuren (H$_2$SO$_4$, HNO$_3$, HCl) im Elektrolyten gelöst. Um eine bei dieser Arbeitsweise mögliche Abscheidung der Metallionen auf den Kathoden in erträglichen Grenzen zu halten, kann der Elektrolyt nur jeweils so lange verwendet werden, bis eine bestimmte maximale Metallionenkonzentration erreicht ist. Dann muss der Elektrolyt erneuert oder in einem Ionentauscher aufgearbeitet werden. Ebenfalls muss der pH-Wert durch stetige Zugabe von Säure geregelt werden.

Die Anwendung ist wegen der hohen Aggressivität der Säuren auf Sonderfälle beschränkt (siehe beispielsweise das STEM-Verfahren, Abschn. 4.5.2). Weiterhin kommen auch Mischungen der beschriebenen Elektrolyte zum Einsatz, außerdem werden je nach Bearbeitungsaufgabe Komplexbildner (Citrate = Salze der Citronensäure und Tartrate = Salze der Weinsäure) verwendet [Dege73].

4.3.5 Werkzeugwerkstoffe

Da kathodenseitig weder Material auf- noch abgetragen wird, laufen ECM-Prozesse nahezu verschleißfrei ab. Die Werkzeugelektroden unterliegen lediglich einem geringen abrasiven Verschleiß, verursacht durch die Elektrolytströmung. Gleichzeitig wird prozessbedingt an beiden Elektroden elektrochemisch Gas produziert. An der Kathode entsteht vorwiegend Wasserstoff, an der Anode entsteht vorwiegend Sauerstoff [Zeis15]. Geeignete Elektrodenwerkstoffe sind Graphit, Kupfer, Wolfram und Messing. Sie weisen einen hohen Schmelzpunkt auf, um im Falle eines Kurzschlusses einen gewissen Verschleißschutz zu gewährleisten, und besitzen zudem eine hohe elektrische Leitfähigkeit.

Außerdem lassen sie sich leicht in die erforderliche Form bringen. Daneben eignen sich nichtrostende Stähle als Elektrodenwerkstoff.

4.3.6 Werkstückwerkstoffe

4.3.6.1 Charakteristisches Abtragverhalten von Werkstoffgruppen bei der Bearbeitung mit NaCl-Elektrolyten

Der in Abb. 4.12 mit A bezeichnete Kennlinienverlauf beschreibt einen konstanten, von der Stromdichte unabhängigen Abtragmechanismus. Zu dieser Werkstoffgruppe können alle homogenen und mehrphasigen Stähle zusammengefasst werden, deren schlecht lösliche Phasen so verteilt sind, dass diese aus dem Grundmaterial ausgewaschen werden können. Ein im oberen Stromdichtebereich beobachtbares Abknicken der Geraden weist dagegen auf einen Wechsel des Mechanismus hin, dessen Ursache vielfältig sein kann [Lind77]:

- Die Metallauflösung verläuft in Abhängigkeit von der Stromdichte mit unterschiedlichen elektrochemischen Wertigkeitsänderungen, d. h., die Metallionen gehen mit unterschiedlicher Ionenladung in Lösung. Eine Erhöhung (Verminderung) der Wertigkeitsänderung bewirkt ein Abflachen (Ansteigen) der v_A-J-Kennlinie.
- Das Einsetzen (Aussetzen) von Nebenreaktionen bewirkt ein Abflachen (Ansteigen) der Kennlinie.

Eine zweite Gruppe mit dem charakteristischen Abtragverhalten entsprechend des v_A-J-Kennlinientyps B (Abb. 4.12) umfasst alle Werkstoffe, die sich durch einen hohen Chrom- und Nickelgehalt auszeichnen und zu denen sowohl die austenitischen Stähle als auch die hochwarmfesten Nickellegierungen zählen.

Die dritte Gruppe von Werkstoffen, die ein elektrochemisches Abtragverhalten gemäß dem Kennlinientyp C (Abb. 4.12) aufweisen, sind Stähle mit lamellarer Ausbildung des Zementits, die ein Auswaschen der schlecht löslichen Phase verhindert. Daher erfolgt ihr Abtrag wie bei dem gut löslichen Grundmaterial auf elektrochemischem Weg. In Tab. 4.1 sind alle Werkstoffe zusammengefasst, die bei der Bearbeitung mit NaCl-Elektrolytlösungen ein Abtragverhalten gemäß dem Kennlinienverlauf Typ A, B oder C aufweisen [Lind77].

4.3.6.2 Charakteristisches Abtragverhalten von Werkstoffgruppen bei der Bearbeitung mit NaNO$_3$-Elektrolyten

Der in Abb. 4.12 mit Typ D gekennzeichnete Kennlinienverlauf beschreibt das passivierende Verhalten, das aufgrund der unterhalb von J_{min} abtragunwirksamen Reaktionen eine Begrenzung der Spaltaufweitung bedingt. Für die sich anschließenden linearen Zusammenhänge zwischen der Abtraggeschwindigkeit und der Stromdichte sind wieder die

Tab. 4.1 Klassifiziertes Abtragverhalten der Werkstoffgruppen bei der Bearbeitung mit NaCl-Elektrolytlösungen

Elektrochemische Senkbarkeit	Werkstoff	Klassifizierende Merkmale
Typ A	C110 55NiCrMoV7 54NiCrMoV6 X33CrMoV33 X12CrNiMo12-2 X22CrMoV12	Homogene oder mehrphasige Stähle, deren schlecht lösliche Phasen so verteilt sind, dass sie aus dem Grundmaterial ausgewaschen werden können. Legierungsgehalt: bis zu 12 % Cr, 2,5 % Ni, 2 % Mo
Typ B	X10CrNiTi18-9 X10CrNiMoTi18-10 NiCr20TiAl NiCr20Co18Ti NiCr20Co14MoTiAl NiCo20Cr15MoAlTi NiCr20Co20MoTiAl Ti6Al4V	Austenitische Stähle und Nickellegierungen Korngrenzenkarbide
Typ C	C15 C35E C45E C60E	Stähle mit lamellarer Ausbildung des Zementits, die eine Auswaschung der schlecht löslichen Phase verhindern

bereits beschriebenen, möglichen Abtragmechanismen gültig. Die bisher untersuchten Werkstoffe können bei einer Bearbeitung mit Natriumnitratelektrolyten in drei Gruppen mit charakteristischen Abtragverhalten entsprechend des spezifischen v_A-J-Kennlinienverlaufs unterteilt werden. Die erste Werkstoffgruppe zeichnet sich dadurch aus, dass alle in ihr enthaltenen Werkstoffe – Stähle mit ferritischer, perlitischer und martensitischer Gefügestruktur bei einem Legierungsgehalt von etwa 12 % Cr, 1,5 % Ni und 2,0 % Mo – ein Abtragverhalten aufweisen, das dem v_A-J-Kennlinientyp D entspricht (Passivität).

Die zweite Werkstoffgruppe enthält die austenitischen Stähle, deren charakteristisches Abtragverhalten darin besteht, dass die v_A-J-Kennlinien durch den Ursprung verlaufen. Im unteren Stromdichtebereich weisen sie dabei ein Übergangsverhalten auf, das dem der ersten Werkstoffgruppe entspricht.

Für die beiden letztgenannten Werkstoffgruppen ist die Kennliniensteigung im oberen Stromdichtebereich ($v_A \sim J$) weder von der Elektrolytkonzentration noch von dessen Temperatur abhängig. Auch zeigt die Struktur des Werkstoffs einen kaum messbaren Einfluss auf die Kennliniensteigung. Demgegenüber werden die innerhalb des Übergangsbereichs ablaufenden Reaktionsmechanismen in hohem Maße von den genannten Elektrolysebedingungen beeinflusst. Ursache hierfür ist die Ausbildung einer elektronenleitenden Deckschicht. Die dritte Werkstoffgruppe, welche die Nickellegierungen umfasst, wird durch ein Abtragverhalten charakterisiert, das dem der austenitischen

4.3 Technologie

Tab. 4.2 Klassifiziertes Abtragverhalten der Werkstoffgruppen bei der Bearbeitung mit NaNO$_3$-Elektrolytlösungen

Elektrochemische Senkbarkeit	Werkstoff	Klassifizierende Merkmale
Typ D	C15 Ck35 Ck45 C110 55NiCrMoV7 54NiCrMoV6 X33CrMoV33 X20Cr13 X40Cr13	Stähle mit ferritischer, perlitischer, martensitischer Gefügestruktur Legierungsgehalt bis 2.5 % Ni, 2 % Mo, 12 % Cr
Typ D	X12CrNiMo12-2 X22CrMoV12	Stähle mit lamellarer Ausbildung des Zementits. Austenitische Stähle
Typ A bis D	X10CrNiTi18-9 X10CrNiMoTi18-10	Stähle mit lamellarer Ausbildung des Zementits. Austenitische Stähle
Typ A	NiCr20TiAl NiCr20Co18Ti NiCr20Co14MoTiAl NiCo20Cr15MoAlTi NiCr20Co20MoTiAl	Nickellegierungen Korngrenzenkarbid
Typ C	Inconel 718 TiAl	Nickellegierungen Korngrenzenkarbid

Stähle entspricht. Im unteren Stromdichtebereich tritt jedoch kein Übergangsverhalten, hervorgerufen durch Ausbildung einer elektronenleitenden Deckschicht, auf. Darüber hinaus muss der Wärmebehandlungszustand als Einflussgröße auf die Kennliniensteigung berücksichtigt werden. In Tab. 4.2 sind die mit NaNO$_3$-Elektrolytlösungen bearbeiteten Werkstoffe entsprechend ihres elektrochemischen Abtragverhaltens aufgelistet [Lind77].

4.3.6.3 Weiterführende Literatur zum charakteristischen Abtragverhalten ausgewählter Werkstoffe

Eine Übersicht zu den während des DC-Verfahrens erzielbaren spezifischen Abtragraten von Titan- und Nickelbasislegierungen, die im Triebwerksbau oft Verwendung finden, findet sich in [Kloc13a]. Zusätzlich finden sich in [Kloc12] Informationen zur erzielbaren Oberflächengüte speziell für Ti-6Al-4V und Inconel 718. Das Abtragverhalten ausgewählter Titanaluminide wurde detailliert in [Kloc15a] untersucht. Hierbei wird sowohl auf die erzielbaren spezifischen Abtragraten als auch auf das lokale Auflöseverhalten der unterschiedlichen Werkstoffphasen eingegangen. Ein Vergleich zum Einfluss bei beiden grundsätzlich unterschiedlichen Elektrolytsystem NaCl und NaNO$_3$ hinsichtlich der

Auflösung einzelner Phasen findet sich in [Kloc18e]. Auch die Hartmetallbearbeitung ist mittels ECM möglich. Bei Verwendung der beiden zuvor genannten pH-neutralen Elektrolytsysteme erfolgt der Abtrag primär über die metallische Bindephase und das Herauslösen der Karbidpartikel durch die Fluiströmung. Dementsprechend wird ein hoher Bindephasenanteil für ein stabiles Auflöseverhalten bevorzugt. Alternativ kann der Abtrag auch in alkalischen Systemen bei höchsten Stromdichten über eine Oxidschichtbildung realisiert werden. Hierdurch lässt sich dann auch die Karbidphase aktiv abtragen, sodass ein homogener Abtrag beider Phasen realisiert werden kann, vgl. [Schu14, Schn17, Schu18]. So lassen sich dann auch Hartmetalle mit kleinem Binderanteil bis hin zu sogenanntem binderlosem Hartmetall mittels ECM abtragen. Die erzielbaren Abtragraten liegen allerdings deutlich unter denen von Metallwerkstoffen, sie liegen in einer Größenordnung von 120 µm/min, vgl. [Damm22].

4.4 Werkzeugauslegung

4.4.1 Allgemeines

Wie in Abschn. 4.2 erwähnt, besteht eine zentrale Herausforderung der elektrochemischen Senkbearbeitung in der geometrischen Auslegung der Werkzeugkathoden. In der industriellen Praxis geschieht die Kathodenentwicklung weitestgehend auf der Basis von Erfahrungen und mit heuristischen Methoden. Dies hat kostenintensive und zeitaufwändigezeitaufwändige Iterationsschleifen in der Werkzeugauslegung zur Folge. Den Iterationszyklus zeigt Abb. 4.19.

Daher wurde versucht, das elektrochemische Senken in einem Simulationsmodell abzubilden. Allerdings vernachlässigten die meisten Modelle wesentliche physikalische Effekte des Prozesses. Dies hat zur Folge, dass die Genauigkeit in vielen Fällen nicht ausreichend war. In der Industrie wird deshalb nach wie vor häufig die $\cos(\varphi)$-Methode [Tipt64] angewendet (alternative Formulierung zur $\sin(\alpha)$ Methode in Abschn. 4.2). Die Methode weist zwar einen stark eingeschränkten Gültigkeitsbereich auf, ist aber mit überschaubarem Aufwand in CAD-Systeme zu implementieren ist [Zeis15].

4.4.2 Heuristische Auslegungsmethoden

Aufgrund der physikalischen Komplexität des Prozesses haben sich in der Praxis besonders die vereinfachten mathematischen Modelle etabliert. Die $\cos(\varphi)$-Methode ist das verbreitetste Verfahren zur Berechnung von Werkzeugen zur Erzeugung elektrochemisch gefertigter Konturen. Der Grundgedanke der $\cos(\varphi)$-Methode beruht auf einer Erweiterung der nach Faraday zu erwartenden Stirnspaltweite s_{90} in Abhängigkeit von dem Konturneigungswinkel φ. Die $\cos(\varphi)$-Methode basiert auf der Differentialgleichung für die zeitliche Änderung der Arbeitsspaltweite s_φ:

4.4 Werkzeugauslegung

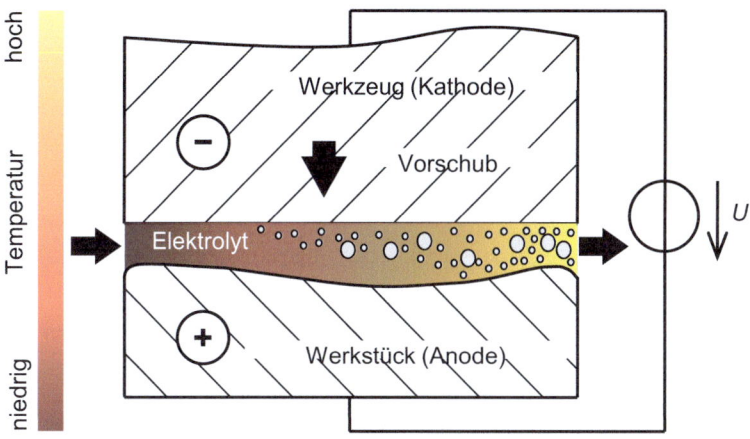

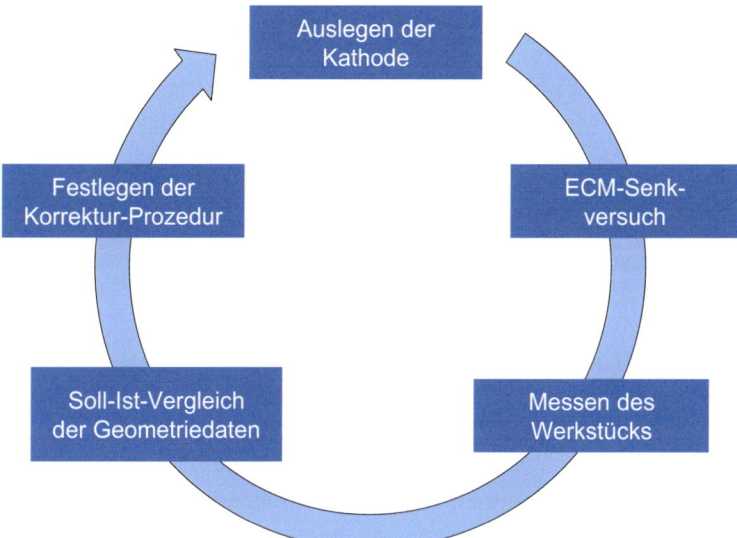

Abb. 4.19 Iterationszyklus zum Auslegen der Kathodengeometrie (oben: [Kloc14a])

$$\frac{\partial s_\varphi}{\partial t} = \underset{\text{Auflösung}}{V_{\text{eff}} \cdot J} - \underset{\substack{\text{Vorschub} \\ \text{normal zum} \\ \text{Werkstück}}}{v_a \cdot \cos(\varphi)} \qquad (4.18)$$

Die zeitliche Änderung des Arbeitsspaltes ist nach Gl. 4.18 die Differenz zwischen Faraday'scher Auflösung und der Kathodenvorschubgeschwindigkeit normal zur Werkstückoberfläche. Für einen stationären Arbeitsspalt ist diese zeitliche Änderung null. Wird auf der rechten Seite der Gl. 4.19 die Stromdichte J des Terms, der die Auflösung beschreibt, mithilfe des Ohm'schen Gesetzes zu

$$U = R \cdot I = \frac{J \cdot s_\varphi}{\kappa} \qquad (4.19)$$

umgeformt, ergibt sich ein Zusammenhang für die lokale Spaltweite s_φ in Abhängigkeit von dem Konturneigungswinkel φ [Hümb75]:

$$s_\varphi(\varphi) = \frac{U_{el} \cdot V_{eff} \cdot \kappa}{v_f \cdot \cos(\varphi)} \qquad (4.20)$$

Aus Gl. 4.20 geht hervor, dass für einen Konturneigungswinkel von neunzig Grad der Seitenspalt gegen unendlich strebt, was eine physikalisch nicht sinnvolle Lösung darstellt. Der Fehler, der bei dieser Methode für große Winkel gemacht wird, hängt signifikant von der Annahme eines stationären Arbeitsspaltes ab. Da aber auch bei nicht vorhandener Relativbewegung ein Strom fließt, wird sich im Seitenspalt innerhalb klassischer Bearbeitungszeiten kein stationärer Zustand einstellen, sodass diese Annahme ungültig ist. Die $\cos(\varphi)$-Methode liefert, besonders für kleine Winkel φ, gute Ergebnisse und ist einfach anzuwenden. Sie findet deshalb breite Anwendung in der Industrie und dient vielen, der im folgenden Abschnitt beschriebenen iterativen Auslegungsverfahren als Ausgangspunkt. Für Geometrien mit größeren Winkeln φ verliert die $\cos(\varphi)$-Methode jedoch ihre Gültigkeit [Zeis15].

4.4.3 Numerische Auslegungsmethoden

4.4.3.1 Direkte und inverse Problemstellung

Bei der mathematischen Modellierung des ECM-Prozesses wird zwischen dem direkten und dem inversen Problem unterschieden. Beim direkten Problem wird, ausgehend von einer gegebenen Kathodengeometrie, die sich ergebende Anodengeometrie ermittelt. Das inverse Problem hingegen sucht die Kathodengeometrie, die zur Ausbildung einer vorgegebenen Anodengeometrie führt [Hind13]. Jede Lösung des inversen Problems stellt folglich ein Verfahren zur Kathodenauslegung dar. Die Lösung des inversen Problems hat aufgrund des kostenaufwendigen Auslegungsprozesses für die Industrie eine deutlich größere Bedeutung als die Lösung des direkten Problems. Dennoch konzentriert sich der Großteil an Veröffentlichungen auf das Lösen des direkten Problems. Ein möglicher Grund liegt darin, dass das inverse Problem unterbestimmt ist. So existiert in einigen Fällen für eine Anodengeometrie entweder gar keine mathematische Lösung, oder es gibt mehrere Kathodengeometrien, welche dieselbe Anodengeometrie abbilden. [Zeis15] hat sich ausgiebig mit der Lösung des inversen Problems beschäftigt und er hat Lösungen vorgestellt. Im Folgenden wird zunächst das inverse Problem definiert, um anschließend Lösungswege vorzustellen.

Das inverse Problem stellt ein freies Randwertproblem dar, welches die Lösung einer partiellen Differentialgleichung erfordert, die für eine unbekannte Funktion auf einer unbekannten Domäne gelöst wird. Im Fall des ECM-Prozesses wird z. B. die Laplace-Gleichung im Elektrolytkanal gelöst, dessen Rand aufgrund der gesuchten Kathodengeometrie unbekannt ist. Abb. 4.20 zeigt die entsprechenden Randbedingungen. Ausgehend von diesem Modell muss eine Kathodengeometrie gefunden werden, sodass die Laplace Gleichung und alle Randbedingungen für eine gegebene Werkstückkontur erfüllt sind. Es handelt sich zunächst ausschließlich um eine Analyse des elektrischen Feldes, die jedoch um die Effekte der Fluidströmung, Temperaturverteilung und Gasentwicklung erweitert werden kann [Raju99].

Es ist wichtig, festzuhalten, dass die Randbedingung bezüglich des Spannungsabfalls an der Kathode auf der Annahme stationärer Bedingungen beruht. Das heißt, dass sich der Elektrolytkanal mit der Vorschubgeschwindigkeit bewegt, ohne seine Form zu ändern. Dementsprechend liefert die Lösung des inversen Problems nur für diejenigen Werkstückgeometrien die gesuchte Kathodenkontur, bei deren Fertigung ein stationärer Zustand erreicht wird.

4.4.3.2 Simulationsgestützte Kathodenauslegung zur Fertigung von Triebwerksschaufeln

Für das direkte Problem ist es gelungen, ein Simulationsmodell auf FEM-Basis für die elektrochemische Metallbearbeitung auf Prozessebene aufzustellen. Dazu identifizierte und modellierte [Zeis15] die in der ECM-Bearbeitung dominierenden Effekte der Elektrochemie, der Strömungsmechanik und der Thermodynamik, um ortsaufgelöst

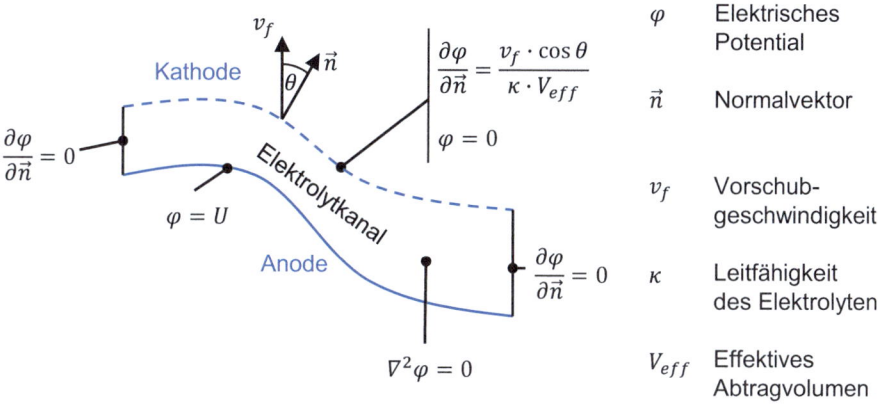

Abb. 4.20 Elektrische Randbedingungen des inversen Problems [Zeis15]

den Materialabtrag zu bestimmen und Parameter zu quantifizieren. Die gewonnenen Erkenntnisse wurden auch auf reale, industrielle Anwendungen übertragen, und es konnte gezeigt werden, dass mit dem erstellten Modell Elektrodenprofile, mit denen Strömungsflächen an Verdichterschaufeln für Flugtriebwerke hergestellt werden sollen, durch Simulation so genau berechnet werden können, dass alle wichtigen Maße innerhalb der Fertigungstoleranz lagen.

Abb. 4.21 zeigt dabei einen Teil der Prozesskette zur Fertigung der Leitschaufel, die als Anwendungsfall zur Validierung des Simulationsmodells herangezogen wurde. Die ECM-Bearbeitung der Strömungsflächen inklusive der Ein- und Austrittskante sowie die Übergangsradien zu den Deckbändern werden dabei in einem Arbeitsgang nach einem Vorschmiedeprozess gefertigt.

Die Auslegung der Werkzeugelektroden erfolgte wie oben beschrieben in Anlehnung an die $\cos(\varphi)$-Methode sowie unter Zuhilfenahme von Erfahrungswerten und stellt das Prozessergebnis bereits nach wenigen Iterationsschleifen dar. Für einen aerodynamischen Referenzschnitt (Schnitt A-A, Abb. 4.21) wurde parallel der elektrochemische Senkprozess berechnet. Abb. 4.22 zeigt in einer Falschfarbendarstellung die Differenz zwischen dem gefertigten und anschließend gemessenen Ergebnis sowie der Simulation. In grau ist die angestrebte Nominalgeometrie der Triebwerksschaufel abgebildet. Die Simulation stimmte gut mit den Messergebnissen des real gefertigten Schaufelprofils überein. So konnte beispielhaft die nicht beabsichtigte Abflachung an der Druckseite der Schaufelhinterkante sehr präzise simuliert und somit indirekt ein Fehler in der konventionellen Kathodenauslegung aufgedeckt werden (Abb. 4.22).

Obgleich dadurch erfolgreich nachgewiesen werden konnte, dass der Abtragprozess der elektrochemischen Senkbearbeitung präzise und effizient berechnet werden kann, folgt der Simulation noch immer eine iterative manuelle Kathodenanpassung.

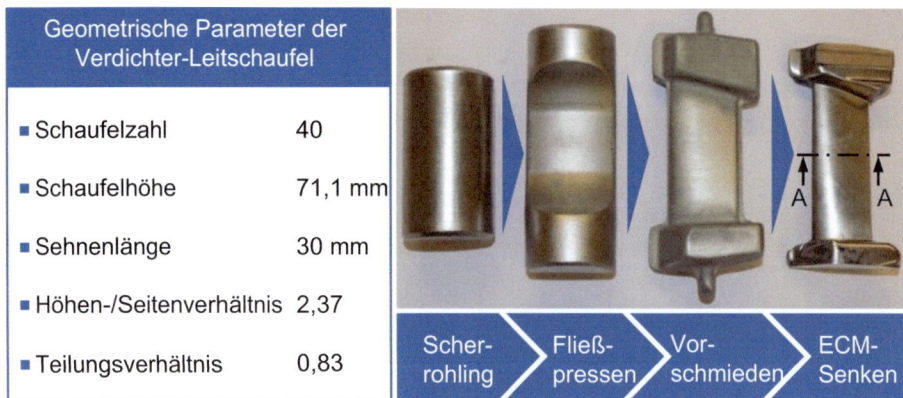

Abb. 4.21 Demonstrator-Schaufel und Teile der Prozesskette [Zeis15, Kloc15b]

4.4 Werkzeugauslegung

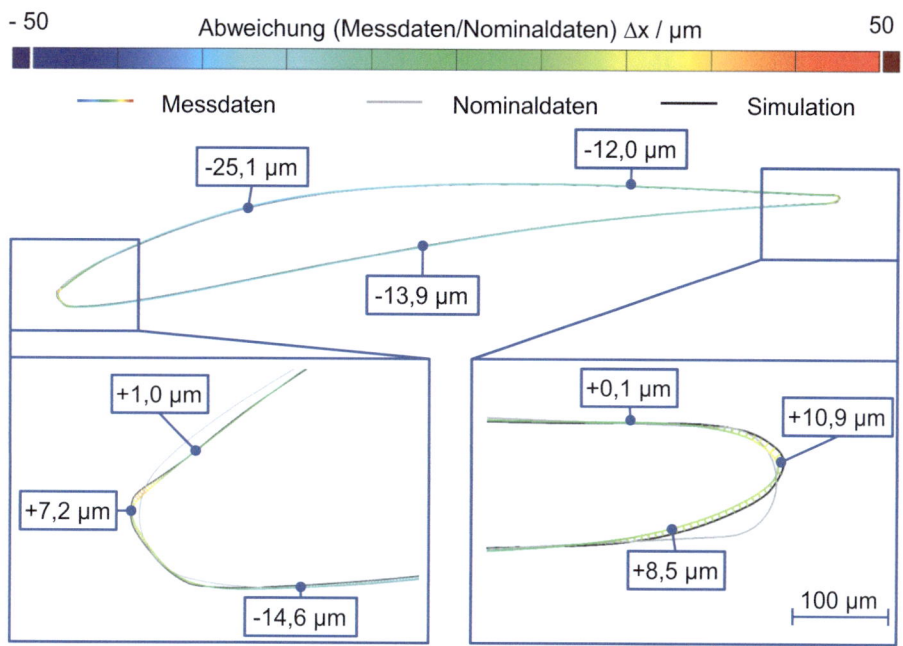

Abb. 4.22 Vergleich von Simulation und gefertigter Schaufel [Zeis15]

Die intelligentere Lösung bestünde darin, den Prozess zu invertieren, da letztlich stets die Kathodengeometrie die gesuchte Größe darstellt. Dabei handelt es sich jedoch wie oben beschrieben um ein mathematisch schlecht gestelltes Problem, sodass für die elektrochemische Senkbearbeitung sinnvolle Randbedingungen zur Schließung der Problemstellung abgeleitet sowie Konstruktionsvorschriften des Kathodendesigns aufgestellt werden müssen. Unter diesen Voraussetzungen konnte exemplarisch für die bekannte Verdichter-Leitschaufelgeometrie ein Kathodenpaar ausgelegt und mithilfe der validierten Vorwärtssimulation die resultierende Schaufel berechnet werden. Abschließend wurden die Ergebnisse mit der Soll-Geometrie der Verdichterschaufel sowie dem Prozessergebnis des konventionell ausgelegten Kathodenpaares verglichen [Zeis15].

Initial wurde zur Invertierung des Verfahrens angenommen, dass stationäre Senkbedingungen bestehen. Wie bereits am Beispiel der $\cos(\varphi)$-Methode gezeigt, wird diese Randbedingung im Bereich der Ein- und Austrittskanten jedoch in der Regel keine hinreichend genaue Lösung liefern, da an diesen Stellen keine stationären Senkbedingungen erreicht werden. Trotzdem stellt das Verfahren unter ingenieurwissenschaftlichen Gesichtspunkten den einzig sinnvollen inversen Modellierungsansatz dar. So ist diese Herangehensweise nicht auf praxisirrelevante analytische Funktionen beschränkt und kann zudem effizient in bestehende Simulationsansätze implementiert werden. Zur Validierung wurde mit jedem ermittelten Kathodenpaar mithilfe des validierten Simulationsmodells (Abb. 4.22) jeweils eine Berechnung des Abtragprozesses (Vorwärtssimulation) durchgeführt und die Abweichung zwischen der simulierten Schaufel und der Soll-Geometrie bestimmt [Zeis15].

Es wurde gezeigt, dass die Simulation der Fertigung einer Turbinenschaufel in guter Übereinstimmung mit den experimentellen Daten validiert wurde. Das iterative virtuelle Verfahren macht sich dieses Ergebnis zunutze, indem es die Kathoden auf der Basis der Vorwärtssimulation korrigiert. Jede Simulation liefert eine Anodengeometrie, die mit der Soll-Geometrie abgeglichen wird. Aus der Differenz der beiden Geometrien kann wiederum die Korrektur der Kathodengeometrie abgeleitet werden. Ist der simulierte Abtrag lokal größer als von der Soll-Geometrie vorgegeben, muss an dieser Stelle Material von der Kathode abgenommen werden. Steht hingegen die simulierte Anodengeometrie aus der Soll-Geometrie hervor, muss der Spalt zwischen Kathode und Schaufel im Endstand verkleinert werden. In Abb. 4.23 ist diese Vorgehensweise am Beispiel der druckseitigen Hinterkante der Verdichter-Leitschaufel dargestellt. Im Gegensatz zur industriellen Praxis, in der die Kathodenkorrektur meist erfahrungsbasiert nach heuristischen Methoden vorgenommen wird, wurde somit eine analytische Möglichkeit geschaffen, mit welcher die Kathoden vom Anwender unabhängig angepasst werden können.

Die Soll-Geometrie sowie die Simulationsergebnisse sind jeweils als Punktewolke mit etwa 500 Punkten gegeben. In jedem Punkt erfolgt die Korrektur über die Projektion des Abstandes zwischen Soll- und Ist-Geometrie entlang des Normalenvektors auf die Kathode. Ein Spline, der durch die in dem Verfahren ermittelten Punkte gelegt wird, bildet die korrigierte Kathodengeometrie. Das allgemeine Vorgehen des vorgestellten Verfahrens gleicht stark dem iterativen experimentellen Auslegungsverfahren der Industrie, allerdings bestehen zwei entscheidende Verbesserungen. Zum einen beruht die Korrektur der Kathoden bei der virtuellen Auslegung auf der Simulation des Fertigungsprozesses, wodurch weder Materialkosten noch Maschinenkosten entstehen. Zum anderen wurde

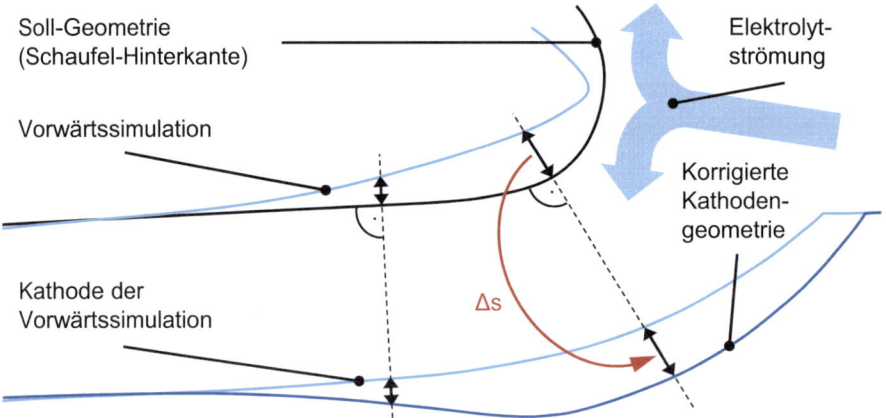

Abb. 4.23 Verfahren zur Kathodenkorrektur am Beispiel der druckseitigen Schaufelhinterkante [Zeis15, Kloc15b]

4.4 Werkzeugauslegung

eine feste Korrekturvorschrift verwendet, welche die ermittelten Kathodengeometrien unabhängig von dem Anwender macht. Daher wurde als Ausgangsgeometrie das Ergebnis der stationären Kathodenauslegung verwendet, welches ebenfalls unabhängig vom Anwender ist. Darüber hinaus wäre es auch für das iterativ experimentelle Verfahren ohne großen Aufwand möglich, das entwickelte Korrekturverfahren zu übertragen.

In Abb. 4.24 sind die Ergebnisse der Vorwärtssimulation des ersten Iterationsschritts dargestellt. Auf den Strömungsflächen werden die geringsten Abweichungen erreicht und im Bereich der Kanten war es über dieses Verfahren möglich, innerhalb der Toleranzen zu fertigen. Besonders an der Hinterkante wird mit einer maximalen Abweichung von 27,4 µm eine deutliche Verbesserung im Vergleich zur konventionellen Auslegung erreicht. Das Ergebnis zeigt, dass, zumindest für die analysierte Schaufelgeometrie, die entwickelte Korrekturvorschrift der erfahrungsbasierten Anpassung überlegen ist [Zeis15].

Simulationsansätze zur Berücksichtigung sowohl einer elektrischen als auch einer mechanischen Prozesspulsung durch die zyklische Abhebebewegung der Werkzeugelektrode finden sich in [Kloc18b].

Zur Modellbildung und Simulation der unterschiedlichen lokalen Phasenauflösung mehrphasiger Werkstoffe wurden ebenfalls Entwicklungsarbeiten durchgeführt. Am Beispiel von 42CrMo4 wurde ein Halbleitermodell über der anodischen Passivschicht, die sich im transpassiven Auflösebereich ausbildet, erfolgreich aufgestellt, mit dessen

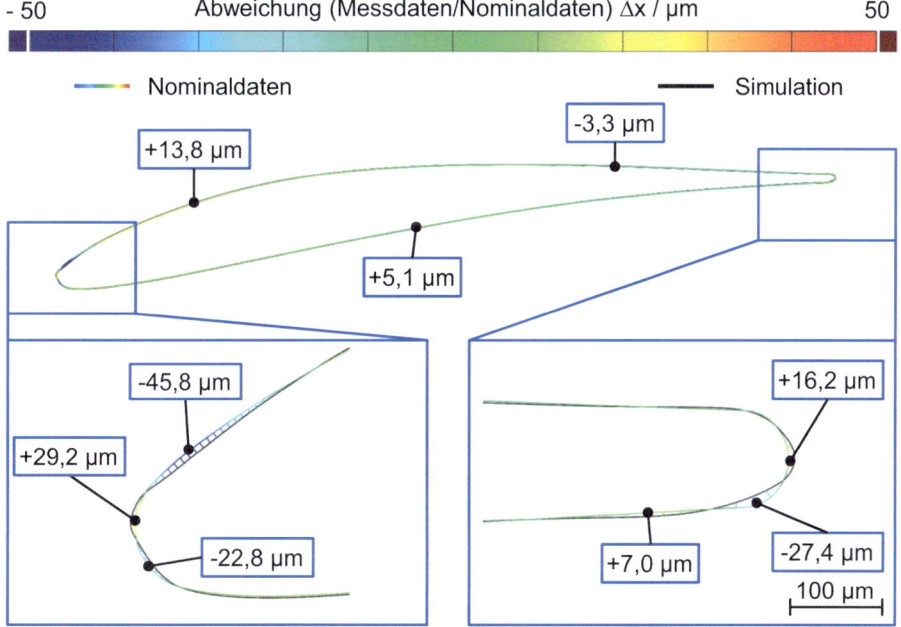

Abb. 4.24 Validierung der iterativ virtuellen Kathodenauslegung [Zeis15]

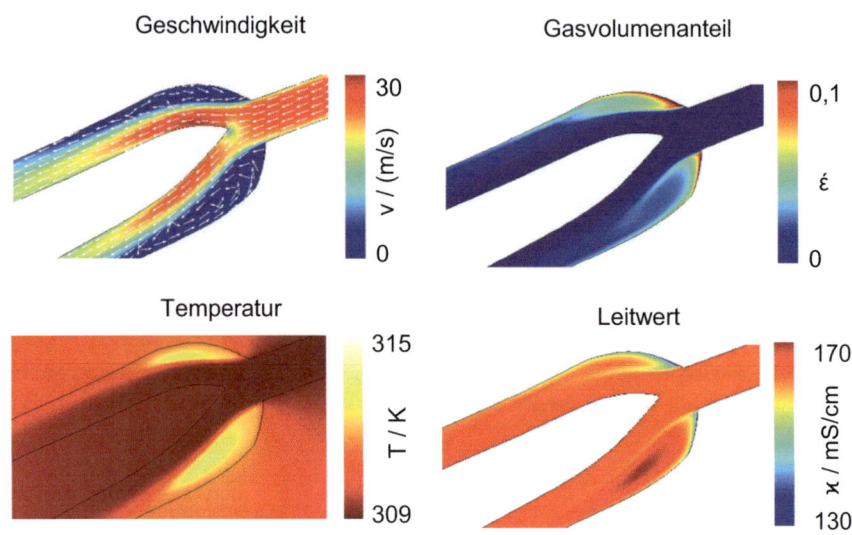

Abb. 4.25 Iterative virtuelle Kathodenauslegung [Kloc15b]

Hilfe resultierende Phasenauflösegeschwindigkeiten und die Ausbildung eines dynamischen Gleichgewichts von lokalem Überstand einer Phase berechnet werden können, vgl. Kap. 9 und [Kloc17b, Kloc18c].

Zusammenfassend zeigt Abb. 4.25 wesentliche Prozessgrößen und Zustandsgrößen, die im Arbeitsspalt in gegenseitiger Abhängigkeit stehen und die gesamtheitlich modelliert werden müssen. Solche Multi-Physik-Simulationsansätze bilden eine wichtige Grundlage für die zukünftige erfolgreiche Aufstellung digitaler Zwillinge für die ECM-Bearbeitung [Guoy23].

4.5 Anwendungsbeispiele und weitere Verfahrensvarianten

4.5.1 Anwendungsbeispiele für das elektrochemische Senken

Aus den verfahrensspezifischen Merkmalen des elektrochemischen Senkens ergeben sich zahlreiche Eigenschaften, die eine Vielzahl von Anwendungsmöglichkeiten eröffnen. Ein Haupteinsatzgebiet des elektrochemischen Senkens ist der Turbomaschinenbau, weil hier oft hochwarmfeste Werkstoffe (Legierungen auf Nickel-, Kobalt- und Titanbasis) bearbeitet werden müssen, die mit herkömmlichen Verfahren häufig nur schlecht bearbeitbar sind [Kell85, Pott87]. Abb. 4.26 zeigt durch ECM hergestellte Verdichterschaufeln und Leitschaufeln. Ausgangsmaterial ist ein geschmiedeter Aufmaßrohling bzw. ein rechteckiges Halbzeug mit Zapfen zum Spannen in der Maschine. Schaufelfüße und Deckband werden anschließend spanend nachbearbeitet.

Bearbeitungsanlagen zur EC-Bearbeitung im Triebwerksbau sind in Abb. 4.27 dargestellt. Im linken Bild ist eine Schaufelbearbeitung zu sehen. Hierbei werden

4.5 Anwendungsbeispiele und weitere Verfahrensvarianten

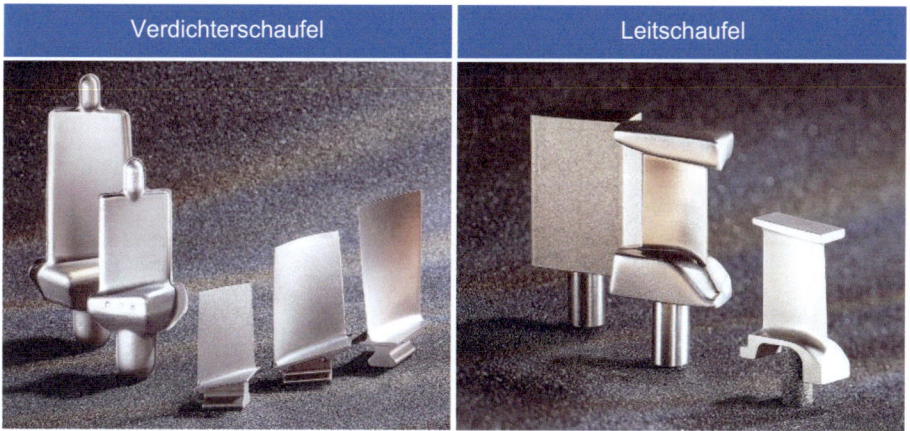

Abb. 4.26 Verdichterschaufel und Leitschaufel durch ECM hergestellt, Kopf bzw. Fuß spanend nachbearbeitet. (Quelle: Leistritz)

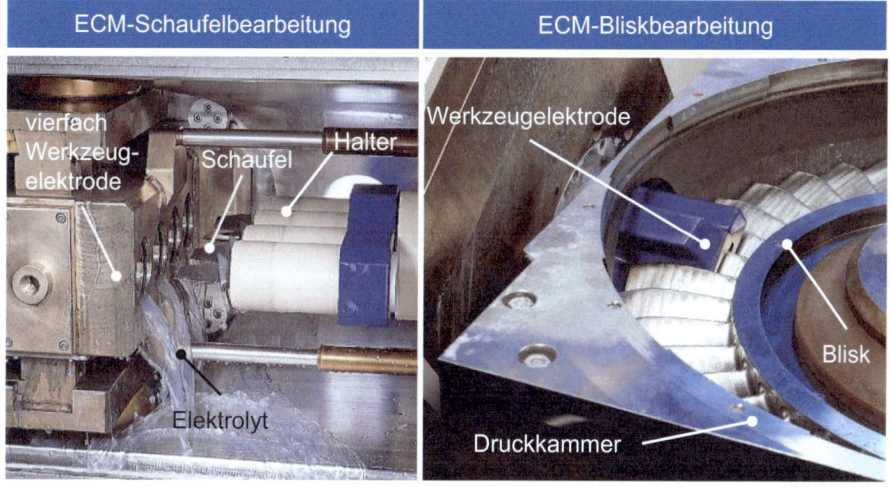

Abb. 4.27 Bearbeitungsanlagen zur ECM-Bearbeitung im Triebwerksbau. (Quelle: Leistritz)

gleichzeitig 4 Werkstücke bearbeitet. Die Werkstücke werden in einen Werkstückhalter eingespannt und anodisch gepolt. Die kathodisch gepolten Werkzeuge bewegen sich vertikal nach oben bzw. unten, während die Werkstücke horizontal in die Werkzeuge bewegt werden. Im rechten Bild ist eine Blisk-Bearbeitung dargestellt. Zu sehen ist das vorbearbeitete Blisk-Rad mit eingefädelten Werkzeugen. Zur EC-Bearbeitung wird die Kammer mit Elektrolyt geflutet.

Abb. 4.28 zeigt Anwendungsbeispiele der EC-Bearbeitung von Schaufeln, Laufrädern und Läuferwellen für den Gas- und Dampfturbinenbau. Die entsprechenden

Profile werden komplett aus dem Vollen herausgearbeitet. Es wird dabei ein besserer Spannungsverlauf im Schaufelfuß als bei gesteckten Schaufeln erreicht. Die Bearbeitungszeit liegt bei ungefähr 6 min pro Schaufel.

In Abb. 4.29 ist die elektrochemische Bearbeitung von gekrümmten, elliptischen Kühlbohrungen in einer Hochdruckturbinenscheibe dargestellt. Die Kontur bewirkt

Abb. 4.28 EC-Bearbeitung von Schaufeln, Laufrädern und einteiligen Läuferwellen. (Quelle: Köppern)

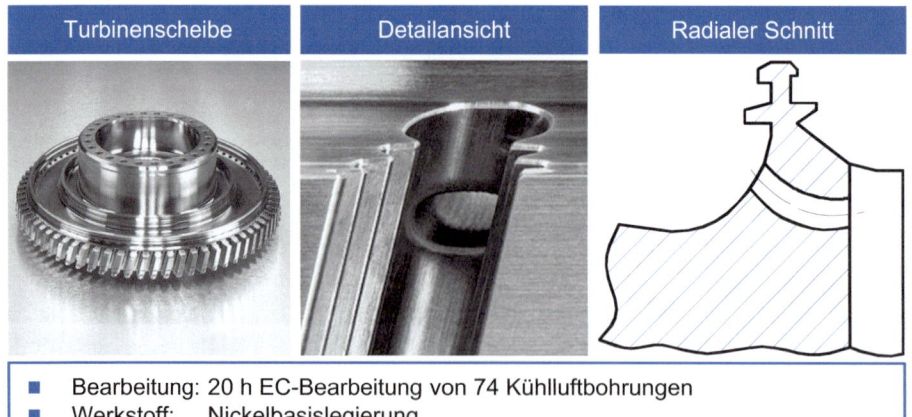

Abb. 4.29 EC-Bearbeitung von gekrümmten, elliptischen Kühlbohrungen in einer Hochdruckturbinenscheibe eines Flugzeugtriebwerks. (Quelle: Köppern, Rolls-Royce Deutschland)

4.5 Anwendungsbeispiele und weitere Verfahrensvarianten

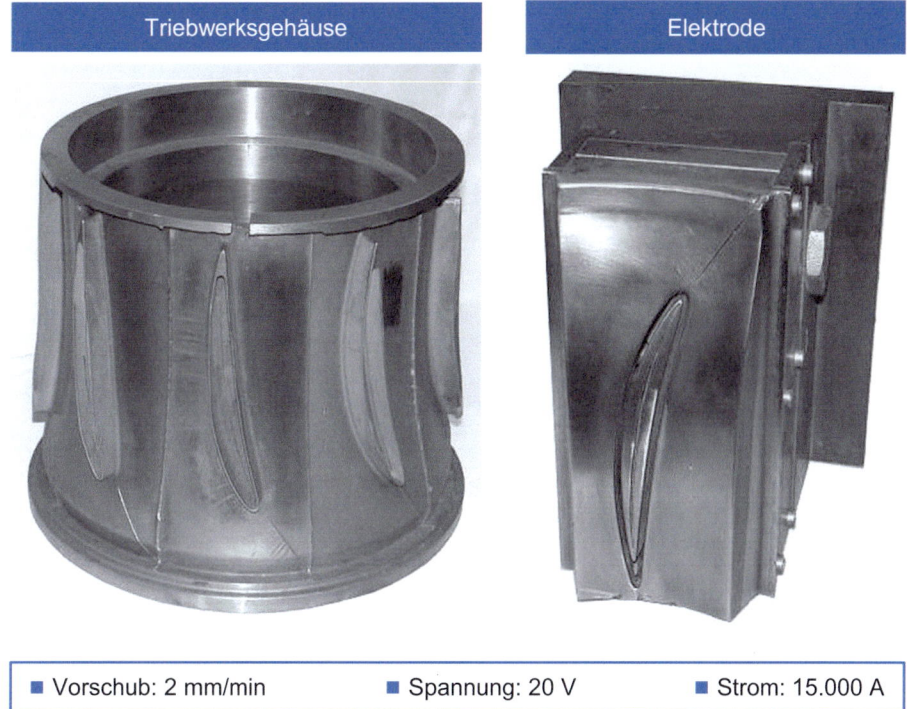

- Vorschub: 2 mm/min
- Spannung: 20 V
- Strom: 15.000 A

Abb. 4.30 Elektrochemisches Senken eines Profils mit schaufelförmigen Schweißenden. (Quelle: MTU-Aero Engines)

einen idealen Spannungsverlauf im Bauteil und ist spanabhebend nicht herstellbar. Der Werkstoff ist eine Nickelbasislegierung. Die Bearbeitungszeit für die insgesamt 74 Kühlbohrungen liegt bei etwa 20 h.

Ebenfalls elektrochemisch bearbeitete Werkstücke für den Triebwerksbau sind in Abb. 4.30 und 4.31 dargestellt.

Ein weiteres Anwendungsgebiet der ECM-Technologie ist die Herstellung von Formmulden in Werkzeugen. Beispiele für solche Formmulden sind Tablettenwalzen für die Pharmaindustrie sowie Formringe und Segmente von Walzen zur Brikettierung und Kompaktierung von Schüttgütern (Abb. 4.32). Der Vorteil von ECM liegt in der Mehrfachbearbeitung mit frei wählbarer Geometrie.

Eine weitere Anwendung ist die Herstellung von Brenn- und Kühlkammern in Diesel-Einspritzsystemen (Abb. 4.33). Früher wurden diese Kammern auf Drehmaschinen mit speziellen Drehwerkzeugen kostenintensiv eingebracht. Ferner entstand bei dieser Fertigungsmethode am Übergang von der Hauptbohrung zur Kraftstoffzulaufbohrung ein Grat, der aus strömungstechnischen Gründen entfernt werden musste. Nur durch die ECM-Technik konnten die hohen Anforderungen erfüllt werden.

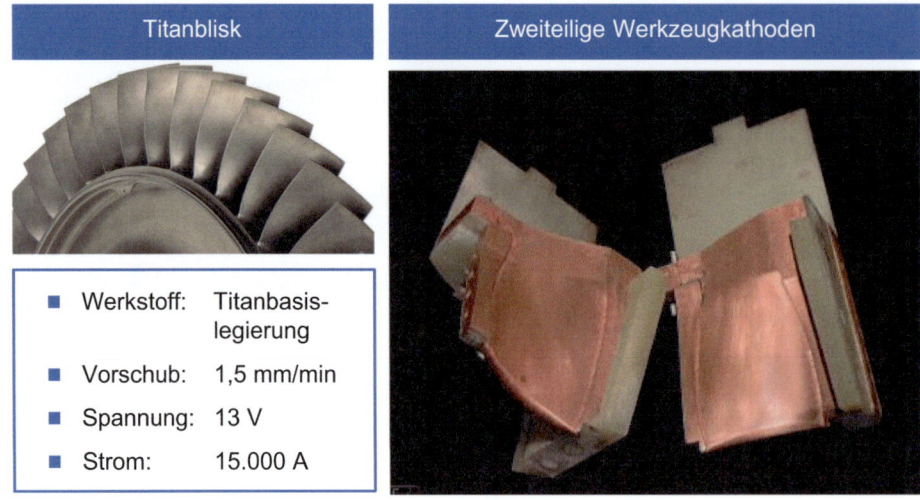

Abb. 4.31 Durch ECM hergestellte Schaufelprofile eines Titanblisks. (Quelle: MTU-Aero Engines)

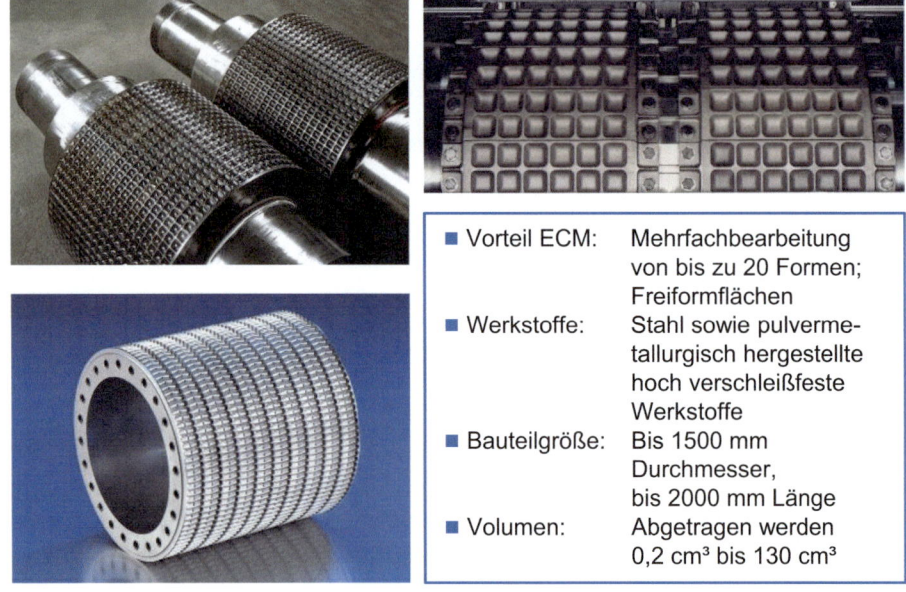

Abb. 4.32 EC-Bearbeitung von Tablettenwalzen für die Pharmaindustrie sowie Formringen und Segmenten zur Brikettierung und Kompaktierung von Schüttgütern. (Quelle: Köppern)

Durch einen bipolaren, gepulsten ECM-Prozess lassen sich filigrane Strukturen in sehr engen Toleranzen bei gleichzeitig hoher Oberflächengüte (Ra = 0,02 µm) fertigen (Abb. 4.34). Durch zeitweise Umpolung der Kathode (bipolarer Prozess) wird eine

4.5 Anwendungsbeispiele und weitere Verfahrensvarianten

Selbstreinigung der Werkzeugelektrode erreicht. Die Scherkappen für Rasierapparate können beispielsweise so hergestellt werden (Abb. 4.34 links). Mit einer gelochten Elektrode hergestellte Feinstrukturen sind in Abb. 4.34 (rechts) zu sehen. Die Strukturhöhe beträgt 2,5 mm.

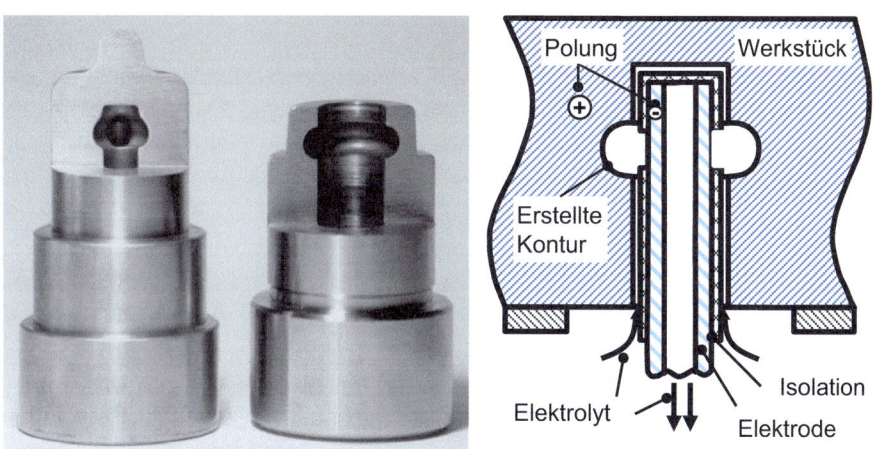

Brennkammer/Kühlkammer			
Werkstoff:	25 NiMo 4 / 32 CrMoV 12–10	Arbeitssp.:	40 V / 20 – 43 V
Kammerform:	Tropfenform / Halbkreis	Elektrolyt:	NaCl
Kammerhöhe:	7,9 mm / 7,5 mm	Strom:	50 – 90 A / 70 A
Durchmesser:	14,5 mm / 24 mm	Temp.:	50 °C
Bearbeitungszeit: 250 s			

Abb. 4.33 Elektrochemisches Senken: Schiffsdiesel-Einspritzsystem. (Quelle: KSMA)

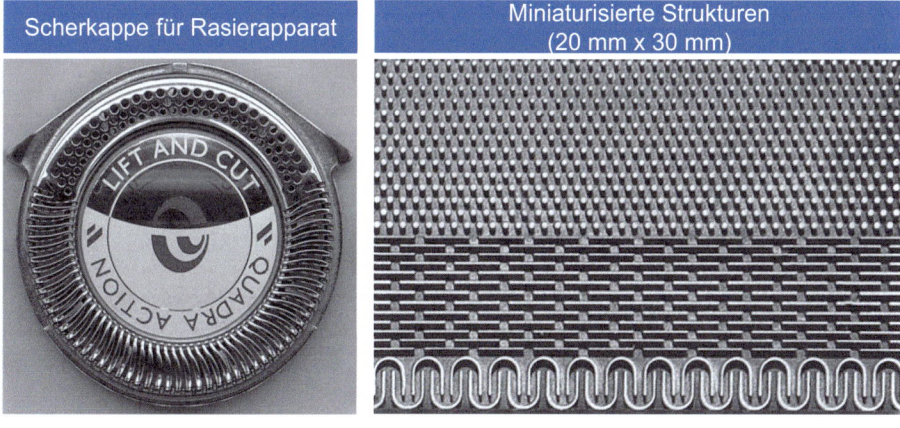

Abb. 4.34 EC-Bearbeitung filigraner Strukturen bei gleichzeitig hoher Oberflächengüte. (Quelle: VMB Babenhausen und Philips Applied Technologies)

Weitere aktuelle Anwendungsbeispiele der ECM-Bearbeitung in technologischer und ökonomischer Sicht – auch im Vergleich mit alternativen Bearbeitungstechnologien – finden sich in Kap. 9 sowie in [Kloc14b, Berg19, Klin18].

4.5.2 Bahn-EC-Bearbeitung

Eine weitere Verfahrensvariante ist die Bahn-EC-Bearbeitung. Diese kombiniert die geometrische Flexibilität der NC-Technologie mit den technologischen Eigenschaften der ECM-Technologie. Hierbei wird eine einfach geformte, nicht profilierte Elektrode genutzt, die dreidimensional bewegt wird und so die Raumform am Werkstück erzeugt. Die zeit- und kostenintensive Herstellung von dreidimensionalen Senkelektroden entfällt, die Produktivität ist aber geringer. Deshalb ist die Bahn EC-Bearbeitung eine Alternative für die Einzel- und Kleinserienfertigung. Das Verfahren benötigt geringere Vorbereitungszeiten. Im Vergleich zum Senken sind die Materialabtragraten gering. Die Form und Struktur der Elektrode haben großen Einfluss auf die Elektrolytströmung, die Ausbildung des elektrischen Feldes und den Arbeitsspalt. Zum Einsatz kommen beispielsweise zylindrisch geformte Elektroden oder Kugelkopfelektroden mit einer seitlich angeordneten Elektrolyt-Strahldüse, die auf das Werkstück gerichtet ist. Der Arbeitsspalt kann durch eine gepulste Bearbeitung verkleinert werden. Die Elektrode fährt auf einer programmierten Bahnkurve und erzeugt so durch elektrochemische Metallauflösung die gewünschte Raumform. Beim Bahn-ECM sind Arbeitsspaltbedingungen nicht so komplex wie bei der herkömmlichen EC-Bearbeitung. Es entsteht aber entlang des bereits durch die Elektrode zurückgelegten Weges ein elektrisches Feld, und durch das Vorhandensein des Elektrolyten kommt es hier auch weiterhin zum Werkstückabtrag. Dies muss bei der NC-Bahnprogrammierung berücksichtigt und entsprechend korrigiert werden. Um den Werkstoffabtrag zu lokalisieren, müssen die Ausbildung des elektrischen Feldes und die Elektrolytströmung auf die Bearbeitungsstelle eingeschränkt werden [Raju99].

4.5.3 Endbearbeitung funkenerodierter Bauteile durch ECM-Technologien

Die langen Schlichtzeiten in der funkenerosiven Bearbeitung können durch eine Kombination von EDM und ECM reduziert werden (Abb. 4.35). Aber auch die manuelle Nacharbeit kann durch diese Prozesskombination substituiert oder zumindest verringert und die Reproduzierbarkeit kann verbessert werden. Ein weiterer Vorteil ist, dass die durch die Funkenerosion erzeugte, thermisch geschädigte Werkstückrandschicht durch ECM entfernt wird. Dadurch wird die dynamische Festigkeit des Bauteils erhöht. Da durch ECM bearbeitete Oberflächen keine Zugeigenspannungen haben, können auch nachträglich aufgebrachte Hartstoffschichten gut haften.

4.5 Anwendungsbeispiele und weitere Verfahrensvarianten

Funkenerosion

- Thermisch beeinflusste Randzone
- Verminderte dynamische Festigkeit
- Unzureichende Haftung von Hartstoffschichten
- Nachbearbeitung notwendig

Thermisch beeinflusste Randzone

Elektropolieren

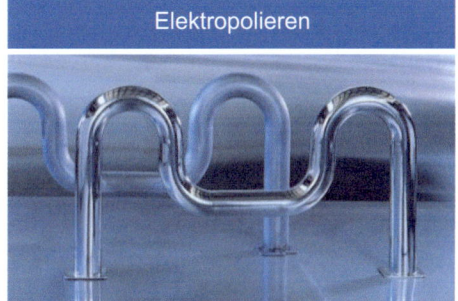

Randzone nach dem Elektropolieren

- Kurze Bearbeitungszeit
- Hohe Reproduzierbarkeit
- Flächiger Abtrag
- Hohe Oberflächengüte
- Verbesserte Oberfläche
- Erhöhte dynamische Festigkeit
- Oberfläche beschichtbar

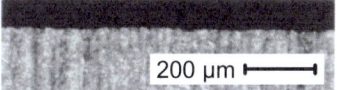

Keine Randzonenbeeinflussung

Abb. 4.35 Oberflächenkonstitution nach der funkenerosiven Bearbeitung und dem Elektropolieren

Um Spannfehler zwischen den einzelnen Bearbeitungsschritten zu vermeiden und Rüstzeiten zu minimieren, muss das eingesetzte Maschinensystem sowohl die EDM- als auch die ECM-Technologie beherrschen. Ein ECM-Generator und eine Elektrolytversorgung sowie eine Elektrolytaufbereitungsanlage müssen daher eine konventionelle Senkerodieranlage erweitern. Eine Verschleppung von Dielektrikum und Elektrolyt sowie eine Vermischung dieser Medien muss vermieden werden. Zwischen den beiden Bearbeitungen muss der korrosionsbeständige Arbeitstank gereinigt werden; dafür kann Leitungswasser eine gute Option sein. Die Bearbeitungsfolge EDM und ECM kombiniert die Vorteile der Funkenerosion mit wässrigen Dielektrika zum Schruppen und der elektrochemischen Bearbeitung, um hohe Oberflächengüten bei kurzen Bearbeitungszeiten zu erzielen.

4.5.4 Elektrochemische Bohrverfahren

Mit den elektrochemischen Bohrverfahren (Abb. 4.36) lassen sich kleine Bohrungen mit hohen Aspektverhältnissen in hochfesten Werkstoffen wirtschaftlich fertigen. Diese Bohrungen können extrem schräg zur Oberfläche eingebracht werden, da bei der EC-Bearbeitung keine mechanischen Kräfte wirken. Weiterhin können mehrere Löcher unterschiedlicher Durchmesser und Formen in einem Arbeitsgang hergestellt werden. Wegen der resultierenden langen und sehr engen Spalte werden saure Elektrolyte verwendet, die das aufgelöste Metall in Lösung halten und so Ablagerungen und Verstopfungen verhindern [VDI3401].

Das Verfahren mit der Bezeichnung Shaped Tube Electrolytic Machining (STEM) eignet sich zur elektrochemischen Herstellung von Bohrungen mit hohem Aspektverhältnis von rd. 200 bei einem minimalen Bohrungsdurchmesser von 0,5 mm (Abb. 4.36, links).

Die Werkzeugelektrode besteht aus Titanröhrchen, die bis auf seine Stirnfläche von außen isoliert ist. Als Elektrolyt wird in der Regel Schwefelsäure (H_2SO_4) verwendet, damit die Abtragprodukte in Lösung bleiben und nicht als Schlamm die Elektrolytströmung behindern. Die Metallionenkonzentration muss ständig überwacht werden, um eine Abscheidung von Metallionen auf der Kathode in Grenzen zu halten. Gegebenenfalls muss der Elektrolyt erneuert werden. Das Abscheiden von Metallionen auf dem Titanröhrchen lässt sich jedoch nie ganz vermeiden. Da hierdurch die Bohrungsgenauigkeit und auch die Oberflächengüten beeinträchtigt werden sowie eine erhöhte Kurzschlussgefahr entsteht, wird nach einer Senkzeit von 10 bis 20 s die Spannungspolarität kurzzeitig umgekehrt. Dadurch wird das auf der Kathode niedergeschlagene Metall aufgelöst. Kritisch ist bei diesem Verfahren die Elektrolytzuführung. Sie kann die labilen Werkzeugelektroden zu Schwingungen anregen, die wiederum zu rauen Oberflächen, ungleichen Bohrungsquerschnitten oder zu Kurzschlüssen zwischen Werkzeug

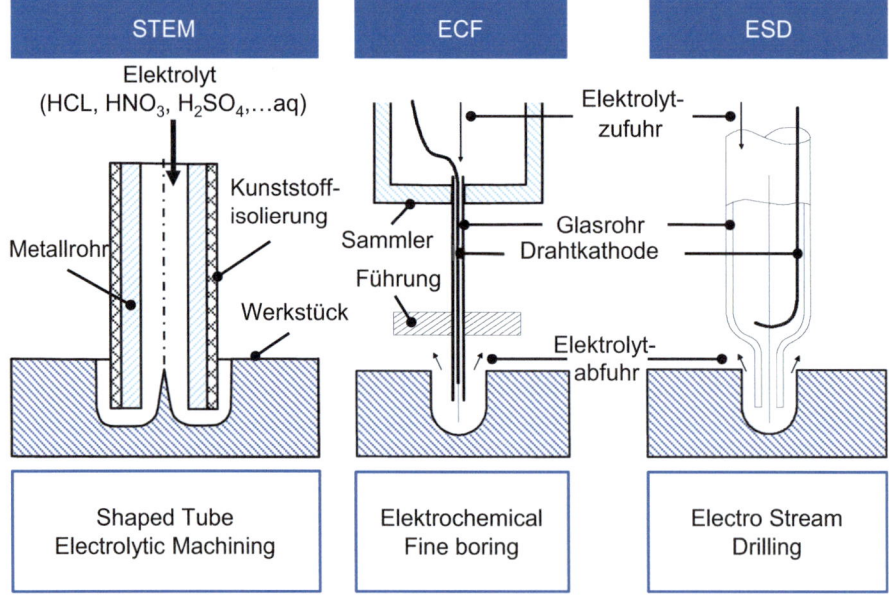

Abb. 4.36 Elektrochemische Bohrverfahren nach [VDI3401]

4.5 Anwendungsbeispiele und weitere Verfahrensvarianten

und Werkstück führen können. Das Verfahren wird vorwiegend im Turbinenbau zum Einbringen von radialen Kühlkanälen in Turbinenschaufeln eingesetzt. Bei Spannungen von 100 Volt können Vorschubgeschwindigkeiten bis zu 3,5 mm/min erreicht werden. Der kleinste herstellbare Bohrungsdurchmesser liegt im Bereich von 0,5 mm. Realisierbare Aspektverhältnisse liegen in der Größenordnung von bis zu 200 [Brei84, Chry84, Lars79].

Das elektrochemische Feinbohren (ECF, Abb. 4.37) nutzt Glasrohre, die die Elektrolytlösung zur Bearbeitungsstelle transportieren und die für den elektrochemischen Auflösungsprozess erforderlichen Kathoden in Form von Metalldrähten beinhalten. Durch eine kontinuierliche Vorschubbewegung der Glasrohre wird der Abtragfortschritt realisiert. Zur Stabilitätserhöhung werden die Glasrohre dabei in einer Vorrichtung geführt. Durch ECF lassen sich sehr kleine und tiefe Löcher herstellen (Durchmesser im Bereich von 0,15 – 2 mm; Aspektverhältnis bis 200), wobei mehrere Bohrungen im gleichen Arbeitstakt sehr eng nebeneinander positioniert werden können [VDI3401].

Beim Electro-Stream-Drilling ESD (Abb. 4.36, rechts) besteht das Werkzeug aus Glasrohren, die aber im Gegensatz zur Geometrie beim ECF am Bearbeitungsende zu Kapillaren ausgezogen wurden. Die vergleichsweise großen Durchmesser im Schaftbereich verleihen dem Werkzeug eine hohe Stabilität, sodass keine zusätzliche Stütz- oder Führungsvorrichtung notwendig ist. Die drahtförmigen Kathoden werden von oben in das Glasrohr eingeführt und enden im Übergangsbereich zur Kapillare. Der große Abstand zwischen Kathode und Bearbeitungsstelle erzeugt einen hohen ohmschen Widerstand und erfordert Arbeitsspannungen im Bereich von über 300 Volt [VDI3401].

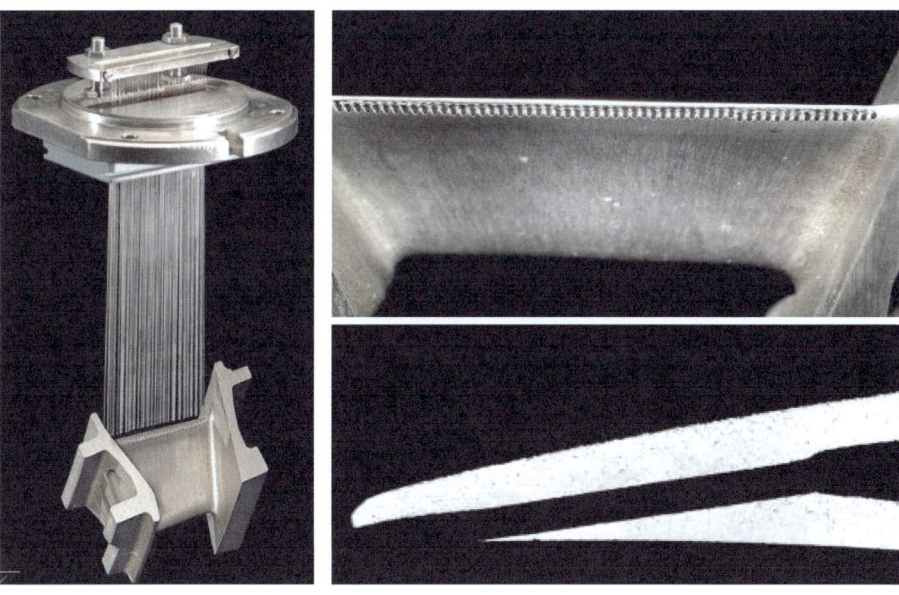

- Werkstoff: Nickelbasislegierung
- Bohrungslänge: 10 mm
- Durchmesser: 0,5 mm
- Bohrungen pro Arbeitsgang: 61

Abb. 4.37 ECF von Filmkühlungsbohrungen an einer Leitschaufel aus Nickelbasislegierung. (Quelle: MTU)

4.5.5 Elektrochemisches Entgraten

Die Wirkungsweise entspricht dem elektrochemischen Senken, jedoch ohne Vorschubbewegung während der Bearbeitung. Die Elektroden werden vor dem Einschalten der Elektrolytversorgung und der Arbeitsspannung bis auf einen ausreichenden Arbeitsspalt von 0,5 bis 1 mm zugestellt. Der Abtrag bleibt durch eine entsprechende Isolierung der Werkzeugelektrode und infolge der Spitzenwirkung, die eine Bündelung der Stromlinien am Grat bewirkt, auf den Grat beschränkt [Gevo83, Thil83, Mave85, Przy87] (Abb. 4.38). Insbesondere in der Großserienfertigung bereitet das herkömmliche Entgraten an schwer zugänglichen Stellen Schwierigkeit, da es kaum oder nicht zu automatisieren ist. In diesem Fall bietet das elektrochemische Entgraten große Vorteile:

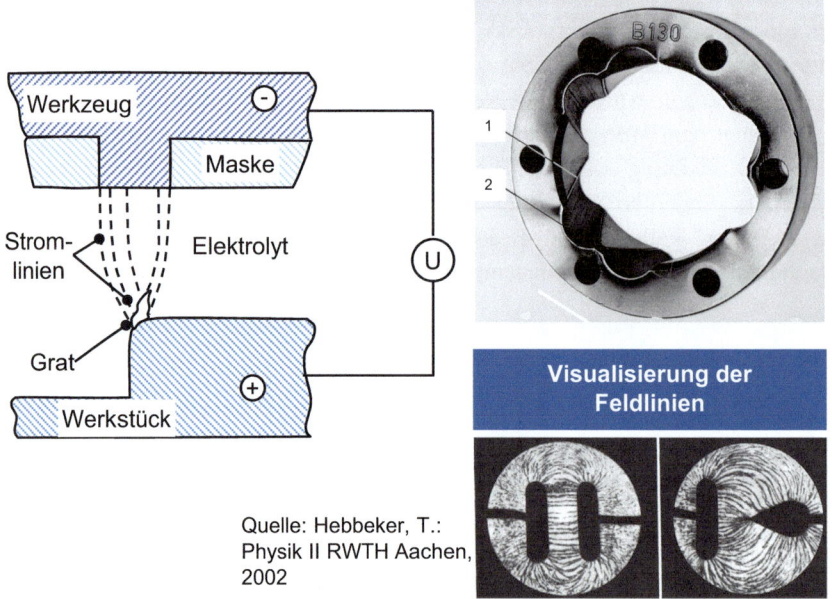

Quelle: Hebbeker, T.: Physik II RWTH Aachen, 2002

Kenngrößen		Bearbeitungsaufgabe
Arbeitsmedium:	wässrige Elektrolytlsg.	Kanten verrunden: r = 0,4 mm
Spannung:	10 – 35 V	Entgraten an Stirnflächen
Stromdichte:	0,25 – 1 A/mm²	Taktzeit: 15 s (18 Werkstücke parallel)
Abstand:	0,5 – 1 mm	Durchsatz: 28000 Stück/Tag

Abb. 4.38 Elektrochemisches Entgraten

4.5 Anwendungsbeispiele und weitere Verfahrensvarianten

- Komplizierte Gratformen können durch eine entsprechende Formelektrode auch an schwer zugänglichen Stellen abgetragen werden.
- Das Verfahren ist gut zu automatisieren.

Aufgrund der hohen Investitionskosten ist der Einsatz des Verfahrens nur in der Großserienfertigung sinnvoll.

Vor dem Bearbeitungsprozess ist eine Vorbehandlung der Werkstücke durch intensives Reinigen und Entzundern erforderlich. So können beispielsweise anhaftende Späne zu Kurzschlüssen führen, während Zunder-, Oxid- oder Fettschichten durch ihre isolierenden Eigenschaften die Übergangswiderstände an den Kontaktstellen erhöhen. Dies hat einen ungleichmäßigen Abtrag zur Folge. Abb. 4.39 zeigt ein Bearbeitungsbeispiel, bei dem beidseitig alle Bohrungen und Langlöcher entgratet werden. Die Gesamtbearbeitungszeit beträgt 50 s je Stück in einer 20-%-igen $NaNO_3$-Lösung. An dem in Abb. 4.39 gezeigten Kupplungsstück wird die gefräste Aussparung in einer Gesamtzeit von 15 s beidseitig entgratet.

Abb. 4.40 zeigt weitere Bearbeitungsbeispiele für die Entgratung und Kantenverrundung mittels ECM. Es wird jeweils die Verzahnungskontur aus Stahl bearbeitet. Die Prozesszeiten liegen unter einer Minute bei einer angelegten Spannung von 20 – 30 V und einer Stromaufnahme von 1100 – 1400 A.

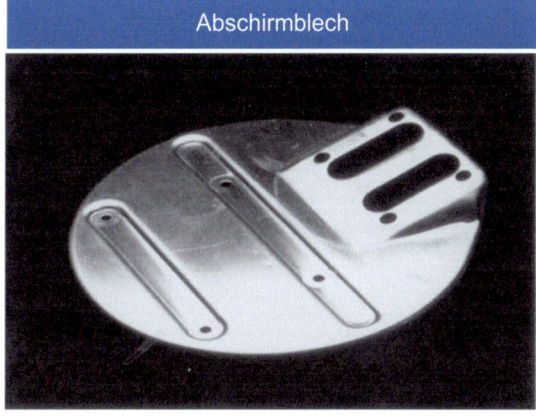

Kupplung		Abschirmblech	
Abmessung:	Ø 28 x 26 mm²	Abmessung:	Ø 82 x 15 mm²
Werkstoff:	C15K	Werkstoff:	Nickel 99,6 %
Arbeitsspannung:	20 V	Arbeitsspannung:	17,5 V
Strom:	90 A	Strom:	60 A
Bearbeitungszeit:	5 s	Bearbeitungszeit:	50 s
Elektrolyt:	$NaNO_3$ 20 %	Elektrolyt:	$NaNO_3$ 20 %
Temperatur:	18 – 20 °C	Temperatur:	18 – 20 °C

Abb. 4.39 Elektrochemisches Entgraten. (Quelle: Siemens)

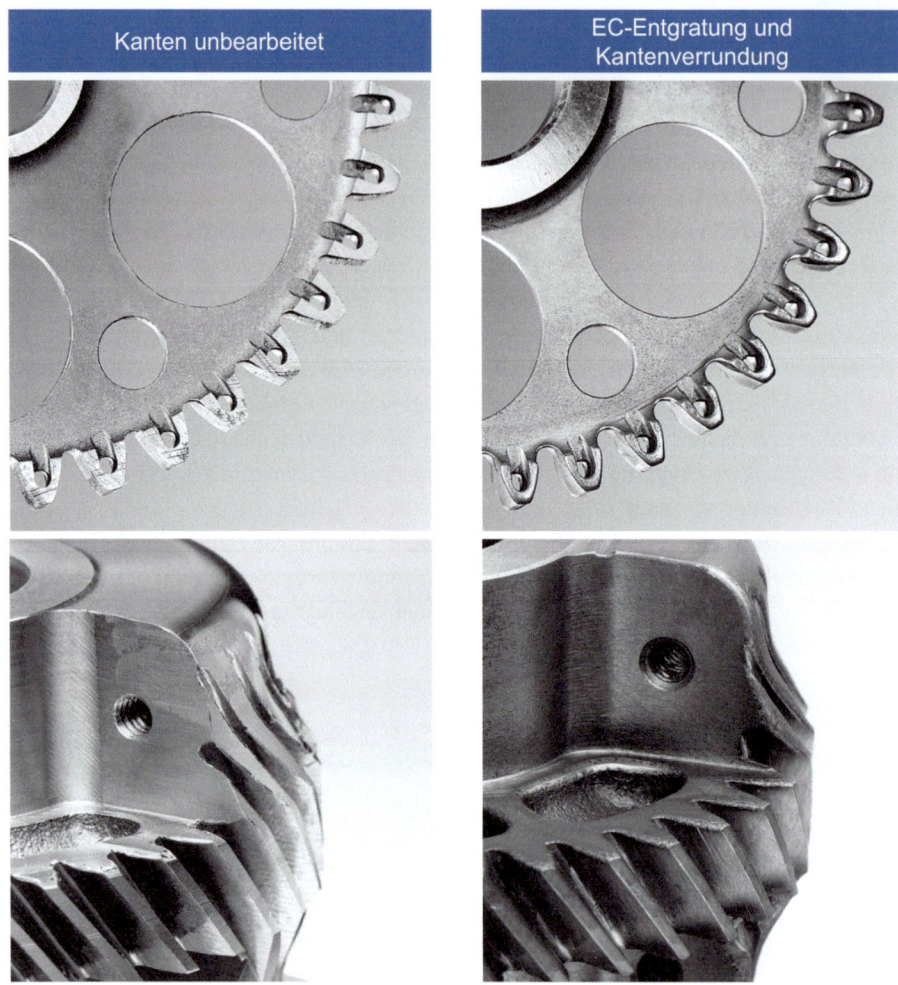

Abb. 4.40 EC-Entgratung und -Kantenverrundung. (Quelle: VMB Babenhausen)

4.5.6 Elektrochemisches Oberflächenabtragen

Das elektrochemische Oberflächenabtragen oder auch EC-Badabtragen ist ein Verfahren zum Abtragen von Oberflächenschichten unter Verwendung einer äußeren Stromquelle (Abb. 4.41). Die Stromdichten sind im Vergleich zum EC-Formabtragen sehr niedrig (0,01 bis 3 A/cm^2). Die Bearbeitung findet ohne Formelektrode in einem Elektrolytbad statt.

Als Wirkfläche ist jeweils der Flächenanteil am Werkstück festgelegt, auf den der Elektrolyt ungehindert einwirken kann. Die Elektrolytart wird auf die jeweilige Anwendung und Verfahrensvariante abgestimmt.

4.5 Anwendungsbeispiele und weitere Verfahrensvarianten

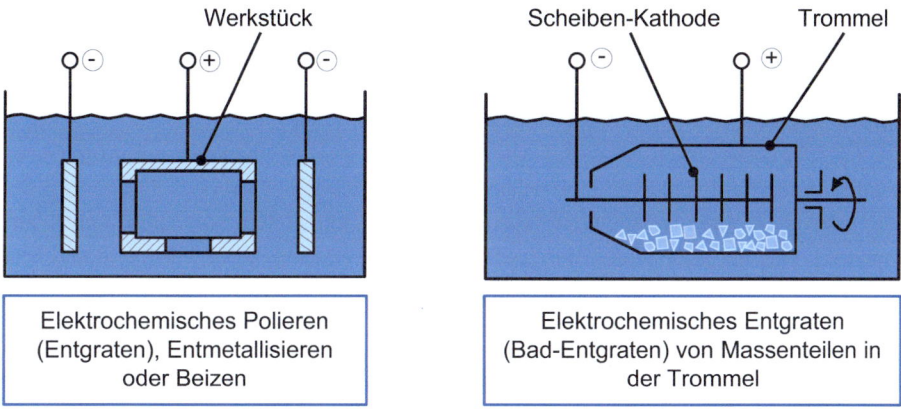

Abb. 4.41 Elektrochemisches Oberflächenabtragen

4.5.6.1 Elektrochemisches Polieren

Verunreinigungen aus der Fertigung befinden sich nicht nur auf den Oberflächen der Werkstücke, sondern auch in den unmittelbar darunter liegenden Werkstoffschichten. Werkzeugabrieb, Zunder, Öle, Fette sowie Reste von Schleif- und Poliermitteln werden durch die mechanische Bearbeitung in die Oberfläche eingetragen und anschließend durch überlappendes Material überdeckt. Diese Schichten werden durch herkömmliche Reinigungsprozesse nicht entfernt. Es ist deshalb häufig notwendig, diese Schichten vollständig zu entfernen, ohne das neue Fremdstoffe eingelagert werden oder die Oberflächen durch Korngrenzenangriff geschädigt werden. Diese Anforderungen sind technisch und wirtschaftlich zufriedenstellend durch Elektropolieren zu erfüllen. Die oberflächennahen Werkstoffschichten werden bei diesem Prozess ohne mechanische und thermische Beanspruchung elektrochemisch abgetragen. Eine hohe Reinheit wird in der Praxis insbesondere für Bauteile von kerntechnischen Anlagen sowie für Triebwerksteile für Luft- und Raumfahrt gefordert. Ein weiteres Anwendungsgebiet dieses Abtragverfahrens ist das Einebnen von Oberflächenrauheiten zur Verminderung der Reibung, z. B. bei Zahnrädern, Wellen usw. [Faus82, Horn82, Benn83, Pies83, Tous84]. Die Präparation von Proben zum Messen von Eigenspannungstiefenverläufen gehört auch dazu.

4.5.6.2 Elektrochemisches Badentgraten

Das elektrochemische Entgraten in Badanlagen wird zum Entfernen kleiner Grate an Werkstückkanten eingesetzt (häufig in Verbindung mit dem Elektropolieren) [Schä74, Sieg74, Pram82]. Praktische Beispiele dafür sind Siebbleche, Waschmaschinentrommeln usw. Von ganz besonderer Bedeutung ist, dass beispielsweise alle Bohrungen während des Entgratungsprozesses auch gleichzeitig geglättet werden und somit weniger korrosionsanfällig sind. Im Vergleich zum mechanischen Entgraten können Bearbeitungszeiten verkürzt und Kosteneinsparungen erzielt werden. Beim

EC-Badentgraten eines Siebblechs mit einer Fläche von 4,5 m² und 300.000 Bohrungen je m² wurden 20 min Bearbeitungszeit benötigt.

4.5.6.3 Elektrochemisches Entmetallisieren

Das EC-Entmetallisieren wird vor allem in der Galvanotechnik zum Entfernen von Metallschichten auf fehlerhaft galvanisierten Werkstücken angewendet. Mit Erfolg wird dieses Verfahren auch bei der Rückgewinnung von Edelmetallen aus Abfall und Schrott eingesetzt. Das Verfahrensprinzip beruht auf dem elektrochemischen Abtrag metallischer Schichten von elektrisch leitenden Grundwerkstoffen (z. B. Entchromen) [Dill72]. Als Arbeitsmedium werden bevorzugt Schwefelsäuren und Alkalinitratlösungen verwendet. Beim Entmetallisieren von Kupfer mit Schwefelsäure bildet sich nach Anlegen einer äußeren Spannung von 0,35 V eine $CuSO_4$-Schicht, die einen weiteren Abtrag des Kupfers verhindert. Bei anderen Metallen sind bei den gleichen Arbeitsbedingungen die entstehenden Schichten ablösbar.

4.5.6.4 Elektrochemisches Beizen

Das Abtragen oxidierter oder korrodierter Schichten sowie das Aufrauen von Oberflächenschichten metallischer Werkstoffe sind die Hauptanwendungsgebiete des EC-Beizens [Staw72]. Die Erkenntnis, dass die chemische Beizreaktion durch die Elektrolyse katalysiert oder aber auch ausgelöst wird, hat zur Anwendung von Neutralelektrolytlösungen geführt, bei denen gegenüber den sauren oder basischen Elektrolytlösungen weniger große Abwasserprobleme auftauchen. Das EC-Beizen wird hauptsächlich zum Entzundern von Edelstählen eingesetzt. Das Beizen findet vorwiegend mit Gleichstrom, in Ausnahmefällen auch mit Wechselstrom, bei Stromdichten bis zu 10 A/dm², statt.

4.5.6.5 Elektrochemisches Ätzen

Da die Bindungskräfte zwischen den Atomen an der Oberfläche des Metallgitters von der Struktur und der Orientierung des Kristalls abhängen und an Fehlstellen, Versetzungen oder Korngrenzen kleiner sind als im Inneren des Kristalls, sind zur Ablösung eines Metallions aus dem Gitterverband unterschiedliche Energieschwellen auf der Metalloberfläche zu überwinden. Der Stromfluss entsteht aufgrund von Potenzialdifferenzen im Mikrobereich (Lokalelementbildung, d. h. ohne äußere Stromquelle), die einen elektrochemischen Abtrag mit ungleichmäßiger Verteilung auf der Metalloberfläche bewirken. Diese Zusammenhänge werden beim elektrochemischen (oder aber auch chemischen) Ätzen zum Sichtbarmachen der Gefügestruktur genutzt [Weck86]. Zur Anwendung kommen alkalische, saure oder neutrale Ätzlösungen, und zwar in Abhängigkeit von den elektrochemischen Eigenschaften des zu ätzenden Werkstückwerkstoffs. Gegebenenfalls sind auch Mischungen anwendbar. In der Praxis werden beim Ätzen gedruckter Schaltungen vorwiegend neutrale Ätzlösungen verwendet [Elst82, Alle86]. Die Abtraggeschwindigkeit liegt je nach Werkstoff und Ätzbedingungen zwischen 0,018 und 0,08 mm/min. Das Ätzen wird wesentlich von der Badtemperatur beeinflusst. Mit steigender Temperatur nimmt die Abtraggeschwindigkeit zu. Um einen gleichmäßigen

4.5 Anwendungsbeispiele und weitere Verfahrensvarianten

Abtrag zu erzielen, muss der Werkstoff in Zusammensetzung und Gefüge homogen sein. Vielfach müssen daher die Werkstücke vor dem Ätzen einer Wärmebehandlung unterzogen werden. Die Oberflächengüten geätzter Flächen werden außer von der Ätztiefe und dem verwendeten Ätzmedium wesentlich von der Löslichkeit der einzelnen Werkstoffbestandteile, ihrer Korngröße und ihrem Anteil am Gesamtwerkstoff bestimmt. Auch die Ausgangsrauheit der Oberflächen hat einen Einfluss. Bearbeitungsspuren, Riefen, Kratzer und andere Unregelmäßigkeiten erscheinen auf der geätzten Fläche mehr oder minder unscharf. Eine gute Ausgangsrauheit vorausgesetzt, werden im Allgemeinen Rautiefen zwischen 1 und 15 μm erreicht. Im Hinblick auf die erzielbare Abtraggeschwindigkeit – dies ist die erzielte Ätztiefe bezogen auf die Ätzzeit – und der sich daraus ergebenden Oberflächengüte werden unterschiedliche Ätzverfahren angewendet. In Abb. 4.42 sind außer dem Abtragprinzip das Tauchätzen und das Sprühätzen schematisch wiedergegeben.

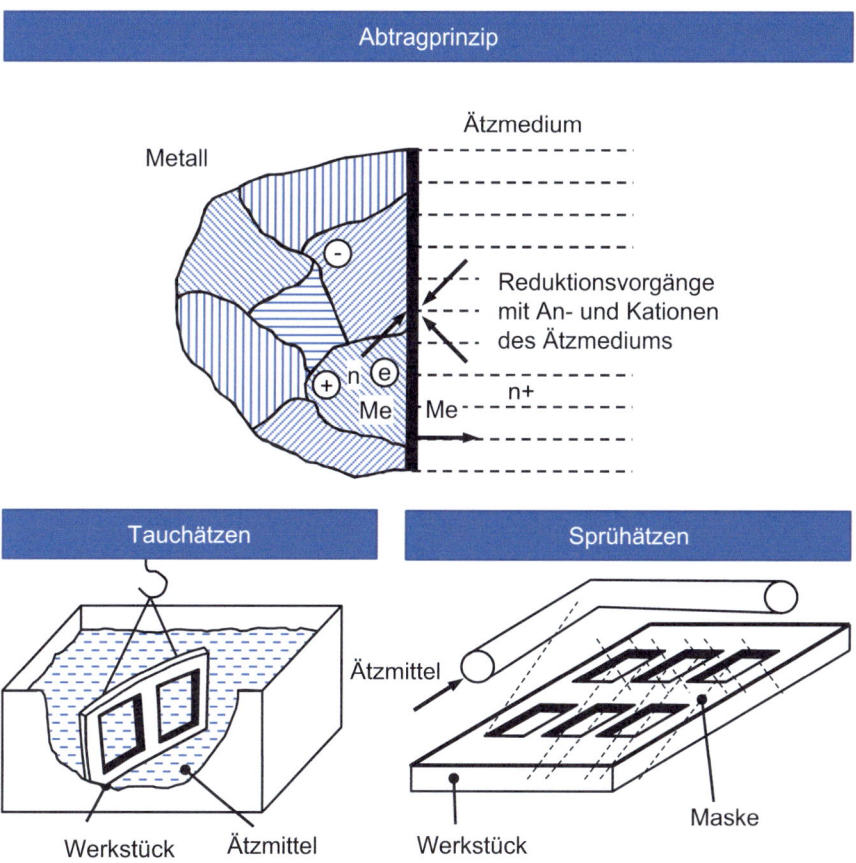

Abb. 4.42 Elektrochemisches Ätzen

Beim Tauchätzen werden die zu ätzenden Werkstücke in eine Wanne mit Ätzmittel eingetaucht. Die Luft- und Raumfahrtindustrie bietet vor allem große Einsatzmöglichkeiten, bei denen mithilfe dieses Verfahrens die Masse großflächiger, dünnwandiger oder räumlich komplizierter Bauteile verringert wird, wenn dies mit herkömmlichen Verfahren nicht oder nur in Verbindung mit einem hohen Kostenaufwand zu erzielen wäre. Ein wesentlicher Nachteil des Tauchätzens besteht in der Schwierigkeit, die Reaktionsprodukte von der Metalloberfläche zu entfernen und das durch die Reaktionswärme aufgeheizte und mit Gasblasen versetzte Ätzmedium durch frische Ätzflüssigkeit zu ersetzen. Beim Sprühätzen wird das Ätzmedium durch Düsen mit Druck auf das meist horizontal angeordnete Werkstück gesprüht, und so wird die Werkstückoberfläche gleichmäßig benetzt. Der Flüssigkeitsdruck spült die Reaktionsprodukte von der Metalloberfläche. Die Ätztemperatur ist problemlos konstant zu halten, da nur kleine Mengen an Ätzlösung erforderlich sind. Zusätzlich ist von Vorteil, dass der gerichtete Strahl des Ätzmediums den Abtragfortschritt senkrecht zur Oberfläche fördert, sodass eine kleinere Unterätzung auftritt als beim Tauchätzen. Nachteilig sind die komplizierten und teuren maschinellen Einrichtungen. Darüber hinaus sind widerstandsfähige Abdeckstoffe erforderlich, die von der mit Druck aufgesprühten Ätzlösung nicht unterspült werden. Die Erzeugung von Formen wird durch die Verwendung von Abdeckmasken und zeitlich gesteuertes Eintauchen oder Herausziehen des Werkstücks aus dem Ätzmedium möglich. Als Abdeckschichten werden feste, pastöse und flüssige Stoffe verwendet. Als feste bzw. pastöse Abdeckschichten werden Kunststofffolien, Wachse oder pechartige Stoffe, als flüssige Abdeckschichten Lacke oder flüssige Kunststoffe eingesetzt. Zum Abdecken und Maskieren wurde eine Reihe von Maskiertechniken entwickelt. Ein im großen Umfang angewendetes Verfahren besteht darin, ätzbeständige Streifen oder vollständig vorgefertigte Abdeckmasken oder Abdeckschablonen auf dem Werkstück anzubringen. Bei hohen Stückzahlen und komplizierten Konturen werden die Abdeckungen auf photographischem Wege aufgebracht. Eine andere Maskiertechnik ist das Siebdruckverfahren [Ande82, Lemb82, Viss85].

4.5.7 Jet-ECM

Das elektrochemische Abtragen mit Freistrahl (Jet Electrochemical Machining, Abk.: Jet-ECM) ist ein Verfahren zur formgebenden Bearbeitung, das auf der Verwendung eines oder mehrerer Elektrolytstrahlen basiert [Hack10, Hack12]. Das Prinzip des Verfahrens ist in Abb. 4.43 dargestellt.

Die Elektrolytzufuhr erfolgt mit Strömungsgeschwindigkeiten von ca. 20 m/s über eine metallische Düse, die in einem definierten Abstand über dem Werkstück positioniert ist. Dieser Abstand zur Oberfläche des Werkstücks entspricht dem Arbeitsspalt. Die hohe Geschwindigkeit des Elektrolytstrahls ermöglicht im Abtragbereich eine sehr gute Versorgung mit Elektrolyt. Dadurch kann konstanter Gleichstrom verwendet werden. Im Vergleich zu gepulsten EC-Prozessen werden so höhere lokale Abtragraten erreicht.

4.5 Anwendungsbeispiele und weitere Verfahrensvarianten

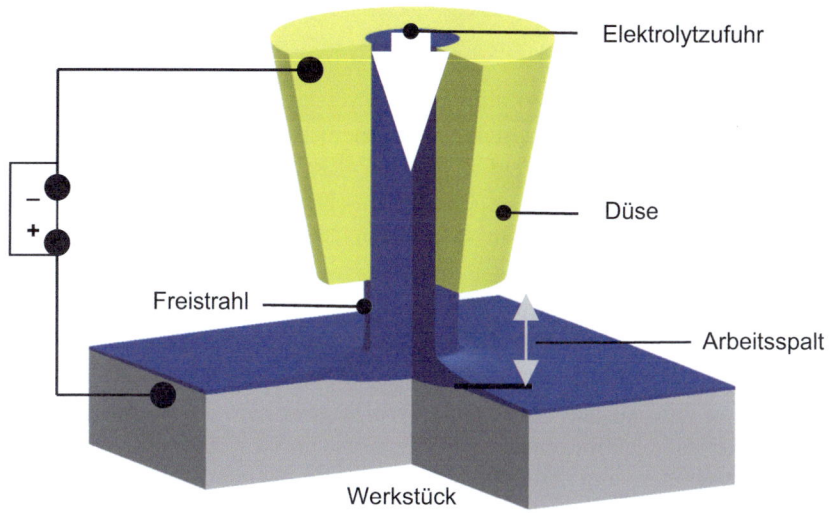

Abb. 4.43 Prinzip des elektrochemischen Abtragens mit Freistrahl. (Quelle: TU Chemnitz)

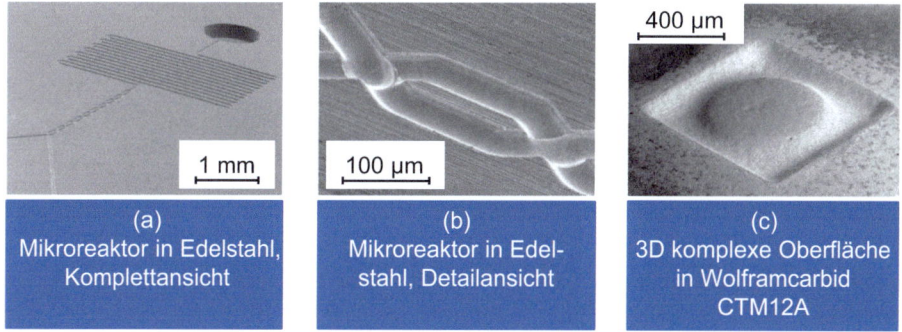

Abb. 4.44 REM-Aufnahmen von Bearbeitungsbeispielen für Jet-ECM. (Quelle: TU Chemnitz)

Die mittlere elektrische Stromdichte, die bis zu 1000 A/cm² beträgt, wird durch die Form des Elektrolytstrahls lokalisiert. Unter Verwendung von NC-Technologie ermöglicht Jet-ECM die Realisierung von EC-Bohr-, -Schneid-, -Fräs- oder auch -Drehbearbeitungen.

Abb. 4.44 zeigt REM-Aufnahmen ausgewählter Bearbeitungsbeispiele, welche mittels Jet-ECM hergestellt wurden. In Abb. 4.44a und b wird die Fertigung eines Mikroreaktors aus Edelstahl gezeigt. Die Kavitäten des Reaktors haben eine Breite von 200 µm und eine Tiefe von 60 µm. Es wurde eine $NaNO_3$-Lösung mit einem Massenanteil von 30 % verwendet. Die Abb. 4.44c zeigt eine dreidimensionale konvexe Oberfläche, welche in Wolframkarbid eingebracht wurde. Es wurde eine Mischelektrolytlösung bestehend aus $NaNO_3$ und NaOH verwendet. Die Erzeugung der konvexen Geometrie erfolgte durch eine Mehrfachbearbeitung bei Variation der Bewegungsgeschwindigkeit.

4.5.8 Elektrochemisches Drahtschneiden (WECM)

Beim elektrochemischen Drahtschneiden, kurz WECM (Wire Electrochemical Machining), wird eine Drahtelektrode als Universalwerkzeug verwendet. Die Kinematik gleicht dem in Abschn. 2.1.2 vorgestellten funkenerosiven Schneiden mit ablaufender Drahtelektrode. Bei diesem Verfahren entfällt die Konstruktion einer Bearbeitungsvorrichtung. Aufgrund des Wirkprinzips der elektrochemischen Bearbeitung unterliegt der Draht keinem Verschleiß und ein ablaufender Draht ist nicht notwendig. Da der Elektrolyt jedoch nicht mittels einer Bearbeitungsvorrichtung mit hohen Strömungsgeschwindigkeiten durch den Arbeitsspalt geleitet werden kann, kommt dem Abführen der Abtragprodukte, Gasblasen und Prozesswärme eine hohe Bedeutung zu. Wegen der Spülproblematiken wurde dieses Sonderverfahren häufig im Bereich der Mikrobearbeitung mit kleinen Werkstückhöhen angewendet. Es werden aber neue Spülkonzepte für das elektrochemische Drahtschneiden entwickelt [Kloc18d], um zukünftig auch Werkstücke mit Bauteilhöhen von bis zu 50 mm bearbeiten zu können. Die Konzepte wurden auf ihre Eignung bei der Herstellung von Tannenbaumnutprofilen untersucht (Abschn. 9.3, [Herr20, Sous22]). Ebenfalls wurde die erzielbare Oberflächenintegrität analysiert, vgl. [Herr22].

4.5.9 Laserinduzierte thermochemische Materialbearbeitung (LCM)

Bei der Bearbeitung von temperatursensitiven Werkstoffen, wie Formgedächtnislegierungen, ist eine materialschonende und präzise Bearbeitung von enormer Bedeutung, um die eingestellten Verhaltensfunktionen der Materialien und damit die Qualität der Bauteile garantieren zu können. Weiterhin bestehen auch bei der Fertigung von komplexen Mikrowerkzeugen hohe Anforderungen an die Fertigungsverfahren. Eine Option ist die laserinduzierte thermochemische Materialbearbeitung (LCM), die eine werkstückschonende Bearbeitung mit hohen Oberflächenqualitäten ermöglicht. Bei diesem hybriden Verfahren wird die klassische elektrochemische Materialbearbeitung durch die zusätzliche Verwendung eines Lasers erweitert. Die Erwärmung der Werkstückoberfläche durch den Laser initiiert eine chemische Reaktion und führt so zu einem lokal begrenzten Materialabtrag. Diese Verfahrenskombination stellt nicht nur eine werkstückschonende Bearbeitung sicher, sondern ist auch frei von Verschleiß. Die laserchemische Oberflächenveränderung kann sowohl zur gezielten Oberflächenstrukturierung als auch zum Glätten von Oberflächenrauheiten eingesetzt werden. Die Laserchemie eröffnet werkstoffschonende Bearbeitungsmöglichkeiten, nicht nur für die Herstellung medizinischer Instrumente und selektiver Oberflächenmodifikationen, sondern auch für die Fertigung von Präzisionswerkzeugen und Formen. Das Spektrum dieses Laser-Hybrid-Verfahrens reicht vom Oberflächenpolieren, über eine gezielte 2D-Mikromaterialbearbeitung, bis zur Fertigung komplexer Mikrowerkzeuge.

4.5.10 EC-Abrichten feinkörniger Schleifwerkzeuge

4.5.10.1 Electrolytic In-Process Dressing (ELID)

In der Präzisionstechnik, beispielsweise der optischen und Elektronikindustrie, werden Bauteile eingesetzt, die Oberflächengüten in optischer Qualität aufweisen (Ra in der Größenordnung von 1 nm). Konventionell werden sie durch eine Prozesskette „Schleifen" und anschließendes „Polieren" hergestellt. Das Polieren hat jedoch zwei Nachteile. Zum einen sorgt es für eine erhebliche Verlängerung der Herstellungszeit, da es ein sehr zeitintensives Verfahren ist. Zum anderen ergibt sich mit zunehmender Polierdauer eine schlechtere Formgenauigkeit. Um eine hohe Maßgenauigkeit gewährleisten zu können, muss der Polieranteil daher substituiert oder zumindest reduziert werden. Dadurch müssen die Oberflächengüten, die durch das Schleifen erreicht werden, entsprechend gesteigert werden [Kloc13b]. Hier bietet sich insbesondere für spröde Materialien, wie z. B. Keramiken, das „duktile Schleifen" an. Die Oberfläche wird hierbei nicht mehr durch Sprödausbruch, sondern durch ein plastisches Fließen des Werkstoffs generiert [Bifa88, Koch91, Kloc17a]. Voraussetzung für eine duktile Bearbeitung ist, dass ein hydrostatischer Spannungszustand erreicht wird. Der zu bearbeitende Werkstoff weist aktive Gleitsysteme auf, und die Scherfließgrenze liegt unterhalb der Scherbruchgrenze des Materials. Werden sehr geringe Spanungsdicken eingestellt, können auch spröde Werkstoffe duktil bearbeitet werden. Übertragen auf das Schleifen bedeutet dies, dass Schleifscheiben mit sehr feiner Korngröße und hoher Konzentration für das Schleifen im duktilen Modus bevorzugt werden. Übliche Korngrößen von Diamantschleifscheiben für diesen Zweck liegen in der Größenordnung von < 3 µm [Shor93, Kloc18a]. Darüber hinaus sollten die Schleifkörner eine blockige Kornform aufweisen. Aufgrund der sehr kleinen Korngrößen und der hohen Anzahl von Schneiden kann die Spandicke der abgetragenen Späne unter den kritischen Wert für duktiles Schleifen fallen. Der Nachteil ist, dass diese Schleifscheiben, insbesondere, wenn sie metallgebunden sind, keine Selbstschärfung aufweisen. Infolgedessen erhöht sich die Reibung, die Schleifkräfte nehmen zu, und die thermische Belastung steigt. Es besteht die Gefahr einer thermischen Schädigung des Werkzeugs und des Werkstücks.

Für metallisch gebundene Schleifscheiben ist das Schleifen mit elektrolytischem In-Prozess-Abrichten, das ELID-Schleifen, eine Verfahrensoption (Electrolytic In-Process Dressing, ELID). Bei diesem Verfahren wird mittels Elektrolyse die metallische Bindung der Schleifscheibe während des Schleifprozesses kontinuierlich aufgelöst, um dadurch immer wieder neue Schleifkörner freizulegen [Klin09]. Dadurch wird ein stabiler Prozessverlauf gewährleistet. Durch die festgelegte Geometrie der Gegenelektrode kann die Schleifscheibe während der Elektrolyse auch gleichzeitig profiliert und geschärft werden. Das ELID-Schleifen mit feinkörnigen Schleifscheiben wurde von Ohmori und Nakagawa in den frühen neunziger Jahren des zwanzigsten Jahrhunderts entwickelt [Ohmo90, Ohmo95, Limh02]. Im Folgenden werden die Verfahrensentwicklungen in diesem Bereich in der Chronologie und mit den wichtigsten Grundlagen vorgestellt, in Abschn. 9.6 werden Besonderheiten zum Abrichten metallgebundener Schleifscheiben behandelt und es werden praktische Erfahren diskutiert. Der Aufbau des ELID-Systems besteht aus einer metallisch gebundenen Schleifscheibe, einer Gegenelektrode, einem Stromgenerator und einem Elektrolyten (Abb. 4.45). Die Schleifscheibe wird über einen Bürstenkontakt an der Schleifscheibenspindel als Anode geschaltet. Eine dem Profil der Schleifscheibe angepasste Gegenelektrode dient als Kathode. In der Regel besteht sie aus Kupfer und wird in einem Abstand von 0,1 mm bis 0,3 mm zur Schleifscheibe installiert. Als Elektrolyt dient ein Kühlschmierstoff mit entsprechend auf den ELID-Prozess eingestellten Parametern (die Leitfähigkeit liegt in der Größenordnung von 1 – 3 mS/cm und der basische pH-Wert beträgt ungefähr 10). Der Kühlschmierstoff wird neben der Zuführung in die eigentliche Bearbeitungsstelle durch zusätzliche Düsen direkt in den Spalt zwischen Schleifscheibe und Gegenelektrode als Elektrolyt eingebracht. Der für die Elektrolyse benötigte elektrische Strom wird über den Generator zur Verfügung gestellt. Das ELID-Verfahren kann durch diesen Aufbau praktisch auf jeder konventionellen Schleifmaschine installiert werden [Limh02].

Das Grundprinzip des ELID-Schleifens besteht in der elektrolytischen Zurücksetzung der metallischen Bindung der Schleifscheibe. Dadurch können im Prozess die stumpfen Körner aus der Schleifscheibe herausgelöst werden und durch darunterliegende scharfe Körner ersetzt werden. Natürlich muss für eine hohe Formgenauigkeit die kontinuierliche Abnahme des Schleifscheibenbelags über die Zustellung der Schleifscheibe kompensiert werden. Der Abstand von Gegenelektrode zur Schleifscheibe wird aufgrund des sehr kleinen Abtragvolumens während eines Schleifprozesses nicht nachgeregelt.

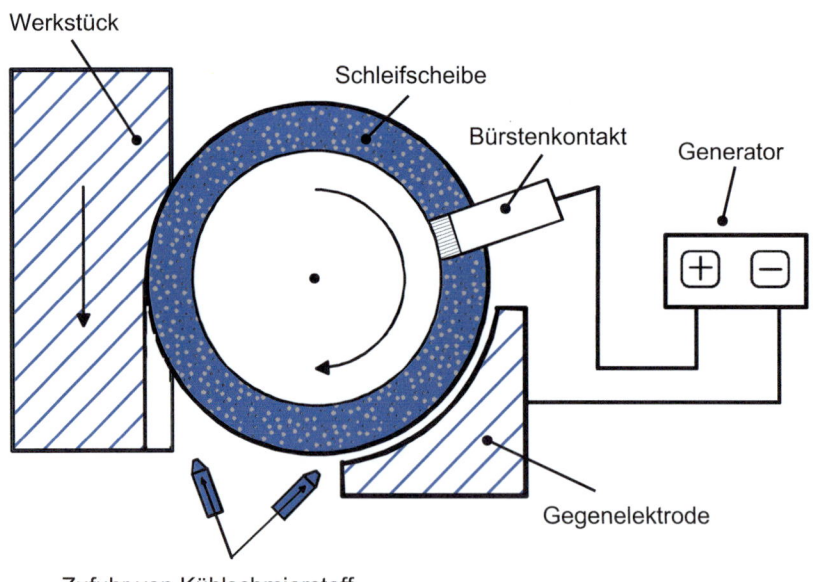

Abb. 4.45 Aufbau eines ELID-Systems [Klin09]

4.5 Anwendungsbeispiele und weitere Verfahrensvarianten

Die metallische Bindung wird durch anodische Metallauflösung abgetragen. Hierbei wird gezielt der Passivbereich, d. h. der Bereich, in dem sich Oxidschichten als Deckschichten auf der Anode bilden, genutzt. Eisen ist aufgrund seiner guten elektrochemischen Eigenschaften das bisher am häufigsten verwendete Bindungsmaterial für das ELID-Schleifen. An der Anode wird bei der Elektrolyse das Eisen zunächst in Fe^{2+} und Fe^{3+} ionisiert. Zusammen mit den an der Kathode entstehenden und im Wasser dissoziierten Hydroxidionen bildet es die Eisenhydroxide $Fe(OH)_2$ und $Fe(OH)_3$. Bei weiterverlaufender Reaktion an der Anode kommt es zur Bildung des Eisenoxids Fe_2O_3 [Kimj99, Zhan02]. Diese Oxidschicht wirkt als Isolationsschicht. Durch die Zugabe von bestimmten Zusatzstoffen zum Elektrolyten, die zur lokalen Ausheilung von eventuell vorhandenen Defekten in der Oxidschicht führen, kann die Oxidschicht sehr geschlossen und flächendeckend ausgebildet werden. Die Zunahme der Oxidschichtdicke setzt die elektrische Leitfähigkeit der Schleifscheibenoberfläche immer weiter herab, bis die Auflösung der Anode schließlich zum Erliegen kommt. Die Oxidschicht kann aber durch den abrasiven Kontakt mit Schleifspänen mechanisch leicht entfernt werden. Dadurch verringert sich der Übergangswiderstand, die Stromstärke steigt an und die anodische Metallauflösung wird wieder in Gang gesetzt. Die genannten Prozessabläufe stehen in enger kausaler Abhängigkeit miteinander. Dadurch stellt sich ein selbstregelnder Abrichtprozess ein [Limh02, Zhan02]. Der gesamte ELID-Zyklus ist in Abb. 4.46 dargestellt.

Vor Beginn des Schleifens wird der Schleifbelag elektrolytisch vorgeschärft (a). Es bildet sich eine geschlossene Oxidschicht mit eingebetteten Schleifkörnern auf der Schleifscheibenoberfläche (b). Die aus der Bindung hervorstehenden Körner schleifen das Werkstück, während gleichzeitig durch die entstehenden Späne die Oxidschicht abgetragen wird (c). Durch das Abtragen der Oxidschicht wird ein erneutes elektrolytisches

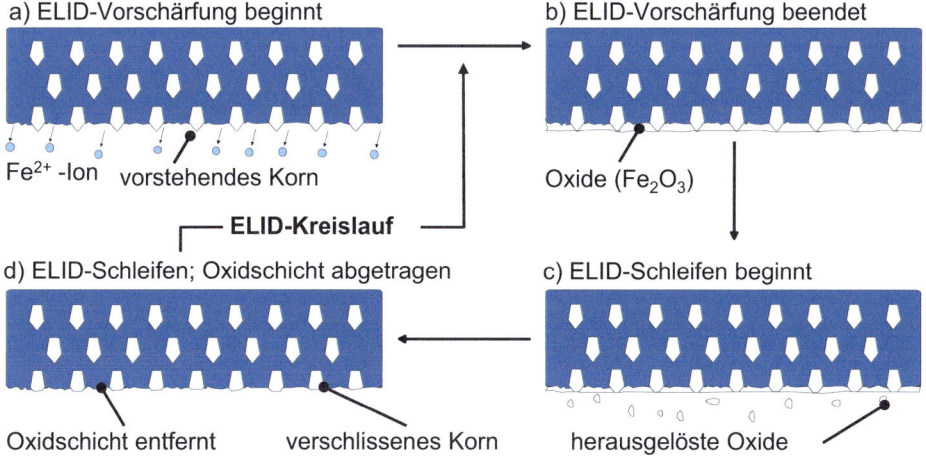

Abb. 4.46 ELID-Zyklus [Ohmo90, Klin09]

Abtragen der Bindung ermöglicht, die verschlissenen Schleifkörner werden freigelegt. Außerdem werden abgenutzte und verschlissene Schleifkörner, die nur noch von der Oxidschicht gehalten werden, herausgelöst (d). Durch die anodische Bindungsauflösung und die Bildung einer neuen Oxidschicht kommen neue, tiefer liegende Schleifkörner zum Vorschein und der Zyklus schließt sich (b). Der Kornüberstand wird durch diesen Prozessablauf in gewissen Grenzen konstant gehalten. Aufgrund des langsamen Ablaufs dieses Zyklus ist das Verhältnis von abgetragenem Werkstückvolumen zu abgetragenem Werkzeugvolumen groß (das G-Verhältnis ist groß) [Ohmo90, Ohmo95, Limh02]. Der elektrische Strom wird gepulst. Üblich sind Rechteckimpulse mit Gesamtpulslängen von 10 µs. Das Einschaltverhältnis definiert den Zeitanteil des Stromflusses. Ein höheres Einschaltverhältnis oder eine höhere Stromstärke bewirken die Bildung einer dickeren Oxidschicht. Dadurch erhöht sich die Oberflächengüte. Die dickere Oxidschicht gibt verschlissene Körner schneller frei als eine dünne Schicht, bei der die Körner weiterhin durch die darunterliegende Bindung gehalten werden. Dadurch sind immer sehr scharfe Körner für den Schleifprozess vorhanden. Es entsteht aber auch ein erhöhter Schleifscheibenverschleiß. Die Schleifkraftkomponenten sind aufgrund des nichtlinearen Abrichtverlaufs über der Zeit nicht konstant. Die sich auf- und abbauende Oxidschicht zeigt sich in entsprechenden Schwankungen der Prozesskenngrößen. Verglichen mit dem konventionellen Schleifen sind die Schleifkraftkomponenten während des ELID-Schleifens geringer [Limh02]. Für den ELID-Prozess können auch andere metallische Bindungen genutzt werden. Bronzegebundene Schleifscheiben haben in experimentellen Versuchen ebenfalls gute Ergebnisse erzielt [Bifa99, Kloc09]. Auch eine Kupfer-Kunstharz-Hybridbindung wurde bereits erfolgreich eingesetzt [Qian01]. Im Verlauf des ELID-Schleifens können die Abrichtstromstärke und die Dicke der Oxidschicht in gewissen Grenzen variieren. Dadurch wird der Abrichteffekt verringert. Das „Optimum In-Process Electrolytic Dressing" ist eine Weiterentwicklung des ELID-Verfahrens. Bei dieser Prozessvariante wird durch eine computergestützte Regelung eine konstante Abrichtstromstärke und damit eine konstante Oxidschichtdicke über der Schleifzeit gewährleistet. Auch die sich ändernde Spaltweite zwischen Schleifscheibe und Gegenelektrode wird berücksichtigt. Durch die Einstellung einer gewissen Dicke der Schicht kann sichergestellt werden, dass alle verschlissenen Schleifkörner sehr schnell herausgelöst werden können. Hierdurch können die Schleifkraftkomponenten weiter gesenkt und die Oberflächengüte gesteigert werden [Kimj99].

4.5.10.2 Electrochemical In-Process Controlled Dressing (ECD)

Der prinzipielle Aufbau und Ablauf des Electrochemical In-Process Controlled Dressing (ECD) ähnelt dem des ELID-Verfahrens. Im Unterschied zum ELID-Verfahren benötigt das ECD-Verfahren allerdings keine Oxidschichtbildung. Der Prozess findet im transpassiven Bereich der zugehörigen Stromdichte-Elektrodenpotenzialkurve statt. Die zugehörige Gleichstromquelle arbeitet galvanostatisch, d. h., die Stromstärke wird unabhängig von Veränderungen der elektrischen Eigenschaften im Elektrolysespalt kons-

4.5 Anwendungsbeispiele und weitere Verfahrensvarianten

tant gehalten. Nach dem Faraday'schen Gesetz ergibt sich eine über die Zeit konstante Auflösung des Bindungsmaterials. Unter Berücksichtigung des abgetragenen Werkstückvolumens kann der G-Wert (Verhältnis von abgetragenem Werkstückvolumen zu abgetragenem Werkzeugvolumen) von außen über die Stromstärke eingestellt werden. Durch die ständige Messung der Schleifkraftkomponenten während des Schleifprozesses wird der Schärfezustand der Schleifscheibe beim ECD-Prozess online überwacht und geregelt. Dazu wird der aktuelle k-Wert (Verhältnis von Normalkraft zu Tangentialkraft) ermittelt und mit vorgegebenen Sollwerten verglichen. Über die Veränderung der Stromstärke kann so die Auflösungsgeschwindigkeit des Bindungsmaterials geregelt werden, entsprechend werden neue scharfe Schleifkörner schneller oder langsamer freigelegt [Kram99]. Durch den Arbeitspunkt des ECD-Verfahrens im transpassiven Bereich wird das Bindungsmaterial sehr stark und schnell ohne Oxidschichtbildung abgetragen. Hierdurch lassen sich sehr große Kornüberstände mit entsprechend positiven Eigenschaften für den Schleifprozess (guter Späne- und Kühlschmiermitteltransport, reduzierte thermische Belastung, hohe resultierende Abtragleistung etc.) realisieren. Nachteilig ist der hohe Schleifscheibenverschleiß.

4.5.10.3 Electro Chemical Discharge Machining (ECDM)

Das Electro Chemical Discharge Machining (ECDM) stellt ein Hybridverfahren dar. Es kombiniert in einem einzigen Prozessschritt ECM und EDM als Abrichtverfahren für Schleifscheiben. Das ECM-Verfahren wird, wie bereits bei den anderen Verfahren beschrieben, hauptsächlich zum Schärfen der Schleifscheibe eingesetzt. Das EDM-Verfahren wird hauptsächlich als Profilierungsverfahren zur Erzeugung sehr genauer Makrogeometrien der Schleifscheibe eingesetzt. Wenn das ECDM-Verfahren gleichzeitig mit dem Schleifprozess eingesetzt wird, kann es als kontinuierliches Abrichtverfahren genutzt werden. Vom Aufbau ähnelt das ECDM dem ELID-Verfahren. Zwischen einer Gegenelektrode und der Schleifscheibe, die über einen externen Strom- bzw. Spannungsgenerator polarisiert werden, findet der ECD-Prozess statt. Für den EDM-Prozess muss der Abstand regelbar sein. Der ECD-Prozess ist gepulst und gliedert sich in zwei Intervalle innerhalb einer Periodendauer. Der EDM-Abtrag findet während der Entladedauer statt. Die Zündverzögerungszeit des EDM-Prozesses wird für den ECM-Prozess genutzt. So wird die anodische Metallauflösung durch den thermischen Abtrag einer elektrischen Entladung unterstützt und erlaubt so das gleichzeitige Schärfen und Profilieren der Schleifscheibe in einem einzigen Schritt. Durch die Veränderung der Pulszeiten können ECM- und EDM-Anteile des Prozesses geregelt werden. Durch eine Verkürzung der Pulszeit unter die Zündverzögerungszeit oder die Vergrößerung des Arbeitsabstands kann der EDM-Prozess sogar ganz verhindert werden. Zu lange Impulszeiten oder zu hohe Stromdichten können das Bindungsmaterial und den Abrasivstoff thermisch schädigen. Der eingesetzte Kühlschmierstoff dient gleichzeitig sowohl als Elektrolyt für den ECM-Prozess als auch als Dielektrikum für den EDM-Prozess. Die elektrische Leitfähigkeit liegt dabei im Bereich von 2 mS/cm, [Schö01].

4.5.11 Elektrochemische Mikrobearbeitung

4.5.11.1 Electrochemical Micro Machining (EMM)

Ein relativ junges Anwendungsgebiet ist die EC-Mikrobearbeitung. Aufgrund einiger Vorteile weist das EMM-Verfahren (Electrochemical Micro Machining) in der Mikrosystemtechnik ein hohes Potenzial auf. Hierzu zählen die hohe Abtragrate und eine hohe Präzision. Die Auswahl an Werkstoffen kann durch die elektrochemische Mikrobearbeitung erhöht werden. Weiterhin werden keine Eigenspannungen oder Risse in die Oberfläche induziert [Raju99, Uhlm01, Bhat03]. Durch EMM können Genauigkeiten im Bereich von ± 1 µm bis 50 µm erzielt werden [Bhat04]. Nach Definition bedeutet Mikrobearbeitung die Herstellung von Strukturen im Bereich zwischen 1 µm und 999 µm. Im Allgemeinen versteht man unter Mikrobearbeitung, die Fertigung von Strukturen, die mit konventionellen Techniken nicht herstellbar sind [Bhat03]. Im Gegensatz zum klassischen ECM-Verfahren wirken sich bei der elektrochemischen Mikrobearbeitung aufgrund der kleinen Strukturgrößen Formabweichungen und Kantenverrundungen verstärkt auf das Arbeitsergebnis aus [Koza04]. Der Einsatz klassischer Formelektroden wird hierdurch stark eingeschränkt. Es kommen vermehrt das Bahn-EC-Verfahren mit einfach geformten Elektroden oder Maskenverfahren zum Einsatz. Beim Maskenverfahren wird das Material nur an nicht durch eine Photoresistmaske abgedeckten Stellen abgetragen. Beim maskenlosen EMM muss die Auflösung des

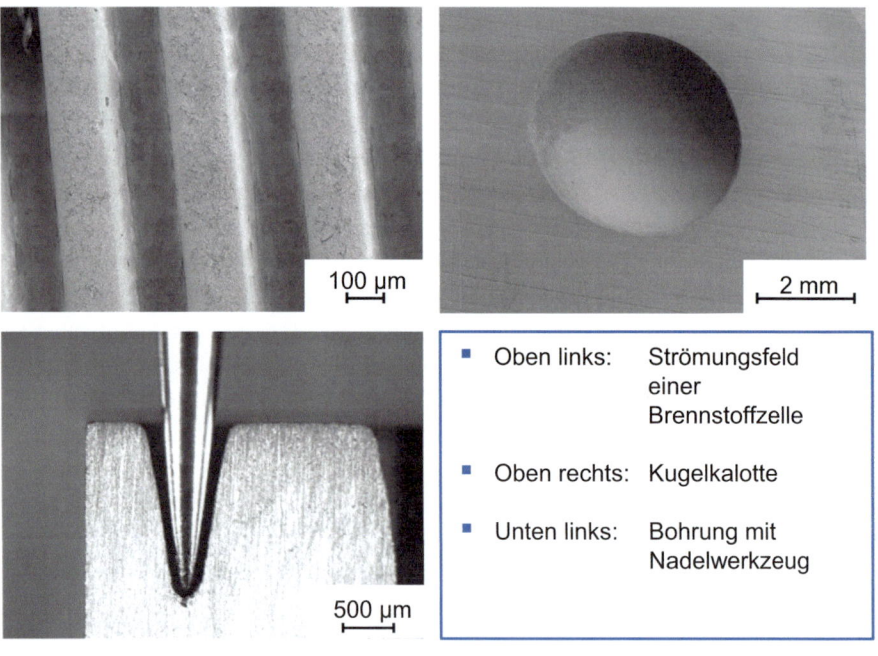

Abb. 4.47 Anwendungsbeispiele der EC-Mikrobearbeitung [Förs04]

4.5 Anwendungsbeispiele und weitere Verfahrensvarianten

Materials sehr gut lokalisiert werden. Dies wird durch eine entsprechende geometrische Gestaltung der Elektrode, lokal sehr kleine Arbeitsspalte, partielle Isolierungen der Elektrode und sehr hohe Stromdichten erreicht [Kock03]. Deshalb wird auch bei der elektrochemischen Mikrobearbeitung mit gepulsten Strömen gearbeitet.

Beispiele zur elektrochemischen Mikrobearbeitung zeigt Abb. 4.47. Oben links ist das Flow Field einer Brennstoffzelle dargestellt. Es wurde durch elektrochemisches Einsenken mit oszillierender Werkzeugelektrode in einen rostfreien Stahl X5CrNi18-10 hergestellt. Das Bild oben rechts zeigt die elektrochemische Einsenkung einer Kugelkalotte (Durchmesser 2 mm). Mit herkömmlichen Fertigungsverfahren ist es sehr schwierig, solche Strukturen zu erzeugen. Im Bild links unten ist die Einsenkung eines Nadelwerkzeugs gezeigt. Während der Bearbeitung bildet sich ein konstanter Arbeitsspalt aus. Allerdings ist der Einlaufwinkel im oberen Bereich des Werkstücks vergleichsweise groß [Förs04].

4.5.11.2 Ultrakurz gepulste EC-Mikrobearbeitung

Eine weitere Möglichkeit zur elektrochemischen Mikrobearbeitung ist die Mikro-Strukturierung durch ultrakurze Spannungspulse (Abschn. 4.2.2). Dieses Verfahren beruht auf dem physikalischen Effekt, dass die Ladezeit der Doppelschicht-Kapazitäten auf den Elektrodenoberflächen von der Entfernung zwischen zwei Elektroden im Elektrolyten abhängt. Während der Spannungspulse von wenigen Nanosekunden Dauer werden nur Bereiche merklich aufgeladen, die nicht weiter als wenige Mikrometer von der Gegenelektrode entfernt liegen. Da die Raten elektrochemischer Reaktionen exponentiell vom Spannungsabfall in der Doppelschicht abhängen, sind die elektrochemischen Reaktionen scharf auf diese Bereiche beschränkt.

Kock et al. [Kock03] haben bei der Bearbeitung von Ni gezeigt, dass durch die Anwendung ultrakurzer Spannungspulse bei der elektrochemischen Bearbeitung Genauigkeiten bis in den Nanometerbereich möglich sind. Als wesentlich stellen [Kock03] fest, dass dies durch die lokale Aufladung der Doppelschicht möglich wird, weil damit die lokale Auflöserate direkt gesteuert wird. Es wurden Strukturen gefertigt, die mit lithografisch hergestellten Bauteilen vergleichbar sind [Kock03]. Dennoch sind viele Herausforderungen offen. Die Möglichkeiten und Verfahrensgrenzen der PECM-Bearbeitung mit ultrakurzen Pulsen werden von Skoczypiec [Scoc16] diskutiert. Er geht auf die physikalischen Grundlagen und die verbleibenden Probleme ein, an denen gearbeitet werden muss, um industrielle Anwendungen in der Breite zu ermöglichen.

4.5.12 Plasmagestützte Oberflächenkonversion

4.5.12.1 Grundlagen

Werden bei der elektrochemischen Bearbeitung die richtigen Elektrolyte und Stromparameter ausgewählt, so ist es möglich, mithilfe von Plasmaentladungen eine Oberfläche mit neuen, gezielten Eigenschaften aufzubauen statt abzutragen. Hierfür kann das Bauteil sowohl als bewegte wie auch als stillstehende Elektrode verwendet werden. Analog zum nachfolgenden Beispiel beobachtete Schulze 1906 während Experimenten in einem Versuchsaufbau bei hoher Spannung das Auftreten von Glimmentladungen [Schu06]. Diese als Funken in Erscheinung tretenden Plasmaentladungen bedingten die Bildung einer stabilen Schutzschicht auf der Anode [Kopp18, Kopp19].

Obwohl das Verfahren oft als plasma-elektrolytische Oxidation (PEO) bezeichnet wird, konnte sich in der Fachliteratur bislang keine einheitliche Bezeichnung durchsetzen. Im deutschen Sprachraum wird das Verfahren neben Plasmaanodisation auch als anodische Oxidation unter Funkenentladung (ANOF) sowie im englischen Sprachraum als MicroArc Oxidation (MAO), Anodic Spark Deposition (ASD), MicroPlasma Oxidation (MPO), Plasma Chemical Oxidation (PCO) oder Microarc Discharge Oxidation (MDO) bezeichnet [Hoch03, Patc01, Wang10, Luki04, Timo00, Dief11, Lvgu06]. PEO umfasst alle Prozesse, welche die Oberfläche eines sperrschichtbildenden Metalls in einem wässrigen Elektrolyten durch Anlegen eines elektrischen Potenzials und unter Ausbildung lokaler Plasma- bzw. Funkenentladungen in eine keramische Phase umwandeln [Kopp18], (Abb. 4.48).

Das behandelte Werkstück weist aufgrund des keramischen Charakters der gebildeten Schicht eine Reihe spezifischer Eigenschaften auf, z. B. eine verbesserte Korrosions- und Verschleißbeständigkeit, höhere Härte sowie thermische und elektrische Isolationseigenschaften [Curr05, Jian10]. Der grundlegende Aufbau einer Zelle für PEO unterscheidet sich im Wesentlichen nur durch die aufwendigere Leistungs- und Steuerelektronik aufgrund der hohen Spannungen und durch Einrichtungen, ggf. Ströme zu modulieren [Shea01].

Trotz vielfältiger Möglichkeiten, die Funktionseigenschaften von PEO-Schichten durch die Wahl geeigneter Prozessparameter einzustellen, z. B. durch die Wahl des Elektrolyten, ist die Anwendung auf eine spezifische Gruppe von Werkstoffen begrenzt. Das gesamte Spektrum geeigneter Substrate für PEO ist noch nicht vollständig geklärt, lässt sich jedoch abgrenzen. Bedingt durch das physikalische Prinzip lässt sich PEO nur auf leitfähigen metallischen Werkstoffen anwenden. Es scheint weiterhin eine notwendige Bedingung zu sein, dass der verwendete Werkstoff ein sogenannter Sperrschichtbildner

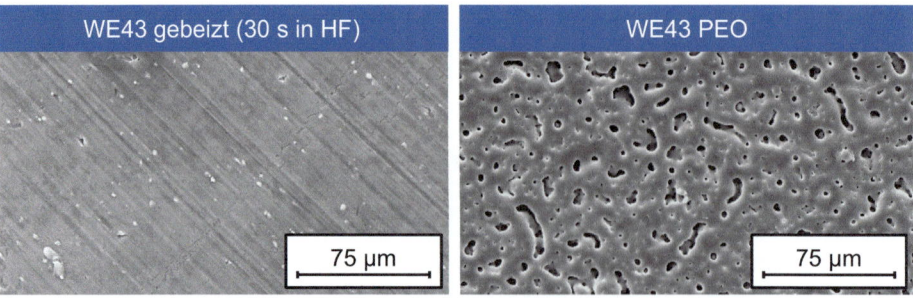

Abb. 4.48 Leichtmetalloberfläche vor und nach einer PEO-Behandlung [Kopp18]

4.5 Anwendungsbeispiele und weitere Verfahrensvarianten

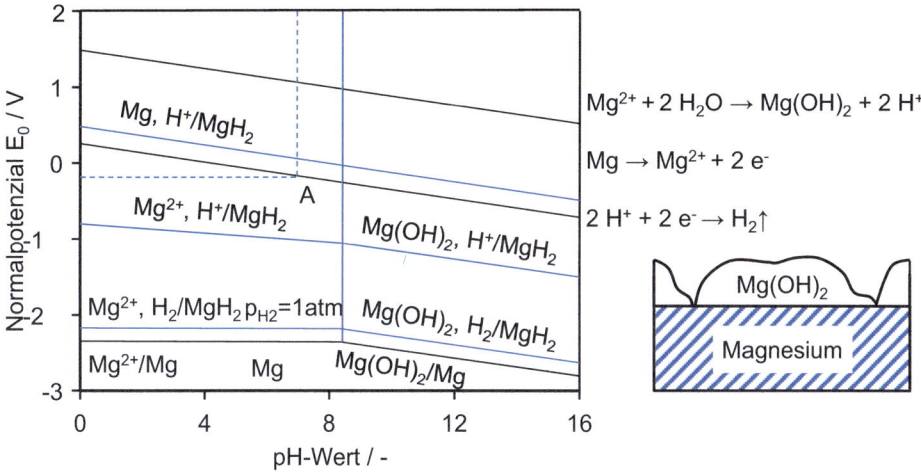

Abb. 4.49 Pourbaix-Diagramm des Mg-H$_2$O-Systems bei 25 °C und 1 atm und zugehörige Bildungsgleichung von Magnesiumhydroxid [Chen08, Kopp18]

ist [Schu08]. Hierunter wird die Fähigkeit eines instabilen Metalls verstanden, unter bestimmten Bedingungen durch die spontane Ausbildung eines Hydroxid- oder Oxidfilms mit begrenzter Ionenleitfähigkeit zu passivieren und somit der aktiven Korrosion in dem umgebenden Medium zu widerstehen [Schu00].

Aus thermodynamischer Sicht wurden die Randbedingungen für die Passivierung eines Metalls von Pourbaix untersucht [Pour74]. Aus dem gleichnamigen Pourbaix-Diagramm kann die Stabilität eines Metall-Elektrolytsystems in Abhängigkeit von dem Redox-Potenzial und dem pH-Wert bestimmt werden (Abb. 4.49). Magnesium bildet an feuchter Luft und unter Wasser eine dünne Passivschicht aus Magnesiumhydroxid und hydratisierten Oxidspezies aus [Kurz06]. Da die Bildung eines stabilen sowie flächendeckenden Magnesiumhydroxids erst ab einem pH-Wert von 8,4 vollständig abläuft, liegt der natürliche Korrosionsschutz durch die gebildete Passivschicht für Magnesium deshalb nur in alkalischen Umgebungen vor.

Weiterhin kann das Aufweisen von Halbleitereigenschaften als hinreichende Bedingung für PEO verstanden werden. Schulze prägte hierfür den Begriff des Ventilmetalls in Analogie zur damaligen Vorstellung eines elektrischen Ventils, das aufgrund des ausgebildeten Oxids „(…) in der einen Richtung die volle Spannung aushält, ohne einen Strom hindurchzulassen, in der anderen Richtung dagegen den vollen Strom hindurchlässt, ohne eine wesentliche Spannung zu verbrauchen (…)" [Schu10]. Die elektrische Ventilwirkung wurde für diverse Metalle bereits nachgewiesen (Tab. 4.3).

Die Passivierung und die Ventilwirkung eines Metalls stellen jedoch nur eine Orientierung bei der Auswahl geeigneter Werkstoffe für PEO dar. Die Eignung eines spezifischen Systems, bestehend aus Substrat, Elektrolyt und geeigneten Prozessparametern, muss individuell abgeklärt werden.

Tab. 4.3 Metalle mit nachgewiesener Ventilwirkung

Metalle mit elektrischem Ventileffekt	
Be, Cd, U, Cu	[Schu21]
Mg, Bi, W, Al, Sb, Zn	[Günt31, Schu21]
Sc, La, Y, Yb	[Schu08b]
Fe, Ni	[Günt37, Holt05]
Ta, Nb, V	[Schu07]
Hf, Ti	[Mali91]
Zr	[Darw89, Günt31, Mali91]
Sn	[Meti95, Schu21]
Ag	[Schu08a]
Pb	[Holt05, Schu21]
Si	[Günt37]

4.5.12.2 Phasen der Schichtentstehung

Die einzelnen Phasen des Schichtwachstums unterscheiden sich anhand charakteristischer Spannungen (E_n). Der schematische Verlauf des Stroms in Abhängigkeit von der angelegten Spannung bei PEO lässt sich in vier charakteristische Bereiche unterteilen (Abb. 4.50):

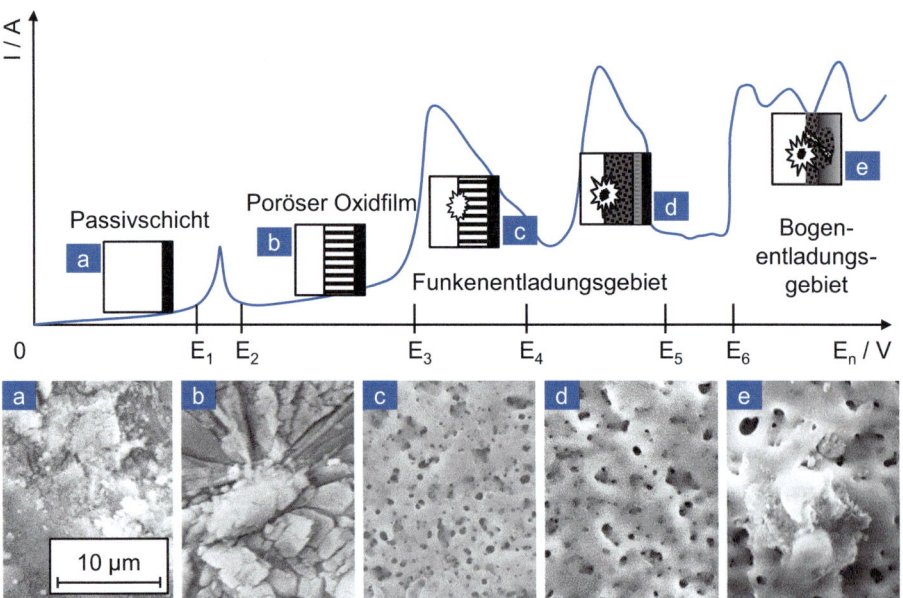

Abb. 4.50 Schematische PEO-Strom-Spannungskurve und zugehörige Oberflächen [Kopp18]

4.5 Anwendungsbeispiele und weitere Verfahrensvarianten 245

- Passivierung (0–E_2)
- Anodisation (> E_2–E_3)
- Plasma-elektrolytische Oxidation (> E_3–E_6)
- Bogenentladungsgebiet (> E_6)

Die einzelnen Phasen des Schichtwachstums unterscheiden sich anhand charakteristischer Spannungen (E_n) und werden nachfolgend im Detail beschrieben.

4.5.12.3 Passivierung 0–E_2

Nach Anlegen einer Spannung bildet sich eine zunächst unvollständige, dann geschlossene und mit zunehmender Spannung anwachsende Formierschicht aus (0–E_1). Bis zum Erreichen der Formierungsspannung E_1 kann die Dicke dieser Passivschicht mithilfe des Faradayschen Gesetzes und proportional zur geflossenen Ladungsmenge Q mittels nachfolgender Gleichung abgeschätzt werden [Schu00]:

$$d_{OX,P} = \frac{M \cdot Q}{z \cdot r \cdot F \cdot \rho} \quad (4.21)$$

Neben der Ladungsmenge werden die molare Masse M, die elektrochemische Wertigkeit z, der Rauheitsfaktor r, die Faraday-Konstante (9,6487 A·s/mol) sowie die Dichte ρ des angenommenen Oxids berücksichtigt. Bei weiterer Potenzialerhöhung kennzeichnet der plötzliche Anstieg des Stroms das Erreichen des Korrosionspotenzials, das eine erneute An- bzw. Auflösung des zuvor gebildeten Passivfilms bedingt (E_2).

4.5.12.4 Anodisation > E_2–E_3

Im Rahmen der dann folgenden Repassivierung wird das Prozessfenster der Anodisation, im deutschen Sprachraum auch als Eloxieren (siehe auch Abschn. 5.3.3) bekannt, durchlaufen [Chen08]. Es wächst ein poröser Oxidfilm auf dem Substrat auf. Zur Strukturbeschreibung von anodischen Schichten wird im Allgemeinen bis heute das von Keller, Hunter und Robinson 1953 publizierte KHR-Modell genutzt [Kell53]. Demzufolge besteht die Anodisationsschicht bei Aluminium aus einer Einheitszelle in Form einer hexagonalen Wabe mit geschlossenem Boden und einer zentralen Pore (Abb. 4.51 links).

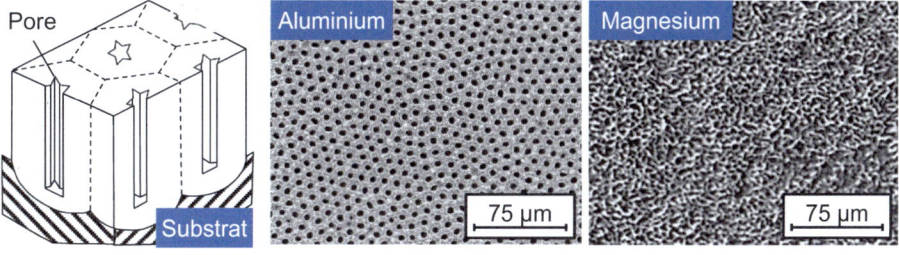

Abb. 4.51 KHR-Modell und REM-Aufnahmen von anodischen Schichten auf Aluminium und Magnesium [Kell53, Zhan11, Leit10, Kopp18]

Aktuelle hochauflösende Strukturanalysen geben Grund zur Vermutung, dass der von Keller, Hunter und Robinson beobachtete Ordnungsgrad bei Anodisationsschichten auf Magnesium jedoch nicht vorliegt (Abb. 4.51 rechts). Stattdessen weist die PEO-Schicht hier eine eher ungeordnete Porenstruktur auf [Leit10].

4.5.12.5 Plasma-elektrolytische Oxidation > E_3–E_6

Mit Erreichen der Zündspannung E_3 (Breakdown Voltage) geht die Anodisation unter der Ausbildung von Funkenentladungen in die PEO über [Yero99]. Das erste Auftreten dieser elektro-lumineszierenden Gasentladungen hängt wie alle Prozessgrößen und späteren Schichtkennwerte von der Kombination aus Ventilmetall, Oberflächenzustand, Elektrolytzusammensetzung und gewählten Prozessparametern ab [Meye03]. Auch die Verteilung der auftretenden Funkenentladungen variiert in Abhängigkeit von den gewählten Bedingungen. Bei der Verwendung von gut leitfähigen, stark passivierenden sowie komplexen Elektrolyten (z. B. KF oder NaF) können die Funkenentladungen „lawinenartig" unter der Bildung von Partialanoden die Oberfläche abrastern [Dunl09]. In diesem Fall kann der charakteristische Stromverlauf mit steigender Spannung mehrere Maxima aufweisen, welche das Ausbilden einer neuen Funkenfront und damit einer dickeren Schicht kennzeichnen. Sobald diese vollständig ausgebildet ist, wird die Schicht zunächst nur noch verdichtet und der Strom sinkt gegen Null, bis sich eine neue Funkenfront bildet [Kurz06]. Bei der Verwendung von stark (NaCl, $NaClO_3$, NaOH, HCL, $NaNO_3$) oder schwach (H_2SO_4, $(NH_4)_2S_2O_8$, Na_2SO_4) rücklösenden Elektrolyten weist der charakteristische Stromverlauf im Bereich E_3–E_6 in der Regel keine Maxima auf [Yero99]. Ebenso beeinflusst die gewählte Stromform die Ausbildung des Funkenbildes [Yero04]. Bei der Verwendung von Wechsel- oder Pulsstrom liegt eine weitestgehend stochastische Verteilung vor, während einzelne langlebigere Entladungsherde (Cascades/Avalanches) mit einer lokal erhöhten Funkendichte über die Oberfläche wandern können [Nomi15a, Dunl09]. Unabhängig von den Prozessparametern nimmt mit steigender Spannung bzw. Schichtdicke die Dichte der Funkenentladungen ab [Jian10, Yero04]. Hierbei erhöht sich die Strahlungsintensität und verändert die visuelle Wahrnehmung der Funken (Abb. 4.52 links) unter Änderung der Lumineszenz-Effekte von weiß über gelb, gelb-orange hin zu roten Entladungen.

Der zeitliche Verlauf des Schichtwachstums variiert insbesondere in Abhängigkeit von dem Elektrolyten, der Stromform sowie dem Energieeintrag, kann jedoch mit einer Wachstumsrate von 1 µm/min grob abgeschätzt werden [Nomi15b, Yero04, Huss13] (Abb. 4.52, rechts).

In gut leitfähigen Elektrolyten, z. B. konzentrierten Silikatlösungen (50 – 300 g/l), sowie in Abhängigkeit von dem Grundmaterial können Wachstumsraten von bis zu 7,5 µm/min und mehr erreicht werden [Tche77, Arra09]. Die abgeschiedenen Schichten können auf Dicken von wenigen Mikrometern bis über 200 µm eingestellt werden [Curr07, Yero05]. Abb. 4.53 zeigt den Aufbau einer typischen PEO-Schicht. Diese wird bei ausreichender Dicke in eine geschlossene Grenz- bzw. Sperrschicht (barrier layer)

4.5 Anwendungsbeispiele und weitere Verfahrensvarianten

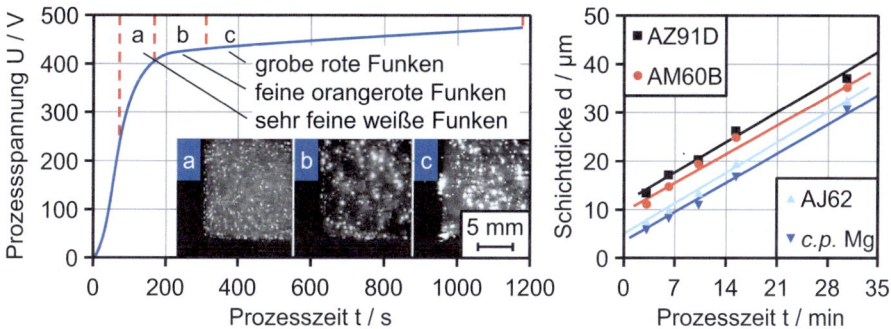

Abb. 4.52 Schematischer Spannungs-Zeitverlauf mit Funkenbild und exemplarischer Verlauf des Schichtwachstums von Magnesium in einem Silikat-Elektrolyten [Bala09, Yero04, Huss13, Kopp18]

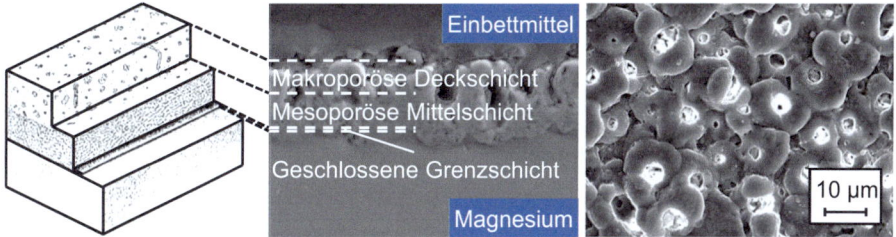

Abb. 4.53 Schematischer Aufbau einer PEO-Schicht [Kurz06, Gaoy14, Kopp18]

sowie eine meso- und eine makroporöse Schicht unterteilt. Hochauflösende Strukturuntersuchungen haben gezeigt, dass die Schichten zusätzlich zur Makroporosität eine feinverteilte Submikrometerporosität mit einem Porendurchmesser von 5 nm – 1 μm aufweisen [Curr06].

Yerokhin et al. und andere haben weiterhin nachgewiesen, dass die Schichtgüte durch eine höhere Defektdichte, eine andere Phasenkomposition und die Steigerung der Makroporosität mit Abstand zum Substrat abnimmt (Abb. 4.54) [Yero05, Rama06, Yero99]. Da mit einer Erhöhung der Gesamtschichtdicke neben der Prozesszeit der Anteil der makroporösen und qualitativ minderwertigen Deckschicht überproportional zunimmt, ist eine Steigerung der Schichtdicke nur bedingt sinnvoll [Jian10, Blaw05]. Die Dicke industriell eingesetzter Schichten beträgt daher in der Regel 20 – 50 μm [Hayd00].

Aufgrund der Konversion der Oberfläche wächst die Schicht bei PEO sowohl auf als auch in das Werkstück hinein [Wang14]. Zur generellen Abschätzung der Toleranzen im Rahmen einer beschichtungsgerechten Konstruktion sollte ein Aufmaß von mindestens 30 % der Gesamtschichtdicke berücksichtigt werden [Jian10, Chan09]. Das Verhältnis von äußerer zu innerer Schichtdicke wird unter anderem von der Legierung und dem Elektrolyten beeinflusst. Weiterhin ändert sich dieses, wie in Abb. 4.55 gezeigt,

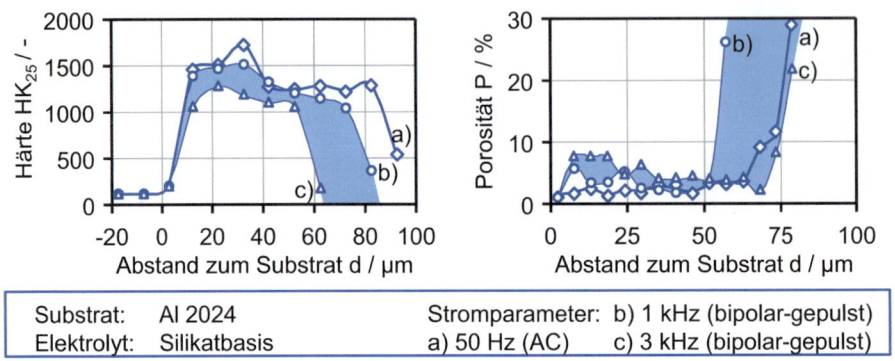

Abb. 4.54 Verlauf der Mikrohärte und Porosität von PEO-Schichten [Yero05, Kopp18]

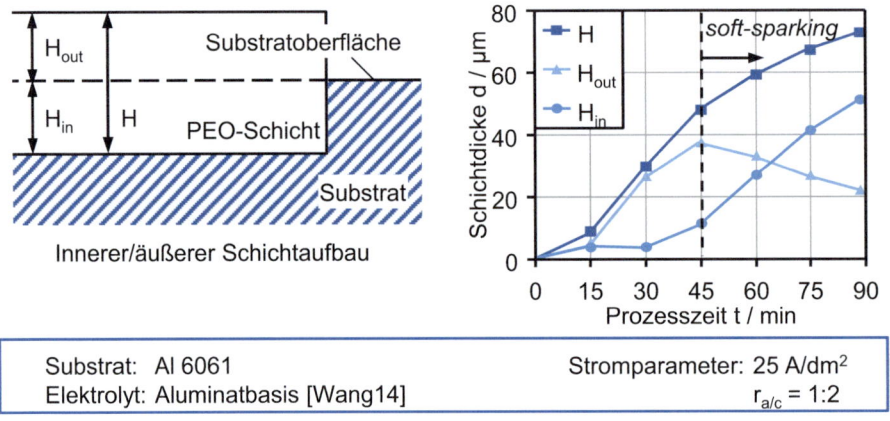

Abb. 4.55 Schematischer Aufbau und exemplarisches Wachstum der Schicht [Wang14, Kopp18]

in Abhängigkeit von den Prozessparametern und der Zeit durch die Überlagerung verschiedener Bildungsmechanismen wie dem soft-sparking (zeitlich nachgelagerte Aktivierung thermischer Diffusionsvorgänge) [Chan09, Yero99].

4.5.12.6 Bogenentladung > E_6

Bei weiterer Erhöhung des Potenzials erreicht der Prozess eine charakteristische Grenzspannung E_6, oberhalb derer zunehmend stationäre und hoch energetische Funkenentladungen auftreten, welche in sogenannte Brenner (Bogenentladungen) übergehen. Obwohl sich die charakteristische Spannung E_6 mithilfe von hochfrequenten Wechsel- oder Pulsströmen durch Stromunterbrechung effektiv erhöhen lässt, führt das Auftreten von Bogenentladungen schließlich zur Zerstörung der Schicht durch Aufwürfe, Schmelzen und das lokale Verbrennen der Schicht [Yero03, Huss11, Tche77, Curr05]. Oberhalb der

Grenzspannung kann der PEO-Prozess nicht mehr produktiv zur Herstellung technischer Schichten genutzt werden.

Die Anwendungen der PEO sind vielfältig und geprägt von den keramischen Eigenschaften der Randzone. So gehören der Einsatz als Verschleiß- oder Korrosionsschutz genauso zum Anwendungsumfang wie elektrisch und thermische Isolationseigenschaften. Durch die gezielte Beeinflussung der Morphologie und chemischen Zusammensetzung der Oberfläche durch die geeignete Wahl der Prozessparameter ist es ferner möglich, spezifische Randzoneneffekte, z. B. photokatalytische Eigenschaften bei Titanwerkstoffen oder die Verbesserung der biologischen Gewebereaktion bei Implantatwerkstoffen aus Titan- oder Magnesiumlegierungen, zu bewirken. Einige Anwendungen werden in Kap. 9 vorgestellt. Zur Vertiefung des Wissens wird auf die einschlägige Fachliteratur verwiesen [Shea01, Yero99].

4.5.13 Hybridprozesse

Eine Übersicht zur gezielten Verfahrenskombination der elektrochemischen Bearbeitung mit anderen Fertigungstechnologien findet sich in [Lauw14]. Ein wichtiger Vertreter in diesem Zusammenhang ist die ECM-Schleifbearbeitung von Wabenstrukturen aus duktilen Werkstoffen, bei denen auftretende Schleifgrate durch die zeitgleiche ECM-Bearbeitung abgetragen werden.

Literatur

[Alle86]	ALLEW, D. M. et al.: Photochemisches Bearbeiten (PCM) von Molybdän. Annals of the CIRP 35, S. 129–132, 1986
[Arra09]	ARRABAL, R. et al.: Characterization of AC PEO coatings on magnesium alloys. In: Surface & Coatings Technology. 203. Jg., 2009, S. 2207–2220
[Ande82]	ANDERSON, J.: Photochemische Bearbeitung senkt Werkzeugkosten. Production Engineering 29, S. 46–49, 1982
[Bala09]	BALA SRINIVASAN et al.: Effect of current density on the microstructure and corrosion behavior of plasma electrolytic oxidation treated AM50 magnesium alloy. In: Applied Surface Science. 255. Jg., 2009, S. 4212–4218
[Beme70]	BEMELMANS, N. J.: Untersuchungen zur elektrochemischen Bearbeitung von Metallen und Metallkarbiden durch anodische Auflösung bei hohen Stromdichten. Dissertation, RWTH Aachen, 1970
[Benn83]	BENNINGHOFF, H.: Elektropolieren. Hochwertige funktionelle Edelstahloberflächen. Techn. Rdsch. 75, S. 10/11, 1983
[Berg77]	BERGER, A.: Elektrisch abtragende Fertigungsverfahren. Düsseldorf: VDI-Verlag, 1977
[Berg19]	BERGS, T. et al.: ECM roughing of profiled grooves in nickel-based alloys for turbomachinery applications. Procedia Manufacturing 40, S. 22–26, 2019

[Bhat03]　　BHATTACHARYYA, B.; MUNDA, J.: Experimental investigation into electrochemical micromachining (EMM) process, Journal of Materials Processing Technology, pp. 287–291, 2003

[Bhat04]　　BHATTACHARYYA, B. et al.: Advancement in electrochemical micro machining. International Journal of Machine Tools and Manufacture 44, pp. 1577–1589, 2004

[Bifa88]　　BIFANO, T.G. et al.: Ductile-regime grinding of brittle materials: Experimental results and the development of a model, SPIE, Advances in Fabrication and Metrology for Optics and Large Optics, Vol. 966, pp. 108–115, 1988

[Bifa99]　　BIFANO, T. et al.: Fixed-Load Electrolytic Dressing with Bronze Bonded Grinding Wheels, ASME. Journal of Manufacturing Science and Engineering Vol. 121, 1999

[Blaw05]　　BLAWERT, C. et al.: Influence of process parameters on the corrosion properties of electrolytic conversion plasma coated magnesium alloys. In: Surface & Coatings Technology. 200. Jg., 2005, S. 68–72

[Brei84]　　BREIDENBACH, G.: Feinbohren im Flugtriebwerkbau. Industrie-Anzeiger 106 92, S. 39–43, 1984

[Chan09]　　CHANG, L.: Growth regularity of ceramic coating on magnesium alloy by plasma electrolytic oxidation. In: Journal of Alloys and Compounds. 468. Jg., 2009, S. 462–465

[Chen08]　　Chen, J.; Dong, J.; Wang, J., Han, E.; Ke, W.: Effect of magnesium hydride on the corrosion behavior of an alloy in sodium chloride solution. In: Corrosion Science. 50. Jg., 2008, S. 3610–3614

[Chry84]　　CHRYSSOLOURIS, G. et al.: Elektrochemisches Bohren. Annals of the CIRP 33 1, S. 99–104, 1984

[Curr05]　　CURRAN, J.A.; CLYNE, T.W.: Thermo-physical properties of plasma electrolytic oxide coatings on aluminum. In: Surface & Coatings Technology. 199. Jg., 2005, S. 168–176

[Curr06]　　CURRAN, J.A.; CLYNE, T.W.: Porosity in plasma electrolytic oxide coatings. In: Acta Materialia. 54. Jg., 2006, S. 1985–1993

[Curr07]　　CURRAN, J.A. et al.: Mullite-rich plasma electrolytic oxide coatings for thermal barrier applications. In: Surface & Coatings Technology. 201. Jg., 2007, S. 8683–8687

[Damm22]　　DAMM, H.: Meuserblut lässt Stanzerherzen höher schlagen. Fachartikel, Form und Werkzeug, 12.12.2022

[Darw89]　　DARWISH, S. et al.: The valve metal character of zirconium as inferred from anode potential measurements in mineral acid solutions. In: Materialwissenschaft und Werkstofftechnik. 20. Jg., 1989, S. 299–308

[Datt77]　　DATTA, M.; LANDOLDT, D.: On the influence of electrolyte concentration, pH and temperature on surface brightening of Nickel under ECM conditions. Journal of Applied Electrochemistry 7, S. 247–252, 1977

[Dege72]　　DEGENHARDT, H.: Elektrochemische Senkbarkeit metallischer Werkstoffe. Dissertation, TH Aachen, 1972

[Dege73]　　DEGENHARDT, H.: Fortschritte für den erweiterten Einsatz der EC Bearbeitungsverfahren. VDI-Z 115, S. 1155–1161, 1973

[Desi00]　　DE SILVA, A.K.M. et al.: Precision ECM by Process Characteristic Modelling. Annals of the CIRP, Vol. 49/1/2000, pp. 151–155, 2000

[Dill72]　　DILLENBERG, H.: Elektrochemisches Entmetallisieren. VDI-Ber. 183, S. 47–50, 1972

[Dief11]　　DIEFENBECK, M. et al.: The effect of plasma chemical oxidation of titanium alloy on bone-implant contact in rats. In: Biomaterials. 32. Jg., 2011, S. 8041–8047

[Dunl09]	DUNLEAVY, C.S. et al.: Characterisation of discharge events during plasma electrolytic oxidation. In: Surface & Coatings Technology. 203. Jg., S. 3410–3419
[Ecmt06]	http://www.ecmtec.com [Stand 01.02.2006)
[Elst82]	ELSTNER, R. et al.: Untersuchungen über den Einfluß von Inhibitoren in ammoniakalischen Ätzmittel-Lösungen zum Tief- und Formteilätzen von Kupfer. Metalloberfläche 36, S. 468–478, 1982
[Emag15]	https://www.emag.com/de/branchen-loesungen/technologien/pecm/ 2015
[Faus82]	FAUST, C.L.: Elektropolieren Teil 1: Metal Finish 80, S. 21–25, 1982; Teil 2: Metal Finish 80, S. 59–63, 1982
[Förs04]	FÖRSTER, R.: Untersuchung des Potenzials elektrochemischer Senkbearbeitung mit oszillierender Werkzeugelektrode für Strukturierungsaufgaben der Mikrosystemtechnik. Dissertation, Universität Freiburg, 2004
[Fran71]	FRANKE, L.; RÖßNER, E.: Die Bedeutung der Elektrolytwahl für die naturgetreue elektrochemische Metallbearbeitung. Feingerätetechnik 20, S. 342–345, 1971
[Frie73]	FRIEDERICH, J.: Untersuchung der Schadstoffbildung bei der elektrochemischen Metallbearbeitung. Industrie-Anzeiger 109, S. 28–29, 1973
[Gaoy14]	GAO, Y. et al.: Effect of current mode on PEO treatment of magnesium in Ca- and P-containing electrolyte and resulting coatings. In: Applied Surface Science. 316. Jg., 2014, S. 558–56
[Gevo83]	GEVORKYAN, G.G. et al.: Maschinen und Verfahren zum elektrochemischen Entgraten. Electromachining. Proc. 7th Internat. Symposium, Birmingham, 1983 Kempton, Bedford: IFS (Publication) Ltd., S. 417–31, 1983
[Gosg75]	GOSGER, P.: Anlagen für das EC-Senken. VDI-Ber. 240, S. 5–12, 1975
[Günt31]	GÜNTHERSCHULZE, A.; BETZ, H.: Neue Untersuchungen über die elektrolytische Ventilwirkung: II. Die Oxydschicht von Sb, Bi, W, Zr, Al, Zn, Mg. In: Zeitschrift für Elektrochemie und angewandte physikalische Chemie. 37. Jg., 1931, S. 726–734
[Günt37]	GÜNTHER-SCHULZE, A.; BETZ, H.: Elektrolytkondensatoren. Berlin: Krayn, 1937
[Guoy23]	GUO, Y. et al.: Digital twins for electro-physical, chemical, and photonic processes. CIRP Annals-Manufacturing Technology 72, 593–619, 2023
[Hack10]	HACKERT OSCHÄTZCHEN, M.: A. Schubert (Hrsg.): Scripts Precision and Microproduction Engineering. Bd. 2: Entwicklung und Simulation eines Verfahrens zum elektrochemischen Abtragen von Mikrogeometrien mit geschlossenem elektrolytischen Freistrahl. Zugl. Chemnitz, Technische Universität, Dissertation: Verlag Wissenschaftliche Scripten, 2014. – 162 S.
[Hack12]	HACKERT OSCHÄTZCHEN, M. et al.: Micro Machining with Continuous Electrolytic Free Jet. In: Precision Engineering 36 (2012), Nr. 4, S. 612–619. – 14.1016/j.precisioneng.2012.05.003
[Hars19]	HARST, S.: Entwicklung einer Prozesssignatur für die elektrochemische Metallbearbeitung. Dissertation, RWTH Aachen. Hrsg: Apprimus Verlag. Wissenschaftsverlag des Instituts für Industriekommunikation und Fachmedien an der RWTH Aachen. Aachen 2021
[Hayd00]	HAYDUK, F.; KURZE, P.: Surface protection for magnesium substrates with possible applications. In: Aghion, E.; Eliezer, D. (Hrsg.): Magnesium 2000 Proceedings of the Second Israeli International Conference on Magnesium Science and Technology. Magnesium Research Institute, 2000, S. 431
[Heid22a]	HEIDEMANNS, L. et al.: Advancing electrochemical machining by the use of additive manufacturing for cathode production. Procedia CIRP 112, 328–333, 2022

[Heid22b] HEIDEMANNS, L. et al.: Thermographic in-situ investigation of precise electrochemical machining. Procedia CIRP 113, 404–409, 2022

[Hens58] HENSLER, K.E. et al.: Die Bedeutung des Flade-Potenzials für die Passivität des Eisens in alkalischen Lösungen. Zeitschrift für physikalische Chemie 15, S. 642/643, 1958

[Herr20] HERRIG, T.: Elektrochemisches Schneiden mit einer Drahtelektrode. Dissertation, RWTH Aachen. Hrsg: Apprimus Verlag. Wissenschaftsverlag des Instituts für Industriekommunikation und Fachmedien an der RWTH Aachen. Aachen 2020

[Herr22] HERRIG, T. et al.: Surface Integrity of Wire Electrochemical Machined Inconel 718. Procedia CIRP 108, 152–157, 2022

[Hind13] HINDUJA, S.; KUNIEDA, M.: Modelling of ECM and EDM processes. CIRP Annals – Manufacturing Technology, 62. Jg., S. 775–797, 2013

[Hoar67] HOAR, T.P.: The Production and Breakdown of the Passivity of Metals. Corrosion Science 7, S. 341–355, 1967

[Hoar69] HOAR, J.P. et al.: Differences Between NaCl and NaNO3 As Electrolytes In Electrochemical Machining. J. Electrochem. Soc. 116, S. 199, 1969

[Hoch03] HOCHE, H. et al.: Plasma anodization as an environmental harmless method for the corrosion protection of magnesium alloys. In: Surface & Coatings Technology. 174–175. Jg., 2003, S. 1002–1007

[Holt05] HOLTZ, W.: Physik. Zeitschr. 6, 1905, S. 480

[Horn82] HORNISCH, R.: Elektropolieren. Die bessere Alternative zur Oberflächenbearbeitung rostbeständiger Stähle? Teil 1: Industrie-Anzeiger 104 28, S. 34–37, 1982; Teil 2: Industrie-Anzeiger 104 32, S. 24–26, 1982

[Hümb75] HÜMBS, H.J.: Elektrochemisches Senken. Experimentelle und analytische Untersuchung der Prozeßzusammenhänge. Dissertation, RWTH Aachen, 1975

[Huss11] HUSSEIN, R.O. et al.: The effect of current mode and discharge type on the corrosion resistance of plasma electrolytic oxidation (PEO) coated magnesium alloy AJ62. In: Surface & Coatings Technology. 206. Jg., 2011, S. 1990–1997

[Huss13] HUSSEIN, R. O. et al.: The effect of processing parameters and substrate composition on the corrosion resistance of plasma electrolytic oxidation (PEO) coated magnesium alloys. In: Surface & Coatings Technology. 237. Jg., 2013, S. 357–368

[Jian10] JIANG, B.L.; WANG, Y.M.: 5 - Plasma electrolytic oxidation treatment of aluminum and titanium alloys. In: Dong, H. (Hrsg.): Surface Engineering of Light Alloys. 1. Aufl., Oxford: Woodhead Publishing, 2010, S. 110–154

[Kell53] KELLER; F. et al.: Structural features of oxide coatings on aluminum. In: Journal of the Electrochemical Society. 100. Jg., 1953, S. 411–419

[Kell82] KELLOCK, B.: Technik des elektrochemischen Metallabtragens. Mach. Prod. Eng. 140, S. 40/41, 43, 45–46, 1982

[Kell85] KELLOCK, B.: Fertigung von Roboter- und Turbinenblättern in einem Arbeitsgang. Machinery and Production Engineering 143, S. 44/45, 47/48, 1985

[Kimj99] KIM, J.-D.; LEE, E.-S.: A Study of the Mirror-Like Grinding of Sintered Carbide with Optimum In-Process Electrolytic Dressing. International Journal of Advanced Manufacturing Technology, pp. 615–623, 1999

[Klin09] KLINK, A.: Funkenerosives und elektrochemisches Abrichten feinkörniger Schleifwerkzeuge. Dissertation, RWTH Aachen. Hrsg: Apprimus Verlag. Wissenschaftsverlag des Instituts für Industriekommunikation und Fachmedien an der RWTH Aachen. Aachen 2009

[Klin16]	KLINK, A.: Process Signatures of EDM and ECM Processes – Overview from Part Functionality and Surface Modification Point of View. Procedia CIRP 42, 2016, 240–245, 2016
[Klin18]	KLINK, A. et al.: Technological and Economical Assessment of Alternative Process Chains for Turbocharger Impeller Manufacture. Procedia. CIRP 77 (2018), S. 586–589
[Klin20]	KLINK, A. et al.: Study of the electrolyte flow at narrow openings during electrochemical machining. CIRP Annals - Manufacturing Technology 69, 157–160, 2020
[Kloc09]	KLOCKE, F. et al.: ELID dressing behaviour of fine grained bronze bonded diamond grinding wheels. Int. J. Abrasive Technology, Vol. 2, No. 4, 2009
[Kloc12]	KLOCKE, F. et al.: Technological and economical capabilities of manufacturing titanium- and nickel-based alloys via Electrochemical Machining (ECM). Key Engineering Materials Online Vols. 504–506, pp 1237–1242, 2012
[Kloc13a]	KLOCKE, F. et al.: Experimental research on the electrochemical machining of modern titanium- and nickel-based alloys for aero engine components. Procedia CIRP 6, 368–372, 2013
[Kloc13b]	KLOCKE, F. et al.: Novel Processes for the Machining of Tool Inserts for Precision Glass Molding. Lecture Notes in Production Engineering, Volume Part F1132, Pages 85–98, 2013
[Kloc14a]	KLOCKE, F. et al.: Optical In Situ Measurements and Interdisciplinary Modeling of the Electrochemical Sinking Process of Inconel 718. Procedia CIRP 24, 114–119, 2014
[Kloc14b]	KLOCKE, F. et al.: Turbomachinery component manufacture by application of electrochemical, electro-physical and photonic processes. CIRP Annals - Manufacturing Technology 63, 703–726, 2014
[Kloc15a]	KLOCKE, F. et al.: Experimental Research on the Electrochemical Machinability of selected γ-TiAl alloys for the manufacture of future Aero Engine Components. Procedia CIRP 35, 2015, 50–54, 2015
[Kloc15b]	KLOCKE, F. et al.: Interdisciplinary modelling of the electrochemical machining process for engine blades. CIRP Annals-Manufacturing Technology 64, 217–220, 2015
[Kloc17a]	KLOCKE, F.: Fertigungsverfahren 1. Zerspanung mit geometrisch bestimmter Schneide. Auflage. ISBN 978-3-662-54206-4. Springer Verlag, 2017
[Kloc17b]	KLOCKE, F. et al.: Modeling of the Electrochemical Dissolution Process for a Two-phase Material in a Passivating Electrolyte System. Procedia CIRP 58, 169–174, 2017
[Kloc18a]	KLOCKE, F.: Fertigungsverfahren 2. Zerspanung mit geometrisch unbestimmter Schneide. 6. Auflage. ISBN 978-3-662-58091-2. Springer Verlag, 2018
[Kloc18b]	KLOCKE, F. et al.: A Novel Modeling Approach for the Simulation of Precise Electrochemical Machining (PECM) with Pulsed Current and Oscillating Cathode. Procedia CIRP 68, 499–504, 2018
[Kloc18c]	KLOCKE, F. et al.: Modeling and Simulation of the Microstructure Evolution of 42CrMo4 Steel during Electrochemical Machining. Procedia CIRP 68, 505–510, 2018
[Kloc18d]	KLOCKE, F. et al.: Experimental Investigations of Cutting Rates and Surface Integrity in Wire Electrochemical Machining with Rotating Electrode. Procedia CIRP 68, 725–730, 2018
[Kloc18e]	KLOCKE, F. et al.: Comparison of the electrochemical machinability of electron beam melted and casted gamma titanium aluminide TNB-V5. Proceedings of the

[Kloc18f]   Institution of Mechanical Engineers, Part B: Journal of Engineering Manufacture, 232(4), pp. 586–592, 2018

[Kloc18f]   KLOCKE, F. et al.: Surface integrity in electrochemical machining processes: An analysis on material modifications occurring during electrochemical machining. Proceedings of the Institution of Mechanical Engineers, Part B: Journal of Engineering Manufacture, 232(4), pp. 578–585, 2018

[Kock03]   KOCK, M. et al.: Electrochemical micromachining with ultrashort voltage pulses–a versatile method with lithographical precision. Electrochimica Acta. Volume 48, Issues 20–22, p. 3213–3219

[Koch91]   KOCH, N.: Technologie zum Schleifen asphärischer optischer Linsen. Dissertation, RWTH Aachen, 1991

[Köni82]   KÖNIG, W.; NEUBAUER, J.: Mechanismen der Oberflächenausbildung beim elektrochemischen Senken. Industrie-Anzeiger 104, S. 42–45, 1982

[Kopp18]   KOPP, A.: Biokompatibilität plasma-elektrolytisch oxidierter Magnesiumwerkstoffe. Dissertation, RWTH Aachen. Hrsg: Apprimus Verlag. Wissenschaftsverlag des Instituts für Industriekommunikation und Fachmedien an der RWTH Aachen. Aachen 2018

[Kopp19]   KOPP, A. et al.: Defined surface adjustment for medical magnesium implants by electrical discharge machining (EDM) and plasma electrolytic oxidation (PEO). CIRP Annals – Manufacturing Technology 68 (2019) 583.586

[Kops75]   KOPS, L.; QUACH, V.B.: Der Einfluß der Werkstückstruktur auf die elektrochemische Bearbeitung (ECM). Fertigung, S. 53–57, 1975

[Koza04]   KOZAK, J. et al.: Selected problems of micro-electrochemical machining. Journal of Materials Processing Technology 149, S. 426–431, 2004

[Koza94]   KOZAK, J. et al.: Modeling and Analysis of Pulse Electrochemical Machining. ASME Journal of Eng. for Ind. Vol. 116, pp. 316–323, 1994

[Kram99]   KRAMER, D.; REHSTEINER, F.: ECD (Electrochemical In-Process Controlled Dressing), a new Method for Grinding of Modern High-Performance Cutting Materials to Highest Quality. Annals of the CIRP Vol. 48, pp. 265–268, 1999

[Kube65]   KUBETH, H.: Der Abbildungsvorgang zwischen Werkzeugelektrode und Werkstück beim elektrochemischen Senken. Dissertation, RWTH Aachen, 1965

[Kuni19]   KUNIEDA, M. et al.: Visualization of electro-physical and chemical machining processes. CIRP Annals - Manufacturing Technology 68, 751–774, 2019

[Kurz06]   KURZE, P.: Surface Treatments and Protection. In: Friedrich, H.E.; Mordike, B.L. (Hrsg.): Magnesium technology: Metallurgy, Design Data, Applications. Berlin: Springer, 2006, S. 431–468

[Lars79]   LARSSON, C.N.: Anwendung der elektrochemischen Bearbeitung zum Feinbohren in Titanlegierung. Proc. 2nd Joint Polytechn. Symposium on Manufact. Engng., S. 167–173, 1979

[Lauw14]   LAUWERS, B. et al.: Hybrid processes in manufacturing. CIRP Annals - Manufacturing Technology 63, 561–583, 2014

[Leit10]   LEI, T. et al.: Preparation of MgO coatings on magnesium alloys for corrosion protection. In: Surface & Coatings Technology. 204. Jg., 2010, S. 3798–3803

[Lemb82]   LEMBKE, D.: Moderne Ätztechnik mit Peroxid-Beizen bei der Herstellung von Leiterplatten. Verfahren, Anwendung und Recycling. Metalloberfläche 36 3, S. 112–113, 1982

[Lvgu06]   LV., G. et al.: Characteristic of ceramic coatings on aluminum by plasma electrolytic oxidation in silicate and phosphate electrolyte. In: Applied Surface Science. 53. Jg., 2006, S. 2947–2952

[Limh02]	LIM, H.S. et al.: A fundamental study on the mechanism of electrolytic in-process dressing (ELID) grinding. International Journal of Machine Tools & Manufacture, pp. 935–943, 2002
[Lind77]	LINDENLAUF, P.: Werkstoff- und elektrolytspezifische Einflüsse auf die elektrochemische Senkbarkeit ausgewählter Stähle und Nickellegierungen. Dissertation, RWTH Aachen, 1977
[Luki04]	LUKIYANCHUK, I.V. et al.: Surface morphology, composition and thermal behavior of tungsten-containing anodic spark coatings on aluminum alloy, Thin Solid Films, Vol. 446, 2004, S. 54–6
[Mali91]	MALIK, F.: A study of passive films on valve metals. In: Thin Solid Films. 206. Jg., 1991, S. 345–348
[Maok71]	MAO, K.W.: ECM Study in a Closed-Cell-System II NaCl NaClO4 and NaNO3. J. Electrochem. Soc. 118, pp. 1876–1879, 1971
[Maok73]	MAO, K.W.; HAARE, J.P.: The anodic dissolution of mild steel in solutions containing both Cl- and NO- -3-ions. Corrosion Science 13, pp. 709–803, 1973
[Mave85]	N.N.: Elektrochemisches Entgraten. Präzise, wirtschaftliche Methode für die Serienfertigung. Maschinen, Anlagen, Verfahren, S. 31, 34–35, 1985
[Meti95]	METIKOS-HUKOVIC, M. et al.: Behavior of tin as a valve metal. In: Electrochimica Acta. 40. Jg., 1995, S. 1777–1779
[Meye03]	MEYER, S. et al.: Die anodische Oxidation unter Funkenentladung als Zugang zu funktionalisierten Oberflächen - eine Einführung. In: Jahrbuch Oberflächentechnik. 59. Jg., 2003, S. 154–162
[Näse76]	NÄSER, K.-H.: Physikalische Chemie – Für Techniker und Ingenieure. 14. Auflage. VEB Deutscher Verlag für Grundstoffindustrie. Leipzig 1976
[Neub84]	NEUBAUER, J.: Untersuchung deckschichtbestimmender Reaktionsmechanismen und ihre Auswirkungen auf die elektrochemische Senkbarkeit. Dissertation, RWTH Aachen, 1984
[Neub85]	NEUBAUER, J.: Deckschichtpolarisation und ihr Einfluss auf das Arbeitsergebnis beim EC-Senken. Industrie-Anzeiger 107, S. 37/38, 1985
[Nomi15a]	NOMINE, A. et al.: Effect of cathodic micro-discharges on oxide growth during plasma electrolytic oxidation (PEO). In: Surface & Coatings Technology. 269. Jg., 2015, S. 131–137
[Nomi15b]	NOMINE, A. et al.: High Speed video evidence for localized discharge cascades during plasma electrolytic oxidation. In: Surface & Coatings Technology. 269. Jg., 2015, S. 125–130
[Ohmo90]	OHMORI, H.; NAKAGAWA, T.: Mirror Surface Grinding of Silicon Wafers with Electrolytic In-Process Dressing. Annals of the CIRP. Vol. 39, pp. 329–332, 1990
[Ohmo95]	OHMORI, H.; NAKAGAWA, T.: Analysis of Mirror Surface Generation of Hard and Brittle Materials by ELID Grinding with Superfine Grain Metallic Bond Wheels. Annals of the CIRP. Vol. 44, pp.287–290, 1995
[Pahl69]	PAHL, D.: Über die Abbildungsgenauigkeit beim elektrochemischen Senken. Dissertation, RWTH Aachen, 1969
[Pahl73]	PAHLITZSCH, G.; DREESMANN, E.: Einfluss des Werkstoffgefüges beim elektrochemischen Abtragen. Zeitschrift f. wirtschaftl. Fertigung ZwF 68, S. 409–413, 1973
[Patc01]	PATCAS, F. et al.: Preparation of structured eggshell catalysts for selective oxidations by the ANOF technique. In: Catalysis Today. 69. Jg., 2001, S. 379–383
[Pemt04]	http://www.pemtec.de [Stand 01.11.2005]
[Piel86]	PIELORZ, G.: Materialabtrag ohne thermischen Einfluss. Konstruktion, Elemente, Methoden. Technologische Information für Konstruktion und Praxis 23, S. 113/114, 1986

[Pies83] PIEßLINGER-SCHWEIGER, S.: Anwendung des Elektropolierens im Apparatebau für Funktionsflächen. Masch.-Markt 89, S. 874/875, 1983

[Pott87] POTT, G.: Berührungslos-Elektrochemisch erzeugte Konturen sind gratfrei und haben eine hohe Oberflächengüte. Maschinenmarkt 93, S. 66–70, 1987

[Pour74] POURBAIX, M.: Atlas of electrochemical equilibria in aqueous solutions. 2. Aufl. National Association of Corrosion Engineers, 1974

[Pram82] PRAMANIK, D.K.; DASGUPTA, R.K.; BASU, S.K.: Studie zum elektrochemischen Entgraten mit beweglichen Elektroden. Wear 82, S. 309–316, 1982

[Przy87] PRZYKENK, K.; SCHLATTER, H.: Entgraten von Werkstücken aus Aluminium XIV. Aluminium 63, S. 416–424, 1987

[Qian01] QIAN, J. et al.: Internal mirror grinding with a metal/metal-resin bonded abrasive wheel. International Journal of Machine Tools & Manufacture No. 41, 2001

[Raju99] RAJURKAR, K.P. et al.: New Developments in Electro-Chemical Machining. Annals of the CIRP Vol. 48, pp. 567–579, 1999

[Rama06] RAMA KRISHNA, L. et al.: A comparative study of tribological behavior of micro-arc oxidation and hard-anodized coatings. In: Wear. 261. Jg., 2006, S. 1095–110

[Schä74] SCHÄFER, F.: Elektrochemisches Badentgraten. Metalloberfl. 28 Nr. 3, S. 84–87, 1974

[Schn17] SCHNEIDER, M. et al.: Electrochemical machining of a solid-state sintered ceramic – A parameter study. International Journal of Refractory Metals & Hard Materials 68, 19–23, 2017

[Schö01] SCHÖPF, M. et al.: ECDM (Electro Chemical Discharge Machining), a new Method for Trueing and Dressing of Metal-Bonded Diamond Grinding Tools. Annals of the CIRP Vol. 50, pp. 125–128, 2001

[Schu00] SCHULZE, J.W., LOHRENGEL, M.M.: Stability, reactivity and breakdown of passive films. Problems of recent and future research. In: Electrochimica Acta. 45. Jg., 2000, S. 2499–251

[Schu06] SCHULZE, G..: Über das Verhalten von Aluminiumanoden. In: Annals of Physics. 326. Jg., 1906, S. 929–954

[Schu07] SCHULZE, G.: Über das Verhalten von Tantalelektroden. In: Annals of Physics. 328. Jg., 1907, S. 226–246

[Schu08a] SCHULZE, G.: Über die elektrolytische Ventilwirkung der Metalle Zink, Cadmium, Silber und Kupfer. In: Annals of Physics. 331. Jg., 1908, S. 372–392

[Schu08b] SCHULZE, G.: Die elektrolytische Ventilwirkung des Niobs und eine Klassifizierung des Verhaltens elektrolytischer Anoden. In: Annals of Physics. 330. Jg., 1908, S. 775–782

[Schu10] SCHULZE, G.: Bemerkungen zur Untersuchung der Wechselstromvorgänge in Aluminiumzellen. In: Annals of Physics. 336. Jg., 1910, S. 1053–1062

[Schu14] SCHUBERT, N. et al.: Electrochemical Machining of cemented carbides. Int. Journal of Refractory Metals and Hard Materials 47, 54–60, 2014

[Schu18] SCHUBERT, N. et al.: Electrochemical machining of tungsten carbide. J Solid State Electrochem 22: 859–868, 2018

[Schu21] GÜNTHER-SCHULZE, A.: Die elektrolytische Ventilwirkung. In: Annals of Physics. 370. Jg., 11, 1921, S. 223–246

[Schw58] SCHWABE, K.; DIETZ, G.: Zur Passivität des Nickels. Zeitschrift für Elektrochemie 62, S. 751–759, 1958

[Scoc16] SKOCZYPIEC, S.: Int. Journal of Advanced Manufacturing Technology. (2016) 87, p. 177–187. https://doi.org/10.1007/s00170-016-8392-z

[Shea01] SHEASBY, P.G.; PINNER, R.: The surface treatment and finishing of aluminum and its alloys. 6. Aufl. Finishing Publication LTD. and ASM International, 2001

[Shor93] SHORE, P.: „ELID" for Efficient Grinding of Super Smooth Surfaces. Ultraprecision Grinding. IDR, pp. 318–322, 6/93

[Sieg74]	SIEGEL, B.: Elektrochemisch abtragende Fertigungsverfahren in Bändern. Fachber. Oberflächentechn. 12, S. 199–202, 1974
[Sous22]	SOUS, F. et al.: Experimental analysis on the accuracy of two dimensional curved cuts in wire ECM. Procedia CIRP 113, 398–403, 2022
[Staw72]	STAWOWY, H: Elektrochemisches Beizen von rostfreien Edelstahl Warm- und Kaltband. VDI-Ber. 183, S. 43–46, 1972
[Tche77]	TCHERNENKO, V.I. et al.: Coatings by Anodic Spark Electrolysis. In: Khimiya. 68. Jg., 1991, S. 568 - 573
[Tcho22]	TCHOUPE SAMBOU, E. et al.: Towards in-process evaluation of the precise electrochemical machining (PECM). Procedia CIRP 113, 392–397, 2022
[Thil83]	THILOW, A.: Elektrochemisches Formentgraten - ein Entgratverfahren auch für hochwertige Aluminiumteile. Aluminium 59, S. 338–341, 1983
[Timo00]	TIMOSHENKO, A.V.; MAGUROVA, Y.V.: Application of oxide coatings to metals in electrolyte solutions by microplasma methods. In: Revista de Metalurgia. 36. Jg., 2000, Nr. 5, S. 323–330
[Tipt64]	TIPTON, H.: The Dynamics of Electrochemical Machining. Proceedings of the 5th International M.T.D.R Conference, S. 509–522, 1964
[Tous84]	TOUSEK, J.: Das Elektropolieren von Wolfram in sauren Bädern. Prakt. Metallogr. 21, S. 552–555, 1984
[Uhlm01]	UHLMANN, E. et al.: High Precision Manufacturing using PEM. In: Proceedings of the 13th, International Symposium for Electromachining ISEM XIII, pp. 261- 268, 2001
[VDI3401]	VDI 3401: Elektrochemische Bearbeitung. Blatt 1. Verein Deutscher Ingenieure (Hrsg.), Ausgabe 1993
[Vett58]	VETTER, K.J.: Dicke und Aufbau von passivierenden Oxidschichten auf Eisen. Zeitschrift für Elektrochemie 62, S. 149–161, 1958
[Vett61]	VETTER, K.J.: Elektrochemische Kinetik. Berlin, Göttingen, Heidelberg: Springer-Verlag, 1961
[Viss85]	VISSER, A.; WEIßINGER, D.: Einflussgrößen und Toleranzen beim Sprühätzen von Blechen. Bänder Bleche Rohre 26, S. 188–193, 1985
[Wang10]	WANG, K. et al.: Nitrogen inducing effect on preparation of AlON–Al2O3 coatings on Al6061 alloy by electrolytic plasma processing. In: Surface and Coatings Technology. 205. Jg., 2010, S. 11–14
[Wang14]	WANG, J.-H. et al.: Effects of the ratio of anodic and cathodic currents in the characteristics of micro-arc oxidation ceramic coatings on Al alloys. In: Applied Surface Science. 292. Jg., 2014, S. 658–664
[Wätz04]	WÄTZIG, R. et al.: Verfahrens- und Ausrüstungsforschung zur Elektrochemischen Metallbearbeitung (ECM), Dima 7, S. 14–17, 2004
[Weck86]	WECK, E.; LEISTNER, E.: Molybdänsäure - Das A und O des Ätzens für den Metallographen. Metal Progress 130, S. 49-51, 1986
[Yero99]	YEROKHIN, A.L. et al.: Plasma electrolysis for surface engineering. In: Surface and Coatings Technology. 122. Jg., 1999, S. 73–93
[Yero03]	YEROKHIN, A.L. et al.: Discharge characterization in plasma electrolytic oxidation of aluminum. In: Journal of Physics D: Applied Physics. 36. Jg., 2003, S. 2110–2120
[Yero04]	YEROKHIN, A.L. et al.: Spatial characteristics of discharge phenomena in plasma electrolytic oxidation of aluminum alloys. In: Surface and Coatings Technology. 177–178. Jg., 2004, S. 779-78
[Yero05]	YEROKHIN, A.L. et al.: Oxide ceramic coatings on aluminum alloys produced by a pulsed bipolar plasma electrolytic oxidation process. In: Surface and Coatings Technology. 199. Jg., 2005, S. 150–157

[Yucy81] YU, C.Y. et al.: Beziehungen zwischen der Kopiergenauigkeit und dem Elektrolyten bei der elektrochemischen Bearbeitung von Titanlegierungen. Annals of the CIRP 30, S. 123–127, 1981

[Yucy83] YU, C.Y. et al.: Untersuchung der Schallgeschwindigkeit und des „Stauungs"-Phänomens einer gasflüssigen Zweiphasenströumung im Arbeitsspalt bei der elektrochemischen Bearbeitung. Proc. 23. Internat. Mach. Tool Design & Res. Conf., Univ. Manchester, 1982, London: MacMillan Press Ltd., S. 249–255, 1983

[Zeis15] ZEIS, M.: Modellierung des Abtragprozesses der elektrochemischen Senkbearbeitung von Triebwerksschaufeln. Dissertation, RWTH Aachen. Hrsg: Apprimus Verlag. Wissenschaftsverlag des Instituts für Industriekommunikation und Fachmedien an der RWTH Aachen. Aachen 2015

[Zhan02] ZHANG, F.H. et al.: High efficiency ELID grinding of garnet ferrite, Journal of Materials Processing Technology, Vol. 129, pp. 41-44, 2002

[Zhan11] ZHANG, R. et al.: Ultrasound-assisted anodization of aluminum in oxalic acid. In: Applied Surface Science. 258. Jg., 2011, S. 586–589

[Zhus83] ZHU, S.-M. et al.: Anwendung wässriger Lösungen als Elektrolyt bei der elektrochemischen Bearbeitung. Elektromachining. Proc. 7th Internat. Symposium, Birmingham Kempston, Bedford: IFS (Publications) Ltd., S. 405–415, 1983

Galvanische Beschichtungen 5

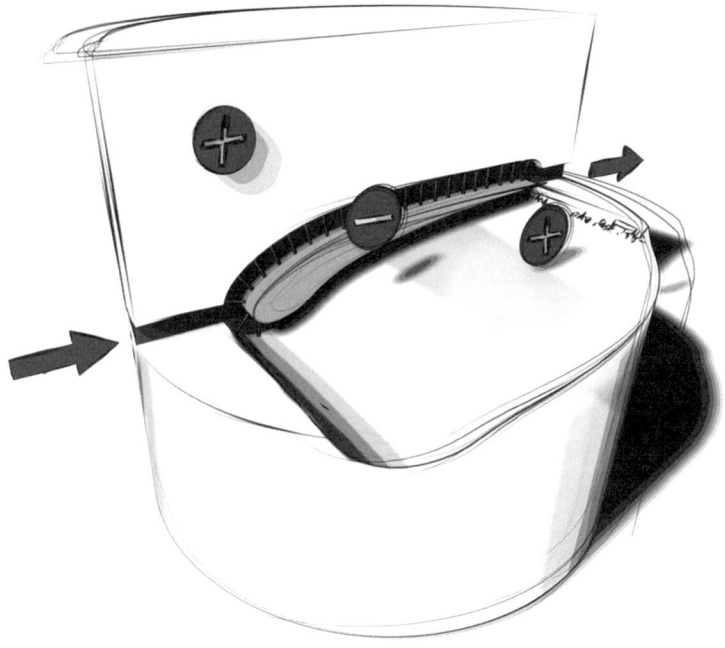

Zusammenfassung

Das Grundprinzip der Galvanotechnik ist der durch Elektrolyse hervorgerufene Schichtauftrag am kathodisch gepolten Werkstück. Nach allgemeinen Ausführungen zu den zugrunde liegenden elektrochemischen Reaktionsmechanismen liegt der

Schwerpunkt dieses Kapitels auf Anwendungen der Galvanotechnik zur Herstellung von Schleif- und Abrichtwerkzeugen sowie von Drähten für die Funkenerosion. Bei der Beschichtung von profilierten Schleifscheiben muss die Ausbildung des elektrischen Feldes und die Länge der Stromlinien berücksichtigt werden. An Spitzen und Kanten kommt es zur Konzentration der Feldlinien und zu erhöhten Materialschichtdicken. Diesem Effekt kann durch konstruktive Anpassungen der Anodengeometrie und der Werkzeugelektrode oder durch Zusätze im Elektrolyten, mit denen die Streufähigkeit erhöht wird, entgegengewirkt werden. Grundsätzlich können die zu erwartenden Schichtdicken mit den Faraday'schen Gesetzen berechnet werden. Nach der Herstellung von Schleifscheiben und Abrichtrollen mit galvanischen Bindungen stehen Diskussionen der Schichteigenschaften, insbesondere der Härte sowie der Eigenspannungen und die Benetzung und Einbindung der Hartstoffe, im Fokus der Ausführungen. Die galvanische Beschichtung von EDM-Drähten erfolgt in spezifischen Durchlaufverfahren.

5.1 Allgemeines

Alle Verfahren zur Oberflächenbehandlung von Metallen und Nichtmetallen, die zur Herstellung metallischer Überzüge aus Elektrolytlösungen und Salzschmelzen unter Ausnutzung eines Transports von Ionen und Elektronen dienen, werden unter dem Begriff Galvanotechnik zusammengefasst [GÜTE87]. Das zugrunde liegende physikalische Wirkprinzip in der Galvanotechnik ist die Elektrolyse. Der eigentliche Beschichtungsprozess wird als „Galvanisieren", „galvanische Metallabscheidung", „galvanisch Metallisieren" oder „Elektroplattieren" (Electroplating) bezeichnet. Eine einheitliche Begriffsdefinition hat sich bisher nicht durchgesetzt. Beim Metallisieren wird beispielsweise empfohlen, den Begriff nur für das Aufbringen eines Metallüberzugs auf nichtmetallische Materialien zu verwenden [DIN2080]. Die Technologien und die Anlagen der Galvanotechnik überdecken einen weiten Bereich, mit vielfältigen Anwendungen in unterschiedlichen Branchen. Es ist nicht der Anspruch dieses Buches, diesen weiten Bereich umfassend darzustellen. Hier wird vielmehr ein Schwerpunkt daraufgelegt, nach allgemeinen Ausführungen zur Wirkungsweise der Technologie auf spezielle Aspekte bei der Herstellung von Schleif- und Abrichtwerkzeugen sowie von Erodierdrähten einzugehen, soweit dies für die Anwendung und Wirkungsweise dieser Werkzeuge notwendig ist.

5.2 Grundlagen

Die Galvanotechnik beruht auf der kathodischen Metallabscheidung aus einem wässrigen Elektrolyten. Sie stellt damit prinzipiell das Pendant zur anodischen Metallauflösung des ECM-Verfahrens dar. Es kommen jedoch andere Elektrolytlösungen zum

5.2 Grundlagen

Einsatz. In der Regel werden wässrige Lösungen von Salzen desjenigen Metalls verwendet, mit dem das als Kathode gepolte Werkstück beschichtet werden soll. ECM-Elektrolyte müssen hingegen so beschaffen sein, dass sich keine Metallionen an der Kathode abscheiden, sondern das gelöste Metallionen auf dem Weg von der Anode zur Kathode als Hydroxidschlamm ausgefällt werden. Eine metallische Schicht wird aus einer wässrigen Elektrolytlösung auf einem Werkstück abgeschieden, wenn genügend Elektronen zur Verfügung stehen, um die vorhandenen Metallionen zu entladen. Je nach Herkunft dieser Elektronen wird zwischen der chemischen (ohne äußere Spannungsquelle) und der elektrochemischen (mit äußerer Spannungsquelle) Metallabscheidung unterschieden. Die Elektrolyte der chemischen Metallabscheidung enthalten außer den löslichen Metallsalzen noch geeignete Reduktionsmittel, deren Aufgabe darin besteht, die zur Entladung der Metallionen benötigten Elektronen zur Verfügung zu stellen. Ein Vorteil dieses Reduktionsverfahrens besteht in der Möglichkeit, elektrisch nichtleitende Materialien, wie Kunststoffe, Glas und Keramik, metallisieren zu können [Kana09]. Wichtige chemische Metallisierungsprozesse sind die chemische Vernickelung und die chemische Verkupferung [Müll03].

Die Grundlagen der elektrochemischen Metallabscheidung mithilfe einer äußeren Spannungsquelle sind in Abb. 5.1 dargestellt. Der negative Pol einer Gleichspannungsquelle wird an den zu beschichtenden, elektrisch (oberflächlich) leitenden Werkstoff gelegt, der positive Pol an die metallische Anode. Als Elektrolyt wird häufig eine wässrige Lösung von Salzen des abzuscheidenden Metalls genutzt. Wie bei der ECM-Bearbeitung verläuft die Metallabscheidung nach den Faraday'schen Gesetzen (Kap. 4).

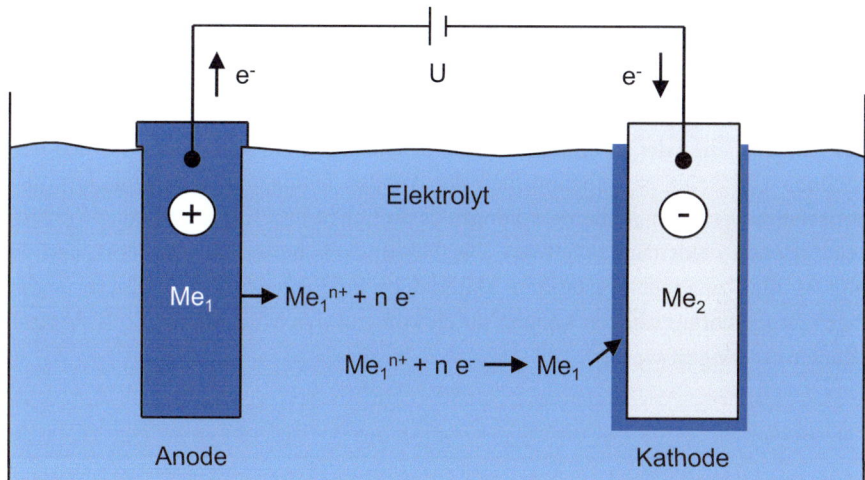

Abb. 5.1 Prinzip der elektrochemischen Metallabscheidung

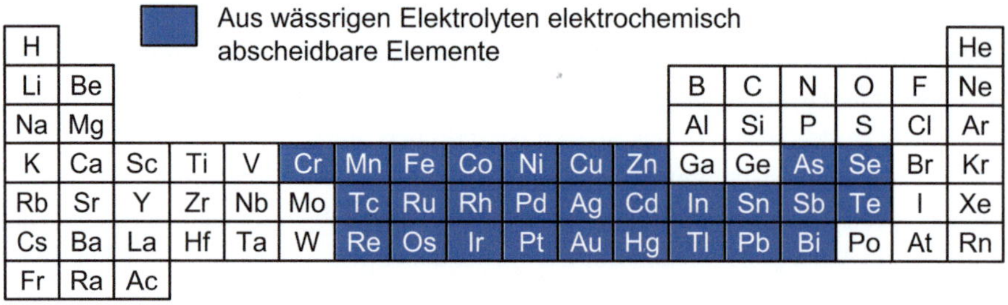

						Aus wässrigen Elektrolyten elektrochemisch abscheidbare Elemente											
H																	He
Li	Be											B	C	N	O	F	Ne
Na	Mg											Al	Si	P	S	Cl	Ar
K	Ca	Sc	Ti	V	Cr	Mn	Fe	Co	Ni	Cu	Zn	Ga	Ge	As	Se	Br	Kr
Rb	Sr	Y	Zr	Nb	Mo	Tc	Ru	Rh	Pd	Ag	Cd	In	Sn	Sb	Te	I	Xe
Cs	Ba	La	Hf	Ta	W	Re	Os	Ir	Pt	Au	Hg	Tl	Pb	Bi	Po	At	Rn
Fr	Ra	Ac															

Abb. 5.2 Metalle zur elektrochemischen Abscheidung [Kana09]

Häufig besteht die Anode aus demselben Metall, welches auf der Kathode abgeschieden werden soll. Durch die anodische Metallauflösung wird die Salzlösung ständig mit frischen Ionen des auf der Kathode abzuscheidenden Metalls versorgt. Die Abscheidungsgeschwindigkeit liegt in der Galvanotechnik in der Regel bei 0,2 bis 1 µm/min.

Abb. 5.2 zeigt eine Auswahl von Metallen, die aus wässrigen Lösungen abgeschieden werden können. Wie gut die Metalle abgeschieden werden können, hängt von der Stellung der einzelnen Elemente innerhalb der elektrochemischen Spannungsreihe und der Tendenz Überspannungen zu bilden ab. Zur Legierungsabscheidung müssen die Abscheidungspotenziale der abzuscheidenden Metalle durch Zugabe geeigneter Komplexbildner zum Elektrolyten angepasst werden [Kana09, Müll03].

Mit der Galvanotechnik können reine Metall- oder Legierungsschichten in verschiedenen Schichtdicken abgeschieden werden. Die Eigenschaften galvanisch aufgebrachter Metallschichten unterscheiden sich von metallurgisch hergestellten Metallen und Legierungen. Galvanotechnisch erzeugte Metallschichten sind härter als die auf metallurgischem Wege gewonnenen Metalle. Die Gründe hierfür liegen im mikroskopischen bzw. submikroskopischen Gefügeaufbau [Kana09].

Bei Beschichtung von profilierten Kathoden müssen die Ausbildung des elektrischen Feldes und die Länge der Stromlinien mitberücksichtigt werden. Deshalb werden bei der Herstellung von Schleifscheibenprofilen die Anoden häufig mit dem Umkehrprofil der Schleifscheibe versehen. Außerdem kommt es an Ecken und Kanten zu einer Verzerrung des elektrischen Felds (Spitzeneffekt). Die Feldliniendichte erhöht sich dort, und damit kommt es hier zu einer verstärkten Materialabscheidung (Abb. 5.3). Diese ungleichmäßigen Beschichtungsdicken können durch konstruktive Maßnahmen (z. B. Verrunden der Kanten) verringert werden.

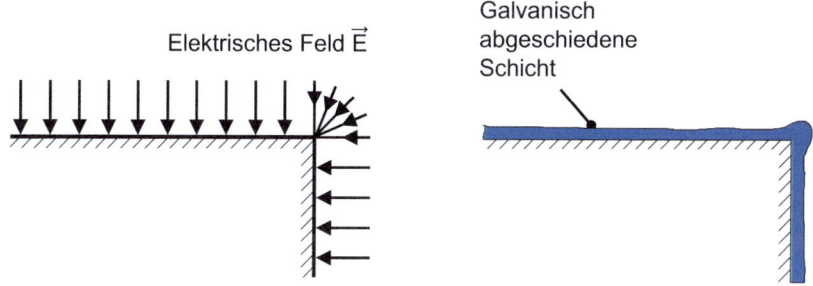

Abb. 5.3 Spitzeneffekt bei der galvanotechnischen Beschichtung

5.3 Technologie

5.3.1 Allgemeines

In der Galvanotechnik wird zwischen der Galvanostegie und der Galvanoplastik unterschieden. Beide Technologien basieren auf dem Prinzip des Elektrotauchens. Zur Galvanostegie gehören Technologien, bei denen Bauteile zum Verschleiß- und Korrosionsschutz oder zu dekorativen Zwecken beschichtet werden. Wichtige Eigenschaftsmerkmale der Schichten sind die Härte, Leitfähigkeit oder Haftungseigenschaften. Bei der Galvanoplastik (Galvanoformung) werden dicke Metallschichten auf einer Negativform abgeschieden. Die abgeschiedenen Metallschichten werden nach der Abscheidung abgelöst und als eigenständige Bauteile weiterverwendet [Schr02].

5.3.2 Anlagentechnik

Die Galvanisierung von Werkstücken erfolgt in speziellen Anlagen. Nach dem angewandten Verfahren, der Größe und der Geometrie der zu galvanisierenden Gegenstände wird zwischen Gestell-, Massen- und Durchlaufgalvanisierung unterschieden [Kana09]. Bei der Gestell-Galvanisierung werden die Werkstücke auf Gestellen, d. h. in speziellen Einhängevorrichtungen, befestigt und manuell oder automatisch in entsprechende Galvanikbäder abgesenkt [Kana09]. Generell muss eine gute Stromkontaktierung der Werkstücke gewährleistet sein, da der notwendige Prozessstrom für den Abscheideprozess durch die Kontaktstelle zwischen dem Werkstück und der Aufhängung fließen muss. Der Stromfluss ist durch den Leitungsquerschnitt begrenzt. Hohe Übergangswiderstände zwischen den Bauteilen und dem Generator wirken sich negativ auf die Stromkosten und die Beschichtungszeiten aus [Müll03].

Schüttbare Massenartikel, wie Schrauben oder Muttern und Kleinteile, bei denen die Gefahr besteht, dass sie sich verbiegen, verkratzen oder ineinander verhaken und nicht auf Gestelle aufgesteckt werden können, werden in einer Massengalvanisierung beschichtet. Dabei kommen Trommel- oder Glockenanlagen zum Einsatz. In der Trommelanlage dreht sich in einer Schrägstellung eine perforierte, runde oder vieleckige Trommel um ihre Rotationsachse. Diese Trommel wird nach Befüllung in das entsprechende Bad abgesenkt. Leicht abrollende und gegen intensives Umwälzen unempfindliche Kleinteile eignen sich besonders für diesen Anlagentyp. Glockenapparate sind vieleckige, glockenförmige Behälter, die am Umfang und am Boden perforiert sind. In Senkrechtstellung drehen sie sich um ihre Rotationsachse. Die Behälter werden nach ihrer Bestückung zur Galvanisierung ebenfalls in die Elektrolytbäder eingetaucht. Die Glockengalvanisierung eignet sich besonders für kleinere Stückzahlen. Während des Prozesses lassen sich leicht Stichproben entnehmen. Bei Trommel- und Glockenanlagen erfolgt die Stromkontaktierung über Gleitlager [Kana09, Müll03].

Bänder, Drähte und Rohre werden in Durchlaufanlagen galvanisiert. Durch die einfache Geometrie kann das Material mit hoher Durchlaufgeschwindigkeit an geeigneten Anoden im Elektrolytbad vorbeigezogen werden. Die Expositionszeit hängt bei diesem Verfahren von der Länge des Galvanisierungsbehälters und der Durchlaufgeschwindigkeit ab. Deshalb werden die Bauteile oft durch mehrere Bäder geführt oder der Materialeinsatz durchläuft ein Bad mehrmals. Die verwendeten Elektrolyte für das Durchlaufverfahren zeichnen sich durch einen hohen Metallgehalt und eine große Leitfähigkeit aus [Kana09].

5.3.3 Sonderverfahren

Ein Sonderverfahren mit einer beweglichen Galvanikanlage ist die Tampon-Galvanik. Mithilfe einer beweglichen Galvanikanlage können beispielsweise Reparaturen an Schichten ohne Ausbau der Werkstücke oder es können partielle Beschichtungen vorgenommen werden, ohne andere Teile des Werkstücks zu beeinflussen. Die Anlage besteht aus einer elektrochemisch stabilen, stabförmigen Anode, z. B. Graphit, die von einem Wattetampon umhüllt ist. Der Elektrolyt wird über eine Schlauchleitung dem Tampon zugeführt und durch Umpumpen ständig in Bewegung gehalten. Das Werkstück wird kathodisch kontaktiert und mithilfe des Faraday'schen Gesetzes wird über die geflossene Ladung die proportional wachsende Schichtdicke gemessen [Müll03]. In der Regel werden galvanische Abscheidungsverfahren mit konstantem Gleichstrom betrieben. Mit einem gepulsten Strom (Rechtecksignale, im Millisekunden Bereich gepulst) werden feinkristalline und mit weniger Spannungen behaftete Beschichtungen erzeugt. Des Weiteren können sehr dünne, mikrorissfreie Schichten hergestellt werden. Dieses Verfahren wird Pulse-Plating genannt. Schichtsysteme aus mehreren galvanisch nacheinander abgeschiedenen Elementen und Legierungen werden zur Einstellung mehrerer Oberflächenfunktionen und Oberflächeneigenschaften oder zur Haftverbesserung eingesetzt.

Korrosionsschutz für Aluminiumwerkstoffe wird durch die Ausbildung einer anodischen Oxidschicht auf der Oberfläche erreicht. Das Werkstück wird dazu als Anode in eine geeignete Elektrolytlösung eingetaucht. An den Elektroden erfolgt eine elektrolytische Zersetzung des Wassers. An der Kathode entsteht Wasserstoff, der entweicht gasförmig. Der an der Anode entstehende Sauerstoff wird zur Bildung einer Oxidschicht genutzt, welche die bereits bestehende natürliche Schicht verstärkt [SCHR02]. Die entstehende Eloxalschicht (**el**ektrolytische **Ox**idation von **Al**uminium) mit einer Dicke von 5 µm bis 25 µm lässt sich sehr gut einfärben [Kana09].

Werden Feststoffpartikel im galvanischen Bad suspendiert, werden diese mit in die abgeschiedene Schicht eingebaut. Das Metall erhält dann die Funktion eines Matrixwerkstoffs. Die Eigenschaften der Schicht werden maßgeblich durch den eingebauten Feststoff bestimmt. Die Bäder werden ständig umgewälzt, um die Teilchen in der Schwebe zu halten und das Absetzen der Feststoffpartikel am Boden des Bades zu verhindern. Als Dispersionsfeststoffe sind beispielsweise Hartstoffe oder scherweiche Materialien geeignet (wie z. B. Graphit). Graphit kann zum Aufbau selbstschmierender Schichten für trocken laufende Lager verwendet werden [Kana09, Müll03].

5.4 Anwendungen

5.4.1 Anwendungsbereiche

Im Folgenden wird die Anwendung der Galvanotechnik zur Herstellung von galvanisch beschichteten EDM-Drähten und galvanisch gebundenen Schleifscheiben und Abrichtwerkzeugen gezeigt.

5.4.2 Galvanisch beschichtete EDM-Drähte

Die galvanische Beschichtung von EDM-Drähten erfolgt im Durchlaufverfahren, siehe Abb. 5.4. Um eine gute Haftung der Schicht zu gewährleisten, müssen einige Vorbehandlungsschritte durchgeführt werden. Die Prozesskette zur Beschichtung der Drähte besteht aus folgenden Schritten:

- Alkalisches Entfetten
- Kaltes Spülen
- Dekapieren (leichtes Ätzen) in saurem Medium
- Kaltes Spülen
- Beschichten
- Heißes Spülen
- Trocknen

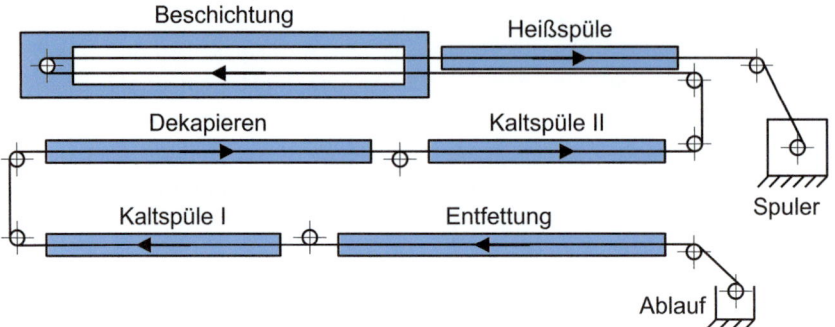

Abb. 5.4 Durchlaufanlage zur Beschichtung von EDM-Drähten. (Quelle: Berkenhoff)

Die Entfettung ist ein vorgeschalteter Reinigungsprozess zur Entfernung von Fetten, Ölen, Emulsionsresten und Grobverschmutzungen. Dazu wird ein alkalisches Medium verwendet. Es wird eine chemisch reine Oberfläche erzeugt.

Nach dem alkalischen Entfernen erfolgt ein kaltes Spülen. Beim folgenden Dekapieren erfolgt eine leichte Behandlung der Oberfläche mit einer Säure, um einen bei der Entfettung gebildeten alkalischen Film zu neutralisieren und die Oberfläche zu aktivieren. Dadurch werden die Voraussetzungen für eine gute Schichthaftung geschaffen. Es schließt sich eine weitere Kaltspülung an, und dann folgt die galvanische Beschichtung. Hierzu wird der Draht durch Kontaktwalzen kathodisch gepolt, parallel zur Drahtlaufrichtung werden Anodenplatten im Galvanikbad positioniert. Um bei hoher Drahtgeschwindigkeit (1 – 10 m/s) die gewünschten Schichtdicken zu gewährleisten, wird der Draht mehrere Male durch das Bad geleitet. Die Länge der Beschichtungsbäder können im Bereich mehrerer hundert Meter liegen.

5.4.3 Galvanisch gebundene Schleifscheiben

5.4.3.1 Allgemeines

Dieser Abschnitt konzentriert sich auf die Herstellung von einschichtigen galvanisch belegten Schleifscheiben. Galvanisch einschichtig belegte Schleifscheiben werden häufig in der Praxis angewendet. Ob Diamant oder kubisches Bornitrid (CBN) verwendet wird, ist nur in spezifischen Aspekten von Bedeutung, die hier nicht diskutiert werden können. Dies gilt auch für detaillierte Ausführungen zur Herstellung von galvanisch belegten Abrichtrollen. Hierauf soll nur kurz eingegangen werden.

Bei galvanisch belegten Schleifscheiben ist das hochharte Schleifmittel durch eine galvanisch abgeschiedene Metallschicht gebunden (Abb. 5.5). Die drei Bestandteile von galvanisch gebundenen Schleifscheiben sind:

5.4 Anwendungen

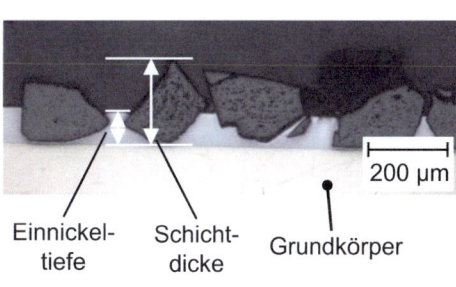 

Abb. 5.5 Galvanisch gebundene Diamantschleifscheiben (links: Quelle Saint-Gobain. Rechts: Quelle Tyrolit)

- Metallischer Grundkörper
- Galvanische Bindungsschicht
- Hochhartes Schleifmittel, zum Beispiel Diamant oder kubisches Bornitrid

Vor der galvanischen Beschichtung werden die metallischen Grundkörper vorbehandelt, um Fett, Ölrückstände und andere Verunreinigungen zu entfernen. Die Vorbehandlungsschritte entsprechen denjenigen, die bei der Beschichtung von EDM Drähten angewendet werden (Abschn. 5.4.2).

Für CBN und Diamantwerkzeuge werden bevorzugt galvanisch abgeschiedene Nickelbindungen verwendet. Grundzusammensetzungen des Elektrolyten können beispielsweise auf der Basis von Nickelchlorid und Nickelsulfamat erfolgen. Durch weitere Zusätze kann die Benetzung der Hartstoffe und des Grundkörpers modifiziert werden, außerdem wird Einfluss auf die Härte und die Eigenspannungen genommen. Grundsätzlich haben galvanisch abgeschiedene Nickelschichten für Schleifwerkzeuge und Abrichtwerkzeuge eine hohe Verschleißfestigkeit gegen Abrasion und sie erzeugen hohe Kornhaltekräfte. Deshalb können auch die Kornüberstände in weiten Grenzen in Abhängigkeit vom Anwendungsfall variiert werden. Die Elektrolyte sind in der Galvanik gut zu überwachen und zu handhaben. Deshalb sind Nickelelektrolyten für die genannten Anwendungen gut geeignet. Auf Einzelheiten der Elektrochemie wird in diesem Buch nicht eingegangen. Deshalb wird im Folgenden nur noch allgemein von Nickelbindungen gesprochen.

5.4.3.2 Galvanische Beschichtungstechnologien

Nach der Vorbehandlung folgen weitere Hauptschritte, aus denen verschiedene Beschichtungstechnologien abgeleitet sind. Zunächst werden die Diamant- oder CBN-Körner mit der zu beschichtenden Metalloberfläche in Kontakt gebracht. Bei der Abscheidung feiner Körnungen mit Korngrößen unter 45 μm können Dispersionsbäder zum Einsatz kommen. In einem Dispersionsbad wird das Schleifmittel durch ständiges Umwälzen in Suspension gehalten, die Schleifmittel schlagen sich langsam an der Körperoberfläche nieder und werden hier durch die abgeschiedene Metallschicht fixiert. Beim Streuverfahren sind die Körner nicht im Elektrolyten suspendiert. Die Körner werden von außerhalb über die Badoberfläche eingebracht, sinken auf die Oberfläche des Grundkörpers und bilden hier ein kleines, vorübergehend stabiles Kornpaket. Der Grundkörper rotiert mit einer Winkelgeschwindigkeit, die genügend Zeit lässt, um eine einzelne Kornschicht anzubinden. Das überschüssige Kornmaterial sinkt auf den Boden des Abscheidungsbades.

Das Korbverfahren wird hauptsächlich für die Herstellung von Schleifscheiben mit einschichtigem Belag verwendet. Die Körner und der Grundkörper werden in einer Korbvorrichtung zusammengeführt. Der Korb hat eine Außenfläche aus geeigneten Textilien, die für den Elektrolyten durchlässig ist. Die Schleifmittel werden in den Raum zwischen der Außenwand des Korbes und dem Grundkörper gefüllt. Die Körner sind in dem Kornpaket statistisch verteilt. Die Korndichte entspricht der natürlichen Schüttdichte. Einzelne Kornspitzen berühren die metallische Oberfläche. Bei der galvanischen Abscheidung wird auf der metallischen Oberfläche des Grundkörpers das Bindemetall abgeschieden. Gleichzeitig werden auch die Schleifkörner gebunden. Wenn die Schichtdicke etwa 10 % des mittleren Korndurchmessers beträgt, wird der Abscheidungsprozess unterbrochen. Der Korb mit dem nicht angewachsenen Kornmaterial wird entfernt, und die Materialien können weiter verwendet werden. Dann wird der Abscheideprozess wieder eingeschaltet und in einem separaten Galvanikbad bis zum Erreichen der gewünschten Schichtdicke fortgesetzt.

Galvanisch belegte Diamantabrichtrollen zum Konditionieren von Schleifscheiben werden in vergleichbaren Prozessschritten hergestellt. Dies gilt sowohl für positiv belegte Abrichtrollen als auch für Abrichtwerkzeuge, die nach dem Negativverfahren (Umkehrverfahren) hergestellt werden. In besonderen Fällen werden im Umkehrverfahren hergestellte, große Abrichtrollen mit großen Korngrößen von Hand gesetzt. Dabei werden die Körner durch einen elektrisch leitenden Klebstoff (silberhaltig) fixiert. Danach folgt das bereits beschriebene galvanische Verfahren.

5.4.3.3 Galvanische Abscheidung

Grundsätzlich lassen sich mithilfe der Faraday'schen Gesetze die abgeschiedenen Schichtdicken in Abhängigkeit von den eingestellten Stromdichten berechnen. Bereiche des metallischen Grundkörpers, die nicht beschichtet werden sollen, werden entweder mit nichtleitenden, durchschlagsicheren Lacken abgedeckt oder durch Abdeckelemente geschützt. Bei der Berechnung der Schichtdicke in Abhängigkeit von der Stromdichte ist zu berücksichtigen, dass die für die Abscheidung zur Verfügung stehende effektive Fläche des Grundkörpers kleiner ist als die theoretisch zu belegende Profilfläche. Das anliegende Kornpaket bedeckt und schirmt Teile der Grundkörperoberfläche ab. Außerdem ist die Stromausbeute, also der Quotient aus der tatsächlich abgeschiedenen Metallmenge und der theoretischen Metallmenge, kleiner als eins. Dies ist auf die an den Elektroden stattfindenden Sekundärreaktionen zurückzuführen.

Die Zusammensetzung des Elektrolyten an der Grenzfläche zur Kathode bestimmt wesentlich die Schichteigenschaften. Nach der Abscheidung muss die Metallionenkonzentration durch Zugabe von frischem Elektrolyt kontinuierlich ausgeglichen werden. Badbewegung kann diesen Prozess unterstützen. In der Anwachsphase können Relativbewegungen jedoch problematisch sein, wenn sie auch das Kornpaket relativ zum Grundkörper bewegen. Nach dem Anwachsen, wenn die endgültige Schichtdicke erzeugt wird, können höhere Stromdichten und zusätzliche langsame Scheibenbewegungen eingesetzt werden.

Ein wichtiger Fertigungsschritt für die Genauigkeit galvanisch einschichtig belegter Schleifscheiben ist das Anwachsen der ersten Kornschicht. Hier kommt es im Wesentlichen darauf an, dass nur die direkt an dem Grundkörper anliegenden Körner gebunden werden und möglichst wenige Körner in die Bildung einer zweiten Schicht einfließen. Dies wird durch geringe Schichtdicken (5 – 10 % des mittleren Korndurchmessers) und gleichmäßige Stromdichten über die zu galvanisierende Profilgeometrie erreicht. Die Erzielung gleichmäßiger lokaler Stromdichten ist eine große Herausforderung bei der Herstellung, da der Abstand zwischen dem Kathodenprofil (Schleifscheibe) und dem Anodenprofil im Allgemeinen nicht konstant ist. Das Kathodenprofil ist durch das Werkstückprofil gegeben, und die Anode wird aus Kostengründen oft als zylindrische oder flache Stabanode oder als Ringanode ausgeführt. Dies hat zur Folge, dass die sich einstellenden elektrischen Feldstärken und der ohmsche Widerstand nicht konstant sind. Höhere Feldstärken treten bei den kleinsten Abständen zwischen Kathode und Anode auf, sodass hier eine dickere Nickelschicht abgeschieden wird (Abschn. 5.2). Um diesen Effekt zu verringern, werden im Einzelfall konturangepasste Anoden verwendet. Geringere elektrische Stromdichten erhöhen auch das Streuvermögen des Elektrolyten und verringern Randeffekte. Allerdings führen niedrige elektrische Ströme zu längeren Galvanisierungszeiten. Additive erhöhen in Grenzen das Streuvermögen des Elektrolyten.

5.4.3.4 Schichteigenschaften

Wenn Standard-Nickelbindungen keine ausreichende Abrasionsfestigkeit aufweisen, können die Elektrolyte so modifiziert werden, dass härtere Nickelschichten abgeschieden werden. Eine gute Benetzung der metallischen Oberfläche durch den Elektrolyten ist wichtig für eine gute Schichthaftung. Um die Benetzung zu unterstützen, werden den Elektrolyten Benetzungsmittel zugesetzt. In jedem Fall müssen Eigenspannungen in der abgeschiedenen Bindung, Duktilität und Härte der Bindung auf die Anwendung angepasst werden. Neben der Härte der abgeschiedenen Nickelschicht ist auch der Eigenspannungszustand ein wichtiger Qualitätsparameter. Um Rissbildung in der Schicht zu vermeiden, werden die Zusammensetzung des Elektrolyten und die Abscheidungsbedingungen so aufeinander abgestimmt, dass die Schicht mit geringen Eigenspannungen abgeschieden wird. Bei der Herstellung von Innenprofilen, z. B. bei der Herstellung von Abrichtrollen, werden Druckeigenspannungen bevorzugt, um die Profilgenauigkeit zu erhöhen. Um den Eigenspannungszustand in abgeschiedenen Schichten zu überprüfen, können gleichzeitig mit dem Beschichten der Schleifscheiben Prüfstreifen einseitig beschichtet werden. Die Eigenspannungen der Schicht führen zu Durchbiegungen der Prüfkörper. Die Größe der Durchbiegung korreliert mit dem Spannungsniveau, die Richtung zeigt an, ob Druck- oder Zugspannungen vorherrschen. In jedem Fall darf in der abgeschiedenen Schicht keine Rissbildung auftreten.

5.4.3.5 Grundkörper

Der Grundkörperwerkstoff bestimmt die Festigkeit einer galvanisch belegten Schleifscheibe. Als Grundkörperwerkstoff werden in der Regel niedrig legierte Kohlenstoffstähle verwendet. Bei hohen Umfangsgeschwindigkeiten sind höhere Streckgrenzen erforderlich, um den Fliehkraftbelastungen zu widerstehen. In diesen Fällen werden vergütete Stähle oder vergütete Kugellagerstähle verwendet. Wenn gehärtete Grundkörperwerkstoffe verwendet werden, ist die Nachbearbeitung schwieriger. Wenn martensitische Stähle für Hochgeschwindigkeitsanwendungen verwendet werden, kann es bei der Galvanisierung durch Wasserstoffbildung und Diffusion in den Grundwerkstoff zur Versprödung des Materials kommen. Das Aufbringen einer Diffusionssperrschicht auf der Oberfläche vor dem Galvanisieren verhindert die Wasserstoffdiffusion. Grundkörper mit martensitischem Gefüge haben jedoch den Vorteil, dass die Genauigkeit im Klemmbereich bei häufigen Montage- und Demontagevorgängen erhalten bleibt. Hochfeste Aluminiumlegierungen werden auch für galvanisch belegte Schleifscheiben mit großen Durchmessern und großen Breiten verwendet. Dies geschieht hauptsächlich aus Gewichtsgründen. Bei der Verwendung von Aluminiumlegierungen als Grundkörperwerkstoff müssen die Vorbehandlungen so eingestellt werden, dass eventuelle Aluminiumoxidschichten sicher entfernt werden und die Oberfläche vor dem Galvanisieren aktiviert wird. Andernfalls kann es im Betrieb zu Schichtablösungen kommen. Hinsichtlich des Erreichens von Festigkeitsgrenzen und maximal zulässigen Dehnungen im Material gibt es nur geringe Unterschiede zwischen Stahl und Aluminium, da das Verhältnis von E-Modul zu Dichte des Materials bei diesen beiden Werkstoffen nicht sehr unterschiedlich ist. Die höchsten in der Serienfertigung angewandten Umfangsgeschwindigkeiten liegen bei etwa 280 m/s. In Laborversuchen am Fraunhofer IPT in Aachen wurden Umfangsgeschwindigkeiten von 500 m/s untersucht. Die Grundkörper bestanden in diesem Fall aus einer hochfesten Aluminiumlegierung (für Anwendungen in der Luftfahrt) oder aus kohlenstofffaserverstärktem Kunststoff. Außerdem besaßen die Schleifscheiben keine Mittelbohrung. Diese Konstruktion reduziert die Zentrifugalspannungen im Zentrum der Schleifscheibe gegenüber Schleifscheiben mit Bohrung erheblich. Galvanisch belegte Schleifwerkzeuge können mehrmals neu beschichtet werden. Dazu wird der verbleibende Schleifbelag chemisch abgelöst. Im Einzelfall muss entschieden werden, ob der Grundkörper durch Drehen oder Schleifen nachbearbeitet werden muss.

5.4.3.6 Anwendung

Da die Kornhaltekraft in der galvanisch abgeschiedenen Schicht hoch ist, können bei üblichen Schleifanwendungen die Kornspitzen 30 bis 50 % des Korndurchmessers über

5.4 Anwendungen

dem Bindungsniveau herausragen [Holz88]. Dadurch entsteht ein sehr großer Spanraum. Grundsätzlich können alle Arten von Schleifscheibenprofilen einschichtig belegt werden. Mehrschichtige galvanisch belegte Schleifscheiben sind auf spezielle Anwendungen beschränkt [Holz88].

Die mit dem Grundkörper effektiv verbundenen Körner sind lokal statistisch zufällig verteilt und weisen eine von der gewählten Beschichtungstechnologie abhängige Korndichte auf. Größere effektive Kornabstände können durch Zugabe von elektrisch nicht leitenden Füllstoffen, z. B. Glaskugeln, erreicht werden, die als Abstandshalter wirken. Wenn die Füllstoffe keinen Schleifeffekt zeigen und durch den Schleifprozess relativ schnell entfernt werden, können sie in der Schleifscheibe verbleiben.

Für Korngrößen über ca. 45 µm werden die Schleifmittel durch Sieben (Mesh oder FEPA) spezifiziert [Holz88, Reis16]. Gängige Schleifmittelkorngrößen für galvanisch gebundene Schleifscheiben liegen im Bereich von ca. 60 µm bis 500 µm Korndurchmesser. Bei der Bearbeitung von kurzspanenden, hoch-abrasiven Werkstoffen werden geringe Kornüberstände von etwa 20 % gewählt. Dies gilt für die Bearbeitung von Keramiken, Hartmetall und auch Naturstein [Holz88, Webe08]. Bei der Bearbeitung von Stahlwerkstoffen beträgt der Kornüberstand im Durchschnitt 50 % des Nennkorndurchmessers. Der relativ große Spanraum ist gut geeignet, um lange Späne aufzunehmen und abzuführen.

Das Grundkörperprofil wird aus dem Nennprofil des Werkstücks abgeleitet, wobei elektrolysebedingte Besonderheiten, die Korngrößenverteilung und die voraussichtliche Schichtdicke berücksichtigt werden. Die kleinsten herstellbaren konkaven Profile werden durch die gewählte Korngröße bestimmt. Auch bei konvexen Profilen müssen die Grundkörpergeometrie und die maximale Korngröße aufeinander abgestimmt sein. Die Abscheidung von scharfen Ecken und Kanten führt zu Schichthaftungsproblemen und Kanteneffekten, die in der Einleitung beschrieben wurden.

Galvanisch belegte einschichtige Schleifscheiben verschleißen sowohl an den Schneiden als auch am Bindungsmaterial. Durch den Kornüberstand weist die Scheibe eine hohe Schärfe auf und besitzt eine gute Freischneidefähigkeit. Aber auch die Oberflächenrauheit am geschliffenen Werkstück ist hoch. Bei fortgesetztem Einsatz verschleißen die Kornspitzen und werden stumpf. Die Oberflächenrauheit am Werkstück nimmt ab, aber die Schleifscheibe verliert auch an Schärfe. Durch die Reibung nimmt die Wärmeentwicklung am Werkstück zu. Unzulässige Wärmeentwicklung am Werkstück ist eines der dominierenden Verschleißkriterien beim Einsatz von einlagig belegten Schleifscheiben.

Die Profilgenauigkeit galvanisch belegter Einschichtschleifscheiben hängt von der Genauigkeit des Grundkörpers und der Korngrößenverteilung ab. Eng gesiebte Körnungen erzeugen eine höhere Profilgenauigkeit. Da theoretisch eine Kornseite am Grundkörper anliegt, tritt die gesamte Kornstreuung nach außen in Erscheinung. Die äußeren Kornspitzen bestimmen zusammen mit der Rundlaufgenauigkeit des Grundkörpers das geometrische Hüllprofil der Schleifscheibe. Zu Beginn des Schleifens können Schleifkörner, die weit aus der Bindung herausragen, ausbrechen, weil sie zu Beginn der Bindungsabscheidung nicht mit dem Grundkörper im Kontakt waren. Sie sind in einer zweiten Schicht angeordnet und werden nur mit einer geringen Schichtdicke gehalten. Hochpräzise galvanisch gebundene Schleifscheiben werden nach dem Beschichten durch Schleifen mit Diamantschleifscheiben abgerichtet. Dieser Vorgang wird als "Touch-Dressing" bezeichnet.

5.4.4 Werkzeugherstellung mit dem LIGA-Verfahren

Das LIGA-Verfahren, welches seinen Namen aufgrund der drei wesentlichen Fertigungsschritte **Li**thografie, **G**alvanoformung und **A**bformung trägt, bietet eine Alternative zur Herstellung präziser Mikroteile aus Metallen und Kunststoffen. Es sind verschiedene Verfahrensvarianten bekannt. Hier soll nur das grundsätzliche Prinzip eines Verfahrens erläutert werden, ansonsten sei auf die Literatur verwiesen. Das LIGA-Verfahren kombiniert die Tiefenfotolithografie, galvanische Technologien und die Mikroabformung. Es können hohe Aspektverhältnisse realisiert werden. Grundsätzliche Prozessschritte sind in Abb. 5.6 dargestellt. Zunächst wird auf einem Substrat ein Foto-Resistmaterial aufgetragen (Resist), das dann durch eine Maske mit hochintensiver paralleler Röntgen-

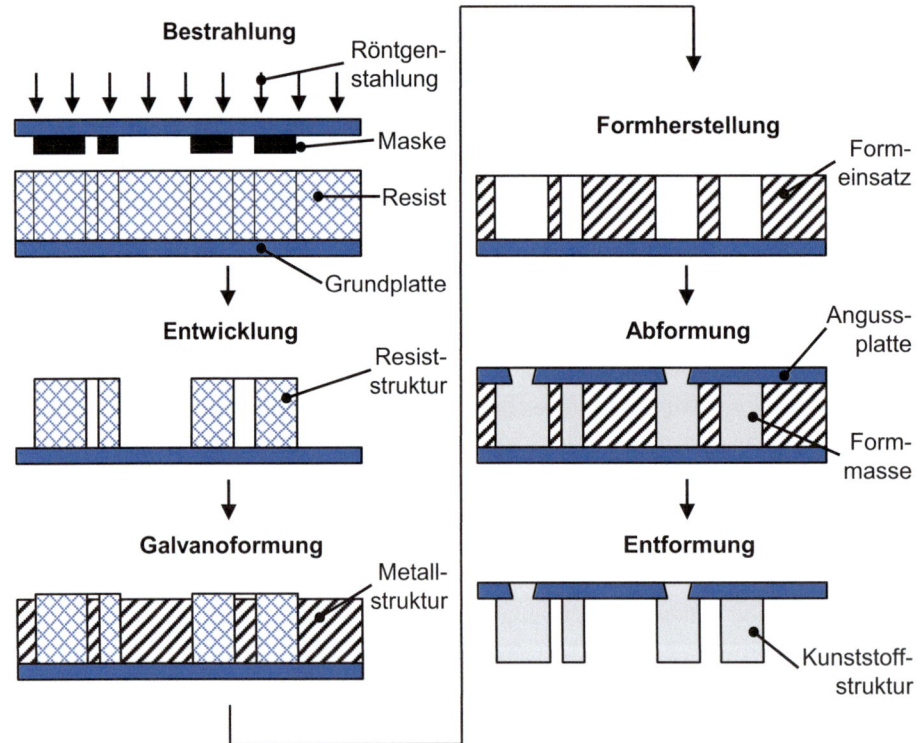

Abb. 5.6 LIGA-Verfahren [BEIT97]

strahlung belichtet wird. Durch die Bestrahlung verändert sich der Resistwerkstoff und kann dann mit einem geeigneten Lösungsmittel entfernt werden. Die Struktur der unbestrahlten Bereiche verbleiben und bilden die Primärstruktur. Die entstandenen Freiräume lassen sich nun galvanisch mit Metallen, wie zum Beispiel Nickel, füllen. Dann werden die verbliebenen Reststrukturen entfernt, um die Metallstrukturen freizulegen. Hier können nun verschiedene Weiterverarbeitungen stattfinden. Eine Möglichkeit ist, Abformwerkzeuge für die Kunststofftechnik zu erzeugen, die zum Herstellen von Kunststoffbauteilen durch Spritzgießen oder Prägen verwendet werden. Mit diesem Verfahren können Mikrostrukturen kostengünstig in großen Mengen hergestellt werden. Neben der Massenfertigung zeichnet sich das LIGA-Verfahren durch weitere Vorteile, wie Gestaltungsvielfalt, große Materialvielfalt, Strukturhöhen über 1 mm und hohe Präzision bis in den sub-µm Bereich, aus [Ehrf02, Grot07, Kite16].

Literatur

[Beit97]   BEITZ, W.; GROTE, K.-H.: Dubbel – Taschenbuch für den Maschinenbau, Springer-Verlag, 19. Aufl., 1997
[Ehrf02]   EHRFELD, W.: Handbuch Mikrotechnik. Carl Hanser Verlag, München/Wien 2002, ISBN 3-446-21506-9
[DIN2080] N.N.: DIN EN ISO 2080: Metallische und andere anorganische Überzüge – Oberflächenbehandlung, metallische und andere anorganische Überzüge – Wörterbuch (ISO 2080:2008); Deutsches Institut für Normung (Hrsg.), Berlin: Beuth-Verlag, 2009
[Güte87]   Gütegemeinschaft Galvanotechnik e.V.: Gütesicherung in der Galvanotechnik, Saulgau: Eugen G. Leuze Verlag, 1987
[Grot07]   GROTE, K.-H.; Feldhusen, J.: Dubbel – Taschenbuch für den Maschinenbau, Springer-Verlag, 22. Aufl., 2007
[Holz88]   HOLZ, R.; SAUREN, J.: Grinding with diamond and CBN. Editor: Ernst Winter&Sohn, Hamburg. Printing: Brendes Druck, Norderstedt. 1st Edition 1988
[Kana09]   KANANI, N.: Galvanotechnik, Hanser-Verlag, 2009
[Kite16]   http://www.kit.edu/index.php [Stand 31.05.2016]
[Müll03]   MÜLLER, K.-P.: Praktische Oberflächentechnik, JOT Fachbuch, Braunschweig/Wiesbaden: Vieweg-Verlag, 2003
[Reis16]   http://www.reishauer.com [Stand 31.05.2016]
[Schr02]   SCHRÖTER, W. et al.: Taschenbuch der Chemie, Frankfurt: Verlag Harri Deutsch, 19. Aufl., 2002
[Webe08]   WEBER, A.: Verschleißverhalten galvanisch belegter Schleifwerkzeuge bei der Bearbeitung von Hochleistungskeramik. Dissertation, RWTH Aachen. Hrsg: Apprimus Verlag. Wissenschaftsverlag des Instituts für Industriekommunikation und Fachmedien an der RWTH Aachen. Aachen 2008

Materialbearbeitung mit Laserstrahl 6

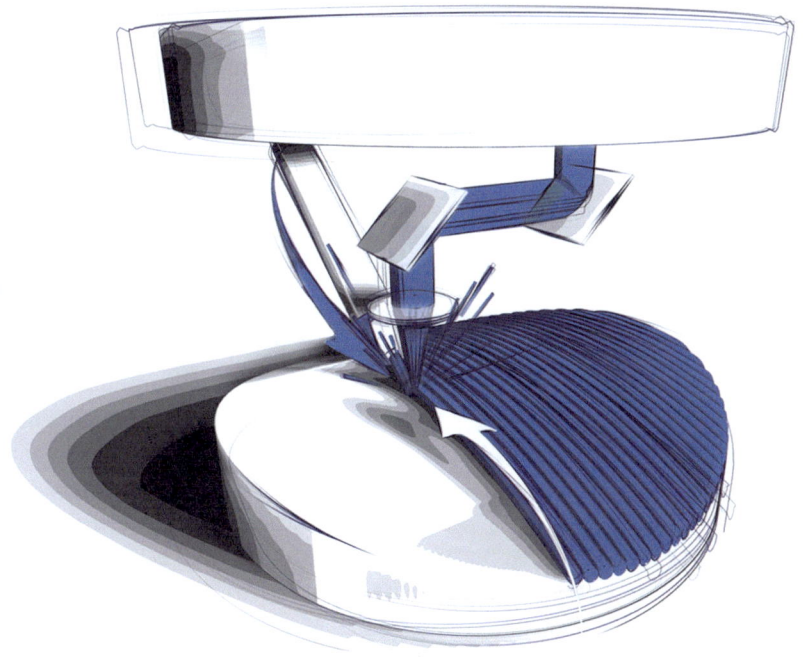

Zusammmenfassung

In diesem Kapitel werden die Grundlagen und Anwendungen zur Materialbearbeitung mit Laserstrahlen vorgestellt. Dazu ist es notwendig, zunächst die Erzeugung und Charakterisierung von Laserstrahlung zu verstehen. Nach Ausführungen zu verschiedenen Laserstrahlquellen wird der Aufbau von Laseranlagen erläutert. Hier liegt ein Schwerpunkt auf Methoden und Komponenten zur Strahlformung und zur Strahlführung. Es wird gezeigt, dass mit Lichtleitfasern eine nahezu beliebige Strahlführung möglich wird. Damit sind die Grundlagen geschaffen, unterschiedliche Technologien vorzustellen und zu diskutieren. Es werden wichtige Merkmale des Schneidens, Fügens und der Oberflächenbehandlung erläutert. Neben der Produktivität ist die Beschaffenheit der Oberflächenrandzone für die Bewertung der Verfahren wichtig. Es werden auch Prozesskombinationen vorgestellt, in denen die Laserenergie zur Unterstützung anderer Formgebungsprozesse verwendet wird. Hierzu gehören das laserunterstützte Drehen und Fräsen, das Scherschneiden sowie ausgewählte Prozesse der Blechumformung. Das Kapitel schließt mit einer umfangreichen Sammlung an Anwendungsbeispielen.

6.1 Allgemeines

Bereits im Jahre 1960 prägte der amerikanische Physiker Theodore Maiman den Begriff Laser, indem er erstmalig das Laserprinzip experimentell nachwies und auf diese Weise die erste funktionsfähige Laserstrahlquelle herstellte. Der nunmehr in den alltäglichen Sprachgebrauch eingegangene Begriff „Laser" setzt sich aus den Anfangsbuchstaben der englisch-sprachigen Beschreibung einer besonderen Form der Lichterzeugung zusammen: Light Amplification by Stimulated Emission of Radiation (Lichtverstärkung durch stimulierte Strahlungsemission). Er wird häufig synonym für die Begriffe „Laserstrahlquelle" oder „Lasersystem" gebraucht. Aufgrund der einzigartigen Eigenschaften der Laserstrahlung fand der Laser zunächst Verwendung in der Nachrichten- und Messtechnik. Das Potenzial des Lasers, Strahlungsenergie mit hoher Leistung und Intensität zu erzeugen, wurde schnell erkannt, sodass nachfolgend auch Laser mit hohen Ausgangsleistungen für die Werkstoffbearbeitung entwickelt wurden. In der Materialbearbeitung werden Laser überwiegend zum Erhitzen, Schmelzen, Verdampfen und Sublimieren von Werkstoffen eingesetzt. Daraus hat sich in den vergangenen Dekaden eine Vielzahl von Einsatzmöglichkeiten für den Laser entwickelt. Der Fachbegriff Lasermaterialbearbeitung ist ein Sammelbegriff für alle Fertigungstechnologien, die Laserstrahlung zur Bearbeitung von Werkstoffen einsetzen.

Die Bedeutung des Lasers für die Materialbearbeitung hat in den vergangenen Jahren deutlich zugenommen, was auf die starke Weiterentwicklung der Laserstrahlquellen und -technologien zurückzuführen ist. Der Laser als Werkzeug hat in der Fertigungstechnik einen festen Platz eingenommen.

6.2 Grundlagen

6.2.1 Erzeugung und Charakterisierung von Laserstrahlung

6.2.1.1 Eigenschaften von Laserstrahlung

Laser erzeugen elektromagnetische Strahlung mit einigen speziellen Eigenschaften, welche insbesondere für technische Anwendungen von großer Bedeutung sind. Elektromagnetische Strahlung besitzt sowohl Wellen- als auch Teilchencharakter (Welle-Teilchen-Dualismus). Bei der Beschreibung als Teilchen werden einzelne „Lichtteilchen" als Photonen oder (Licht-)Quanten bezeichnet. In Gl. 6.1 wird die Energie eines Photons in Abhängigkeit von Wellenlänge und Frequenz angegeben. Hieraus geht hervor, dass kurzwellige Strahlung eine höhere Energie hat als langwellige Strahlung.

$$E_{\text{Photon}} = h \cdot f = h \cdot \frac{c}{\lambda} \tag{6.1}$$

In Gl. 6.1 sind E_{Photon} die Energie eines Photons, h das Planck'sche Wirkungsquantum mit $h = 6{,}63 \cdot 10^{-34}$ J s, f die Frequenz in 1/s, c die Lichtgeschwindigkeit (im Vakuum ist $c \approx 3 \cdot 10^8$ m/s) und λ die Wellenlänge in m.

Alle Wellenlängen der elektromagnetischen Strahlung werden im elektromagnetischen Spektrum zusammengefasst. Den sichtbaren Bereich des elektromagnetischen Spektrums mit Wellenlängen von etwa 400 – 750 nm bezeichnet man als Licht. Im Vergleich zu thermischer Strahlung (z. B. Sonnenlicht oder Glühlampen), welche viele verschiedene Wellenlängen beinhaltet, ist Laserstrahlung nahezu monochromatisch (einfarbig). Die Wellenlänge λ bzw. Frequenz f der Strahlung ist eine charakteristische Kenngröße der Laserstrahlung. Der Wellenlängenbereich wird durch das laseraktive Medium bestimmt. Die Wellenlänge von Laserstrahlung kann auch außerhalb des sichtbaren Spektrums liegen, weswegen der Begriff „Laserlicht" strenggenommen nicht das gesamte mögliche Spektrum der Laserstrahlung umfasst. Eine zusätzliche wichtige Eigenschaft ist der hohe Kohärenzgrad von Laserstrahlung. Im idealisierten Fall sind die Wellenzüge unendlich lang und haben die gleiche Phase, sodass zeitliche und räumliche Kohärenz vorliegt. Anders ausgedrückt bedeutet dies: Die Wellenzüge weisen zeitlich (zur gleichen Zeit, aber in verschiedener Entfernung von der Strahlungsquelle) und räumlich (in gleicher Entfernung von der Strahlungsquelle, aber zu beliebiger Zeit) feste Phasenbeziehungen auf. Obgleich reale Laserstrahlung die Voraussetzungen der Kohärenz nur zum Teil erfüllt (teilkohärente Strahlung), emittieren Laser im Vergleich zu thermischen Quellen Strahlung mit einem außergewöhnlich hohen Ordnungszustand.

Eine weitere Besonderheit der Laserstrahlung ist die minimale Divergenz (Aufweitung) des Laserstrahls. Diese beschreibt die Abweichung von einer parallelen Strahlausbreitung. Die Divergenz eines idealen Gaußstrahls ist dabei nur durch die Beugung begrenzt, Laserstrahlung mit anderen Intensitätsverteilungen weisen eine höhere Divergenz auf. Die minimale Divergenz erlaubt es, den Laserstrahl mithilfe optischer Elemente stark zu fokussieren, sodass im Fokus höchste Intensitäten erzielt werden. Für reale Laserstrahlquellen (auch Laserquellen genannt) treffen die beschriebenen Charakteristika der Laserstrahlung (Abb. 6.1) nur bedingt zu. Werden die Strahleigenschaften realer Laserstrahlquellen untersucht, so werden grundsätzlich Abweichungen (z. B. hinsichtlich der Eigenschaften monochromatisch oder kohärent) festgestellt. Die Größenordnung der Abweichung hängt auch von der Ausgangsleistung und damit dem Einsatzfeld des jeweiligen Lasers ab. Dennoch sind die Abweichungen im Vergleich zu den Strahlungseigenschaften gewöhnlicher thermischer Strahlungsquellen klein, sodass häufig vereinfachend von monochromatischer oder kohärenter Laserstrahlung ausgegangen wird.

Laserstrahlung

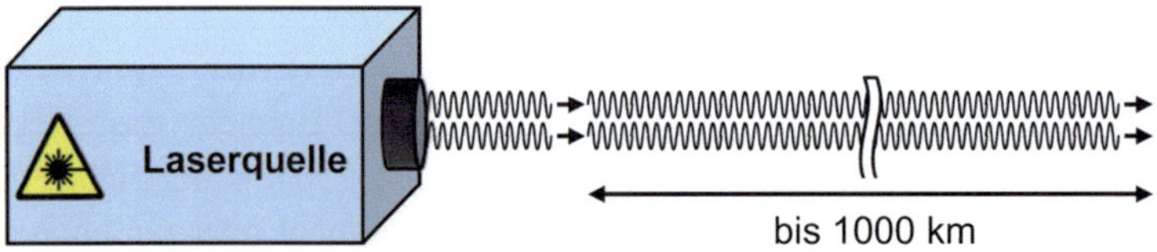

bis 1000 km

LASER = Light **A**mplification by **S**timulated **E**mission of **R**adiation
- monochromatisch, Strahlung einer Wellenlänge bzw. Frequenz
- hoher Kohärenzgrad, lange Wellenzüge
- minimale Divergenz, geradlinige Ausbreitung mit geringer Aufweitung, gute Fokussierbarkeit und hohe Intensität bzw. Strahldichte

Thermische Strahlung

- polychromatisch, Licht unterschiedlicher Wellenlängen bzw. Frequenzen
- geringer Kohärenzgrad, kurze Wellenzüge
- hohe Divergenz, breite Streuung und Aufweitung, schlechte Fokussierbarkeit und geringe Intensität bzw. Strahldichte

Abb. 6.1 Laserstrahlung und thermische Strahlung im Vergleich

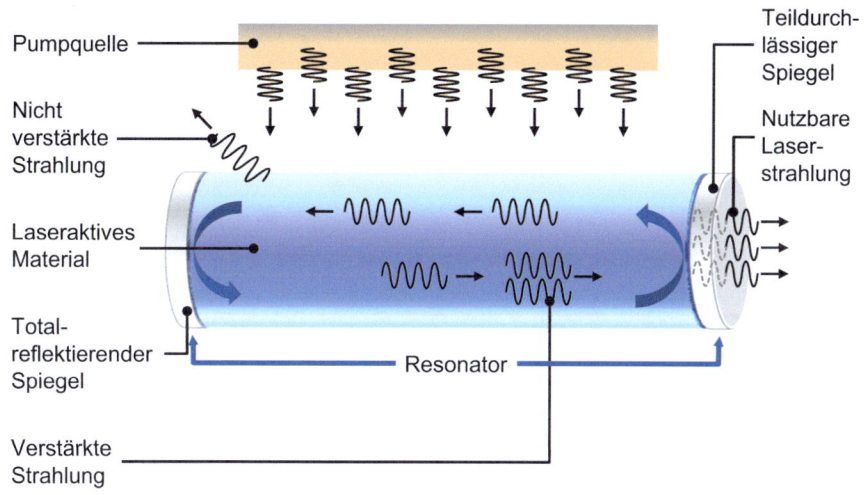

Abb. 6.2 Prinzipieller Aufbau einer Laserstrahlquelle

6.2.1.2 Erzeugung von Laserstrahlung

Ein Laser besteht im Wesentlichen aus drei Komponenten, die im folgenden Abschnitt erläutert werden sollen (Abb. 6.2): Laseraktives Medium, Pumpquelle und Resonator.

In der Regel werden unterschiedliche Laserstrahlquellen gemäß dem laseraktiven Medium bezeichnet. Laseraktive Medien gibt es in den Aggregatzuständen gasförmig, flüssig und fest. Um den Laserbetrieb zu ermöglichen, müssen bestimmte Kriterien erfüllt sein: Eine wichtige Voraussetzung zur Erzeugung von Laserstrahlung ist die Fähigkeit zur stimulierten Strahlungsemission und die damit mögliche Verstärkung elektromagnetischer Strahlung. Das Prinzip der stimulierten Emission (auch induzierte Strahlungsemission) beruht auf atomaren Anregungsprozessen. Strahlungsemission entsteht bei bestimmten Übergängen von Elektronen in andere atomare Energiezustände. Durch Absorption von Energie kann ein Elektron eines Atoms oder Moleküls in einen angeregten Zustand höherer Energie wechseln (Abb. 6.3). Diese Energie kann dem Elektron durch elektromagnetische Strahlung, ein elektrisches Feld oder durch Zusammenstoß mit anderen Teilchen zugeführt werden. Die möglichen Anregungszustände eines Elektrons sind im idealisierten Fall diskret verteilt, sodass nur bestimmte atom- oder molekülspezifische Zustände eingenommen werden können. Im angeregten Zustand verweilt das Elektron im Allgemeinen nur sehr kurz (typische Lebensdauer ca. 1 ns, [Eich10]) und geht dann spontan in einen niedrigeren Energiezustand über. Dabei wird die frei werdende Energie in Form von Wärme oder Strahlung (optischer Übergang) abgegeben. Wird die Energie spontan in Form von Strahlung freigesetzt, so spricht man von spontaner Emission. Neben der für den Laser charakteristischen stimulierten Emission existieren weitere Prozesse, wie z. B. die spontane Emission. Im Gegensatz zur zufälligen spontanen Emission wird die stimulierte Emission durch das Auftreffen eines

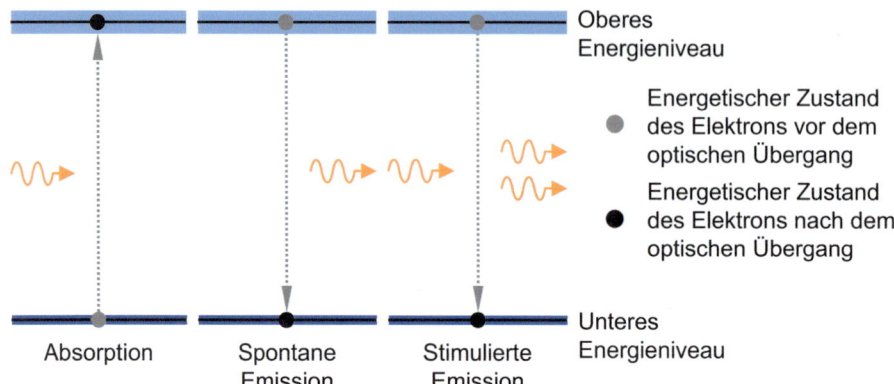

Abb. 6.3 Absorption, spontane und stimulierte Emission von Lichtquanten

Photons auf ein angeregtes Atom ausgelöst. Die Energie des Photons muss dabei der Übergangsenergie des Elektrons vom angeregten metastabilen Zustand in den Grundzustand entsprechen. Beschreibt man die elektromagnetische Strahlung als Welle, dann trifft Strahlung mit der zu der Übergangsenergie äquivalenten Wellenlänge auf das angeregte Atom. Das Elektron wechselt daraufhin in das energetisch günstigere Niveau und die frei werdende Übergangsenergie wird durch Strahlungsemission freigesetzt. Wellenlänge, Phasenlage und auch die Richtung des emittierten Wellenzugs sind mit dem vorangehenden (stimulierenden) Wellenzug identisch. Der stimulierende Wellenzug wird somit (kohärent) verstärkt.

Laserstrahlquellen sind technische Systeme, die elektromagnetische Strahlung durch stimulierte Emission verstärken. Es ist zu berücksichtigen, dass spontaner Zerfall, spontane Emission, Absorption und stimulierte Emission im laseraktiven Medium miteinander konkurrieren. Damit eine Verstärkung der Strahlung stattfinden kann und die stimulierte Emission überwiegt, muss eine weitere Voraussetzung erfüllt werden: Die Anzahl der angeregten Atome muss größer sein als die Anzahl der Atome im Grundzustand. Dieser Zustand wird Besetzungsinversion genannt. Nur Medien mit metastabilen Energieniveaus ermöglichen eine solche Inversion, dies ist eine prägende Eigenschaft des Laserprinzips. Angeregte Elektronen können in metastabilen Niveaus relativ lange (typische Lebensdauer ca. 1 ms [Eich10]) verweilen, bevor sie wieder in den Grundzustand übergehen. Die Energiedifferenz der beide am optischen Übergang beteiligten Energieniveaus wird allein durch das aktive Medium bestimmt. Folglich ist die emittierte Wellenlänge für jedes Medium charakteristisch. Das metastabile Niveau wird indirekt über höhere Energieniveaus erreicht. Typische laseraktive Medien besitzen mindestens drei Energieniveaus. Häufiger als Dreiniveausysteme (Abb. 6.4) findet man Vierniveausysteme. Diese benötigen im Allgemeinen eine geringere Energie, um die Elektronen in den angeregten Zustand zu überführen.

Im realen laseraktiven Medium existieren diskrete Energieniveaus in der bisher angenommenen Form nicht, sondern können als Energiebänder (Abb. 6.4) interpretiert

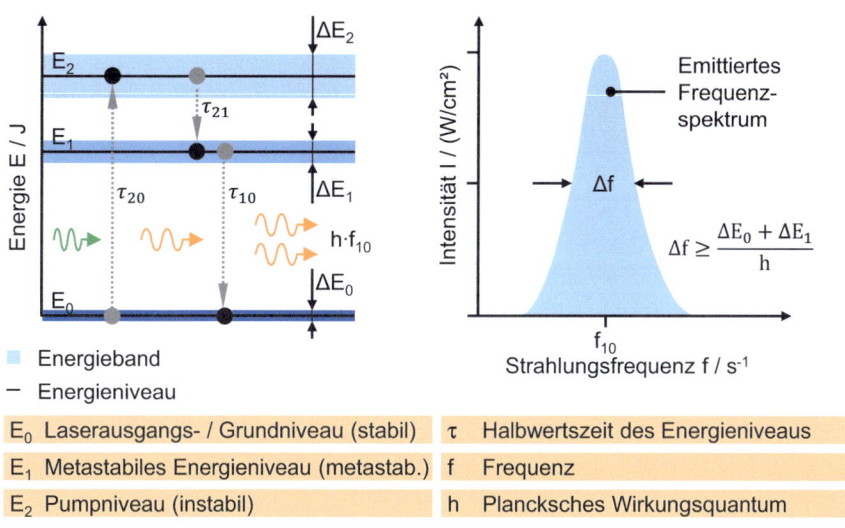

Abb. 6.4 Prinzip des 3-Niveau-Lasers

werden. Die Emission der Photonen durch Übergänge von minimal unterschiedlichen Energieniveaus führt dann zu einer messbaren Unschärfe der emittierten Strahlungsfrequenz. Diese Unschärfe wird natürliche Linienbreite genannt. Die beobachtbaren Linienbreiten realer Laser sind jedoch wesentlich größer. Effekte in komprimierten oder schnell bewegten Gasen und in Festkörpern, wie z. B. elastische Stöße, Gitterschwingungen, Doppler-Effekt etc., haben eine zusätzliche Verbreiterung der Frequenzlinie zur Folge. Diese Verbreiterung ist im Vergleich zur natürlichen Linienbreite groß.

Um genügend Elektronen in metastabile Energieniveaus zu überführen und so eine Besetzungsinversion zu erzeugen, wird eine Pumpquelle benötigt. Pumpen bezeichnet in diesem Zusammenhang das Zuführen von Energie in Form eines elektrischen Feldes oder von optischer Strahlung. Je größer die Bandbreite des Pumpniveaus (E_2 in Abb. 6.4) ist, desto mehr Pumpenergie kann absorbiert werden, da ein größerer Anteil der Pumpenergie im passenden Energiebereich zur Absorption liegt. Wenn durch das Pumpen eine Besetzungsinversion erzeugt wird, befinden sich viele Atome im angeregten Zustand. Bei einer stimulierten Emission kommt es zu einer Kettenreaktion, da das stimuliert emittierte Photon seinerseits eine weitere Emission stimulieren kann. Die beschriebene Kettenreaktion erfolgt jedoch spontan und richtungslos an verschiedenen Orten und Zeiten im laseraktiven Material. Außerdem sind die einzelnen Kettenreaktionen nur von kurzer Dauer und geringer Intensität. Damit sich das Phänomen weiter verstärkt, dürfen die Photonen das System nicht ungeordnet verlassen. Dieses Problem wird durch einen Resonator gelöst. Durch Anordnung des laseraktiven Mediums zwischen zwei sich gegenüberliegenden Spiegeln (Abb. 6.2, Resonator) wird dem System eine Vorzugsrichtung verliehen. Jeder Wellenzug, der sich senkrecht zur Spiegelfläche ausbreitet, wird wieder in das System zurückreflektiert, wodurch weitere Emissionen in die gleiche Richtung ausgelöst werden. Die Strahlung wird in Richtung der Strahlachse verstärkt, und es entsteht kohärente Laserstrahlung von hoher Intensität und Leistung. Damit sich die Wellenzüge stets in gleicher Phase überlagern, muss der Abstand der Spiegel ein Vielfaches der halben Wellenlänge betragen. Um die Laserstrahlung praktisch zu nutzen, wird ein Teil der Strahlung bei Überschreiten einer Energieschwelle ausgekoppelt. Üblicherweise wird ein Resonator verwendet, der aus einem vollreflektierenden und einem teildurchlässigen Spiegel besteht. Die ausgekoppelte Laserstrahlleistung darf ein bestimmtes Maß nicht überschreiten, damit ausreichend Strahlung zur Stimulation der angeregten Atome im System verbleibt.

6.2.1.3 Charakterisierung von Laserstrahlung

Die Geometrie des Resonators hat großen Einfluss auf die Intensitäts- bzw. die Leistungsdichteverteilung des emittierten Laserstrahls. Die Anordnung der Resonatorspiegel erlaubt die Ausbildung einer stationären stehenden elektromagnetischen Welle. Sowohl die Form (rund oder rechteckig) als auch die Abmessungen des Resonators (Abstand, Durchmesser bzw. Breite und Höhe sowie Krümmungsradien der Spiegel) im Verhältnis zur Größenordnung der Wellenlänge bestimmen maßgeblich die Verteilungen der elektrischen Feldstärke, die als Moden (Schwingungsmoden) bezeichnet werden. Die oft verwendete Abkürzung TEM_{mnq} steht für Transversal-Elektro-Magnetische Schwingungsmode. Die Indizes m und n geben die Anzahl der Nullstellen der Feldstärkeverteilung senkrecht und der Index q die Anzahl der Feldstärkemaxima entlang der Achse im Innern des Resonators an. Neben den Indizes m, n und q für kartesisch symmetrische Verteilungen, werden auch die Indizes p und l (TEM_{pl}) verwendet, wenn polar symmetrische Verteilungen vorliegen. Von zentraler Bedeutung ist der Grund- oder Gaußmode TEM_{00}, welcher eine Intensitätsverteilung in Form einer Gaußverteilung aufweist. Höhere Moden besitzen aufgrund von Interferenzerscheinungen auch Intensitätsminima [Popr11]. Die Intensitätsverteilung realer Laserquellen weist im Allgemeinen Abweichungen von der idealen Gaußverteilung auf. Besonders Hochleistungslaser emittieren Strahlung mit vielen Moden unterschiedlicher Ordnung. Die Intensitätsverteilung realer Strahlen stellt sich daher als lineare Superposition modenspezifischer Intensitätsverteilungen dar. Die Geometrie eines Laserstrahls wird in Abhängigkeit von der Position auf der Strahlachse durch die äußere Begrenzung des Strahls senkrecht zur Strahlachse beschrieben. Als Synonym für Strahlgeometrie wird häufig, zumeist mit Bezug auf eine von der geometrischen Optik abweichende Strahlgeometrie (z. B. in der Nähe des Brennpunkts einer Linse), auch der Fachbegriff Strahlkaustik verwendet. Sowohl die Strahlgeometrie idealisierter Laserstrahlen als auch die von realen Strahlen lässt sich durch wenige und gut bestimmbare Größen einfach beschreiben. Abb. 6.5 zeigt die Strahlkaustik eines zunächst parallelen, seitlich begrenzten und frei propagierenden Laserstrahls. Die gezeigte Strahlcharakteristik kann nicht nur bei Austritt aus der Laserquelle, sondern auch bei Fokussierung des Laserstrahls im Brennpunkt einer abbildenden Optik beobachtet werden.

6.2 Grundlagen

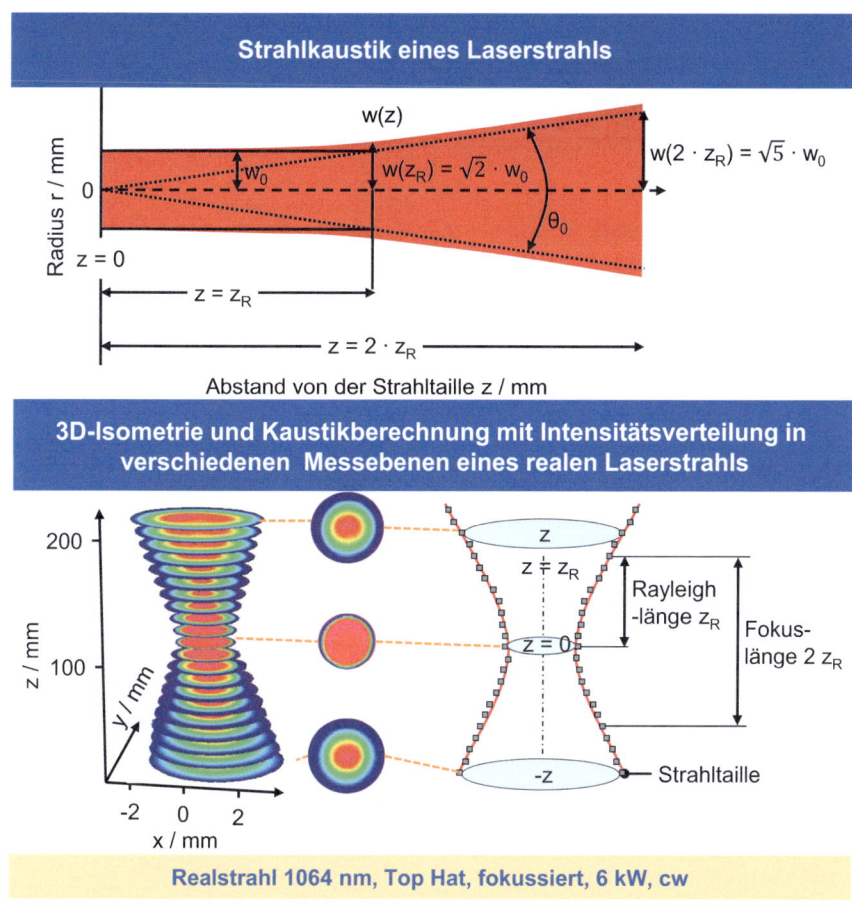

Abb. 6.5 Charakteristika eines Laserstrahls

In Abb. 6.5 sind einige charakteristische Begriffe genannt, die die Strahlgeometrie beschreiben. Diese werden überwiegend in der DIN EN ISO 11145 [DIN11145] definiert. Die Aufweitung des Laserstrahls nähert sich im Unendlichen asymptotisch an ein sich im Fokus kreuzendes Geradenpaar an. Der Divergenzwinkel θ_0 wird als Vollwinkel zwischen diesen beiden Geraden definiert. Der Strahltaillenradius w_0 ist der Radius der Strahltaille, bei der der Strahldurchmesser lokal minimal wird. Der Abstand zur Strahltaille wird durch z beschrieben. Der entlang der Strahlachse divergierende Strahlradius $w(z)$ beschreibt die einhüllende Strahlgeometrie in Abhängigkeit von der Entfernung z zur Strahltaille. Aufgrund des beugungsbedingten asymptotischen Intensitätsabfalls in axialer und radialer Richtung muss zur Festlegung des Strahlradius eine geeignete Definition herangezogen werden. Nach [DIN11145] wird der Strahlradius in Abhängigkeit von den Momenten der Leistungsdichteverteilungsfunktion definiert. Wird die mathematische Definition zugrunde gelegt, ergibt sich die Strahlkaustik eines gebeugten Laserstrahls mit Strahltaillenradius w_0 beliebiger Moden zu:

$$w(z) = w_0 \cdot \sqrt{1 + \left(\frac{z}{z_R}\right)^2} \tag{6.2}$$

Die Rayleighlänge z_R gibt an, in welcher Entfernung von der Strahltaille sich der Strahlradius um den Faktor $\sqrt{2}$ im Vergleich zum Strahltaillenradius vergrößert hat. Die doppelte Rayleighlänge wird allgemein Fokuslänge oder Schärfentiefe genannt. Im Brennpunkt einer Fokussieroptik ist die Fokuslänge ein Maß für den Bereich mit näherungsweise paralleler Strahlpropagation. Die Rayleighlänge für einen rotationssymmetrischen Laserstrahl der Wellenlänge λ im Vakuum ist:

$$z_R = \frac{\pi \cdot w_0^2}{\lambda} \cdot K \tag{6.3}$$

Der Faktor K ist eine dimensionslose Strahlqualitätskennzahl (Tab. 6.1). Für einen beugungsbegrenzten Gaußstrahl ist K = 1. Für höheren Moden bzw. reale Laserstrahlen ist K < 1.

Für den Gaußstrahl folgt die Intensitätsverteilung I(r, z) in Abhängigkeit von den beiden Raumkoordinaten r und z und dem Strahlradius w(z):

$$I(r,z) = I(0,z) \cdot e^{-2 \cdot \left(\frac{r}{w(z)}\right)^2}$$

$$\text{mit } I(0,z) = I_{max} \cdot \left(\frac{w_0}{w(z)}\right)^2 \text{ und } I_{max} = I(0,0) = \frac{2 \cdot P_L}{\pi \cdot w_0^2} \tag{6.4}$$

In Gl. 6.4 sind I die Intensität in W/m² (üblich sind Angaben in W/cm²) und P_L die mittlere Laserleistung in W. I(0,z) ist die maximale Intensität in der Strahlmitte im Abstand z von der Strahltaille mit dem Strahltaillenradius w_0. I_{max} steht für die maximale Intensität des Laserstrahls im Zentrum der Strahltaille.

Beispiele für typische Intensitätsverteilungen realer Laserstrahlquellen sind in Abb. 6.6 dargestellt. Neben dem angesprochenen Gauß-Profil werden in der Material-

Tab. 6.1 Strahlqualitätskenngrößen – Physikalische Grenzen und Formeln zur Umrechnung

	Strahlparameterprodukt SPP	Strahlqualitätskennzahl K	Beugungsmaßzahl M²
Grenzen	$SPP \geq \frac{\lambda}{\pi}$ $SPP_{ideal} = \frac{\lambda}{\pi}$	$0 < K \leq 1$ $K_{ideal} = 1$	$M^2 \geq 1$ $M^2_{ideal} = 1$
Beziehungen	$SPP = \frac{\lambda}{\pi \cdot K}$	$K = \frac{1}{M^2}$	$K = \frac{1}{M^2}$

6.2 Grundlagen

bearbeitung oftmals auch sogenannte Top-Hat-Profile eingesetzt. Die Intensität fällt bei diesem Strahlprofil mit steigendem Abstand r zur Strahlachse wesentlich abrupter ab.

Strahltaillenradius und Divergenzwinkel sind für die Praxis von besonderer Bedeutung, da das Produkt eine konstante und charakteristische Kenngröße für die von einer Laserquelle emittierte Laserstrahlung ist. Diese charakteristische Größe wird Strahlparameterprodukt SPP (engl. BPP für Beam Parameter Product) genannt:

$$\text{SPP} = \theta_0 \cdot \frac{w_0}{2} \qquad (6.5)$$

In Gl. 6.5 sind SPP das Strahlparameterprodukt in mm · mrad, θ_0 der volle Divergenzwinkel in mrad und w_0 der Strahltaillenradius in mm.

Bei einer Verkleinerung des Strahltaillendurchmessers, z. B. zur Fokussierung des Strahls, folgt eine Vergrößerung des Strahlkegels. Darüber hinaus lässt sich aus Gl. 6.5 ableiten: Je kleiner das Strahlparameterprodukt der Strahlung ist, desto geringer ist die Divergenz bei gleichem Strahltaillenradius. Das Strahlparameterprodukt eignet sich daher als Strahlqualitätskenngröße. Der ideale Gaußstrahl ist nur beugungsbegrenzt. Für einen Gaußstrahl wird das Strahlparameterprodukt somit minimal. Zudem ist das Strahlparameterprodukt des Gaußstrahls nur von der Wellenlänge λ der Strahlung abhängig (Gl. 6.6). Hochfrequente Strahlung erzielt also eine höhere Strahlqualität als niederfrequente Strahlung:

$$\text{SPP}_{\text{ideal}} = \text{SPP}_{\text{Gauß}} = \theta_{o,\text{Gauß}} \cdot \frac{w_{0,\text{Gauß}}}{2} = \frac{\lambda}{\pi} \qquad (6.6)$$

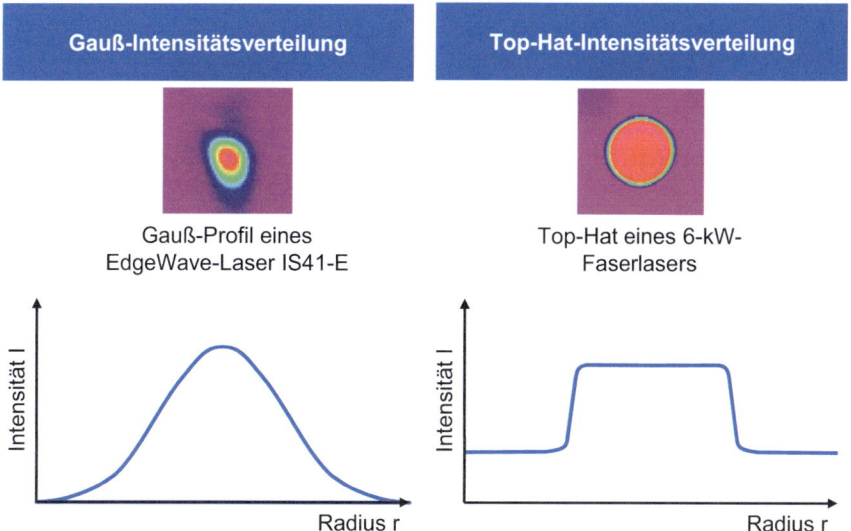

Abb. 6.6 Beispiele von Intensitätsverteilungen eines Laserstrahls

Reale Laserstrahlen weichen vom idealen Gaußprofil ab und weisen eine größere Divergenz auf, sodass das reale Strahlparameterprodukt SPP nach Gl. 6.5 durch Messen des Strahltaillenradius w_0 und dem entsprechenden Divergenzwinkel θ_0 ermittelt werden muss. Das Verhältnis von theoretisch erreichbarem Strahlparameterprodukt SPP_{ideal} und realem Strahlparameterprodukt SPP ist durch die Strahlqualitätskennzahl bzw. die normierte Strahlqualität K gegeben. Der Kehrwert der normierten Strahlqualitätskennzahl K, die sogenannte Beugungsmaßzahl M^2, wird ebenso als Qualitätskennzahl verwendet. Sowohl K als auch M^2 vergleichen die Qualität des realen Lasers mit seinem physikalischen Limit und geben an, um welchen Faktor der reale Laserstrahl schlechter ist (K) bzw. stärker gebeugt wird (M^2) als der ideale Strahl mit gleicher Wellenlänge. Hierbei ist zu beachten, dass nur Laserstrahlquellen mit gleicher Wellenlänge mit den Kennzahlen K und M^2 verglichen werden können. Für einen wellenlängenunabhängigen Vergleich der Strahlqualität muss das Strahlparameterprodukt SPP herangezogen werden. Alle Strahlqualitätskennzahlen lassen sich ineinander überführen (Tab. 6.1).

In der Praxis ist beim Vergleich von Strahlparameterprodukten Vorsicht geboten, da die Definition der Strahltaille und des Divergenzwinkels nicht immer konsequent befolgt wird. Darüber hinaus existieren unterschiedliche Definitionen für den Strahlradius w(z). Für viele Anwendungen der Lasermaterialbearbeitung, wie z. B. dem Schneiden und Schweißen, sind besonders kleine Strahldurchmesser im Arbeitspunkt erforderlich. So wird zum einen die notwendige Intensität erreicht, und zum anderen wird die Schnittfuge bzw. Nahtbreite möglichst klein. Zudem wird im Arbeitspunkt eine möglichst geringe Divergenz bzw. eine möglichst große Schärfentiefe gefordert, da die Aufweitung des Strahls eine Reduzierung der Intensität mit erheblichem Einfluss auf die maximal schweiß- bzw. schneidbare Materialdicke zur Folge hat. Es wird deutlich, dass beide Zielwerte miteinander konkurrieren. Entsprechend den Anforderungen muss ein Optimum ermittelt werden. Ist dies nicht möglich, muss ggf. eine andere Laserquelle mit einer höheren Strahlqualität bzw. mit einem kleineren Strahlparameterprodukt verwendet werden.

6.2.2 Laserstrahlquellen

Zur Strahlungserzeugung liegt nahezu allen Laserstrahlquellen der gleiche prinzipielle Systemaufbau zugrunde, der auf drei elementaren Bestandteilen basiert: Laseraktives Medium, optischer Resonator und Pumpquelle (Abb. 6.2). Die verschiedenen Komponenten bestimmen gemeinsam die Eigenschaften der emittierten Laserstrahlung. Im Gegensatz zur Wellenlänge der Laserstrahlung, die durch die Wahl des laseraktiven Mediums bestimmt ist, resultiert die Strahlqualität aus dem Zusammenwirken aller Laserkomponenten. In der Materialbearbeitung haben sich einige bestimmte Baukonzepte abhängig von der Anwendung durchgesetzt. Diese verbinden eine hohe Strahlqualität, die dem theoretisch möglichen Optimum nahekommt, mit hoher Laserleistung. Neben den systemspezifischen Aggregaten, wie Steuerungseinheit, Wärmeübertrager-Pumpen und Ventilatoren, versorgt ein Netzteil die Laserpumpe mit elektrischer Energie. Da eine sofortige Umsetzung der elektrischen Energie in Laserstrahlung erfolgt, muss das Netzteil über die elektrische Versorgung die Größe und das Zeitverhalten der Laserausgangsleistung steuern. Die Kühlung sorgt für optimale und stetige Betriebsbedingungen aller Systeme. Hierbei ist die Kühlung des laseraktiven Mediums besonders wichtig, da neben der thermischen Werkstoffschädigung auch die thermische Linsenwirkung eines inhomogen temperierten Mediums verhindert bzw. minimiert werden muss. Zur Vermeidung einer Verunreinigung oder Verstopfung der Kühlkanäle durch Ablagerungen verwenden die meisten Lasersysteme eigene Wärmetauscher und Feinfiltersysteme, die mit deionisiertem Wasser betrieben werden. Häufig existieren daher getrennte interne und externe Kühlkreisläufe. Die Bauform und -größe der bei der Materialbearbeitung eingesetzten Laserstrahlquellen reichen, entsprechend der erforderlichen Strahlungsart und -leistung, von einmoduligen Kompaktsystemen bis hin zu Systemen, die aus separater Strahlungsquelle und Kühleinheit bestehen und mehrere Quadratmeter Stellfläche benötigen.

Zur Klassifizierung und Unterscheidung von Lasertypen gibt es verschiedene Schemata, die jeweils anhand eines oder mehrerer Merkmale erfolgen. Typische Unterscheidungsmerkmale sind:

- Laseraktives Medium (z. B. CO_2-Laser oder Nd:YAG-Laser)
- Aggregatzustand des laseraktiven Mediums (z. B. Gas-, Flüssig- und Festkörperlaser)
- Art der elektrischen oder optischen Anregung (z. B. Gleichstrom- bzw. Hochfrequenz angeregte CO_2-Laser, lampengepumpte bzw. mit Dioden gepumpte Festkörperlaser oder endgepumpte Laser)
- Geometrie des laseraktiven Materials (z. B. Stab-, Slab-, Scheiben- oder Faserlaser)
- Betriebsmodus (z. B. Kurzpuls- oder Ultrakurzpulslaser)

Der erste Laser, ein Rubin-Festkörperlaser, wurde im Jahre 1960 von Maiman entwickelt. Heute kennt man mehrere tausend laseraktive Medien, die Strahlung mit Wellenlängen von 10 nm bis 1.000.000 nm emittieren. In der Folge steht eine große Anzahl an kommerziell verfügbaren Laserquellen zur Verfügung, da Lasersysteme in einer hohen Variantenvielfalt (bzgl. max. Ausgangsleistung, Strahlqualität, Betriebsmodus etc.) von unterschiedlichen Herstellern angeboten werden. Die Ausgangsleistungen der am Markt verfügbaren Laserstrahlquellen reichen von wenigen Milliwatt bis zu mehreren zehn Kilowatt. Laser mit einer niedrigen Ausgangsleistung und hohen Strahlqualität finden zumeist bei messtechnischen Anwendungen oder in der Nachrichtentechnik zur Signalübertragung ihren Einsatz. In Applikationen der Lasermaterialbearbeitung werden überwiegend Laser mit hohen mittleren Ausgangsleistungen oder Pulsspitzenleistungen eingesetzt. Die dafür wichtigsten Laserstrahlquellen werden in den folgenden Abschnitten beschrieben.

6.2.2.1 Dauerstrich- und Pulslaser

Einleitend soll der Begriff „Betriebsmodus" eines Lasers erläutert werden. Hierbei werden zwei Betriebsarten des Lasers unterschieden: der Dauerstrich- und der Pulsbetrieb.

Sowohl in der wissenschaftlichen Literatur als auch in der kommerziellen Praxis wird man oft der englischen Kurzform cw-Betrieb (cw für „continuous wave") für den Dauerstrichbetrieb begegnen. Seltener findet sich auch die analoge Kurzform pw-Betrieb (pw für „pulse wave mode") für den Pulsbetrieb. Im Dauerstrichbetrieb wird kontinuierlich Laserstrahlung emittiert, wohingegen im Pulsbetrieb nur Laserpulse von kurzer Dauer und hoher Leistung abgegeben werden. Während beim cw-Betrieb meist die Angabe der mittleren Leistung hinreichend ist, werden zur Charakterisierung von Pulslasern weitere Betriebsparameter hinzugezogen. Die Pulsdauer, -breite oder auch -länge gibt die Zeitspanne an, über die der Laser Strahlung emittiert. Die Pulsperiode ist die Zeit zwischen zwei Pulsspitzen und wird daher oft reziprok als Pulsfrequenz oder auch Pulsrepetitionsrate angegeben. Die Pulspause gibt die Zeitspanne zwischen zwei Pulsen an, in der keine Strahlung emittiert wird, sodass die Summe aus Pulsdauer und Pulspause gleich der Pulsperiode ist. Abb. 6.7 zeigt schematisch das Leistungs-Zeitverhalten eines Lasers im

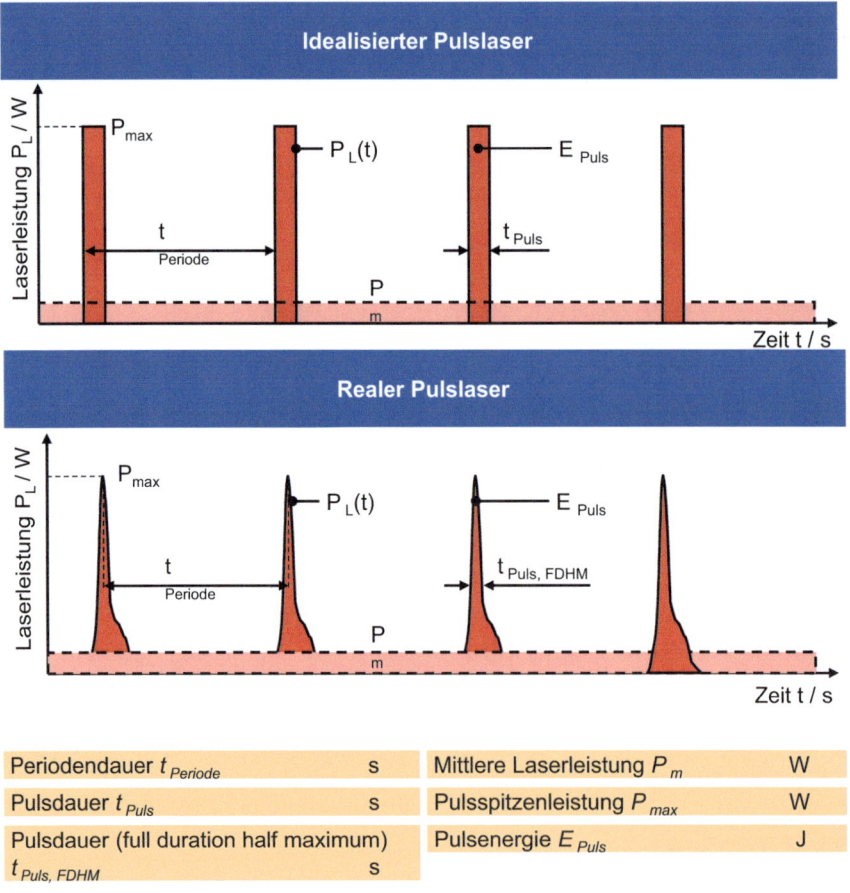

Abb. 6.7 Parameter des Pulsbetriebs

Pulsbetrieb. Eine für die Materialbearbeitung wichtige Unterscheidung wird hinsichtlich der Pulsdauer getroffen. Für Pulsdauern im Bereich von wenigen bis wenigen hundert Nanosekunden spricht man von Kurzpulslasern (KP-Laser), wohingegen man für kürzere Pulsdauern, von deutlich weniger als einer Nanosekunde, von Ultrakurzpulslasern (UKP-Laser) spricht.

6.2.2.2 Festkörperlaser

In Festkörperlasern wird als laseraktives Medium ein mit laseraktiven Ionen dotierter Wirtskristall (oder Glas) verwendet. Das Festkörpermedium ist transparent und im Idealfall für die Laserstrahlung vollkommen durchlässig. Eine äußerst geeignete Kombination ist das mit Neodymionen (Nd^{3+}) dotierte Yttrium-Aluminium-Granat (YAG $\equiv Y_3Al_5O_{12}$). Die Anregung der laseraktiven Ionen erfolgt ausschließlich durch Absorption von optischer Strahlung, welches den Einsatz von Lichtquellen mit geeigneten Lichtspektren als Pumpquelle verlangt. Die von den Neodymionen emittierte Laserstrahlung hat eine charakteristische Wellenlänge von 1064 nm. Neben Neodym wird auch Ytterbium (Yb) als laseraktives Material eingesetzt. Die Laserstrahlung der Ytterbiumionen (Yb^{3+}) hat eine Wellenlänge von 1030 nm. Im Gegensatz zur CO_2-Laserstrahlung ($\lambda \approx 10$ µm) wird die Laserstrahlung von Festkörperlasern ($\lambda \approx 1$ µm) von industriellen Standardgläsern, wie z. B. Quarz- oder Bor-Kronglas, kaum absorbiert. Hieraus folgt ein bedeutender Vorteil bei der Verwendung von Festkörperlasern, da ihre Laserstrahlung in der Regel durch flexible Lichtleitfasern an die Bearbeitungsstelle geführt werden kann. Daneben ergeben sich weitere Kosteneinsparungspotenziale bei der Herstellung optischer Linsen, da günstige Glaswerkstoffe für den Linsengrundkörper verwendet werden können.

Festkörperlaser können grundsätzlich kontinuierlich oder gepulst betrieben werden. Das Pulsen kann beispielsweise durch Steuern der optischen Pumpleistung („Gain-Switching", minimale Pulsdauern von 50 µs bei maximal 4 kHz) oder durch eine Güteschaltung („(Quality)Q-Switching") realisiert werden. Letztere Methode verwendet ein elektrooptisches Schaltelement mit ultrakurzen Schaltzeiten und erzielt so signifikant kürzere Pulsdauern (einzelne bis mehrere hundert Nanosekunden) bei gleichzeitig höheren Wiederholraten (bis einige MHz). Das laseraktive Medium wird hierbei kontinuierlich gepumpt. Das Schaltelement blockiert den Resonator und öffnet erst, wenn eine ausreichend hohe Inversionsrate erreicht ist. Aufgrund dieses Funktionsprinzips erzielen güteschaltete Laser neben kurzen Pulsdauern und hohen Frequenzen auch besonders hohe Pulsspitzenleistungen.

Die erreichbaren Leistungen der kommerziell erhältlichen Festkörperlaser liegen aktuell bei über 100 kW im cw-Betrieb. Im Pulsbetrieb werden Spitzenleistungen bis in den Gigawattbereich erzielt. Der elektrisch-optische Wirkungsgrad ist stark abhängig von der jeweiligen Bauform und liegt zwischen 5 % (lampengepumpter Stablaser) und über 35 % (diodengepumpte Scheiben- und Faserlaser). Die bis vor wenigen Jahren meist verbreitete Bauform war der Stablaser. Zum Einsatz kommen stabförmige Nd:YAG-Kristalle mit einem Durchmesser von 2 bis 8 mm und einer Länge zwischen 20 mm und 200 mm. Typischerweise werden die Achsen des Laserstabs und der ebenso stabförmigen Gasentladungslampe jeweils im Brennpunkt eines elliptischen Reflektors platziert. Im cw-Betrieb erreicht ein Laserstab eine Leistung bis 800 W. Durch Reihenschaltung mehrerer Kavitäten kann eine effiziente Leistungsskalierung vorgenommen werden. Lampengepumpte Hochleistungslaser dieser Art erzielen Ausgangsleistungen bis 4 kW (8 Kavitäten, Wirkungsgrad ca. 4 %) bei einem Strahlparameterprodukt von 25 mm · mrad und koppeln die Laserstrahlung in eine 600 µm Lichtleitfaser ein. Das ohnehin enge Absorptionsspektrum der laseraktiven Neodymionen bei 808 nm wird durch das breite Emissionsspektrum der Gasentladungslampen nur schwach angesprochen. Alternativ zu den Gasentladungslampen werden daher vermehrt Diodenlaser als Pumpquelle verwendet (Abb. 6.8). Durch Abstimmen der Wellenlänge von AlGaAs-Diodenlasern wird die Pumpeffizienz derart gesteigert, dass diodengepumpte Festkörperstablaser Wirkungsgrade von 10 % und mehr erzielen.

Diese Technologie wurde weitestgehend abgelöst von zwei Konzepten, die sich neben vielen qualitativen Vorteilen besonders durch hohe Effizienz ausgezeichnen und immer weiterentwickelt wurden.

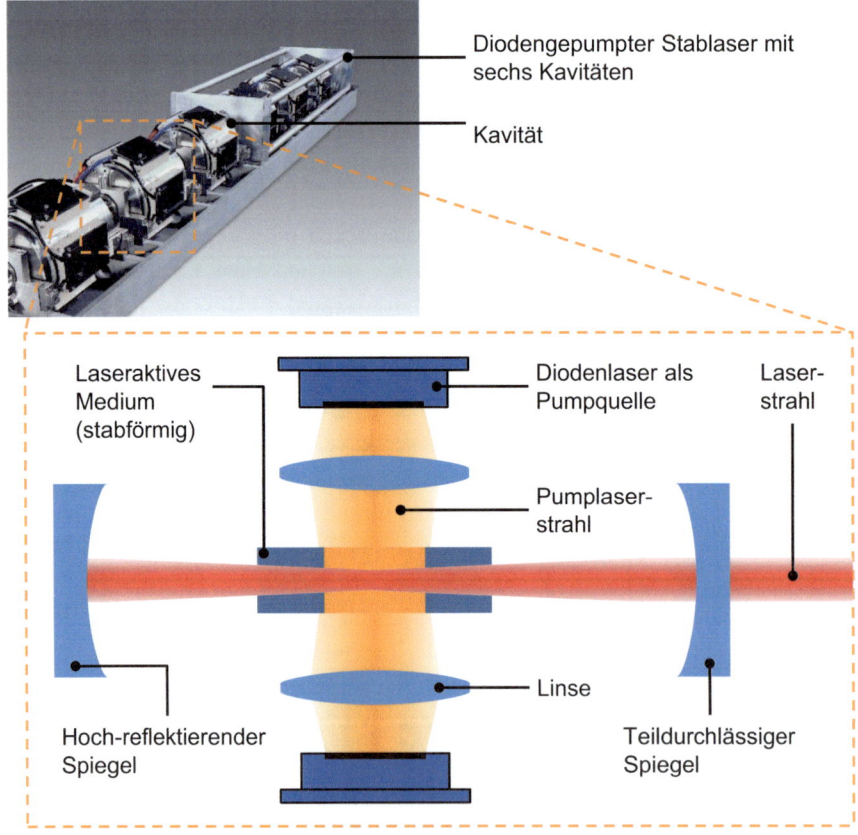

Abb. 6.8 Mit Dioden gepumpter Stablaser. (Quelle: Trumpf)

6.2 Grundlagen

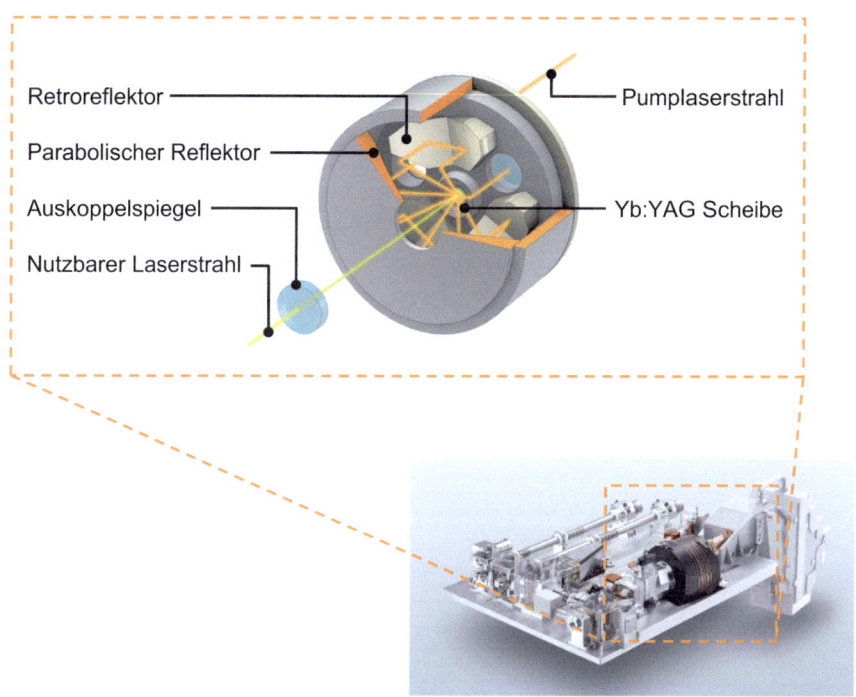

Abb. 6.9 Aufbau eines Scheibenlasers. (Quelle: Trumpf)

Zum einen wurde der Scheibenlaser entwickelt und in den Markt eingeführt. Der Scheibenlaser ist ein mit Dioden gepumpter Festkörperlaser. Scheibenlaser verwenden üblicherweise Yb:YAG als laseraktives Medium und erzielen Wirkungsgrade von über 30 % bei cw-Laserausgangsleistungen bis 16 kW im kommerziellen Bereich. Höhere Leistungen sind realisierbar und werden als Sonderlösung ebenfalls angeboten. Zudem wird bei diesem Leistungsniveau ein Strahlparameterprodukt SPP von circa 2 mm · mrad erzielt. Die außergewöhnliche Leistungssteigerung wurde durch ein neuartiges Konzept mit scheibenförmiger Geometrie des Festkörperkristalls möglich (Abb. 6.9). Die Kristallscheibe hat nur eine geringe Dicke von ca. 200 µm und liegt flach auf einem Kühlkörper. Die Kontaktfläche der Scheibe ist verspiegelt. Die Spiegelfläche fungiert zum einen als Resonatorspiegel der Laserstrahlung und zum anderen als Umlenkspiegel der stirnseitig einfallenden Pumpstrahlung. Aufgrund der geometrisch idealen Wärmeleitungsverhältnisse sind die Temperaturgradienten, insbesondere in Richtung der Resonatorachse, im Laserkristall minimal.

Negative Effekte wie die Entstehung einer thermischen Linse bei Stabsystemen treten daher kaum auf, was zu der hohen Strahlqualität führt. Die Laserstrahlung wird üblicherweise in Lichtleitfasern mit einem Durchmesser von 50 µm und mehr eingekoppelt. Darüber hinaus wird im Gegensatz zu den Stabsystemen das Pumplicht der Diodenlaser mehrfach in den Laserkristall eingekoppelt, sodass hohe Wirkungsgrade erzielt werden.

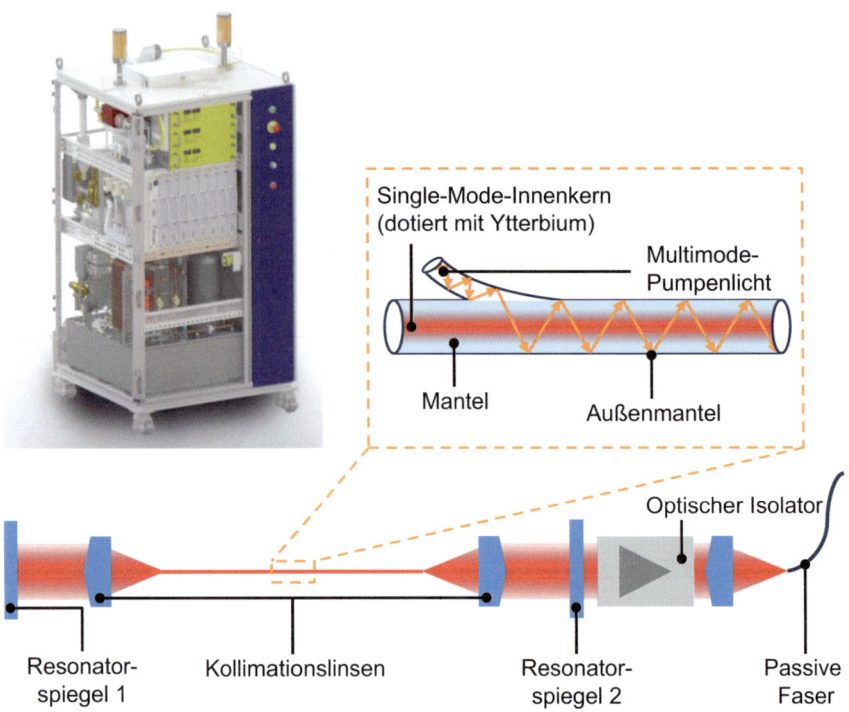

Abb. 6.10 Aufbau eines Faserlasers. (Quelle: IPG)

Die Ausgangsleistung einer Scheibe beträgt etwa 1 kW. Die Leistungsskalierung erfolgt über die Serienanordnung mehrerer Scheibensysteme. Scheibenlaser lassen sich sowohl als Hochleistungs-cw-Laserquellen als auch als KP- und UKP-Laserquelle realisieren.

Neben dem Scheibenlaser hat sich der Faserlaser als Baukonzept durchgesetzt. Auch der Faserlaser ist ein mit Dioden gepumpter Festkörperlaser und basiert auf einem vergleichsweise einfachen Prinzip. Für Faserlaser werden Stufenindex-Glasfasern verwendet, die einen mit laseraktiven Ionen (z. B. Ytterbium Yb oder Erbium Er) dotierten Faserkern besitzen (Abb. 6.10). Das Pumpen erfolgt entweder durch koaxiales Einkoppeln der Pumpstrahlung in eines der beiden Faserenden oder seitliches Anspleißen von Pumpfasern an den transmissiven Fasermantel. Zur Realisierung des Resonators gibt es verschiedene Konzepte. Für Grundmode-Fasern werden in der Regel Bragg-Gitter verwendet, die als integrierte Komponente den Faserabschluss bilden. Darüber hinaus kann, wie in Abb. 6.10 dargestellt, der Laserstrahl am Faserende ausgekoppelt und als Freistrahl weiteren Linsen bzw. einem Reflektorspiegel zugeführt werden, sodass ein geschlossenes Resonatorsystem entsteht. Besonders bei hohen Laserleistungen können Endkappen an die Faser angebracht werden, die den Faserquerschnitt vergrößern. Dadurch kann die Verwendung von geeigneten reflektierenden Beschichtungen am Faserende ermöglicht werden. In allen Fällen wird die Pumpstrahlung per Totalreflexion im Fasermantel geführt und beim Durchgang durch den Kern von den laseraktiven Ionen absorbiert. Auf diese Weise wird im Kern die Besetzungsinversion erzeugt. Dabei werden die laseraktiven Ionen des dotierten Faserkerns angeregt. Die Verstärkung erfolgt dann entlang der Faser, sodass am Ende der Faser Laserstrahlung austritt. Aufgrund des günstigen Verhältnisses von Oberfläche zu gepumptem Kernvolumen der meterlangen Fasern kann die Abwärme gut an die Umgebung abgegeben werden. Fasersysteme sind sowohl im cw- als auch im Pulsbetrieb in der Industrie etabliert. Während die Zerstörschwelle des Fasermaterials die erreichbare Pulsspitzenleistung gegenüber anderen Laserkonzepten stark limitiert, lassen sich im cw-Betrieb höchste mittlere Leistungen von 100 kW und mehr erzielen. Faserlaser bieten eine hohe Strahlqualität von $M^2 < 1{,}5$ und einen Wirkungsgrad von über 30 %. Überdies sind Faserlaser nahezu wartungsfrei, was in der Summe zu einer starken Marktdurchdringung im Vergleich zu den anderen Festkörperlaserkonzepten geführt hat. Typische Einsatzgebiete für Hochleistungs-cw-Faserlaser sind das Laserstrahlschweißen, -schneiden, -härten sowie das Bohren von Fels, Gestein und Beton. Trotz der Limitierung der Pulsspitzenleistung bei sehr kurzen Pulsen finden sich gepulste Faserlaser aufgrund ihrer kompakten und einfachen Bauweise in vielen Anwendungen, wie z. B. Markieren, Mikrobohren oder Mikroschneiden. Darüber hinaus werden Faserlaser als Seedquelle für Scheiben- oder Slablaser (s. u.) verwendet, also als Quelle für die zu verstärkende Eingangslaserleistung.

Neben den bereits beschriebenen Bauformen existieren noch weitere mit Dioden gepumpte Bauformen, wie z. B. die longitudinal gepumpten Stabsysteme oder Slablaser-Systeme (Abb. 6.11). Das (mittlere) Leistungsniveau der letztgenannten ist im

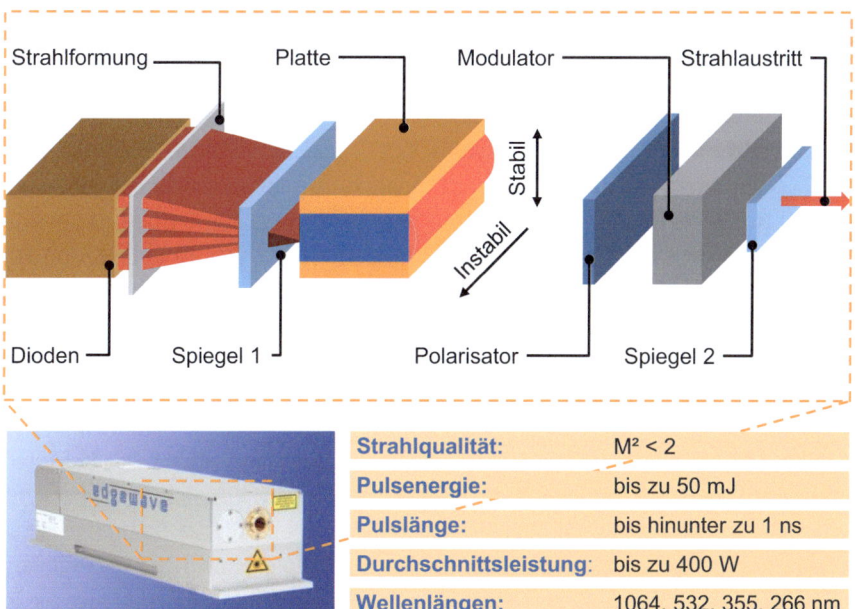

Abb. 6.11 Aufbau eines Slablasers (Quelle: Edgewave, [Edge19])

Allgemeinen gering (10 bis 500 W). Die Konzepte eignen sich jedoch besonders gut für KP- und UKP-Laserquellen mit sehr hohen Einzelpulsenergien bei Pulsraten von einigen zehn bis hunderten Kilohertz. Die Stärken dieses Konzepts beruhen auf einer besonders günstigen Kombination von Kristallform – sowie daraus resultierender Kühlmöglichkeit – und Resonatordesign. Im Vergleich zu Hochleistungslasern, die beim Schweißen und Schneiden ihren Einsatz finden, werden diese Systeme für Mikroverfahren wie Mikroschneiden, Laserstrahlstrukturieren und Bohren eingesetzt. Diese Verfahren erfordern kleinste Fokusdurchmesser und höchste Intensitäten. Hierzu wird eine entsprechend hohe Strahlqualität benötigt, die nahe oder gleich dem theoretischen Grenzwert liegt ($M^2 \approx 1$).

6.2.2.3 Halbleiter-Diodenlaser

Das aktive Medium von Halbleiterlasern sind dotierte Halbleiterkristalle. Dabei werden die besonderen Eigenschaften indirekter Halbleiter in Verbindung mit unterschiedlichen Dotierungen genutzt. Für Hochleistungsdiodenlaser wird häufig das Materialsystem GaAlAs/GaAs verwendet. Die Wellenlänge der emittierten Laserstrahlung hängt von dem Mischungsverhältnis der drei- oder vierkomponentigen Halbleiter (hier: GaAlAs) ab, welches im Allgemeinen innerhalb materialspezifischer Grenzen variiert werden kann. Das GaAlAs/GaAs Materialsystem emittiert daher je nach Zusammensetzung des GaAlAs-Halbleiters eine charakteristische Wellenlänge zwischen 750 und 920 nm.

Im Vergleich zu allen anderen Festkörperlasern zeichnen sich Laserdioden dadurch aus, dass sie direkt durch Anlegen eines elektrischen Stroms angeregt werden können. Hierdurch entfällt die sonst übliche Umwandlung von elektrischer Leistung in optische Pumpenergie, sodass der Wirkungsgrad von Diodenlasern einen unübertroffenen Wert von nahezu 50 % erreicht. Im Vergleich mit anderen Lasermedien ist die Dichte der laseraktiven Atome in Halbleitern um ein Vielfaches höher, welches gleichermaßen eine überdurchschnittlich hohe Leistungsdichte zur Folge hat. Das aktive Volumen eines Emitters ist aus technischen und physikalischen Gründen auf kleine Abmessungen begrenzt. Das laseraktive Volumen emittiert einen Rohstrahl mit einer Abmessung von ca. 200 µm Breite und 1 µm Höhe. Hochleistungsemitter erreichen eine Laserausgangsleistung von bis zu 10 W. Durch laterale Aneinanderreihung von 20 bis 30 Emittern erhält man einen Laserbarren mit einer Größe von ca. 1 mm Länge, 10 mm Breite und 100 µm Höhe. Die Ausgangsleistung beträgt bis zu 200 W. Laserbarren bestehen aus einer Vielzahl von Einzelemittern, die zusammenhängend auf Halbleiterwafern hergestellt werden. Da die Strahlungsemission eine starke Abhängigkeit von der Temperatur aufweist, werden die Laserbarren zur Kühlung auf Wärmesenken aufgebracht. Aufgrund der Kühlung durch eine Wärmesenke vergrößern sich die Abmessungen des Laserbarrens um ein Vielfaches. Die von einem Laserbarren ausgestrahlte Laserstrahlung hat schließlich die Charakteristik einer schmalen Linie. Kennzeichnend für die Strahleigenschaften eines einzelnen Diodenlasers (-barrens) ist die stark unterschiedliche Strahldivergenz in lateraler Richtung (entlang der Laserlinie – „Slow-Axis") und in transversaler Richtung (senkrecht zur Laserlinie – „Fast-Axis"). Aufgrund der im Vergleich zur Wellen-

6.2 Grundlagen

länge großen Emitterbreite wird in lateraler Richtung lediglich eine Strahlqualität von $M^2 > 20$ erzielt. Der laterale Divergenzwinkel beträgt etwa 5°. Da auf einem Barren 20 bis 30 Emitter mit lateralen Abständen von ca. 200 µm angeordnet sind, verschlechtert sich die effektive Strahlqualität nochmals. Nahezu umgekehrte Verhältnisse sind in transversaler Richtung anzutreffen. Trotz eines großen Divergenzwinkels von ca. 35° wird eine Strahlqualität $M^2 = 1$ erzielt. Der Strahl ist demnach in transversaler Richtung beugungsbegrenzt, was auf die minimale Größe der laseraktiven Zone in transversaler Richtung (ungefähr gleich der Wellenlänge) zurückzuführen ist. Durch Kollimation (Parallelisierung) in transversaler Richtung wird die Divergenz auf ein Minimum (< 1°) reduziert, sodass die laterale Divergenz im Vergleich zur transversalen groß ist. Aufgrund des großen Öffnungswinkels erfolgt die Kollimation in unmittelbarer Nähe des Emitters mithilfe von zylindrischen Mikrolinsen. Zur Leistungsskalierung werden die Laserbarren inklusive der adaptierten Wärmesenken und Mikrolinsen zu Diodenlaserstacks (dt.: Stapel) zusammengesetzt. Bis zu 30 Laserbarren können zu einem Stack gestapelt werden, sodass Ausgangsleistungen über 1 kW pro Stack üblich sind. Das Geraderichten (Kollimation) des Strahls in Richtung der Slow-Axis erfolgt mithilfe einer Zylinderlinse. Die Fokussierung erfolgt im Anschluss mit asphärischen Linsen. Der prinzipielle Aufbau eines Hochleistungsdiodenlasers ist in Abb. 6.12 dargestellt.

Im Vergleich zur Größe des Barrens sind die geometrischen Abmessungen der Wärmesenken groß. Daher entspricht das Strahlungsbild eines Laserstacks einer Vielzahl von schmalen Linien mit vergleichsweise großen Abständen. Zur Erhöhung der Leistungsdichte können die Zwischenräume mit dem Strahlungsbild eines zweiten und ggf. dritten Laserbarrens überlagert („aufgefüllt") werden. Weitere Methoden der Leistungsskalierung sind die Überlagerung verschiedener Wellenlängen sowie die Überlagerung entgegengesetzt polarisierter Strahlen. Darüber hinaus können für einen Ausgleich der achsabhängigen Strahlqualität optische Systeme eingesetzt werden, die sich aus einer komplexen Anordnung von Treppenspiegeln zusammensetzen. Mithilfe der beschriebenen Techniken zur Leistungsskalierung werden Laserleistungen von über 25 kW erzielt. Dabei werden insgesamt Strahlqualitäten von 200 mm · mrad erzielt, was etwa $M^2 > 600$ entspricht. Die im Vergleich zu anderen Hochleistungslasern schlechte Strahlqualität erfordert kurze Strahlwege mit der Konsequenz, dass Diodenlaser nah am Prozess geführt werden müssen. Sowohl die Baugröße als auch das Gewicht von Diodenlasern ist gering, sodass eine prozessnahe Führung des Lasers mithilfe von Robotern oder ähnlichen Anlagen gut möglich ist. Dennoch ist bei dieser Konstellation zu berücksichtigen, dass der Laser durch eine Fehlbedienung der Anlage leicht Schaden nehmen kann.

Da Diodenlaser wie Festkörperlaser Laserstrahlung mit einer Wellenlänge von ca. 1 µm emittieren, besteht auch hier die Möglichkeit, den Laserstrahl mithilfe von Lichtleitfasern zu führen. Die geringe Strahlqualität erfordert bei Leistungen über 2 kW den Einsatz von großen Faserdurchmessern mit Durchmessern von 0,4 bis 2 mm. Durch Einsatz einer Lichtleitfaser wird das eingekoppelte Intensitätsprofil homogenisiert, sodass schließlich eine runde Brennfleckgeometrie entsteht. Kennzahlen verfügbarer Hochleistungsdiodenlaser-Systeme können Tab. 6.2 entnommen werden.

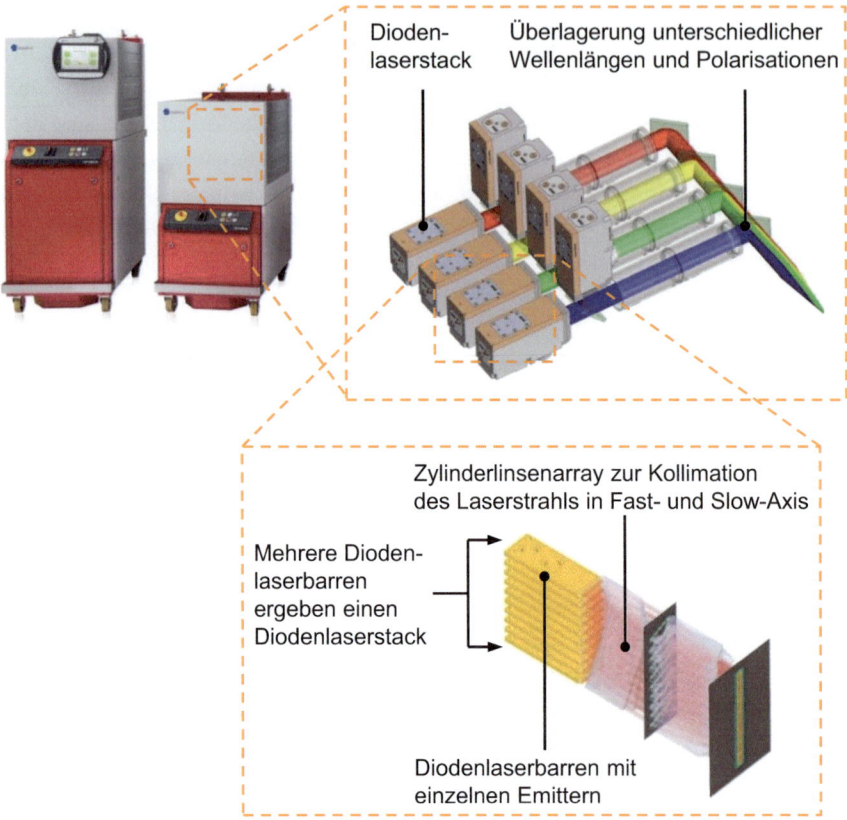

Abb. 6.12 Aufbau eines Hochleistungs-Diodenlasers. (Quelle: Laserline)

Tab. 6.2 Kennzahlen fasergekoppelter HDL-Systeme (nach Laserline)

d_{fiber} mm	PL_{max} kW	SPP mm · mrad
0,4	7	40
0,6	11	60
2,0	25	200

Nicht nur der hohe elektrisch-optische Wirkungsgrad von ca. 50 %, sondern auch der nahezu wartungsfreie Betrieb sind die ausschlaggebenden Argumente für den Einsatz von Hochleistungsdiodenlasern. Die moderate Strahlqualität reduziert die Einsatzmöglichkeiten dennoch auf Bereiche, die keine hohe Strahlqualität erfordern. Beispiele hierfür sind das Wärmeleitungsschweißen, Härten, Hartlöten, Auftragsschweißen und Beschichten.

6.2.2.4 Gaslaser

Gaslaser nutzen einen mit Gas gefüllten Resonator zur Strahlungserzeugung. Die Namensgebung erfolgt in dem Fall anhand des laseraktiven Mediums, das sich in der Gasphase befindet. Der CO_2-Laser gilt seit vielen Jahren als der wichtigste Vertreter von Gaslasern für die Materialbearbeitung. Das Gasgemisch besteht aus Helium (He), Stickstoff (N_2) und Kohlenstoffdioxid (CO_2). Das Gasgemisch befindet sich zwischen den Resonatorspiegeln bei Drücken von 100 bis 250 hPa (technisches Vakuum). Lediglich die CO_2-Moleküle fungieren als laseraktives Medium. Die von den angeregten Molekülen emittierte Laserstrahlung hat typischerweise eine Wellenlänge von 10,6 µm. CO_2-Laser erreichen Gesamtwirkungsgrade von 10 % bis 13 %, können sowohl kontinuierlich als auch gepulst betrieben werden und erreichen Laserausgangsleistungen von 100 W bis ca. 40.000 W bei guten Strahlqualitäten von $M^2 < 5$ bspw. für 20 kW Laserleistung. Die Anregung der CO_2-Moleküle erfolgt entweder direkt über Elektronenstöße oder, weit häufiger, indirekt über Stöße mit schwingungsangeregten N_2-Molekülen, die wiederum selbst zuvor durch eine elektrische Gasentladung angeregt wurden. Durch Emission des Lichtquants wird das untere Laserniveau erreicht. Durch Stöße mit He-Atomen, die mit 60 % bis 80 % im Gasgemisch enthalten sind, werden die CO_2-Moleküle wieder in das Grundniveau überführt. Gleichstromangeregte CO_2-Laser können kostengünstig hergestellt werden und erreichen unter den CO_2-Lasern den vergleichsweise höchsten Wirkungsgrad. Dennoch verursacht die Wechselwirkung von Elektroden und Gasmolekülen einen Elektrodenabbrand, der sowohl eine Reinigung als auch den teilweisen Austausch des Gasgemischs erfordert. Die damit verbundenen Betriebs- und Wartungskosten für den Austausch der Elektroden mindern den Vorteil des guten Wirkungsgrades, sodass im Allgemeinen bei Laserleistungen von größer als 2 kW eine hochfrequente Wechselstromanregung bevorzugt wird.

Hochfrequenzangeregte CO_2-Laser koppeln die elektrische Energie kapazitiv ein (Elektroden und Lasergas haben keinen direkten Kontakt) und weisen daher keinen Verschleiß auf. Daneben können hochfrequenzangeregte Laser deutliche höhere Pulswiederholraten realisieren, welches sie für eine Vielzahl von weiteren Applikationen qualifiziert. Da der Großteil der elektrischen Energie in Wärme umgesetzt wird, ist die Kühlung des Gasgemisches unerlässlich. Hierzu wird das Lasergas in Bewegung versetzt und durch Wärmeübertrager geführt. Bei quergeströmten CO_2-Lasern wird das Gasgemisch senkrecht und bei längsgeströmten CO_2-Lasern (Abb. 6.13) parallel zur optischen Achse des Resonators umgewälzt. Im Vergleich zeichnet sich die quergeströmte Bauform grundsätzlich durch einen höheren Wirkungsgrad und einen geringeren Gasverbrauch aus, welches sich positiv auf die Betriebskosten auswirkt. Längsgeströmte Bauformen erzielen eine höhere Strahlqualität bei gleichzeitig höheren Ausgangsleistungen.

Diffusionsgekühlte CO_2-Laser verzichten auf eine Umwälzung des Lasergasgemischs. Damit muss die Wärme ausschließlich über Wärmeleitung abgeführt werden. Mit diffusionsgekühlten Systemen wird im Allgemeinen eine ausgezeichnete Strahlqualität erzielt. Bei sealed-off CO_2-Lasern wird das Lasergas in ein Rohr aus Quarzglas eingeschlossen. Trotz effizienter Kühlung der Rohrwand können so lediglich 50 W

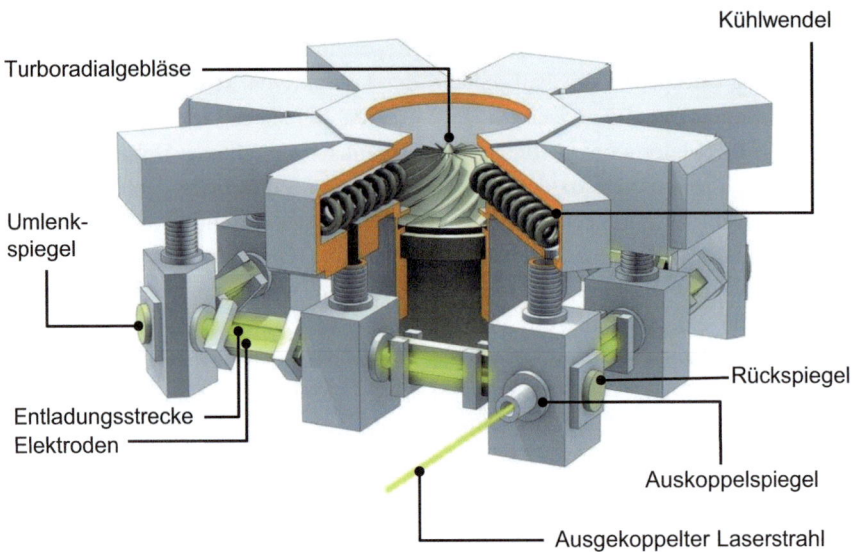

Abb. 6.13 Radial (längs) geströmter CO_2-Laser-Resonator. (Quelle: Trumpf)

Ausgangsleistung pro Meter Rohrlänge gewonnen werden. Unter Berücksichtigung der erforderlichen Baugröße beträgt die Ausgangsleistung handelsüblicher sealed-off CO_2-Laser lediglich 100 bis 600 W. Ein großer Vorteil dieser Bauweise ist, dass kein Gas verbraucht wird. Laserleistungen bis 8 kW bei gleich guter Strahlqualität erzielen die diffusionsgekühlten CO_2-Slablaser (bspw. $M^2 < 1{,}06$ bei 8 kW). Der Gasverbrauch bei dieser Variante ist vernachlässigbar gering. Die Hochfrequenzgasentladung findet zwischen zwei rechteckigen Kupferelektroden statt. Die großflächigen Elektroden sind wassergekühlt, sodass bei einem geringen Abstand der Platten eine ausreichende Kühlung des Gasgemischs über Wärmeleitung erfolgt. De Entladungsraum ist quaderförmig und besonders flach, welches den Lasern ihren Namen verleiht. Der ausgekoppelte Teilstrahl ist zunächst rechteckig und wird durch geeignete Optiken in einen rotationssymmetrischen Strahl umgeformt. Im Vergleich zu längsgeströmten CO_2-Lasern ist diese Bauweise äußerst kompakt und wartungsfreundlicher. Aufgrund ihrer allgemein guten Strahlqualität bei hohen erreichbaren Leistungen werden CO_2-Laser beim Laserschneiden, -schweißen und -härten erfolgreich eingesetzt, sie werden jedoch zunehmend von den vorher vorgestellten Konzepten, besonders den Faser- und den Scheibenlasern, abgelöst.

6.2.3 Aufbau von Laseranlagen

Für die Lasermaterialbearbeitung werden neben der Laserstrahlquelle weitere technische und optische Systeme benötigt, die in ihrer Gesamtheit als Laseranlage bezeichnet werden. Die vier elementaren Bestandteile jeder Laseranlage sind:

6.2 Grundlagen

- Laserstrahlquelle
- Strahlführungskomponenten
- Strahlformungskomponenten
- Handhabungsanlage

Im Allgemeinen versteht man unter Strahlführung das Leiten des Laserstrahls zur Bearbeitungsstelle oder über das Werkstück und unter Strahlformung die Veränderung der Strahlkaustik bzw. des Intensitätsprofils (z. B. Fokussierung oder Aufweitung). Übliche Komponenten, die zur Strahlführung und Strahlformung eingesetzt werden, sind in Tab. 6.3 aufgeführt.

Die Werkstoffe zur Herstellung von Spiegeln und Linsen müssen der Wellenlänge der Laserstrahlung sowie der eingesetzten Leistung bzw. der Intensität angepasst sein. Bei der Werkstoffauswahl sind folgende Kriterien von Bedeutung:

- Hoher Reflexionsgrad (Spiegel) bzw. Transmissionsgrad (Linsen) und möglichst geringer Absorptionsgrad (Spiegel und Linsen)
- Minimaler Wärmeausdehnungskoeffizient zur Minimierung der thermisch bedingten Formabweichung
- Hohe Wärmeleitfähigkeit für die Wärmeabführung der absorbierten Energie
- Gute Verarbeitungseigenschaften zur Herstellung der ultrapräzisen optischen Oberflächen

Tab. 6.3 Primärer Verwendungszweck optischer Komponenten

Komponente	Funktion	Merkmale
Plane Spiegel	Strahlumlenkung	Reflexionsgrade 99 % < R < 100 %
Gekrümmte Spiegel	Strahlumlenkung Strahlformung	Fokussierung
Teildurchlässige Spiegel	Strahlteilung Strahlkombination	Wirkung kann über die Wellenlänge, Intensität oder Polarisation erfolgen
Lichtwellenleiter Glasfaser	Lichttransport	Physikalische Grenzen: Wellenlänge und Leistungsdichte
Lichtwellenleiter Hohlkernfaser	Lichttransport	Transport hoher Leistungsdichten, speziell bei ultrakurzen Pulsen
Linsen	Strahlformung	Formung, Fokussierung, Aufweitung, Maßlösungen
Prismen	Strahlführung, und Strahlmodifikation	Umlenkung, spektrale Trennung, Querschnittsformung
Verzögerungselemente	Phasenverschiebung	Polarisationsänderung
Optische Filter	Strahlmodifikation	Reduzierung der Leistungsdichte, Selektion von Wellenlängen, Strahlteilung

Als Umlenkspiegel werden grundsätzlich polierte Substrate mit und ohne Beschichtung verwendet. Bei CO_2-Lasern, die die größte Gruppe der IR-Laser bilden, kommen überwiegend Kupfer-, Aluminium- und Siliziumspiegel zum Einsatz, deren Reflexionsgrad durch entsprechende Beschichtungen erhöht werden kann. Typischerweise handelt es sich dabei um Goldbeschichtungen oder dielektrische Schichtsysteme. Für Laserstrahlung im nahen infraroten Bereich (NIR), im sichtbaren (VIS) sowie im ultravioletten (UV) Bereich werden überwiegend Grundkörper aus Quarzglas oder Borosilikatglas verwendet, die entsprechend ihrer späteren Anwendung beschichtet werden. Diese Beschichtungen reichen von einfachen Gold- oder Silberschichten bis hin zu hochkomplexen dielektrischen Schichtsystemen aus mehreren hundert Einzelschichten. Die Beschichtungen können dabei neben der Erhöhung der Reflexion spezielle Einsatzfunktionalitäten bewirken, wie etwa Korrosionsschutz, Verbesserung der Oberflächengüte, Filterfunktion für besondere Wellenlängenbereiche oder Einstellung von Teildurchlässigkeit.

Die Grundwerkstoffe zur Linsenherstellung teilen sich ebenso auf in Linsen für IR-Laser sowie NIR-, VIS- und UV-Laser. Linsen für CO_2-Laser werden hauptsächlich aus Zinkselenid gefertigt, während für die übrigen Wellenlängen Linsen aus Quarz- und Kronglas verwendet werden. Dazu kommt eine Vielzahl von Sonderlösungen, die absolut gesehen in der industriellen Verwendung nur einen kleinen Bereich ausmachen, wie etwa Linsen aus Quartz-Glas „Suprasil" für Excimer-Laser, ein spezieller Gaslaser, der überwiegend für lithographische und medizinische Anwendungen eingesetzt wird.

6.2.3.1 Strahlführung

Eine erste Einführung in die Strahlführung und Strahlformung erfolgte in Abb. 6.9. Unter Berücksichtigung der Größe der Laserstrahlquellen beträgt die Entfernung von Strahlquelle bis zur Bearbeitungsanlage oftmals mehrere Meter. Auch Entfernungen von 100 m Länge sind in industriellen Fertigungsbetrieben möglich. In diesen Fällen sind Laser vorteilhaft, die eine Strahlführung durch Lichtleitfasern erlauben. Andere, z. B. CO_2-Laseranlagen, müssen zur Strahlführung bei jeder Richtungsänderung einen Spiegel vorsehen. Aus sicherheitstechnischen Gründen muss der Strahlweg durch geeignete Vorrichtungen (wie z. B. Rohre) begrenzt werden. Des Weiteren nehmen mit der Größe der Entfernungen aufgrund der Strahlaufweitung die erforderliche Spiegelgröße und die Anforderungen an die Justiergenauigkeit der Spiegel zu.

Der Aufwand für eine Umleitung der Strahlwege aufgrund einer betrieblichen Anforderung (z. B. Umbau/Umstellung der Bearbeitungsanlage) ist durch die genannten Restriktionen groß. CO_2-Laser werden daher meistens nahe der Bearbeitungsanlage platziert oder, sofern möglich, in die Anlage integriert. Neben kurzen Strahlwegen werden so nur wenige Strahlumlenksysteme für die Strahlführung zur Bearbeitungsstelle benötigt. Mithilfe von Lichtleitfasern ist eine nahezu beliebige Strahlführung zur Bearbeitungsstelle bzw. zur Optik möglich. Hierzu werden die Laserstrahlquellen mit einer Strahlweiche und einer entsprechend großen Anzahl von Lichtleitfasern ausgestattet. Die Strahlweiche ist ein Spiegelstellsystem. Dies koppelt die Laserstrahlung des Lasers

6.2 Grundlagen

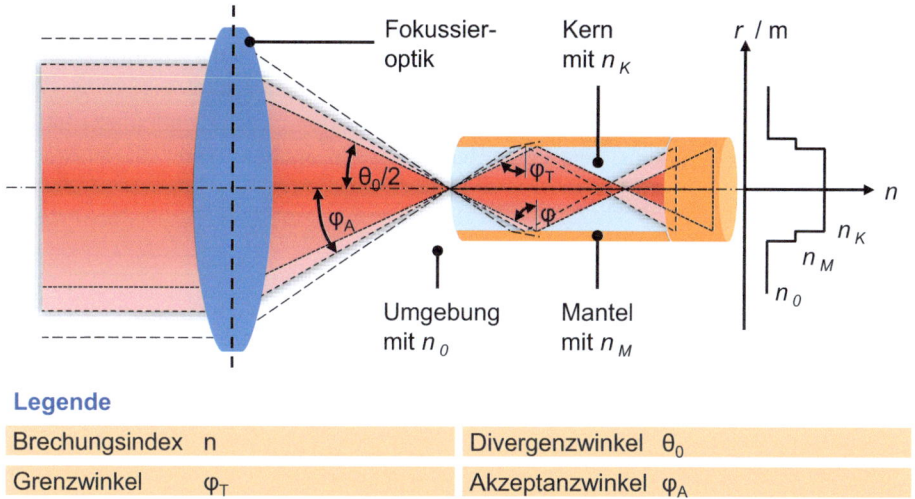

Abb. 6.14 Funktionsprinzip einer Stufenindex-Lichtleitfaser

je nach Anforderung in eine der Fasern ein. Damit kann dieselbe Strahlquelle in verschiedenen Bearbeitungsanlagen für unterschiedliche Aufgaben (und ggf. Verfahren) eingesetzt werden. Die Schaltzeiten sind üblicherweise kurz (< 1 s), sodass beispielsweise in der Automobilserienfertigung mithilfe einer geeigneten Anlagensteuerung hohe Nutzungsgrade erzielt werden.

Das Funktionsprinzip einer Lichtleitfaser (Abb. 6.14) basiert auf dem physikalischen Phänomen der Totalreflexion. Die hier gezeigte Lichtleitfaser ist eine Stufenindex-Lichtleitfaser, bei der, im Gegensatz zur Gradienten-Index-Lichtleitfaser, eine stufenweise Änderung des Brechungsindex zwischen Kern und Mantel stattfindet.

Die Totalreflexion tritt ein, wenn ein Lichtstrahl von einem optisch dichteren Medium auf die Grenzfläche zu einem optisch dünneren Medium fällt und der Einfallswinkel größer als ein Grenzwinkel φ_T ist. Dieser Grenzwinkel hängt allein von dem Verhältnis der Brechungsindizes der optischen Werkstoffe ab. Lichtleitfasern bestehen daher im Wesentlichen aus einem optisch dichten Kern mit dem Brechungsindex n_K und einem optisch dünneren Mantel mit dem Brechungsindex n_M. Damit Totalreflexion in der Faser stattfindet und somit Lichtleitung in der Faser möglich ist, müssen dann folgende zwei Bedingungen erfüllt werden:

$$1. \text{ Bedingung} : n_K > n_M \tag{6.7}$$

$$2. \text{ Bedingung} : \varphi \geq \varphi_T \text{ mit } \varphi_T = \sin^{-1}\left(\frac{n_M}{n_K}\right) \tag{6.8}$$

Zur Einkopplung wird die Laserstrahlung im Allgemeinen auf einen Durchmesser unterhalb des Kerndurchmessers gebündelt und auf die Stirnfläche der Faser projiziert.

Der halbe Öffnungswinkel $\theta_0/2$ des einfallenden Strahls darf den Akzeptanzwinkel φ_A dabei nicht überschreiten, da sonst der Grenzwinkel der Faser unterschritten wird und Laserstrahlung austritt. Demnach ist der maximale Austrittswinkel zusätzlich durch den Akzeptanzwinkel φ_A beschränkt. Für die Totalreflexion in der Lichtleitfaser ist also hinsichtlich der Einkopplung eine dritte Bedingung einzuhalten, damit die zweite Bedingung (Gl. 6.8) erfüllt wird:

$$3.\ \text{Bedingung}: \frac{\theta_0}{2} \leq \varphi_A \tag{6.9}$$

Der Akzeptanzwinkel φ_A ist abhängig vom Brechungsindex der Umgebung n_0, die das Faserende (Einkoppelstelle) umgibt (Gl. 6.10):

$$\varphi_A = \sin^{-1}\left(\frac{\sqrt{n_K^2 - n_M^2}}{n_0}\right) = \sin^{-1}\left(\frac{NA}{n_0}\right) \text{ mit } NA = \sqrt{n_K^2 - n_M^2} \tag{6.10}$$

Die Variable NA wird Numerische Apertur genannt und ist eine Eigenschaft der Faser. Im Allgemeinen ist das Umgebungsmedium Luft mit einem Brechungsindex von $n_{Luft} \approx 1$ (Tab. 6.4).

Bei Lichtleitfasern darf zudem ein faserspezifischer Biegeradius nicht unterschritten werden, um ein Austreten von Laserstrahlung durch Unterschreiten des Grenzwinkels in der Faser zu vermeiden. Obgleich Glasfasern eine ausgezeichnete Flexibilität aufweisen, ist bei der Handhabung (z. B. bei robotergeführten Verfahren) grundsätzlich darauf zu achten, dass die Biege- und Torsionsbelastungen innerhalb der zulässigen Grenzen bleiben, um einen Bruch der Faser zu vermeiden. Das Intensitätsprofil beim Austritt aus der Lichtleitfaser ist bei der Strahlführung von großen Laserleistungen typischerweise ein Top Hat-Profil, die Energie ist konstant über der Querschnittsfläche der Faser verteilt. Dies tritt besonders dann ein, wenn der Kerndurchmesser gegenüber der Wellenlänge groß ist (Multimodefaser) und ein großer Eintrittswinkel vorliegt.

Tab. 6.4 Brechungsindizes verschiedener transparenter Medien

Transparentes Medium	Brechungsindex n
Vakuum	1
Luft	1,00003 Bodennähe
Quarz-Glas	1,46
Kronenglas	1,5 bis 1,6
Flint-Glas	1,6 bis 1,9
Diamant	2,42
Brechungsindex bei einer Wellenlänge von 589 nm	

6.2.3.2 Fokussierung von Laserstrahlen

Die Strahlformung erfolgt kurz vor der Bearbeitungsstelle und hat häufig die Fokussierung des Laserstrahls zum Ziel. Die Fokussierung erfolgt mithilfe von Spiegeln oder Linsen(-systemen) mit gekrümmten Oberflächen. In der Praxis muss zur Auslegung oder Auswahl von Optiken der Einfluss der Optik auf die Strahlkenngrößen ermittelt werden. Im Folgenden werden anhand von Abb. 6.15 die wichtigsten Zusammenhänge für die Fokussierung eines Gaußstrahls unter Verwendung einer dünnen sphärischen Linse der Brennweite f vorgestellt. Die Brennweite wird dabei durch den Brechungsindex des Linsenmaterials und die Krümmungsradien beider Linsenseiten bestimmt.

Vorausgesetzt, dass der Strahltaillenradius w_0, die Rayleighlänge z_R und der Abstand der Strahltaille zur Linsenebene a vor der Fokussierung bekannt sind, lassen sich mithilfe von Gl. 6.11 und 6.12 der Strahltaillenradius w_0^* und der Abstand a^* zur Linsenebene nach Durchlaufen der Sammeloptik berechnen:

$$a^* = f + \frac{f^2 \cdot (a-f)}{(a-f)^2 + z_R^2} \tag{6.11}$$

$$w^* = \frac{w_0 \cdot f}{\sqrt{(a-f)^2 + z_R^2}} \tag{6.12}$$

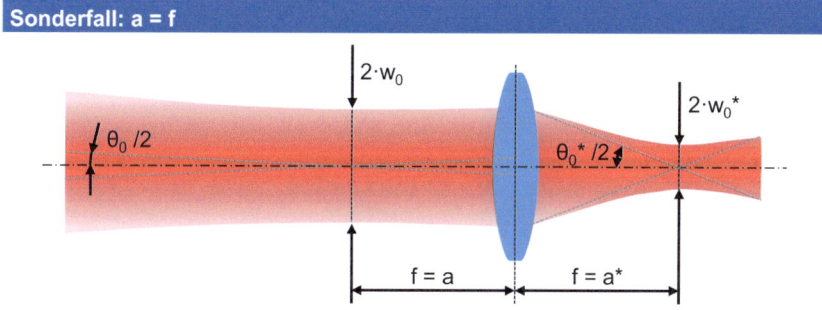

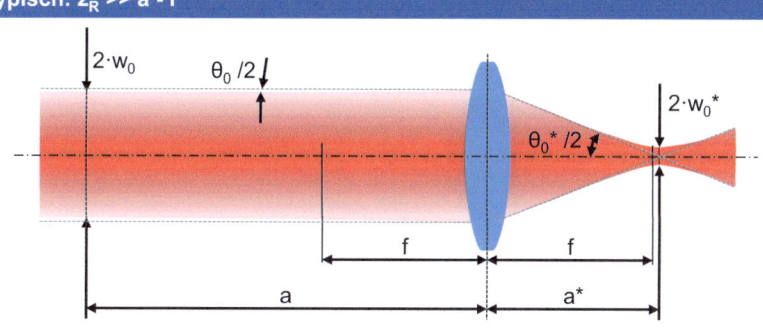

Abb. 6.15 Fokussierung eines Laserstrahls

Tab. 6.5 Berechnung des Brennfleckdurchmessers in Abhängigkeit von der Fokussierbrennweite und vom Aufweitungsfaktor des Rohstrahls

Rohstrahl d_{raw} mm	Aufweitungsfaktor	Fokussierlinse f_{focus} mm	Brennfleck d_{spot} µm
5	1	25	6,8
5	1	50	13,5
5	1	100	27,1
5	5	25	1,4
5	5	50	2,7
5	5	100	5,4

Für den Sonderfall, dass die Strahltaille vor der Fokussierung in der Brennebene der Linse liegt (a = f, Abb. 6.15) lässt sich Gl. 6.12 stark vereinfachen (Gl. 6.13). Gleiches gilt auch für den weitaus häufigeren Fall, dass die Rayleighlänge groß gegenüber dem Abstand zwischen Strahltaille und Brennebene $z_R \gg a - f$ ist.

$$w_0^* = \frac{w_0 \cdot f}{z_R} \text{ für } a = f \text{ oder } z_R \gg a - f \qquad (6.13)$$

Dies ist besonders bei kollimierten Strahlen, also bei sehr großer Rayleighlänge, der Fall. Neben der Fokussierung erfüllen Strahlformungssysteme auch weitere Aufgaben, wie die Kollimation und Aufweitung des Laserstrahls. Unter Kollimation versteht man das Richten bzw. Parallelisieren der Strahlung (z. B. nach Austritt aus der Lichtleitfaser) und unter Aufweitung das Vergrößern des Strahldurchmessers. Große Strahldurchmesser weisen eine geringere Divergenz auf als kleine, sodass sie sich zur freien Strahlführung besser eignen. Durch Strahlaufweitung können zudem bei gleicher Brennweite kleinere Fokusdurchmesser realisiert werden (Tab. 6.5 Berechnung für einen idealen Gaußstrahl ($M^2 = 1$) und eine Wellenlänge von 1064 nm.).

In Abb. 6.16 ist eine einfache Fokussieroptik dargestellt. Der Laserstrahl tritt aus der Lichtleitfaser mit einem Faserkerndurchmesser d_{Faser} divergent aus. Mithilfe einer Linse, deren Brennweite f_K dem Abstand zum Faserstecker entspricht, wird der Laserstrahl kollimiert und anschließend durch die Fokussierlinse mit der Brennweite f_F auf einen Brennfleck mit dem Durchmesser d_{Fokus} fokussiert. Sind Faserkerndurchmesser, Kollimations- und Fokussierbrennweite bekannt, kann zur Berechnung des Fokusdurchmessers vereinfacht Gleichung 6.14 angewendet werden:

$$d_{Fokus} = \frac{f_F}{f_K} \cdot d_{Faser} \qquad (6.14)$$

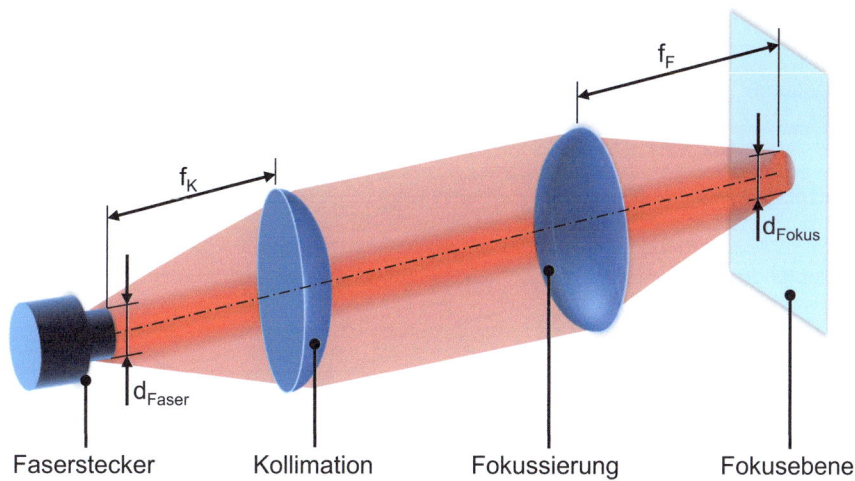

Abb. 6.16 Aufbau einer einfachen Fokussieroptik

6.2.3.3 Laserbearbeitungsoptiken und Handhabungssysteme

Die optischen Komponenten zur Strahlformung und Strahlführung werden häufig zusammen mit weiteren prozessspezifischen Funktionalitäten (z. B. Schutzgas- und Zusatzwerkstoffzuführung, integrierte Prozessüberwachung etc.) in einem System vereint. Es wird dabei von der Laseroptik (Laserbearbeitungsoptik) oder, im allgemeinen Sprachgebrauch, auch vom Laserkopf gesprochen. Oftmals befinden sich die Bearbeitungsoptiken nahe am Prozess, sodass sie entstehenden Emissionen in Form von Prozesswärme, reflektierter Strahlung sowie Gas- und Partikelströmen ausgesetzt sind. Aus dem Grund werden zum Schutz der empfindlichen und teils sehr teuren Linsen ebene Schutzgläser zwischen Optiken und Prozess platziert. Auch sogenannte „Crossjets" zur Erzeugung von Luftströmungen quer zur Strahlachse dienen dem Schutz vor Verunreinigung durch den Prozess. Sie werden unmittelbar vor der Optik bzw. dem Schutzglas in den Laserbearbeitungskopf integriert. Abb. 6.17 zeigt eine exemplarische Laserbearbeitungsoptik für ein fasergeführtes Lasersystem. Die Optik beinhaltet neben den Strahlformungs- und Strahlführungskomponenten (Kollimation, Umlenkung, Fokussierung) eine Schutzblende, Schutzglas und Crossjet sowie einen Anschluss für Prozessüberwachungsmodule.

Zur Realisierung der Relativbewegung zwischen Werkstück und Laserstrahl können alle bekannten Bewegungssysteme eingesetzt werden. Es kommen grundsätzlich zwei Arten der Strahlbewegung zum Einsatz: Zum einen können starre Optiken, wie sie zuvor beschrieben wurden, mittels kinematischer Handhabungssysteme aufgenommen und im Raum bewegt werden. Beispiele für solche Handhabungssysteme sind alle gängigen CNC-gesteuerten Mehrachssysteme, z. B. Koordinatentische und Portalanlagen und

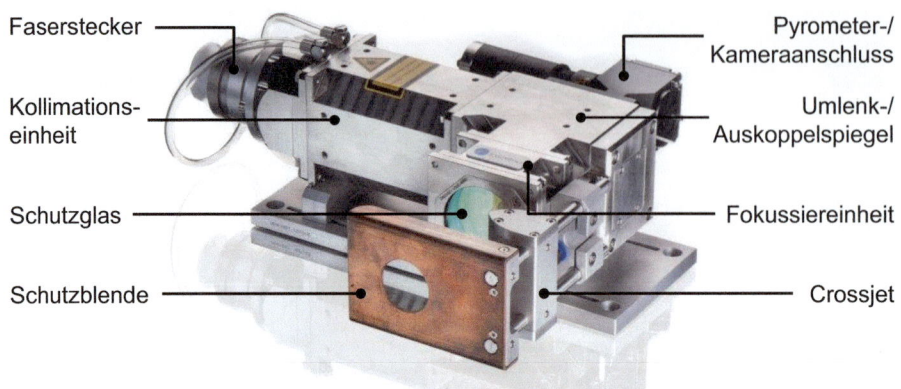

Abb. 6.17 Laserbearbeitungsoptik. (Quelle: Laserline)

Roboter. Auch die manuelle oder teilmanuelle Führung der Bearbeitungsoptik findet in der Praxis Anwendung. Die Anforderungen an die maschinellen Handhabungssysteme sind dabei sehr unterschiedlich und hängen primär von der Gestalt des Werkstücks und der Art des Prozesses ab. Auf Basis der bekannten Restriktionen muss ermittelt werden, welches Bewegungssystem sich am besten für eine gegebene Aufgabe eignet. Zum anderen werden Bearbeitungsoptiken eingesetzt, die bewegte Umlenkspiegel beinhalten. Durch entsprechend kleine und leichte Ausführung dieser Spiegel können die geringen Massen mittels Galvanometerantrieben mit sehr hoher Dynamik bewegt werden. Die Strahlablenkung geschieht in der Regel in einer Raumrichtung pro Spiegel, sodass hintereinander geschaltete Spiegel eine 2D-Bearbeitung ermöglichen. Diese Bearbeitungseinheiten werden Galvanometer-Laserscanner (kurz: Galvo-Scanner) genannt und sind sowohl im wissenschaftlichen als auch im industriellen Umfeld etabliert. Aufgrund der hohen Dynamik dieser Scanner können reale Strahl-Ablenkgeschwindigkeiten von mehreren Metern pro Sekunde realisiert werden.

Abb. 6.18 zeigt einen Galvo-Scanner mit zwei Galvo-Spiegeln zur Strahlablenkung in einer Ebene. Zusätzlich beinhaltet das gezeigte System einen dynamischen Strahlaufweiter, der mittels angetriebener Linsen das Aufweitungsverhältnis des Laserstrahls verändern kann und so eine z-Bewegung des Fokus bewirkt. Mit diesem System ist eine 3D-Bearbeitung möglich.

Trotz der hohen Strahlablenkgeschwindigkeiten besteht bei einigen Laserbearbeitungsverfahren Bedarf nach noch deutlich höheren Geschwindigkeiten. Aus dem Grund wurden neue Ablenkkonzepte für Laserstrahlen erprobt. Eines dieser Konzepte ist der Polygon-Scanner. Das Konzept basiert auf einem Polygon-Spiegel, der bei hoher Rotationsgeschwindigkeit einen Laserstrahl über die sich schnell bewegenden Spiegelflächen linear ablenkt. Mit diesem Konzept lassen sich zunächst nur einzelne Linien sehr

6.2 Grundlagen

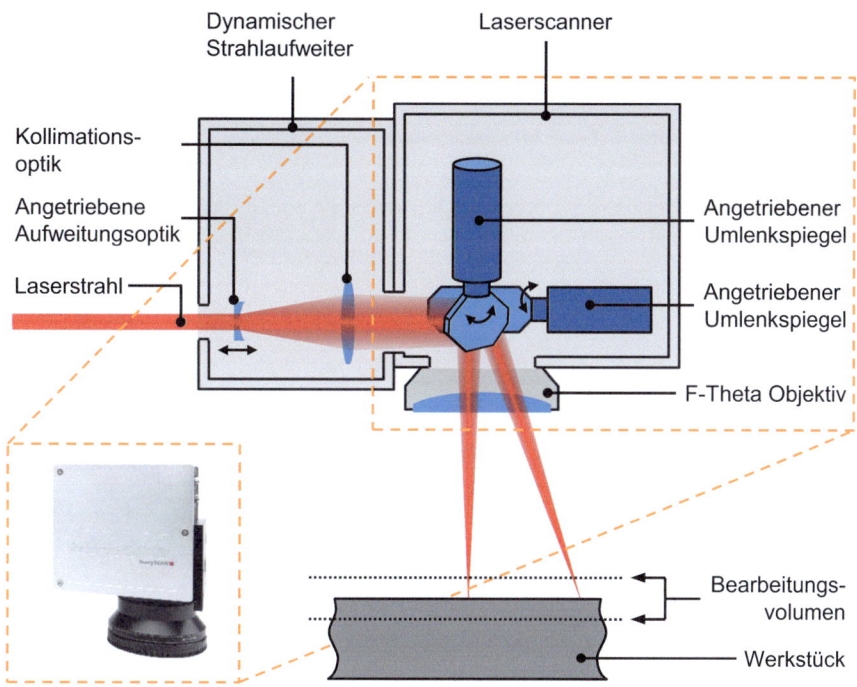

Abb. 6.18 Aufbau eines Galvo-Scannersystems. (Quelle: Scanlab)

schnell erzeugen, durch geeignete Kombination mit vorgeschalteten bewegten Ablenkspiegeln lässt sich jedoch ebenfalls eine 2D-Bewegung realisieren [Loor14]. Die Systeme mit bewegten Spiegeln können, je nach Anforderung, ebenfalls durch kinematische Bewegungssysteme zusätzlich bewegt werden, sodass eine komplexe Bearbeitung im freien Raum erfolgen kann. Abb. 6.19 zeigt das Beispiel eines Portalsystems mit schwenkbarem Kopf zum Laserauftragschweißen, hier wird der Laserkopf mittels Linear- und Rotationsantrieben bewegt. Es besteht überdies die Möglichkeit, das Werkstück zu bewegen, um so eine zusätzliche Relativbewegung zwischen Laserstrahl und Bauteiloberfläche zu erreichen. Abb. 6.20 zeigt das Beispiel des robotergeführten Laserhärtens. Hier wird eine starre Optik durch einen 6-Achs-Knickarm-Roboter über die Oberfläche des Werkstücks geführt.

6.2.3.4 Weiterführende Literatur zur Lasertechnik

Die dargelegten Inhalte stellen lediglich eine Kurzfassung der Lasertechnik-Grundlagen dar und haben daher keinen Anspruch auf Vollständigkeit. Weitergehende Informationen können der entsprechenden Fachliteratur entnommen werden (z. B. [Eich10, Popr11, Huge09, Bäue04]).

Abb. 6.19 Portalsystem mit schwenkbarem Kopf zum Laserauftragschweißen. (Quelle: Trumpf)

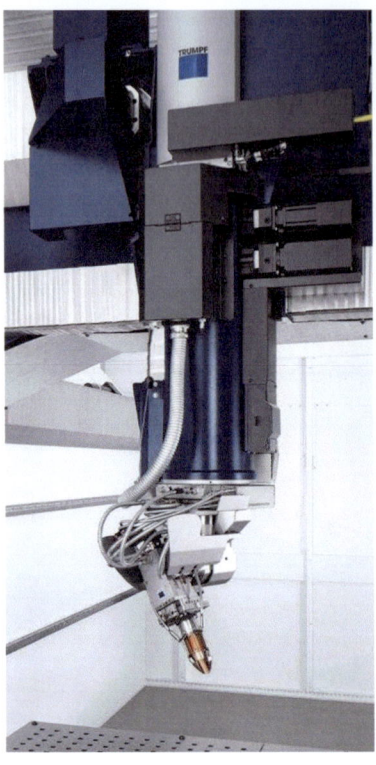

6.3 Technologie

6.3.1 Laserstrahlschneiden

Aufgrund der besonderen optischen Eigenschaften der Laserstrahlung, nahezu parallele Ausbreitung, räumliche Kohärenz und gute Fokussierbarkeit, ist der Laserstrahl zum Schneiden unterschiedlichster Werkstoffe geeignet. Für das Laserstrahlschneiden werden aufgrund der grundsätzlich hohen Anforderung an die Strahlqualität und die Laserleistungen nahezu ausschließlich CO_2-Laser oder Festkörperlaser mit Laserleistungen von 1 kW bis 20 kW eingesetzt. Trotz einer im Vergleich zum Festkörperlaser ($\lambda \approx 1$ µm) zehnfach längeren Wellenlänge erzielen Hochleistungs-CO_2-Laser mit ($\lambda \approx 10{,}6$ µm) aufgrund der deutlich besseren thermischen Verhältnisse (keine thermische Linsenwirkung des Wirtskristalls) eine höhere Strahlqualität als Hochleistungs-Festkörperlaser. Das dementsprechend kleinere Strahlparameterprodukt ermöglicht so eine Fokussierung auf kleinste Fokusdurchmesser bei gleichzeitig großen Schärfentiefen, sodass in der industriellen Anwendung häufig CO_2-Laser für das thermische Schneiden verwendet werden. Die Entwicklung diodengepumpter Stab-, Scheiben- und Faserlaserstrahlquellen ist verknüpft mit einer beachtlichen Erhöhung der Strahlqualität. Die damit

6.3 Technologie

Abb. 6.20 Handhabung einer Laseroptik mithilfe eines Roboters am Beispiel des Laserstrahlhärtens. (Quelle: Laserline)

einhergehende Möglichkeit zur Strahlführung mittels Lichtleitfaser und die bessere Absorption der kurzwelligeren Festkörperstrahlung durch metallische Oberflächen sind neben der ausreichenden Strahlqualität die wesentlichen Gründe für den verstärkten Einsatz von Festkörperlasern als Strahlquelle. Speziell für das Laserschneiden von Bauteilen können die Vorteile der Lichtleiterstrahlführung vorteilhaft eingesetzt werden. Im Vergleich zu den konventionellen thermischen Trennverfahren zeichnet sich das Laserstrahlschneiden durch eine schmale, nahezu senkrechte Schnittfuge, eine schmale Wärmeeinflusszone, eine hohe Bearbeitungsgeschwindigkeit und einen berührungslosen Schneidvorgang aus. Zudem können unterschiedlichste Werkstoffe und komplexe 3D-Konturen geschnitten werden (Tab. 6.6).

Beim Zuschnitt von ebenen Bauteilen aus flächigen Halbzeugen werden in der Regel CNC-gesteuerte Schneidmaschinen mit 2-achsiger Bahnsteuerung eingesetzt. Komplexere räumliche Konturschnitte werden mit Bearbeitungsanlagen durchgeführt, die mindestens über 5 Bewegungsachsen verfügen.

Die Fokussierung des Laserstrahls auf Durchmesser zwischen 0,1 und 0,5 mm erfolgt im Leistungsbereich bis ca. 20 kW in der Regel durch Linsen. Spiegeloptiken sind im Vergleich zu den Fokussierlinsen thermisch und mechanisch stabiler und weisen keine deutlichen Änderungen der Fokuslage bei raschen Leistungswechseln auf. Die aufwendige Justierung der Spiegel sowie der Astigmatismus bei der Fokussierung nicht

Tab. 6.6 Merkmale des Laserstrahlschneidens

Vorteile	
Hohe Leistungsdichte	Hohe Bearbeitungsgeschwindigkeit
	Geringe Wärmeeinflusszone
	Geringe Verzüge
	Schmale Schnittfuge
	Kleine Radien
Berührungslose Bearbeitung	Kein Werkzeugverschleiß
	Bearbeitung von nachgiebigen Bauteilen
	Einfache Werkstückhandhabung
Leicht zu handhaben	Geringe bewegte Massen
	Hoher Automatisierungsgrad
	Integration in Bearbeitungszentren
Nachteile	
Hohe Investitionskosten	Laserquelle
	Strahlführung
	Strahlformung
	Handhabung
	Steuerung

achsparalleler Strahlung führen jedoch dazu, dass in der Schneidtechnik im Allgemeinen transmittierende Optiken zur Fokussierung eingesetzt werden.

Der Schneidprozess entsteht durch die Überlagerung zweier gleichzeitig an der Prozessstelle ablaufender Vorgänge. Das Verfahrensprinzip (Abb. 6.21) beruht darauf, dass der fokussierte Laserstrahl an der Schneidfront innerhalb der Schnittfuge absorbiert wird und so die zum thermischen Trennen benötigte Energie ganz oder teilweise bereitgestellt wird. Zusätzlich wird durch die konzentrisch angeordnete Schneiddüse Prozessgas zugeführt. Das Prozessgas soll einerseits die Fokussieroptik vor Dämpfen und Spritzern aus dem Prozess schützen und andererseits den abgetragenen Werkstoff aus dem Schnittspalt treiben. In Abhängigkeit von der in der Brennebene erreichten Leistungsdichte und dem zugeführten Prozessgas stellen sich unterschiedliche Aggregatzustände ein. Wird der Fugenwerkstoff als Flüssigkeit, Oxidationsprodukt oder Dampf aus der Schnittfuge entfernt, sind die drei Verfahrensvarianten Laserstrahlschmelz-, Laserstrahlbrenn- und Laserstrahl-Sublimierschneiden zu unterscheiden [Herz93, Hüge92, Deck85, VDI93].

Die Ausbildung der Schnittfuge beim Laserstrahl-Schmelzschneiden erfolgt durch kontinuierliches Aufschmelzen und Ausblasen des Fugenwerkstoffs. Damit die für das Ausblasen erforderlichen hohen Strömungsgeschwindigkeiten erzielt werden, kommen besondere Düsenaufsätze mit einer kleinen und zum Laserstrahl koaxialen Ausgangsöffnung zum Einsatz. Die Ausgangsöffnung wird kurz oberhalb des Werkstücks mit typischen Abständen in der Größenordnung von 1 mm platziert. Als Gase werden inerte oder zumindest reaktionsträge Gase verwendet, welche zur Aufgabe haben, die Schmelze aus-

6.3 Technologie

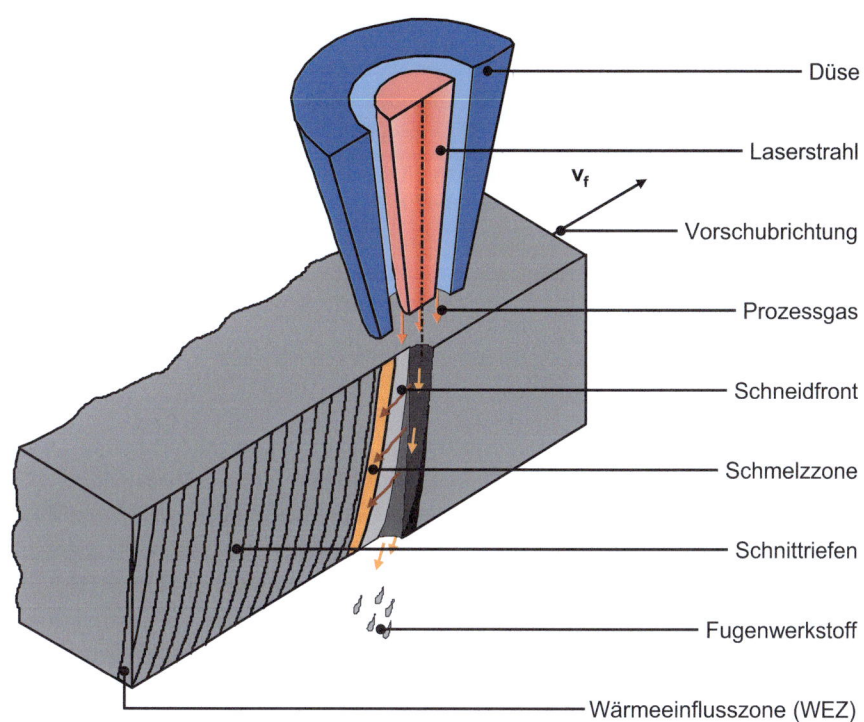

Abb. 6.21 Prinzip des Laserstrahlschneidens

zublasen und gleichzeitig die Schnittflächen vor einer Reaktion mit dem Luftsauerstoff (Oxidation) zu schützen. Aus Kostengründen wird vorzugsweise Stickstoff, im Einzelfall aber auch ein Edelgas, wie Argon oder Helium, eingesetzt. Die Gasdrücke können Werte bis zu 20 bar (Hochdruck-Inertgas-Schneiden) erreichen.

Das Laserstrahlschmelzschneiden kommt vorzugsweise zum Einsatz, wenn z. B. bei nichtrostenden Stählen oxidfreie Schnittkanten gefordert werden. Eine weitere Anwendung ist das Trennen von Aluminiumlegierungen und hochschmelzenden Nichteisenwerkstoffen, wie Titanlegierungen.

Das Laserstrahlbrennschneiden ist das am häufigsten angewendete Laserschneidverfahren beim Trennen von Fe-Metallen. Dabei wird der Werkstoff, ähnlich wie beim autogenen Brennschneiden, auf Entzündungstemperatur erwärmt und durch Zugabe von Sauerstoff verbrannt. Es findet eine exotherme Reaktion zwischen dem Eisenwerkstoff und dem Schneidsauerstoff statt, die den Schneidvorgang in einem erheblichen Maße unterstützt, wodurch hohe Schneidleistungen realisiert werden können. Das entstehende Eisenoxid (Schlacke) wird vom Sauerstoffstrahl in flüssiger Form aus der Schnittfuge getrieben. Für die metallischen Werkstoffe kann im Vergleich zum Laserstrahlschmelzschneiden eine etwa 5- bis 10-fach höhere Schnittgeschwindigkeit erreicht werden. Bei Nichteisenmetallen reicht die Verbrennungswärme des Oxids unter Umständen nicht aus, um den Schneidprozess durch exotherme Reaktion wesentlich zu unterstützen. Darüber hinaus ist die Anwendung des Laserstrahlbrennschneidens auf die Metalle beschränkt, bei denen die Schmelztemperatur der entstehenden Oxide geringer ist als die des Werkstoffs. Nachteilig kann sich die an den Schnittflächen entstehende Oxidhaut auswirken. Trotzdem findet das Laserstrahlbrennschneiden ein breites Anwendungsfeld. Es kommt vorzugsweise beim Trennen von unlegierten und niedriglegierten Stählen, in Einzelfällen auch bei rostfreien Stählen, zum Einsatz. Mit CO_2-Laserstrahlquellen im Leistungsbereich bis 20 kW können beispielsweise un- und niedriglegierte Stähle bis zu einer Dicke von 50 mm getrennt werden.

Das Laserstrahl-Sublimierschneiden ist durch das Verdampfen des Werkstoffs im Schnittfugenbereich und ein sofortiges Austreiben des Dampfs durch den inerten Schneidgasstrahl gekennzeichnet. Dies bedeutet, dass der Werkstoff direkt vom festen in den gasförmigen Aggregatzustand übergeht. Der Schneidgasstrahl hat beim Sublimierschneiden die Aufgabe, den verdampften Werkstoff aus dem Schnittspalt zu blasen, bevor er an der Randzone wieder kondensieren kann. Gleichzeitig schützt dieser Gasstrahl, wie auch beim Laserstrahlschmelz- und -brennschneiden, die optischen Komponenten vor Materialpartikelspritzern.

Das Laserstrahl-Sublimierschneiden umfasst im Wesentlichen die Bearbeitung von Werkstoffen, die keinen ausgeprägten schmelzflüssigen Phasenzustand besitzen wie z. B. die nichtmetallischen Werkstoffe Holz, Leder, Papier und Textilien sowie auch (homogene oder faserverstärkte) Kunststoffe [Tras91]. So hat sich zum Beispiel in der kunststoffverarbeitenden Industrie das Zuschneiden von Acrylglas mit CO_2-Lasern als ein wirtschaftliches Verfahren durchgesetzt. Grundsätzlich ermöglichen industriell verfügbare CO_2-Laserschneidanlagen mit Laserstrahlausgangsleistungen bis ca. 20 kW das Schneiden von Stahl bis 50 mm Dicke. Das Haupteinsatzgebiet liegt jedoch im Materialdickenbereich bis etwa 8 mm. Die erreichbaren Schnittgeschwindigkeiten verhalten sich nahezu proportional zur Laserleistung und umgekehrt proportional zur Werkstückdicke. Bei zunehmendem Legierungsanteil tritt im Allgemeinen eine Abnahme der Schnittgeschwindigkeit ein. In Tab. 6.7 sind exemplarisch einige Werkstoffe mit typischen Bearbeitungsparametern zusammengestellt. Die aufgeführten Ergebnisse wurden mit verschiedenen CO_2-Laserstrahlschneidanlagen ermittelt.

6.3.2 Laserstrahlfügen

6.3.2.1 Allgemeines

Das Laserstrahlfügen ist ein weiterer Anwendungsschwerpunkt beim Einsatz von Hochleistungslasern zur Materialbearbeitung. Aufgrund der guten Regelbarkeit sowie der Flexibilität können das Laserstrahlschweißen und das Laserstrahllöten gut in automatisierte Fertigungsabläufe integriert werden.

6.3 Technologie

Tab. 6.7 Richtwerte für das Schneiden mit CO_2-Lasern

Werkstoff	r mm	P_L Mittlere Laserleistung W	v_f Schnittgeschwindigkeit m/min	b Fugenbreite mm
Baustahl S235JR	1	1200	8	0,15
	2	1200	5	0,15
	4	1200	3	0,25
	6	2250	2	0,30
	8	2400	1,6	0,35
	8	4000	2,2	0,40
Nichtrost. Stahl X5CrNi18-10	2	2400	6	0,3
	4	4000	3	0,4
Einsatzstahl 16MnCr5	6	1000	1,2	0,3
	6	1000	1,2	0,3
Nichteisenmetalle				
Aluminium	2	2400	6	0,3
	4	4000	3	0,3
Kupfer	4	4000	3	0,4
Keramiken				
Al_2O_3	6	1000	1,2	0,3
Kunststoffe				
ABS	4	500	1,5	0,4
PMMA	15	500	0,6	0,8
Folie	0,05	700	600	0,15
SPK-Aramid	1	1000	100	0,2
	5	500	2,5	0,35
GFK	1	500	10	0,2
	5	1250	3,5	0,4
CFK	1	500	5	0,2
Sonstige				
Holz	5	500	4	0,35
Baumwolle	0,25	1250	400	0,2
Karton	7	50	1,5	0,4

6.3.2.2 Laserstrahlschweißen

Prinzipiell lässt sich das Laserstrahlschweißen in zwei Verfahrensvarianten einteilen (Abb. 6.22): das Wärmeleitungsschweißen und das Tiefschweißen.

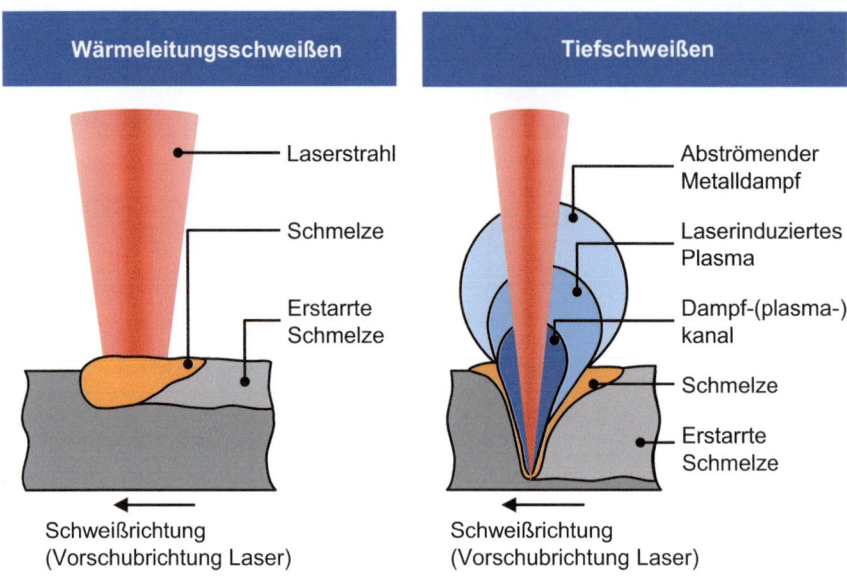

Abb. 6.22 Gegenüberstellung der Verfahrensvarianten: Wärmeleitungs- und Tiefschweißen

Der wesentliche Unterschied zwischen den beiden Verfahren besteht in der Strahlintensität und den daraus resultierenden Auswirkungen auf die Schweißnahtgeometrie [Clee87, Kohl88]. Hierzu muss berücksichtigt werden, dass Eisenwerkstoffe mit technischen Oberflächen bis zu 95 % der Laserstrahlung reflektieren (Abb. 6.23). Bei Nichteisenmetallen wie Aluminium oder Kupfer ist der Reflexionsgrad noch größer (bis zu 99 %). In Abhängigkeit von der Wellenlänge wird nur ein kleiner Teil der auftreffenden Strahlung absorbiert und in Wärme umgewandelt.

Bei Intensitäten $I < 10^6$ W/cm^2 ist nur ein Aufschmelzen von Werkstückoberflächen bzw. -kanten und damit ein Wärmeleitungsschweißen mit geringer Tiefenwirkung möglich. Die erreichbaren Einschweißtiefen betragen ca. 0,5 bis 1 mm. Von weitaus größerer Bedeutung ist das Tiefschweißen mit Intensitäten $I > 10^6$ W/cm^2. Der Tiefschweißeffekt beruht darauf, dass der Werkstoff bei Intensitäten von $I > 10^6$ W/cm^2 nicht nur lokal aufgeschmolzen, sondern auch teilweise verdampft wird. Es entsteht ähnlich wie beim Elektronen- oder Plasmastrahlschweißen eine Dampfkapillare, die von einem Mantel aus schmelzflüssigem Material umgeben ist. Ein Verschließen der Kapillare wird durch den inneren Metall-Dampfdruck verhindert. Gleichzeitig bildet sich in der Kapillare ein laserinduziertes Metalldampfplasma aus, das die Laserstrahlung nahezu vollständig absorbiert und somit zu einer deutlich größeren Einschweißtiefe führt [Clee87]. Die Absorption der Laserstrahlung wird durch eine Mehrfachreflexion in der Dampfkapillare unterstützt. Zur Erzeugung einer Schweißnaht werden die zu verbindenden Teile und der Laserstrahl so zueinander bewegt, dass die Dampfkapillare entlang der Fügelinie durch

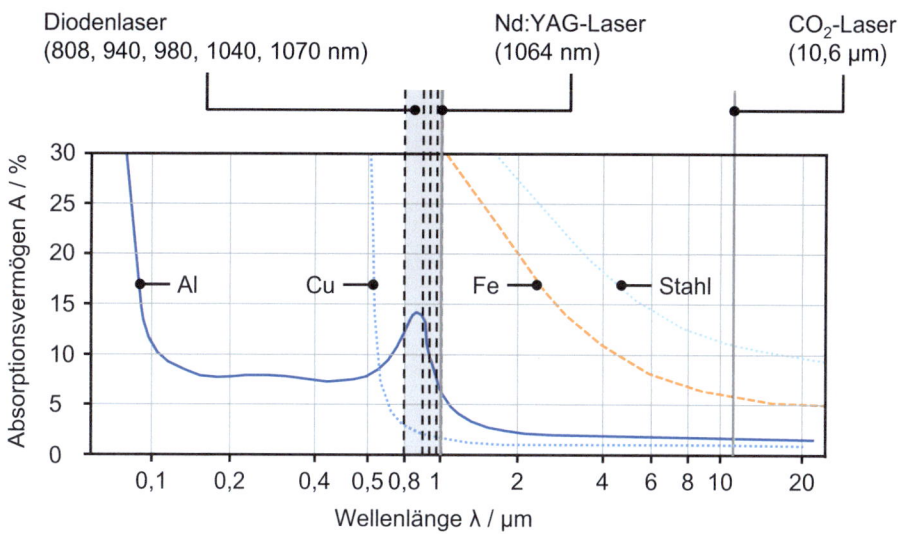

Abb. 6.23 Absorptionskurve für Aluminium, Eisen, Stahllegierungen und Kupfer in Abhängigkeit von der Strahlungswellenlänge [Schu98]

den Werkstoff geführt wird. Hierbei wird an der Kapillarvorderseite kontinuierlich Material aufgeschmolzen und zum Teil verdampft. Auf der Rückseite der Dampfkapillare fließt das Material wieder zusammen bzw. kondensiert und erstarrt anschließend. Auf diese Weise entsteht die für das Laserstrahlschweißen charakteristische schlanke Nahtgeometrie, die durch ein großes Aspektverhältnis (Tiefe/Breite ca. 5 – 25) gekennzeichnet ist [Clee87]. Die Vorteile des Tiefschweißens sind:

- Schmale Schweißnähte
- Kleine Wärmeeinflusszonen
- Minimaler Bauteilverzug
- Gut reproduzierbare Arbeitsergebnisse [Dorn92]

Das Laserstrahlschweißen zeichnet sich gegenüber den konkurrierenden Verfahren, je nach zu schweißender Blechdicke sind dies das WIG-, MAG-, MIG- oder UP-Schweißen, durch eine deutlich höhere Schweißgeschwindigkeit aus, die beim einlagigen Schweißen von dicken Blechen (s > 10 mm) lediglich vom Elektronenstrahlschweißen übertroffen wird. Der Laserstrahl wird bevorzugt zur Herstellung von Schweißverbindungen an Stumpf- (Abb. 6.24, links) und Parallel- bzw. Überlappstößen (Abb. 6.24, rechts) eingesetzt.

Dabei ergeben sich aus der geringen Breite der Schmelzone im Vergleich zu konventionellen Schweißverfahren erhöhte Anforderungen an die Nahtvorbereitung. Hierzu zählen zum einen die Einhaltung enger Toleranzen bei der Herstellung der zu fügenden

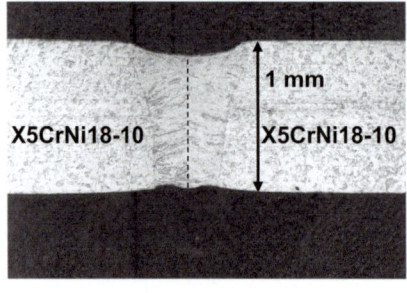 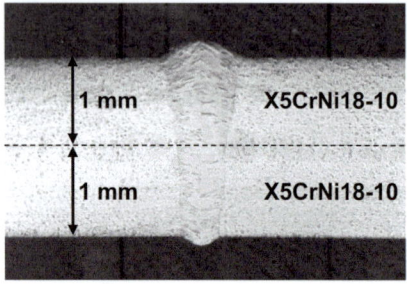

Laserleistung:	1200 W (Nd:YAG, λ = 1064 nm, SPP = 25 mm·mrad)
Brennweite:	f = 150 mm
Fokusdurchmesser:	$d_f \approx$ 375 µm
Intensität im Fokus:	$I_f \approx$ 1,25 10^6 W·cm^{-2}
Schutzgas:	Argon

Abb. 6.24 Lasergeschweißter Stumpfstoß (links) und Parallelstoß (rechts)

Bauteile und zum anderen die exakte Positionierung der Fügeteile zueinander. Dies ist insbesondere bei Stumpfstoßverbindungen, die in der Regel ohne Fügespalt und Zusatzwerkstoff geschweißt werden, von Bedeutung, um Schweißnahtfehler wie Nahtrückfälle oder Kantenversätze zu vermeiden.

Das Laserstrahlschweißen ist grundsätzlich zum Fügen von Bauteilen aus unlegierten sowie niedrig- und hochlegierten Stählen geeignet. Eine Einschränkung der Schweißeignung folgt aus der Härtbarkeit der Stähle. Sowohl das Volumenverhältnis von heißer Schmelze und kaltem Bauteil als auch der Wärmeenergieeintrag sind beim Laserschweißen minimal, sodass die Schmelze in kürzester Zeit erstarrt. Die durch Martensitbildung hervorgerufene Härtung führt zu Spannungen in der Schweißnaht und im ungünstigsten Fall zur Rissbildung. Stähle mit Kohlenstoffgehalten unterhalb von 0,25 Gew.-% gelten als gut, Stähle mit Kohlenstoffgehalten von 0,25 bis 0,35 Gew.-% als bedingt und Stähle mit Kohlenstoffgehalten über 0,35 Gew.-% als schwierig schweißbar [Trum00]. Durch eine geeignete Temperaturführung (Vorwärmung und langsame Abkühlung) beim Schweißen, durch Verwendung von Zusatzwerkstoffen oder eine angepasste Temperaturnachbehandlung (Glühen) können die Grenzen der Schweißbarkeit erweitert werden. Da verschiedene Legierungsbestandteile ebenfalls einen Einfluss auf die Härtbarkeit der Stähle haben, kann zur Abschätzung der Schweißeignung legierter Stähle das Kohlenstoffäquivalent herangezogen werden [Dilt95]. Nichteisenmetalle wie Kobalt, Titan, Nickel und Nickelbasislegierungen lassen sich gut mit dem Laserstrahl schweißen, sofern durch einen ausreichenden Schutzgasstrom ein Werkstoffabbrand vermieden wird. Kupfer, Kupferlegierungen, Aluminium und Silber sind aufgrund ihres hohen Reflexionsgrades und ihrer guten Wärmeleitfähigkeit erst bei hohen Intensitäten (z. B. $I \geq 5 \cdot 10^6$ W/cm^2 für Aluminium) schweißbar [Kohl88, Schn88, Tiec89, Beye91].

Daneben existieren Laserschweißhybridverfahren, bei denen der Laserstrahl mit einer konventionellen Schweißtechnologie, wie beispielsweise MIG, kombiniert wird. Einerseits erschließt diese Technologie neue Anwendungen, die aus den Synergieeffekten entstehen, andererseits substituiert es Anwendungen, die bisher jeweils einem der beiden Verfahren zugeordnet waren [Maie99, Trom04].

6.3.2.3 Laserstrahl-Hartlöten und Laserstrahl-Weichlöten

Das Laserstrahlhartlöten und das Laserstrahlweichlöten gehören auch zu den Fügeverfahren (Abb. 6.25). Löten ist ein thermisches Fügeverfahren, bei dem ausschließlich der Lotwerkstoff und nicht der Grundwerkstoff aufgeschmolzen wird [DIN857-2]. Es wird grundsätzlich zwischen Weichlöten (Liquidustemperatur des Lots: $T_{liq} < 450\,°C$) und Hartlöten ($450\,°C < T_{liq}$) unterschieden [DIN857-2]. Sowohl artgleiche als auch artfremde Metalle können durch Auswahl eines geeigneten Lots gefügt werden. Zwischen Lot und Grundwerkstoff finden beim Hartlöten Platzwechselvorgänge statt, sodass atomare Bindungskräfte wirksam werden und zu festen Verbindungen führen. Das Löten lässt sich in drei Prozesszeiten unterteilen. In der Aufwärmzeit wird das Bauteil durchwärmt und das Lot auf die Liquidustemperatur erhitzt. Anschließend bleibt die Temperatur in der Haltezeit konstant. Diese Zeit ist erforderlich, um ein Benetzen bzw. Spreiten des Lotes zu gewährleisten. Eine intermetallische Verbindung geht das Lot nur dann mit dem Grundwerkstoff ein, wenn die Oxidschicht des Grundwerkstoffes aufgelöst wird. Wenn die Auflösung nicht über thermochemische Effekte in der Schmelze erreicht wird, werden zusätzlich Flussmittel eingesetzt. In der Abkühlzeit kühlt die Verbindung wieder auf Umgebungstemperatur ab.

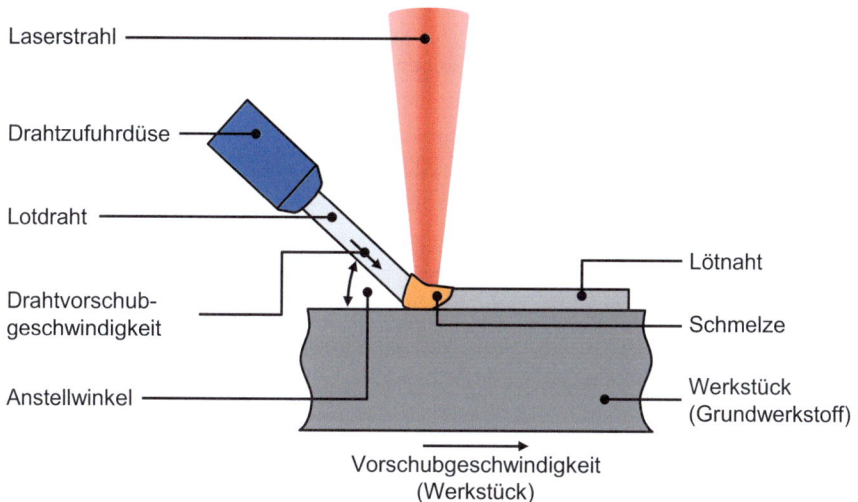

Abb. 6.25 Verfahrensprinzip des Laserstrahllötens

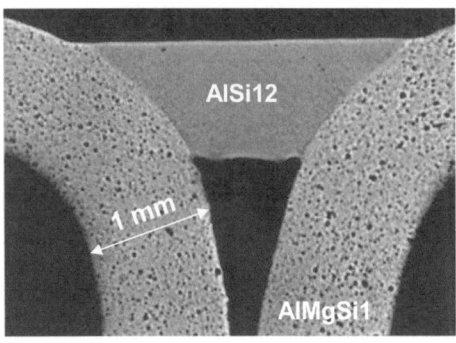 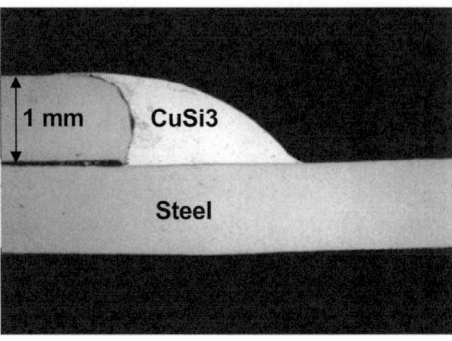

Abb. 6.26 Laserstrahllötnähte: Aluminium-Bördelstoß (links) und Stahl-Überlappverbindung (rechts)

Durch den Laserstrahl ist die Wärmeeinbringung lokal begrenzt, da die Wärmeenergie nahezu ausschließlich in den Arbeitspunkt eingebracht wird. Außerdem sind mit den üblichen Laserleistungen hohe Prozessgeschwindigkeiten möglich. Durch die geringe Arbeitstemperatur des Lötens wird die thermische Belastung der Bauteile gegenüber dem Schmelzschweißen reduziert. Die durch das Laserstrahllöten verursachte Werkstoffbeeinflussung sowie der Bauteilverzug sind gering und häufig können Richtoperationen völlig entfallen. Im Vergleich zu konventionellen Fügetechnologien stellt dies ein erhebliches Kosteneinsparungspotenzial dar [Herz93]. Das Löten bietet gegenüber dem Schweißen den Vorteil, dass die Arbeitstemperatur verfahrensbedingt niedriger ist. Auch beim Löten mit dem Laser werden schmale Verbindungsnähte erzeugt. Im Vergleich zum Schweißen entstehen seltener Poren, da der Prozess durch eine geringe Schmelzbaddynamik charakterisiert ist. Weniger oder keine Poren wirken sich entsprechend positiv auf die Nahtfestigkeit und Nahtdichtigkeit aus. Die Oberfläche der Lötnähte ist typischerweise glatt mit nahezu tangentialen Übergängen zum Grundwerkstoff. Das Nahtaussehen kann deshalb hohen optischen Ansprüchen genügen. In Abb. 6.26 sind beispielhaft zwei durch Laserstrahllöten hergestellte Verbindungen gezeigt.

Die für Lötprozesse eingesetzten Flussmittel greifen neben der Oxidschicht auch den Grundwerkstoff an. Um die Korrosion der Naht zu verhindern, müssen die Flussmittel im Anschluss an den Lötprozess entfernt werden. Um diesen zusätzlichen Arbeitsschritt einzusparen und auf Flussmittel zu verzichten, wurde die Eignung eines Pulslasers zur Entfernung der Oxidschicht untersucht. Aus diesen Untersuchungen ist das Zweistrahlverfahren hervorgegangen, bei dem zusätzlich zum kontinuierlichen Laserstrahl ein weiterer gepulster Laserstrahl genutzt wird (Abb. 6.27).

Während der kontinuierlich emittierende Laser die Prozesswärme für das Durchwärmen des Grundwerkstoffs und Schmelzen des Lots bereitstellt, wird mit dem Pulslaser auf die Schmelzbaddynamik Einfluss genommen. Die Pulsleistung ist dabei so hoch, dass Material aus der Schmelze schlagartig verdampft. Durch die Druckwelle wird sowohl die thermisch-chemische Auflösung der Oxidschicht als auch das Spreiten des

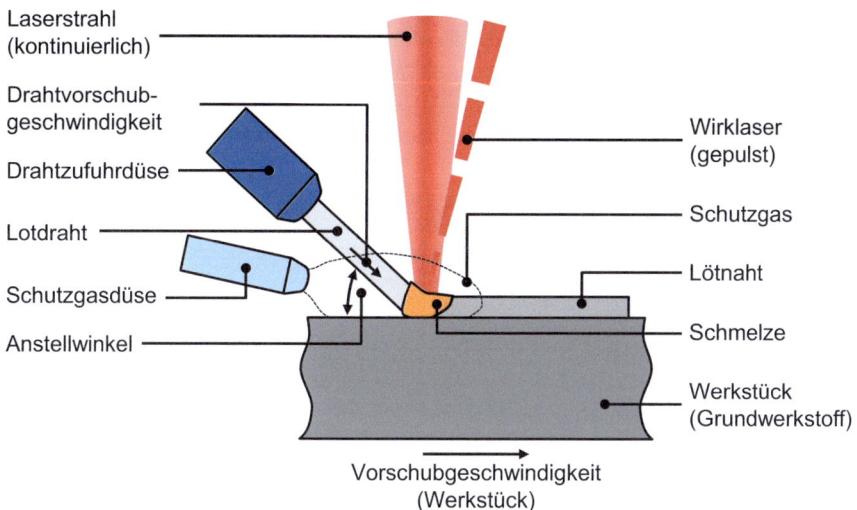

Abb. 6.27 Verfahrensprinzip des Zweistrahlverfahrens zum flussmittelfreien Laserstrahllöten von Aluminium

Lotes begünstigt. Zusätzlich wird durch das sich bildende Plasma die Einkopplung des Laserstrahles in die Schmelze verbessert. Hierbei handelt es sich im Prinzip um denselben Effekt, der auch beim Tiefschweißen ausgenutzt wird [Dons12].

Durch die Variation der Pulsleistung können darüber hinaus die Nahtbreite und der Benetzungswinkel manipuliert werden, Abb. 6.28. Mit dem Verfahren ist es gelungen, Aluminium-Stahl-Verbindungen zu löten. Diese Verbindung von Stahl mit einem Leichtmetall ist für den Leichtbau eine gute Option. Durch die Minimierung der thermischen Beeinflussung ist es gelungen, die sich bildende intermetallische Phase soweit zu reduzieren, dass bei Zugversuchen das Versagen nicht in der Fügenaht, sondern im Aluminiumblech auftritt. Die Laserstrahlfügeverfahren stellen sowohl qualitativ als auch wirtschaftlich eine Alternative zu den konventionellen Fügeverfahren dar.

6.3.3 Laserstrahl-Oberflächenbehandlung

Die Verfahren der Laserstrahloberflächenbehandlung werden grundsätzlich in zwei Teilbereiche untergliedert [Heuv92]. Zu der Gruppe der thermischen Verfahren zählen das Laserstrahlhärten und -umschmelzen. Die zweite Gruppe umfasst die thermochemischen Verfahren, bei denen die Werkstoffeigenschaften nicht nur durch thermische Behandlung, sondern zusätzlich auch chemisch durch die Zugabe von Zusatzstoffen beeinflusst werden. Hierzu zählen die Verfahrensvarianten Laserstrahllegieren, Laserstrahldispergieren und Laserstrahlauftragschweißen. Eine Zuordnung der Verfahren Laser-

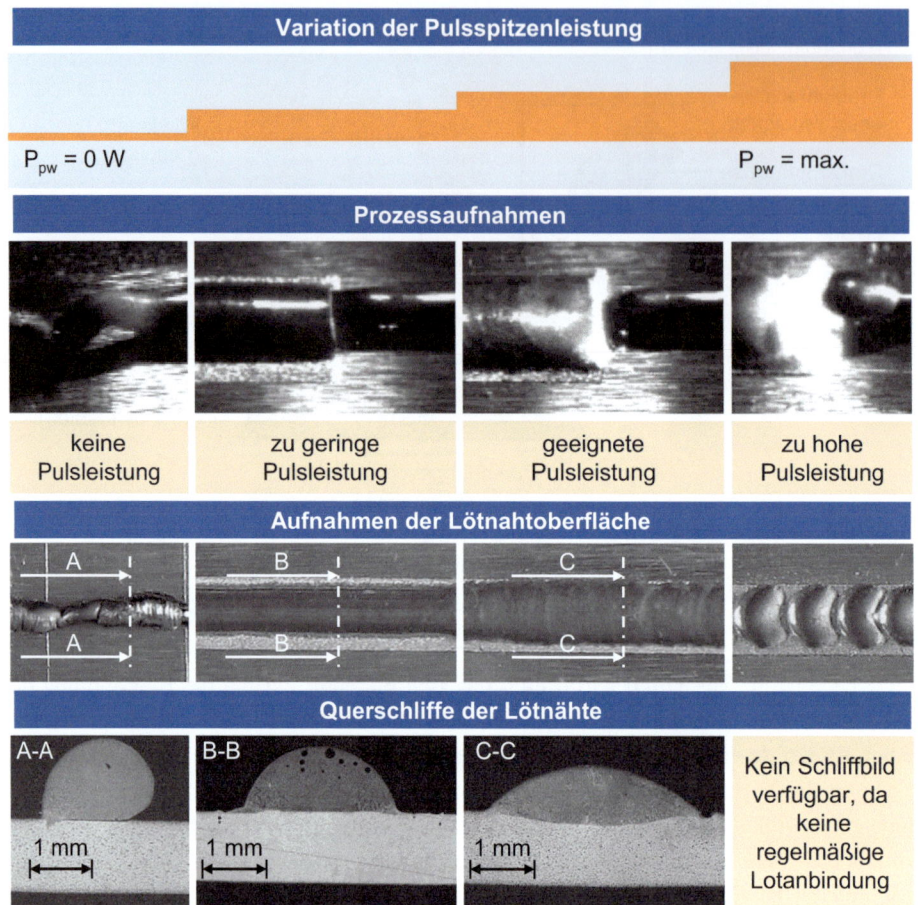

Abb. 6.28 Einfluss des Pulslasers beim Zweistrahlverfahren auf die Anbindung des Lots an den Grundwerkstoff. (Quelle: Fraunhofer IPT)

strahllegieren und Laserstrahldispergieren kann nach DIN 8580 in die Hauptgruppe 6 „Stoffeigenschaft ändern" und dort in die Gruppe 6.2 „Wärmebehandeln DIN EN 10052" erfolgen. Das Laserauftragschweißen kann der Untergruppe 5.6 „Beschichten durch Schweißen" zugeordnet werden.

Als Laserstrahlquellen zur Durchführung von Laserstrahl-Oberflächenbehandlungen kommen vorwiegend Hochleistungs-Diodenlaser mit Ausgangsleistungen von $P = 0{,}5$ bis 6 kW zum Einsatz. Zum Aufheizen der Oberfläche wird der Brennfleck des Laserstrahls mit definierter Intensität und Einwirkzeit über die Werkstückoberfläche geführt. Die Laserstrahlung wird dabei in Abhängigkeit von der Wellenlänge, den Werkstoffeigenschaften und der Oberflächenbeschaffenheit des Werkstücks zu einem bestimmten Teil an der Oberfläche absorbiert und in Wärme umgewandelt. Durch Wärmeleitung wird die Bauteilrandzone im Bereich des Laserbrennflecks erwärmt. Im Brennfleck wird der Werkstoff durch die Absorption der Strahlung schnell aufgeheizt und hinter dem Brennfleck durch Selbstabschreckung über Ableitung der Wärme in das Werkstückinnere abgekühlt. Die Bearbeitung der Oberfläche erfolgt in der Regel in Bahnen, die mit oder ohne Überlappung nebeneinander angeordnet sind. Abhängig von dem angewendeten Verfahren, dem Grundwerkstoff und dem zugeführten Zusatzwerkstoff ergeben sich Randschichteigenschaften mit modifizierten Eigenschaften bezüglich der mechanischen, tribologischen, thermischen und chemischen Eigenschaften [Gass93].

Durch Änderung der Fokuslage und/oder der Laserleistung lässt sich die jeweils erforderliche Intensität einstellen. Die Einwirkzeit ergibt sich aus dem Fokus- bzw. Brennfleckdurchmesser und der Vorschubgeschwindigkeit. Typische Werte für das Laserstrahlhärten sind Intensitäten $I < 10^4$ W/cm^2 und Einwirkzeiten zwischen $t = 0{,}1$ und 10 s. Mit Leistungsdichten $I > 10^4$ W/cm^2 und Einwirkzeiten $t > 0{,}01$ s werden Stahlwerkstoffe im Oberflächenbereich aufgeschmolzen [Trep88]. Je nach Wahl der Prozessparameter kommt es zur Ausbildung einer Schmelz- und/oder Härtungszone. In Abhängigkeit vom Werkstoff und den Prozessbedingungen entsteht eine charakteristische Wärmeeinflusszone.

6.3.3.1 Laserstrahlhärten

Beim Laserstrahlhärten wird der Werkstoff schnell über die Austenitisierungstemperatur erhitzt. Die eingebrachte Wärmemenge wird anschließend in das Bauteilinnere abgeführt, wobei in der Regel die zur Martensitbildung erforderliche Abkühlgeschwindigkeit ohne Fremdkühlung erreicht wird (Selbstabschreckung) [Schm96]. Das Verfahren und ein Ergebnis sind beispielhaft in Abb. 6.29 dargestellt.

Das Laserstrahlhärten kann grundsätzlich bei allen Stahl- und Gusseisenwerkstoffen angewendet werden, die einen für die Martensitbildung ausreichenden Kohlenstoffgehalt (> 0,25 %) aufweisen. Aus der Gruppe der Stahlwerkstoffe eignen sich insbesondere diejenigen Legierungen, die aufgrund ihrer Legierungszusammensetzung auch bei niedrigeren Abkühlgeschwindigkeiten martensitisch umgewandelt werden können. Zu den wesentlichen Vorteilen des Laserstrahlhärtens gegenüber den konventionellen Randschichthärteverfahren, wie Induktions- oder Flammhärten, gehören die verzugsarme und gut reproduzierbare Erzeugung von partiellen Härtezonen sowie die geringe thermische Belastung des Grundwerkstoffs. Hierdurch kann auf eine Endbearbeitung im harten Zustand in der Regel verzichtet werden [Schm96]. Um bei unterschiedlichen Bauteilgeometrien den Laserstrahlhärteprozess schnell einstellen zu können und reproduzierbare Ergebnisse zu erzielen, wird die Temperatur im Allgemeinen geregelt. Zur Messung der Ist-Temperatur werden Pyrometer verwendet. Die Stellgröße ist die Laserleistung. Bei temperaturgeregelten Prozessen ist auch das Härten filigraner Bauteilkonturen ohne Anschmelzen der Oberfläche möglich.

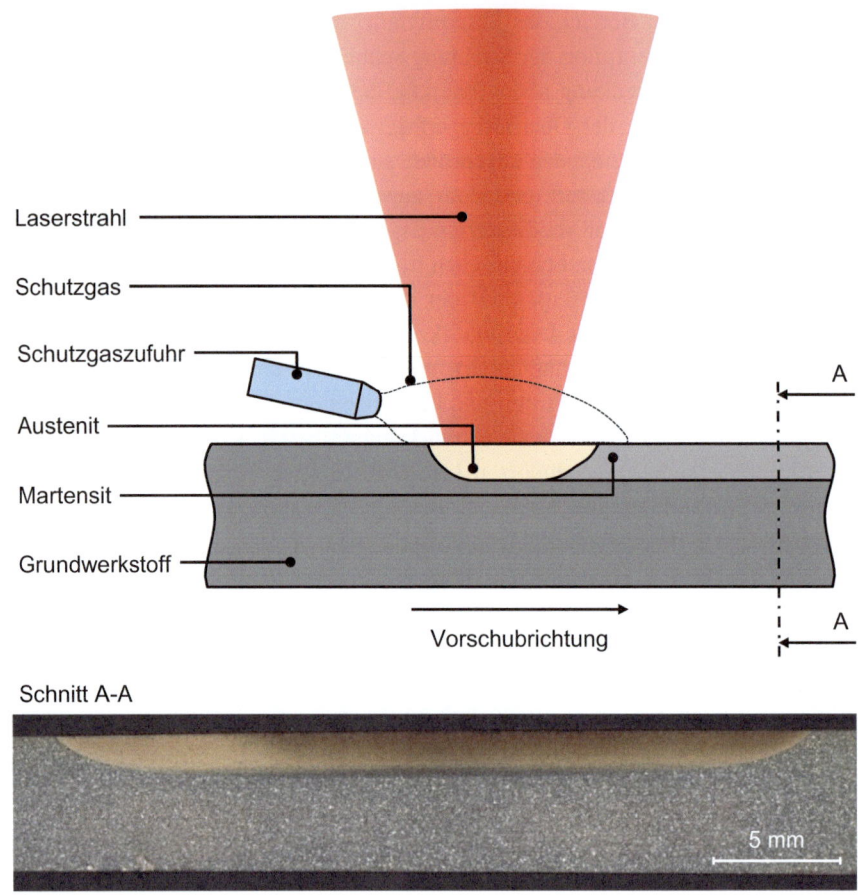

Abb. 6.29 Verfahrensprinzip des Laserstrahlhärtens und Querschliff eines lasergehärteten Bauteils. (Quelle: Fraunhofer IPT)

6.3.3.2 Laserstrahlumschmelzen

Beim Laserstrahlumschmelzen wird in der Bauteilrandschicht ein homogenes und feinkörniges Gefüge erzeugt, das sich durch hohe Festigkeit bei gleichzeitiger Zähigkeit auszeichnet. Ein Beispiel eines durch Laserumschmelzen behandelten Bauteils ist in Abb. 6.30 im Querschliff gezeigt. Je nach Prozessführung, insbesondere durch die Abkühlbedingung, kann das Gefüge gezielt eingestellt werden. Zur Anwendung kommt das Umschmelzen vorwiegend bei Gusswerkstoffen [Heuv92, Köni94a].

6.3.3.3 Laserstrahllegieren/Laserdispergieren

Ziel des Laserstrahllegierens ist die gezielte Veränderung der Randzone durch Legierungselemente. Wichtig ist dabei eine möglichst homogene Durchmischung von Grund- und Zusatzwerkstoff, die das Überschreiten der Schmelztemperaturen beider

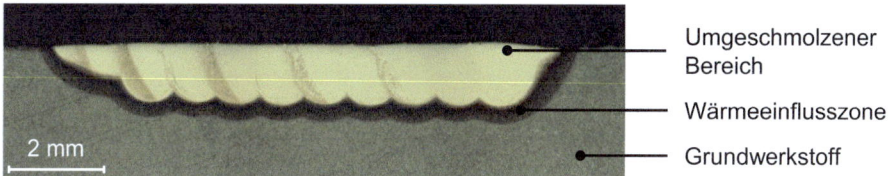

Abb. 6.30 Querschliff eines durch Laserstrahlumschmelzen bearbeiteten Bauteils. (Quelle: Fraunhofer IPT)

Werkstoffe erfordert (Abb. 6.31). Der Zusatzwerkstoff wird mit dem Grundwerkstoff durch Konvektions- und Diffusionsvorgänge im Schmelzbad vermischt. Zur Erhöhung der Verschleißfestigkeit von Stahlwerkstoffen und Gusseisen werden als Zusatzwerkstoffe Materialien gewählt, die aufgrund ihrer Affinität zum Kohlenstoff die Karbidbildung unterstützen oder die Kaltverfestigungsneigung des Grundwerkstoffs erhöhen. Diese können entweder als reine Elemente, wie z. B. Cr, W, Mo, V, Mn und C, oder als Metallkarbide zugeführt werden. Zur Verbesserung der Warmverschleißeigenschaften werden Zusatzwerkstoffe auf Metallkarbidbasis wie z. B. WC/Co und WC/Co/Cr verwendet [Köni94a]. Zur Erhöhung des Korrosionsschutzes werden Cr und Ni zulegiert. Bei Aluminiumwerkstoffen können Verbesserungen der Randschichteigenschaften durch das Einbringen von Elementen erreicht werden, die intermetallische Phasen bilden. Zusatzwerkstoffe in gasförmigem Zustand werden für das Gaslegieren verwendet. So wird z. B. Stickstoff in Titan bzw. Titanlegierungen eingebracht, um eine TiN-haltige Randschicht zu erzeugen [Gass93].

Das Laserstrahldispergieren stellt eine Sonderform des Laserstrahllegierens dar. Im Gegensatz zum Legieren werden beim Dispergieren Zusatzwerkstoffe im festen Zustand dem aufgeschmolzenen Grundwerkstoff zugeführt. Ziel der Behandlung ist es, die Hartstoffpartikel möglichst homogen in den Grundwerkstoff einzubringen, wie es

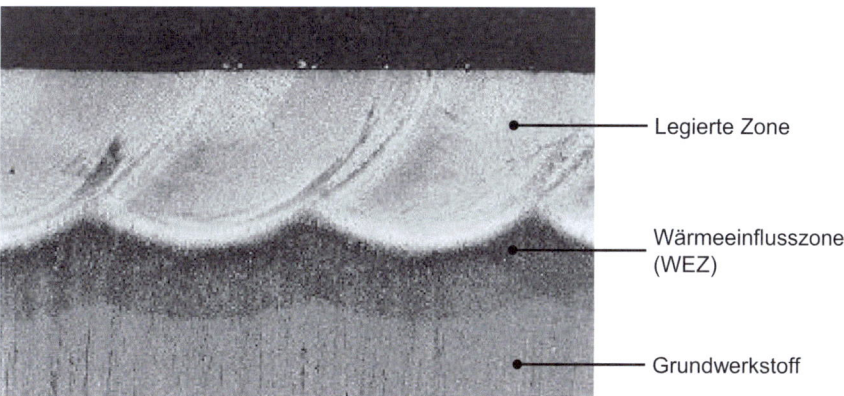

Abb. 6.31 Querschliff eines durch Laserstrahllegieren bearbeiteten Bauteils

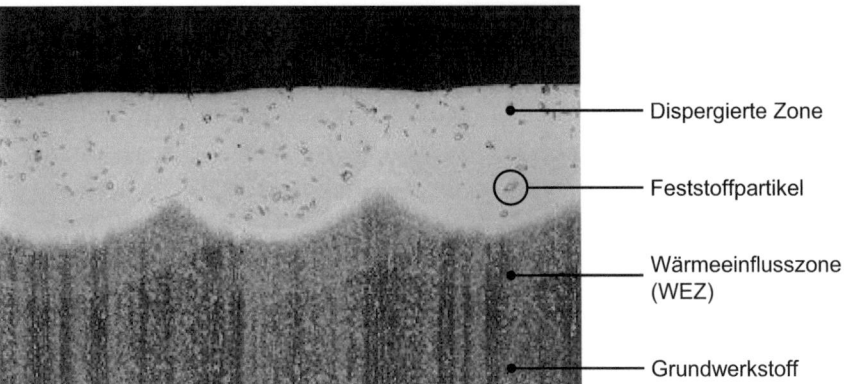

Abb. 6.32 Querschliff eines durch Laserstrahldispergieren bearbeiteten Bauteils

in Abb. 6.32 gezeigt ist. Übliche hochschmelzende bzw. lösungsträge Zusatzwerkstoffe zum Dispergieren sind TiC, TaC, VC, WC und SiC sowie verschiedene Oxide und Nitride [Heuv92, Gass93, Kirn95].

Zum Einsatz kommt das Laserstrahllegieren zur Verbesserung der Warmfestigkeit und Verschleißbeständigkeit von Warmarbeitswerkzeugen. Laserstrahldispergierte Schichten zeichnen sich durch einen erhöhten Widerstand gegen abrasiven Verschleiß aus.

6.3.3.4 Laserauftragschweißen

Beim Laserauftragschweißen besteht das Ziel darin, eine artgleiche, gut haftende Schicht auf dem Grundwerkstoff zu erzeugen. Hierzu wird die Prozessführung so ausgelegt, dass der Zusatzwerkstoff möglichst vollständig aufgeschmolzen wird, während der Grundwerkstoff lediglich in einer schmalen Randzone zur Erzeugung einer schmelzmetallurgischen Verbindung in die flüssige Phase überführt wird. Die Durchmischung von Grund- und Zusatzwerkstoff ist beim Laserauftragschweißen im Idealfall äußerst gering [Heuv92]. In Abb. 6.33 unten wird dies im Längsschliff deutlich. Zum Laserauftragschweißen können grundsätzlich solche Zusatzwerkstoffe verwendet werden, die auch bei der Erzeugung von Schutzschichten mit anderen Beschichtungstechniken zum Einsatz kommen. Hierzu zählen sowohl Hartlegierungen auf Kobalt-, Nickel- oder Eisenbasis als auch Werkstoffgemische mit hohen Hartstoffgehalten, wie z. B. Wolframkarbid-Kobalt und Aluminium-Wolframkarbid [Heuv92, Tang93]. Es werden auch Anwendungen im Leichtbau, bei der Wärme- und Stoffübertragung, sowie in der additiven Fertigung erschlossen. Insbesondere die additive Fertigung mittels Laserauftragschweißen (Laser Metal Deposition = LMD) weist ein besonders großes Potenzial auf und wird auch mit spanenden Prozessen in Hybridmaschinen kombiniert.

Die Zusatzwerkstoffe können auf zwei verschiedene Arten in den Prozess eingebracht werden, entweder in Pulverform (Laser Metal Deposition Powder = LMD-P) oder als Draht (Laser Metal Deposition Wire = LMD-W) (Abb. 6.34). Beide Zusatzwerkstoff-

6.3 Technologie

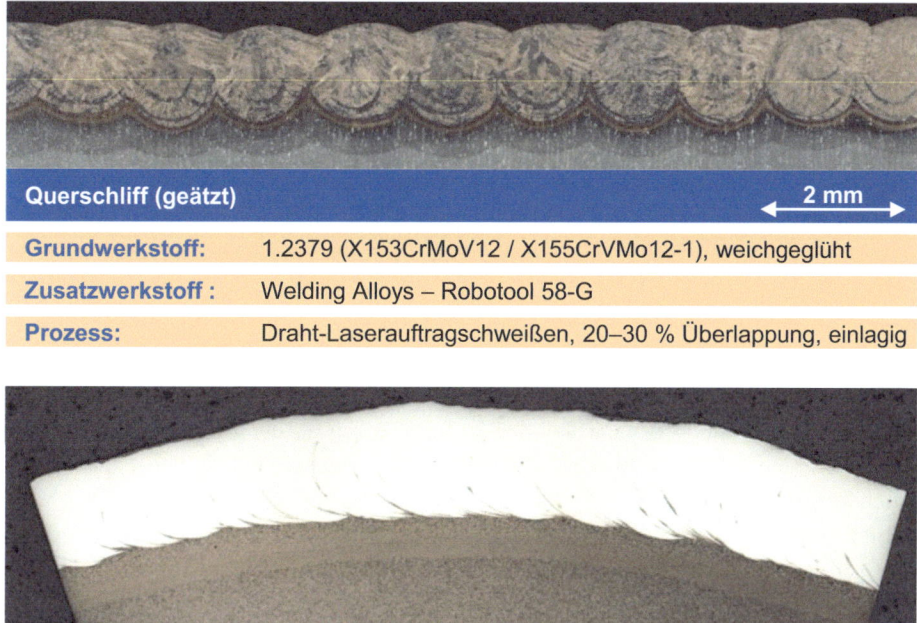

Querschliff (geätzt)	2 mm
Grundwerkstoff:	1.2379 (X153CrMoV12 / X155CrVMo12-1), weichgeglüht
Zusatzwerkstoff :	Welding Alloys – Robotool 58-G
Prozess:	Draht-Laserauftragschweißen, 20–30 % Überlappung, einlagig

Längsschliff (geätzt)	2 mm
Grundwerkstoff:	1.7225 (42CrMo4), vergütet
Zusatzwerkstoff :	Welding Alloys – Robotool 58-G
Prozess:	Draht-Laserauftragschweißen, 20–30 % Überlappung, einlagig

Abb. 6.33 Quer- und Längsschliff einer laserauftraggeschweißten Oberfläche. (Quelle: Fraunhofer IPT)

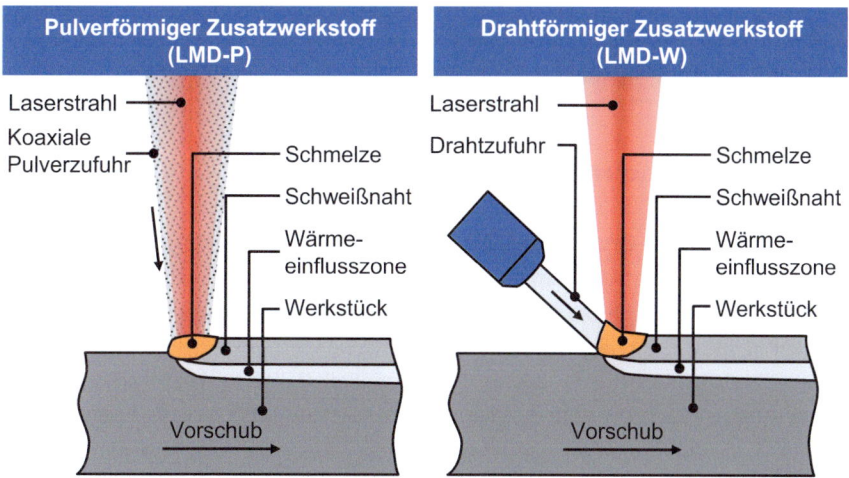

Abb. 6.34 Prozessvarianten zum Einbringen der Zusatzwerkstoffe

formen ermöglichen den schichtweisen Aufbau. Der Laser eignet sich hierbei hervorragend als Energiequelle für das Auftragschweißen, da mit dessen Hilfe ein lokaler Wärmeeintrag und eine lokale Anwendbarkeit ermöglicht werden.

Zumeist kommen aufgrund ihrer Verfügbarkeit und einfachen Handhabkeit pulverförmige Zusatzwerkstoffe zum Einsatz. Die Pulver werden mittels eines pneumatischen Pulverfördersystems über eine Düse in das Schmelzbad eingebracht [Heuv92, Shen94, Kirn95]. Als Trägergase kommen in der Regel Argon, Helium oder Stickstoff in Betracht. An das Pulverfördersystem werden hohe Anforderungen bezüglich der Realisierung einer reproduzierbaren, pulsationsarmen und genau dosierbaren Pulver-Gas-Strömung gestellt. Als sehr gute Nutzungsgrade des im Prozess eingesetzten Pulvers gelten 80 bis 90 %, wobei auch Nutzungsgrade bis zu 95 % erreichbar sind. Die Strömungsgeschwindigkeit des Zusatzwerkstoffmassenstroms muss einerseits so gering sein, dass eine zu große Streuung der Partikel sowie Turbulenzen an der Bearbeitungsstelle vermieden werden, andererseits ist eine bestimmte Geschwindigkeit der Partikel zum Durchdringen der Schmelzbadoberfläche notwendig [Herz93, Gass93, Kirn95].

Eine andere Variante beim Laserauftragschweißen ist die Zuführung von drahtförmigen Zusatzwerkstoffen. Drahtförmige Zusatzwerkstoffe bieten vor allem Vorteile in der Materialausnutzung. Anders als beim zuvor beschriebenen LMD-P Verfahren wird der Zusatzwerkstoff beim LMD-W Verfahren zu 100 % auf den Grundwerkstoff aufgebracht. Der Draht wird mithilfe eines Drahtförderers und eines Drahtarms in das Schmelzbad geführt. Auch hier sind hohe Anforderungen bezüglich der Realisierung von reproduzierbaren Ergebnissen zu erfüllen. Zu den Anforderungen zählen eine gleichbleibende und exakt definierbare Zuführgeschwindigkeit des Drahtes, eine spielfreie und reproduzierbare Drahtposition und ein genau dosierbarer Schutzgasstrom [Clem04, Frey06]. Ein entscheidender Vorteil, den die Laserstrahl-Oberflächenbehandlungsverfahren gegenüber konventionellen Verfahren besitzen, ist die einfache Integrierbarkeit in bestehende Fertigungsketten und Maschinen. So kann zum Beispiel durch die Integration eines Hochleistungsdiodenlasers in eine Drehmaschine eine Komplettbearbeitung bestehend aus Weichbearbeitung, Laserstrahlhärten oder Laserauftragschweißen und Hartbearbeitung in einer Aufspannung erfolgen.

6.3.4 Laserstrahlabtragen

Eine Entwicklung auf dem Gebiet der Lasermaterialbearbeitung ist das Laserstrahlabtragen. Das Abtragen mit dem Laser ist nach DIN 8580 der Hauptgruppe 3, trennende Fertigungsverfahren, zuzuordnen. Beim Laserstrahlabtragen wird der fokussierte Laserstrahl punktförmig über die Bauteiloberfläche geführt oder die Strahlung über eine Maske auf der Oberfläche des zu bearbeitenden Bauteils abgebildet. Die Prozessvarianten werden Maskenverfahren oder schreibende Verfahren genannt (Abb. 6.35).

Je nach Anwendungsgebiet und verwendetem Lasersystem führen unterschiedliche physikalische Mechanismen zum Materialabtrag. Es wird grundsätzlich zwischen photolytischem und thermischem Materialabtrag unterschieden.

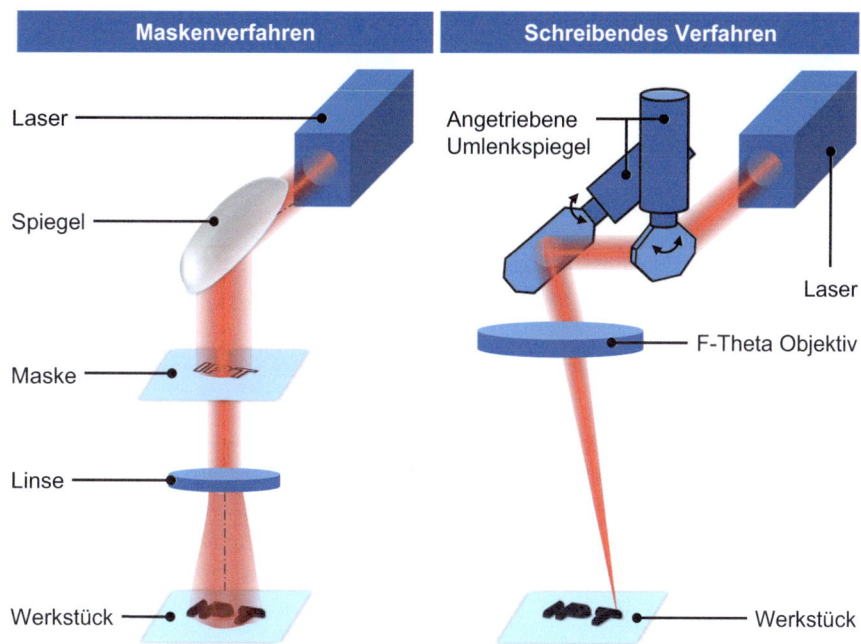

Abb. 6.35 Prinzip des Masken- und des schreibenden Verfahrens [Popr11]

6.3.4.1 Photolytischer Werkstoffabtrag

Beim photolytischen Materialabtrag werden einzelne Atome durch die Wechselwirkung zwischen Werkstoff und Laserstrahlung aus dem Werkstoffgitter herausgelöst, ohne die Oberfläche merklich zu erhitzen [Stee10]. Im Gegensatz dazu wird beim thermischen Laserstrahlabtrag die Laserenergie in der Randzone der Oberfläche absorbiert und in thermische Energie umgewandelt. Die eingekoppelte Energie führt zum Verdampfen oder zur Sublimation, bei der der Werkstoff direkt vom festen in den gasförmigen Zustand überführt wird. Der Wirkungsgrad wird durch den Absorptionsgrad des Werkstoffs in Abhängigkeit von der Laserstrahlwellenlänge, der Oberflächenrauheit, dem Einstrahlwinkel und der Werkstofftemperatur bestimmt.

Beim Excimerabtragen werden Excimerlaser (abgeleitet von engl. „excited dimer") eingesetzt, deren laseraktives Medium aus einem Gasgemisch besteht. Die beiden Hauptbestandteile sind ein Edelgas und ein Halogen. Excimerlaser sind Pulslaser, deren Wellenlänge und maximal mögliche Pulsenergie von der Gaszusammensetzung abhängig ist. Typischerweise liegt die Wellenlänge im ultravioletten Spektrum zwischen 157 nm und 351 nm. Bei der Anwendung von Excimerlasern erfolgt der Materialabtrag über die photolytische Wechselwirkung. Für die Bauteilbearbeitung wird der Laserstrahl im Maskenverfahren auf die Bauteiloberfläche projiziert. Dementsprechend ist die Auflösungsgenauigkeit bzw. die minimale Strukturgröße in der Abbildungsebene sehr hoch.

Der Excimerlaser wird daher bevorzugt zur Oberflächenstrukturierung im Mikro- und Nanometerbereich eingesetzt. Excimerlaser erreichen jedoch selbst bei hohen Pulsfolgefrequenzen nur eine geringe mittlere Laserleistung, sodass beim Abtragen nur verhältnismäßig geringe Abtragtiefen realisiert werden können und dadurch lange Bearbeitungszeiten entstehen. Die für das Verfahren benötigten Masken müssen außerdem für jedes einzelne Strukturmuster speziell gefertigt werden, wodurch dieses Verfahren unflexibel und kostenintensiv ist. Das Verfahren eignet sich aufgrund der ebenen, flächigen Bestrahlung auch nicht zur Oberflächenstrukturierung von komplex geformten Bauteilen, wodurch es industriell nur zur Bearbeitung von planen Oberflächen eingesetzt wird.

6.3.4.2 Thermischer Abtrag durch Verdampfen und Sublimation

Das am häufigsten angewendete Laserstrahlabtragverfahren ist das thermische Abtragen. Durch den Einsatz kurz gepulster Laser mit Pulsdauern im Bereich von Millisekunden oder kürzer sowie durch eine starke Fokussierung des Laserstrahls (Strahltaillendurchmesser $d_f \geq 10\,\mu m$) ist es überhaupt erst möglich, die sehr hohen Intensitäten in der bestrahlten Prozesszone zu erreichen, die für das Verdampfen bzw. Sublimieren von Materie erforderlich sind. Diese Intensitäten liegen im Bereich von vielen Megawatt pro Quadratzentimetern [Blie13]. Der Volumenabtrag, der durch jeden auftreffenden Impuls stattfindet, kann geometrisch annähernd als paraboloidförmige Näpfchengeometrie beschrieben werden. Verbleibt der pulsierende Laserstrahl permanent auf derselben Stelle, entsteht dort mit der Zeit eine Bohrung, deren Eintrittsöffnung sich aufgrund der Strahlkaustik immer stärker aufweitet und dabei gleichzeitig verrundet. Um einen durchgängigen Linienabtrag beispielsweise in Form einer Nut zu erzielen, muss der Laserstrahl so über die Oberfläche geführt werden, dass der Pulsüberdeckungsgrad „s" positiv ist (Abb. 6.36). Erst bei Erfüllung dieser Voraussetzung überlagern sich auf

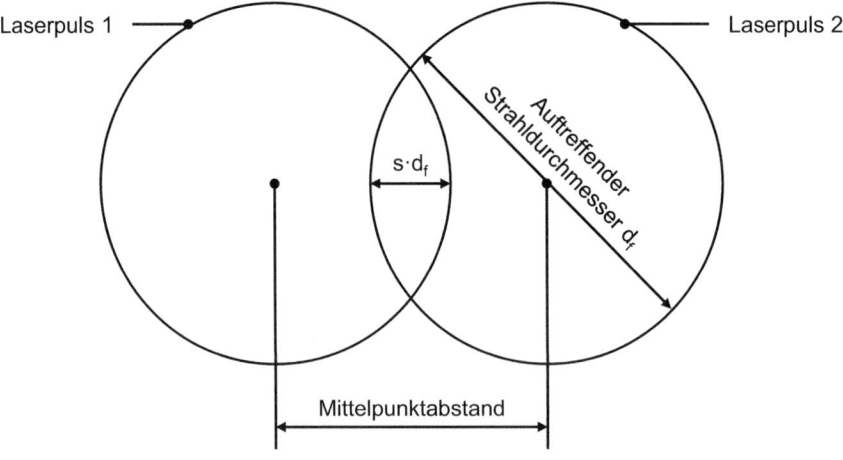

Abb. 6.36 Darstellung des Pulsüberdeckungsgrads

der Oberfläche einzelne, aufeinander folgende Laserpulse örtlich. Für den Fall, dass die Pulsdauer im Verhältnis zur Vorschubgeschwindigkeit sehr viel kleiner ist, kann der Vorschub innerhalb der Pulsdauer bei der Berechnung der Pulsüberdeckung vernachlässigt werden und es gilt Gl. 6.15. Diese Annahme ist bei Verhältnissen von Pulsdauern im Nanosekundenbereich bzw. darunter gültig. Um einen flächigen Abtrag zu erreichen, werden analog die einzelnen Laserbahnen in einem definierten Abstand a < d_f nebeneinander positioniert.

$$s = \left(1 - \frac{v}{d_f * f}\right) \cdot 100\,\% \tag{6.15}$$

In Gl. 6.15 sind v die Vorschubgeschwindigkeit, d_f der auftreffende Strahldurchmesser und f die Pulsfolgefrequenz.

Abhängig von der Intensität im Bereich der Prozesszone wird der Werkstoff an der Oberfläche entweder verdampft, sublimiert oder durch einen hybriden Materialabtrag, bei dem ein Teil des erhitzten Werkstoffs verdampft und ein anderer Teil sublimiert wird, abgetragen (Abb. 6.37).

Die Pulsdauer ist neben der Pulsenergie eine der wesentlichen Einflussgrößen, die die Ausprägung des Schmelz- und Sublimationsanteils definiert. Ab Pulsdauern unterhalb von 10 ps setzt bei ausreichender Pulsenergie in dem gezeigten Beispiel eine schnelle, lokale Überhitzung des Werkstoffs ein und der Materialabtrag wird durch Sublimation dominiert. Im allgemeinen Sprachgebrauch werden diese Prozesse häufig auch als "cold ablation, kalter Abtrag" bezeichnet. Grundsätzlich gilt: Je kürzer die Pulsdauer und die Zeit für die Interaktion zwischen Laserstrahlung und Werkstoff ist, desto höher ist der Volumenanteil an sublimiertem Werkstoff und je höher ist die erzielbare Qualität (Abb. 6.38).

Durch eine Verringerung der Pulsdauer und des Fokusdurchmessers bzw. durch eine Erhöhung der Laserleistung kann die Strahlintensität vergrößert werden. Da die Veränderung des Fokusdurchmessers Auswirkungen auf die erzielbaren Strukturgrößen hat, kann bei konkreten Aufgabenstellungen der Fokusdurchmesser meist nicht variiert werden.

Daher muss eine Erhöhung der Strahlintensitäten durch eine Verkürzung der Pulslänge oder durch eine Erhöhung der Laserenergie erfolgen, um die Leistungsfähigkeit des Prozesses steigern zu können.

Bei einer ungünstigen Prozessführung beeinträchtigt ein hoher Schmelzanteil die finale Struktur- und Oberflächenqualität. Je nach Anwendungsfall müssen entstandene Schmelzrückstände durch einen nachgeschalteten Bearbeitungsschritt entfernt werden, der zu einer Erhöhung der Fertigungsaufwände und -zeiten führt und dadurch höhere Kosten verursacht. Industriell werden vorwiegend diodengepumpte Festkörperlaser für das thermische Laserstrahlabtragen eingesetzt. Sie verfügen je nach Aufbau über sehr gute Strahlqualitäten mit nahezu $M^2 = 1$ und besitzen eine Grundwellenlänge zwischen

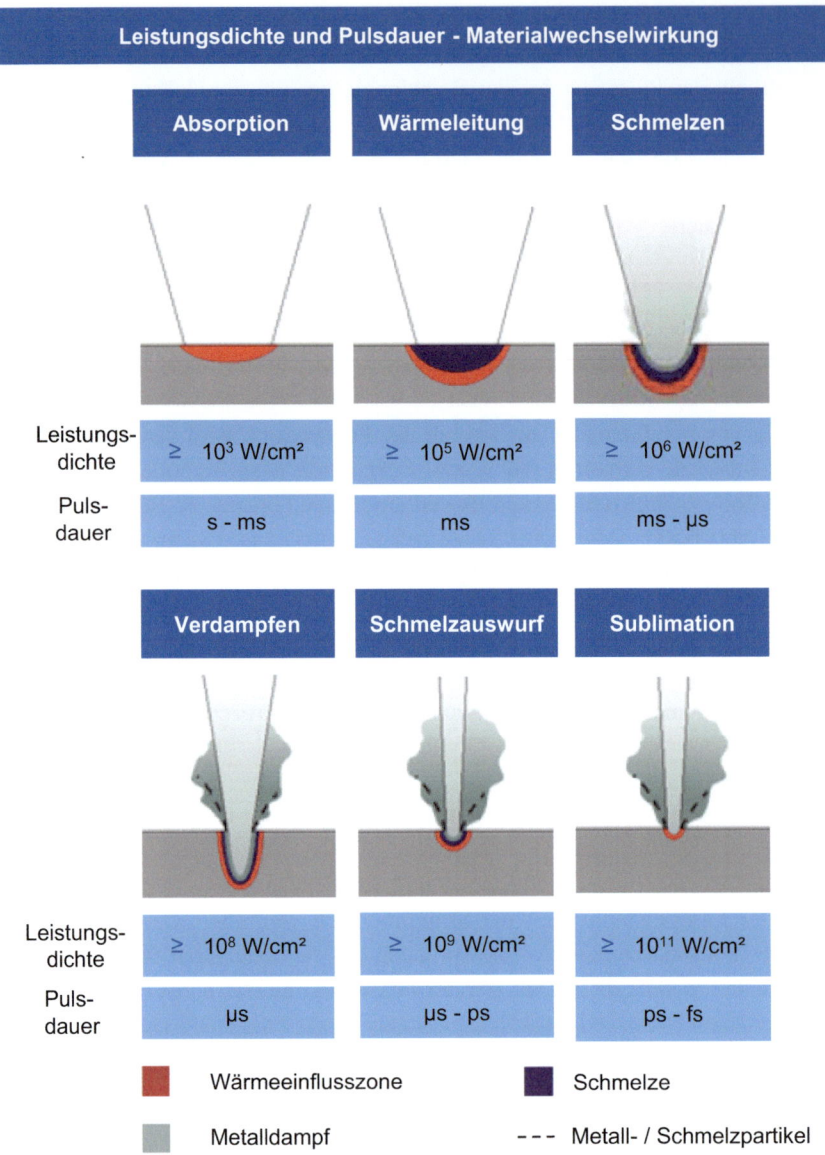

Abb. 6.37 Leistungsdichte und Pulsdauer – Materialwechselwirkung

1030 nm und 1070 nm. Durch Frequenzmodulation können auch andere Wellenlängen erzeugt werden, wodurch das zu bearbeitende Werkstoffspektrum deutlich größer wird. Metalle, Glas, Keramik und Kunststoffe lassen sich somit grundsätzlich bearbeiten.

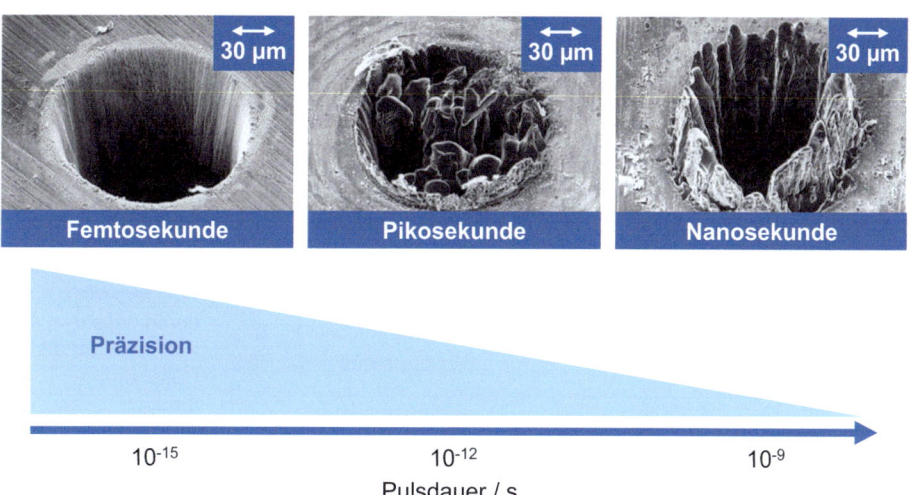

Abb. 6.38 REM-Aufnahmen eines durch vollständige Sublimation erzeugten Bohrlochs mittels Femtosekundenlaser (links); Hybridabtrag mit Pikosekundenlaser (mitte); Hybridabtrag mit Nanosekundenlaser [Chic96]

6.3.4.3 Wasserstrahlgeführtes Laserstrahlabtragen

Eine andere Technologie, die zur Gruppe des Laserabtragens gehört, ist das „Laser MicroJet®"-Verfahren. Bei dem Verfahren wird ein Laserstrahl eines gepulsten Festkörperlasers in einen Wasserstrahl eingekoppelt (Abb. 6.39). Der Wasserstrahl übernimmt hierbei die Funktion einer optischen Faser, in dem der Laserstrahl mithilfe von Totalreflexion von der Strahlaustrittsöffnung bis auf die Bauteiloberfläche geführt wird ohne seitlich auszukoppeln (Abb. 6.39). Abhängig von der eingesetzten Wasserdüse besitzt der Wasserstrahl einen extrem kleinen Durchmesser zwischen 20 µm und 125 µm und wird davon abhängig mit einem Systemdruck zwischen 100 bar und 500 bar betrieben. Der Durchmesser des Wasserstrahls bleibt über einen definierten Arbeitsbereich (je nach Düse zwischen ca. 25 mm und max. 150 mm Länge; d. h. ca. Faktor 1000 × Düsendurchmesser) ideal zylindrisch. Eine hohe Strahlstabilität wird gewährt durch die Nutzung von deionisiertem Wasser mit einer sehr geringen elektrischen Leitfähigkeit im Bereich von wenigen, zweistelligen Mikrosiemens und einer Ummantelung des austretenden Wasserstrahls mit einem Edelgas wie z. B. Helium. Dieser Schutzmantel schirmt den Wasserstrahl vor der Umgebungsluft ab. Der Mantel verringert auch Reibungseffekte, wodurch der Wasserstrahl aufbrechen und zu einer Sprühwirkung führen würde. Wenn Sprühen einsetzt, koppelt die Laserstrahlung diffus aus dem Wasserstrahl aus, sodass der Prozess unmittelbar unterbrochen ist. Dieser Effekt kann gezielt beim Durchbohren von Hohlkörpern dazu genutzt werden, die Rückwand nach dem Durchbohren des Bauteils durch eine gezielte Störung des Wasserstrahls, z. B. durch die Beaufschlagung des Hohlraums mit Druckluft, zu schützen.

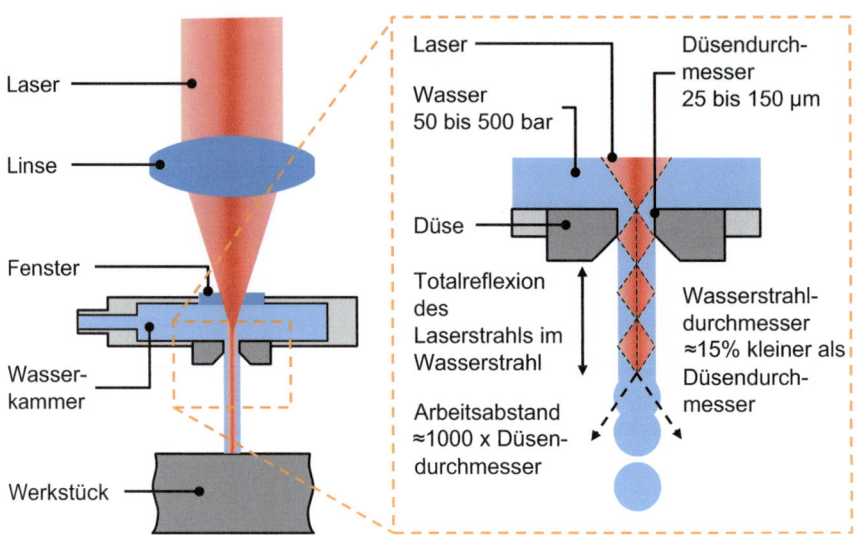

Abb. 6.39 Aufbau des Bearbeitungskopfs für das wasserstrahlgeführte Laserstrahlabtragen (nach Synova)

Im Vergleich zum konventionellen Laserstrahlabtragen besitzt der Laserstrahl beim „Laser MicroJet®"-Verfahren nicht die typische Divergenz. Auch bei diesem Verfahren kommen in der Regel diodengepumpte Festkörperlaser mit längeren Pulsdauern, im zwei- bis dreistelligen Nanosekundenbereich, und einer maximalen Laserleistung von 200 W zum Einsatz. Bei diesem Verfahren reicht der sehr geringe Wassersystemdruck nicht aus, um Materie mithilfe der kinetischen Energie des Wassers aus der Oberfläche zu entfernen oder schädigende Mikrorisse in der Randzone zu induzieren. Daher ist der Abtragmechanismus, der bei diesem Verfahren zum Materialabtrag führt, rein thermisch begründet, in dem das Material verdampft. Der thermische Energieeintrag in die Prozesszone lässt sich in 3 Phasen unterteilen (Abb. 6.40). In der Phase 1 trifft ein einzelner Laserpuls zunächst am Ende des Wasserstrahls auf die Werkstückoberfläche, die die Laserstrahlung umgehend absorbiert. Aufgrund der hohen Intensität und der relativ langen Pulsdauer (hundert Nanosekunden) erhitzt sich der Werkstoff, schmilzt lokal und verdampft. Da die Prozesszone jedoch stets durch den kontinuierlich fließenden Wasserstrahl mit Wasser abgeschirmt wird, kann der Materialdampf nicht unkontrolliert in die Umgebung entweichen, sondern verbleibt für einen kurzen Moment in Form einer Gasblase dicht oberhalb der Werkstückoberfläche (Phase 2). Durch das nachfließende Wasser, welches quasi umgehend auf die sich ausbildende Gasblase auftrifft, wird diese so schnell abgekühlt, dass sich der verdampfte Werkstoff nahezu schlagartig verfestigt. Der kontinuierliche Wasserstrom spült abschließend die entstandenen Feststoffpartikel aus der Prozesszone heraus (Phase 3).

6.3 Technologie

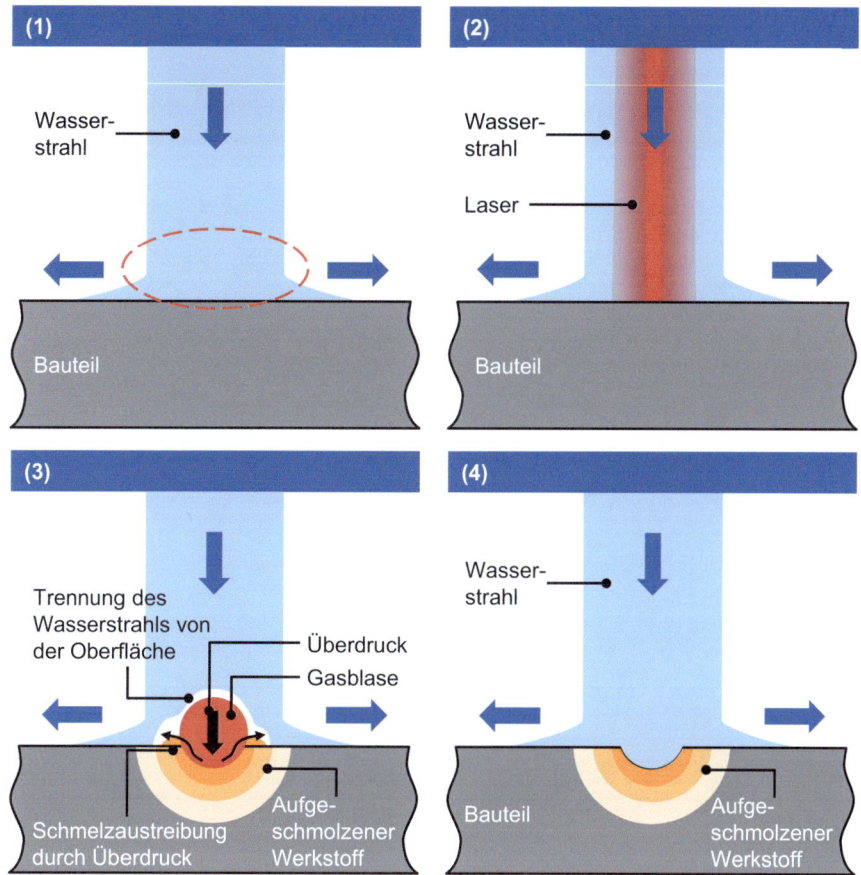

Abb. 6.40 Prinzip des wasserstrahlgeführten Laserstrahlabtragens (nach Synova)

Der Wasserstrahl ermöglicht nicht nur das Herausspülen der abgetragenen Feststoffpartikel (Abb. 6.41), er kühlt zudem permanent die Prozesszone. Dadurch können im Vergleich zum reinen thermischen Laserabtrag die thermisch bedingten Schädigungen des Werkstoffs auf ein Minimum reduziert oder gar vollständig unterdrückt werden.

6.3.5 Laserunterstützte Fertigungsprozesse

Weitergehende Möglichkeiten für den Einsatz des Lasers in der Fertigung ergeben sich in der Warmbearbeitung. Hier werden hochfeste bzw. hochwarmfeste Legierungen auf Fe-, Co-, Ni- und Ti-Basis sowie Hochleistungskeramiken bearbeitet. Bei der laserunterstützten Bearbeitung wird Laserenergie parallel mit anderen Wirkenergien zur Form-

Abb. 6.41 Wasserstrahlgeführtes Laserstrahlabtragen. (Quelle: Synova)

gebung verwendet. Damit werden die Formgebungsmöglichkeiten erweitert. Es handelt sich bei der laserunterstützten Bearbeitung um hybride Fertigungsverfahren.

6.3.5.1 Laserunterstützte Zerspanung

Unter dem Begriff Warmzerspanen werden alle Fertigungsverfahren (Drehen, Fräsen, Stoßen/Hobeln, Bohren) zusammengefasst, bei denen der durch eine äußere Wärmezufuhr erwärmte Werkstoff spanend bearbeitet wird. Grundlegende Voraussetzung für eine erfolgreiche Warmzerspanung ist die Abnahme der Werkstofffestigkeit bei erhöhter Temperatur. Sowohl bei Metalllegierungen, wie zum Beispiel Titan- und Nickelbasislegierungen, als auch bei nichtmetallischen Sinterwerkstoffen, wie Siliziumnitridkeramik, erfolgt nach Überschreiten einer bestimmten Mindesttemperatur ein maßgeblicher Festigkeitsabfall. Ähnliches gilt für hochfeste Werkzeugstähle und Hartlegierungen auf Co-Basis (Stellite).

Bei der laserunterstützten Zerspanung wird der Werkstoff mithilfe eines Laserstrahls lokal im Spanungsquerschnitt unmittelbar vor dem Schneidwerkzeug während

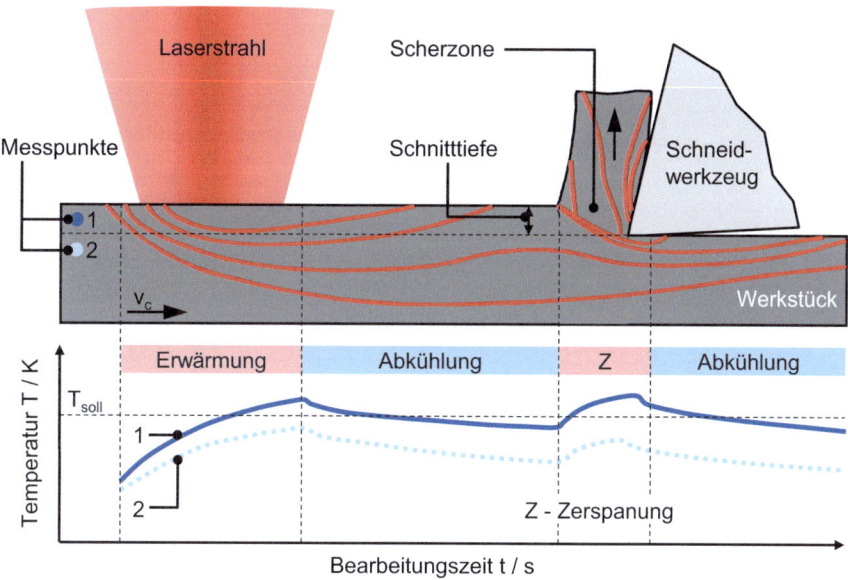

Abb. 6.42 Prinzip der laserunterstützten Warmzerspanung

der Zerspanung kontinuierlich erwärmt. Die an der Werkstückoberfläche absorbierte Energie führt zu einem raschen Temperaturanstieg in einer oberflächennahen Randzone des Werkstücks. Zielsetzung ist, die Festigkeit des Werkstoffs in der Scherebene herabzusetzen und dadurch die Zerspanbarkeit des Werkstoffs deutlich zu verbessern (Abb. 6.42).

Dieser Effekt führt zur Reduzierung der erforderlichen Zerspanleistung und zur Steigerung der Zeitspanungsvolumen sowie der Werkzeugstandzeiten bei der Bearbeitung von schwerzerspanbaren Werkstoffen. Erste Untersuchungen auf dem Gebiet der Warmzerspanung erfolgten zu Beginn des 20. Jahrhunderts. Zur Erwärmung der Werkstücke bediente man sich unterschiedlicher Methoden, wie Flammen, Reibungs- oder Widerstandserwärmung. In den siebziger Jahren wurden Versuche zum Drehen mit Plasmastrahlerwärmung durchgeführt. Gemeinsamer Nachteil der genannten Erwärmungsmethoden ist die unzureichende Leistungsdichte der Wärmequellen, die keine ausreichende partielle Erwärmung der Werkstücke ermöglichte. Mit Laserquellen (CO_2-, Nd:YAG-, Diodenlaser) können die genannten Nachteile vermieden werden. Hierbei sind Leistungsdichten $I > 10^7$ W/cm^2 erreichbar. Unterschiede zwischen den einzelnen Lasertypen ergeben sich hinsichtlich deren Handhabung. Die aufwendige Strahlführung über gekühlte Kupferspiegel und der erforderliche Bauraum schränken die Flexibilität des CO_2-Lasers stark ein. Festkörperlaser bieten demgegenüber zwar die Strahlführung über eine Lichtleitfaser, besitzen jedoch einen deutlich geringeren Wirkungsgrad. Erst die Entwicklungen auf dem Gebiet der Hochleistungsdiodenlaser erschlossen durch ihre

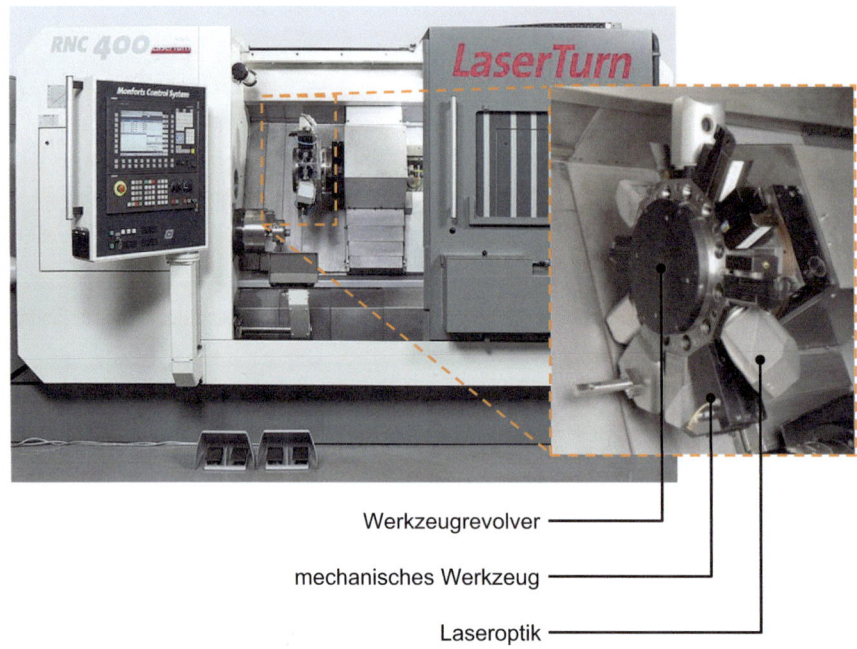

Werkzeugrevolver
mechanisches Werkzeug
Laseroptik

Abb. 6.43 CNC-Drehmaschine mit Laserintegration „Monforts RNC 400 LaserTurn". (Quelle: A. Monforts Werkzeugmaschinen und Fraunhofer IPT)

kompakte Bauweise, das geringe Gewicht und den hohen Wirkungsgrad (bis zu 35 %) neue Gestaltungsmöglichkeiten für die Integration von Lasern in Fertigungsprozesse.

Eine industriell einsetzbare Drehmaschine mit Laserintegration ist in Abb. 6.43 dargestellt. Als Basis dient eine CNC-Drehmaschine mit Haupt- und Gegenspindel sowie einem Werkzeugrevolver. Für die Integration der Laserstrahlführung wurde der Werkzeugrevolver dahingehend modifiziert, dass eine Lichtleitfaser durch die zentrale Welle des Revolvers geführt werden kann. An der Stirnseite der zentralen Welle ist der Faserstecker mit Kollimationsoptik und Umlenkspiegel montiert. Mithilfe dieses Aufbaus wird die Diodenlaserstrahlung (bis zu 4 kW) über den sich im Eingriff befindlichen Werkzeugplatz geführt. Dort wird der kollimierte Laserstrahl von optischen Werkzeugen aufgenommen und bearbeitungsspezifisch auf das Bauteil, unmittelbar vor der sich im Eingriff befindlichen Werkzeugschneide, fokussiert. Entsprechend der angestrebten Bearbeitungsoperation, z. B. Außenrundbearbeitung oder Stirnseitenbearbeitung, können auf dem Werkzeugrevolver Werkzeugpaare aus dem jeweiligen mechanischen Drehwerkzeug und einem dazu eingestellten optischen Werkzeug gebildet werden, die durch Rotation der Revolverscheibe flexibel und schnell eingesetzt werden können. Die Werkzeugaufnahmen sind für optische und mechanische Werkzeuge identisch und können beliebig ausgerüstet werden. So sind neben den beispielhaft genannten Bearbeitungsoperationen Außenrundbearbeitung und Stirnseitenbearbeitung auch Ab- und Einstechen sowie eine

Innenbearbeitung möglich. Durch die Kombination der Bearbeitungsoperationen ist die flexible Bearbeitung von Einzelteilen auf der Haupt- und Gegenspindel, auch ausgehend von Stangenmaterial möglich. Die bei der laserunterstützten Drehbearbeitung entstehenden Späne werden mithilfe von Druckluft aus der Zerspanzone geblasen und über eine Absaugung aus dem Arbeitsraum entfernt [Kasp00]. Der Arbeitsraum ist so gestaltet, dass die Laserstrahlung nicht austreten kann. Für den Maschinenbediener ist die Steuerung der CNC-Maschine mit Laserintegration identisch zu einer CNC-Maschine ohne Laserintegration. Ergänzend müssen lediglich die Befehle zum An- und Ausschalten des Lasers sowie die Laserleistung oder Temperaturvorgabe im NC-Programm implementiert werden. Erste Untersuchungen zum laserunterstützten Drehen unterschiedlicher Werkstoffe erfolgten Anfang der neunziger Jahre. Die Ergebnisse zeigten, dass beim laserunterstützten Drehen von schwerzerspanbaren metallischen Werkstoffen, wie Titan sowie Titan- und Nickelbasislegierungen, die Zerspankraftkomponenten und der Werkzeugverschleiß um 20 – 50 % gesenkt werden [Thom95]; [Kimk11].

Daneben ergaben sich weitere Potenziale zur Drehbearbeitung von Siliziumnitridkeramik mit Laserunterstützung. Die Anwendung der laserunterstützten Warmzerspanung mit definierter Schneide bei keramischen Hochleistungswerkstoffen erweitert die Möglichkeiten zur Keramik-Hartbearbeitung. Im industriellen Einsatz dominieren Bearbeitungsverfahren mit geometrisch unbestimmter Schneide, wie das Schleifen und Läppen. Im Hinblick auf eine möglichst flexible Geometriegestaltung kann das laserunterstütze Bearbeiten eine Lücke schließen. Anwendungen zeigen die technische Machbarkeit. Die Möglichkeit der Warmzerspanung beruht bei Siliziumnitridkeramik auf der Existenz einer Glasphase, die an den Korngrenzen des Gefüges auftritt und die oberhalb von 1000 °C ihre ursprüngliche Festigkeit verliert [Berg02]. Die mit der Erwärmung der Glasphase einhergehende Reduzierung des Verformungswiderstands erlaubt die Zerspanung mit definierter Schneide. Der Bearbeitungsvorgang beginnt daher mit einer Vorwärmphase, in der das Werkstück im Bereich des ersten Werkzeugkontakts durch den Laser auf eine Oberflächentemperatur von mehr als 1100 °C erwärmt wird. Nach Erreichen der notwendigen Initialtemperatur beginnt der Drehprozess [Zabo98]. Die Schnitt- und Laserparameter sind dabei derart an die jeweilige Bearbeitungsaufgabe anzupassen, dass im Spanungsquerschnitt die notwendige Temperatur zur Entfestigung des Werkstoffs aufrechterhalten wird.

Der Einfluss der Oberflächentemperatur vor der Zerspanstelle auf die Zerspankraftkomponenten und den Werkzeugverschleiß beim laserunterstützten Drehen von Siliziumnitridkeramik im Orthogonalschnitt ist in Abb. 6.44 dargestellt. Die Oberflächentemperatur wird während des Prozesses mit einem Pyrometer gemessen und durch eine Regelung der Laserleistung konstant gehalten. Eine Erhöhung der Oberflächentemperatur führt zu einer kontinuierlichen Reduzierung der beiden Zerspankraftkomponenten F_c und F_f. Minimaler Werkzeugverschleiß tritt bei einer Oberflächentemperatur von 1300 °C auf. Bei höheren Temperaturen nimmt der thermisch initiierte Werkzeugverschleiß zu. Aus den Kurvenverläufen der beiden Zerspankraftkomponenten und des Werkzeugverschleißes kann ein optimaler Temperaturbereich für das laserunter-

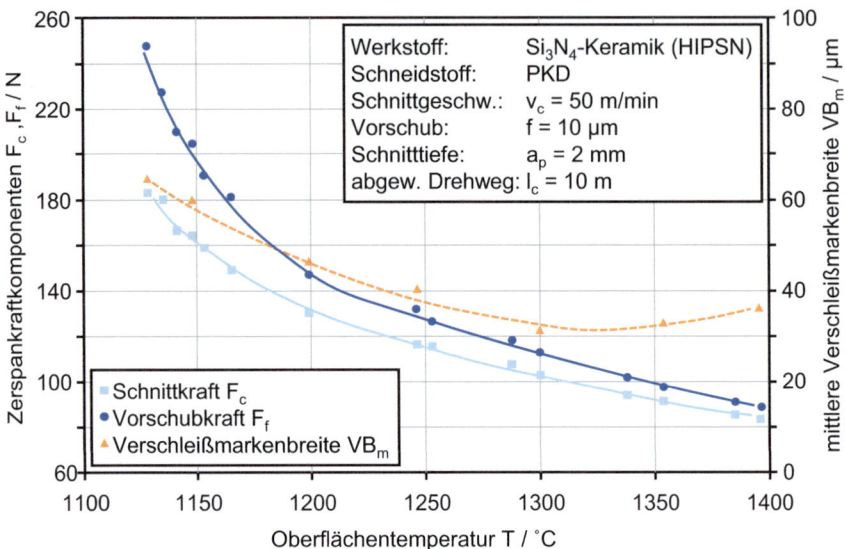

Abb. 6.44 Zerspankraftkomponenten und Werkzeugverschleiß beim laserunterstützten Drehen

stützte Drehen von Siliziumnitridkeramik abgegrenzt werden. Die durch das laserunterstützte Drehen erreichbaren Oberflächenqualitäten (Rz < 2 µm, Ra < 0,2 µm) sind mit denen vergleichbar, die beim Schleifen erzielt werden.

Im Vergleich zum laserunterstützten Drehen ist die Ausbildung eines stationären Temperaturfelds vor dem Werkzeugeingriff beim laserunterstützten Fräsen deutlich schwieriger. Die notwendige Energie zur Erwärmung des Spanungsquerschnitts ist aufgrund der fehlenden Rotation des Werkstücks während eines einmaligen Überlaufs des Laserbrennflecks in das Werkstück einzukoppeln. Mit angepassten Strahlführungssystemen ist dieses möglich. Dazu wird der Laserstrahl mithilfe einer beweglichen Optik vor dem Fräswerkzeug positioniert [Wied12]. Durch die kontinuierliche Bestrahlung des Bauteils vor dem Werkzeug wird großflächig Wärme in das Bauteil eingetragen. Aufgrund dessen ist die thermische Belastung für Werkstück und Werkzeug hoch.

Ein weiterer Ansatz ist die Strahlführung durch die Frässpindel und das Fräswerkzeug [Rose12], wie in Abb. 6.45 gezeigt. Dabei sind das Lichtleitkabel sowie die Kollimationsoptik auf der Spindel drehfest montiert. Der kollimierte Laserstrahl wird als Freistrahl durch die Spindel bis in das Werkzeug geführt. Im Werkzeug erfolgt die Fokussierung und Umlenkung mithilfe eines Prismas, sodass der Laserbrennfleck unmittelbar vor der Schneide die Scherzone erwärmt. Die Brennfleckgröße ist annähernd gleich der Spandicke und der Brennfleck rotiert mit der Schneide. Durch die Berechnung des Schnittwinkels emittiert der Laser nur Strahlung während sich die Schneide im Eingriff befindet. Im Vergleich zur Strahlführung außerhalb des Werkzeugs ist die thermische Beeinflussung des Werkstücks geringer und die Laserleistung wird effektiver ausgenutzt, da nur der zu zerspanende Bereich gezielt erwärmt wird.

6.3 Technologie

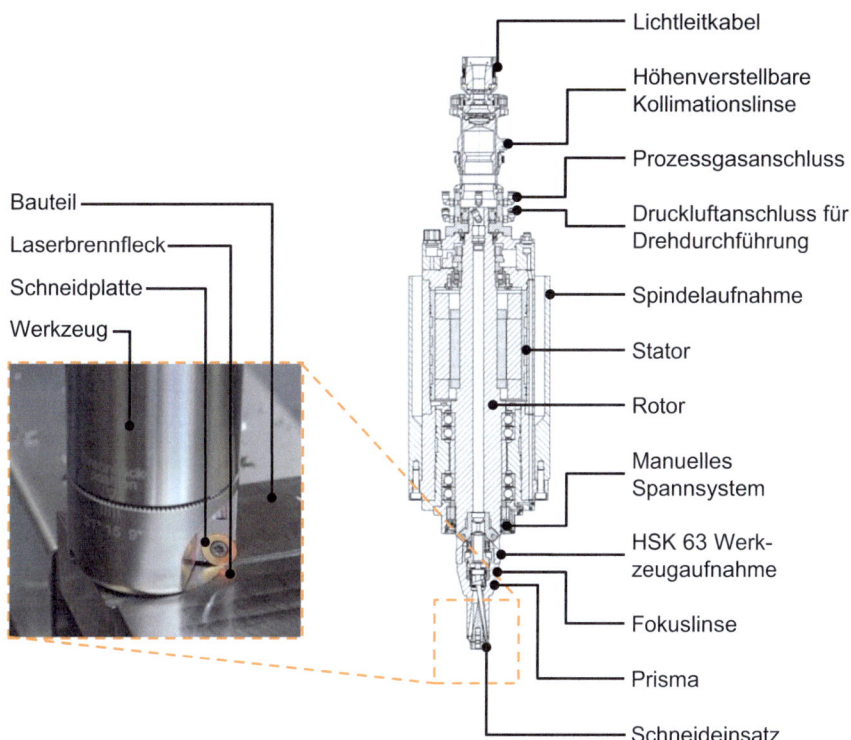

Abb. 6.45 Strahlführung durch das Werkzeug beim laserunterstützten Fräsen (Quelle: Fraunhofer IPT)

Die Zerspanuntersuchungen zum laserunterstützten Fräsen zeigen, dass die mechanische Wechselbeanspruchung beim Schneidenein- und -austritt durch eine thermisch induzierte Entfestigung des Werkstoffs minimiert und damit der Werkzeugverschleiß herabgesetzt werden kann. Beim laserunterstützten Fräsen eines Vergütungsstahls (30NiCrMo16-6, $R_m = 1800$ N/mm^2) können die Zerspankraftkomponenten um mehr als 60 % und der Werkzeugverschleiß um 60 bis 70 % gegenüber der konventionellen Bearbeitung reduziert werden. Weiterhin ermöglicht das Fräsen mit Laserunterstützung eine Steigerung der Zeitspanvolumen um das Dreifache. Bei typischen im Werkzeug- und Formenbau eingesetzten Warm- und Kaltarbeitsstählen, die auf 58 bis 62 HRC gehärtet werden, sowie bei Kobaltbasislegierungen sind vergleichbare Ergebnisse erzielbar. In Abb. 6.46 wird die Reduktion der Zerspankraftkomponenten am Beispiel der Bearbeitung der Titanlegierung TiAl6V4 gezeigt. Durch die Laserunterstützung können die Schnittkraft um bis zu 40 % und die Passivkraft um bis zu 50 % reduziert werden. Der Werkzeugverschleiß der eingesetzten polykristallinen Diamant-Wendeschneidplatte (PKD-Wendeschneidplatte) kann um 25 % reduziert werden.

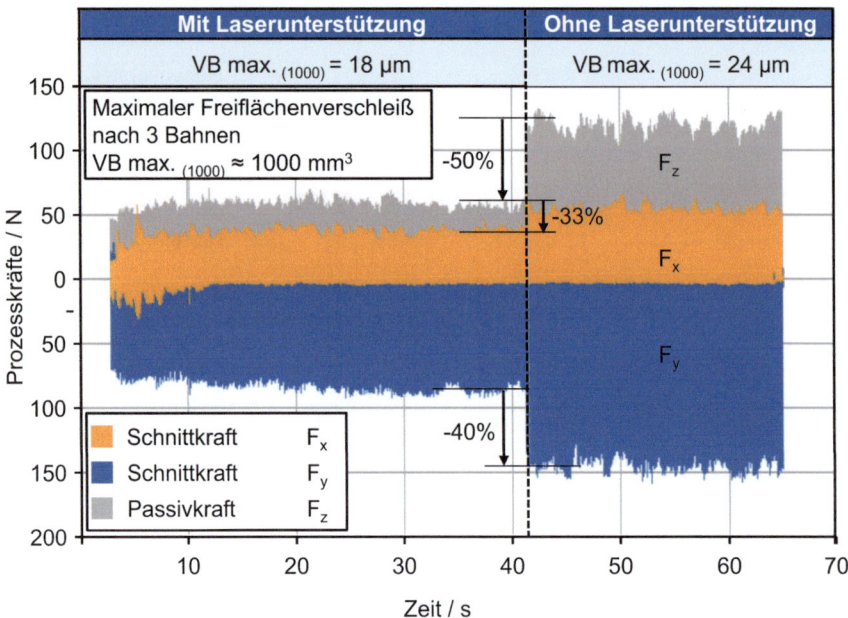

Abb. 6.46 Zerspankraftkomponenten beim laserunterstützten Fräsen von TiAl6V4

Die laserunterstützte Warmzerspanung konnte sich bisher noch nicht in der industriellen Fertigung durchsetzen. Wesentlicher Hinderungsgrund ist die noch unzureichende Wirtschaftlichkeit des Verfahrens. Dabei sind sowohl der Investitionsaufwand für eine Werkzeugmaschine mit integrierter Strahlführung und Laserquelle als auch die laufenden Betriebskosten für die angewandte Erwärmungsmethode in die Bewertung mit einzubeziehen. Im Hinblick auf einen industriellen Einsatz des laserunterstützten Fräsens sind zudem Aufgabenstellungen wie beispielsweise die Entwicklung geeigneter CAM-Systeme noch zu lösen sowie mehrschneidige Werkzeuge zu entwickeln.

6.3.5.2 Laserunterstützte Blechbearbeitung

Die wachsende Nachfrage nach hochbelastbaren Komponenten für die Luft- und Raumfahrttechnik, die Automobilindustrie, den chemischen Anlagenbau und die Medizintechnik verlangt den Einsatz leistungsfähiger Werkstoffe. So werden typische Bauteile wie Einströmringe, Behälterböden, Felgenringe oder Laborzentrifugen zunehmend aus Titan- und Nickelbasislegierungen sowie aus rost- und säurebeständigen Stählen gefertigt. Wie auch andere Fertigungsverfahren stößt das Metalldrücken bei der Bearbeitung von Hochleistungswerkstoffen an seine Grenzen. Zusätzliche Wärmebehandlungen sind häufig notwendig. In der industriellen Fertigung werden zwei Wärmebehandlungsverfahren eingesetzt: das Rekristallisationsglühen in separaten Öfen oder die simultane Erwärmung des Werkstücks durch mehrere Gasbrenner. Werden mehrere, oftmals handgeführte Gasbrenner zum simultanen Erwärmen des gesamten Werkstücks eingesetzt, ist die eingebrachte Wärmemenge schwierig kontrollierbar. Wird alternativ kalt umgeformt und das kaltverfestigte Werkstück zur Rekristallisation in separaten Öfen mehrfach zwischengeglüht, steigen die Fertigungszeiten und Fertigungskosten. Neben den Glühzeiten muss auch der zusätzliche Handhabungsaufwand berücksichtigt werden. Beim Einsatz von Gasbrennern schwanken die Qualitätseigenschaften des Bauteils hinsichtlich der mechanischen Warmfestigkeit und der Korrosionsbeständigkeit. Aufgrund der schlechten Dosierbarkeit der eingebrachten Wärmemenge treten Diffusionsprozesse und Gefügeveränderungen auf. Speziell bei der Warmumformung von Titanlegierungen werden die festigkeitsmindernden Elemente Stickstoff, Wasserstoff und Sauerstoff durch die Acetylen-Sauerstoff-Flamme in die Werkstückrandzone eingebracht. Um einen Sprödbruch des Bauteils im Einsatz zu vermeiden, ist ein nachgeschaltetes Diffusionsglühen im Vakuum oder in einer Schutzgasatmosphäre erforderlich [Pete02].

Bei der Kaltumformung mit zwischengeschalteten Glühstufen ist die Geometriekomplexität je Umformschritt aufgrund der Kaltverfestigung des Werkstoffs eingeschränkt. Die thermische Belastung der Werkzeugmaschine beim Einsatz von Gasbrennern ist hoch. Um eine Schädigung der Werkzeuge und der Hauptspindel zu vermeiden, sind umfangreiche Maßnahmen zur Isolation und Kühlung zu treffen. Bedingt durch die vergleichsweise niedrige Energiedichte einer Gasflamme wird das gesamte Werkstück erwärmt und nicht nur die für die Umformung relevanten Bereiche. Ein erheblicher Wärmeabfluss in die Werkzeugmaschine ist die Folge. Steuerungs- und regelungstechnisch ist die „Erwärmungseinheit Gasbrenner" nicht mit der Werkzeugmaschine verknüpft. Mittels eines handgeführten Wärmesensors wird geprüft, wann die Gasbrenner manuell zu- oder abgeschaltet werden. Bei der Warmumformung unter Zuhilfenahme von Gasbrennern sind auch besondere Aspekte der Arbeitssicherheit zu beachten. Es besteht Bedarf an einer Methode zur gezielten, simultanen Erwärmung der Umformzone, um Hochleistungswerkstoffe in einer Aufspannung komplett bearbeiten zu können. Die Erwärmung mittels eines Laserstrahls erfüllt diese Forderung (Abb. 6.47).

Eine kommerziell verfügbare Werkzeugmaschine zum laserunterstützten Drücken ist in Abb. 6.48 dargestellt. Diese Maschine basiert auf einer konventionellen Drückmaschine. Sie verfügt über zwei Werkzeugrevolver, einen Haupt- sowie einen Nebenrevolver, die jeweils über zwei Linearachsen im Maschinenraum bewegt werden können. Dabei ist der Hauptrevolver für die benötigten Drückwerkzeuge vorgesehen, da über eine zusätzliche Schwenkachse des Revolvers stets identische Eingriffsbedingungen der Drückrolle an der Werkstückoberfläche gewährleistet werden können. Diese zusätzliche Einstellmöglichkeit ist besonders vorteilhaft für die Einbindung eines Lasers, da die Kontaktposition der Drückrolle auf der Werkstückoberfläche immer eindeutig erfasst werden kann und somit eine gleichbleibende Positionierung des Laserbrennflecks auf die Umformzone möglich wird. Der Nebenrevolver befindet sich auf der dem Hauptrevolver gegenüberliegenden Seite der Spindel. Dieser dient zur Aufnahme sämtlicher Drückhilfen und Zusatzwerkzeuge. An dessen Bewegungseinheit wurde zusätzlich ein speziell für das laserunterstützte Drücken entwickelter Bearbeitungskopf angebracht. Dieser ver-

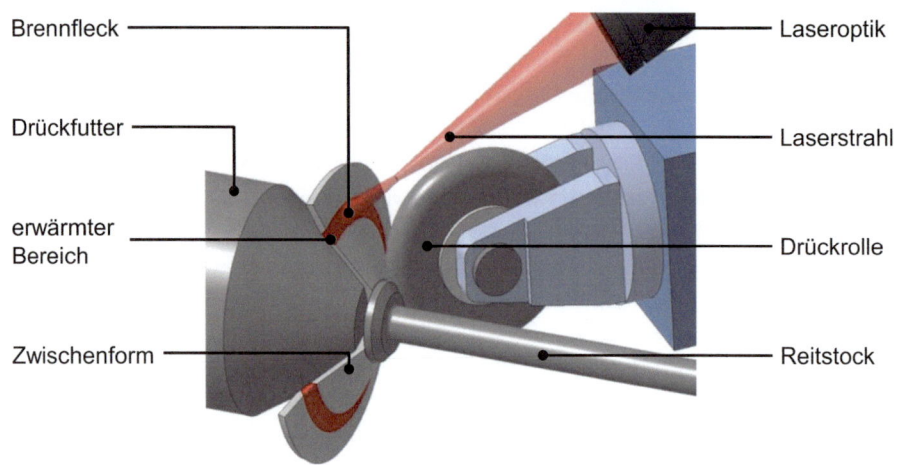

Abb. 6.47 Prozessprinzip des laserunterstützten Projizierstreckdrückens. (Quelle: Fraunhofer IPT)

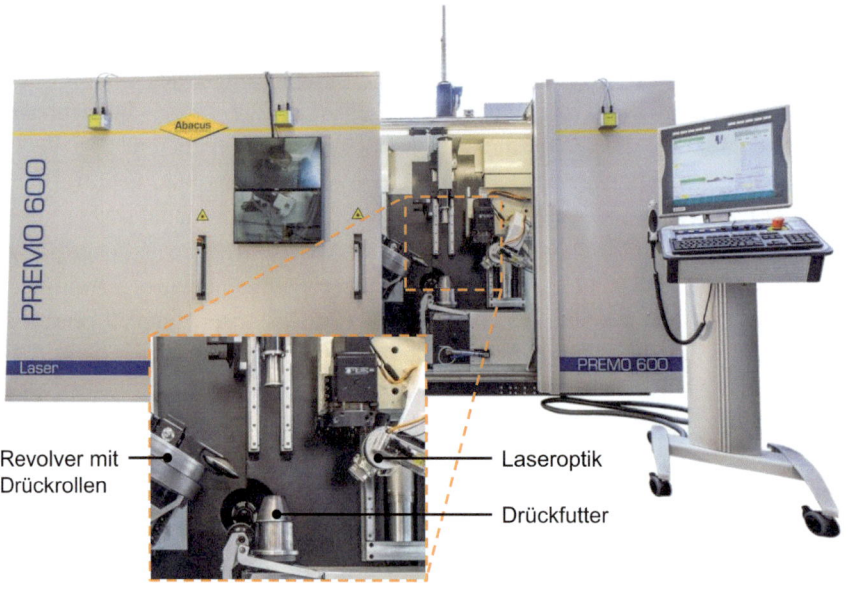

Abb. 6.48 Drückmaschine mit Laserintegration. (Quelle: Abacus Maschinenbau)

fügt über eine zusätzliche Dreheinheit, mit der der Einstrahlwinkel des Lasers auf der Werkstückoberfläche eingestellt werden kann. Weiterhin ist in den Bearbeitungskopf ein Quotientenpyrometer integriert, mit dem sowohl die Temperatur im Brennfleck erfasst wird als auch bei Vorgabe einer Solltemperatur die Laserleistung geregelt werden kann.

So können während der gesamten Bearbeitung gleichmäßige Erwärmungsbedingungen in der Umformzone aufrechterhalten werden. Zur Gewährleistung der Lasersicherheit wurde die Maschine mit einer aktiven Laser-Schutzumhausung versehen. Die Ansteuerung von Laserstrahlquelle und Laseroptik erfolgt direkt über die Maschinensteuerung. Dazu wurde die steuerungstechnische Einbindung derart realisiert, dass für die Bedienung der Maschine kein laserspezifisches Fachwissen erforderlich ist.

Grundsätzlich ist das laserunterstützte Drücken entsprechend dem umzuformenden Werkstoff zu unterteilen. Zum einen werden die Formgebungsgrenzen kalt umformbarer Werkstoffe erweitert. Ein Beispiel hierfür ist der rost- und säurebeständige Chrom-Nickel-Stahl X5CrNi18-10 (1.4301). Mittels Laserstrahlunterstützung kann auf die konventionell erforderlichen, zwischengeschalteten Rekristallisationsglühschritte verzichtet werden. Zum anderen wird durch die laserunterstützte Warmumformung eine technisch relevante Bearbeitung erst ermöglicht [Kloc04, Berg05, Brum16]. Ein Beispiel hierfür ist die Titanlegierung TiAl6V4 (Titan Grade 5). Umfangreiche prozesstechnologische Untersuchungen zum einstufigen Projizierstreckdrücken und dem stufenweisen Drücken des universell eingesetzten Chrom-Nickel-Stahls X5CrNi18-10 (1.4301) haben gezeigt, dass die Verfestigung pro Umformstufe mittels simultaner Laserstrahlerwärmung um 40 % verringert wird. Die erreichbaren Umformgrade pro Drückstufe werden um 15 bis 25 % gesteigert. Komplexe Bauteilgeometrien lassen sich in einer Aufspannung realisieren. Unter Einsatz der im industriellen Drückbereich üblichen „Teach-In"-Programmierung konnten z. B. Ronden aus X5CrNi18-10 mit einem Ausgangsdurchmesser von 172 mm auf ein zylindrisches Drückfutter mit einem Durchmesser von 70 mm laserunterstützt gedrückt werden. Das realisierte Drückverhältnis (Verhältnis von Rondendurchmesser zu Drückfutterdurchmesser) von ca. 2,4 ist mittels Kaltumformung nicht ohne Zwischenglühstufen zu erreichen. Rundlauf und Rundheit der warm umgeformten Bauteile lagen im Bereich zwischen 20 und 40 µm. Bei optimierter Prozessführung werden gemittelte Rautiefen im Bereich von 0,6 bis 0,8 µm erreicht. Wird eine gezielte Erhöhung der Bauteilfestigkeit gewünscht, kann der Laser während der letzten Drückstufen deaktiviert werden, sodass der Werkstoff hierbei kalt verfestigt. Ein weiterer Vorteil gegenüber der Kaltumformung sind die geringeren Umformkräfte, da die Fließspannung mit zunehmender Temperatur sinkt. Für die Bearbeitung großer Umformquerschnitte beziehungsweise Wanddicken sind hohe Umformkräfte nötig, die die Maximalkräfte der Werkzeugmaschine überschreiten können.

Durch die laserunterstützte Umformung wird der erforderliche Kraftaufwand um 20 bis 40 % reduziert und somit wird das Anwendungsspektrum bestehender Maschinen erweitert. Aufgrund des hohen Streckgrenzenverhältnisses von ca. 90 % und der geringen Gleichmaßdehnung von ca. 13 % ist die Kaltformgebung der zweiphasigen, universell einsetzbaren Titanlegierung TiAl6V4 auf einen engen Bereich eingeschränkt. Als Referenz durchgeführte Kaltdrückversuche endeten mit einem duktilen Bruch der Proben (Abb. 6.49) und einer Beschädigung der eingesetzten Drückwerkzeuge, aufgrund der hohen Festigkeit von über 900 MPa dieser Titanlegierung. Ab einer geregelten Umformtemperatur von ca. 500 °C ist eine Umformung möglich. Durch Steigern der Umform-

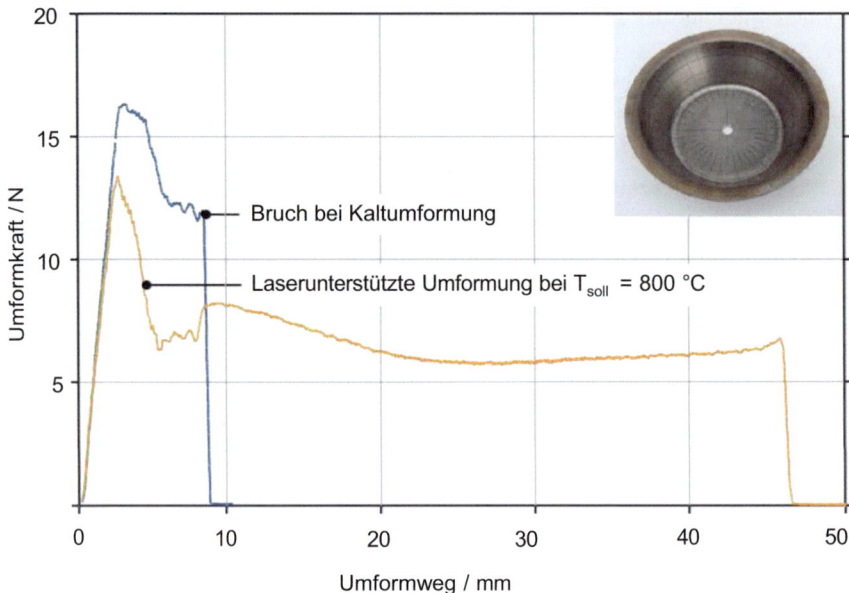

Abb. 6.49 Umformkräfte beim Projizierstreckdrücken der Titanlegierung TiAl6V4

temperatur auf einen Bereich zwischen 750 und 850 °C wurden Mikrorisse in der Werkstückrandzone vermieden und die Umformkraft beim Projizierstreckdrücken 2,2 mm dicker Ronden von ca. 12 kN auf ca. 6 kN reduziert. Die Härte des Werkstoffs wurde durch die laserunterstützte Umformung nur wenig verändert. Diese betrug 372 HV 0,1 im Vergleich zu 357 HV 0,1 des Ausgangsmaterials. Um mögliche Diffusionsprozesse der Elemente Sauerstoff, Stickstoff und Wasserstoff in die Werkstückrandzone zu untersuchen, wurden EDX-Analysen (engl.: energy dispersive X-ray spectroscopy, dt.: Energiedispersive Röntgenspektroskopie) der laserunterstützt umgeformten Proben über die Wanddicke durchgeführt.

Ein Anstieg der Gehalte konnte nicht festgestellt werden. Dies ist auf die lokal und zeitlich begrenzte Wärmeeinwirkung beim laserunterstützten Drücken zurückzuführen. Eine neu entwickelte keramische Drückwalze wurde im Rahmen der Warmumformung von TiAl6V4 erprobt. Im Vergleich zum Einsatz konventioneller Stahlwalzen wurde die Oberflächenqualität der Titanbauteile um 25 bis 30 % (Rz < 0,55 µm, Ra < 0,15 µm) verbessert. Ursachen hierfür sind die hohe Verschleißbeständigkeit und die fehlende Affinität der Keramik zum metallischen Werkstück.

Ein weiteres Verfahren der Blechbearbeitung, das im Hinblick auf das bearbeitbare Werkstoffspektrum, die Werkzeugstandzeit sowie die erzielbare Bearbeitungsqualität an seine Grenzen stößt, ist das Scherschneiden. Insbesondere ist hier die Bearbeitungsqualität der Trennfläche zu nennen. So weist diese oftmals einen hohen Bruchanteil auf. Weiterhin treten bei der Bearbeitung oftmals eine hohe Schneidkraft sowie ein

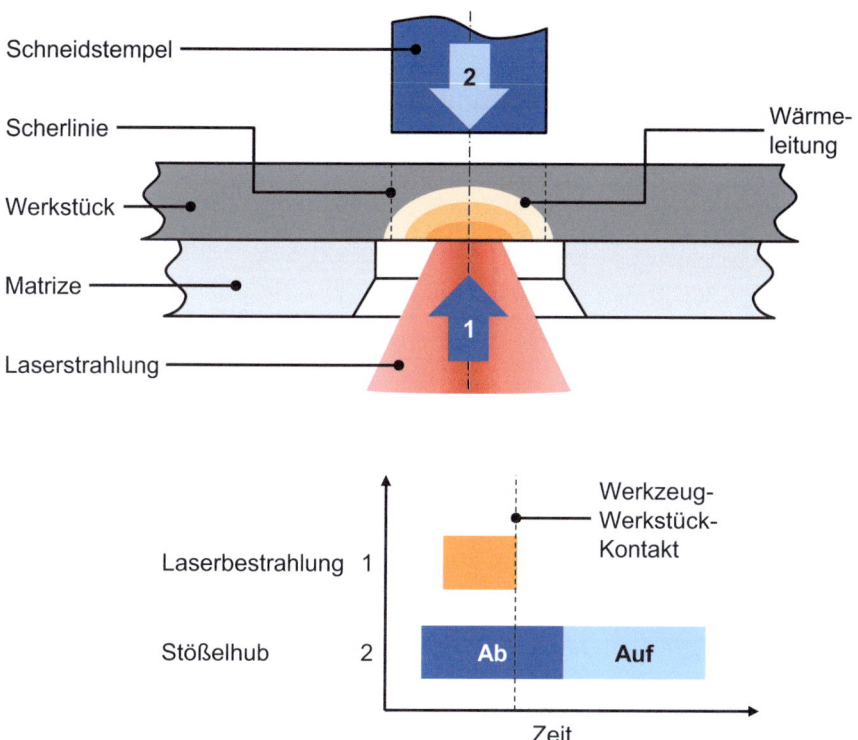

Abb. 6.50 Prozesszyklus des laserunterstützten Scherschneidens [Emon10]

hoher Werkzeugverschleiß auf. Hier bietet die Laserunterstützung eine Möglichkeit, die Prozessgrenzen zu erweitern. Dabei wird das Werkstück innerhalb weniger Zehntelsekunden mittels Laserstrahlung vor dem Scherschneiden gezielt im Bereich der Scherzone erwärmt, um den Werkstoff lokal zu entfestigen. So werden das Fließvermögen des Werkstoffs gesteigert und eine deutliche Erhöhung des Glattschnittanteils bei reduzierten Prozesskräften möglich [Brec09]. Das Verfahrensprinzip ist in Abb. 6.50 dargestellt.

In Abb. 6.51 sind konventionelles und laserunterstütztes Scherschneiden gegenübergestellt. Gegenüber dem konventionellen Scherschneiden ermöglicht der Hybridprozess eine Verbesserung der Schnittflächenqualität bei geringerer Prozesskraft und einem günstigeren Kraftverlauf. Bei der Bearbeitung von 3 mm dicken Blechen des hochlegierten Stahls X5CrNi18-10 (1.4301) konnten mittels Laserunterstützung der Glattschnittanteil von 30 % auf 90 % der Blechdicke gesteigert sowie der Kanteneinzug um 60 % reduziert werden. Die benötigte Schnittkraft wurde dabei um über 70 % verringert [Emon10].

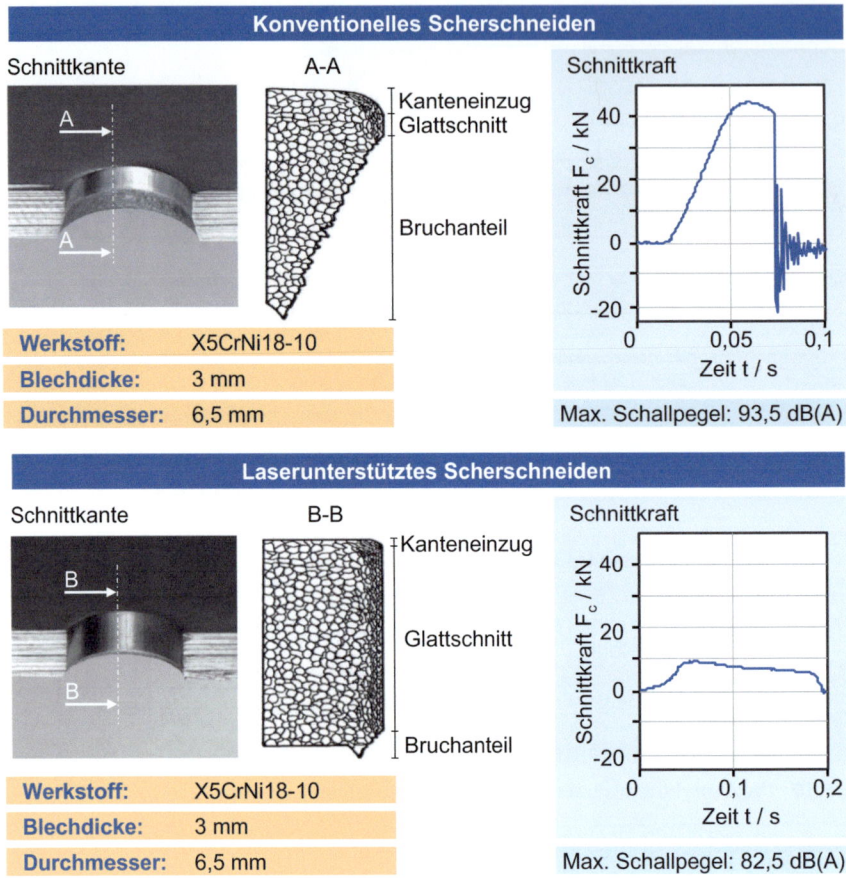

Abb. 6.51 Vergleich von konventionellem und laserunterstütztem Scherschneiden [Emon10]

6.3.6 Freies Biegen mit Laserstrahlung

Die Besonderheiten von Laserstrahlung lassen beim freien Biegen von Blechbauteilen erweiterte Anwendungen erwarten. Die Umformung erfolgt ausschließlich durch die berührungslose Indizierung thermischer Spannungen mithilfe des Laserstrahls. Beim Flammrichten verzogener Bauteile wird dieses physikalische Prinzip seit vielen Jahren angewendet. In Abb. 6.52 ist das Verfahrensprinzip der Laserstrahlumformung metallischer Halbzeuge schematisch dargestellt. Das Blech bewegt sich mit konstanter Vorschubgeschwindigkeit unterhalb des ortsfesten Laserstrahls entlang einer definierten Biegelinie. Die an der Werkstückoberfläche absorbierte Energie des Laserstrahls wird in thermische Energie umgesetzt und bewirkt aufgrund der hohen Intensität des Laserstrahls eine rasche Erwärmung der Randschicht.

Der Temperaturausgleich im Werkstück geschieht durch Wärmeleitung, sodass unterhalb der bestrahlten Fläche ein Temperaturfeld entsteht, welches bei einer

6.3 Technologie

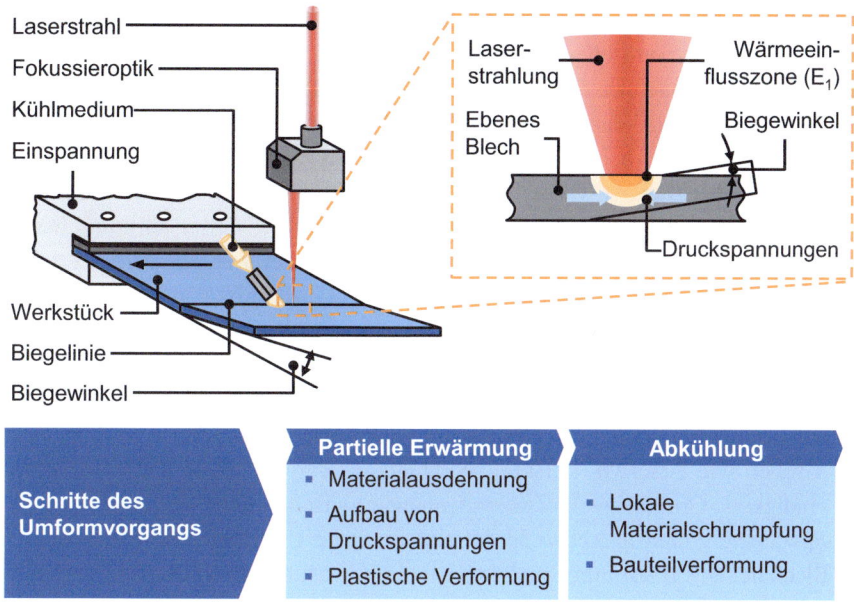

Abb. 6.52 Verfahrensprinzip der Laserstrahlumformung

zweidimensionalen Betrachtungsweise zu einer Wärmeeinflusszone E_1 zusammengefasst werden kann. In dieser Zone kommt es in Abhängigkeit von der Temperatur zu einer unterschiedlich stark ausgeprägten thermischen Ausdehnung und Reduzierung der Streckgrenze des Materials. Da diese wärmebedingte Werkstoffdehnung aber vom kälteren Werkstoff der unmittelbar benachbarten Umgebung behindert wird, entstehen in der erwärmten Zone Druckspannungen. Diese sind in ihrer Höhe durch die der jeweiligen Temperatur entsprechende Warmstreckgrenze des Werkstoffs begrenzt. Erreicht die Druckspannung diesen Wert, so entstehen plastische Stauchungen. Eine Schädigung des Materials ist bei der Erwärmung nicht vorhanden, weil mit ansteigender Temperatur die Verformbarkeit des Materials zunimmt [Henn01, Voll96]. Nach Beendigung der Erwärmungsphase kommt es zu einer Schrumpfung des plastifizierten Bereiches infolge des Temperaturgefälles in Blechdicken- und Blechbreitenrichtung. Der Grad der Schrumpfung, der sich in Form eines Biegewinkels auswirkt, wird von der Größe der Wärmeeinflusszone, der Höhe des Temperaturgefälles von der Wärmeeinflusszone zum benachbarten Werkstoff, der Streckgrenze und dem Wärmeausdehnungskoeffizienten des Werkstoffs sowie dessen Elastizitätsmodul, aber auch von der Steifigkeit des Bauteils entscheidend beeinflusst [Frac90, Geig91, Kitte93, Köni93].

Der Einsatz des Laserstrahls bietet vor allem aufgrund der guten Fokussierbarkeit und der exakten Steuerbarkeit der Strahlintensität Vorteile gegenüber anderen Wärmequellen. Mithilfe des Lasers lassen sich partiell scharf abgegrenzte Bereiche definiert erwärmen, um den beschriebenen Umformmechanismus einzuleiten. Als Strahlquellen können grundsätzlich sowohl Gas-(CO_2)- als auch Festkörperlaser (Nd:YAG) eingesetzt werden. Beide Quellentypen stellen die für die Umformung von Blechdicken über 1 mm benötigten Strahlleistungen im Kilowattbereich zur Verfügung. Unterschiede bestehen vor allem in der Wellenlänge der Laserstrahlung und den daraus resultierenden Absorptionseigenschaften. Während beim CO_2-Laser zur besseren Energieeinkopplung absorptionsfördernde Coatingschichten wie z. B. Graphit auf die Werkstückoberfläche aufgetragen werden müssen, kann bei der Bearbeitung mit dem Nd:YAG-Laser aufgrund der zehnfach kürzeren Wellenlänge von 1,06 µm darauf verzichtet werden. Ferner erfolgt die Strahlführung beim Festkörperlaser mithilfe von Lichtleitfasern, wodurch die Flexibilität des Verfahrens erhöht wird. Demgegenüber ist die maximale Ausgangsleistung heutiger Nd:YAG-Laser geringer als die von CO_2-Lasern.

Zu den wesentlichen Stell- und Einflussgrößen des Laserstrahlumformprozesses zählen bauteilbezogene Größen wie Werkstoffart und Blechdicke sowie verfahrensspezifische Größen wie Lasertyp, Leistung, Strahlabmessung im Brennfleck und Vorschubgeschwindigkeit. Grundlegende Zusammenhänge zwischen dem Umformgrad und den Prozessparametern sind in Abb. 6.53 für eine einfache Umformaufgabe dargestellt. Bei einer Blechdicke von 0,75 mm und konstanter Vorschubgeschwindigkeit sind mit zunehmender Laserleistung nur geringe Änderungen des Biegewinkels zu verzeichnen. Er beträgt im Durchschnitt 5° pro Überlauf. Durch mehrfaches Überfahren der gleichen Biegelinie sind größere Biegewinkel erzielbar, wobei zwischen der Anzahl der Überläufe und dem Biegewinkel ein degressiver Zusammenhang besteht. Ursache hierfür ist eine Abnahme der absorbierten Wärmemenge bedingt durch die mit steigendem Biegewinkel ungünstigeren Einstrahlbedingungen des Laserstrahls und die bei mehrfacher Strahlbeaufschlagung eintretende Schädigung der Graphitschicht. Weitere Prozessvorteile sind durch die Bearbeitung mit Nd:YAG-Laser zu erreichen. Gegenüber dem CO_2-Laser ist eine Steigerung des Biegewinkels um ca. 20 % möglich. Der Vergleich unterschiedlicher Werkstoffe zeigt, dass der in einem Überlauf realisierbare Biegewinkel linear mit zunehmendem Verhältnis vom thermischen Ausdehnungskoeffizienten zur volumenbezogenen Wärmekapazität ansteigt. Dementsprechend ergeben sich in der Reihenfolge Stahl, Titan, Edelstahl, Kupfer, Messing und Aluminiumlegierung zunehmende Biegewinkel [Geig93, Köni93, Voll96].

Als Folge der örtlichen Wärmeeinwirkung treten beim Laserstrahlumformen in den wärmebeeinflussten Bereichen Gefügeveränderungen auf, die im Hinblick auf den jeweiligen Anwendungsfall und die geforderten Gebrauchseigenschaften des Bauteils zu berücksichtigen sind. Art und Ausdehnung der Gefügebeeinflussung hängen vom Werkstoff, der maximalen Prozesstemperatur und den jeweiligen Abkühlbedingungen ab. Untersuchungen an Karosserieblechen aus DC01 ergaben z. B. eine deutliche Kornfeinung verbunden mit einem geringen Härteanstieg um etwa 10 % in der Umformzone. Wesentlich ausgeprägtere Härtesteigerungen treten dagegen bei Stählen mit Kohlenstoffgehalten > 0,2 % auf, sofern beim Umformvorgang die zur Martensitbildung notwendige Austenitisierungstemperatur überschritten und die kritische Abkühlgeschwindigkeit unterschritten wird. Des Weiteren können sich durch die wiederholte Wärmeeinbringung

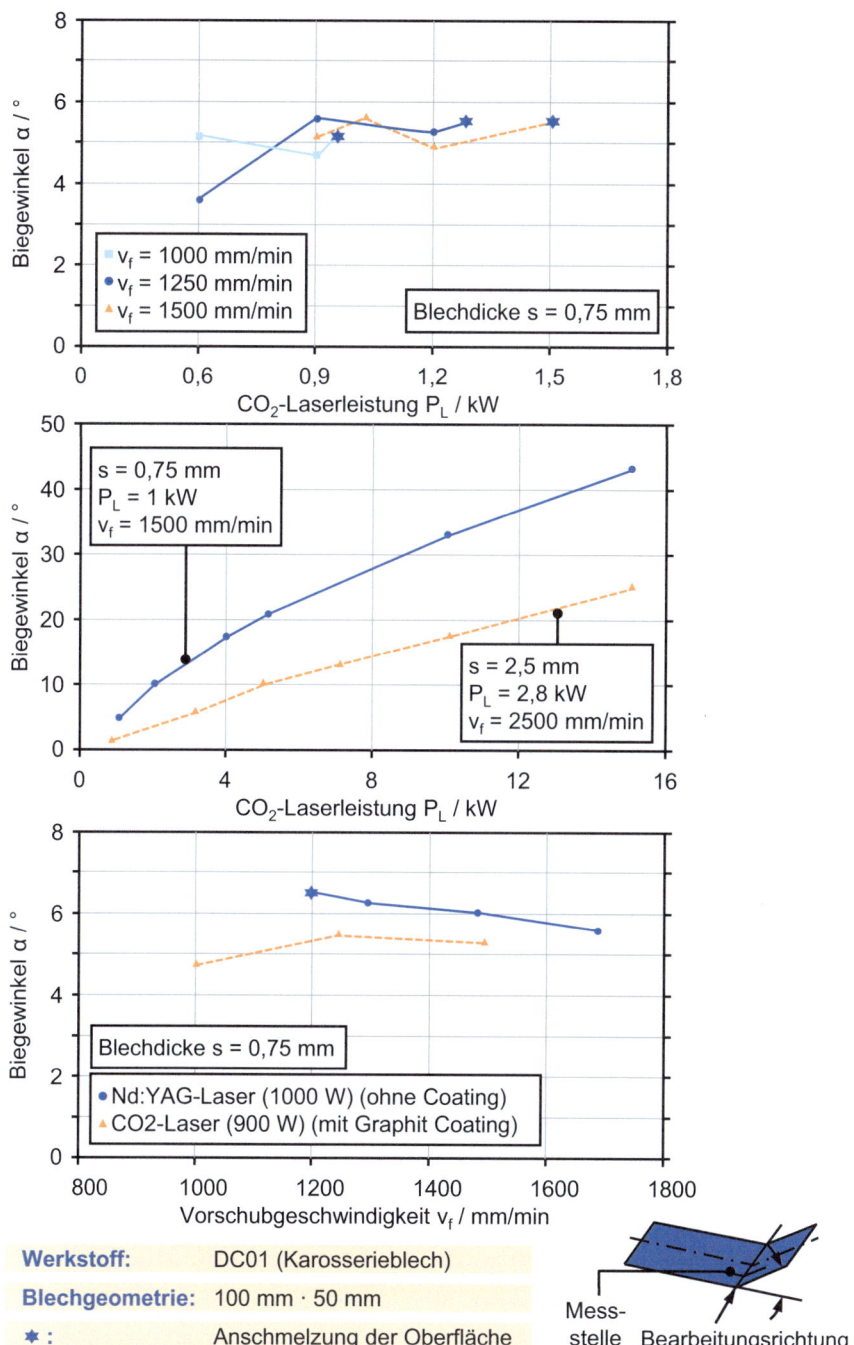

Abb. 6.53 Abhängigkeit des Biegewinkels von wesentlichen Prozessstell- und -einflussgrößen

bei der Umformung Ausscheidungen auf den Korngrenzen bilden, die z. B. bei Al–Mg-Legierungen die Korrosionsbeständigkeit der Werkstoffe herabsetzen [Kitte93, Voll96].

6.4 Anwendungsbeispiele und Verfahrensvarianten

6.4.1 Laserstrahlschneiden

Das Laserstrahlschneiden wird vielseitig zur Herstellung von Bauteilen und Produkten für unterschiedliche Branchen, z. B. die Automobilindustrie oder die Medizintechnik eingesetzt. Sowohl Prototypen oder Einzelteile wie auch Serienteile können mit entsprechenden Anlagensystemen hergestellt werden. Das Laserstrahlschneiden erfüllt hier in nahezu idealer Weise die Forderung nach einer hohen Flexibilität in Bezug auf geringe Stückzahlen und hohe Variantenvielfalt. Darüber hinaus können Serienteile z. B. in automatisierten Anlagen mit mehreren Bearbeitungsköpfen schnell und kostengünstig bearbeitet werden. Zurzeit werden häufig mehrachsige Laserstrahlschneidanlagen mit CO_2-Lasern für das dreidimensionale Schneiden eingesetzt. Alternativ ist der Einsatz von Festkörperlasern zum 3D-Schneiden möglich. Das Laserstrahlschneiden eines Blechs mittels Faserlaser ist in Abb. 6.54 dargestellt. Abb. 6.55 zeigt eine Laserstrahlschneidanlage mit zwei Bearbeitungsköpfen für CO_2-Laserstrahlung zur parallelen Bearbeitung von Blechteilen. Die Laserstrahlschneidanlagen können zusätzlich mit Modulen zum Biegen oder Stanzen der Bleche ausgerüstet werden.

Abb. 6.56 zeigt zwei zweidimensionale Schnittmuster aus dem Bereich des Brennschneidens mittels Faserlaser im cw-Betrieb. Die gezeigten Musterteile müssen nach

Abb. 6.54 Laserstrahlschneiden eines Blechs mittels Faserlaser. (Quelle: Bystronic)

6.4 Anwendungsbeispiele und Verfahrensvarianten 351

Abb. 6.55 Laserstrahlschneiden eines Blechs mittels CO2-Laser mit mehreren Schneidköpfen zur Parallelbearbeitung. (Quelle: Trumpf)

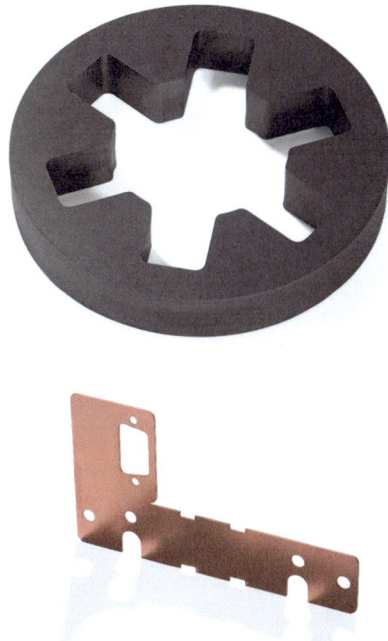

Abb. 6.56 Laserstrahlgeschnittene Bauteile. (Quelle: Bystronic)

dem Trennen nicht mehr wärmebehandelt werden. Ferner werden auch scharfkantige Konturen mit spitzen Winkeln aus metallischen Werkstoffen im Materialdickenbereich < 10 mm hergestellt. Im Allgemeinen werden Schnittfronten senkrecht zur Werkstückoberfläche gefordert. Durch Änderung des Einstrahlwinkels sind jedoch auch Winkelvariationen möglich.

Das Laserstrahlschneiden ist industriell etabliert. Es zeichnet sich durch eine hohe Flexibilität bei guter Schnittqualität aus. Insbesondere können komplizierte Formdurchbrüche und schmale Stege bei geringen Schnittspaltbreiten hergestellt werden. Die zu bearbeitende Werkstoffpalette reicht von Eisenwerkstoffen über Kunststoffe zu keramischen Werkstoffen, schließt aber auch Bauteile aus organischen Materialien wie z. B. Holz, Karton oder Lebensmittel ein.

6.4.2 Laserstrahlfügen

Das Laserstrahlschweißen bzw. -löten findet, trotz der vergleichsweise hohen Investitionskosten für die Strahlquelle, Anwendung in der industriellen Produktion. Dies ist zum einen auf die verfahrensspezifischen Vorteile (Tab. 6.8) zurückzuführen, die das Laserstrahlfügen gegenüber konventionellen Fügeverfahren bietet. Andererseits eröffnen das Laserstrahlschweißen und -löten neue Lösungswege bei der Bauteilkonstruktion, die sich mit konventionellen Schweißverfahren nicht realisieren lassen [Kohl88].

Tab. 6.8 Verfahrensspezifische Vor- und Nachteile des Laserstrahlfügens

Verfahrensspezifische Vorteile des Laserstrahlfügens	Verfahrensspezifische Nachteile des Laserstrahlfügens
Berührungslose Bearbeitung: Verschleißfreies Werkzeug kraftarme Bearbeitung, großer Arbeitsabstand, schnelle und flexible Strahlführung durch Scanner	Bei engen Toleranzen: Erhöhter Vorbearbeitungsaufwand
Schmale und tiefe Nahtgeometrien (Schweißen), glatte Oberflächen (Wärmeleitungsschweißen, Löten), hohe Nahtqualität, große Blechdicken, geringe Nacharbeit	Präzise Strahlführung: Handhabungseinrichtungen mit hoher Bahntreue, sensorunterstütze Bearbeitung
Geringer Energieeintrag: Kleine Wärmeeinflusszone, geringe thermische Schädigung, geringer Verzug der Bauteile	Genaue Spannvorrichtungen
Lokal eng begrenzter Energieeintrag: Hohe Vorschubgeschwindigkeiten, kleinste Stoßgeometrien, wärmeempfindliche Bauteile	
Gute Steuerbarkeit und hoher Automatisierungsgrad: Angepasster und reproduzierbarer Energieeintrag, reproduzierbare Fertigungsqualität	

6.4 Anwendungsbeispiele und Verfahrensvarianten

Abb. 6.57 Laserschweißen von Rohren. (Quelle: Fraunhofer IPT)

Das Laserstrahlfügen wird beispielsweise im Maschinen- und Anlagenbau eingesetzt. Abb. 6.57 zeigt das Tiefschweißen von Rohren z. B. für Wärmeübertrager. Das Haupteinsatzgebiet für das Laserstrahlfügen liegt in der Automobilindustrie und deren Zulieferbetrieben bei der Fertigung von Motoren- und Getriebekomponenten sowie im Karosseriebau [Kohl88, Hall03, Elsn04]. Ein Beispiel aus dem Getriebebau (Abb. 6.58) ist die Herstellung von Gangrädern. Hierbei wird ein weiteres Zahnrad durch Laserstrahlschweißen mit dem Zahnradgrundkörper verbunden (Abb. 6.59). Im Bereich der Feinwerktechnik sind Fügeaufgaben, z. B. an Drehzahlfühlern für ABS-Systeme oder Sensoren für die Abgasregelung (Lambda-Sonde), weitere Anwendungsbeispiele für das Laserstrahlschweißen.

Neben dem Fügen rotationssymmetrischer Teile stellt der Karosseriebau ein weiteres wichtiges Einsatzgebiet für das Laserstrahlfügen dar. So lassen sich z. B. Falznähte an Türen, Dach- und Bodengruppen mit dem Laser schweißen. Das Laserstrahlschweißen eines Karosserierahmenteils ist in Abb. 6.60 dargestellt. Wenn eine dichte Fügenaht mit einer glatten Oberfläche erforderlich ist, wie beispielsweise bei einer Dachnaht oder einer Karosserieheckklappe, wird diese oft hartgelötet. Die hergestellte Lötnaht ist wasserdicht, sofort lackierbar und weist zudem hohe Festigkeitswerte auf. In Abb. 6.61 ist das Laserstrahlhartlöten von Ober- und Unterseite einer Karosserieheckklappe abgebildet. Im Gegensatz zum konventionellen Widerstandspunktschweißen entfällt bei den lasergefügten Bauteilen ein weiteres Abdichten der Schweiß- bzw. Lötnähte. Ebene, bereits verzinkte Feinbleche können mit dem Laserstrahl stumpf verschweißt und anschließend durch Tiefziehen weiterverarbeitet werden.

Abb. 6.58 Laserschweißen von Getriebekomponenten. (Quelle: Trumpf)

Abb. 6.59 Lasergeschweißte Getriebekomponenten (nach GETRAG Ford Transmission)

6.4 Anwendungsbeispiele und Verfahrensvarianten

Abb. 6.60 Laser-Remote-Schweißen eines Karosserierahmenteils. (Quelle: Scansonic)

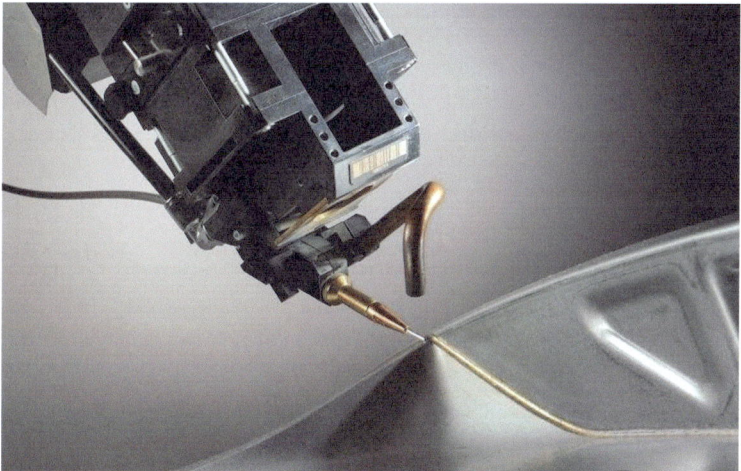

Abb. 6.61 Laserstrahllöten eines Karosserieteils. (Quelle: Scansonic)

Die ebene Schweißnaht sowie die nur geringfügig reduzierte Verformbarkeit lasergeschweißter Feinbleche ermöglichen die Durchführung komplizierter Tiefziehprozesse unter Wahrung einer hohen Bauteilqualität. Aufgrund der geringen Nahtbreite wird die Zinkschicht nur in einem sehr schmalen Bereich geschädigt, sodass der Korrosionsschutz der Fügestelle durch die kathodische Fernschutzwirkung der Zinkschicht weiter gewährleistet ist [Schn88]. In diesem Zusammenhang werden funktionsangepasste Halbzeuge unter dem Namen *Tailored Blanks* verstärkt in der Großserienfertigung eingesetzt. Hierbei handelt es sich um Platinen, bei denen mehrere Bleche mit unterschiedlichen Stahlgüten, Oberflächenbehandlungen und/oder Dicken mittels Laserstrahl verschweißt werden. Neben den schon skizzierten Vorteilen lasergeschweißter Verbindungen hinsichtlich der Verformbarkeit und des Korrosionsschutzes eröffnen sich der Konstrukteurin und dem Konstrukteur völlig neue Wege im Bereich tragender Konstruktionen. Dabei handelt es sich beispielsweise im Automobilbau um Türen mit integrierten Verstärkungen im Scharnierbereich, Radhäusern mit integrierten Federbeinaufnahmen sowie um vielfältig verstärkte Bodenbleche zur Realisierung eines gezielten Bauteilverhaltens etc. Die wichtigsten Vorteile dieser neuen Konstruktionsmethode sind Gewichtsreduzierung, Teilereduzierung und damit Reduzierung der Produktionsmittel und der Fertigungsschritte, was eine höhere Produktivität und eine vereinfachte Logistik mit sich bringt. Der Wegfall von punktgeschweißten Überlappverbindungen durch Fertigung mit Tailored Blanks minimiert die Kosten für Abdichtarbeiten und Abdichtmassen [Nage93, Mert03]. Beispiele für diffizile Schweißaufgaben sind u. a. tiefgezogene Bauteile, die aus lasergeschweißten Karosserieblechen hergestellt werden. Weitere Anwendungen sind das Längsnahtschweißen von dünnwandigen Edelstahlrohren (Wanddicke: 0,25 bis 2 mm) und das Schweißen von Kernblechpaketen in der Elektrotechnik [Schn88]. Die aufgeführten Beispiele zeigen, dass das Laserstrahlfügen mit Erfolg in der Großserienfertigung eingesetzt wird. Hierbei ergibt sich die Wirtschaftlichkeit des Lasereinsatzes zum einen aus der großen Stückzahl und zum anderen aus den verfahrensspezifischen Vorteilen dieses Fügeverfahrens.

6.4.3 Laserstrahloberflächenbehandlung

Unabhängig von den einzelnen Verfahrensvarianten ist die Laserstrahloberflächenbehandlung immer örtlich begrenzt, die linienförmig ausgedehnte Behandlungszonen auf dem Werkstück erzeugt. Neben hochbeanspruchten Funktionszonen von Maschinenkomponenten, wie Laufbahnen, Gleit- und Dichtflächen, kommen für die Laserstrahloberflächenbehandlung Verschleißbereiche von Produktionswerkzeugen, wie Schneiden, Gravurflächen und Gratkanten, in Betracht. Größere Flächen müssen aus Einzelspuren zusammengesetzt werden, deren Breite verfahrensspezifisch begrenzt ist. Weiterhin können aufgrund der mit entsprechenden Optiken realisierbaren Handhabung des Laserstrahls lokal auch solche Werkstückbereiche behandelt werden, die für andere Verfahren unzugänglich sind. Eine Werkzeugmaschine zur Laseroberflächenbehandlung, die wahlweise mit Pulver oder Draht als Zusatzwerkstoff arbeitet, ist in Abb. 6.62 gezeigt.

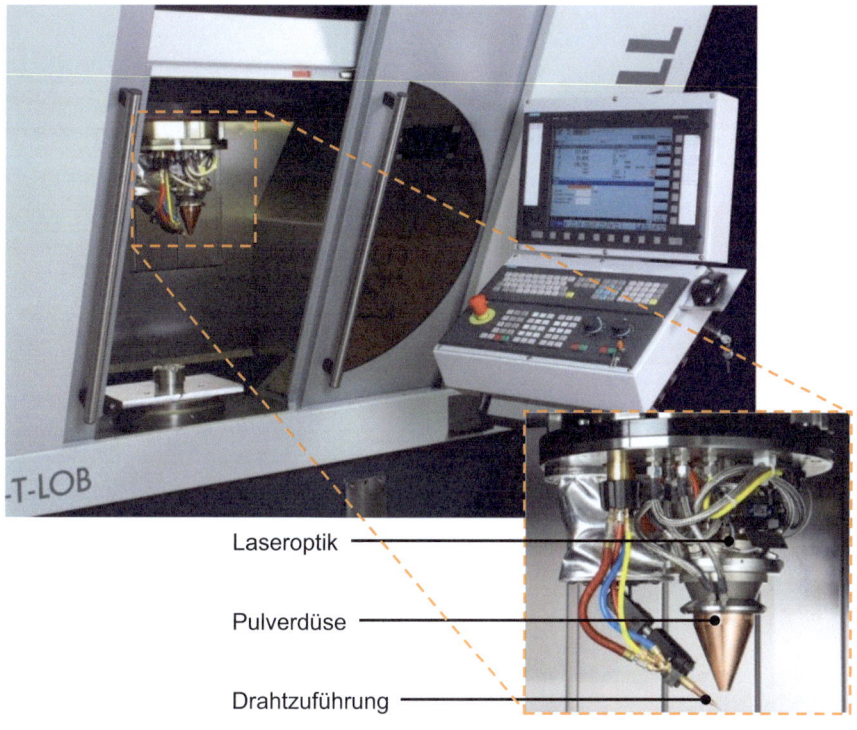

Abb. 6.62 Werkzeugmaschine zur Laseroberflächenbehandlung. (Quelle: Fraunhofer IPT)

Anwendungsbereiche für das Laserstrahlhärten liegen im Werkzeug- und Motorenbau sowie in der Feinwerktechnik. Ein Beispiel ist das Härten von Schneidkanten an Kaltarbeitswerkzeugen (Messer, Sägezähne etc.). Im Motorenbau wird der Laserstrahl z. B. zum Härten von Zylinderlaufbuchsen aus Grauguss eingesetzt, wobei die auf der Lauffläche erzeugten Härtezonen der Verschleißform angepasst werden [Amen87, Fein97]. In Abb. 6.63 wird das Laserstrahlhärten an einem Lagersitz dargestellt.

Das Laserstrahlumschmelzen wird zur Oberflächenbehandlung von hochbeanspruchten Stellen an Kaltarbeitswerkzeugen, wie z. B. Schneid- und Umformwerkzeugen eingesetzt, um ein feinkörniges Gefüge von hoher Härte und guter Duktilität zu erzeugen. Durch das Umschmelzen werden zugleich grobe, zeilenförmig angeordnete Karbide aufgelöst, die bei schmelzmetallurgisch erzeugten Kaltarbeitsstählen herstellungsbedingt im Gefüge vorliegen können. Diese Gefügeinhomogenitäten sind bei dynamisch hochbelasteten Bauteilen aufgrund ihrer Kerbwirkung vielfach Ausgangspunkt von Schäden in Form von Rissen oder Ausbrüchen. Ein weiteres Einsatzgebiet ist das Umschmelzen von Gusswerkstoffen zur Erzeugung sehr verschleißfester, ledeburitischer Randschichten. Andere Anwendungsbeispiele sind u. a. im Motorenbau zu finden, wie z. B. Laufflächen an Kolbenringen, Kipphebeln und Nockenwellen [Amen85].

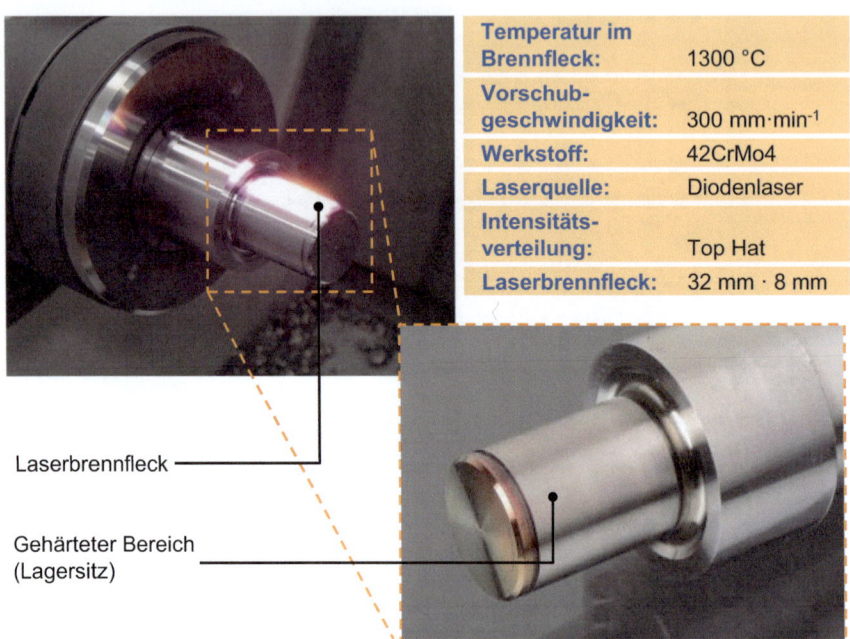

Abb. 6.63 Laserstrahlhärten von Funktionsflächen am Beispiel eines Lagersitzes. (Quelle: Fraunhofer IPT)

Für das Laserstrahllegieren liegen die Hauptanwendungsgebiete im Bereich der Schmiede- und Druckgusstechnik (Abb. 6.64). Hier wird die Oberfläche mittels Laserstrahllegieren mit Zusatzwerkstoffen wie WC/Co oder WC/Co/Cr in Bezug auf Verschleißschutz anwendungsgerecht modifiziert. Es werden eine signifikant verbesserte Warmverschleißfestigkeit und Anlassbeständigkeit erreicht [Celi98, Rozs99].

Durch die Anwendung der Laserstrahloberflächenbehandlung lassen sich bei Umformmatrizen, Schmiedegesenken, Pressstempeln und Druckgießformen Leistungssteigerungen hinsichtlich der Standzeit von bis zu 400 % erreichen [Köni94b]. Ein weiteres Anwendungsbeispiel ist das Laserstrahllegieren von Gusseisen mit Chrom zur Erzeugung von zunder- und hitzebeständigen Randschichten. An Bauteilen aus AlSi-Legierungen wird durch Laserstrahllegieren mit Silizium eine höhere Randschichthärte und somit eine verbesserte Verschleißbeständigkeit erzielt [Amen85].

Mithilfe des Laserauftragschweißens können Schutzschichten aufgebracht werden, deren Eigenschaften gezielt auf die jeweils vorliegenden Belastungen abgestimmt sind. Anwendungsbeispiele aus dem Motorenbau sind das Beschichten von Ventilen, Ventilsitzen oder auch Ventilkappen mit verschleißfesten Co-Hartlegierungen. Darüber hinaus wird das Laserauftragschweißen zur Reparatur bzw. zur Erhöhung der Verschleißbeständigkeit kostenintensiver Werkzeuge der Umform-, Gieß-, Stanz- und Kunststofftechnik eingesetzt (Abb. 6.65). Hierbei werden zumeist Co-, Ni- und Ti-Basislegierungen

6.4 Anwendungsbeispiele und Verfahrensvarianten

Abb. 6.64 Laserstrahllegieren von Werkzeugen. (Quelle: Fraunhofer IPT)

Standzeit des konventionell gefertigten Werkzeugs: 61.800 Bauteile
Standzeit des laserauftraggeschweißten Werkzeugs: 491.000 Bauteile

Abb. 6.65 Laserauftragschweißen zur Erhöhung der Werkzeugstandzeit

als Zusatzwerkstoffe verwendet. Durch die Beimengung von Hartstoffen wie Wolframkarbid lässt sich der abrasive Verschleißwiderstand dieser Legierungen beträchtlich verbessern [Köni94b, Kirn95].

6.4.4 Laserstrahlabtragen

Das Laserstrahlabtragen ist hinsichtlich der Anwendungsgebiete ebenso vielfältig wie die unterschiedlichen Abtragmechanismen, die bei dem Prozess zum Materialabtrag führen. Das photolytische Abtragen mittels Excimerlaser bietet aufgrund der Verfahrenscharakteristik (Maskenverfahren sowie schreibende Bearbeitung) die geringste Flexibilität. Im industriellen Umfeld werden Excimerlaser daher beispielsweise im Bereich der Elektronikindustrie dazu eingesetzt, organisch beschichtete, flache Bauteile wie Platinen oder Substrate partiell zu entschichten bzw. lokal zu funktionalisieren. Ein typisches Beispiel ist hierfür die Massenproduktion von organischen Solarzellen, bei der ein beschichtetes Trägermaterial von einer Rolle auf eine leere Rolle mit einer Geschwindigkeit von mehreren Metern pro Minute abgewickelt wird. Das unter der Maske laufende beschichtete Band wird dann durch einen Excimerlaser mit Pulsfolgefrequenzen von mehreren Hundert Hertz einmalig lokal belichtet. Dabei wird die belichtete Substratschicht verdampft und die darunter liegende Schicht freigelegt.

Weitaus flexibler ist das thermische Laserstrahlabtragen mit dem „Schreibenden Verfahren". Mit dieser Verfahrensvariante werden Mikrobohrungen, Beschriftungen, Gravuren oder auch komplexe Oberflächenstrukturen sowohl auf einfach als auch komplex geformten Bauteilen für die unterschiedlichsten Anwendungsgebiete realisiert. Zum Einsatz kommen gepulste Laserstrahlquellen, deren Pulsdauer im Bereich von Femto- bis Millisekunden liegen. Da die herkömmlichen Werkstoffparameter, wie die Härte, nicht entscheidend sind für die Bearbeitbarkeit der Bauteile, eignet sich das Laserstrahlabtragen besonders für die Bearbeitung von schwer zerspanbaren Werkstoffen wie z. B. vergüteten Stählen mit Härten > 60 HRC, Reintitan und Titanaluminid-Legierungen, Nickelbasislegierungen oder auch Keramiken.

Das Laserbeschriften ist branchenübergreifend weit verbreitet, da es sehr schnell und flexibel (nahezu alle Werkstoffe bearbeitbar, schnelle und unkomplizierte Prozesseinrichtung) eingesetzt werden kann. So werden beispielsweise Bauteile mit Beschriftungen, Logos oder Data-Matrix-Codes für die Bauteilnachverfolgung mit dem Laser gekennzeichnet. Im Werkzeug- und Formenbau wird zudem das Laserstrahlabtragen insbesondere zum Gravieren von Prägestempeloberflächen (Abb. 6.66) oder für die Texturierung von Kunststoffspritzgießformen (Abb. 6.67) eingesetzt, bei denen eine Bearbeitung mittels Mikrofräsen oder Mikroerodieren aufgrund der Strukturgrößen an die prozesstechnologischen Grenzen stößt.

Es werden vielfach geometrisch komplizierte Konturen in vergütete oder gehärtete Werkstücke eingebracht. Hierzu zählen insbesondere schmale Stege und Schlitze. Je nach Laserleistung und Abtragverfahren können Abtragraten zwischen 10 mm^3/min und

6.4 Anwendungsbeispiele und Verfahrensvarianten

Abb. 6.66 Laserstrahlgravierter Prägestempel mit Farbeffekten. (Quelle: ACSYS)

Abb. 6.67 Laserstrahlstrukturieren eines 3D-Formeinsatzes zur Herstellung von Airbagpralltöpfen mittels Kunststoffspritzgießens. (Quelle: Fraunhofer IPT)

1000 mm^3/min erzielt werden. Die erzeugte Oberflächengüte ist mit dem Senkerodieren vergleichbar. Auch wird das Verfahren zum Konturieren von Schneidwerkzeugen aus Hartmetall oder polykristallinen Diamanten (PKD) eingesetzt, um die Werkzeugschneide oder den Bereich der Spanleitstufen geometrisch auszuformen (Abb. 6.68).

Eine andere Art der Anwendung findet das Verfahren in der Herstellung von funktionalen Oberflächenmikrostrukturen zur Reibungsreduzierung. Bei Bauteilkomponenten

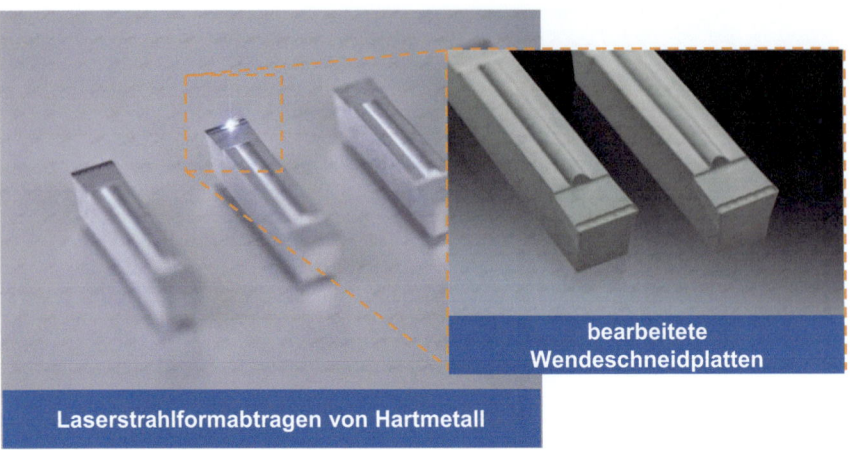

Abb. 6.68 Laserstrahlformabtragen von Hartmetall: Laserstrukturierte Spanleitstufe (nach ACSYS)

(Keramik, Aluminium und Stahl), die eine rotatorische oder translatorische Bewegungen in technischen Geräten ausführen, wie z. B. Gleitringdichtungen, Wellen, Kolben, Lager etc., wirkt sich die Oberflächentopographie von tribologisch beanspruchten Kontaktflächen wesentlich auf das Funktionsverhalten im Einsatz aus. Eine gezielte Verbesserung der tribologischen Eigenschaften kann durch Einbringen von definierten Mikrostrukturen in die Oberfläche erfolgen. Die Funktionsoberfläche besteht dann aus einem Oberflächenanteil mit Plateaucharakter und einer reproduzierbaren, regelmäßigen Anordnung von gleichförmigen Strukturen, wie z. B. Näpfchen, Nuten oder Taschen. Diese Strukturen können Schmierstoffreservoirs sein, Schmierfilme auf Oberflächen stabilisieren, hydrostatische Mikrolager ausbilden oder auch Abriebpartikel sammeln. Diese Funktionalisierung findet unter dem Begriff „Laserhonen" im Motorenbau und in der Herstellung von Antriebskomponenten für die Automobilindustrie breite Anwendung [Abel04].

Für das Laserbohren sind spezielle Wendelbohroptiken für die Strahlführung erhältlich. Laserscanner werden für die Strahlführung zum Beschriften, Gravieren und Laseroberflächenstrukturieren eingesetzt. Die Laserscanner werden oft mit F-Theta-Objektiven (Planfeldoptiken) kombiniert, die die Scanfeldebene als planare Ebene abbilden. Technisch bedeutet dies, dass sich der Fokus innerhalb dieser Ebene stets auf der gleichen z-Höhe befindet, wodurch sich eine Bauteilpositionierung für die Bearbeitung erheblich erleichtert. Um eine maximale Abbildungsqualität des scannerbasierten Strahlführungssystems sicher zu stellen, kann als weitere Ausbaustufe anstelle der F-Theta-Optik eine telezentrische F-Theta-Optik eingesetzt werden. Hier trifft der Strahl innerhalb des gesamten Scanfelds zusätzlich immer senkrecht aus der Optik aus. Nachteile der telezentrischen Optiken sind neben dem höheren Anschaffungspreis und dem höheren

Gewicht, ein relativ kleines, nutzbares Scanfeld und die nach oben hin limitierte maximale Brennweite. Das hohe Gewicht kommt durch die Anzahl der eingebauten Linsen in der Optik zu Stande. Die relativ geringe Brennweite in Kombination mit dem kleinen Scanfeld begrenzt die Flexibilität (Arbeitsfläche und Arbeitsabstand), die insbesondere bei großen, freigeformten Bauteilen ein entscheidender Faktor für die Bearbeitbarkeit sein kann. Einfache Laser-Beschrifter bis hin zu Mehrachs-Systemen werden von zahlreichen Anlagen- und Maschinenherstellern kommerziell angeboten. Die Systeme unterscheiden sich grundsätzlich neben der Lasersystemausstattung im Wesentlichen durch die Größe des Bearbeitungsraums, Anzahl der Maschinenachsen, Maschinenkonzept (Abb. 6.69) und zudem durch die Softwareprogramme, mit denen die Bearbeitungsdaten erzeugt werden.

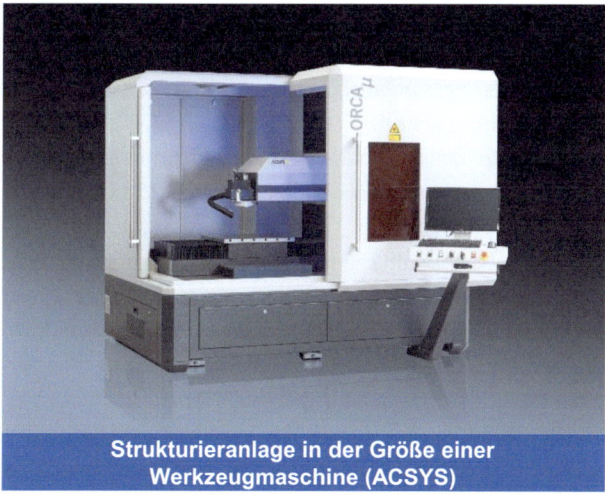

Abb. 6.69 Industrielle 5-Achs-Laseranlagen für das Laserstrahlabtragen; oben: GF LASER 4000 5Ax (GF Machining Solutions); unten: Hochpräzisionslasersystem ORCA µ© (ACSYS)

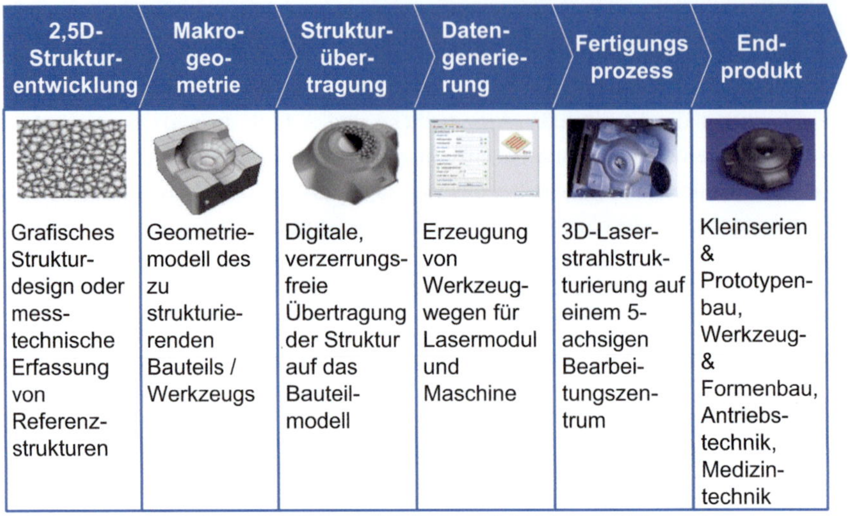

2,5D-Struktur-entwicklung	Makro-geo-metrie	Struktur-über-tragung	Daten-generie-rung	Fertigungs-prozess	End-produkt
Grafisches Struktur-design oder mess-technische Erfassung von Referenz-strukturen	Geometrie-modell des zu strukturie-renden Bauteils / Werkzeugs	Digitale, verzerrungs-freie Übertragung der Struktur auf das Bauteil-modell	Erzeugung von Werkzeug-wegen für Lasermodul und Maschine	3D-Laser-strahlstruk-turierung auf einem 5-achsigen Bearbei-tungszen-trum	Kleinserien & Prototypen-bau, Werkzeug- & Formenbau, Antriebs-technik, Medizin-technik

Abb. 6.70 Prozesskette Laserstrahlstrukturieren. (Quelle: Fraunhofer IPT)

Den Softwareprogrammen kommt dabei besondere Bedeutung zu, da sich die digitale Prozesskette für das Laserstrahlstrukturieren von der der konventionellen Fertigungsverfahren deutlich unterscheidet (Abb. 6.70).

Eine direkte Modellierung und Darstellung der Oberflächenstruktur auf dem Bauteil ist in kommerziellen CAD-Systemen nur mit Einschränkungen möglich. Die Darstellung von Funktionsstrukturen erfordert eine sehr hohe Detailtiefe und stellt große Anforderungen an die Hardware. Zudem existieren keine geeigneten Hilfsmittel, um mit angemessenem Zeitaufwand großflächige, komplexe Strukturen dreidimensional zu modellieren. Strukturen lassen sich jedoch als Graustufenbilder, Texturen, darstellen. Diese Texturen können aus messtechnisch erfassten Referenzstrukturen erzeugt oder direkt in einem Grafikprogramm erstellt werden. Die Helligkeit eines Bildpunktes definiert dabei die Tiefe der Struktur an der entsprechenden Position auf der Bauteiloberfläche. Bei einer typischen Farbtiefe von 8 Bit pro Pixel stehen 256 Grauwerte zur Verfügung, womit die maximal mögliche vertikale Auflösung der Struktur in Abhängigkeit von der Strukturtiefe definiert ist. Die absolute Höhe der Struktur wird während der Berechnung von dem Anwendenden angegeben. Die Auflösung der Textur hat großen Einfluss auf die spätere Strukturqualität. Die realen Abmessungen eines Pixels müssen hinreichend klein sein, um alle Strukturdetails abbilden zu können. Besteht eine Struktur aus regelmäßigen, sich wiederholenden Elementen, genügt es, ein Element in der Textur darzustellen und diese bei dem Übertragen auf die Bauteiloberfläche mehrfach zu wiederholen. Unregelmäßige natürliche Strukturen (z. B. Lederstrukturen) müssen als großformatige Textur vorliegen, da optisch erkennbare Wiederholungen hier üblicherweise nicht erwünscht sind. Über Texturen definierte Strukturen werden auch als 2,5-D-Strukturen bezeichnet, da für jeden Punkt der Ebene nur eine Höhenangabe möglich ist (im Gegensatz zu „echten" 3D-Strukturen). Hinterschnitte in der Struktur oder Flanken mit einem Winkel von 90° lassen sich hiermit nicht darstellen.

Die digitale Übertragung der Strukturdaten auf das 3D-Modell der Zielgeometrie erfolgt durch ein „UV-Mapping" genanntes Verfahren. Hierbei wird die Lage einer Textur auf einem Dreiecksnetz bestimmt. Jedem Punkt eines Polygons wird eine eindeutige Texturposition zugewiesen. Die Platzierung dieser UV-Koordinaten wird dabei von den verwendeten Mapping-Algorithmen festgelegt. Das Mapping von Regelkörpern wie Ebene, Würfel, Zylinder oder Kugel stellt keine besondere Problematik dar. Eine zufriedenstellende Texturierung komplex geformter Oberflächen ist dagegen nicht trivial. Da einer dreidimensionalen Oberfläche eine zweidimensionale Textur zugewiesen werden muss, sind Verzerrungen nicht vollständig zu vermeiden, gegebenenfalls müssen Oberflächen virtuell zerschnitten werden, um eine akzeptable Texturierung zu ermöglichen. Aus dem 3D-Modell des Bauteils mit applizierter Textur lässt sich nun ein fein aufgelöstes 3D-Modell mit integrierter Oberflächenstruktur errechnen (Abb. 6.71).

Dieses Modell dient als Basis für die Berechnung von Bearbeitungsdaten für die Laserstrahl-Strukturieranlage durch ein CAM-Programm (Abb. 6.72). Die Bearbeitung großformatiger oder komplex geformter Oberflächen erfolgt sequentiell: Der Laserstrahl kann nur innerhalb eines begrenzten Arbeitsvolumens geführt werden und sollte zudem immer orthogonal auf die Oberfläche auftreffen. Daher erfolgt zunächst eine Unterteilung der Bauteiloberfläche in hinreichend kleine und flache Segmente, die nacheinander bearbeitet werden. Die Maschinenachsen positionieren das Bauteil so, dass das jeweils zu bearbeitende Segment optimal durch den Laser erreicht wird. Nach Bearbeitung eines Segments durch den Laserstrahl wird die nächste Position angefahren, während der Bearbeitung werden die Maschinenachsen nicht bewegt.

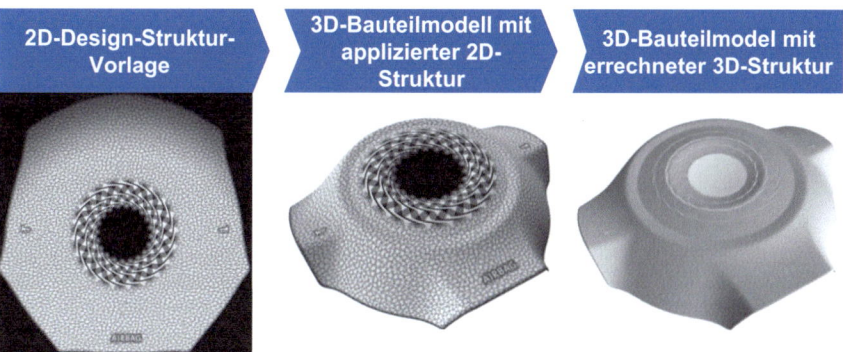

Abb. 6.71 Übertragung einer 2D-Struktur auf ein 3D-Bauteil (Mapping). (Quelle: Fraunhofer IPT)

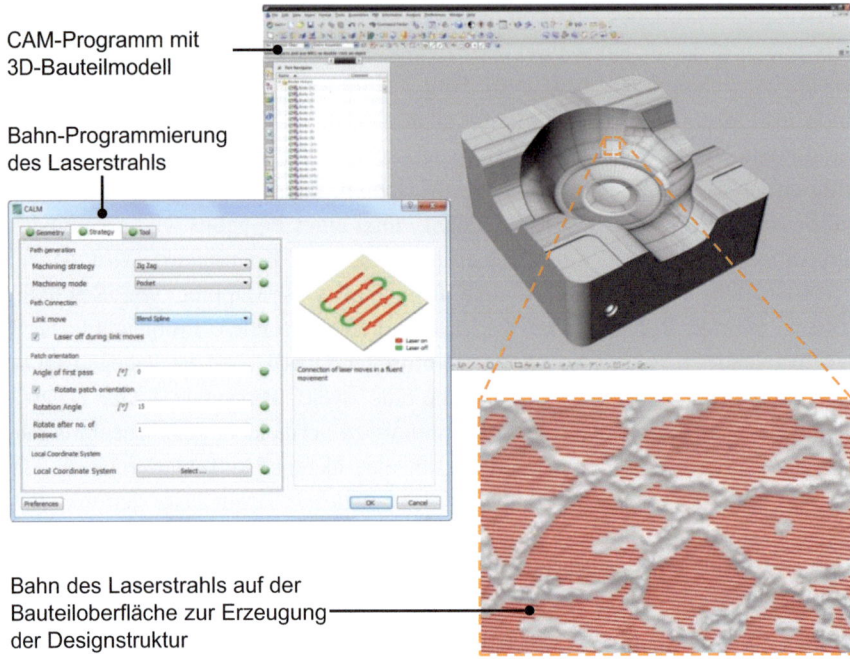

Abb. 6.72 CAM-Programm zur Bahn-Erstellung des Laserstrahls. (Quelle: Fraunhofer IPT)

6.4.4.1 Wasserstrahlgeführtes Laserstrahlabtragen

Das wasserstrahlgeführte Laserabtragen mittels der „Laser MicroJet®"-Technologie wird industriell beispielsweise in der Diamantindustrie, Feinmechanik, in der Medizintechnik und Halbleiterindustrie eingesetzt [Rich13]. In der Diamantindustrie wird das Verfahren dazu genutzt, Rohdiamanten zu trennen bzw. zu formen. Vorteile bietet das Verfahren durch die Minimierung von Verschnitt. In der Feinmechanik und Medizintechnik können filigrane Teile, wie z. B. Uhrenzeiger oder Stents, ausgeschnitten werden. Bei der Waferherstellung wird das Verfahren für Ritz- und Schneidoperationen eingesetzt. Auch das Konturieren von Schneidwerkzeugen aus Hartmetall oder polykristallinen Diamanten ist möglich (Abb. 6.73). Handhabungssysteme mit mehreren Achsen dienen zur Positionierung und Bewegung (Abb. 6.74).

6.4.5 Laserunterstützte Bearbeitung

6.4.5.1 Laserunterstützte Zerspanung

Das Anwendungspotenzial der Warmzerspanung beschränkt sich nicht nur auf metallische Werkstoffe, sondern bietet auch für die Zerspanung von Hochleistungskeramiken eine Ergänzung zu bestehenden Verfahren. Siliziumnitridkeramik hat aufgrund ihrer in

Abb. 6.73 Wasserstrahlgeführte Laserbearbeitung eines Schneidwerkzeugs. (Quelle: Synova)

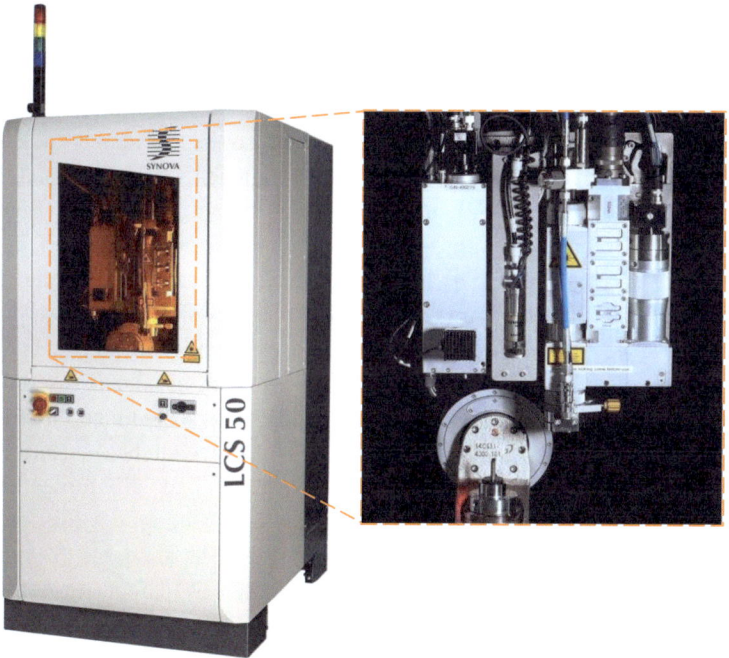

Abb. 6.74 Industrielle 5-Achs-Laseranlage des Typs LCS50 für das wasserstrahlgeführte Laserstrahlabtragen zur Bearbeitung von Schneidwerkzeugen. (Quelle: Synova)

 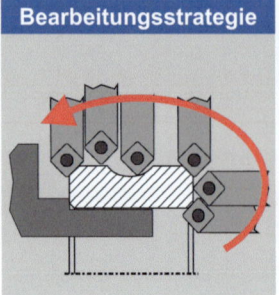 

Bearbeitungsprozess	Bearbeitungsstrategie	Bearbeitungsergebnis
• kontinuierliche, lokale Erwärmung des Bauteils • lokale Abnahme der Werkstofffestigkeit • Zerspanen des entfestigten Werkstoffs	Bearbeitungsoperationen • Fasen (innen u. außen) • Stirndrehen • Außenrunddrehen • Einstechdrehen (Laufbahn)	• Bearbeitungszeit 16 min • Oberflächenrauheit Ra < 0,35 µm • Werkzeugstandmenge > 20 Bauteile • Rüstaufwand gering • Kein Kühlschmierstoff

Abb. 6.75 Laserunterstütztes Drehen eines Wälzlagerinnenrings aus Siliziumnitrid-Keramik. (Quelle: Fraunhofer IPT)

vielen Bereichen überlegenen Eigenschaften, wie hohe gewichtsbezogene (spezifische) Festigkeit, hohe Härte und Verschleißbeständigkeit sowie ein relativ gutes Thermoschockverhalten unter verschiedenen Abkühlbedingungen, stark an Bedeutung gewonnen. So ersetzen dichte Siliziumnitridkeramiken aufgrund ihrer Eigenschaften Komponenten im Motorenbau (Ventile, Kolben, Kolbenböden, Turbolader), in der Dichtungs-, Lager- und Verschleißtechnik (Wälzringe, Kugeln, Laufrollen, Wellen, Führungselemente) oder im chemischen Anlagenbau (Ventilkegel, -sitze, Verschleißhülsen). Als Bearbeitungsbeispiel ist in Abb. 6.75 ein Lagerinnenring eines keramischen Wälzlagers dargestellt. Die vollständige Herstellung des Lagerinnenrings durch laserunterstütztes Drehen erfolgte nach einer Bearbeitungsstrategie, die unterschiedliche Drehoperationen umfasste (Fasen, Stirndrehen, Außenrunddrehen, Einstechdrehen). Eine optimierte Prozessauslegung erlaubte eine prozesssichere Schrupp- bzw. Konturbearbeitung mit Schnitttiefen von bis zu 2 mm. Dadurch konnte die Bearbeitungszeit für die Komplettbearbeitung, ausgehend von einem gesinterten Halbzeug letztlich auf 16 min reduziert werden. Die erzeugten Funktionsoberflächen besitzen Schleifqualität (Ra < 0,3 µm).

Die Untersuchung geeigneter Schneidstoffe zeigte, dass die Kombination aus hoher Härte und ausreichender Warmfestigkeit die Grundvoraussetzung für eine verschleißminimale Bearbeitung darstellt. Erfüllt werden diese Forderungen am ehesten durch polykristallinen Diamant. Bei geeigneter Prozessführung konnten mehr als 20 Lagerinnenringe mit einem einzigen Werkzeug bei gleichzeitigem Erreichen der geforderten Fertigungsqualitäten bearbeitet werden.

Abb. 6.76 Laserunterstütztes Fräsen von TiAl6V4. (Quelle: Fraunhofer IPT)

Das laserunterstützte Drehen ermöglicht eine flexible, wirtschaftliche Fertigung keramischer Bauteile unter vollständigem Verzicht auf Kühlschmierstoff. In ersten Untersuchungen konnte darüber hinaus bereits die prinzipielle Machbarkeit einer laserunterstützten Fräsbearbeitung keramischer Werkstoffe nachgewiesen werden. Ein weiteres Beispiel für die laserunterstützte Fräsbearbeitung wird in Abb. 6.76 dargestellt. Dort ist die Vorbearbeitung einer Gelenkprothese aus der Titanlegierung TiAl6V4 dargestellt.

6.4.5.2 Laserunterstützte Blechbearbeitung

Exemplarisch wurde die industrielle Relevanz des laserunterstützten Drückverfahrens anhand des Demonstrationsbauteils „Katalysatortrichter" überprüft. Hierzu wurde eine Werkstoffsubstitution durchgeführt. Industriell werden Katalysatortrichter aus Tiefziehstählen oder rost- und säurebeständigen Stählen gefertigt. Im Rahmen der prototypischen Anwendungserprobung werden nun Titanlegierungen mit einer höheren spezifischen Festigkeit und einer besseren Korrosionsbeständigkeit eingesetzt. Die Lebensdauer der Bauteile steigt, während das Gewicht sinkt. Titanlegierungen stellen jedoch erheblich gesteigerte Anforderungen an den Fertigungsprozess. Weiterhin wurde das Verfahrenspotenzial zur Durchmesserreduktion von längsnahtgeschweißten Rohren aus korrosions- und säurebeständigem Stahl untersucht. Hierzu wurden Reduzierkomponenten für den Einsatz in der Kältetechnik laserunterstützt eingezogen. Konventionell wird diese Verfahrensvariante auch als „Engen durch Drücken" bezeichnet. Katalysatortrichter sind Reduzierkomponenten zwischen den Abgasrohren und dem Abgaskatalysator. Aufgrund der schlechten Umformbarkeit von Titan sind aufwendige Schweißkonstruktionen erforderlich.

Im Jahr 2002 wurden erstmals nahtlose Katalysatortrichter aus den Titanlegierungen Ti2 (3.7035, Titan Grade 2) und TiAl6V4 (3.7165, Titan Grade 5) hergestellt. Die mikrolegierte Titanlegierung Ti2 weist eine vergleichsweise gute Kaltumformbarkeit bei geringerer Festigkeit auf. Die hochlegierte Legierung TiAl6V4 erfüllt alle Festigkeitsanforderungen, ist jedoch nur bei simultaner Erwärmung umformbar.

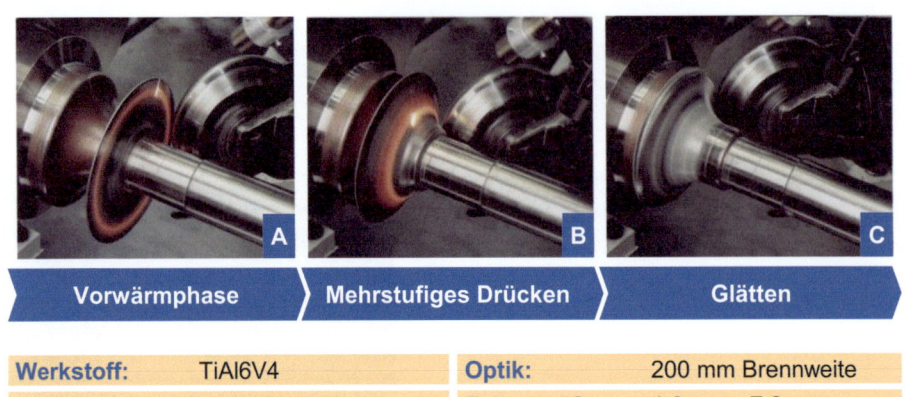

| Werkstoff: | TiAl6V4 | Optik: | 200 mm Brennweite |
| Laser: | 3-kW-Diodenlaser | Fokusgröße: | 1,8 mm · 7,8 mm |

Abb. 6.77 Laserunterstütztes Drücken eines Katalysatortrichters aus der Titanlegierung TiAl6V4. (Quelle: Fraunhofer IPT)

In Abb. 6.77 sind die prototypischen Fertigungsschritte des laserunterstützten Drückens zur Herstellung von Katalysatortrichtern aus der Titanlegierung TiAl6V4 dargestellt. Abb. 6.77A zeigt das Ende der etwa zehn Sekunden dauernden Vorwärmphase. Während dieser Phase pendelt der Laserstrahl über das rotierende Werkstück. Im Rahmen einer Serienfertigung ließe sich diese Vorwärmzeit erheblich verkürzen oder sogar einsparen, indem temperierte Werkzeuge eingesetzt werden. In Abb. 6.77B ist die zehnte von 21 Drückstufen dargestellt. Der Laserstrahl erwärmt das Werkstück in dieser Stufe gezielt im Bereich der Drückrollenkontaktzone. Mittels wechselndem Abstrecken und Rückstauchen entsteht so aus einer ebenen Scheibe ein dreidimensionales, rotationssymmetrisches Bauteil. Das Ende der Formgebung zeigt Abb. 6.77C.

Im chemischen Anlagenbau, der Klima- und Kältetechnik sowie in der Lebensmittelindustrie werden Rohrreduktions-Komponenten eingesetzt, um Rohre verschiedenen Durchmessers zu verbinden. Anwendungen in diesen industriellen Sektoren erfordern den Einsatz von hochfesten und korrosionsbeständigen Werkstoffen. Das Formänderungsvermögen von Hochleistungswerkstoffen begrenzt jedoch die realisierbaren Reduktionsgrade. Abb. 6.78 zeigt ein längsnahtgeschweißtes Rohr aus dem austenitischen hochlegierten Stahl X6CrNiTi18-10 (1.4541), das von einem Ausgangsdurchmesser von 48 mm und einer Wanddicke von 2 mm auf einen Enddurchmesser von 24 mm laserunterstützt eingezogen wird. Für die laserunterstützte Rohrbearbeitung wurde eine geregelte Umformtemperatur von 700 °C realisiert. Bei Verwendung derselben Umformparameter endete die Kaltumformung in Form eines Bruchs im Bereich der Wärmeübergangszone von der Schweißnaht zum Grundwerkstoff. Ein Bruch im Durchmesserbereich zwischen 37 und 40 mm war auch nicht durch die Verwendung von sehr geringen Umformgraden pro Einziehstufe zu vermeiden. In der konventionellen Prozesskette müsste jetzt Rekristallisationsglühen durchgeführt werden. Aufgrund der Werkstoffverfestigung stieg die Härte des warm umgeformten Werkstücks von

6.4 Anwendungsbeispiele und Verfahrensvarianten

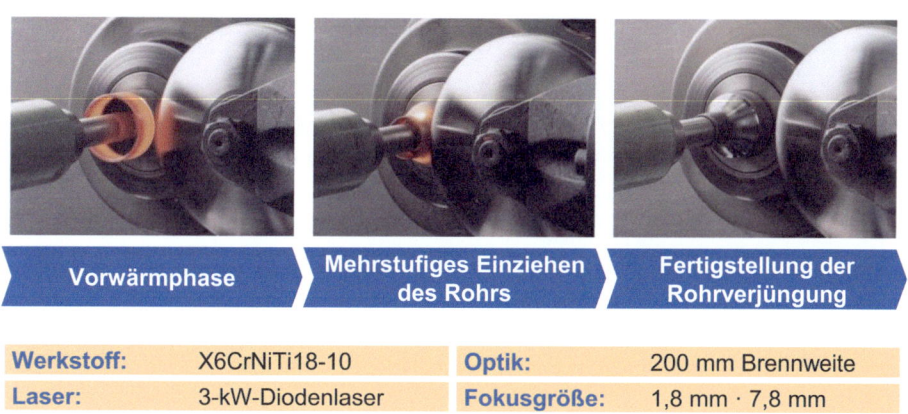

Werkstoff:	X6CrNiTi18-10	Optik:	200 mm Brennweite
Laser:	3-kW-Diodenlaser	Fokusgröße:	1,8 mm · 7,8 mm

Abb. 6.78 Laserunterstütztes Einziehen eines längsnahtgeschweißten Rohrs. (Quelle: Fraunhofer IPT)

200 HV 0,1 bei einem Anfangsdurchmesser von 48 mm auf 300 HV 0,1 bei einem auf 24 mm eingezogenen Durchmesser. Kalt umgeformte, gebrochene Werkstücke wiesen eine Härte von 350 HV 0,1 bei einem Enddurchmesser von 37 mm auf. Ein signifikanter Unterschied in der Härte zwischen dem Grundmaterial und der Wärmeeinflusszone war nicht feststellbar. Somit ist die primäre Ursache für den Bruch während der Kaltumformung in der innen liegenden Schweißnahtüberhöhung und der daraus resultierenden Kerbwirkung zu sehen.

Zusätzlich zur Vermeidung von Zwischenglühstufen ist der laserunterstützte Umformprozess durch eine gesteigerte Prozesssicherheit gekennzeichnet. In der industriellen Fertigung führen Chargenschwankungen von geschweißten Halbzeugen dazu, dass Fertigungsprozesse unterbrochen und auf das veränderte Werkstückverhalten angepasst werden müssen. Diese Ausfallzeiten können durch den Einsatz der laserunterstützten Umformung vermieden werden. Aufgrund der gesteigerten Prozesssicherheit können dadurch auch preiswerte Halbzeuge verarbeitet werden.

Die industrielle Relevanz des laserunterstützten Scherschneidens wurde u. a. anhand von Verzahnungsgeometrien für die Automobilindustrie nachgewiesen (Abb. 6.79). Bei geschnittenen Verzahnungen ist der Glattschnittanteil von besonderer Bedeutung. Dieser entspricht in der Regel dem nutzbaren Traganteil der Zahnflanke, der sich aus der Blechdicke abzüglich des Kanteneinzugs und des Bruchanteils zusammensetzt. Aufgrund des hohen Bruchanteils beim konventionellen Scherschneiden ist oftmals eine Nachbearbeitung des Werkstücks erforderlich, um einen ausreichenden Traganteil gewährleisten zu können. Im vorliegenden Beispiel (Abb. 6.79) wurden mittels Laserunterstützung die Werkstoffe S700MC (1.8974) und 22MnB5 mit einer Blechdicke von jeweils 4 mm geschnitten. Auf dem Teilkreis wurden bei einem konstanten Schneidspalt von 0,2 mm Glattschnittanteile von $\geq 90\,\%$ gegenüber 38 % beim konventionellen Scherschneiden erzielt. Neben höheren Schnittqualitäten wirkt sich eine Laserunterstützung beim Scher-

Abb. 6.79 Laserunterstütztes Scherschneiden von Zahnstrukturen. (Quelle: Fraunhofer IPT)

schneiden auch positiv auf die Prozesskräfte und den Werkzeugverschleiß aus. Bei der Bearbeitung von Federstahl 1.4310 mit 1900 MPa Zugfestigkeit konnte eine Kraftreduktion von 70 % bei gleichzeitiger Verringerung des Werkzeugverschleißes um 50 % erreicht werden.

6.4.6 Laserunterstütztes Freies Biegen

Anwendungsschwerpunkte werden in den Bereichen des Automobil- und Anlagenbaus und der Luft- und Raumfahrt sowie im allgemeinen Maschinenbau und in der Mikroelektronik erwartet. Neben der Herstellung von Prototypen und Kleinserien zählen auch thermische Richtarbeiten und die Umformung hochfester oder spröder Werkstoffe (Titan, Gusseisen) zu den möglichen Einsatzgebieten. Vorteile können sich zudem aus der Kombination mit anderen Laserverfahren wie dem Schneiden und Schweißen ergeben, sodass Möglichkeiten zur Komplettbearbeitung von Blechteilen gegeben sind (Abb. 6.80).

6.4 Anwendungsbeispiele und Verfahrensvarianten

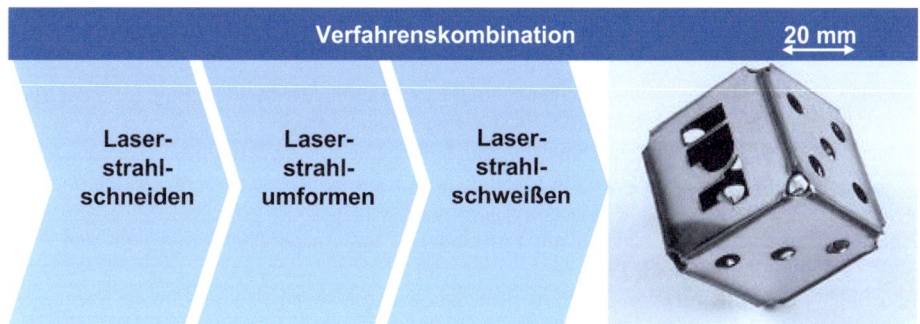

Abb. 6.80 Verfahrenskombination von Formgebung mit Laserstrahlung und anderen Laserverfahren. (Quelle: Fraunhofer IPT)

Für den breiten industriellen Einsatz des Verfahrens sind jedoch insbesondere im Hinblick auf die Herstellung komplexer Bauteile noch weitere Entwicklungsarbeiten erforderlich. Den derzeitigen Entwicklungsstand dokumentiert eine Reihe von Musterbauteilen, die durch Laserstrahlumformen herstellbar sind (Abb. 6.81).

Das Spektrum umfasst sowohl einfache Geometrien wie z. B. Winkel und Bögen mit Wandstärken bis zu 8 mm als auch komplexere Formelemente wie z. B. konvex gekrümmte Kugelkalotten, die aus ebenen Blechhalbzeugen geformt werden. Darüber hinaus können offene und geschlossene Profilhalbzeuge wie Rohr-, Quadrat-, Rechteck- und U-Profile mit dem Laserstrahl gebogen werden. Bei Rohren sind zusätzlich partielle Aufweitungen und Reduzierungen des Nenndurchmessers realisierbar.

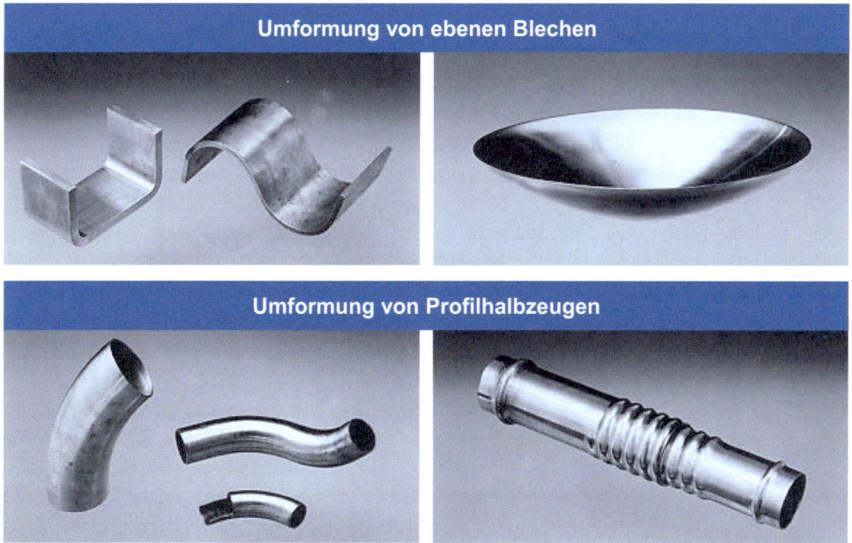

Abb. 6.81 Laserstrahlumgeformte Musterbauteile (nach IPPT, Warschau)

Literatur

[Abel04]　ABELN, T.: Weniger Reibung durch Laseroberflächenstrukturierung. In: Laser Technik Journal Vol. 1, WILEY-VCH Verlag, 2004, S. 45–50

[Amen85]　AMENDE, W.: Umschmelzen und Auflegieren mit Laserstrahlen. Erfahrungen und Anwendungen. Materialbearbeitung mit CO2-Hochleistungslasern. Düsseldorf: VDI-Verlag, 1985

[Amen87]　AMENDE, W.: Härten mit Laserstrahlen. Lasermaterialbearbeitung für den Automobilbau. BIAS, 1987

[Bäue04]　BÄUERLE, D. et al.: Numerical data and functional relationships in science and technology. New series, Berlin [u.a.]: Springer, 2004

[Berg02]　BERGS, T.: Analyse der Wirkmechanismen beim laserunterstützten Drehen von Siliziumnitridkeramik. Dissertation, RWTH Aachen, 2002

[Berg05]　BERGS, T.; WEHRMEISTER, T.: Erweiterung der Formgebungsgrenzen beim Drücken mit Laserstrahlunterstützung. In: Tagungsband zum Abschlusskolloquium des DFG-Schwerpunktprogramms „Erweiterung der Formgebungsgrenzen bei Umformprozessen", Aachen: IBF, 2005

[Beye91]　BEYER, E.; et al.: Aluminiumdünnblechschweißen mit dem CO2-Hochleistungslaser, VDI-Z 133, 1/ 1991

[Blie13]　BLIEDTNER, J. et al.: Lasermaterialbearbeitung: Grundlagen – Verfahren –Anwendungen – Beispiele. 1. Auflage; München: Carl-Hanser, 2013

[Brec09]　BRECHER, C.; EMONTS, M.: Laserunterstütztes Scherschneiden hochfester Blechwerkstoffe. wt Werkstattstechnik online Jg. 99, 2009

[Brum16]　BRUMMER, C. et al.: Laser-assisted metal spinning for an efficient and flexible processing of challenging materials. IOP Conf. Series: Materials Science and Engineering 119, 2016

[Celi98]　CELIKER, T.: Integration des Laserstrahllegierens in den Wärmebehandlungsablauf von Schmiedewerkzeugen. Dissertation, RWTH Aachen, 1998

[Chic96]　CHICHKOV, B. et al.: Femtosecond, picosecond and nanosecond laser ablation of solids. In: Applied Physics A: Materials Science and Processing. Jahrgang 1996, Vol. 63, Nr. 2, S. 109–115

[Clee87]　CLEEMANN, L.: Schweißen mit CO2-Hochleistungslasern. In: Technologie Aktuell 4, Düsseldorf: VDI-Verlag, 1987

[Clem04]　CLEMENS, U.: Einsatz der CMB-Technologie zur Herstellung von Hinterschneidungen bei metallischen Bauteilen. Dissertation. RWTH Aachen, Dezember 2004

[Deck85]　DECKER, I.; RUGE, J.: Fertigungstechnische Aspekte des Laserstrahlschneidens. Düsseldorf: DVS Berichte Bd. 99, 1985

[Dilt95]　DILTHEY, U.: Schweißtechnische Fertigungsverfahren. Bd. 2. Verhalten der Werkstoffe beim Schweißen, Düsseldorf: VDI-Verlag GmbH, 2. Aufl., 1995

[DIN857-2]　N.N.: DIN ISO 857-2: Schweißen und verwandte Prozesse – Begriffe – Teil 2: Weichlöten, Hartlöten und verwandte Begriffe (ISO 857-2:2005). Institut für Normung (Hrsg.), Berlin, Köln: Beuth-Verlag, 2007

[DIN11145]　DIN EN ISO 11145. Optics and photonics – Lasers and laser-related equipment – Vocabulary and symbols. Institut für Normung (Hrsg.), Berlin, Köln: Beuth-Verlag, 2019

[Dons12]　DONST, D.: Entwicklung eines Zweistrahlverfahrens zum flussmittelfreien Laserstrahlhartlöten von Aluminiumblechwerkstoffen. Diss., RWTH Aachen, 2012

[Dorn92]	DORN, L.; GRUTZECK, H.; JAFARI, S.: Schweißen und Löten mit Festkörperlasern, Berlin: Springer-Verlag, 1992
[Edge19]	EdgeWave Firmenhomepage: www.edge-wave.de, Stand: 04/2019
[Eich10]	EICHLER, J.: Laser: Bauformen, Strahlführung, Anwendungen, Berlin: Springer, 2010
[Elsn04]	ELSNER, CH.: Neue Laseranwendungen im Powertrain bei DaimlerChrysler, Tagungsband, Automotive Circle International, European Conference and Exhibition, 2004
[Emon10]	EMONTS, M.G.: Laserunterstütztes Scherschneiden von hochfesten Blechwerkstoffen. Dissertation. RWTH Aachen, 2010
[Fein97]	FEINLE, F.; AMENDE, W.: Umwandlungshärten mit Laserstrahlung. Oberflächentechnik. SURTEC Kongress, Berlin, 1997
[Frac90]	FRACKIEWICZ, H. et al.: Laserformgebung der Bleche. 1990. In: VDI-Berichte (876), S. 317–328
[Frey06]	FREYER, C.: Schichtweises drahtbasiertes Laserauftragschweißen und Fräsen zum Aufbau metallischer Bauteile. Dissertation. RWTH Aachen, Dezember 2006
[Gass93]	GASSER, A.: Oberflächenbehandlung metallischer Werkstoffe mit CO_2-Laserstrahlung in der flüssigen Phase. Dissertation, RWTH Aachen, 1993
[Geig91]	GEIGER, M. et al.: Flexible Blechumformung mit Laserstrahlung – Laserstrahlbiegen. In: Bleche Rohre Profile 38 (11), 1991, S. 856–861
[Geig93]	GEIGER, M.; VOLLERTSEN, F.: Laserstrahlbiegen von Eisen- und NE-Legierungen. In: Blech Rohre Profile 40 (9), 1993, S. 666–670
[Hall03]	HALLER, E.; BARTL, R.: Laser – eine Technologie mit Zukunft in der Automobilindustrie. Tagungsband, Stuttgarter Lasertage, 2003
[Henn01]	HENNIGE, T. (2001): Flexible Formgebung von Blechen durch Laserstrahlumformen. Bamberg: Meisenbach Verlag
[Herz93]	HERZIGER, G.; LOOSEN, P.: Werkstoffbearbeitung mit Laserstrahlung. München/Wien: Hanser, 1993
[Heuv92]	HEUVELMAN, C.J. et al.: Surface Treatment Techniques by Laser beam Machining; Annals of the CIRP, Vol. 41, Issue 2, (1992) 657–666
[Huge09]	HÜGEL, H. et al.: Laser in der Fertigung. Strahlquellen, Systeme, Fertigungsverfahren. 2., neu bearb. Aufl., Wiesbaden: GWV Fachverlage; Teubner, 2009
[Hüge92]	HÜGEL, H.: Strahlwerkzeug Laser: Eine Einführung. Stuttgart: Teubner, 1992
[Kasp00]	KASPEROWSKI, S.: Diodenlaser in Präzisionsdrehmaschinen zur laserunterstützten Keramikzerspanung. Dissertation. RWTH Aachen, 2000
[Kimk11]	KIM, K-S. et al.: A Review on Research and Development of Laser Assisted Turning. In International Journal of Precision Engineering and Manufacturing. 12. Jg., 08.2011, Nr. 4, S. 753–759
[Kirn95]	KIRNER, P.K.: Technolgie zur Herstellung von abrasivfesten Randschichten auf Managanhartstahlbasis durch Laserstrahllegieren und –dispergieren. Dissertation. RWTH Aachen, 1995
[Kitte93]	KITTEL, S. et al.: Laserstrahlumformen von Blechen. In: Bänder Bleche Rohre (3), 1993, S. 54–62
[Kloc04]	KLOCKE, F.; WEHRMEISTER, T.: Laser-Assisted Metal Spinning of Advanced Materials. In: Proceedings of the Fourth LANE. Erlangen, 22.-24. September 2004. Bamberg: Meisenbach-Verlag, S. 1183–1192, 2004
[Kohl88]	KOHLER, H.: Laser-Technologie und Anwendungen. Essen: Vulkan-Verlag, 1988
[Köni93]	KÖNIG, W. et al.: Formgebung mit Laserstrahlung. In: VDI-Z 135 (4), 1993, 14–17

[Köni94a]   KÖNIG, W. et al.: Laserwärmebehandlung von Werkzeugen der Schmiedetechnik. Schmiede Journal 9, S. 22–24, 1994
[Köni94b]   KÖNIG, W.; KIRNER, P.: Laser Surface Treatment prolongs tool life. In: Laser Materials Processing: Industrial and Microelectronics Applications. Proceeding Series Volume 2207, Vienna, Austria, S.44–52, 5.–8. April 1994
[Loor14]   De LOOR, R. et al.: Polygon Laser Scanning. A need for speed in laser processing and micromachining. In: Laser Journal. 2014, Nr. 3, S. 32–34
[Maie99]   MAIER, C.: Laserstrahl – Lichtbogen – Hybridschweißen von Aluminiumwerkstoffen. Dissertation. RWTH Aachen, 1999
[Mert03]   MERTENS, A.; KOCH, M.: Tailored Blanks: Geschichte eines Erfolgs. Tagungsband, Stuttgarter Lasertage, 2003
[Nage93]   NAGEL, M. et al.: "Tailored Blanks" für neue Formen der Konstruktion, Ingenieur-Werkstoffe 5 Nr. 4, 1993
[Pete02]   PETERS, M.; LEYENS, C.: Titan und Titanlegierungen. Weinheim: Wiley-VCH Verlag GmbH & Co. KGaA, 2002
[Popr11]   POPRAWE, R.: Tailored Light 2. Laser Application Technology. Springer, 2011
[Rich13]   RICHMANN, A.: Schneiden mit dem Laser MicroJet. In: Laser Technik Journal Vol. 10, WILEY-VCH Verlag, 2013, S.38 – 41
[Rose12]   ROSEN, C. J.: Laserunterstützte Fräsbearbeitung hochfester Werkstoffe. Dissertation. RWTH Aachen, 2012
[Rozs99]   ROZSNOKI, L.: Anwendungsorientierte Charakterisierung laserbehandelter Randschichten für den Einsatz in der Druckgießtechnik. Diss., RWTH Aachen, 1999
[Schm96]   SCHMITZ-JUSTEN, C.: Einordnung des Laserstrahlhärtens in die fertigungstechnische Praxis. Dissertation. RWTH Aachen, 1996
[Schn88]   SCHNEEGANS, J.: Technologie des Laserstrahlschweißens. „Lasermaterialbearbeitung" für Unternehmen der EBM-Industrie und Strahlverformung. Fraunhofer-Institut für Produktionstechnologie IPT, Aachen, 5/1988
[Schu98]   SCHUBERT, E.: New Possibilities for Joining by Using Power Diode Lasers, LAI Proceeding Vol. 85, ICAELO'98, 1998
[Shen94]   SHEN, J.: Optimierung von Verfahren der Laseroberflächenbehandlung bei gleichzeitiger Pulverzufuhr. Dissertation. Universität Stuttgart, 1994
[Stee10]   STEEN, W. M.; MAZUMDER J.: Laser Material Processing. 4. Auflage; London: Springer, 2010
[Tang93]   TANG, H.H.: Prozessentwicklung des Laserstrahlbeschichtens von Aluminiumlegierungen mit Zusatzwerkstoffen aus Karbid-Aluminium-Pulvergemischen. Dissertation. RWTH Aachen, 1993
[Thom95]   THOMAS, T.: Laser-assisted machining (LAM) processes and their industrial developments. In: Final Report of Brite/EuRam project, 1995
[Tiec89]   TIE, C.-Z. et al.: Tiefenwirkung: Laserstrahlschweißen von Aluminium als Alternative zu WIG/MIG-Verfahren, Schweißen und Schneiden. Maschinenmarkt Bd. 95 H. 35, S. 104–110, 1989
[Tras91]   TRASSER, FR.-J.: Laserstrahlschneiden von Faserverbundkunstoffen. Dissertation. RWTH Aachen, 1991
[Trep88]   TREPPE, F.: Oberflächenveredelung mit dem Hochleistungslaser: Umwandlungshärten, Umschmelzen, Randschichtlegieren, Beschichten, Dispergieren, Lasermaterialbearbeitung für Unternehmen der EBM-Industrie und Strahlverformung. Fraunhofer IPT Aachen, 1988

[Trom04]	TROMMER, G.: Kombi-Verfahren bietet Kostenvorteile, In: Industrieanzeiger 036, S. 52, 2003, URL: https://industrieanzeiger.industrie.de/allgemein/kombi-verfahren-bietet-kostenvorteile/, [Stand: 16.04.2019]
[Trum00]	N.N.: Laserbearbeitung: TLF-Laser – Grundlagen, Aufbau und Einsatz, Technische Information der Trumpf GmbH & Co. KG, Ausgabe 10/2000, Ditzingen: Trumpf GmbH & Co. KG, 2000
[VDI93]	N.N.: Schneiden mit CO2-Lasern. VDI-Technologiezentrum Physikalische Technologien. Düsseldorf: VDI-Verlag, 1993
[Voll96]	VOLLERTSEN, F. (1996): Lasergestützte Formgebung: Verfahren, Mechanismen, Modellierung. Bamberg: Meisenbach Verlag
[Wied12]	WIEDENMANN, R. et al.: Influencing Factors and Workpiece's Microstructure in laser-Assisted Milling of Titanium. In Physics Procedia 39, S. 265–276, 2012
[Zabo98]	ZABOKLICKI, A. K.: Laserunterstütztes Drehen von dichtgesinterter Siliciumnitrid-Keramik. Dissertation. RWTH Aachen, 1998

Materialbearbeitung mit Elektronenstrahlen (EBM)

7

Zusammenfassung

Bei der Materialbearbeitung mit Elektronenstrahlen wird die Energie eines stark beschleunigten und fokussierten Elektronenstrahls beim Auftreffen auf die Werkstückoberfläche im Brennpunkt in Wärme umgewandelt. Die Eindringtiefe der Elektronen in die Werkstückschicht ist eine Funktion der Beschleunigungsspannung und der Dichte des zu bearbeitenden Materials. Die thermische Energie wird genutzt, um die Oberflächeneigenschaften des Materials zu verändern. Es sind sehr hohe Leistungsdichten möglich, die für verschiedene Technologien genutzt werden können. Die technologischen Besonderheiten der Elektronenstrahlbearbeitung werden am Beispiel des Härtens, Schmelzens, Schweißens, Bohrens und einiger Sonderverfahren diskutiert. Anhand der Behandlung von Werkzeugoberflächen (Spritzgießen, Umformen) mit Elektronenstrahlen wird gezeigt, wie der Prozess durch eine geeignete Kombination von Bearbeitungsfrequenz und Energiedichte gesteuert werden kann, um automatisch optisch glänzende Werkstückoberflächen zu erzeugen.

7.1 Grundlagen

7.1.1 Physikalisches Prinzip

Das Prinzip der Elektronenstrahlbearbeitung (engl. Electron Beam Machining, EBM) basiert auf der technischen Nutzung der Energieumwandlung beim Auftreffen eines stark gebündelten und hoch beschleunigten Elektronenstrahls auf Materie. Die Elektronen werden beim Auftreffen abgebremst, wobei ihre kinetische Energie im Brennfleck in Wärmeenergie umgewandelt wird (Abb. 7.1 Phase I). Die Eindringtiefe der Elektronen in das Werkstück ist eine Funktion ihrer Geschwindigkeit und somit der Beschleunigungsspannung sowie der Dichte des zu bearbeitenden Materials. Die hohe Leistungsdichte im Brennfleck hat zur Folge, dass in diesem Bereich das Material innerhalb weniger Mikrosekunden aufschmilzt und zum Teil verdampft. Durch den entstehenden Dampfdruck wird die Schmelze in Form von kleinen Tröpfchen vom Strahlauftreffpunkt verdrängt (Abb. 7.1 Phase II). Wenn der Elektronenstrahl unmittelbar nach dem Durchdringen des Werkstücks abgeschaltet wird, bleibt eine Kapillare bestehen (Abb. 7.1 Phase III). Bleibt der Strahl aber weiter eingeschaltet, bildet sich am Rand der Kapillare eine immer dicker werdende Schmelzzone aus (Abb. 7.1 Phase IV und V). Durch die Bewegung des Strahls relativ zum Werkstück wandert die Kapillare mit. An deren Vorderseite wird das Material gleichzeitig über die gesamte Tiefe aufgeschmolzen, während es an der Rückseite zusammenfließt und erstarrt (Abb. 7.1 Phase IV und V) [Schu82].

7.1.2 Elektronenstrahlanlage

Abb. 7.2 zeigt den schematischen Aufbau einer Elektronenstrahlanlage. In der Strahlquelle emittiert eine hoch erhitzte Wolframkathode Elektronen, die mithilfe einer Hochspannung (ca. 150 kV) in Richtung der Anode beschleunigt werden. Der Wehnelt-Zylinder (nach Arthur Wehnelt 1902/1903) steuert die Strahlstromstärke in Abhängigkeit von der Spannung gegenüber der Kathode. Durch Regelung dieser Spannung verändert sich die Anzahl

7.1 Grundlagen

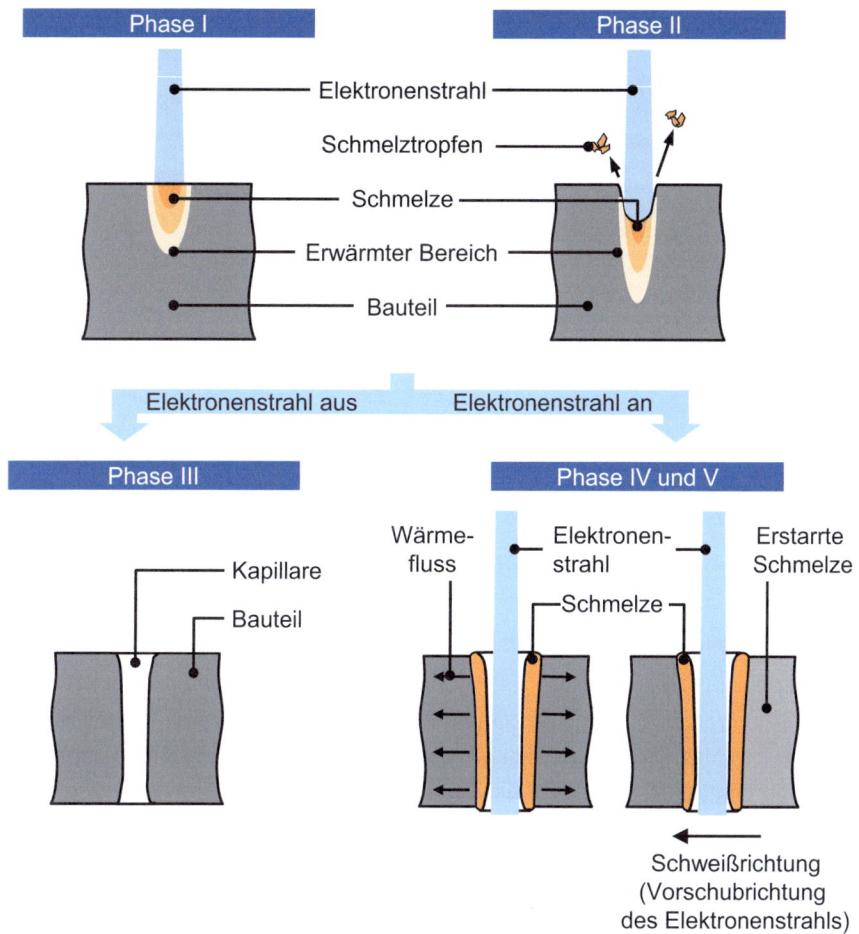

Abb. 7.1 Phasen der Einwirkung von Elektronenstrahlen [Schu82]

der Elektronen, die das Potenzial gegenüber der Kathode überwinden können. Dadurch ergibt sich die Intensität des Elektronenstrahls. Die Elektronen passieren die Ringanode und werden von der Magnetlinse auf die Werkstückoberfläche zu einem Brennfleck fokussiert. Der Durchmesser des Brennfleckes hängt von der Elektronen-Stromstärke ab und beträgt ca. 0,1 – 1 mm. Mithilfe von Ablenkspulen kann der Strahl in einem kleinen Winkelbereich mit hoher Geschwindigkeit abgelenkt werden. Zur Bearbeitung größerer Bereiche wird das Werkstück mit einer Positioniereinrichtung bewegt [Schu82].

Damit die Elektronen auf ihrer Flugbahn nicht durch Kollisionen mit Luftmolekülen gestreut werden, wird das ganze System evakuiert. Während für die Strahlquelle ein Druck unterhalb von 10^{-4} mbar notwendig ist, wird in der Arbeitskammer aus Kostengründen meist mit 10^{-2} bis 10^{-4} mbar gearbeitet. Für die Behandlung von Einzelteilen

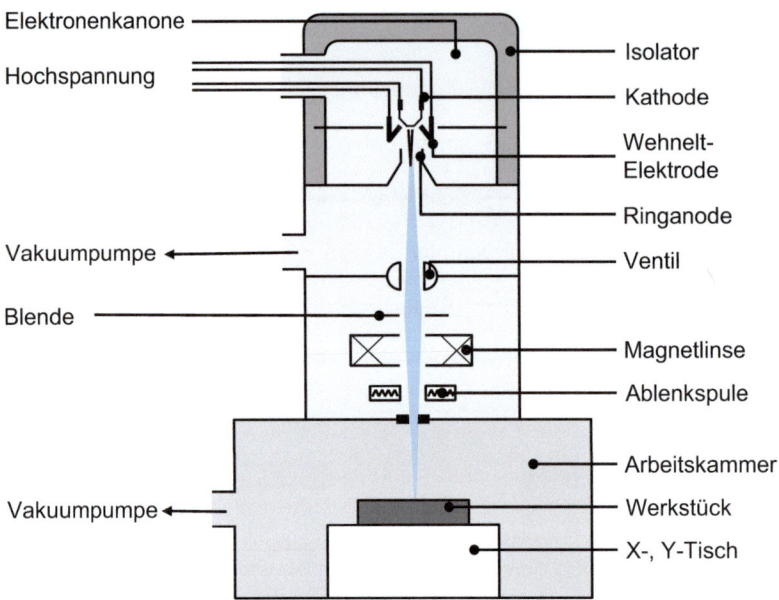

Abb. 7.2 Schematischer Aufbau einer Elektronenstrahlanlage [Schu82]

und Kleinserien haben sich die universell einsetzbaren Kammeranlagen (Abb. 7.3 oben links) bewährt. Bei Großserien werden immer häufiger Taktmaschinen (Abb. 7.3 oben rechts) eingesetzt, bei denen die Kammergröße auf die Abmessungen der zu behandelnden Werkstücke abgestimmt ist. Hierdurch lassen sich die durch den Werkstückwechsel bedingten Nebenzeiten deutlich reduzieren und somit Taktzeiten von wenigen Sekunden realisieren. Für die Behandlung von stab- und bandförmigen Halbzeugen eignen sich Durchlaufmaschinen (Abb. 7.3 unten links).

Um 1990 wurde das Elektronenschweißen an Atmosphäre NVEBW (Non Vacuum Electron Beam Welding) mit Forschungsarbeiten an Universitäten gemeinsam mit der Industrie weiterentwickelt [Behr03]. Beim Elektronenstrahlschweißen in Umgebungsatmosphäre wird gegenüber dem Schweißen im Vakuum die Vakuumkammer durch ein Druckstufensystem ersetzt. Die Bearbeitung der Teile erfolgt innerhalb einer Schutzkabine (Abb. 7.3 unten rechts). Die Evakuierzeit entfällt, da das Druckstufensystem und die Generatorsäule ständig unter Vakuum gehalten werden. Der Elektronenstrahl wird vom Hochvakuum über das Fein- und Grobvakuum an die Atmosphäre geführt. Beim Schweißen im Vakuum wird ein großer Bereich für den Arbeitsabstand durch verschiedene Fokuslagen des Brennflecks realisiert. Beim Elektronenstrahlschweißen an Atmosphäre werden Höhendifferenzen entlang der Schweißnaht durch ein Verschieben des Elektronenstrahlgenerators und/oder des Werkstücks ausgeglichen. Der Einsatzbereich des Verfahrens ist vorwiegend in der Großserienproduktion angesiedelt. Generell ist festzuhalten, dass die industrielle Bedeutung der NVEBW-Bearbeitung nicht so groß ist, wie die der mit vollständigem Vakuum arbeitenden Verfahrensvarianten [Reis16].

7.1 Grundlagen

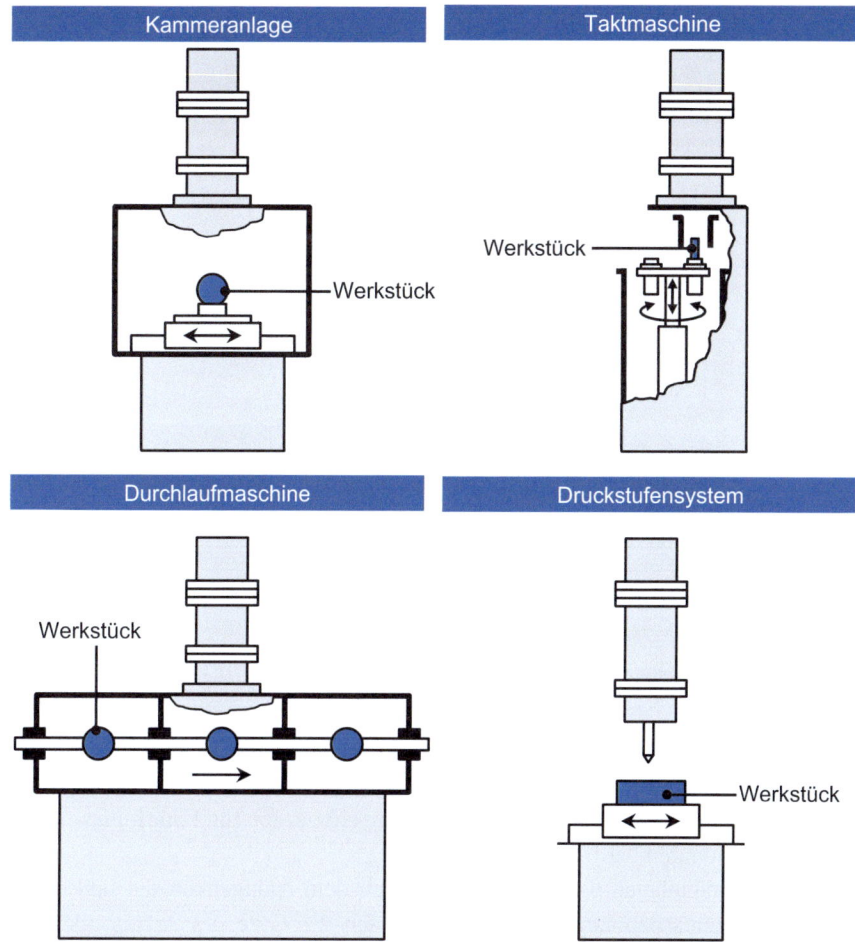

Abb. 7.3 Wesentliche Typen von Elektronenstrahlmaschinen. (Quelle: Steigerwald Strahltechnik)

Abb. 7.4 zeigt exemplarisch eine Kammermaschine in kompakter Bauweise. Ein Merkmal der Kammermaschine ist die hohe Flexibilität. Diese Maschinenausführung kann mit geeigneter Kinematik eine große Vielfalt an Bauteilen bearbeiten. Die Zykluszeit in einer Kammermaschine ist stark abhängig von der werkstück- und maschinenabhängigen Nebenzeit. Für jeden Bearbeitungszyklus muss das komplette Kammervolumen evakuiert und belüftet werden. Bei der unten abgebildeten Maschine treten Nebenzeiten im Bereich von 5 bis 10 min auf, wobei der Zeitanteil zum Pumpen je nach Pumpausrüstung und gefordertem Vakuum ($2 \cdot 10^{-2}$ bis $7 \cdot 10^{-4}$ mbar) 1 bis 4 min beträgt. Alle für den Betrieb der Maschine notwendigen Komponenten sind auf einem Grundrahmen montiert. Die Arbeitskammer ist über eine Schiebetür zugänglich. Der Generator für die Elektronenstrahlbearbeitung ist auf der Oberseite der Kam-

Abb. 7.4 Kammermaschine für die Elektronenstrahlbearbeitung. (Quelle: ProBeam)

mer angebracht. Eine integrierte Generatorverschiebung ermöglicht eine Erweiterung des verfügbaren Arbeitsraums. Dieser Maschinentyp stellt neben Anwendungen für die Kleinserienfertigung ein gut geeignetes Anlagenkonzept für Forschungs- und Entwicklungseinrichtungen dar [Adam11].

Elektronenstrahlanlagen werden nicht nur nach dem Anlagenkonzept und der Höhe der Beschleunigungsspannung unterschieden. Auch die Güte des Arbeitsvakuums hat einen entscheidenden Einfluss auf den Prozess der Elektronenstrahlbearbeitung und auf die Form des Elektronenstrahls. Abb. 7.5 zeigt beispielhaft den Elektronenstrahl im Hochvakuum, im Feinvakuum und an der Atmosphäre.

Wie Abb. 7.5 zeigt, hat der Umgebungsdruck einen direkten Einfluss auf die Breite des Strahls und damit auch auf die Genauigkeit und den potenziellen Verwendungsbereich der Verfahrensvariante. Im Hochvakuumbereich wird das Werkstück bei einem Druck $< 10^{-4}$ mbar bearbeitet. Die Genauigkeit und der Prozesswirkungsgrad sind dabei am höchsten. Es können z. B. beim Schweißen sehr schmale Nähte hergestellt werden. Bei geringer Oxidationsgefahr und verminderten Anforderungen an die Schweißnähte werden aus wirtschaftlichen Gründen, wie z. B. die Verringerung von Taktzeiten, Feinvakuum-Anlagen eingesetzt. Diese werden bei ca. 10^{-2} mbar Druck betrieben. Die Erzeugung des Feinvakuums in der Bearbeitungskammer ist wesentlich schneller möglich, als die Erzeugung des Hochvakuums. Bei hohen Anforderungen an die Schweißzeit, verminderten Ansprüchen an Schweißnahtgeometrie und den Bauteilverzug und wenn der Werkstoff volle Verträglichkeit mit der Luft oder dem Schutzgas aufweist, werden Be-

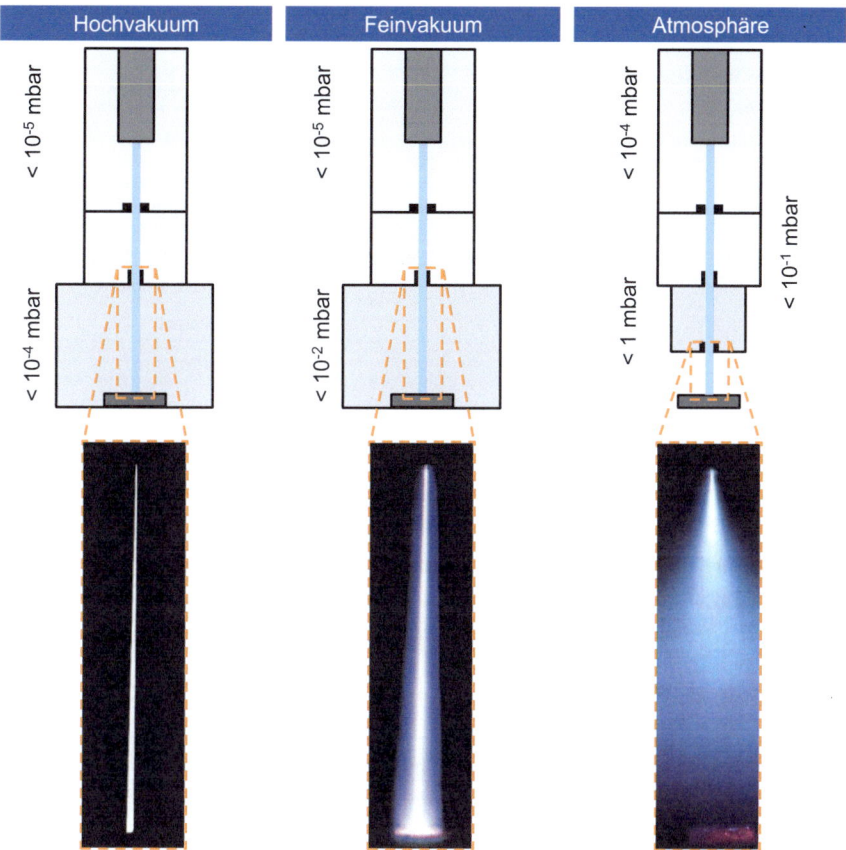

Abb. 7.5 Einfluss des Umgebungsdrucks auf den Elektronenstrahl [Reis16]

arbeitungen an der Atmosphäre durchgeführt. Vorteilhaft ist die Realisierbarkeit einer kontinuierlichen Durchlaufzeit und einer geringen Taktzeit. Potenzielle Anwendungsgebiete liegen in der Metallbearbeitung (Präzisionsrohre, Bi-Metallbänder) und in der Automobilindustrie (Wandler, Planetenträger, Kugelgelenke, Modulträger). Industriell ist die Bearbeitung im Hoch- bzw. Feinvakuum von größerer Bedeutung [Reis16, Reis19].

7.2 Technologie

7.2.1 Allgemeines

In der industriellen Fertigung sind Elektronenstrahlanlagen mit einer Beschleunigungsspannung bis zu 150 kV im Einsatz. Eine wichtige Kenngröße für diese Anlagen ist die Strahlleistung P, die sich aus dem Produkt von Beschleunigungsspannung U_B und

Tab. 7.1 Einsatzgebiete der Elektronenstrahlbearbeitung für metallische Werkstoffe und Polymere [Dobe72]

Leistungsdichte W/cm^2	Anwendungsgebiet
$10^2 - 10^3$	Polymerisieren
10^3	Elektroresistverfahren
$10^4 - 10^5$	Härten
$10^5 - 10^6$	Schweißen, Umschmelzen
$10^5 - 10^7$	Perforieren
$10^7 - 10^9$	Bohren, Fräsen
10^8	Gravieren
$>10^8$	Sublimieren

Strahlstrom I_S ergibt. Die maximale Leistung einer Anlage hängt wesentlich davon ab, für welchen Einsatzbereich sie konzipiert wurde (1 kW bis etwa 150 kW).

Durch die Fokussierung des Strahls sind im Brennfleck Leistungsdichten bis zu 10^9 W/cm^2 zu erreichen [Schu82]. Je nach gewählter Leistungsdichte sind mit dem Elektronenstrahl verschiedene Bearbeitungsarten durchführbar (Tab. 7.1) [Dobe72].

7.2.2 Kunststoffbearbeitung mit dem Elektronenstrahl

Ein wichtiges Einsatzgebiet ist die Bestrahlung monomerer Lacksysteme, die durch strahlinduzierte Polymerisation innerhalb von Sekundenbruchteilen vernetzen [Mehn94]. Hierzu sind Leistungsdichten von $10^2 - 10^3$ W/cm^2 erforderlich. Mit ähnlich geringen Leistungsdichten arbeitet das Elektro-Resistverfahren zur Herstellung von integrierten Schaltkreisen mit hohem Auflösungsvermögen. Wird die Leistungsdichte auf ca. 10^4 W/cm^2 erhöht, können Kunststoffe verdampft werden. Zur Anwendung kommt diese Verfahrensvariante bei der Perforation von Kunstleder und bei der Herstellung von Sieb- und Filterfolien [Dobe72].

7.2.3 Elektronenstrahlhärten

Beim Elektronenstrahlhärten werden definierte Bereiche der Oberfläche sehr rasch austenitisiert (Kurzzeitaustenitisieren) und anschließend durch Abfuhr der Wärme in das kalte Werkstück abgeschreckt (Selbstabschreckung). Typische Erwärmungs- und Abkühlgeschwindigkeiten liegen zwischen 10^3 und 10^5 K/s [Zenk90]. Je nach Anwendungsfall wird mit Leistungsdichten zwischen $10^4 - 10^5$ W/cm^2 gearbeitet, die Einwirkzeiten liegen zwischen 0,001 und 0,1 s. Um ein gleichmäßiges, reproduzierbares Härteergebnis zu erzielen, muss das Ausgangsgefüge möglichst homogen sein. Für das Elektronenstrahlhärten sind nicht legierte und legierte Stähle sowie Gusseisensorten mit perlitischer Matrix geeignet. Die wesentlichen Vorteile des Elektronenstrahlhärtens sind:

- Weitgehende Verzugsfreiheit durch geringe thermische Belastungen des Werkstücks
- Exakte Geometrie der Härtezonen durch die gute Steuerbarkeit des Strahls
- Hohe Härte durch sehr schnelle Umwandlungsvorgänge

7.2.4 Elektronenstrahlumschmelzen

Bei Leistungsdichten von 10^5 bis 10^6 W/cm^2 können Metalle aufgeschmolzen werden. Beim Umschmelzen wird das Material örtlich über den Schmelzpunkt erwärmt. Die Schmelze wird stark, aber nur kurzzeitig überhitzt. Die beim raschen Abkühlen mit erheblicher Unterkühlung eintretende Erstarrung läuft mit sehr hoher Geschwindigkeit ab. Durch die hohe Erstarrungsgeschwindigkeit wird die Löslichkeitsgrenze fester Lösungen erweitert, Seigerungen werden unterdrückt und es tritt eine ausgeprägte Gefügefeinung ein.

Abb. 7.6 zeigt am Beispiel eines mit dem Elektronenstrahl bearbeiteten Schnellarbeitsstahls, dass durch Umschmelzen in Verbindung mit entsprechenden Anlassbehandlungen eine deutliche Härtesteigerung durch Ausscheidung von Sekundärkarbiden erzielbar ist. Beim Umschmelzen von Grauguss wird der freie Graphit in der Schmelze aufgelöst. Durch die schnelle Abkühlung erstarrt die Schmelze weiß, gefolgt von einer martensitischen Umwandlung. Das so erzeugte feine Ledeburitgefüge ist verhältnismäßig zäh und weist Härtewerte über 900 HV 1 auf [Dobe72].

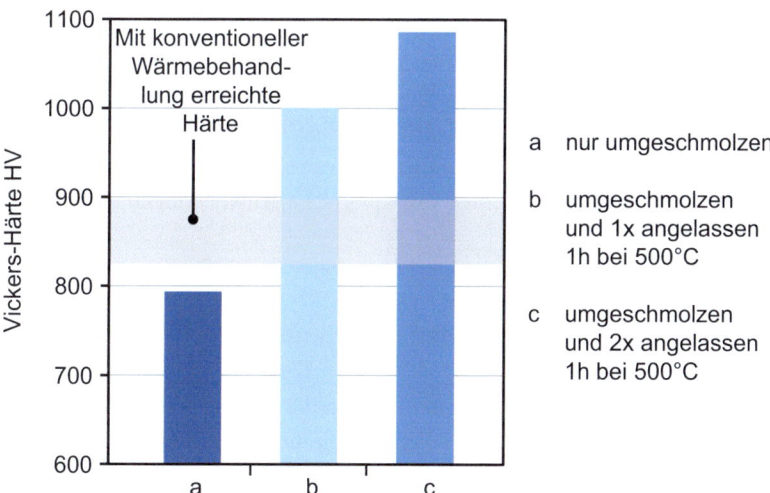

Abb. 7.6 Härte von durch Umschmelzen behandeltem Schnellarbeitsstahl S10-4-3-10. (Quelle: Steigerwald Strahltechnik)

Abb. 7.7 Querschliff einer Elektronenstrahlschweißnaht. (Quelle: ISF, RWTH Aachen)

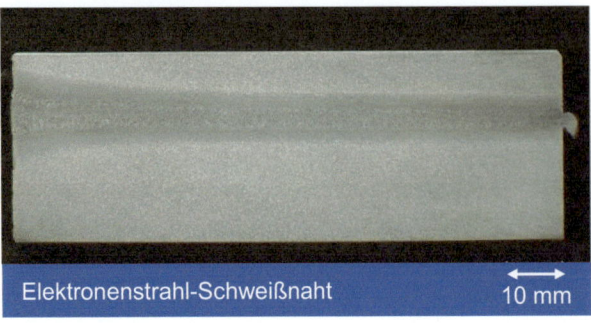

7.2.5 Elektronenstrahlschweißen

Der überwiegende Anteil industrieller Anwendungen entfällt auf das Elektronenstrahlschweißen. Mit dem Elektronenstrahl lassen sich nahezu alle Metalle schweißen, insbesondere hochschmelzende und gasempfindliche Metalle sowie Sonderlegierungen. Verschiedene Arten des Nahtschweißens wie Stumpf-, Überlapp- und Punktschweißen sind ohne Zusatzwerkstoffe durchführbar. Geschweißt wird mit dem Elektronenstrahl im Vakuum, unter Schutzgas oder an Atmosphäre [Behr03]. Die geforderte hohe Genauigkeit von Werkzeug- und Werkstückführung ergibt sich aus der von der Strahlgeometrie abhängigen kleinen Fläche von weniger als 1 mm^2, in der die Energie an das Werkstück übertragen wird. Bedingt durch die hohe Leistungsdichte sind große Schweißgeschwindigkeiten realisierbar und große Blechdicken einlagig schweißbar (Abb. 7.7). Die Leistungsdichte liegt in einer Größenordnung von ca. $10^5 - 10^6$ W/cm^2.

Zu beachten ist, dass mit zunehmender Beschleunigungsspannung die erzielbare Nahttiefe sowie das Tiefe-zu-Breite-Verhältnis der Nahtgeometrie ansteigen. Dabei wirken sich die mit wachsender Beschleunigungsspannung exponentiell zunehmende Röntgenstrahlung sowie die ebenfalls größere Empfindlichkeit gegen Spannungsüberschläge nachteilig aus [Reis19]. Da das Elektronenstrahlschweißen die größte Bedeutung aufweist, sind in Abschn. 7.3.4 einige exemplarische Anwendungen aus verschiedenen Industriebereichen aufgeführt.

7.2.6 Perforieren, Bohren, Fräsen, Gravieren

Wird die Leistungsdichte weiter gesteigert, besteht die Möglichkeit, mit dem Elektronenstrahl abtragende Bearbeitungen wie Perforieren und Gravieren zu realisieren. Insbesondere zum Perforieren dünner Bleche für Siebdruck oder Filter finden Elektronenstrahl-Anlagen einen wirtschaftlichen Einsatz (Abb. 7.8). In der industriellen Anwendung sind Bohrungstiefen bis zu 7 mm und Lochdurchmesser von 0,05 bis 1 mm erreichbar. Hinsichtlich der Bohrungsgeometrie muss bei tiefen sowie bei flachen

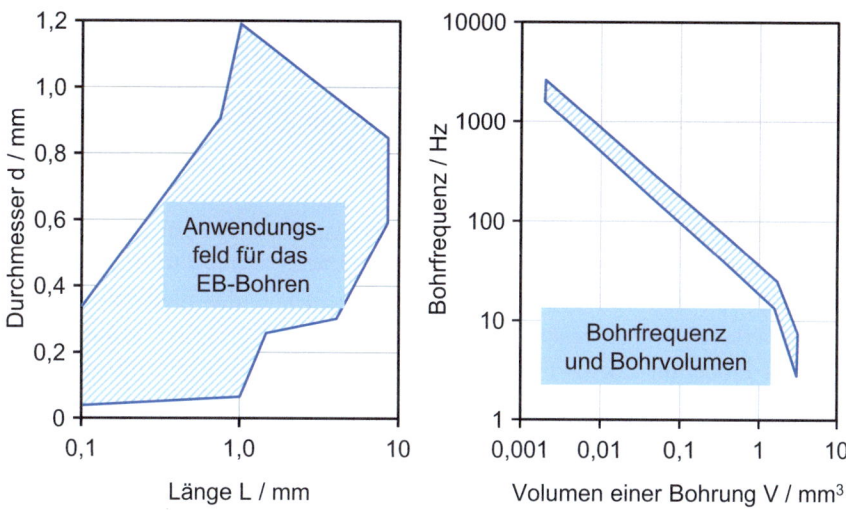

Abb. 7.8 Einsatzbereich für das Elektronenstrahlbohren. (Quelle: Steigerwald Strahltechnik)

Bohrungen mit kleinen Durchmessern mit einer bestimmten Konizität gerechnet werden (Verhältnis der Eingangsöffnung zur Austrittsöffnung ca. 1,5). Diese Verhältnisse können durch Steuerung der Leistungsdichteverteilung vergrößert werden (Einsatz beispielsweise in der Filtertechnik). Es sind Toleranzen von ±5 % vom Durchmesser (inklusive der Abweichungen von der Kreisform) erreichbar. Beispielhaft können in 0,1 mm dicke Edelstahlbleche Bohrungen von 0,2 mm Durchmesser mit einer Frequenz von 3000 Hz eingebracht werden [Schw93].

7.2.7 Polieren

Im Werkzeug- und Formenbau werden die Oberflächen von Metallformen nach der konventionellen Bearbeitung häufig von Hand poliert. Dieser Prozess erzeugt eine geringe Oberflächenrauheit, ist jedoch sehr zeitaufwendig und wenig reproduzierbar. Es besteht die Möglichkeit, Metallformen mittels eines Elektronenstrahls großflächig zu polieren [Okad03, Sodi04]. Das Material wird dabei bestrahlt, ohne dass der Strahl fokussiert werden muss. Der Strahldurchmesser beträgt bis zu 60 mm. Im Gegensatz zum herkömmlichen EBM-Verfahren wird der Strahl in einer mit Argon gefüllten Vorkammer erzeugt. Eine an der Außenseite der Kammer angebrachte Zylinderspule erzeugt ein Magnetfeld, welches zeitgleich zu einer an der Anode anliegenden Impulsspannung sein Intensitätsmaximum erreicht. Die dadurch erzeugte Lorentz-Kraft wirkt auf die in der Vorkammer befindlichen Elektronen, welche wendelförmig in Richtung der Anode beschleunigt werden. Die Argon-Atome werden durch Kollision mit den Elektronen ionisiert, wodurch in der Nähe der Anode ein Plasma entsteht. Zum Zeitpunkt der maximalen Intensität des Plasmas wird die Kathode mit einer Impulsspannung beaufschlagt. Die dadurch austretenden Elektronen werden durch das elektrische Feld stark beschleunigt. Mit ihnen wird nun die Werkstückoberfläche bestrahlt. Das Plasma sorgt für eine Verringerung der Coulomb-Kraft zwischen den Elektronen, wodurch die Qualität des Elektronenstrahls verbessert wird.

Bei der EBM-Feinst-Bearbeitung spielen die Anzahl der Bestrahlungen und die Energiedichte des Elektronenstrahls eine wichtige Rolle. Abb. 7.9 zeigt den Verlauf der Oberflächenrauheit bei verschiedenen Energiedichten w des Elektronenstrahls. Als Werkstückwerkstoff wurde beispielhaft ein gehärteter Stahl NAK80 bearbeitet. Zuerst wird auf der Probe mit einer zylindrischen Kupferelektrode ein Kreis mit einem Durchmesser von 8 mm funkenerosiv bearbeitet. Die funkenerodierte Oberfläche besitzt vor dem Polieren eine gemittelte Rauheit von Rz = 6 µm. Die Bestrahlung erfolgt in einer Folge von Impulsen, bei denen die Impulsdauer bei 2 – 3 µs liegt [Okad03]. Es entsteht ein Strahl mit einem Durchmesser von 60 mm. Es wurden 30 aufeinander folgende Bestrahlungen durchgeführt. Bei kleiner Energiedichte von 1,4 J/cm² zeigen sich bereits vereinzelt aufgeschmolzene Bereiche an der Oberfläche. Bei 2,1 J/cm² verstärkt sich dieser Effekt. Die Struktur der Oberfläche nach der Bearbeitung erscheint glatter. Bei Anwendung einer hohen Energiedichte unterscheidet sich die erzielte Oberfläche deutlich von der durch Funkenerosion hergestellten Struktur.

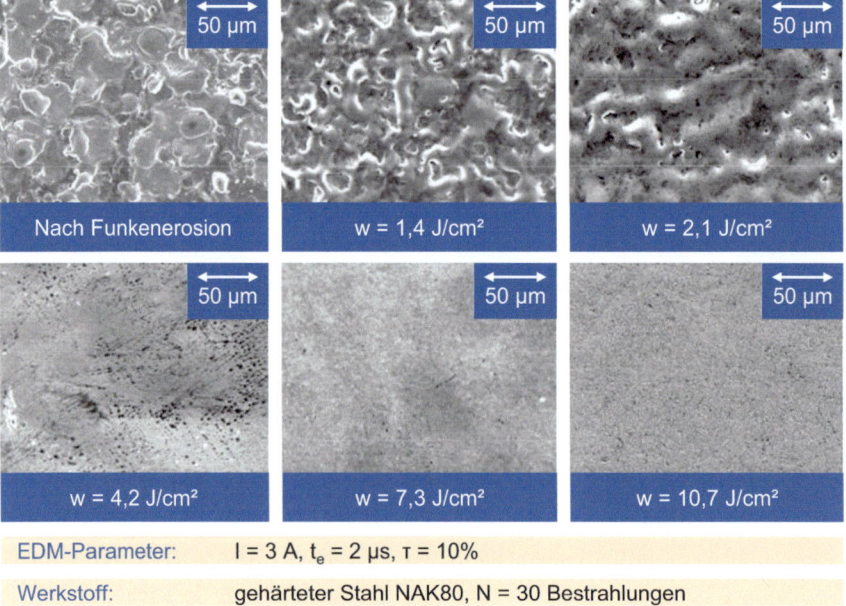

Abb. 7.9 SEM-Aufnahmen funkenerodierter Oberfläche, die mit unterschiedlichen Energiedichten w durch EBM poliert wurde [Unoy05]

7.3 Anwendungsbeispiele

7.3.1 Kunststoffbearbeitung mit dem Elektronenstrahl

Der Elektronenstrahl stellt ein sehr flexibles Werkzeug zur Bearbeitung dar. Besonders bei der Behandlung von Kunststoffen existiert eine Fülle von Modifikations- und Variationsmöglichkeiten. Durch niederenergetisch beschleunigte Elektronenstrahlen können Oberflächen zum Beispiel vernetzt oder anderweitig funktionalisiert werden. Dies wird durch Veränderungen der Prozessparameter möglich. Exemplarische Anwendungsfelder für die Kunststoffbearbeitung via Elektronenstrahl sind [Ffep16]:

- Beschichtungen (Schutzschichten, Oberflächenvergütungen etc.)
- Verpackungen (Sterile Verpackungen etc.)
- Oberflächenschutz (Schutz gegen Witterung und weitere äußere Einflüsse)
- Medizintechnik (Biofunktionalisierung von Oberflächen etc.)
- Elektroindustrie (Integrierte Schaltkreisen mit höchstem Auflösungsvermögen)

7.3.2 Elektronenstrahlhärten

Das Anwendungsgebiet des Elektronenstrahlhärtens liegt im Bereich von 0,1 bis 1,5 mm Einhärtungstiefe und wird vor allem bei hohen Verschleißbeanspruchungen sowie verzugsempfindlichen Bauteilen eingesetzt. Eine Kombination mit anderen thermochemischen Härteverfahren (z. B. Nitrieren) ist möglich [Stei12]. Exemplarische Anwendungsfelder für das Härten via Elektronenstrahl sind:

- Automobilindustrie (Getriebekomponenten, Nockenwellen etc.)
- Maschinen- und Anlagenbau (Kurvenscheiben, Wellen, Druckringe etc.)
- Vorrichtungsbau (lokal begrenzte Funktionsflächen etc.)
- Werkzeugbau (Schneidstempel etc.)

Abb. 7.10 zeigt eine Nockenwelle aus C55 (1.1203), die mittels Elektronenstrahl an lokal begrenzten Stellen gehärtet wurde. Dabei werden sowohl die Nocken als auch die Lager gehärtet. Das Elektronenstrahlhärten kommt in diesem Falle vor allem aufgrund seiner exakt definierten Einhärtungstiefe (Nocken 0,4+0,1 mm, Lager 0,2+0,1 mm) zur Anwendung [Zenk10].

7.3.3 Elektronenstrahlumschmelzen

Das Umschmelz-Legieren wird vorwiegend zur Modifizierung von Aluminiumwerkstoffen eingesetzt (Abb. 7.11). Bei dieser Verfahrensvariante wird der Grundwerk-

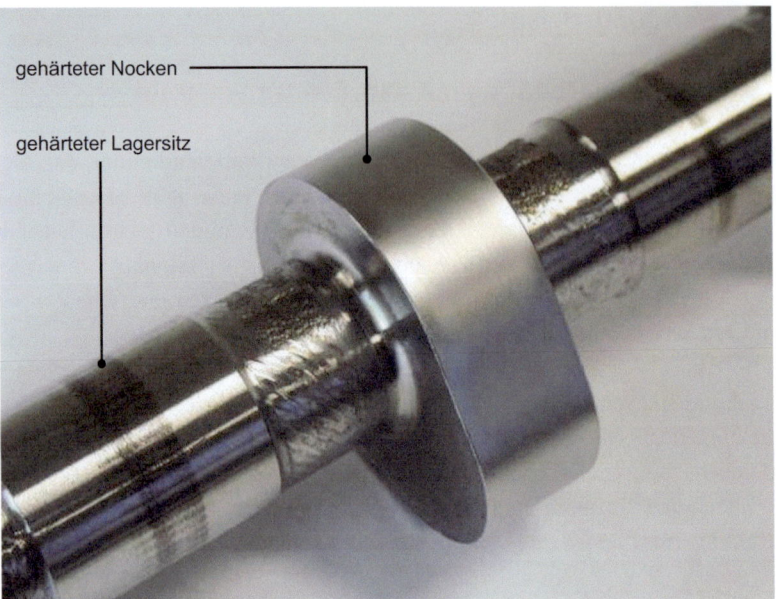

Abb. 7.10 Elektronenstrahlgehärtete Nockenwelle. (Quelle: ProBeam)

Abb. 7.11 Einschmelzlegierter Motorkolben. (Quelle: Steigerwald Strahltechnik)

stoff zunächst mit den Legierungswerkstoffen, vorzugsweise Ni oder Fe, beschichtet. Das Aufbringen dieser Werkstoffe wird in der Regel galvanisch realisiert. Durch das anschließende Umschmelzen wird die ursprüngliche Beschichtung von dem aufgeschmolzenen Material als Legierungskomponente aufgenommen. In den legierten

Oberflächenbereichen sind im Vergleich zum Grundmaterial höhere Härte- und Verschleißwiderstandswerte sowie bessere Gleiteigenschaften erzielbar [Hill81].

7.3.4 Elektronenstrahlschweißen

Das Elektronenstrahlschweißen wird wirtschaftlich und qualitätssicher beispielsweise im Automobil-, Flugzeug- und Raumfahrzeugbau, in der Kern-, Feinwerk-, Elektrotechnik und Elektronik sowie beim Bau physikalischer und medizinischer Geräte eingesetzt. Durch den Einsatz des Elektronenstrahlschweißens ergeben sich für den Aufbau und die Konstruktion der Bauteile größere Variationsmöglichkeiten, und es vereinfachen sich häufig die Herstellungsprozesse. Dadurch werden in vielen Fällen niedrigere Herstellkosten erreicht. So können z. B. komplizierte Bauteile aus mehreren Teilstücken, evtl. aus unterschiedlichen Werkstoffen, zusammengefügt werden [DIN32511]. Ein Beispiel für die Verwendung von Non-Vacuum(NV)-Elektronenstrahlschweißmaschinen ist das Schweißen eines Instrumententrägers für die Automobilindustrie. Zwei Halbschalen aus AlMg3 werden durch eine Bördelnaht mit einander verbunden. Durch die weitgehende Verzugsfreiheit – bedingt durch die schmale Naht und die kleine Wärmeeinflusszone – ist eine Nacharbeit nicht erforderlich (Abb. 7.12).

Nachfolgend sind weitere Werkstücke gezeigt, die mittels Elektronenstrahlschweißen bearbeitet wurden. Abb. 7.13 zeigt ein Zylinderrohr, an welches auf der linken Seite eine Verbindung zur Kurbelwelle angeschweißt wurde.

Ein weiteres Anwendungsbeispiel ist ein aus Aluminium-Siliziumlegierungen hergestellter Kolben (Abb. 7.14). Der Brennraum ist zur Optimierung des Verbrennungsprozesses in den Kolbenboden in Form einer Verbrennungsmulde integriert. Die bei der Verbrennung auftretenden Kräfte sorgen für eine zusätzliche Belastung des Kolbenbodens und müssen daher hinsichtlich der Materialgestaltung besonders berücksichtigt werden [Stei19]. Der Grundkörper ist ein Schmiedeteil aus Aluminium. Da der Stützring aus Stahl für den Kolbenring eingegossen werden muss, ist dieses Segment aus

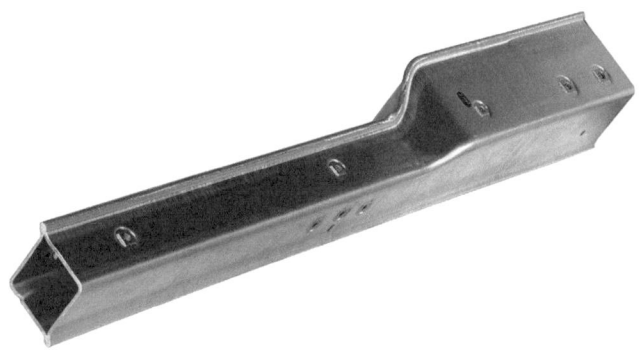

Abb. 7.12 Instrumententräger. (Quelle: Steigerwald Strahltechnik)

Abb. 7.13 Zylinderrohr.
(Quelle: ProBeam)

Abb. 7.14 Aluminiumkolben.
(Quelle: ProBeam)

einer Aluminium-Gusslegierung. Durch Elektronenstrahlschweißen der beiden Teile ist es möglich, gleichzeitig den Kühlringkanal herzustellen, ohne einen Gusskern zu benötigen. Dieses Verfahren hat sich als wirtschaftliche Variante zur Herstellung der Kolben etabliert [Dobe07]. Da es sich hier um Schweißtiefen von über 65 mm handelt, ist das EB-Schweißverfahren als einziges Verfahren in der Lage, die Forderungen hinsichtlich Nahtgeometrie der Motoren- und Kolbenhersteller zu erfüllen [Stei19].

7.3 Anwendungsbeispiele

Abb. 7.15 Statorring aus TiAl6V4. (Quelle: Steigerwald Strahltechnik)

Ein weiteres Anwendungsbeispiel stellt der in Abb. 7.15 gezeigte Statorring dar. Dieses Bauteil besteht aus dem Material TiAl6V4 und wurde mit einer Leistung 8 kW bei einer Spannung von 150 kV und einer Schweißtiefe von 10 mm mit einer Schweißgeschwindigkeit $v_s = 30$ mm/s bearbeitet. Es werden die einzelnen Stator-Elemente miteinander verbunden und anschließend endbearbeitet.

Ein weiteres Beispiel ist das Schweißen von Partikelfiltern (Abb. 7.16). Die Besonderheit hierbei ist, dass ein präzises Positionieren des Strahls auf 60 radialen Fügelinien gefordert ist. Hierbei wechselt der Strahl die Position so schnell, dass er 1000-mal pro Sekunde auf alle 60 Schweißpositionen zurückkehrt und so 60 Taschen mit geringer Geschwindigkeit pro Tasche gleichzeitig geschweißt werden können. Diese Vorgehensweise ist erforderlich, da das Material, das den Katalysator trägt, bei höheren Schweiß-Geschwindigkeiten nicht gleichmäßig fließt, sondern ein intensives Spritzen und erhöhten Funkenflug erzeugt. Um die geforderte Produktivität zu erreichen, ist das gleichzeitige Schweißen aller Nähte notwendig. Die gesamte Schweißzeit beträgt 16 s und ist verglichen mit 16 min beim WIG-Schweißen sehr gering und damit wirtschaftlich [Dobe07].

Abb. 7.16 EBM-Bearbeitung eines Partikelfilters. (Quelle: ProBeam)

7.3.5 Perforieren, Bohren, Fräsen, Gravieren

Der Einsatz der Elektronenstrahlbearbeitung in diesem Anwendungsfall erweist sich immer dann als besonders wirtschaftlich, wenn sehr hohe Bearbeitungsgeschwindigkeiten erreicht werden müssen, wenn also hohe Stückzahlen oder viele gleichartige Bearbeitungen an einem Werkstück durchzuführen sind. Dies ist z. B. bei Gasbrennerdüsen, Einspritzringen für Triebwerke, Kühlbohrungen in Turbinenschaufeln, Spinnköpfen für die Glasfaserherstellung und Filtertrommeln der Fall [Hsuc91, Schw93]. Zwei Anwendungsbeispiele für das Elektronenstrahlbohren sind in Abb. 7.17 dargestellt. Oben im Bild ist ein Spinnkopf zur Glasfaserherstellung mit 25.600 Bohrungen mit einem Durchmesser von 0,55 mm dargestellt [Stei10]. Unten im Bild ist ein elektronenstrahlgebohrtes Brennkammergehäuse abgebildet. Die Materialdicke beträgt bei diesem Bauteil 1,1 mm und es wurden 3.748 Bohrungen mit einem Lochdurchmesser von 0,9 mm hergestellt. Die Bearbeitungszeit für diesen Vorgang betrug ca. 60 min. Beide Produkte besitzen in der Herstellung die Anforderung, dass viele gleichartige Bearbeitungen, in diesem Fall Bohrungen, hergestellt werden, wodurch das Elektronenstrahlbohren wirtschaftlich anwendbar ist.

Abb. 7.17 Spinnkopf zur Glasfaserherstellung (oben), Brennkammergehäuse (unten). (Quelle: Steigerwald Strahltechnik)

7.3 Anwendungsbeispiele

Abb. 7.18 Elektronenstrahlperforieren. (Quelle: ProBeam)

Auch eine Perforation von Bauteilen lässt sich mittels Elektronenstrahl realisieren. Dieser Vorgang wird in der Regel bei einer Leistungsdichte von $10^5 - 10^7$ W/cm^2 durchgeführt. Abb. 7.18 zeigt exemplarisch zwei oberflächenperforierte Bauteile, in die jeweils mehrere zehntausend kleine Geometrieelemente zur Oberflächenperforation eingebracht wurden. Dabei können sowohl Schlitze als auch Kreise perforiert werden, lediglich hinsichtlich der Scharfkantigkeit gibt es aufgrund der Stahlgeometrie eine Limitation.

Weiterhin sind Oberflächenstrukturierungen durch Sublimation mittels Ablenkung eines Elektronenstrahls möglich. Mit dieser Technik werden z. T. Bearbeitungsgeschwindigkeiten von 1 m/s erreicht. Ziel dieser Entwicklung ist es, wesentlich feinere Strukturen fertigen zu können als es mit herkömmlichen Techniken möglich ist. Die Oberflächensublimation findet bei einer Leistungsdichte von > 10^8 W/cm^2 statt.

7.3.6 Polieren

Abb. 7.19 zeigt zwei funkenerodierte Formen, die anschließend mittels Elektronenstrahl poliert wurden. Es ist zu erkennen, dass sich die Oberflächengüte wesentlich verbessert hat. Kriterien, an denen dies festgestellt werden kann, sind u. a. die gemittelte Rautiefe Rz und der Oberflächenglanz. Es gibt zwei Wege die Oberflächenrauheit zu reduzieren. Ein ausreichender Glättungseffekt kann zum einen durch hohe Energiedichten bei der Bestrahlung realisiert werden. Zum anderen hat die steigende Anzahl an Bestrahlungen einen positiven Einfluss auf die Oberflächenrauheit. Es ist deshalb naheliegend, dass

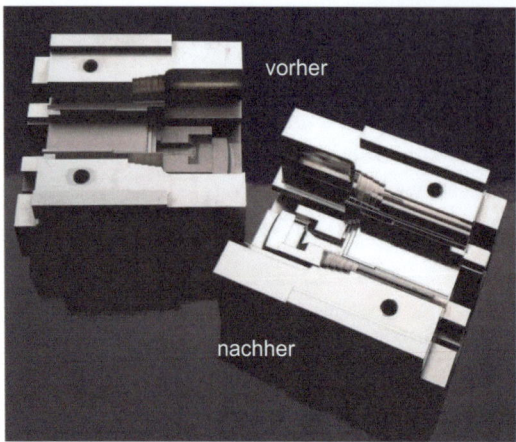 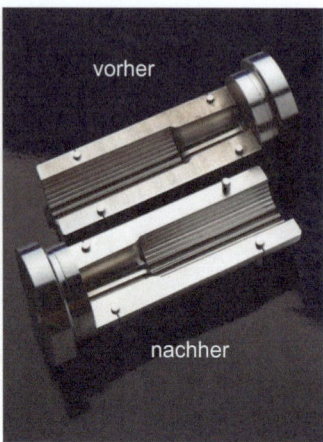

Abb. 7.19 Elektronenstrahlpolieren. (Quelle: Sodick)

die erzielte Rauheit von der eingebrachten Gesamtenergie abhängt, die das Produkt aus Energiedichte und Bestrahlungshäufigkeit darstellt. Dies konnte durch Versuche bestätigt werden. Ein effektiver Glättungseffekt konnte bei der Verfahrenskombination mit kleiner Energiedichte und großer Bestrahlungshäufigkeit nachgewiesen werden [Okad03].

Literatur

[Adam11] ADAM, V.; et al.: Elektronenstrahlschweißen – Grundlagen einer faszinierenden Technik. 1. Auflage, pro-beam AG & Co. KGaA, 2011

[Behr03] BEHR, W.: Elektronenstrahlschweißen an Atmosphäre. Dissertation. RWTH Aachen, 2003

[DIN32511] DIN 32511: Schweißen – Elektronenstrahlverfahren zur Materialbearbeitung – Begriffe für Prozesse und Geräte. Institut für Normung (Hrsg.), Berlin: Beuth Verlag, 2007

[Dobe72] DOBENECK, D.V.: Abtragende Bearbeitungsverfahren mit dem Elektronenstrahl. Fertigung, S. 113–117, 1972

[Dobe07] DOBENECK, D. V.: Elektronenstrahl-Schweißen: Eine Schlüsseltechnologie im Fahrzeugbau für Straße, Schiene, Wasser, Luft und Weltraum. 1. Auflage – Eigendruck im Selbstverlag, pro-beam AG & Co. KGaA, 2007

[Ffep16] Informationsbroschüre Fraunhofer-Institut für Organische Elektronik, Elektronenstrahl-und Plasmatechnik FEP zum Thema: Elektronenstrahlmodifizierung von Kunststoffen, Stand 2016

[Hill81] HILLER, W.: Aufschmelzbehandlung metallischer Werkstoffe mit dem Elektronenstrahl, Grundlagen und Anwendung. Sonderdruck 15, Messer Griesheim Gmbh, Steigerwald Strahltechnik, 1981

[Hsuc91] HSU, C. et al.: Electron Beam Drilling Produces Clean Holes in a Single Pulse. Welding Journal Bd. 70 H. 7, S. 49–52, New York, 1991

[Mehn94]	MEHNERT, R.: Elektronenstrahlhärtende Beschichtungen und ihre analytische Charakterisierung. Farbe und Lack Bd. 100 H. 5, S. 325–329, 1994
[Reis16]	REISGEN, U. et al.: Grundlagen der Fügetechnik – Schweißen, Löten, Kleben. Fachbuchreihe Schweißtechnik Band 161 (ISBN: 978-3-945023-49-5), DVS Media GmbH; 2016
[Reis19]	REISGEN, U.: Fügetechnik I, Vorlesungsmanuskript, Institut für Schweißtechnik und Fügetechnik der RWTH Aachen, 2019
[Schu82]	SCHULER, A.: Materialbearbeitung mit Elektronenstrahlen. Technik-Report, S. 25–27, 1982
[Schw93]	SCHWAB, U.: Konkurrenzlos und zukunftsträchtig. Schweizer Maschinenmarkt Bd. 93 H. 20, S. 36–37, 1993
[Sodi04]	Informationsbroschüre Firma Sodick für die Maschine PF00A/PF32A
[Stei10]	Informationsbroschüre Firma Steigerwald: Ebopuls – Elektronenstrahl-Bohren – Unkonventionelle Spitzentechnologie, Stand 2010
[Stei12]	Informationsbroschüre Firma Steigerwald: Strahltechnik Weltweit, Stand 2012
[Stei19]	EB-Schweißen faserverstärkter Aluminiumkolben, Download: URL: https://www.sst-ebeam.com/images/download-center/deutsch/presse/kolbenschweissen.pdf, Stand: 12.04.2019
[Uno05]	UNO, Y. et al.: High-efficiency finishing process for metal mold by large-area electron beam irradiation. Precision Engineering 29 (2005) 449–455
[Zenk90]	ZENKER, R.: Wärmebehandlung mit dem Elektronenstrahl. Härterei Technische Mitteilungen – HTM Bd. 45 H. 4, S. 230–243, 1990
[Zenk10]	ZENKER, R.; et al.: Elektronenstrahl-Randschichtbehandlung – Innovative Technologien für höchste industrielle Ansprüche. 2. überarbeitete Auflage – Eigendruck im Selbstverlag, pro-beam AG & Co. KGaA, 2010

Materialbearbeitung mit Hochdruckwasserstrahl

8

Zusammenfassung

Hochdruckwasserstrahlen werden zum Reinigen von Oberflächen und auch zum Trennen und Abtragen von Oberflächenschichten eingesetzt. Die mechanischen und thermischen Beanspruchungen der Werkstückoberflächen sind im Vergleich zu anderen

Fertigungstechnologien gering. Das Wasserstrahlschneiden eignet sich grundsätzlich zur Bearbeitung einer großen Bandbreite unterschiedlicher Werkstoffe mit verschiedenen Bauteildicken. Speziell für die Bearbeitung von Verbundwerkstoffen, deren Einzelkomponenten zum Teil weit voneinander abweichende Werkstoffeigenschaften aufweisen, kommt das Wasserstrahl- bzw. das Wasser-Abrasivstrahlschneiden zur Anwendung. Nach einer Einführung in die Grundlagen des Materialabtrags werden verschiedene Verfahrensvarianten vorgestellt, und es wird auf die wichtigsten Systemkomponenten eingegangen. Die in der Praxis am häufigsten angewendete Technologie ist die Wasser-Abrasivstrahlbearbeitung. Für diese Technologie wird am Ende des Kapitels eine Zusammenfassung der wichtigsten Einstellgrößen und von Qualitätsmerkmalen am bearbeiteten Werkstück gegeben.

8.1 Allgemeines

Hochdruckwasserstrahlen werden als Werkzeug zur Materialbearbeitung in vielen Bereichen der Industrie eingesetzt. Allgemein wird der Einsatz von Flüssigkeitsstrahlen mit hoher kinetischer Energie, vorwiegend Wasserstrahlen, für vielfältige Bearbeitungsaufgaben verwendet. Neben dem Reinigen von Oberflächen wird der Wasserstrahl auch zum Trennen, Bohren und Abtragen verwendet. Anwendungen gehen bis in die Anfänge des 20. Jahrhunderts zurück [Loui93]. Wasser unter hohem Druck wird beim Durchgang durch eine Düse beschleunigt. Beim Trennen von Bauteilen liegen die Vorteile gegenüber den klassischen Verfahren in der niedrigen thermischen und mechanischen Belastung des zu trennenden Werkstücks. Die wirkenden Schnittkräfte sind relativ gering. Das Wasserstrahlschneiden eignet sich grundsätzlich zur Bearbeitung einer großen Bandbreite unterschiedlicher Werkstoffe mit verschiedenen Bauteildicken. Es wird auch für das Trennen von schwer zerspanbaren Werkstoffen eingesetzt, wenn andere Verfahren an ihre technologischen oder wirtschaftlichen Grenzen stoßen. Speziell für die Bearbeitung von Verbundwerkstoffen, deren Einzelkomponenten zum Teil weit voneinander abweichende Werkstoffeigenschaften aufweisen können, kommt das Wasserstrahl- bzw. das Wasser-Abrasivstrahlschneiden zur Anwendung.

8.2 Grundlagen

Im Vergleich zu den mechanischen Trennverfahren ist beim Wasserstrahlschneiden das Werkzeug eine Flüssigkeitsströmung. Für den Abtrag sind vorwiegend Druckkräfte verantwortlich. Diese wiederum resultieren aus Strahlumlenkungen mit großen Umlenkwinkeln. Kavitation und Einzeltropfenaufschlag verursachen in zeitlichen Abständen hohe Druckspitzen sowie Scherkräfte durch querströmende Flüssigkeit [Wulf86]. Über die Größenordnung dieser beiden Anteile ist keine gesicherte Aussage bekannt. Jedoch induzieren diese Kräfte Spannungen innerhalb des Werkstoffs, welche zum Versagen und

8.2 Grundlagen

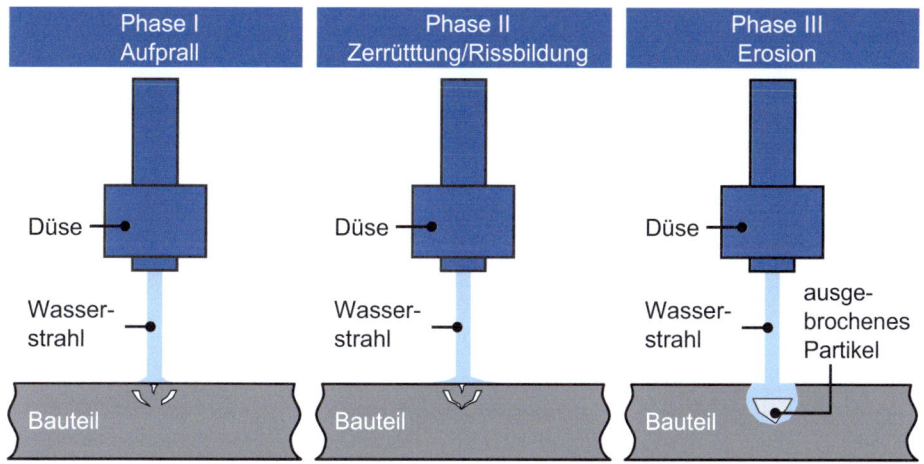

Abb. 8.1 Materialermüdung durch Tropfenaufschlag auf die Bauteiloberfläche

zum Ausbruch einzelner Materialpartikel führen. Generell wird davon ausgegangen, dass der örtliche Abtrag auf der Herauslösung mikroskopisch kleiner Werkstoffvolumina aus oberflächennahen Bereichen beruht (Abb. 8.1). Der aus der Düse austretende Flüssigkeitsstrahl stellt im Idealfall eine rotationssymmetrische Strömung dar [Wulf86]. Unter Vernachlässigung von Rohrreibungs- und Düsenverlusten kann die Strahlgeschwindigkeit näherungsweise berechnet werden (Gl. 8.1):

$$v_{th} = \sqrt{\frac{2p}{\rho_w}} \tag{8.1}$$

Für den Massenstrom und die hydraulische Leistung gelten unter der gleichen Voraussetzung:

$$\dot{m}_{th} = \rho_w \cdot A \cdot v_{th} \tag{8.2}$$

$$P_{th} = \frac{\dot{m}_{th}}{2} v^2_{th} \tag{8.3}$$

Dabei repräsentiert p den Druck, ρ_W die Dichte des Fluids (Wasser) und A die Querschnittsfläche der Düse.

Der Schneidprozess läuft unter Rillenbildung in Zyklen ab (Abb. 8.2). Zwischen dem Schneidstrahl und dem Werkstück stellt sich im oberen Teil eine makroskopisch glatte Oberfläche ein, die mit zunehmender Tiefe Rillen aufweist. Der Strahl trennt die Werkstückbindungen fortlaufend auf, der Abtrag geschieht kontinuierlich. Aufgrund des Energieverlustes des Strahls während der Wechselwirkung mit dem Werkstück und der damit verbundenen Abnahme des Trennvermögens bildet sich relativ zur Vorschub-

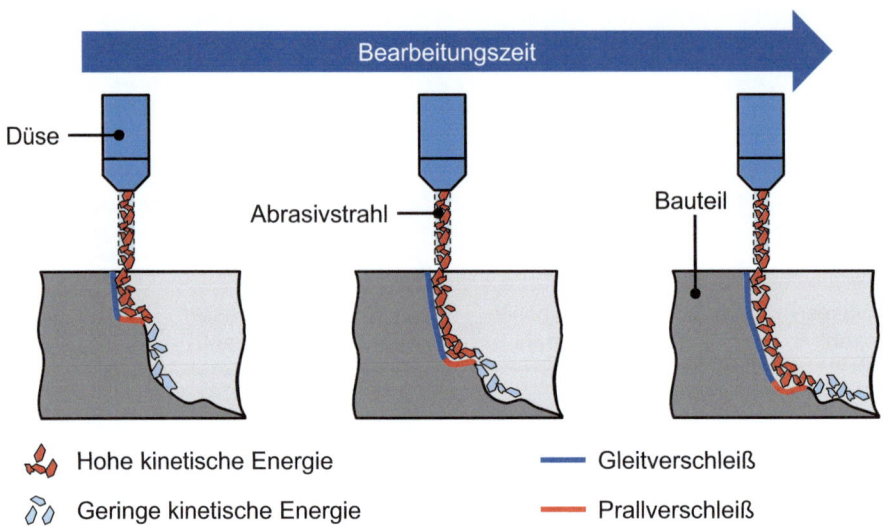

Abb. 8.2 Materialabtrag durch Wasser-Abrasivstrahl-Verschleißmechanismen im Werkstück

richtung eine schiefe Abtragebene aus. Der erzeugte Materialabtrag ist im oberen Bereich vornehmlich auf Gleitverschleiß der relativ zur Schnittoberfläche bewegten Abrasivpartikel zurückzuführen. Durch die fortlaufende Umlenkung des Strahls wird eine Stufe im Werkstück erzeugt. In dieser Stufe erhöht sich die Partikelauftreffrate und der Verschleißmechanismus ändert sich von Gleitverschleiß in einen lokal begrenzten Prallverschleiß. Der Materialabtrag erhöht sich, bis mit zunehmender Tiefe die Werkstoffbindungen nicht mehr aufgetrennt werden können, da das Trennvermögen des Strahls nicht mehr ausreicht. Die maximale Kerbtiefe ist erreicht, der Strahl wird abgelenkt, und es entsteht eine neue Stufe.

Ein sich mit dem Freistrahl bewegendes Feststoffpartikel ruft beim Aufprall auf die Werkstückoberfläche einen Materialabtrag im Mikrobereich hervor. Die Summe der Einzelergebnisse dieses Vorgangs hat den Abtrag zur Folge. Diese Beschreibung weist eine Ähnlichkeit mit den Mechanismen des Abrasionsverschleißes auf und kann als hydroabrasiver Strahlverschleiß bezeichnet werden [Schm94]. Trotz intensiver Untersuchungen sind die im Einzelfall wirkenden Mechanismen und insbesondere deren Überlagerungen noch nicht vollständig geklärt [Blic90].

Die Trennleistung und das Trennergebnis werden maßgeblich durch die Schärfe sowie die Härte des verwendeten Abrasivmaterials bestimmt, das in Wechselwirkung mit dem zu bearbeitenden Werkstoff steht. Die Abtragmechanismen beim Auftreffen der Abrasivpartikel auf die Werkstoffoberfläche sind Zerrüttung (Mikroermüdung und Mikrobrechen), Mikropflügen und Mikrospanen. Die Art des Materialabtrags wird durch die Rotationsrichtung sowie den Auftreffwinkel der Abrasivpartikel, bestimmt (Abb. 8.3). Beim senkrechten Aufprall der Abrasivteilchen dominieren Zerrüttung und

8.3 Verfahrensmerkmale

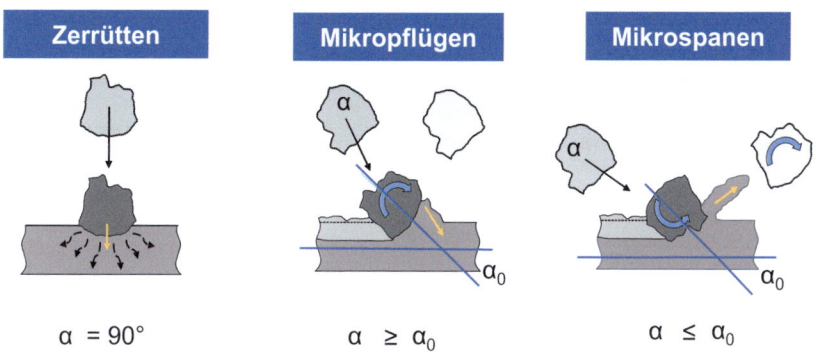

Abb. 8.3 Abtragmechanismen [Kloc18]

Mikroermüdung (Abb. 8.3 links.). Wenn der Auftreffwinkel α des Abrasivteilchens größer als der kritische Grenzwinkel α_0 ist (Abb. 8.3 Mitte), wird das Material plastisch zur Seite verschoben, dieser Vorgang kann sich mehrfach wiederholen. Beim Mikrospanen (Abb. 8.3 rechts) werden nach der plastischen Verformung kleine Späne abgetrennt.

8.3 Verfahrensmerkmale

8.3.1 Verfahrensvarianten

Das Werkzeug ist der Flüssigkeitsstrahl. Daraus leitet sich die in Abb. 8.4 gezeigte grundsätzliche Einteilung der verschiedenen Technologien ab. Beim Arbeiten mit reinem Wasserstrahl (RWS) ist der Energieträger reines Wasser. Werden dem Wasserstrahl Abrasivstoffe oder andere Feststoffe zugesetzt, werden die Verfahren generell als Abrasiv-Wasserstrahl-Verfahren bezeichnet (AWS). Beim Wasser-Abrasiv-Injektorverfahren wird

Abb. 8.4 Verfahrensvarianten

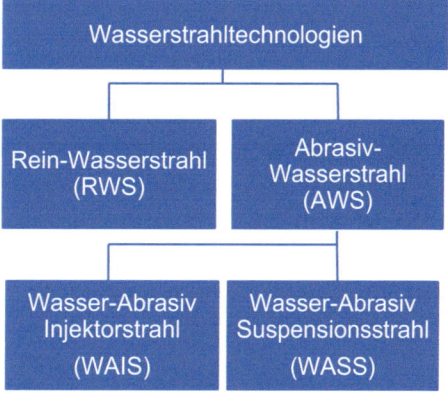

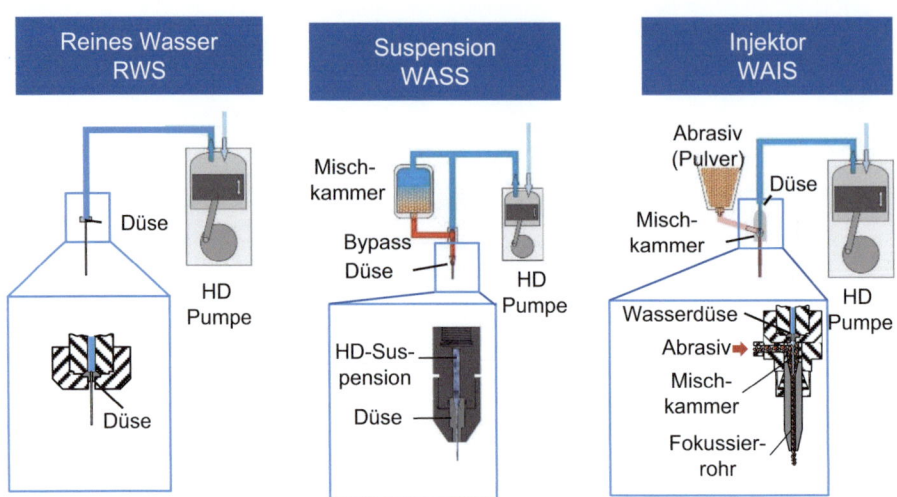

Abb. 8.5 Wasserstrahlsysteme – Strahlbereitstellung [Berg20]

der Abrasivstoff über ein Injektorsystem (WAIS) zugeführt. Diese Technologie ist in der Anwendung häufig zu finden. Wird eine Suspension aus Wasser und Feststoffen zur Bearbeitung verwendet, bezeichnet man die Technologie als Wasser-Abrasiv-Suspensionsstrahl (WASS).

Die Unterschiede in den Verfahren werden wesentlich durch das Strahlwerkzeug bestimmt (Abb. 8.5). Der reine Wasserstrahl besteht aus einer Phase, beim Suspensionsstrahl werden zwei Phasen (Wasser und Feststoff) im Bearbeitungsstrahl vereinigt und der Injektorstrahl besteht aus drei Phasen: Wasser, Feststoff und Luft. Der Suspensionsstrahl besitzt durch die kontinuierliche Energieumwandlung und der fehlenden Luftphase ebenfalls eine gute Trennleistung. Die Suspension wird unter Druck über einen Bypass zur Düse geführt. Der apparative Aufwand ist größer als beim einphasigen Wasserstrahlschneiden.

Beim Injektorverfahren werden höhere Anforderungen an den trockenen, pulverförmigen Feststoff gestellt, um eine einwandfreie Zuführung und reproduzierbare Arbeitsergebnisse zu gewährleisten (z. B. Rieselfähigkeit, Vermeidung von Verklumpungen). Die Energieübertragung erfolgt in der Mischkammer und das Gemisch wird dann beschleunigt und zum Fokussierrohr geleitet. Die Abrasivteilchen werden durch den treibenden Wasserstrahl beschleunigt. Durch die wirkenden Beschleunigungskräfte und die Wechselwirkung des Strahls mit der Rohrwand wird das Fokussierrohr stark beansprucht. Die Luftaufnahme des Strahls muss durch einen höheren Systemdruck kompensiert werden, was wiederum zum Verschleiß der Systemkomponenten beiträgt. In Wechselwirkung mit dem hohen Luftanteil im Strahl entsteht ein turbulenter Bearbeitungsstrahl.

8.3 Verfahrensmerkmale

Abb. 8.6 Charakteristische Merkmale der Verfahrensvarianten

Eine zusammenfassende Übersicht und die Angabe einiger charakteristischer Eigenschaften der vorgestellten Technologien zeigt Abb. 8.6.

Ein bevorzugtes Einsatzgebiet der RWS-Technologie sind Reinigungsaufgaben. Ein weiterer Vorteil ist, dass die Technologie ohne Kontamination arbeitet und die Strahleigenschaften aseptisch sind. Aufgrund des geringeren Energieinhaltes ist die Anwendung auf die Bearbeitung weicher oder dünner Werkstoffe beschränkt.

Das Suspensionssystem kann vergleichsweise kompakt ausgeführt werden, der Strahl besitzt eine hohe Schneidintensität. Die Zugabe von Abrasivstoffen erfolgt meistens durch Vormischen in dem Druckbehälter oder durch kontinuierliche Zuführung in einem Schleusensystem durch Schwerkraft. Der Abrasivstoff kann trocken oder in nassem Zustand zugeführt werden. Beim Injektorsystem wird der Abrasivstoff durch den entstehenden Unterduck angesaugt. In der Mischkammer erfolgt die Vermischung mit dem Wasser-Luft-Gemisch.

Neben den genannten Strahlsystemen sind auch Mikrosysteme mit Strahldurchmessern um 0,3 mm verfügbar. Aufgrund der geringen Korngrößen werden in diesen Systemen hohe Anforderungen an die Abrasivzuführung gestellt. Durch die verringerten Strahldurchmesser sinkt das Ansaugvermögen des Injektors. In Abhängigkeit von der Systemausführung ergeben sich technologisch bedingte Grenzen. Ein Verfahrensvergleich unter definierten Bedingungen bei der Bearbeitung von 42CrMo4 in verschiedenen Gefügezuständen wurde von Bergs et al. durchgeführt [Berg20].

8.3.2 Systemkomponenten

Die zum Schneiden mit Hochdruckwasserstrahl benötigte Anlagenkonfiguration besteht aus drei Funktionsblöcken (Abb. 8.7).

- Wasseraufbereitung, Filterstation und Entsorgung
- Hochdruckpumpe
- Schneidstation

Die Wasseraufbereitung dient der Entsalzung und Mikrofiltrierung des Schneidwassers. Die Qualität des Schneidwassers beeinflusst unmittelbar die Lebensdauer der Hochdruckkomponenten und der Düse. Die Hochdruckpumpen arbeiten überwiegend nach dem Prinzip eines hydraulischen Druckübersetzers. Hierbei erzeugt eine regelbare Hydraulikpumpe einen Flüssigkeitsstrom mit konstantem Druck, der mittels eines Ventils wechselseitig auf die Flächen eines Übersetzerkolbens geleitet wird. Ein nachgeschalteter Pulsationsdämpfer glättet die bei der Umsteuerung des Kolbens entstehenden Druckspitzen. Mit diesen Pumpen werden Arbeitsdrücke bis zu 400 MPa und, je nach Anzahl der Druckübersetzer, Volumenströme von bis zu 10 Liter in der Minute erzeugt. Für gesteigerte Systemdrücke kommen vorwiegend Plunger-Pumpen zum Einsatz, die nach dem volumetrischen Verdrängungsprinzip arbeiten. Mit dieser Pumpentechnologie können Arbeitsdrücke von über 600 MPa erreicht werden. Maßgeblich für die Aufrechterhaltung des Systemdrucks in Abhängigkeit von der verwendeten Düsengröße sowie der Anzahl der Schneidköpfe ist die Förderleistung der Hochdruckpumpe.

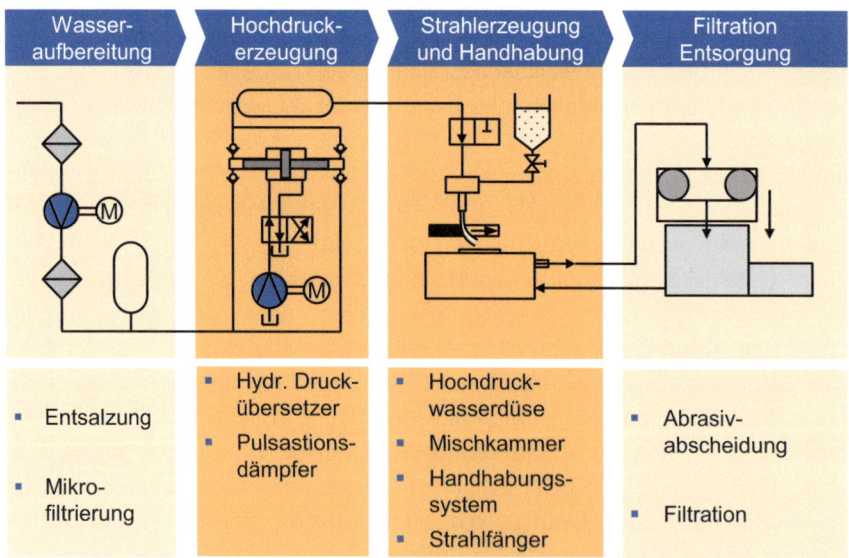

Abb. 8.7 Schematischer Aufbau einer Anlage zum Wasser-Abrasivstrahlschneiden

8.3 Verfahrensmerkmale

In der Schneidstation befinden sich neben dem Strahlkopf noch weitere Komponenten zur Handhabung des Werkstücks und ein Behältnis zur Aufnahme des Schneidwassers. Die zum Einsatz kommenden Hochdruckwasserdüsen haben einen Innendurchmesser von 0,08 mm bis 0,5 mm. Die Düsen bestehen aus synthetischem Saphir, Rubin oder polykristallinem Diamant. Die Hochdruckdüse wird zentriert, abgedichtet und mit dem Hochdrucksystem verschraubt. Über eine Linienberührung und eine elastische Vorspannung der metallischen Komponenten wird das System abgedichtet.

Im Folgenden wird das Injektorprinzip näher beschrieben. Die Anzahl der Systemkomponenten kann um einen zusätzlichen Abrasivstrahlkopf erweitert werden (Abb. 8.8). Der durch die Hochdruckdüse geformte Wasserstrahl erzeugt einen Unterdruck, der zum Ansaugen eines Gemischs aus Luft und Feststoff verwendet wird (Injektorprinzip). Die kinetische Energie des Wasserstrahls wird auf die Feststoffpartikel übertragen. Ein aus Hartmetall bestehendes Fokussierrohr dient als Beschleunigungsstrecke für die Feststoffpartikel sowie zur Strahlformung. Die lichte Weite der eingesetzten Rohre ist größer als die des Treibstrahls und liegt üblicherweise in einem

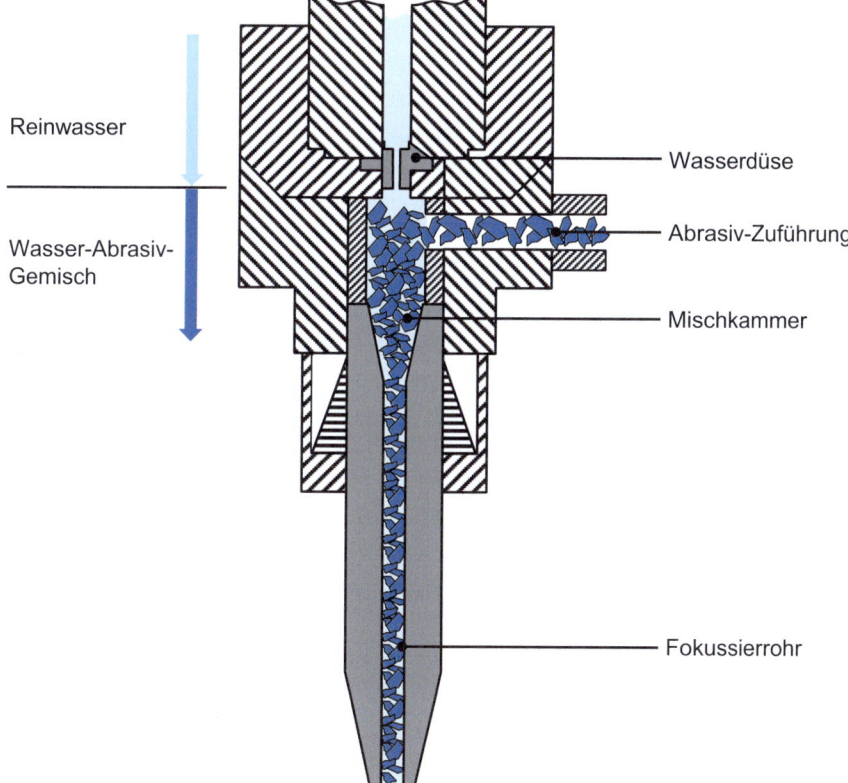

Abb. 8.8 Schematischer Aufbau eines Wasser-Abrasivstrahlkopfs [Dadg21]

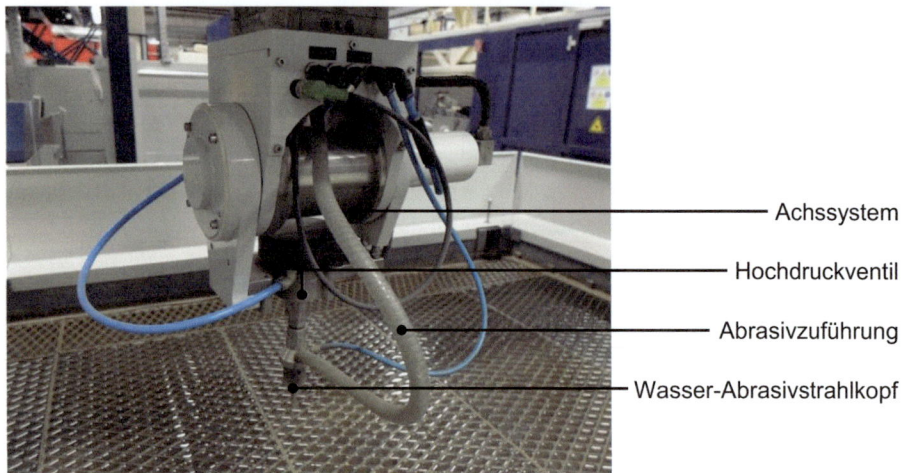

Abb. 8.9 Fünf-achsiger Bearbeitungskopf. (Quelle: Fraunhofer IPT)

Bereich von 0,5 mm bis 2,3 mm. Beim Mikro-Wasserstrahlschneiden können die Strahldurchmesser auf bis zu 0,2 mm reduziert werden. Im Allgemeinen hängt die Lebensdauer des Fokussierrohrs vom Abrasivmittel und dem Massenanteil ab, im Dauerbetrieb ist die Lebensdauer höher als die Einsatzdauer der Hochdruckdüse. Eine solche Anlage erfordert zusätzlich einen Vorratsbehälter sowie eine Dosiereinrichtung für die Zufuhr des Abrasivmittels. Typische Strahlmittel sind Granatsand oder Korund.

Die zur Handhabung der Werkstücke verwendeten Systeme werden in Abhängigkeit von dem Anwendungsfall ausgewählt. Zur Bearbeitung ebener Bauteile kommen Portal- oder Rollbandtischanlagen zum Einsatz. Für die Bearbeitung von Bauteilen mit Freiformflächen werden Gelenkarm- oder Portalroboter eingesetzt (Abb. 8.9). Weiterhin finden handgeführte Manipulatoren oder Anlagen Anwendung.

Die als „Catcher" bezeichneten Systeme zum Auffangen des Freistrahls dienen zur Aufnahme der Restenergie des Schneidstrahls und der anfallenden Abtragprodukte. In Rollbandtischen, bei denen das Werkstück die Relativbewegung ausführt, werden mit Stahl- oder Keramikkugeln gefüllte Strahlfänger verwendet. Bei Anlagen, in denen der Schneidstrahl die Relativbewegung ausführt, haben sich mit Wasser gefüllte Behälter zur Energieaufnahme des Schneidwassers bewährt. Gitterroste dienen als Auflage für die Bauteile. Bei ungünstiger Strahllage kann es jedoch zu störenden Reflexionen des Wasserstrahls an den Gitterstäben kommen. Prallplatten aus Hartmetall oder Keramik dienen zur Aufnahme der verbleibenden Strahlenergie. Diese Vorrichtungen dienen zum Schutz vor Beschädigung der Anlagenkomponenten und zur Reduzierung des Freistrahl-Gefährdungspotenzials. Insbesondere beim Abrasivstrahlschneiden kann selbst unter Wasser eine Schädigungstiefe von bis zu 1 m vorliegen. Werden handgeführte Manipulatoren und Roboter verwendet, kommen Rohrfänger zum Einsatz, welche entlang der Strahlachse in entsprechendem Abstand unterhalb des Strahlaustritts angebracht und bei der Bahnbewegung mitgeführt werden müssen.

8.4 Technologie

8.4.1 Wasser-Abrasivstrahlschneiden

Die leistungsbestimmenden Stellgrößen sind:

- Hydraulische Parameter (Pumpendruck, Düsengröße)
- Abrasivstoff-Parameter (Art und Morphologie des Abrasiv-Mediums)
- Masseanteil des Abrasion-Mediums und Bearbeitungsparameter (Vorschubgeschwindigkeit, Abstand des Strahlaustritts zur Werkstückoberfläche)

Diese Parameter bestimmen die wirksame Energie an der Auftreffstelle des Strahls. Zusammen mit den Werkstoffeigenschaften wird das Arbeitsergebnis bestimmt. Sind die Schnittparameter festgelegt, kann das Arbeitsergebnis bezüglich Schnittqualität anhand der Vorschubgeschwindigkeit eingestellt werden.

Zunächst wurde das Wasserstrahlschneiden zum vollständigen Durchtrennen von Werkstoffen entwickelt und angewendet. Es wurde aber auch erkannt, dass die kontrollierte Tiefenbearbeitung mit Wasserstrahlen möglich ist und Anwendungspotenzial besitzt [Berg20, Fowl03, Has87], Abb. 8.10. Durch die Abrasivstoffe kann das Verfahren an die Bearbeitungsaufgabe angepasst werden [Berg20, Schü21a, Schü21b].

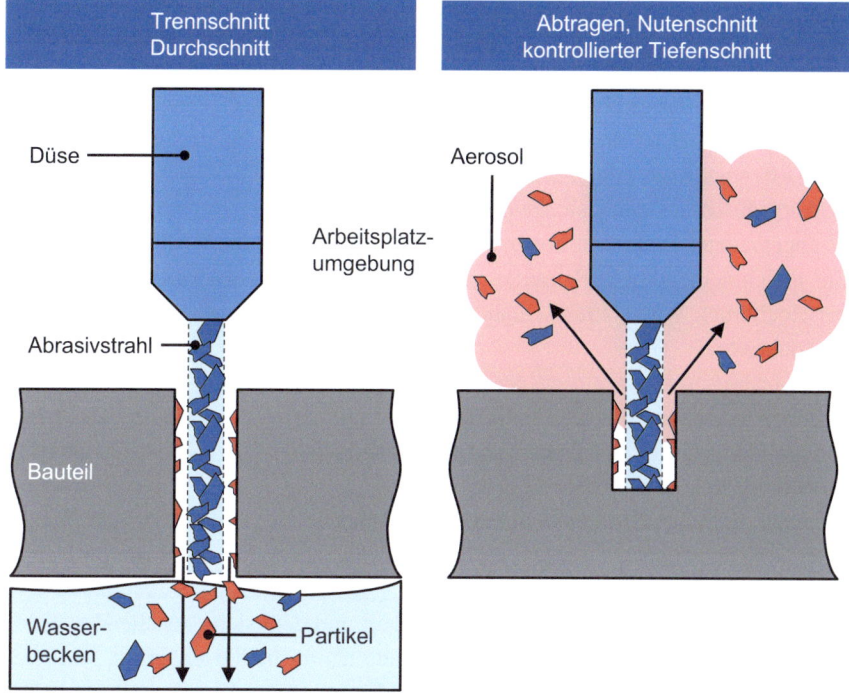

Abb. 8.10 Schneiden mit Strahlaustritt (Abtrennen) und Nutenschnitt [Berg20, Schü21b]

Die grundsätzlichen Randbedingungen beim Schneiden von Werkstoffen, bei denen das Werkstück durchgeschnitten wird und der Strahl an der Unterseite des Werkstücks austritt sowie der Bedingungen, wenn der Strahl nicht in Fließrichtung austritt (Kerbschnitt), zeigt Abb. 8.10. Beim Trennschnitt (Durchschnitt, der Strahl durchdringt das Werkstück) überwiegt der Abtrag durch Gleitverschleiß. Eine geringe Vorschubgeschwindigkeit wirkt sich positiv auf die Schnittqualität aus. Beim Kerbschnitt oder Nutenschnitt handelt es sich um eine kontrollierte Bearbeitung auf Tiefe. Der Strahl durchdringt das Bauteil nicht. Bei dieser Technologie wird der Materialabtrag durch Prallverschleiß dominiert.

Beim Wasser-Abrasivstrahlschneiden erweitert sich das Feld der wählbaren Parameter um folgende Stellgrößen:

- Feststoffart (Härte nach Mohs)
- Korndurchmesser und Beschaffenheit
- Feststoffmassenstrom
- Fokussierrohr-Durchmesser
- Fokussierrohr-Länge

Der Zusatz von Abrasivstoffen führt bei üblichen Arbeitsabständen im Bereich weniger Millimeter in der Regel zu einer breiteren Schnittfuge (lichte Weite des Fokussierrohrs + ca. 0,2 mm) als beim Schneiden mit dem reinen Wasserstrahl. Allerdings wird durch die Wasser-Abrasivstrahltechnologie das Trennvermögen stark gesteigert, dass nun ein Trennen von harten und hochfesten Werkstoffen möglich wird (Tab. 8.1). Um einen optimalen Strahlmitteldurchsatz zu erzielen, wird das Durchmesserverhältnis von der Düse zum Fokussierrohr zu etwa 1:4 gewählt. Bei diesem Verhältnis legt sich der Wasserstrahl optimal an die Wandung des Fokussierrohres an, und es entsteht ein optimaler Differenzdruck zum Ansaugen des Abrasiv-Materials. Durch einen maximalen Feststoffdurchsatz bei gleichzeitig gutem Beschleunigungsvermögen stellt sich ein scharf abgegrenzter Strahl mit hoher Intensität ein. Dies ist eine wichtige Voraussetzung für eine gleichbleibend hohe Schnittleistung.

Das Hochdruck-Wasserstrahlschneiden besitzt einige Vorteile gegenüber klassischen Trennverfahren:

- Richtungsunabhängige Schneidwirkung
- Geringe mechanische Beanspruchung des Werkstücks
- Keine thermische Beeinflussung der Randzone
- Keine oder geringe Bildung von Staub oder Gasen
- Schmale Schnittfuge

In Abhängigkeit von der Vorschubgeschwindigkeit und dem sich einstellenden Trennvermögen kann sich die Schrägung der Schnittkante als nachteilig erweisen, weil sie eine Einschnürung der Schnittfuge bewirkt. Diese Einschnürung der Schnittfuge führt zu

8.4 Technologie

Tab. 8.1 Typische Trenngeschwindigkeiten von Reinwasser- und Wasser-Abrasivstrahlschneiden

Reinwasserstrahl		
Material	Dicke mm	Vorschubgeschwindigkeit mm/min
Schaumstoffe	100	8000
Gummi	25	3000
Holz	5	5000
Papier	5	5000
Leder	5	3000
Kunststoff (PVC)	5	2500
GfK	5	150
CfK	5	100

Wasser-Abrasivstrahl		
Material	Dicke mm	Vorschubgeschwindigkeit mm/min
Faserverstärkte Kunststoffe	20	250 bis 6000
Plexiglas	20	140 bis 600
Aluminium	20	60 bis 230
Stahl	20	25 bis 550
Nickelbasislegierungen	20	15 bis 400
Titanlegierungen	20	23 bis 95
Naturstein, Beton	20	140 bis 580
Glas, Keramik	20	20 bis 360

einer verringerten Form- und Maßgenauigkeit, die durch eine mehrachsige Werkzeugführung kompensiert werden kann. Die sich ergebende schräge Bauteilkontur wird durch eine Strahlstellung quer zur Vorschubrichtung ausgeglichen, sodass sich auf dem Bauteil eine gerade Schnittfuge einstellt (Abb. 8.11). Am Verlustwerkstück bewirkt diese Maßnahme den doppelten Schnittwinkelfehler. Typische Bearbeitungsergebnisse an der Schnittfläche erreichen Oberflächengüten in der Größenordnung von etwa Ra = 25 µm.

8.4.2 Abtragen von Materialschichten

Das Abtragen von Werkstoffvolumen durch ebene und räumliche Überlagerung der Werkzeugbahnen ist eine häufige Anwendung. Hierbei wird durch eine Anordnung einzelner Kerbschnitte ein flächiger Abtrag erzeugt. Mit einem Abtrag auf eine bestimmte Tiefe wird ohne vollständiges Durchtrennen des Werkstücks gearbeitet [Laur94]. Diese Form des Wasserstrahlgravierens setzt neben einer entsprechenden

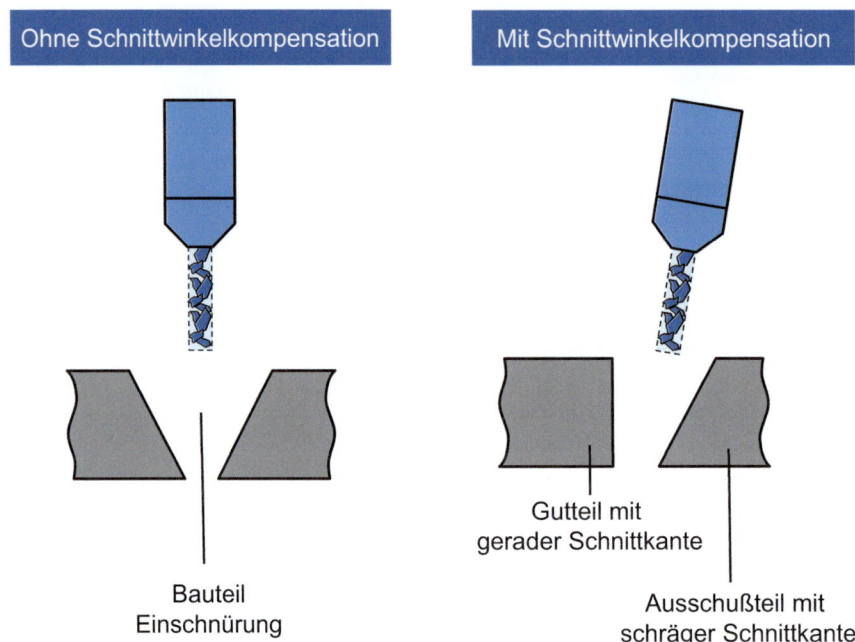

Abb. 8.11 Kompensation der Schnittflankenwinkel durch mehrachsige Strahlführung

maschinellen Ausrüstung auch ein hohes Maß an Technologiewissen voraus. Um ein optimales Bearbeitungsergebnis zu erreichen, müssen die zur Bearbeitung erforderlichen Parameter genau aufeinander abgestimmt werden.

Vereinfacht kann das abgetragene Kerbprofilvolumen als zeitliche und räumliche Überlagerung der lokal wirkenden Prozessparameter betrachtet werden. Dem realen Maschinensystem sind hinsichtlich der Parameterbereitstellung jedoch Grenzen gesetzt. Daher müssen sowohl leistungsbestimmende Parameter als auch die Handhabung des Strahlwerkzeugs zeitlich und örtlich synchronisiert werden. Insbesondere der Anschnitt und die Umkehrpunkte in der Werkzeugführung gelten als Herausforderung. Die Vorschubgeschwindigkeiten liegen bei dieser Verfahrensvariante deutlich über denen des klassischen Wasserstrahlschneidens, um bei vergleichbarem Trennvermögen auf eine begrenzte Tiefe schneiden zu können. Der ebene Abtrag kommt im einfachsten Fall durch zeilenförmigen Versatz der Werkzeugbewegung zustande (Abb. 8.12). Durch lokal wiederholte Bearbeitung einzelner Ebenen können räumliche Formen hergestellt werden.

Der auf den Strahldurchmesser bezogene relative Überdeckungsgrad des Zeilenabstands beeinflusst die erzielte Oberflächenqualität auf dem Profilgrund. Ein Überdeckungsgrad < 1 bedeutet, dass sich die zeilenförmigen Bahnen überdecken. Dies wirkt sich positiv auf die erzielte Oberflächenqualität aus. Es erhöhen sich jedoch Konturbeschädigungen durch Ablenkung des Strahls senkrecht zur Zeilenrichtung (Abtrag durch Sekundärstrahl). Bedingt durch den zyklischen Abtrag wird in Analogie zur

8.4 Technologie

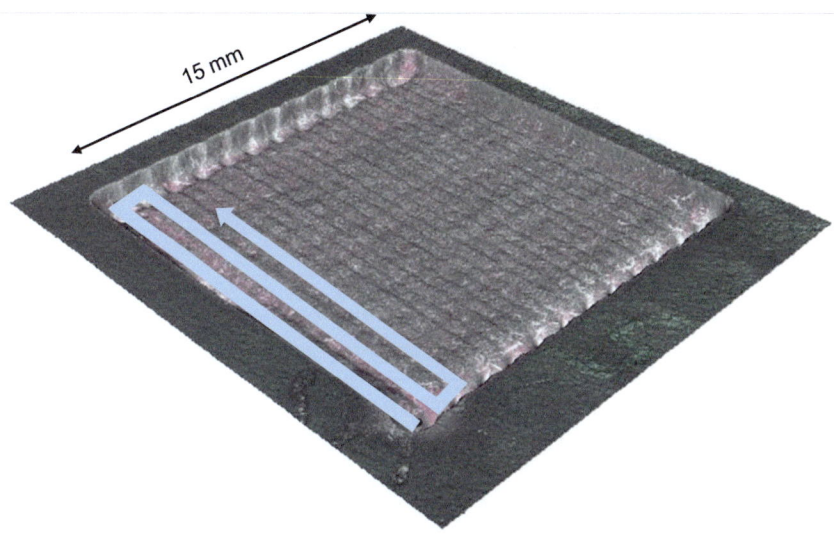

Abb. 8.12 Erzeugung einer einfachen Rechteckprofiltasche durch zeilenförmiges Abtragen. (Quelle: Fraunhofer IPT)

Riefenbildung beim Schneiden eine Richtungsänderung beim Abtragen erzielt. Der Strahlvektor wirkt dann nicht mehr orthogonal zur Werkstückoberfläche und begünstigt das Entstehen von ungewünschten Hinterschneidungen (Abb. 8.13). Wird der Bahnabstand weiter vergrößert, nimmt die Konturschädigung ab, bis ab einem Überdeckungsgrad > 1 die einzelnen Kerbprofile durch verbleibende Materialstege voneinander getrennt

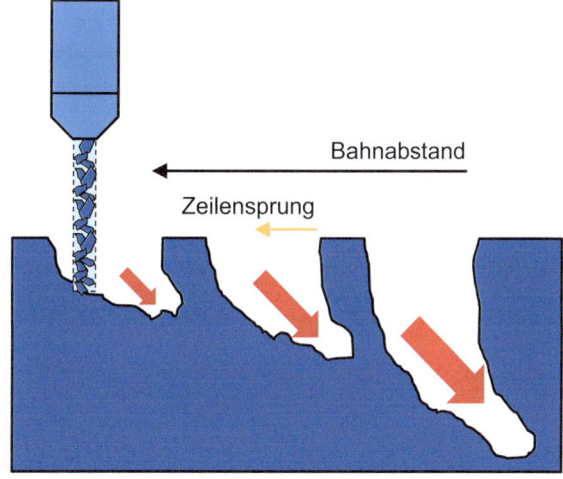

Abb. 8.13 Konturschädigung durch Sekundärstrahl – Hinterschneidung infolge einer Wirkrichtungsänderung des Strahlvektors

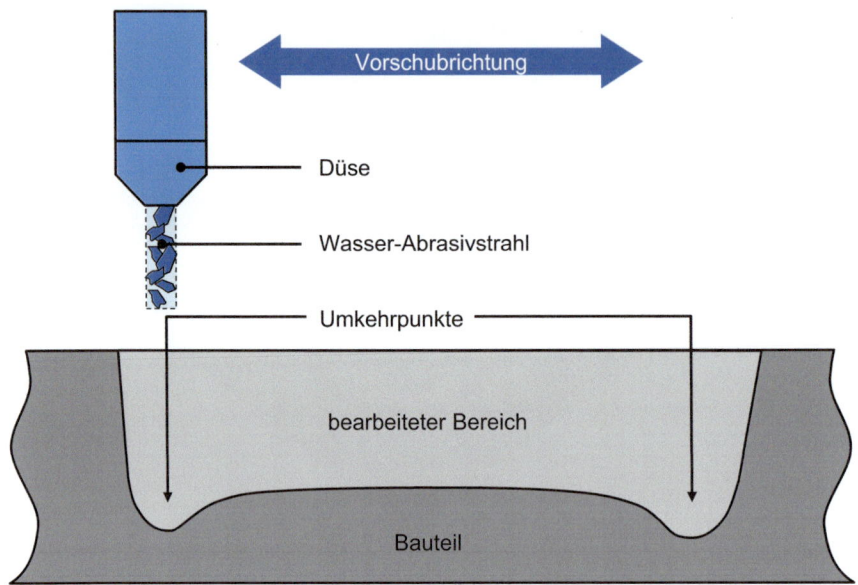

Abb. 8.14 Erhöhter Abtrag an den Umkehrpunkten

werden. Konturverletzungen treten dann weniger auf, die bearbeitete Oberfläche ist jedoch von einzelnen Stegen durchzogen.

Um bei den sich bewegenden Massen der Bearbeitungsanlage Geschwindigkeitseinbrüche bei Änderungen der Bewegungsrichtung so gering wie möglich zu halten, ist eine hohe Maschinendynamik notwendig. Dennoch entstehen in den Umkehrpunkten unerwünschte lokale Vertiefungen im Profilabtrag (Abb. 8.14).

Werden die Werkzeugbahnen eines ebenen Abtrags vollständig überlagert, lässt sich die erzielte Abtragtiefe lokal steigern und es können dreidimensionale Geometrien aus dem Werkstück herausgearbeitet werden. Etwaige Abweichungen aus dem vorherigen Bearbeitungsschritt, z. B. lokale Vertiefungen durch Störungen in der Parameterbereitstellung oder durch lokale Materialunregelmäßigkeiten, bleiben jedoch bestehen und werden durch gleichbleibende Bearbeitungsschritte meist noch verstärkt. Der Wahl einer geeigneten Bearbeitungsstrategie kommt dann eine wichtige Rolle zu und CAD-/CAM-Systeme müssen der Technologie angepasst werden. Eine integrierte Prozessüberwachung in Kombination mit der Optimierung der Anlagenkomponenten und der Maschinensteuerung ist für viele Anwendungen vorteilhaft.

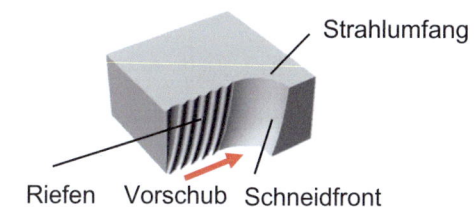
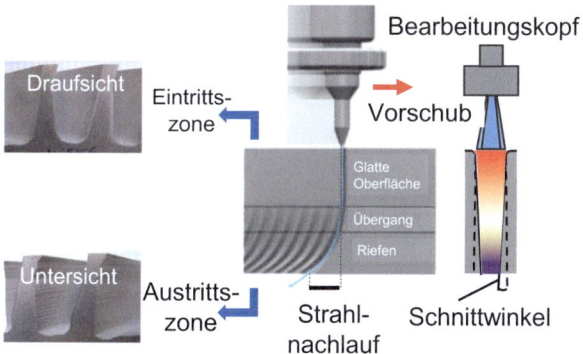

Abb. 8.15 Oberflächenstrukturen [Dadg23]

8.4.3 Qualitätsmerkmale

Die entstehenden Schnittflächen sind durch die Überlagerung verschiedener makrogeometrischer Merkmale gekennzeichnet (Abb. 8.15).

Die stufenweise Umsetzung der Strahlenergie führt zu einem zyklischen Prozessverlauf und zu charakteristischen Oberflächenstrukturen. Beim Trennen sind die sich bildenden Riefen, der Schnittnachlauf und der Schnittwinkel erkennbar. Die Ausprägung ist von der Vorschubgeschwindigkeit und vom Schneidvermögen des Strahls abhängig. In Tiefenrichtung verliert der Wasserstrahl vom Strahlumfang ausgehend zunehmend an kinetischer Energie. Es bildet sich eine gekrümmte Schnittfront aus, welche den Strahlaustritt aus dem Werkstück entgegen der Vorschubrichtung ablenkt. Der Strahl läuft der Vorschubrichtung nach. Die Energieumsetzung in Tiefenrichtung führt außerdem zu einer lokalen Verringerung des wirksamen Strahldurchmessers. Es stellt sich ein Schnittwinkel ein (Abb. 8.11 und 8.15). In Analogie zu anderen Strahlverfahren kann die Nutgeometrie durch geometrische Kenngrößen beschrieben werden (Abb. 8.16).

Beim Wasser-Abrasivstrahlschneiden werden in der Praxis diese Einzelgrößen häufig kategorisiert und Qualitätsklassen zugeordnet. Anhand der Ausprägung von Riefen oder Unregelmäßigkeiten im Schnittbild werden 5 Qualitätsstufen Q1 - Q5 unterschieden. Unter Bedingungen, bei denen gerade noch ein sicheres Trennen möglich ist, entsteht

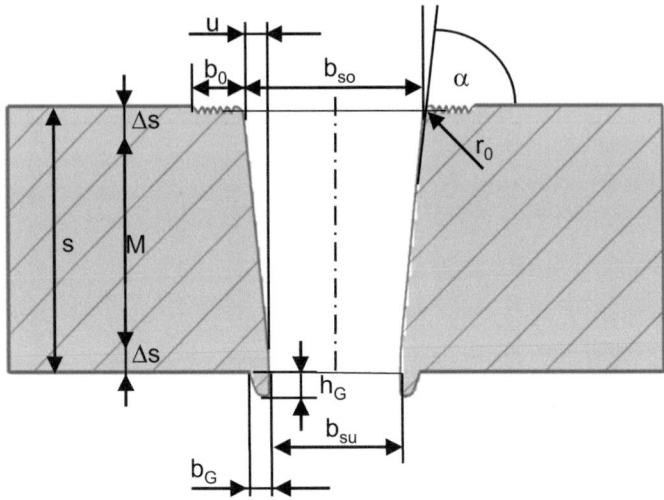

α : Flankenwinkel
b_G: Gratbreite
b_0: Weite der Strahleinflusszone
b_{so}: Schnittfugenweite auf der Strahleintrittsseite
b_{su}: Schnittfugenweite auf der Strahlaustrittsseite
h_G: Grathöhe
r_0: Kantenradius auf der Strahleintrittsseite
u: Rechwinkligkeit und Neigungstoleranz
s: Blechstärke
Δs: 0,1 mm für s < 2 mm
0,2 mm für s > 2 mm
M: Messbereich zur Bestimmung von u und

Abb. 8.16 Geometrische Kenngrößen im Querschnitt einer Trennfuge

die qualitativ schlechteste Oberfläche. Bei Qualitätsschnitten können glatte Schnittflächen ohne erkennbare Riefen erzeugt werden, bei entsprechend geringerer Produktivität (Abb. 8.17).

Im Allgemeinen führt beim abrasiven Trennschneiden eine niedrigere Vorschubgeschwindigkeit zu einem qualitativ besseren Bearbeitungsergebnis (Abb. 8.18, links).

Beim Schneiden auf Tiefe werden im Kerbgrund die Merkmale von einzelnen Kerben überlagert. Hier müssen Konturschädigungen oder Konturabweichungen mit der Oberflächentopographie insgesamt bewertet werden. In der Regel führen beim Schneiden auf Tiefe höhere Vorschubgeschwindigkeiten zu einem besseren Bearbeitungsergebnis (Abb. 8.18, rechts).

8.4 Technologie

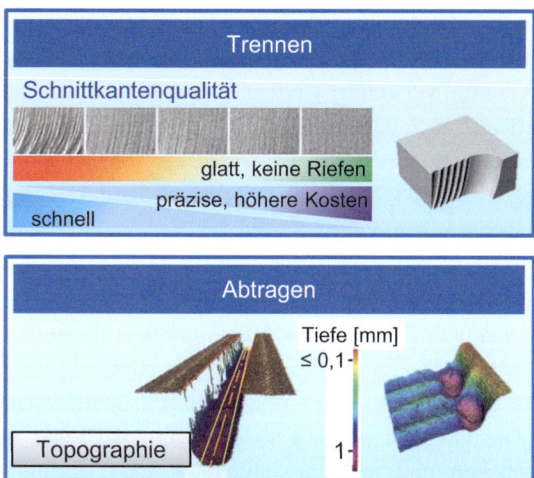

Abb. 8.17 Schnittkantenqualität beim Durchschnitt und beim Oberflächenabtragen. (Quelle: Fraunhofer IPT)

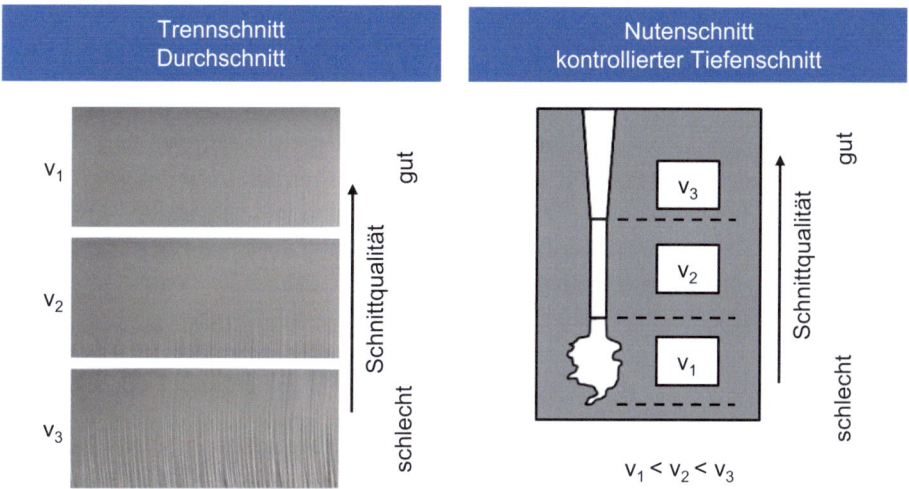

Abb. 8.18 Einfluss der Vorschubgeschwindigkeit auf die Schnittqualität bei Trenn- und Nutenschnitt. (Quelle: Fraunhofer IPT)

8.4.4 Leistungsfähigkeit verschiedener Abrasiv-Materialien

Häufig werden als Abrasiv-Medium Granatsande und Aluminiumoxid verwendet. Die Abrasivpartikel können zum großen Teil aufbereitet und wiederverwendet werden [Kant03, Pere18]. Es ist aber auch möglich, andere Abrasivstoffe in Erwägung zu ziehen [Schü22]. Diese können aus natürlichen Gesteinen oder synthetisch hergestellt werden. Grundsätzlich können auch Abfallprodukte mit ausreichender Härte aus der Industrie als Abrasiv-Material verwendet werden. In jedem Fall ist es aber notwendig, dass neben der Schneidleistung auch der Abrasionsangriff auf die Zuführ- und die Maschinenkomponenten berücksichtigt wird [Mies17, Schü22]. Selbstverständlich müssen auch Wirtschaftlichkeitsgesichtspunkte und die Verfügbarkeit berücksichtigt werden.

Die Ergebnisse einer umfangreichen Studie zur Verwendung verschiedener Abrasiv-Materialen sind in [Schü22] enthalten. Grundsätzlich wird in der Studie festgestellt, dass beim Durchschnitt von 42 CrMo4 mit Granat die höchste Schneidfähigkeit erreicht wird. Unterschiedliche Granatqualitäten hatten keinen signifikanten Einfluss auf die Schneidfähigkeit. Es wurde aber auch gezeigt, dass alternative Abrasivstoffe auch bei geringerer Härte unter Verfügbarkeitskriterien und wirtschaftlichen Gesichtspunkten Anwendungspotenzial besitzen. Die Grenzen müssen im Einzelfall bestimmt werden, da sie sich kontinuierlich verschieben und nicht ausschließlich unter technologischen Gesichtspunkten bewertet werden können.

8.4.5 Zusammenfassung – Übersicht

Im Folgenden wird für die in der Praxis am häufigsten angewendete Technologie WAIS (Wasserabrasiv-Injektorstrahl) eine qualitative Zusammenfassung wichtiger Einstellgrößen und von Qualitätsmerkmalen in der Anwendung gegeben (Abb. 8.19). Die Wechselwirkung zwischen den Einstellparametern und dem Arbeitsergebnis ist hoch. Zu den wichtigsten Einstellparametern im Prozess gehören die hydraulischen Einstellgrößen für die Strahlerzeugung und die charakteristischen Parameter des Abrasivmediums. Durch diese Größen werden der Energieinhalt des Strahls und die abrasive Wechselwirkung zwischen dem Hartstoff und dem zu bearbeitenden Werkstück maßgeblich bestimmt. Der von der Pumpe erzeugte Druck und die Morphologie der Abrasivmediums sowie die Korngröße sind wesentliche Kenngrößen. Wenn der Bearbeitungsstrahl erzeugt ist, muss er relativ zum Werkstück bewegt und geführt werden. Die Vorschubgeschwindigkeit ist in dieser Gruppe eine dominierende Einstellgröße. Die Wahl der Einstellgrößen erfolgt häufig mit regelbasierten Modellen auf Basis von Erfahrungswerten. Beispielsweise wird beim Schneiden der Arbeitsabstand so gering wie möglich eingestellt, um einen scharf begrenzten Schneidstahl auf die Werkstückoberfläche zu richten. Es existieren auch Informationen zu den in der Praxis bewährten Größenverhältnissen von Düse- und Fokussierrohr. Hierdurch werden der Mischungsvorgang und damit die Strahlformung und die Strahlintensität beeinflusst. Vereinzelt liegen physikalische Modelle vor, hieran wird in der Forschung gearbeitet. Während die Strahlerzeugung, Strahlformung und Strahlausbreitung gut modelliert werden können, ist die Verfügbarkeit von geeigneten Materialmodellen noch nicht umfangreich vorhanden.

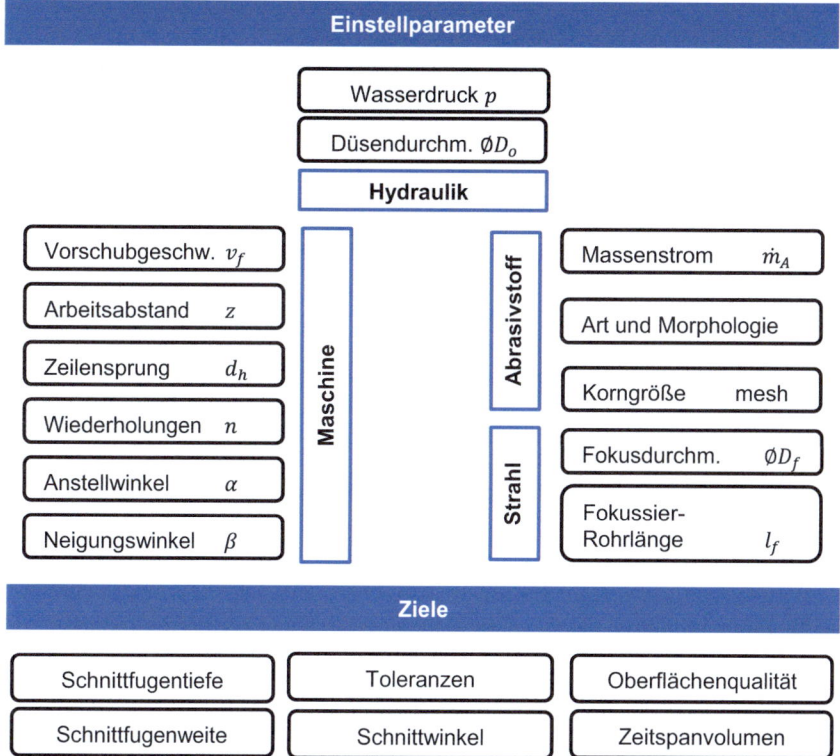

Abb. 8.19 Einstellparameter und Ziele beim Wasser-Abrasiv-Injektorstrahlen. (Quelle: Fraunhofer IPT)

8.5 Anwendungsbeispiele

8.5.1 Wasserstrahlschneiden

Sowohl das Rein-Wasserstrahlschneiden als auch das Wasser-Abrasivstrahlschneiden werden überwiegend bei der Bearbeitung ebener Bauteile eingesetzt. Die Anzahl der Anwendungen im 3D-Bereich nimmt jedoch kontinuierlich zu (Abb. 8.20).

Grenzen in der Anwendung ergeben sich durch die Bauteildicke und physikalische Werkstoffkenngrößen wie Härte und Festigkeit. Weichere Werkstoffe werden vorzugsweise mit dem reinen Wasserstrahl getrennt, da die geringe Schnittfugenbreite vorteilhaft für eine kostengünstige Bearbeitung ist. Für eine effiziente Fertigung müssen diese Vorteile dem gesteigerten Trennvermögen des Wasser-Abrasivstrahls gegenübergestellt werden. Allgemein ermöglicht die geringe Schnittkraft des Wasserstrahls auf das Bauteil, die Konturbahnen dicht nebeneinander oder nahe an den Randbereich des Werkstücks zu

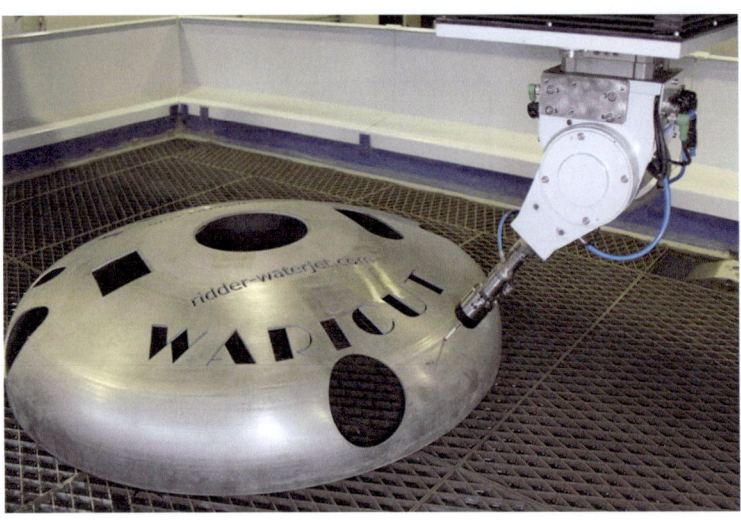

Abb. 8.20 Freiformschneiden mittels 5-Achs-Wasserstrahlführung. (Quelle: H. G. Ridder)

legen. Hierbei kann durch eine geeignete Konturanordnung ein hoher Materialnutzungsgrad erreicht werden (Abb. 8.21).

Das Anwendungsfeld der Wasser-Abrasivstrahlbearbeitung ist die Bearbeitung von festen und sprödharten Werkstoffe, deren Trennbarkeit hauptsächlich von der Härte des verwendeten Abrasivstoffs abhängt (Abb. 8.22). Die Vorteile des Verfahrens zeigen sich

Abb. 8.21 Rein-Wasserstrahlschneiden eines Elastomers. (Quelle: Fraunhofer IPT)

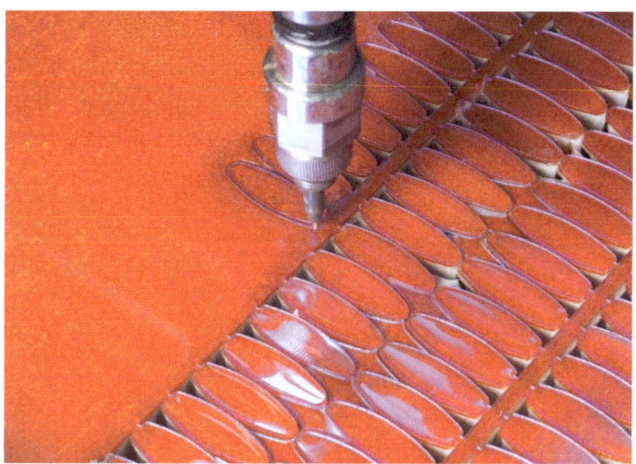

Abb. 8.22 Schneiden von Boro-Silikat-Glas mit dem Wasser-Abrasivstrahl. (Quelle: Fraunhofer IPT)

besonders beim Trennen von Verbundwerkstoffen, z. B. bei einem Schichtwerkstoff aus CFK/Titan/CFK. Die zum Teil sehr unterschiedlichen Eigenschaften der im Verbund zusammengeführten Materialien, die bei der konventionellen Bearbeitung mit definierter Schneide zu erheblichen Problemen führen können, haben hier keinen oder nur einen geringen Einfluss auf das Trennergebnis.

Die Wahl der Verfahrensvariante wird in der Regel in Abhängigkeit von den Eigenschaften des Werkstoffs und/oder seiner Dicke sowie der mindestens erforderlichen Schnittflächenqualität getroffen. Grundsätzlich sollten Kunststoffe höherer Festigkeit, wie z. B. PE, PC oder FVK, ab einer Dicke von 4 mm mittels Wasser-Abrasivstrahl getrennt werden, um neben einer besseren Oberflächenqualität auch eine kürzere Prozesszeit zu erzielen.

Eine vergleichende Aussage zur Leistungsfähigkeit des Wasser-Abrasivstrahlschneidens gegenüber dem Schneiden mit reinem Wasser lässt sich anschaulich am Beispiel der Bearbeitung faserverstärkter Kunststoffe treffen [Köni87]. Bei der Bearbeitung eines Kohlenstofffaser-Laminats wurden beim Abrasivstrahlschneiden eine höhere Leistung und bessere Oberflächengüten erzielt. Insbesondere für das Besäumen (Abb. 8.23), das Entgraten und das Einbringen von Durchbrüchen in Verbundwerkstoffe bietet sich die Materialbearbeitung mit Hochdruckwasserstrahlen an. Speziell dreidimensionale Bauteile aus dem Automobilbau, wie Armaturentafeln, Innenverkleidungen, Stoßfänger oder Trägerplatten, werden mit Wasserstrahlschneidsystemen bearbeitet [Enge87].

Weiterentwicklungen des Wasser-Abrasivstrahlabtragens zielen auf die 3D-Bearbeitung von schwer zerspanbaren Werkstoffen zur Substitution des Schruppfräsens ab. Neben dem vollständigen Zerspanen der abzunehmenden Werkstoffvolumen ist auch ein Heraustrennen einzelner Werkstücksegmente möglich (Abb. 8.24). Hier ist die

Abb. 8.23 Besäumen eines Faserverbundbauteils mit einem Wasser-Abrasivstrahl. (Quelle: Fraunhofer IPT)

Abb. 8.24 5-achsig geführtes Wasser-Abrasivstrahl-Schneiden eines Blisk-Demonstrators aus Inconel 718. (Quelle: Fraunhofer IPT)

Vorbearbeitung eines Turbinen-Blisk gezeigt. Dieser Prozess wird auch in Kap. 9 im Zusammenhang mit der gesamten Wertschöpfungskette zum Herstellen von Turbinen-Blisks diskutiert. Für eine nachfolgende Schlichtbearbeitung muss überprüft werden, ob sich Abrasivpartikel in der Oberfläche verankert haben.

8.5.2 Wasserstrahlabtragen

Im oberflächennahen Bereich kommen zum Entfernen von Lacken oder thermisch aufgebrachten Schichten – je nach Festigkeit der zu entfernenden Beschichtung – beide Varianten der Technologie zum Einsatz. Beim Wasserstrahl-Entschichten wird die Parameterkombination derart gewählt, dass die betreffende Schicht vollständig entfernt wird, ohne dass das Grundmaterial beschädigt wird. Diese Verfahrensvariante wird auch genutzt, um thermische Isolationsschichten (Thermal Barrier Coating, TBC) bei der Instandsetzung von hochbelasteten Bauteilen wie etwa Turbinenschaufeln zu entfernen. Im Gegensatz zu chemischen Verfahren entstehen keine Lösungsmitteldämpfe bzw. die beim Sandstrahlen und Bürsten auftretenden Staubemissionen [Wats93].

Bergs et al. [Berg19] untersuchten das selektive Abtragen von thermischen Isolationsschichten von Triebwerkskomponenten, ohne die Haftschicht zu beschädigen. Sie wendeten die RWS-Technologie an (reiner Wasserstrahl) und bearbeiteten eine komplexe dreidimensionale Bauteilgeometrie. Außerdem integrierten sie die Technologie in eine industriell angewendete CAx-Kette.

Technologisch ist das Arbeitsergebnis von der pro Längeneinheit eingebrachten Strahlenergie und auch von der Lagezuordnung des Strahls zur Oberflächenkrümmung abhängig. Bei der Bearbeitung von 3D-Geometrien ist die Realisierung dieser Bedingung besonders anspruchsvoll. Im realen Prozess wird dies durch die Maschinendynamik zusätzlich erschwert. Bergs et al. zeigten, dass bei einer gesamtheitlichen Betrachtung der gesamten Prozesskette die Prozessleistung und die Wirtschaftlichkeit des entwickelten RWS-Prozesses gesteigert werden können [Berg19].

8.5.3 Sonderanwendungen

Werden gesteigerte Detailgenauigkeiten gefordert, kommt das Mikro-Wasserstrahlschneiden zum Einsatz. Wenn mit zugesetzten Feststoffen gearbeitet wird, ist zu beachten, das beim Injektorverfahren mit verringertem Strahldurchmesser das Ansaugvermögen des Abrasivmediums im Strahlkopf sinkt. Die Ansaugstrecken müssen verkürzt und hinsichtlich Dosierung und Zuführung in den Strahlkopf optimiert werden. Verfügbare Maschinensysteme ermöglichen gesteigerte Positioniergenauigkeiten und die Bereitstellung feiner Strahlwerkzeuge mit erzielbaren Durchmessern bis zu 0,2 mm (Abb. 8.25).

Das Mikro-Wasserstrahlschneiden zeichnet sich durch eine schmale Schnittfuge bei gleichzeitig reduziertem Ressourcenverbrauch aus. Anwendungen liegen in der Uhrenindustrie, im Instrumentenbau und in der Medizintechnik. Das „Fluid-Jet Polishing" ist ein Sonderverfahren, das zur Herstellung hochpräziser Optiken angewendet wird. Es werden Rauheiten bis in den Nanometerbereich erzeugt. Dies erfordert die Verwendung spezieller Poliersuspensionen, und es wird mit geringen Drücken gearbeitet.

Abb. 8.25 Verminderte Strahldurchmesser für gesteigerte Detailgenauigkeiten beim Mikro-Wasser-Abrasivstrahlen. (Quelle: H. G. Ridder)

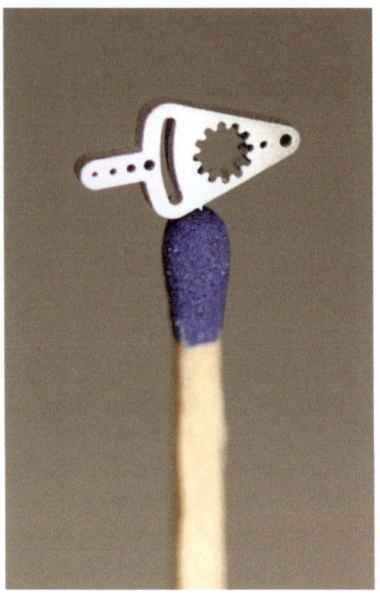

Neben den Anwendungen in der Fertigung werden Wasserstrahltechnologien auch im Rückbau von Industrieanlagen eingesetzt. Auch für Anwendungen unter Wasser ist die Technologie geeignet. Es sind die Anwendungen zur Reparatur von schadhaften Erdölbohrungen bekannt, hier wird die 2-Phasentechnologie (Suspensionsstrahl, WASS-Technologie) eingesetzt.

Auch in der medizinischen Anwendung wird die Wasserstrahltechnologie eingesetzt. So wurden Untersuchungen zur Qualifizierung der Wasserstrahltechnologie zum klinischen Einsatz bei der Revision von Hüftgelenkimplantaten sowie zur laparaskopischen Dissektion des Bandscheibenmaterials beim Bandscheibenvorfall durchgeführt [Honl05]. Hierzu werden Niederdrucksysteme verwendet, deren Druckbereich zwischen 1 – 15 MPa liegt. Diese niedrigen Druckbereiche ermöglichen es, Dissektionen gewebeschonend und organerhaltend durchzuführen. Der Vorteil gegenüber dem Laserstrahl ist das „kalte" Trennen von Gewebe [Erbe10].

Literatur

[Berg19] BERGS, T. et al.: Pure waterjet controlled depth machining for stripping ceramic thermal barrier coatings on turbine blades. Procedia CIRP 85 (2019) 261–265

[Berg20] BERGS, T. et al.: Investigation of Waterjet Phases on Material Removal Characteristics. Procedia CIRP 95 (2020), S. 12-17

[Blic90] BLICKWEDEL, H.: Erzeugung und Wirkung von Hochdruck-Abrasivstrahlen. Fortschrittberichte VDI-Reihe 2: Fertigungstechnik, Nr. 206, Düsseldorf: VDI Verlag Gmbh, 1990

[Dadg21]	DADGAR, M. et al.: An Improved Model for Contour Damage Compensation in 3D Waterjet Machining. Procedia CIRP 102, 387-392, 2021
[Dadg23]	DADGAR, M. et al.: Reduction of Taper Angle and Jet Trailback in Waterjet Cutting of Complex Geometries by a Revised Model of the Process Control. Procedia CIRP 117 (2023) 20–25
[Enge87]	ENGEMANN, B.K.; LANGEMANN, M.: Arbeiten mit Hochdruck. Maschinenmarkt 93, Würzburg, S. 28–32, 1987
[Erbe10]	Informationsbroschüre ERBE Elektromedizin GmbH zum Thema: Endoskopische Submukosa Dissektion – Mit HybridKnife sicher, einfach und schnell, Stand 2010
[Fowl03]	FOWLER, G.: Abrasives Wasserstrahl-gesteuertes Tiefenfräsen von Titanlegierungen. PhD Theses, University of Nottingham, 2003
[Has87]	HASHISH M. Milling with abrasive waterjets: a preliminary investigation. 1987. Proceedings of the 4th US Waterjet Conference, Berekley, CA
[Honl05]	HONL, M.: Die Biomechanik des Druckwasserstrahltrennens von Geweben und Biomaterialien des Bewegungsapparats. Habilitationsschrift, Hamburg, 2005
[Kant03]	KANTHAR, B.; KRISNAIAH; C.: Eine Studie über das Recycling von Schleifmitteln bei der Wasserstrahlaufbereitung. Wear 254.
[Kloc18]	KLOCKE, F. et al.: Material removal simulation for abrasivewater jet milling. Procedia CIRP 68, 541-546, 2018
[Köni87]	KÖNIG, W.; SCHMELZER, M.: Schneiden mit feststoffbeladenen Wasserstrahlen, ein leistungsfähiges Bearbeitungsverfahren für faserverstärkte Kunststoffe. Industrieanzeiger Bd. 109 H. 91, S. 70–71, 1987
[Laur94]	LAURIANT, A.H.: Abtragen mit Wasserabrasivsinjektorstrahlen. Fortschrittberichte VDI-Reihe 2: Fertigungstechnik Nr.327, Düsseldorf: VDI Verlag GmbH, 1994
[Loui93]	LOUIS, H.: Einführung in die Wasserstrahltechnologie. BW 531 VDI Seminar: Der Wasserstrahl als Werkzeug für die industrielle Fertigung, Hannover, 1993
[Mies17]	MIESZALA, M. et al., 2017. Erosion mechanisms during abrasive waterjet machining: Model microstructures and single particle experiments. Journal of Materials Processing Tech 247
[Pere18]	PEREC, A.: Environmental Aspects of Abrasive Water Jet Cutting. Annual Set The Environment Protection, Vol. 20
[Schm94]	SCHMELZER, M.: Mechanismen der Strahlerzeugung beim Wasserstrahlabrasivschneiden. Dissertation, RWTH Aachen 1994
[Schü21a]	SCHÜLER, M. et al.: Automotive hybrid design production and effective end machining by novel abrasive waterjet technique. Procedia CIRP 101 (2021) 374–377
[Schü21b]	SCHÜLER, M. et al.: Experimental investigation of abrasive properties in waterjet machining. Procedia CIRP 101 (2021) 210–213
[Schü22]	SCHÜLER, M., Day, R., Bergs, T.: Benchmark of Abrasives for Different Applications. 2022. WJTA Conference and Expo, Nov. 2–3, New Orleans
[Wats93]	WATSON, D.J.: Thermal Spray Removal with Ultrahigh-Velocity Waterjets. 7th American Water Jet Conference, Seattle, Washington, 28–31.08.1993
[Wulf86]	WULF, C.: Geometrie und zeitliche Entwicklung des Schnittspaltes beim Wasserstrahlschneiden. Dissertation, RWTH Aachen, 1986

9 Technologievergleiche und Verfahrenskombinationen

Zusammenfassung

Es werden Technologievergleiche von alternativ einsetzbaren Fertigungsverfahren und Verfahrenskombination für die technologisch und ökonomisch optimale Herstellung von repräsentativ ausgewählten Bauteilen aus dem Triebwerksbau, der Werkzeugtechnik, der Medizintechnik und dem Werkzeugbau im Detail vorgestellt. So werden beispielsweise verschiedene EDM- und ECM-Technologien und spanende Fertigungsverfahren für die Herstellung von Triebwerkskomponenten vorgestellt, um Prozessleistungsfaktoren zu vergleichen. Als Referenzbauteile dienen u. a. eine Blisk (Blade Integrated Disk) und eine Rotorscheibe mit Tannenbaum-Nutprofilen. Außerdem wird eine Einführung in die Modellierung von Prozesssignaturen gegeben. Hierbei wird unterstellt, dass jeder Fertigungsprozess einen prozesstypischen Abdruck der Eigenschaften in der Oberflächenrandzone des gefertigten Bauteils hinterlässt. In der Prozesssignatur werden die kausalen Abhängigkeiten zwischen Beanspruchungsgrößen, die während der Bearbeitung auf das Werkstück wirken, und den daraus resultierenden Werkstoffmodifikationen modelliert. Es liegt nahe, dass gleiche Prozesssignaturen, erzeugt mit unterschiedlichen Herstellverfahren, die gleiche Oberflächenrandzone und damit die gleiche Bauteilfunktionalität gewährleisten. Das Aufstellen von Prozesssignaturen wird an Beispielen zur Energiedissipation in EDM-Prozessen sowie zur Auslegung von Kathodengeometrien zum ECM-Senken gezeigt.

9.1 Einteilung

In den folgenden Abschnitten werden ausgewählte Beispiele zu Anwendungen der EDM- und ECM-Technologien und weiterer Verfahren im Vergleich dargestellt. Die Beispiele sollen auch motivieren, die gewonnenen Erkenntnisse auf andere Anwendungen zu übertragen. Generell können Technologien unter Berücksichtigung verschiedener Wertkriterien miteinander verglichen werden. Grundvoraussetzung für die Anwendung neuer Technologien ist, dass die geforderte Funktionalität des Bauteils sicher erfüllt wird. Nach Erfüllen dieser Prämisse ist es üblich, mit verschiedenen Wertkriterien Technologien zu vergleichen, die unternehmensbezogen zu der besten Lösung führen. Für einige Beispiele wird deshalb im Folgenden eine Analyse der Wirtschaftlichkeit durchgeführt.

Mit diesen Einführungen wird im Abschn. 9.2 beispielhaft die Herstellung von Triebwerkskomponenten diskutiert. Der Fokus liegt auf der Herstellung von „Blade integrated Disks" (Blisks). Schwerpunkte für den Fähigkeitsvergleich sind die makro- und mikrogeometrische Formerzeugung und die Ausbildung der Oberflächenrandzone. Neben einem Wirtschaftlichkeitsvergleich werden auch Möglichkeiten gezeigt, wie über Prozesskombinationen in der Wertschöpfungskette optimale Lösungen zu erreichen sind. Analog erfolgt in Abschn. 9.3 die Beleuchtung alternativer Fertigungsverfahren zur Herstellung von Tannenbaum-Nutprofilen für den Triebwerksbau. In den Abschn. 9.4 bis 9.9 werden weitere Anwendungen gezeigt, die außerhalb der Triebwerksindustrie liegen.

Im Abschn. 9.10 wird eine kurze Einführung in die Modellierung von Prozesssignaturen gegeben. Dieser Themenbereich wurde wissenschaftlich in dem von der DFG geförderten Transregionalen Sonderforschungsbereich SFB TRR 136 „Prozesssignaturen" erforscht [Karp22]. Die übergeordnete Forschungshypothese war, dass jeder Fertigungsprozess eine charakteristische Prozesssignatur, einen prozesstypischen Abdruck der Eigenschaften in der Oberflächenrandzone des gefertigten Bauteils hinterlässt. Die Prozesssignatur wird durch die kausalen Abhängigkeiten zwischen den Beanspruchungsgrößen während der Bearbeitung und daraus induzierten Werkstoffmodifikation beschrieben. Mit dieser Entstehungsgenese liegt es nahe, dass gleiche Prozesssignaturen, aber über verschiedene Fertigungsverfahren erzeugt, zu der Aussage führen, dass die ursächlichen Fertigungsverfahren austauschbar sind. Dieser allgemeingültige Modellansatz musste in umfangreichen wissenschaftlichen Arbeiten verifiziert und für die praktische Anwendung vorbereitet werden. Die wissenschaftliche Herausforderung war, Kausalzusammenhänge zwischen Beanspruchungsgrößen und Werkstoffmodifikationen zu formulieren, zumal die Zustandsgrößen in der Wechselwirkungszone zwischen Werkzeug und Werkstück örtlich und zeitlich im Allgemeinen nicht konstant sind, darüber hinaus mit großen Gradienten versehen sein können und messtechnisch, wenn überhaupt, nur schwer zu quantifizieren sind. Dies sind die Gründe, weshalb sich Werkstoffmodifikation in der Oberflächenrandzone schwer vorhersagen lassen. Die vorliegenden Ergebnisse zeigen aber, dass die entwickelten Modellierungen wissenschaftlich fundierte Kausalzusammenhänge zwischen Einstellgrößen der Prozesse und den Funktionseigenschaften der Bauteile aufzeigen können und damit auch Technologievergleiche ermöglichen [Karp22]. Das Aufstellen von Prozesssignaturen wird in Abschn. 9.10 an Beispielen zur Energiedissipation in EDM-Prozessen, zur Auslegung von Kathodengeometrien zur ECM-Bearbeitung und zur elektrochemischen Metallauflösung gezeigt.

9.2 Herstellen von Blade Integrated Disks

9.2.1 Allgemeines

Zur Reduzierung des Gewichts und zur Verbesserung des thermischen Wirkungsgrades von Flugzeugtriebwerken werden Triebwerkbauteile aus schwer zu zerspanenden Legierungen hergestellt, wie Ti–6Al–4V oder Nickelbasislegierungen. In Abhängigkeit von der Geometrie und den Abmessungen finden zur Herstellung von Schaufeln und Turbinenscheiben verschiedene Konstruktionsprinzipien Anwendung. In der älteren, klassischen Bauweise werden Schaufeln und Scheiben getrennt voneinander gefertigt und dann über ein Profil formschlüssig miteinander verbunden (Abb. 9.1). Bei axial zur Turbinenscheibe angeordneten Profilen haben diese eine Tannenbaumstruktur, bei radialer Anordnung werden Schwalbenschwanzprofile verwendet. Wenn möglich, werden Schaufeln und Scheiben in Integralbauweise hergestellt. Diese Bauteile werden mit dem Kunstwort „Blisk" (Blade integrated Disk) bezeichnet (Abb. 9.1) bezeichnet. Das Blisk-Design verbessert die aerodynamischen Eigenschaften und führt zu einer besseren Materialnutzung sowie zu geringerem Treibstoffverbrauch im Betrieb. Es kann auch in der Fertigung zu wirtschaftlichen Vorteilen führen. Die Grenzen, bis zu denen die Integralbauweise anwendbar ist, hängen wesentlich vom Design und den Abmessungen der Schaufeln sowie den zur Verfügung stehenden Fertigungsprozessen ab. Durch die kontinuierliche Weiterentwicklung der Technologien verschieben sich diese Grenzen stetig.

In der herkömmlichen Blisk-Fertigung werden die Bauteile durch Mehrachsfräsen aus einem vorgeschmiedeten Rohling herausgearbeitet, entsprechend muss ein rela-

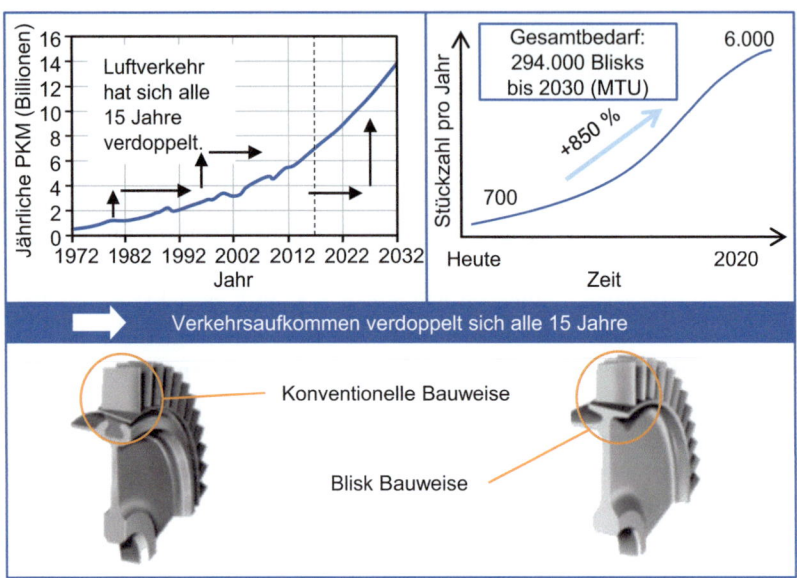

Abb. 9.1 Bauweisen von Turbinenscheiben und Schaufeln, basierend auf [Kloc14a, RR05], MTU

tiv großes Materialvolumen zerspant werden. Außerdem sind die Fertigungszeiten zur Endbearbeitung lang. Das Fräsen von schwer zerspanbaren Titan- und Nickelbasis-Legierungen ist technologisch und wirtschaftlich ein Grenzprozess. Mit steigender spezifischer Festigkeit (Abb. 9.2) sinkt die Zerspanbarkeit der Werkstoffe. Die Folgen sind hoher Werkzeugverschleiß und hohe Zerspankräfte, mit allen daraus folgenden Rückwirkungen auf den Fertigungsprozess und die Werkstückqualität. Auf die Eigenschaften der Zerspanung dieser Werkstoffe wird im Detail in Band 1 [Kloc17] eingegangen. Bei Anwendung von elektrochemischen und funkenerosiven Fertigungsverfahren besteht kein direkter Zusammenhang zwischen der Produktivität und der Festigkeit sowie der Härte des Werkstoffs. Deshalb können das elektrochemische Abtragen (ECM) und das funkenerosive Abtragen (EDM) und auch andere, nichtkonventionelle Fertigungsverfahren, wirtschaftliche Alternativen zum Fräsen darstellen.

In diesem Betrachtungsrahmen sollen im Abschn. 9.2 die Fertigungstechnologien Fräsen, SEDM (Sinking EDM), WEDM (Wire EDM) und ECM vorwiegend für die Bearbeitung von Ti–6Al–4V und Inconel 718 diskutiert werden. Basierend auf den technologischen Grundlagen, insbesondere der physikalischen Wirkmechanismen und der erzeugten Oberflächenrandzone, wurde für die Herstellung eines Referenzbauteils exemplarisch auch eine Kostenanalyse durchgeführt, vgl. auch [Kloc13c].

Wirtschaftliche Vergleiche von einzelnen Verfahren können nur Richtwerte für eine erste Auswahl von Prozessen für die praktische Anwendung geben. Hier wurde das Schruppen, Vorschlichten und Schlichten sowie das Polieren in die Analyse einbezogen. Die Wechselwirkung zwischen einzelnen Prozessen, Engpasskapazitäten und der vor-

9.2 Herstellen von Blade Integrated Disks

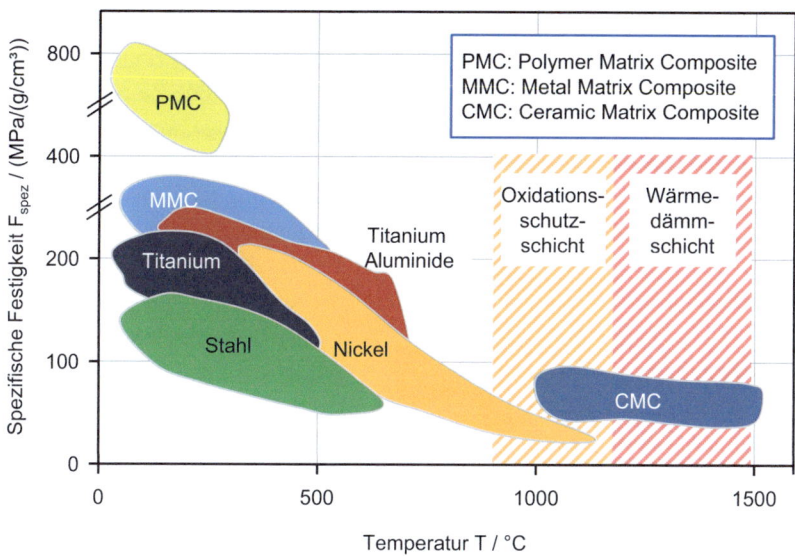

Abb. 9.2 Spezifische Festigkeit ausgewählter Turbinenwerkstoffe in Abhängigkeit von der Temperatur, basierend auf [Pete02, Kloc14a]

handene Maschinenpark im Unternehmen sind Randbedingungen, die eine unternehmensbezogene Lösung ebenfalls beeinflussen, hier aber nicht berücksichtigt werden konnten.

Im Abschn. 9.2.3 und 9.2.4 werden Prozessketten verglichen, die neben dem Fräsen und abtragenden Fertigungsverfahren auch weitere Fertigungsverfahren berücksichtigen. Häufig ist eine Kombination von verschiedenen Fertigungstechnologien die wirtschaftlichste Lösung. Für die wirtschaftliche Auslegung von Prozessketten zur Herstellung von sicherheitskritischen Bauteilen ist aber immer eine unabdingbare Voraussetzung, dass die Wechselwirkung zwischen dem Fertigungsverfahren und dem Bauteilverhalten bekannt ist und dass die Funktionalität des Bauteils nicht unzulässig beeinflusst wurde. In diesem Zusammenhang kommt der Endbearbeitung eine besondere Bedeutung zu.

9.2.2 Technologieanalyse

9.2.2.1 Fräsen aus dem Vollen

Das Fräsen aus dem Vollen ist eine eingeführte Technologie zum Herstellen von Blisks. Es existieren verschiedene Frässtrategien, die abhängig von den Details der Geometrie festgelegt werden. Die Werkzeugauslegungen und Schnittstrategien beschreiben einen relativ großen Optimierungsraum. Eine bevorzugte Schnittstrategie ist das Taumelfräsen, das auch Trochoidfräsen genannt wird (Band 1, [Kloc17]). Die Lagezuordnung zwischen Werkzeug und Werkstück sowie die Relativbewegung, die einer Trochoide folgt, führen zu geringeren Kontaktwinkeln und Kontaktlängen. Eine wichtige Voraussetzung ist, dass die Werkzeugmaschine die Kinematik mit ruckfreien Bewegungen ermöglicht. Im Zerspanprozess sind im Vergleich zu Standardverfahren durch die geringen Kontaktlängen geringere Temperaturen und Zerspankräfte zu erwarten, die hohe Zeitspanungsvolumen bei geringem Werkzeugverschleiß ermöglichen. Als Werkzeuge werden z. B. Zylinder-, Tonnen- und zum Schlichten Kugelkopfwerkzeuge verwendet. Es sind auch Kombinationen der genannten Grundformen und auch weitere Bewegungskinematiken und Schnittstrategien möglich [Kloc17]. Über die Schnittstrategien sowie die makrogeometrische Außenform des Werkzeugs werden neben den Verschleißvorgängen an der Schneide ganz wesentlich auch die am Werkstück verbleibenden Hüllschnittabweichungen bestimmt. Diese Abweichungen müssen in folgenden Endbearbeitungsverfahren geglättet werden. Zeitspanungsvolumen in Abhängigkeit von der Auskraglänge l und dem Werkzeugdurchmesser d (Überhang l/d) zeigt Abb. 9.3 für das Fräsen von Ti- und Nickelbasislegierungen [Lebk10].

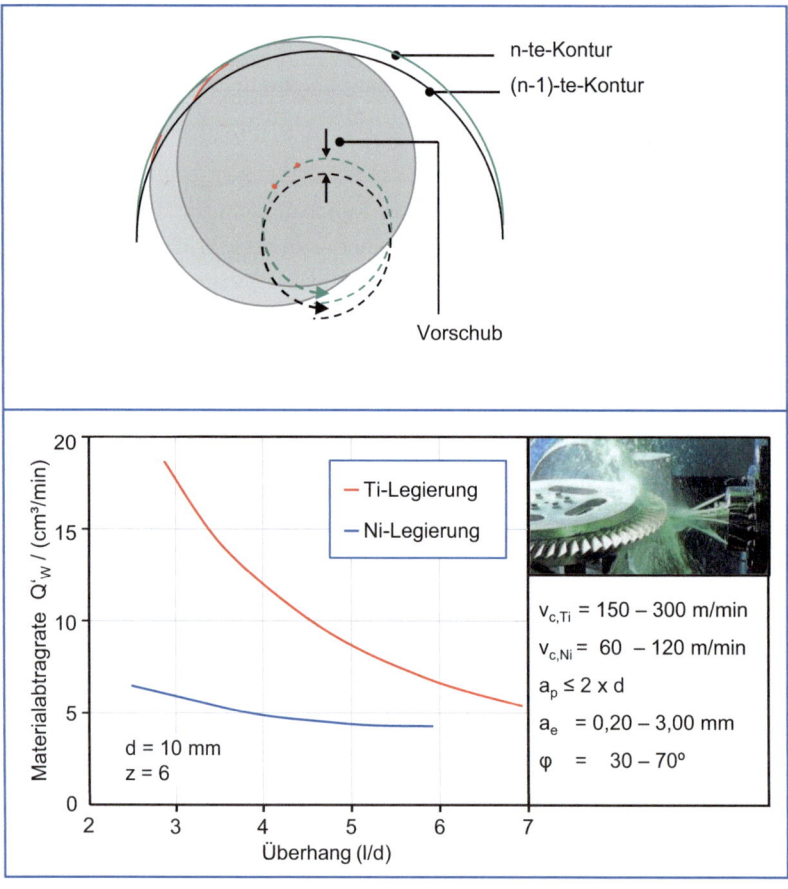

Abb. 9.3 Materialabtragrate (Zeitspanungsvolumen) in Abhängigkeit vom Überhang l/d [Lebk10, Kloc12a]

9.2 Herstellen von Blade Integrated Disks

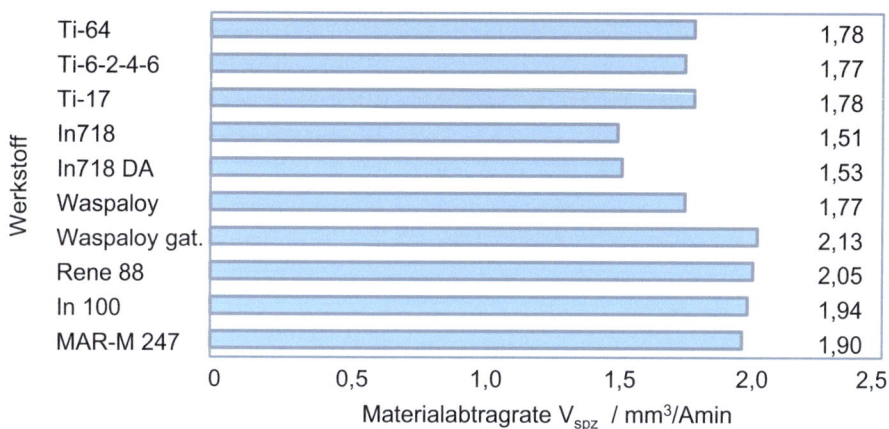

Abb. 9.4 Materialabtragraten bei der ECM-Bearbeitung von Luftfahrtwerkstoffen, [Kloc13a]

9.2.2.2 Elektrochemisches Abtragen

Beim elektrochemischen Abtragen ist die Abtragrate proportional zur anliegenden Stromdichte. Degenhardt führte im Jahre 1972 einen Standardtest zur Klassifizierung von verschiedenen Werkstoffen mit Bezug auf die elektrochemische Bearbeitbarkeit ein (Kap. 4). Eine Übersicht über die erreichbaren Abtragraten bei der ECM-Bearbeitung von verschiedenen in der Luftfahrtindustrie eingesetzten Werkstoffen zeigt Abb. 9.4 [Kloc13a, Kloc14a]. Für entsprechende Werte auch für Titanaluminide kann zusätzlich auf [Kloc15c] verwiesen werden.

Die Experimente zum Bestimmen des Abtragverhaltens für den folgenden Wirtschaftlichkeitsvergleich, der für die Bearbeitung von Inconel 718 durchgeführt wurde, sowie weitere Randbedingungen sind in Abb. 9.5 dargestellt. Neben dem effektiven Abtrag ist es ebenfalls wichtig, die lokalen Abtragbedingungen und die Ausbildung des Arbeitsspaltes zu kennen, um die Kathodengeometrie auszulegen. Die lokale Spaltbreite kann näherungsweise durch eine Kombination aus dem Ohm'schen und dem Faraday'schen Gesetz berechnet werden [Kloc12c]. Es können dann aber mehrere Iterationen notwendig werden, um die geforderten Toleranzen einhalten zu können. Bei der Bearbeitung von komplexen Geometrien und langen Elektrolytfließlängen ist die Näherungsmethode zu ungenau. In diesen Fällen können gekoppelte Simulationen unter Zugrundelegung der Erhaltungssätze eine Lösung sein [Zeis15], (Kap. 4 und Abschn. 9.10.3). Auch auf die Spülung und ihren Einfluss auf die realisierbaren Abtragraten muss immer ein besonderer Fokus gelegt werden, vgl. [Berg19, Heid22a].

9.2.2.3 Senkfunkenerosion

Standardmäßig bieten SEDM-Werkzeugmaschinen (Sinking EDM) verschiedene Technologieprogramme für die Anwendung von verschiedenen Werkstoff-Elektroden-Kombinationen an. Es ist außerdem möglich, zur Optimierung des Prozesses die

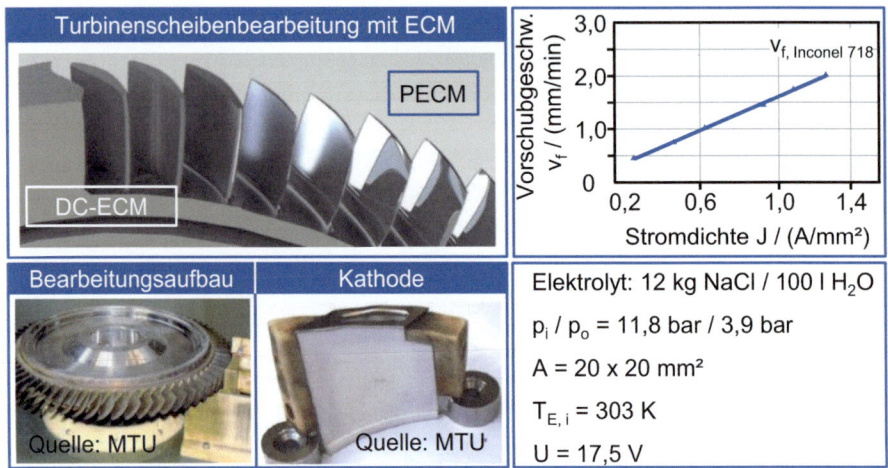

Abb. 9.5 Vorschubgeschwindigkeit in Abhängigkeit von der Stromdichte bei der ECM-Bearbeitung [Kloc14a, Kloc15a]

Standardeinstellungen zu verändern. Für die in den folgenden Abschnitten diskutierten Vergleiche wurde beim Senken mit verschiedenen Grafitqualitäten gearbeitet. Die beste Grafitsorte wurde dann als innengespülte Elektrode für die weitere Optimierung der Generatorparameter verwendet. Es wurden Nickelbasis- und Titanlegierungen bearbeitet.

9.2.2.4 Drahtfunkenerosion

Für das WEDM (Wire EDM) wurden die maximal möglichen Abtragraten für zwei verschiedene Drahtsorten bei der Bearbeitung der gleichen Werkstoffe wie beim SEDM ermittelt. Bei Anwendung der Drahtfunkenerosion wurde im ersten Bearbeitungsschritt eine Regelgeometrie hergestellt und dann in folgenden Bearbeitungsschritten das Material bis nah an die Endkontur abgetragen. Die in Abb. 9.6 dargestellten Ergebnisse wurden unter optimierten Bedingungen erreicht. Die Spülung wurde durch ein optimales Druckverhältnis und einen definierten Abstand des oberen und unteren Spülkopfes vom Werkstück realisiert. Darüber hinaus wurde mit einer Werkstückhöhe von 50 mm eine optimale Prozesshöhe für die WEDM-Bearbeitung ausgewählt. Es konnte gezeigt werden, dass die Schnittrate neben dem zu schneidenden Material auch durch die verwendete Drahtqualität stark beeinflusst wird (Abb. 9.6, siehe auch Kap. 2). In beiden gezeigten Fällen handelt es sich um die Verwendung von beschichteten Drähten, aber mit einem verschiedenen Schichtaufbau, der auf die Bearbeitung angepasst wurde.

Die Schaufeln einer Blisk sind häufig in axialer Richtung relativ zur Scheibe verdreht. Dadurch wird die Spülung behindert. Versuche mit einem Kegelwinkel von 52 Grad haben gezeigt, dass die Schnittrate bei schlechten Spülbedingungen um bis zu 60 % sinkt. Neben der reinen Analyse der erreichbaren Schnittgeschwindigkeiten zeigte sich,

9.2 Herstellen von Blade Integrated Disks

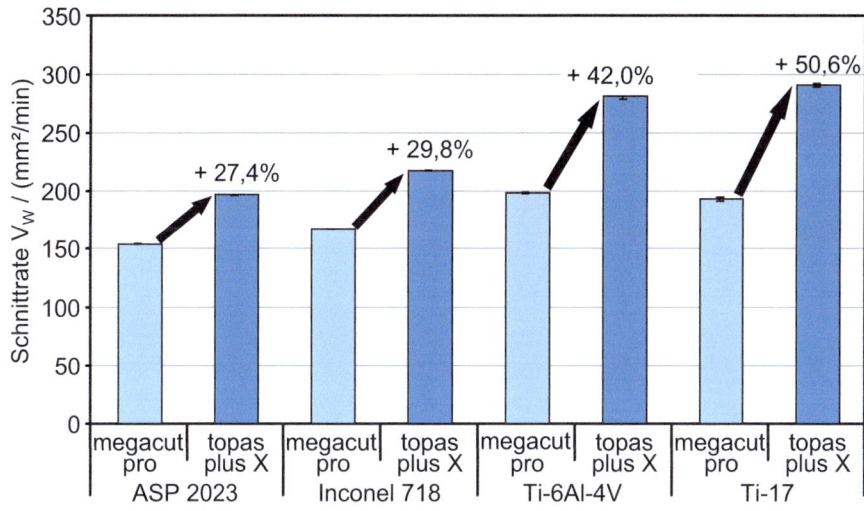

Abb. 9.6 Schnittraten in Abhängigkeit vom zu bearbeitenden Material und der Drahtqualität [Kloc13c]

dass bei der Bearbeitung von Titanlegierungen mit der WEDM-Technologie höhere Abtragraten als mit der SEDM-Technologie möglich sind. Das umgekehrte Verhalten wurde bei der Bearbeitung von Inconel 718 festgestellt.

9.2.3 Wirtschaftlichkeitsanalyse

9.2.3.1 Randbedingungen

Auf der Grundlage der in Abschn. 9.2.2 durchgeführten technologischen Analysen wird im Folgenden ein Wirtschaftlichkeitsvergleich durchgeführt. Um die Analyse zu vereinfachen, wurde bei den Berechnungen eine vereinfachte Spaltgeometrie, welche durch EDM, ECM und Fräsen gefertigt werden kann, verwendet (Abb. 9.7).

Die Materialabtragrate / das Zeitspanungsvolumen haben den größten Einfluss auf den Herstellungsprozess. Neben den technologischen Kennwerten werden über diese Größe die Hauptzeit und damit auch die anteiligen Maschinen- und Lohnkosten beeinflusst. Die angenommenen Materialabtragraten sind in Abb. 9.7 zusammengefasst. Weitere Parameter waren: Die herzustellende Blisk besaß 36 Schaufeln, die Investitionskosten für die Werkzeugmaschinen wurden nach Herstellerangaben berücksichtigt, die benötigte Zeit zum Einrüsten der Maschinen wurde für alle Technologien gleich angesetzt und die anteiligen Werkzeugkosten wurden folgendermaßen berücksichtigt: Für

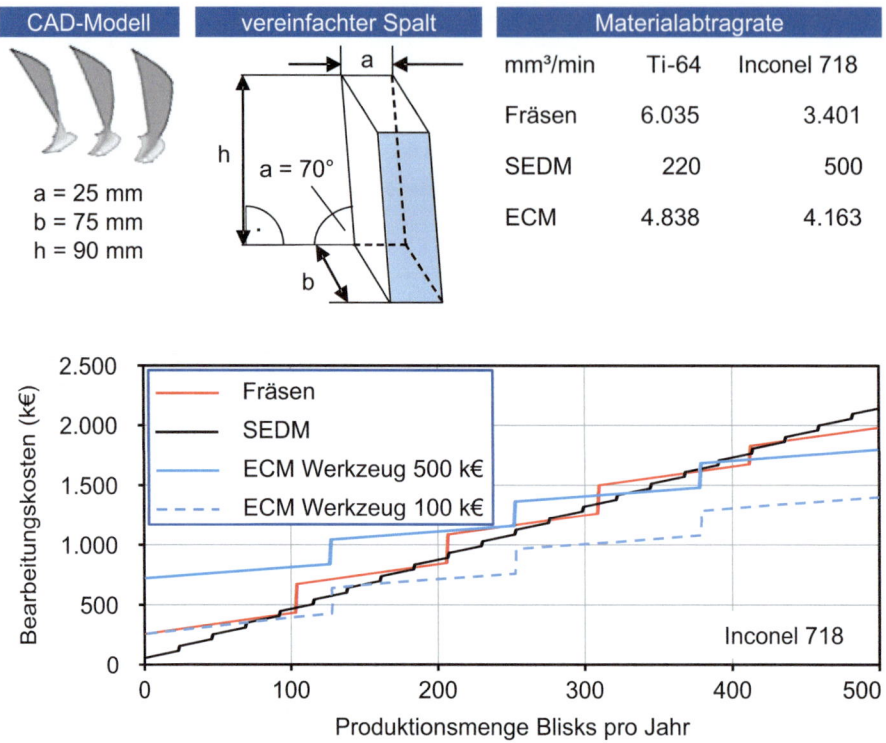

Abb. 9.7 Fertigungskosten in Abhängigkeit von der Losgröße [Kloc13c, Kloc14a]

das Fräsen der Ti-6Al-4V-Legierung wurde ein Fräswerkzeug pro Blisk berücksichtigt, für das Fräsen der „Inconel 718"-Legierung wurden zwei Werkzeuge pro Blisk angesetzt. Die kalkulierten Werkzeugkosten betrugen 300 €/Fräswerkzeug. Mit Bezug auf die Personalkosten wurde angenommen: eine Person kann gleichzeitig an einer Fräs- oder ECM-Maschine arbeiten, aber an drei EDM-Maschinen. Als Maschinennutzungszeiten wurden berücksichtigt: Fräs- und ECM-Maschinen arbeiten in einer Zweischichtproduktion (3200 Std./Jahr). Die EDM-Maschinen arbeiten in einer Dreischichtproduktion (4800 Std./Jahr). Die dritte Schicht wird ohne Personal betrieben. Die Angabe dieser Parameter erfolgt, um die Plausibilität der später gezeigten Berechnungen nachzuvollziehen. Für die Gesamtkalkulation waren weiter Annahmen zu treffen, auf die hier nicht näher eingegangen wird. Details können aus [Kloc12a] entnommen werden.

Da die zu bearbeitenden Werkstoffe und die Technologien kontinuierlich weiterentwickelt werden, verändern sich die in Abb. 9.7 gezeigten Grenzstückzahlen und die zugehörigen Fertigungskosten ebenfalls [Seim23]. Die grundsätzliche Charakteristik der Kurven und die allgemeinen Zusammenhänge bleiben aber erhalten.

9.2.3.2 Wirtschaftlichkeitsrechnung

Auf Basis der genannten Annahmen wird in diesem Abschnitt eine Kostenkalkulation für die Schruppbearbeitung von Inconel 718 in Abhängigkeit von der Losgröße vorgestellt. Die Kalkulation der Kosten ist nicht geeignet, absolute Kostenpositionen zu diskutieren. Sie dient vielmehr dazu, die Fertigungsverfahren relativ miteinander zu vergleichen. Für dieses Vorgehen wurde ein Berechnungsprogramm realisiert, in dem die variablen Parameter frei einstellbar sind. Damit kann dieses Berechnungswerkzeug universell verwendet werden, um Fertigungstechnologien bezüglich der Schruppbearbeitungskosten für verschiedene Geometrien, Materialien und Losgrößen miteinander zu vergleichen. Die Ergebnisse sind in Abb. 9.7 für das Schruppen mit den Fertigungstechnologien Fräsen, SEDM und ECM dargestellt. Die Unstetigkeiten in den Kurven treten für kritische Produktionsmengen auf, für die die Kapazitätsauslastung der verwendeten Maschine erreicht ist. Hier muss in weitere Maschinen investiert werden. Für die ECM-Bearbeitung wurden zwei Kostenansätze angenommen, damit wird die Wirkung der Aufwände für die Kathodenauslegung und die Kathodenfertigung verdeutlicht.

9.2.4 Prozesskombinationen

9.2.4.1 Technologieanalyse und Randbedingungen

In der Blisk-Produktion mit trennenden Fertigungsverfahren werden große Materialmengen abgetragen bzw. zerspant. Die Endbearbeitung durch Polieren oder andere Technologien muss ebenfalls berücksichtigt werden (Abb. 9.8). Es liegt deshalb nahe, nicht nur einzelne Fertigungsverfahren miteinander zu vergleichen, sondern die Prozesskette zu analysieren und eine gesamtheitliche Optimierung aller Fertigungsschritte anzugehen. Dazu ist es notwendig, den sich laufend weiterentwickelnden Stand der Technologien und deren Eignung zur Fertigung von Triebwerkskomponenten zu beobachten und zu bewerten.

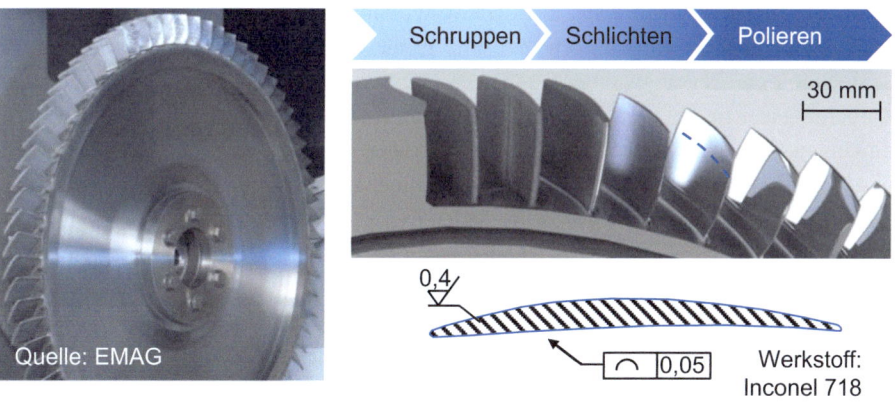

Abb. 9.8 Referenzbauteil, basierend auf [Kloc15a]

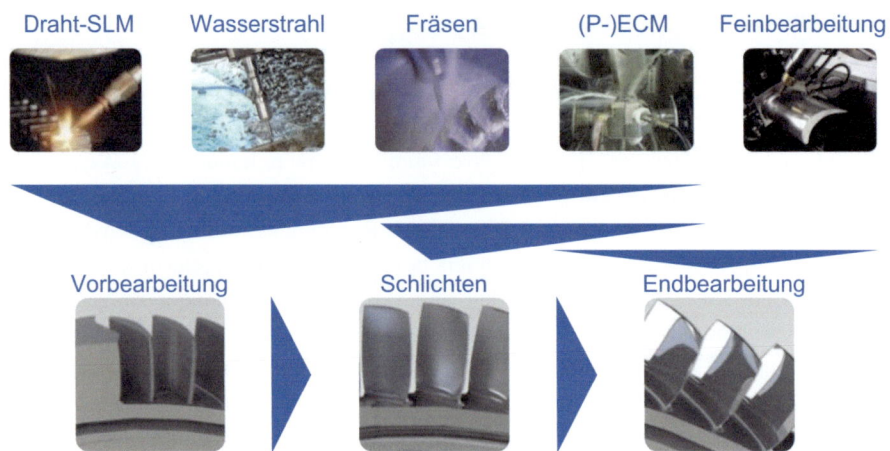

Abb. 9.9 Verfahren der Prozesskette [Zeis14]

In diesem Abschnitt werden die erreichbaren Abtragraten und Schnittgeschwindigkeiten für die untersuchten Technologien vorgestellt. Die Daten basieren entweder auf Literaturwerten oder den Ergebnissen eigener Bearbeitungsversuche. Anschließend wurden sieben Prozessketten definiert. Die in dieser Fallstudie zugrunde gelegte Geometrie eines Hochdruckverdichters (HPC) wurde von der EMAG ECM GmbH zur Verfügung gestellt. Die Blisk besteht aus 72 Schaufeln und wurde aus Inconel 718 hergestellt. Das Schaufelprofil besitzt ein Toleranzband von 50 µm, und die geforderte Oberflächenrauheit beträgt Ra = 0,4 µm (Abb. 9.8). In den betrachteten Prozessketten wurden spanende und abtragende Fertigungsverfahren sowie das Laserauftragschweißen und die Wasserstrahlbearbeitung miteinander kombiniert (Abb. 9.9).

9.2.4.2 Fräsen aus dem Vollen

Die Hauptgründe für das Fräsen aus dem Vollen sind eine hohe Flexibilität, die Verfügbarkeit von Standard-Werkzeugen und eine große vorhandene Wissensbasis. Nachteile der Technologie liegen in einem hohen Werkzeugverschleiß beim Schruppen, langen Bearbeitungszeiten bei der Feinbearbeitung und der Anregung des Werkstücks zum Schwingen. Die Auswahl einer geeigneten Frässtrategie ist für die Wirtschaftlichkeit dieses Verfahrens sehr wichtig. In der vorliegenden Fallstudie wurde das Umfangsfräsen zum Schruppen und das Stirnfräsen mit Kugelkopfwerkzeugen zum Schlichten gewählt.

9.2.4.3 Elektrochemische Metallbearbeitung

Die wesentlichen Vorteile der elektrochemischen Bearbeitung sind die prozessspezifischen Eigenschaften: Hohe Abtragleistung in Kombination mit nahezu keinem Werkzeugverschleiß und keiner thermischen oder mechanischen Beeinflussung der Werkstückrandzone. Aufgrund hoher Werkzeugkosten in der Entwicklungsphase des

Verfahrens und hohen Investitionskosten für die Werkzeugmaschinen ist die ECM-Technologie speziell für die Fertigung von größeren Serien geeignet. Im Folgenden werden für vorgegebene Randbedingungen Grenzen quantitativ aufgezeigt. Bei der Bearbeitung von Turbinenkomponenten durch ECM werden zwei unterschiedliche Prozessarten unterschieden. Die herkömmliche DC-ECM-Technologie (DC Direct Current) arbeitet mit einer Gleichspannung von 5 V bis 40 V und erreicht Vorschubgeschwindigkeiten bis zu 10 mm/min. Beim Precise-Electro-Chemical-Machining (PECM) liegt eine gepulste Spannung an und die Kathode kann zusätzlich oszillieren. Mit diesen Bedingungen werden kleinere Arbeitsspalte und dadurch höhere Abbildegenauigkeiten erreicht (siehe auch Kap. 4). Nachteile der PECM-Technologie sind die höheren Investitionskosten durch die Generatortechnologie und die pulsierende Bearbeitungsachse. Die Vorschubgeschwindigkeiten liegen bei etwa 0,5 mm/min. Die DC-ECM-Bearbeitung wird bevorzugt für das Schruppen (erreichbare Rauheit: Ra = 0,8 μm) und die PECM-Bearbeitung für die Nachbearbeitungen (Ra = 0,3 μm) angewendet. Um die Prozesszeit für den ECM- und PECM-Bearbeitungsschritt abschätzen zu können, wurde der Zusammenhang zwischen der Vorschubgeschwindigkeit v_f und der Stromdichte J für Inconel 718 experimentell bestimmt.

9.2.4.4 Laserauftragschweißen mit Drahtwerkstoffen (LMD-W)

Das Laserauftragschweißen ist ein additives Verfahren. Das Werkstück bzw. der bearbeitete Bereich entsteht durch Auftragen von Werkstoffschichten. Es kann nicht nur für die Herstellung von Neuteilen verwendet werden, sondern auch für die Reparatur und geometrische Modifikation von vorhandenen Bauteilen. Grundsätzlich kann das Zusatzmaterial als Pulver, über Düsen oder aus dem Pulverbett, oder als Draht zugeführt werden (siehe auch Kap. 6). Für die Bearbeitung von Turbinenbauteilen ist die Verwendung von drahtbasierten Verfahren vorteilhaft, deshalb wurde für den folgenden Technologievergleich das in Abb. 9.10 gezeigte Verfahrensprinzip ausgewählt, das auf einem 5-Achs-Bearbeitungssystem realisiert wurde. Für die Prozessplanung wurde das vorhandene CAx-System angepasst. LMD-W steht für Laser-Metal-Deposition-Wire.

Da der Aufbau der Bauteile schichtweise erfolgt, kann die Integration von weiteren Funktionen in die Bauteilgeometrie in Betracht gezogen werden. Der gezielte, örtliche Auftrag von Material kann so gesteuert werden, dass der Nachbearbeitungsaufwand gering ist. Bei der Fertigung von Blisks kann das Laserauftragschweißen spanende Schruppoperationen ersetzen. Es ist augenscheinlich, dass im Vergleich zum Fräsen die LMD-W Technologie eine höhere Materialnutzung ermöglicht. Das Drahtmaterial (Inconel 718) gibt es in verschiedenen Ausführungen und Qualitäten (Fülldraht oder Volldraht). An der Qualifizierung dieser Technologie wird seit vielen Jahren gearbeitet [Kelb06, Witz14, ILT19, Klin19a]. Beim drahtbasierten Laserauftragschweißen ist die Ausführung des Drahtzuführsystems ein prozessrelevanter Aspekt. Die Art, wie der Draht zugeführt wird, die Kontinuität der Drahtzufuhr, die Position des Drahtes in Relation zum Schmelzbad und zum Laserfokus sind ebenso wie die gewählte Strategie zum

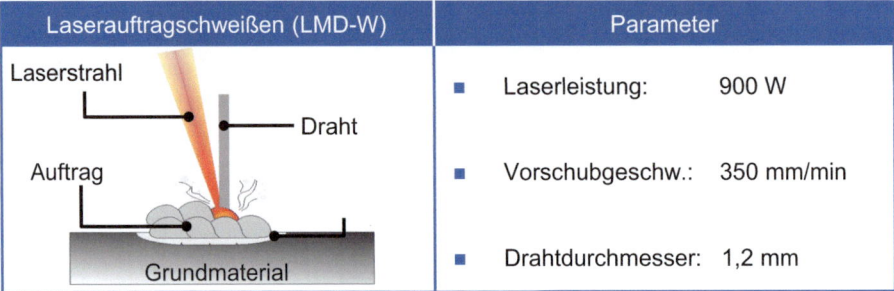

Abb. 9.10 Laserauftragen zur Fertigung von Turbinenkomponenten. (Quelle: Fraunhofer IPT)

Aufbau der Lagen in Abhängigkeit von der Bauteilgeometrie wichtige Parameter, über die der Prozessablauf beeinflusst wird [Klin19a]. Die Technologie wird kontinuierlich weiterentwickelt und gewinnt durch Hochgeschwindigkeitsverfahren und durch Kombination mit anderen Fertigungsverfahren an Bedeutung. Auch das Polieren von metallischen Oberflächen ist durch Laserstrahlung möglich [Kums22]. Für den Verfahrensvergleich wurden die in Abb. 9.10 gezeigten Parameter verwendet.

9.2.4.5 Wasserstrahlschneiden

Das Wasserstrahlschneiden ist eine Technologie (siehe Kap. 8), um Vorbearbeitungen in der Blisk-Herstellung durchzuführen. Bei Verwendung einer Fünf-Achs-Kinematik kann das Verfahren auch für die Herstellung von einfachen Formflächen genutzt werden (Abb. 9.11). Bei Anwendung eines Systemdrucks von 600 MPa waren eine erhöhte Vorschubgeschwindigkeit von bis zu 140 % im Vergleich zum herkömmlichen Bearbeiten mit 400 MPa möglich. Die erreichten Oberflächengüten lagen im Bereich von $Ra = 10$ bis 50 µm.

9.2.4.6 Feinbearbeitung/Polieren

Ein eingeführtes Verfahren zur Endbearbeitung von Schaufelflächen ist das Gleitschleifen. Häufig wird die abrasive Wirkung der Gleitschleifkörper durch die Zugabe von flüssigen Wirkmedien intensiviert, die den Prozess chemisch unterstützen. Für diese Fallstudie wurde ein Finishprozess realisiert, der direkt auf einer Mehrachsen-

9.2 Herstellen von Blade Integrated Disks

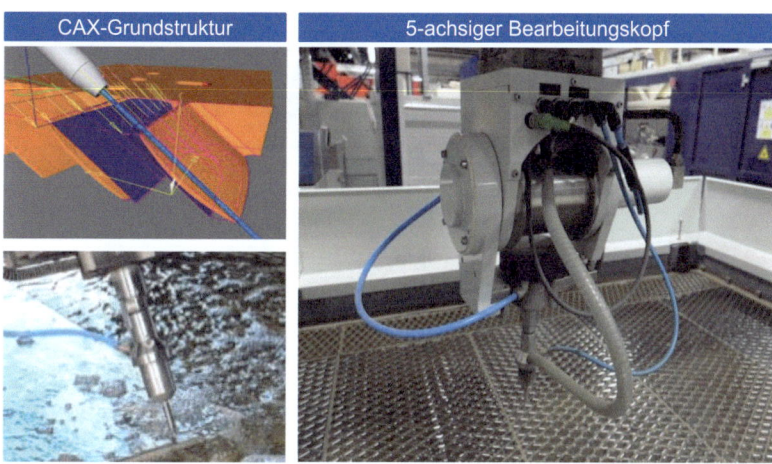

Abb. 9.11 Wasserstrahlschneiden. (Quelle: Fraunhofer IPT)

fräsmaschine (Abb. 9.12) ausgeführt werden kann. Damit konnten das Fräsen und anschließende Polieren der Flächen mit der gleichen Spannvorrichtung, Werkzeugmaschine und der vorhandenen CAM-Software realisiert werden. Es wurden elastisch gebundene Schleifwerkzeuge mit Korund oder Siliziumkarbid verwendet, die in einer Gummi- oder Polyurethanbindung gehalten werden. Die elastische Bindung ermöglichte, dass sich die Werkzeuggeometrie in der Polierzone an die Kontur anschmiegen konnte. Es sind Oberflächenrauheiten von unter Ra = 0,5 µm auf Stahloberflächen erreichbar (Abb. 9.12). Weiterentwicklungen der Werkzeugaufnahme zeigten, dass mit konstanten Andruckkräften eine höhere Reproduzierbarkeit des Polierergebnisses zu erreichen war und dass auch die geometrische Genauigkeit erhöht wurde [Kloc15a].

Beim Gleitschleifen werden in Abhängigkeit von der Kinematik und den verwendeten Schleifmitteln verschiedene Verfahren unterschieden. Für die Bearbeitung von Schüttgutteilen ist das ungeführte Gleitschleifen in der Praxis eingeführt. Bei diesem Verfahren bewegt sich das Werkstück frei in der Schüttung der Schleifmittel. Die Bewegungsbahnen einzelner Werkstücke sind statistisch verteilt, es können auch Kollisionen zwischen den Werkstücken auftreten. Beim robotergeführten Gleitschleifen ist das Werkstück im Arbeitsraum fixiert. Mit Bezug auf die Strömung der Schleifkörper ist das Werkstück jetzt ein ortfestes Hindernis und muss umströmt werden. Die Lageposition im Arbeitsbehälter ist voreingestellt, Zusatzbewegungen können über den Roboterarm ausgeführt werden. Die praktischen Ergebnisse zeigen, dass mit diesem Verfahren eine höhere Produktivität als mit dem ungeführten Gleitschleifen erreicht werden kann. Ohlert hat dieses Verfahren wissenschaftlich untersucht [Ohle22]. Bei allen Verfahren ist es essentiell, die Kontaktbedingungen zwischen der Werkstückoberfläche und den sich dazu relativ bewegenden Schleifmitteln zu kennen, um eine Prognose über die erreichbaren Oberflächengüten und den Oberflächenrandzonenzustand machen zu können. Die

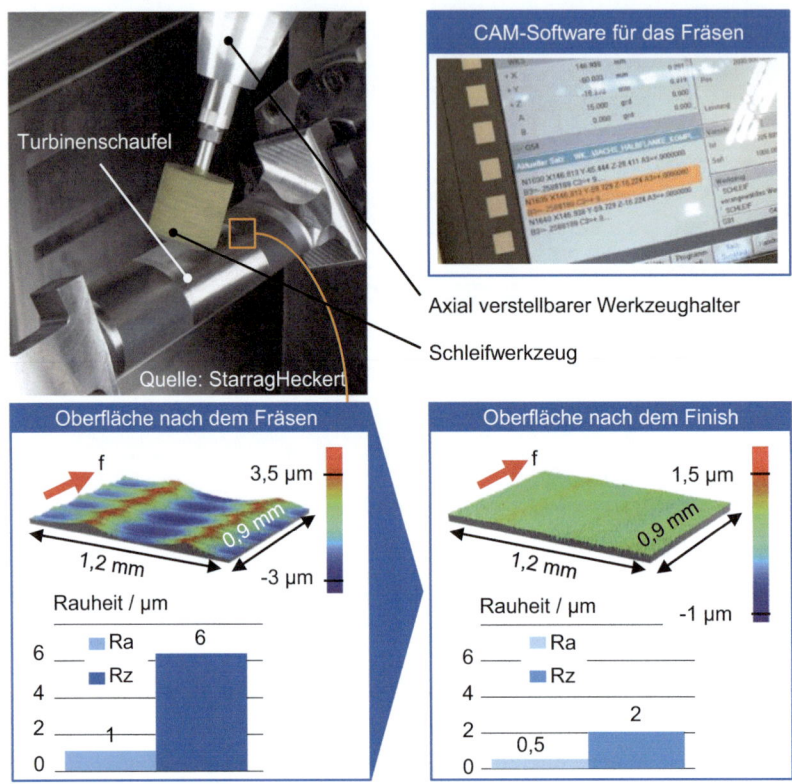

Abb. 9.12 Automatische Finishbearbeitung. (Quelle: Fraunhofer IPT)

wesentlichen Zustandsgrößen sind der Anpressdruck und die Relativgeschwindigkeit. Das Schleif- und Polierergebnis ist aber auch von den Anfangsbedingungen abhängig, die wiederum durch die Vorbearbeitungsverfahren bestimmt werden. Beispielhaft sind in Abb. 9.13 die Entwicklung der Oberflächentopografie für gefräste und funkenerosiv bearbeitete Oberflächen gezeigt, die mit dem robotergeführten Gleitschleifen endbearbeitet wurden.

Zu Beginn des Gleitschleifens sind die Oberflächencharakteristika der Vorbearbeitungen dominant, nach einer gewissen Bearbeitungszeit sind diese Merkmale vollständig abgetragen und die Oberflächentopografie wird durch die Gleitschleifbedingungen bestimmt (Abb. 9.13).

Entscheidend für die praktische Anwendung ist auch die Frage, mit welchen Eigenspannungen die gleitgeschliffenen Oberflächen beansprucht sind. Abb. 9.14 zeigt die Entwicklung der oberflächennahen Eigenspannungen durch robotergeführtes Gleitschleifen mit unterschiedlichen Schleifmedien. Nach dem Erodieren lagen Zugeigenspannungen in der Oberflächenrandzone vor, die dann durch das Gleitschleifen abgebaut wurden. Bei Verwendung des Schleifmittels CER 15 (keramisch) wur-

9.2 Herstellen von Blade Integrated Disks

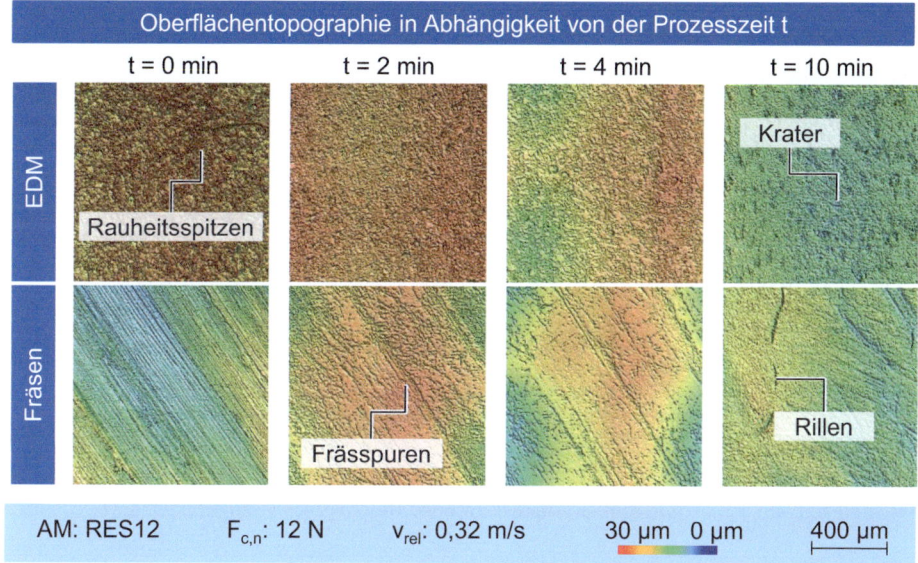

Abb. 9.13 Entwicklung der Oberflächentopografie durch Gleitschleifen von gefrästen und erodierten Oberflächen [Ohle22]

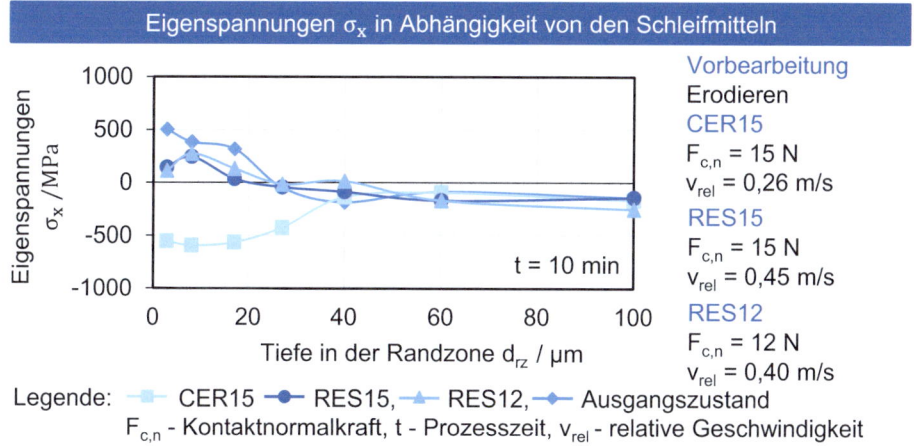

Abb. 9.14 Entwicklung der Eigenspannungen durch Gleitschleifen von erodierten Oberflächen [Ohle22]

den die Zugeigenspannungen sehr schnell und vollständig entfernt. Es bildeten sich Druckeigenspannungen in der Oberflächenrandzone aus. Beim Gleitschleifen mit

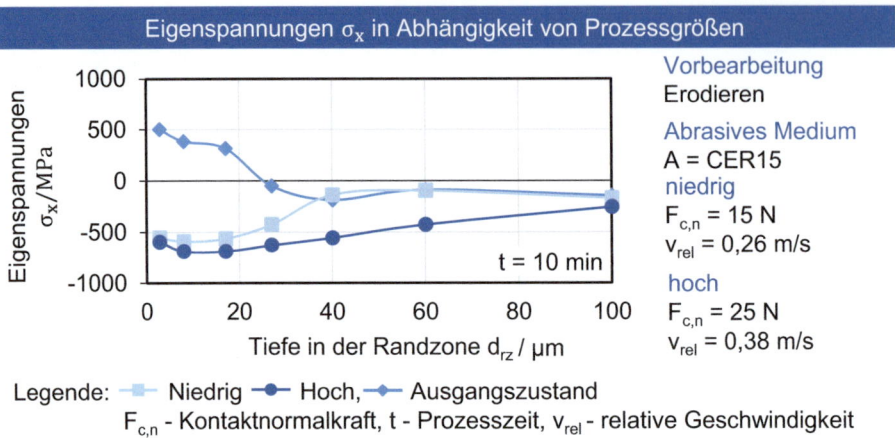

Abb. 9.15 Entwicklung der Eigenspannungen durch Gleitschleifen von erodierten Oberflächen in Abhängigkeit von den Prozessgrößen Anpresskraft und Relativgeschwindigkeit [Ohle22]

kunstharzgebundenen Schleifkörpern wurden die Zugspannungen wesentlich langsamer abgebaut, der Materialabtrag pro Zeiteinheit war aber auch geringer.

Bei höheren Relativgeschwindigkeiten und damit höheren Anpresskräften werden ähnliche Eigenspannungsniveaus in der Oberflächenrandzone erzeugt, eine signifikante Änderung des Spannungsniveaus tritt nicht mehr auf (Abb. 9.14).

Bei der Verwendung von keramischen Schleifkörpern treten auch bei unterschiedlichen Kontaktbedingungen Druckeigenspannungen auf (Abb. 9.15). Zusammenfassend zeigen diese Ergebnisse, dass eine Kombination aus funkenerosiver Bearbeitung und robotergeführtem Gleitschleifen das Potenzial hat, ein abschließendes Kugelstrahlen zu ersetzen [Ohle22].

9.2.4.7 Prozessketten

Abb. 9.16 zeigt die sieben zusammengestellten und bewerteten Prozessketten. Als Referenz wurde die Kombination aus Fräsen und Nachbearbeitung festgelegt (1). Die Prozessketten 2, 4, 5 und 7 ermöglichen den Vergleich von vier verschiedenen Schrupptechnologien, kombiniert mit PECM als Endbearbeitungsschritt. Bei den Prozessketten 3 und 6 findet nach der Vorbearbeitung durch Laserauftragschweißen und Wasserstrahlschneiden ein Fräsprozess und dann die Endbearbeitung statt.

9.2.4.8 Wirtschaftlichkeitsberechnungen

Um eine gut begründete Entscheidungsfindung sicherzustellen, muss die Bewertung alternativer Prozessketten immer von der Bauteilgeometrie und dem geforderten Endbearbeitungszustand ausgehen. Damit sind Wirtschaftlichkeitsvergleiche für Prozessketten, insbesondere für die Herstellung von sicherheitskritischen Bauteilen, immer fallspezifisch. Außerdem müssen unternehmensbezogene Randbedingungen berücksichtigt wer-

Abb. 9.16 Betrachtete Prozessketten, basierend auf [Kloc15a]

den. Im Folgenden wird eine Methode vorgestellt, mit der dieser komplexe Bewertungsprozess strukturiert und nachvollziehbar durchgeführt werden kann. Zu diesem Zweck wurde ein Kalkulationsmodell entwickelt und in einer Software anwendungsfreundlich abgebildet. Das Modell ermöglicht es auch, eine Ökobilanzierung nach ISO 14040 durchzuführen. Auf die Ökobilanzierung wird hier verzichtet. Für eine zusammenfassende Modellierung und Bewertung von Prozessketten nach ökologischen und ökonomischen Kriterien sei auf die Literatur [Grue21] verwiesen. Im Folgenden werden nur die betriebswirtschaftlichen Aspekte diskutiert. Abb. 9.17 zeigt das allgemeine und spezifische Prozesskettendesign mit den gewählten Ressourcenkategorien. Die Herstellkosten werden durch die separate Ermittlung der Kostenarten Maschinenkosten, Werkzeugkosten, Energiekosten, Betriebsmittelkosten, Personalkosten und Materialkosten bestimmt. Für die Berechnung der Herstellkosten mussten auch die Fertigungszeiten bekannt sein. Die Zeitanteile wurden, sofern möglich, als Hauptzeiten und Nebenzeiten der Prozesse erfasst, oder sie wurden berechnet und dann zusammen mit den Rüst- und Übergangszeiten, Erfahrungswerten aus der Praxis, zur Zeit je Produktionseinheit zusammengefasst [Kloc15a].

Das Ziel dieser Fallstudie war, die Erarbeitung von effizienten Prozessketten zur Herstellung von Blisks technologiebasiert und mit einem strukturierten Vorgehen zu unterstützen. Für alle Prozessketten war sichergestellt, dass im letzten Bearbeitungsschritt die intrinsischen Eigenschaften der produzierten Blisks die Funktionsanforderungen erfüllten. Weitere Randbedingung der Wirtschaftlichkeitsberechnung war: Die Produktion erfolgte in drei Schichten mit Mehrmaschinenbedienung [Kloc15a].

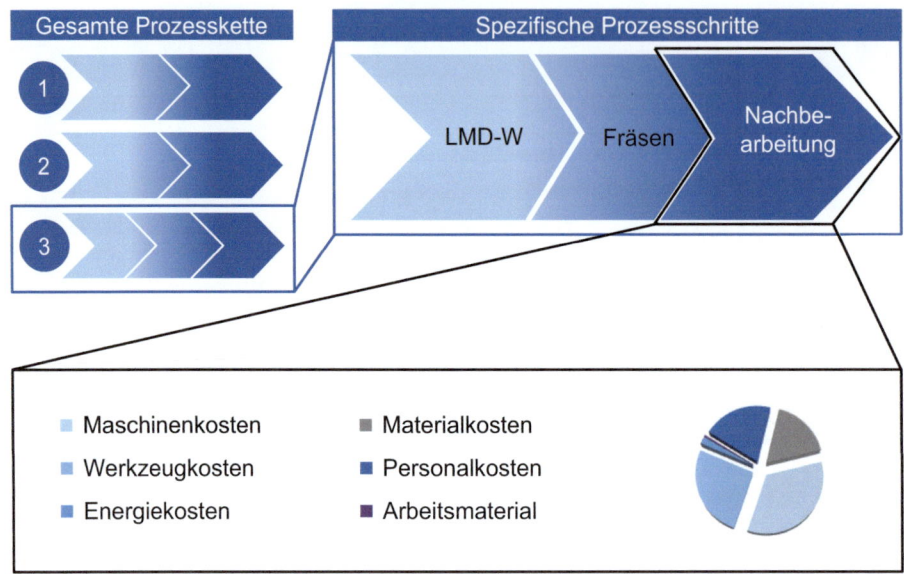

Abb. 9.17 Bewertungskategorien für den Prozesskettenvergleich, basierend auf [Kloc15a]

Die wichtigsten Ergebnisse der Fallstudie sind in Abb. 9.18 zusammengefasst. Die Darstellung zeigt die relativen Herstellkosten für jede einzelne Prozesskette (1 bis 7, Abb. 9.16). Aufgrund der starken Abhängigkeit der Herstellkosten von der Losgröße bzw. jährlichen Produktionsmenge wurden zwei Szenarien untersucht. Szenario 1 stellt die Produktion von 70 Blisks pro Jahr dar, und Szenario 2 geht von einem Produktionsvolumen von 800 Stück pro Jahr aus. Die Herstellkosten der Referenzkette, Fräsen und Feinbearbeitung, wurde für die Produktionsmenge von 70 Blisks pro Jahr zu 100 % festgesetzt. Die relativen Kosten der einzelnen Prozessketten in Szenario 1 reichen von 83 % bis zu 124 % und in Szenario 2 von 34 % bis zu 104 %. Die Kostenunterschiede sind signifikant. Die Prozesskette 1 zeigt eine geringere Empfindlichkeit gegenüber der Änderung der Produktionsmengen. Die Kostenanteile verändern sich beim Fräsen zum großen Teil proportional mit der Stückzahl. In der Prozesskette 5 werden nur ECM-Technologien eingesetzt. Hier zeigt sich auch in der relativen Kostenausprägung, dass mit steigenden Stückzahlen die Kosten für die Kathoden deutlich sinken. Wenn die Geometrie durch Wasserstrahlschneiden endkonturnah abgebildet werden kann, ist diese Technologie verbunden mit elektrochemischen Verfahren eine Kombination (Prozesskette 7), die im Einzelfall auf Eignung geprüft werden sollte.

Abb. 9.19 zeigt die Ausprägung von Ressourcenkosten auf der Basis einer jährlichen Produktionsleistung von 70 Blisks. Die Personalkosten liegen für alle Prozessketten nah beieinander. In den ausgewiesenen Werkzeugkosten sind für diese Prozesskette die Kosten für Verschleißteile des Führungssystems und andere Verschleißteile

9.2 Herstellen von Blade Integrated Disks

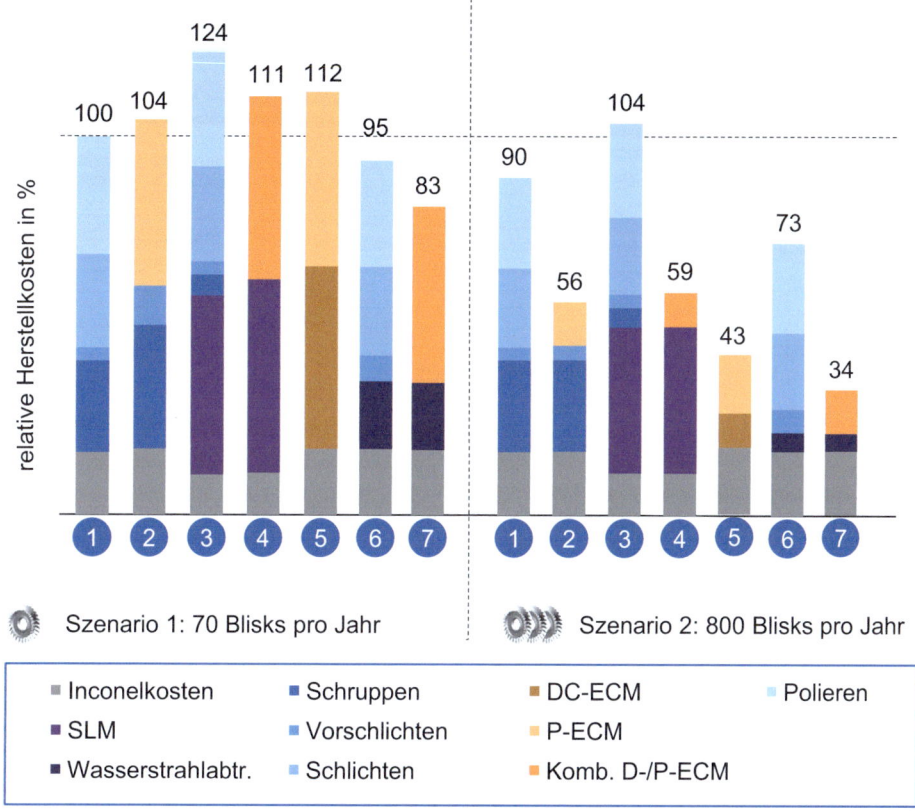

Abb. 9.18 Relative Herstellkosten für unterschiedliche Prozessketten, basierend auf [Kloc15a]

[Klin19a] zusammengefasst. In der Prozesskette 1 sind die Kosten für Fräswerkzeuge deutlich herausgehoben, beim Wasserstrahlschneiden (7) sind in dieser Position Düsen und andere Verschleißteile zusammengefasst. Für die ECM Prozesse sind die anteiligen Maschinenkosten und die zugehörigen Elektrodenkosten in einer Position zusammengeführt.

Die Herstellkosten pro Blisk sind stark von der geplanten Produktionsmenge abhängig (Abb. 9.20). Bei Anwendung der Prozessketten 5 und 7 zeigen die Herstellkosten für die hier zugrunde gelegten Produktionsmengen einen hyperbolischen Verlauf. Mit höheren Losgrößen steigt die Auslastung der Maschinen, die anteiligen Maschinenkosten sinken, solange Kapazitätsgrenzen nicht erreicht werden. Es treten keine Unstetigkeiten auf. Bei den Prozessketten mit integriertem Fräsen zeigen sich Sägezahnprofile im Kostenverlauf. Diese treten immer dann auf, wenn die Maschinenauslastung vollständig erreicht ist und Erweiterungsinvestitionen in zusätzliche Maschinenkapazitäten notwendig werden.

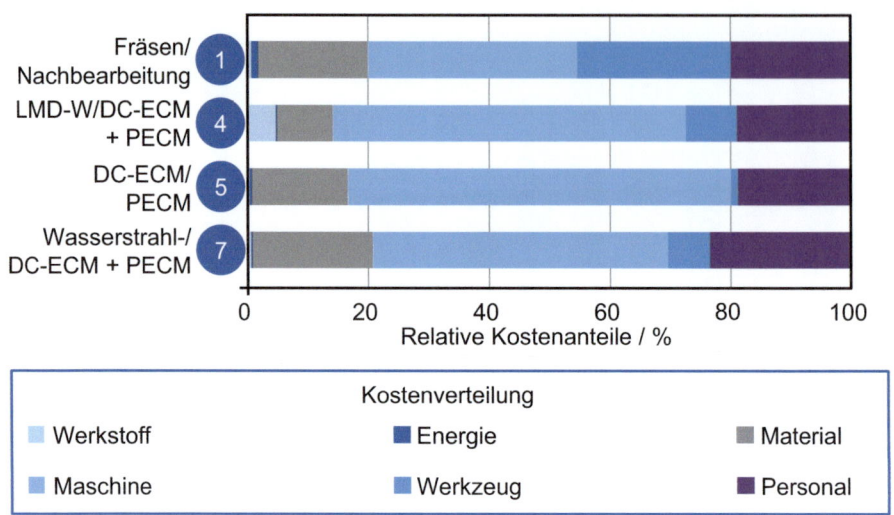

Abb. 9.19 Relative Kostenanteile in der Prozesskette, basierend auf [Kloc15a]

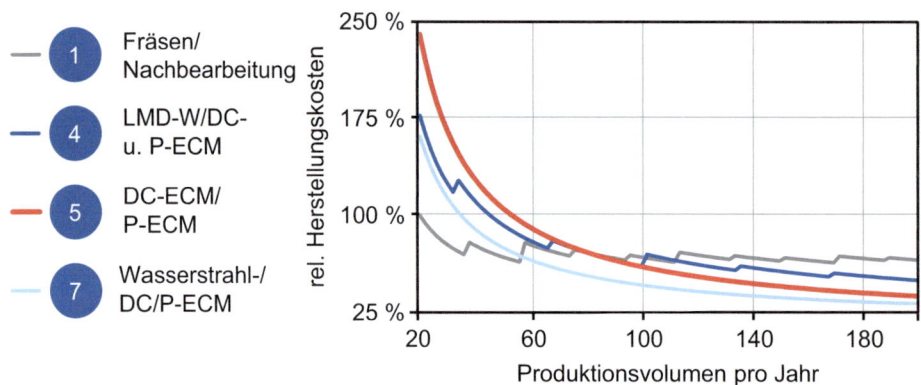

Abb. 9.20 Relative Herstellkosten in Abhängigkeit von der Produktionsmenge, basierend auf [Kloc15a]

9.2.4.9 Zusammenfassung

Die beispielhaft diskutierten Prozessketten wurden sowohl bezüglich der technologischen Leistungsfähigkeit als auch der Fähigkeit, die geforderten Arbeitsergebnisse zu erzeugen, zusammengestellt. Insofern haben die Ergebnisse repräsentativen Wert. Natürlich entwickeln sich Technologien weiter, es ändern sich auch die Anforderungen und die betrieblichen Randbedingungen [Seim23]. Deshalb wurden, wenn immer möglich, nur relative Vergleiche angestellt. Es wird aber deutlich, dass die Losgröße einen entscheidenden Einflussfaktor auf die Herstellkosten darstellt. Es zeigt sich auch, dass hohe Aufwände für die Herstellung von Kathoden in der ECM-Bearbeitung nur ab gewissen

Grenzstückzahlen zu wirtschaftlichen Prozessen führen. Die Materialeffizienz ist beim Laserauftragschweißen LMD-W am größten, die Werkzeugkosten treten beim Fräsen deutlich hervor. Werkzeugoptimierung und neue Schneidstoffe sowie günstige Frässtrategien und optimierte Kühlschmierung sind Stellhebel, die Produktionskosten beim Fräsen zu senken (Band 1, [Kloc17]).

9.3 Herstellen von Tannenbaum-Nutprofilen

In Abhängigkeit vom Material und von der Baugröße werden in der Praxis verschiedene Technologien angewendet, um Schaufeln und Scheiben für Turbinenräder miteinander zu verbinden. Auf die gesamtheitliche Herstellung von Schaufeln und Scheiben aus einem Block wurde in Abschn. 9.2 eingegangen (Blisk Fertigung). Ein weiteres Konstruktionsprinzip ist, Schaufeln und Scheiben getrennt zu fertigen und dann miteinander zu verbinden. Bei sehr großen Schaufeln aus Titanlegierungen, z. B. für den Fan, werden die Schaufeln einzeln gefertigt und dann durch Reibschweißen mit dem Grundkörper verbunden. Danach findet eine Nachbearbeitung der Verbindungsstelle durch Fräsen statt. Auf diese Fertigungsart wird hier nicht näher eingegangen. Für die Neufertigung von Bauteilen aus Titanlegierungen ist das Blisk Design Stand der Technik. Im hohen Temperaturbereich werden Nickelbasislegierungen verwendet. Hier werden verschiedene Prinzipien realisiert. Neben der integralen Bauweise ist es auch Stand der Technik, die Schaufeln formschlüssig mit dem Grundkörper zu verbinden. Die axialen Anordnungen sind häufig als Tannenbaumprofil ausgeführt. Ein Beispiel für Tannenbaumprofile zum Verbinden von Triebwerksschaufeln mit einer Triebwerksscheibe aus einer Nickelbasislegierung zeigt Abb. 9.21. Ebenfalls werden die etablierten bzw. potenzialträchtigen

Abb. 9.21 Tannenbaumprofilherstellung mittels Drahtfunkenerosion und Übersicht zu alternativen Fertigungsverfahren für die Innen- und Außenkonturen.

alternativen Fertigungsverfahren sowohl für die Innen- als auch die Außenkontur dargestellt.

Die Außenprofile an den Turbinenschaufeln werden meistens durch Schleifen mit konventionellen oder mit CBN-Schleifscheiben und geeigneten Abrichtstrategien gefertigt (Band 2, [Kloc18]). Im Folgenden wird der Fokus auf die Herstellung der Verbindungsnuten mit Tannenbaumprofil gelegt.

In der Praxis angewendet werden das Räumen und ECM (PECM) Technologien. Das funkenerosive Drahtschneiden hat Potenzial und wird als Alternativtechnologie ebenfalls in Betracht gezogen und auch eingesetzt. Auf diese Verfahren wird im Folgenden näher eingegangen. Häufig werden bei allen Verfahren abschließend noch Kantenverrundungen durchgeführt, Ausnahme ECM: Hier kann durch die Prozessführung eine erhöhte Konzentration der Feldlinien an den Kanten direkt zum Verrunden genutzt werden. Es ist außerdem in vielen Anwendungen Stand der Technik, dass die Funktionsflächen der Nuten im letzten Bearbeitungsvorgang durch Kugelstrahlen endbearbeitet werden, um sicherzustellen, dass im Auslieferungszustand auf jeden Fall Druckeigenspannungen in der Oberflächenrandzone vorhanden sind.

Ein Standardverfahren zur Herstellung der Profilnuten ist das Räumen mit Werkzeugen aus Schnellarbeitsstahl. Es wurden auch Werkzeugauslegungen erprobt und in der Praxis schon angewendet, die mit Hartmetallschneiden beim Räumen arbeiten. Wenn die Prozessauslegung optimal durchgeführt wird und keine Schneidenbrüche oder -ausbrüche auftreten, sind beim Räumen mit Hartmetallwerkzeugen erhebliche Steigerungen der Produktivität möglich. Für weiterführende Details sei auf die Literatur verwiesen [Vogt15, Seim19]. Grundsätzlich kann aber gesagt werden, dass die Räumtechnologie beherrscht und in der Praxis eingeführt ist. Einige verfahrensspezifische Eigenheiten sind:

- Die Werkzeugauslegung, Werkzeugherstellung und Werkzeugbereitstellung sind aufwendig.
- Aufgrund der Werkzeugkosten und der profilabhängigen Auslegung können spontane Werkzeugausfälle zu signifikanten Engpässen im Produktionsablauf führen.
- Ein Umarbeiten der Werkzeugprofile für andere Geometrien ist kaum möglich.
- Die Werkzeuginstandsetzung, der Austausch und die Werkzeugbevorratung muss mit ausreichenden Vorlaufzeiten und notwendigen Werkzeugbeständen organisiert sein.
- Die Werkstückaufnahmen und Spannvorrichtungen müssen fallspezifisch ausgelegt und gefertigt werden.
- Der Raumbedarf für Maschinen und Anlagen sowie die Maschinenaufstellung (Fundamentauslegung) kann bei notwendigen Umorganisationen der Stellflächen zu Engpässen führen.
- Nach dem Räumen müssen Entgratprozesse und Kantenverrundungen durchgeführt werden.

9.3 Herstellen von Tannenbaum-Nutprofilen

Von diesem Stand der Technik ausgehend hat es nicht an Experimenten gefehlt, alternative Fertigungsverfahren zum Herstellen der Profilnuten zu erforschen. Erfolgversprechend sind die elektrochemische Bearbeitung und auch das funkenerosive Schneiden mit Drahtelektroden. Die Verfahrensflexibilität und die nicht vom herzustellenden Profil abhängigen Werkzeugkosten (Erodierdraht) zeigen die möglichen Potenziale des funkenerosiven Drahtschneidens. Die wesentlichen Grundlagen zu diesem Anwendungsbereich wurden in Kap. 2 dargestellt. Hier werden im Kontext der Herstellung von Turbinenkomponenten weiterführende Informationen gegeben.

Es muss bei der Anwendung der Drahtfunkenerosion auch sichergestellt sein, dass die geforderten Oberflächengüten, die geometrischen Genauigkeiten und auch die Wiederholbarkeit bei sich ändernden Geometrien (Spülbedingungen) gewährleistet werden. Wenn auch die Endbearbeitung der Profile in Erwägung gezogen wird, müssen auch die vorgegebenen Qualitätskriterien der Oberflächenrandzone reproduzierbar erreicht werden, vgl. [Kloc12b, Kloc14b, Kloc14d]. Für Verfahrensvergleiche wurden die in Abb. 9.22 gezeigten Kenngrößen festgelegt. Sie orientieren sich an Werten aus der Praxis. Dies sind aber nur Richtwerte, die im Einzelfall in praktischen Anwendungen auch anders ausgelegt werden können.

Für die Druckflanken wurde eine Toleranz von $t_P = \pm 5\,\mu m$ festgesetzt, die nicht belastete Flanke ist mit einem Toleranzband von $t_{NP} = \pm 10\,\mu m$ versehen und im Fußbereich beträgt die geometrische Toleranz $t_R = 25\,\mu m$. Der Mittenrauhwert der gefertigten Oberfläche sollte kleiner als $Ra = 0{,}8\,\mu m$ sein. Die übrigen Kennwerte sind in Abb. 9.22 spezifiziert. Unter diesen Randbedingungen konnte Welling nachweisen [Well15], dass mit einer Dreischnittstrategie und geeigneten Drahtelektroden die geforderten Kennwerte

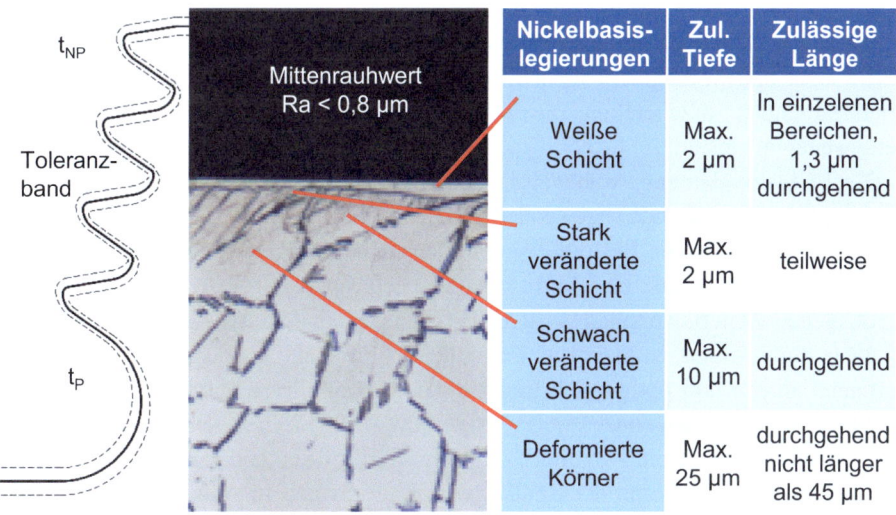

Abb. 9.22 Oberflächenspezifikationen [Adma11, Well15]

Abb. 9.23 Festigkeit von Testwerkstücken aus Inconel 718 [Well15]

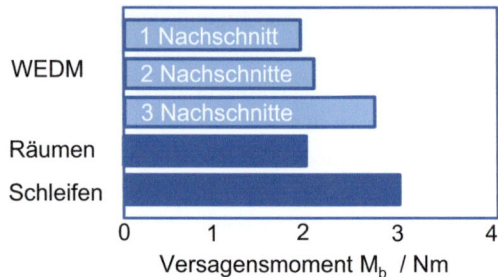

grundsätzlich durch Drahterosion zu erreichen sind (Abb. 9.23). Weiterführende Untersuchen zur Dauerfestigkeit von Testwerkstücken aus Inconel 718, die durch Drahterosion, Räumen und Schleifen hergestellt wurden, zeigten vergleichbare Ergebnisse, mindestens keinen Abfall für die durch Drahterosion hergestellten Werkstücke (Abb. 9.23), [Well14, Well15].

Zusammenfassend kann festgestellt werden, dass die Drahterosion aus technologischer Sicht als ein alternatives Fertigungsverfahren für die Herstellung von Nutprofilen in Nickelbasislegierungen in Erwägung gezogen werden kann. Es wird aber auch deutlich, dass über die Prozessstrategie die Oberflächenrandzone optimiert werden kann, wobei in diesen Versuchen mit drei Nachschnitten ein Plateau erreicht wurde. In der Anwendung kommt es auch darauf an, eine optimale Schnittstrategie auszulegen, damit der Prozess auch in unbemannten Schichten prozesssicher abläuft. Deshalb wird im Allgemeinen als Vorbearbeitung zunächst eine Entlastungsnut in der Mitte des Profils so eingebracht, dass das ausgeschnittene, feste Metallvolumen leicht aus der Bearbeitungszone abgeführt wird, ohne in Kollision mit dem Erodierdraht zu kommen. Im Schruppmodus wird dann das Endprofil mit einem Aufmaß von einigen Zehntel Millimetern vorgefertigt, und dann wird mit einigen Nachschnitten die Endkontur erzeugt. Als nächster Schritt ist es üblich, durch einen chemischen Ätzprozess die Oberflächen für die Kugelstrahlbearbeitung vorzubereiten. Das Verfahren wird in der Praxis angewendet und wird stetig weiterentwickelt.

Die ECM-Bearbeitung, wahlweise auch die Anwendung der PECM-Technologie, wird ebenfalls in der Praxis angewendet. Ein Beispiel zeigt Abb. 9.24.

In dem hier gezeigten Beispiel werden vier Nutenprofile gleichzeitig aus dem Vollmaterial herausgearbeitet; eine Vorbearbeitung der Nut findet nicht statt. Das gesamte abzutragende Materialvolumen wird elektrochemisch aufgelöst. Auf eine Kantenverrundung durch einen zusätzlichen Fertigungsschritt kann verzichtet werden. Dieses Verfahren arbeitet mit optimierten Einstellbedingungen, die so ausgelegt sind, dass die Feldlinien an den Ecken konzentriert werden, was automatisch zu der gewünschten Kantenverrundung führt. Abb. 9.24 links zeigt die Werkstückkathoden und das Nullpunktspannsystem zur Aufnahme der Spülkammerplattform und in Abb. 9.24 rechts ist das Bauteil in der Spannvorrichtung zu sehen.

9.3 Herstellen von Tannenbaum-Nutprofilen

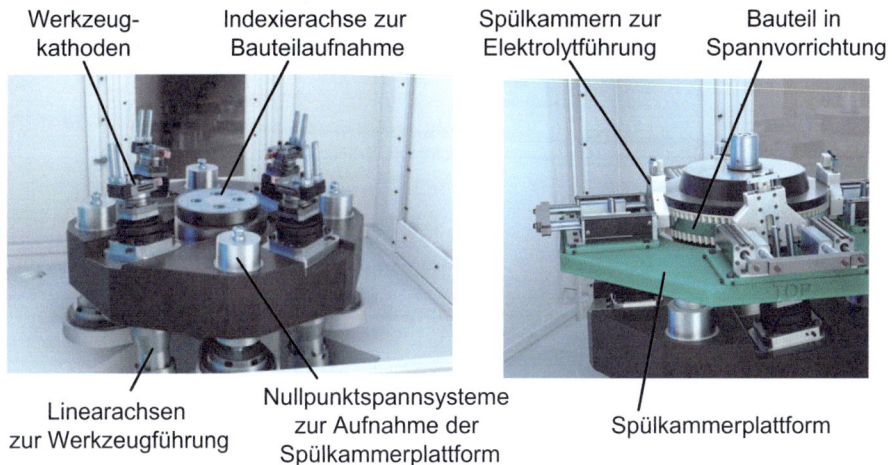

Abb. 9.24 PECM-Anwendung zum simultanen Herstellen von Nutprofilen an einer Blisk aus einer Titanlegierung. (Quelle: MTU und EMAG)

Bei der Anwendung von drahtbasierten Technologien ist es immer ein Problem, den Arbeitsspalt kontinuierlich mit frischem Fluid zu versorgen und das genutzte Wirkmedium abzuführen. Mit Bezug auf die Anwendung der ECM-Technologie mit Drahtelektrode sind verschiedene Konzepte denkbar (Abb. 9.25). Über die Bewegungskinematiken des Drahtes wird auch die Spülung im Arbeitsspalt mitbestimmt.

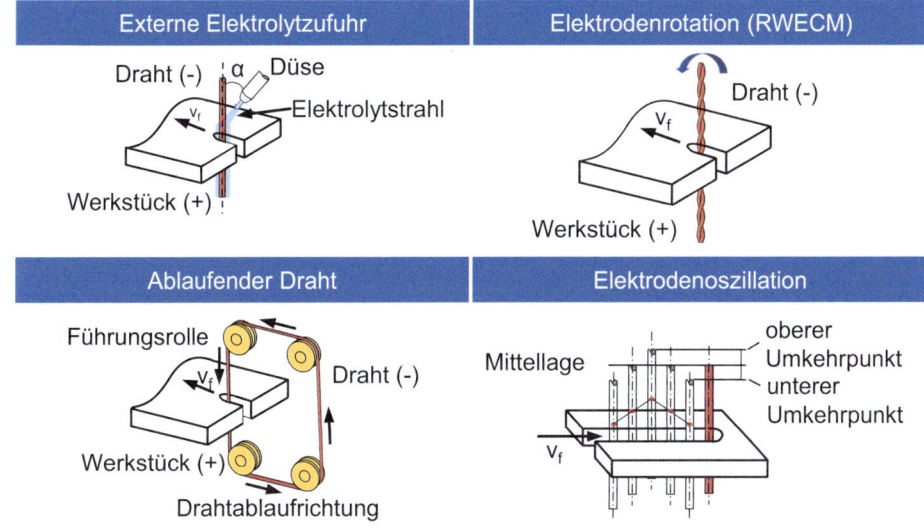

Abb. 9.25 Konzepte zur ECM-Bearbeitung mit Drahtelektroden [Herr20]

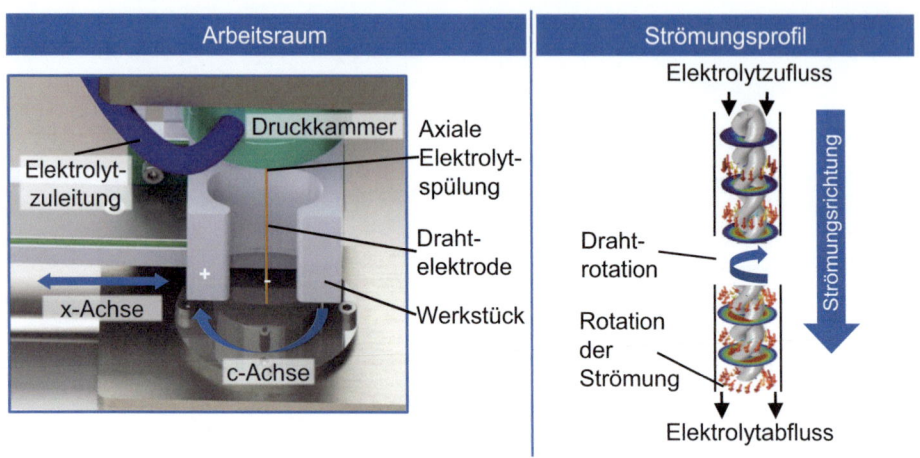

Abb. 9.26 Maschinenraum für Grundlagenuntersuchungen [Kloc18a, Kloc18b, Herr20]

Um die Potenziale der ECM-Drahttechnologie weiter zu erforschen, wurden in einer Bearbeitungsmaschine mit Arbeitsraum, Generator und Elektrolytversorgung die Voraussetzungen geschaffen, verschiedene Konzepte zu studieren [Herr20]. Die im Folgenden gezeigten Ergebnisse wurden mit einem um die C-Achse rotierenden Draht erzielt (Abb. 9.26).

Um den Einfluss der Spülbedingungen auf die Abtragraten weiter zu untersuchen, wurden die Arbeitsspannung und die Spüldrücke variiert (Abb. 9.27). Als Stabilitätsgrenze ist die Grenzvorschubgeschwindigkeit definiert, bis zu der die Bearbeitung prozesssicher durchgeführt werden konnte.

Zusammenfassend kann festgestellt werden, dass die erreichbare Abtragrate wesentlich durch den Spüldruck und die anliegende Spannung bestimmt werden. Herrig unter-

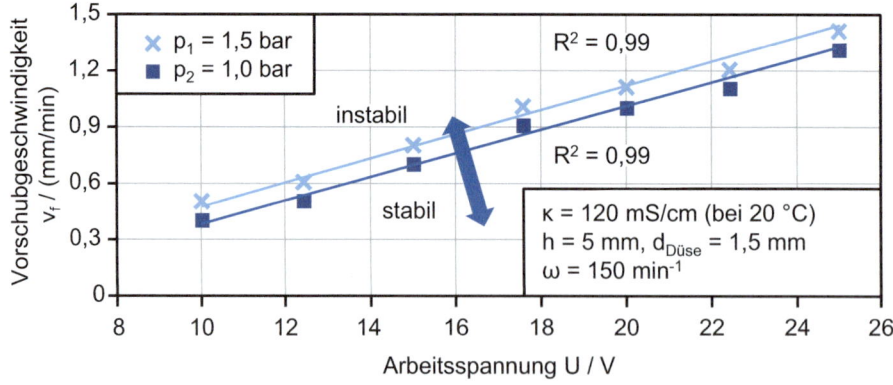

Abb. 9.27 Schnittraten beim ECM-Drahtschneiden [Kloc18a, Kloc18b, Herr20]

9.3 Herstellen von Tannenbaum-Nutprofilen

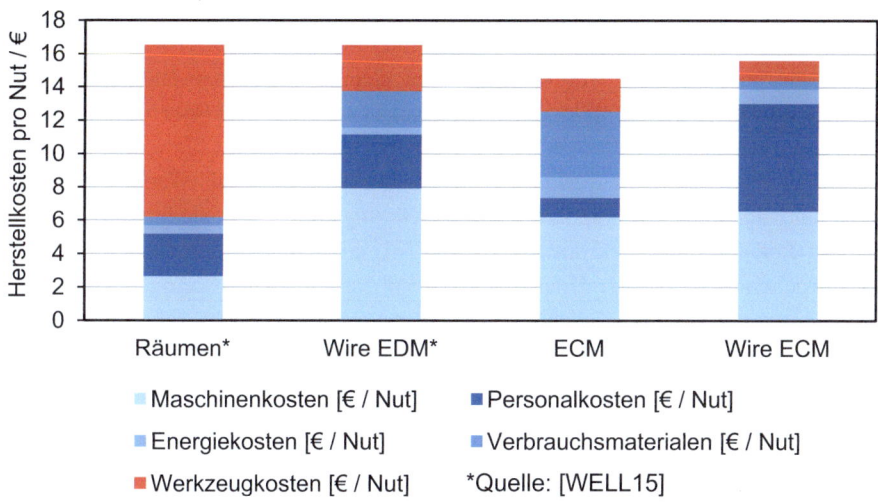

Abb. 9.28 Wirtschaftliche Analyse und Einordnung des Wire-ECM-Prozesses [Herr20]

sucht verschiedene Drahtbewegungsstrategien und ermittelt die signifikanten Prozesseinflussgrößen [Herr20]. Der Schnittspalt wird durch die Arbeitsspannung und die Vorschubgeschwindigkeit bestimmt, bei alternierend ablaufender Elektrode ist die Ablaufgeschwindigkeit entscheidend, bei rotierender Elektrode ist der koaxiale Spüldruck wichtig. Die Werkstückoberfläche entsteht durch die Abtragbedingungen im lateralen Arbeitsspalt. Die erreichbaren Geometriegenauigkeiten hängen wesentlich von den zu schneidenden Höhen ab. Feinstrukturanalysen der Werkstückoberfläche zeigten keine Veränderungen der Werkstoffeigenschaften. Abschließend führt Herrig auch eine Gesamtanalyse durch und zeigt, dass dieses Verfahren auch eine konkurrenzfähige Alternative zu anderen abtragenden und auch spanenden Fertigungsverfahren zur Herstellung von Profilen im Werkzeug- und Formenbau, der Medizintechnik und auch in der Triebwerksfertigung sein kann [Herr20]. Das Verfahren vereint die Vorteile der Drahttechnologien, wie hohe Flexibilität, und die des ECM-Abtragprinzips. Wirtschaftlich kann die ECM-Drahttechnologie ebenfalls konkurrenzfähig sein (Abb. 9.28).

Limitierende Faktoren liegen in den komplexen Strömungsbedingungen im Spalt. Herrig ist es aber gelungen, ein numerisches Auslegungsmodell vorzulegen, mit dem die Einflüsse der Drahtgeometrie, der Rotationsgeschwindigkeit, der Spüldrücke und der Drahtablaufgeschwindigkeiten mit guter Genauigkeit bewertet werden können [Herr20]. Hiervon ausgehend sind gute Voraussetzungen gegeben, das Verfahren in praktische Anwendungen zu bringen.

Weiterführende Technologievergleiche, die auch die erzielbare Oberflächenintegrität adressieren, finden sich in [Berg18, Berg19, Küpp22].

9.4 Herstellen von Verdichter-Laufrädern aus Titanaluminid

Neben Flugturbinen besitzen Verdichter auch in vielen anderen Anwendungsbereichen große Bedeutung. Titanaluminide haben eine geringe Dichte und sehr gute Festigkeiten, auch bei hohen Temperaturen. Der Materialeinstandspreis ist allerdings hoch und die spanende Bearbeitung ist schwierig. Titanaluminide besitzen als Werkstoffe in Gasturbinen und auch bei Turboladern für Verbrennungsmaschinen Bedeutung. Deshalb wurde ein Forschungsprojekt initiiert [BMBF18], in dem die funkenerosive (EDM) und elektrochemische (ECM) Hochleistungs-Endbearbeitung von feingegossenen und generativ hergestellten Turbolader-Turbinenrädern aus Gamma-Titanaluminid für den Automobilbau untersucht wurde. Es wurden Turbinenräder durch Feingießen und aufbauende Fertigungsverfahren mittels Elektronenstrahl (EBM, vgl. Kap. 7) hergestellt, die dann mit verschiedenen Technologien weiterbearbeitet wurden. Im Folgenden werden Prozessketten diskutiert, in denen auch die Elektrochemische Bearbeitung (ECM) sowie die Elektroerosion (EDM) als Alternativen zu konventionellen Fräs- und Schleifverfahren für die Endbearbeitung von Turbinenrädern aus Titanaluminid berücksichtigt wurden. Zum Herstellen von geraden Geometrieelementen wurden die drahtbasierten Technologievarianten WEDM und WECM vorgesehen, die inneren Strömungsflächen wurden durch 3D-Senken (EDM/ECM) hergestellt (Abb. 9.29). Die ausführliche Analyse der Technologien wird in [Klin18a] detailliert beschrieben. In [Klin18a] sind auch die betrieblichen und geometrischen Randbedingungen, Stückzahlen und Kostensätze für dieses Fallbeispiel genannt.

Für einen Vergleich der Kostenanteile verschiedener Fertigungsverfahren sind in Abb. 9.30 die Herstellkosten für die Fertigung des Laufrades durch Feingießen zu 100 % gesetzt. Relativ zu dieser Bezugsgröße zeigt Abb. 9.30 die Kostenanteile für verschiedene Fertigungsprozesse, die technologisch für die vorgesehene Bearbeitungsaufgabe qualifiziert waren. Einige Vorgaben waren: geometrische Präzision besser als 0,05 mm und eine minimale Oberflächenrauheit von Rz = 4 µm.

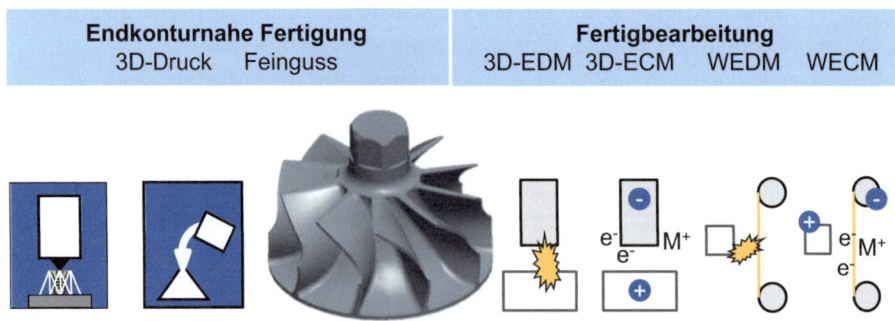

Abb. 9.29 Endbearbeitung von Turbinenrädern durch EDM- und ECM-Technologien [Klin18a]

9.5 Bearbeitung von polykristallinem Diamant

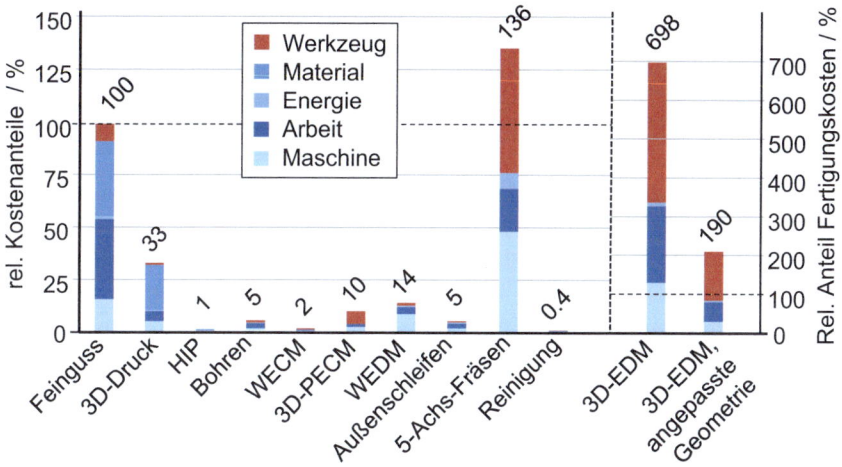

Abb. 9.30 Relative Herstellkosten bei der Fertigung von Impeller-Profilen aus Titanaluminid [Klin18a]

Werden die Endbearbeitungsverfahren zur Herstellung von Strömungsflächen, das 5-Achsfräsen, 3D-PECM und 3D-EDM, miteinander verglichen, dann wird für das Fräsen deutlich, dass die hohen Werkzeugkosten die Fertigungskosten dominieren. Das ECM Verfahren ist im Vergleich zum Fräsen kostengünstiger. Wenn einfache, gerade Geometrieelemente nachgearbeitet werden müssen, können drahtbasierte Technologien eine gute Alternative sein (Abb. 9.30).

Auch wenn es sich bei diesem Vergleich der Fertigungskosten nur um einen relativen Vergleich von Einzelkosten handelt, so wird doch deutlich, dass abtragende Fertigungsverfahren bei technologischer Eignung wirtschaftliche Fertigungsalternativen darstellen können und dass neben dem zu bearbeitenden Material auch die herzustellende Geometrie und damit die Zugänglichkeit zur Bearbeitungsstelle entscheidende Größen für die Anwendung einer Technologie sind. Aus betrieblicher Sicht wird es letztlich notwendig sein, gesamte Prozessketten zu bewerten. Für den hier zugrunde liegenden Bearbeitungsfall wurde dies ebenfalls exemplarisch durchgeführt, dazu sei aber auf die Literatur verwiesen [Klin18a].

9.5 Bearbeitung von polykristallinem Diamant

Anwendungen von polykristallinem Diamant (PKD) sind vielfältig. Ein Einsatzgebiet sind Zerspanwerkzeuge mit Schneidkanten aus polykristallinem Diamant, beispielsweise zum Bearbeiten von Faserverbundwerkstoffen, Holzwerkstoffen, Laminaten oder die Zerspanung von Nichteisenmetallen. Aufgrund der hohen Härte des PKD stellt die Herstellung der Werkzeuge eine große Herausforderung dar. Üblicherweise werden PKD-Schneiden durch Schleifen, Funkenerosion oder Laserbearbeitung erzeugt. Auf einige Entwicklungen wird im Folgenden eingegangen, um eine Einordnung der Fertigungstechnologien zu ermöglichen. Häufig werden diese Technologien auch miteinander kombiniert.

PKD-Schleifprozesse sind durch geringe Zeitspanungsvolumen, lange Prozesszeiten und einen erheblichen Schleifscheibenverschleiß gekennzeichnet. Das hat nicht nur Einfluss auf die Wirtschaftlichkeit, sondern limitiert auch das Erzeugen konkaver Geometrieelemente. Das Schleifen ist immer dann erforderlich, wenn hohe Ansprüche an die Schneidenschartigkeit gestellt werden und die Geometrie die Anwendung der Technologie zulässt. Bei der Bearbeitung von PKD durch Funkenerosion sind ebenfalls Limitierungen in der geometrischen Formgebung vorhanden, und es können Fragen zur thermischen Beeinflussung der Randzone und zur Rauheit der Schnittfläche die Technologie begrenzen. Mit Mehrschnitttechnologien und speziell für die Bearbeitung von polykristallinen Diamanten zugeschnittenen Generatoren wurden die Anwendungsgrenzen der Funkenerosion erweitert. Im Folgenden wird nur die Bearbeitung von polykristallinem Diamant diskutiert, der durch eine Hochdruck-Hochtemperatursynthese hergestellt wurde; auf die Bearbeitung von CVD-Diamanten (Chemical-Vapor-Deposition) wird nicht im Besonderen eingegangen. Vom Grundsatz können diese Erkenntnisse auch auf die Bearbeitung von PcBN (polykristallines Bornitrid) übertragen werden.

Bei der Bearbeitung von PKD-Schneiden muss ausgehend vom Rohling zwischen der Vereinzelung und Vorbearbeitung von Schneiden und der Endbearbeitung zum Erzeugen der Schneidfähigkeit bzw. dem Nachschärfen nach Erreichen eines Standkriteriums unterschieden werden (Abb. 9.31). Zum Vereinzeln und zur Vorbearbeitung von Schneidplatten wird der Rohling durch Drahterosion oder mit Laserstrahlung geschnitten. Zur Endbearbeitung werden das Schleifen, die Funkenerosion und die Laserbearbeitung eingesetzt, entweder als Einzelverfahren oder in Kombination miteinander. Aufgrund der großen zu bearbeitenden Werkstoffpallete und der sehr unterschiedlichen Toleranz- und

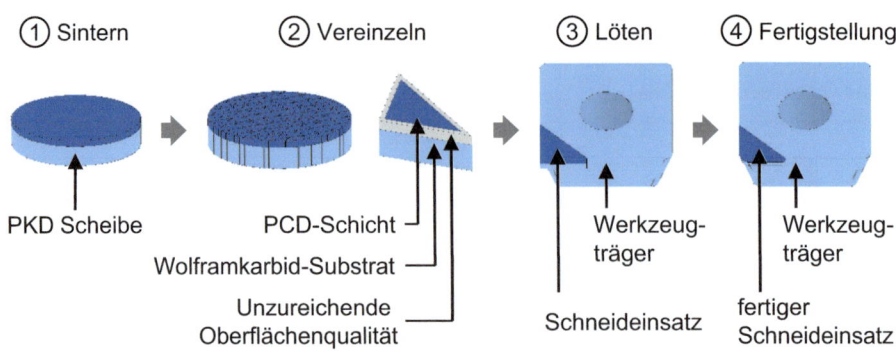

Abb. 9.31 Herstellen von PKD-Schneiden [Brec14]

Oberflächenanforderungen an die zu fertigenden Bauteile, ist es nicht möglich, eine generelle und für alle Anwendungen gültige Eignungswertung für die genannten Technologien abzugeben. Für das grundsätzliche Verständnis ist es deshalb notwendig, die bei der Bearbeitung von PKD in der Wirkzone auftretenden Beanspruchungen und die daraus am Werkstück hervorgerufenen Modifikationen in der werkstoffphysikalischen Wirkung zu verstehen. Von diesem Kenntnisstand ausgehend können dann Anwendungsempfehlungen abgeleitet werden.

Schindler [Schi15] geht der Frage nach, welche Wirkmechanismen beim Schleifen und der Verwendung von Laserstrahlung dominieren [Brec13]. Er berücksichtigt auch das Drahterodieren als Vorbearbeitung. Der Schwerpunkt der Arbeiten von Schindler liegt auf Fragen zur Auslegung von Schleifprozessen für die PKD-Bearbeitung und der Charakterisierung der Randzone. Er macht deutlich, dass beim Schleifen in der Kontaktzone Maximalbeanspruchungen erzeugt werden, die die Druckfestigkeit von Diamanten, besonders bei Schleiftemperaturen von über 900 °C, erreichen. Bei diesen Bedingungen wird der Abtrag am PKD in besonderer Weise provoziert. Grundsätzlich kann gesagt werden, dass Schleifmaschinen zum Schleifen von PKD besonders steif ausgelegt werden. Mit Kraftregelungen zum Erzeugen konstanter Anpressdrücke können die Effektivität des Prozesses und die Reproduzierbarkeit der Arbeitsergebnisse erhöht werden [Schi15]. Schindler führt auch grundlegende Feinstrukturanalysen am bearbeiteten PKD durch, mit denen Strukturänderungen in der PKD-Randzone nach dem Erodieren, der Bearbeitung mit Kurzpulslasern und dem Schleifen grundlegend interpretiert werden [Schi15] konnten. Er stellt eine Prozesskette vor, in der handelsübliche PKD-Schneiden hergestellt und in einem praktischen Drehversuch zur Bearbeitung einer Titanlegierung bewertet wurden. Auf Basis des aufgestellten Erklärungsmodells für das Schleifen geht Schindler dann der Frage nach, ob durch eine kombinierte Bearbeitung von PKDs mittels Laserstrahlabtragen und Schleifen ein praktisch relevanter Hybridprozess realisiert werden kann. Er entwickelt ein Erklärungsmodell für die Strahl-Stoffwechselwirkung bei der Bearbeitung von PKD mit Kurzpulslasern und realisiert eine Prozesskette zur Endbearbeitung von PKD-Schneidplatten. Die mit dem Kombinationsverfahren hergestellten PKD-Schneidplatten erwiesen sich technologisch im Vergleich zu konventionell geschliffenen Werkzeugen als konkurrenzfähig, eine abschließende Wirtschaftlichkeitsanalyse zeigte Vorteile des Hybridprozesses mit Bezug auf kürzere Fertigungszeiten und geringere Fertigungskosten.

Brecher et al. sowie Schmidt und Janssen haben ein Bearbeitungsmodul entwickelt, mit dem die Laserbearbeitung zur Vorbearbeitung der PKD-Schneiden in herkömmliche Schleifzentren integriert werden kann [IPT22, Brec13, Brec14], (Abb. 9.32). In einem zweistufigen Prozess wird das Übermaß an dem PKD mit dem Laser abgetragen, und dann erfolgt die Endbearbeitung durch Schleifen. Das Konzept, eine Vorbearbeitung mit hohen Abtragraten durch Lasertechnologie durchzuführen, und die Endbearbeitung durch Schleifen auszuführen, ist auch in Maschinenausführungen umgesetzt, die im Markt erhältlich sind. Die Vorbearbeitung inklusive der Freiwinkel wird bis zu einem

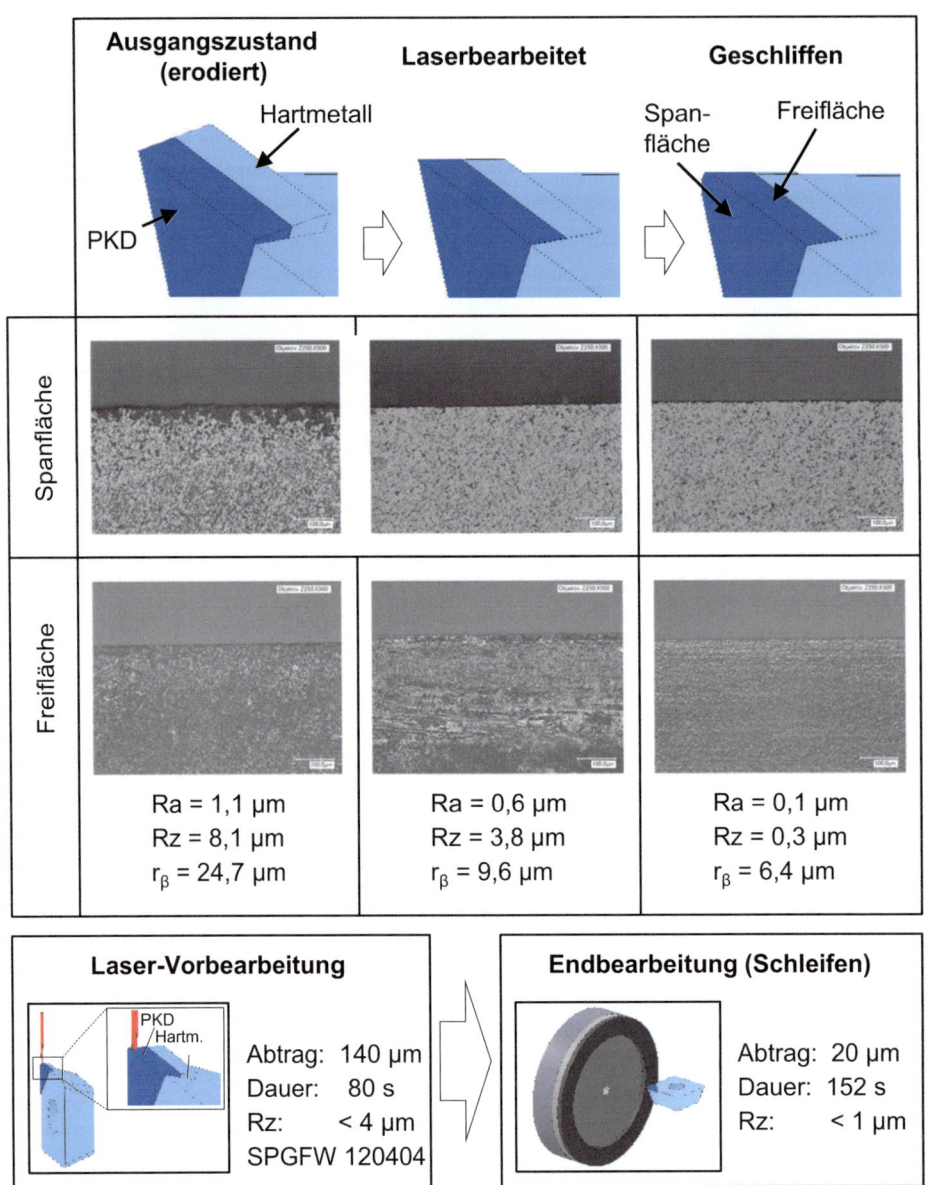

Abb. 9.32 Kombinierte Bearbeitung von PKD-Schneiden [IPT22]

Aufmaß von einigen Hundertstel-Millimetern durch Laserstrahlung durchgeführt. Hier liegt der Fokus auf einer kurzen Bearbeitungszeit. Gearbeitet wird mit Nanosekundenlasern mit Abtragraten im Bereich von 10 mm³/s. Danach findet die Endbearbeitung durch Schleifen statt, die Zeitspanungsvolumen liegen bei etwa 0,1 mm³/s [Indu22,

9.5 Bearbeitung von polykristallinem Diamant

Agat22]. Es sind auch Laserbearbeitungszentren in der Praxis eingeführt, mit denen Komplettbearbeitungen an Zerspanwerkzeugen durchgeführt werden, die mit den verschiedensten Hartstoffschneidplatten bestückt sind [DMG22].

Zur funkenerosiven Bearbeitung von PKD wurden mehrere grundlegende Arbeiten durchgeführt, um die Vorgänge im Funkenspalt grundsätzlich zu verstehen und darauf aufbauend anwendungsrelevante Technologien und Maschinensysteme zu konzipieren. Besondere Anforderungen ergeben sich bei der Herstellung von Mikrostrukturen, hierzu wurden Grundlagen erarbeitet [Anto10, Appl98, Uhlm01, Weck03]. Generell kann gesagt werden, dass bei der Herstellung schmaler Stege die Korngröße des Hartstoffs eine wichtige Einflussgröße darstellt, weil die Instabilität des Stegs und die Entladeenergie sowie das Dielektrikum aufeinander abgestimmt sein müssen. Bei minimalen Entladeenergien sind in wasserbasierten Dielektrika im Vergleich zu kohlenwasserstoffbasierten Medien etwas geringere Stegbreiten erzeugbar. Den Einfluss der mittleren Korngröße eines PKD-Werkstücks mit 1,6 mm Höhe beim Schneiden mit Messingdrähten, die Durchmesser von 30, 25 und 20 µm hatten, auf die sich einstellenden Vorschubgeschwindigkeiten zeigt Abb. 9.33 links [Anto10].

Bei sehr dünnen Drähten und entsprechend geringen Entladeenergien wird die Schnittrate nur noch in geringem Maß von der Korngröße des PKDs beeinflusst. Dies ist insofern physikalisch gut erklärbar, als bei geringen Entladeenergien der Abtrag wesentlich durch Schmelzen und Verdampfen der Kobaltphase provoziert wird [Anto10].

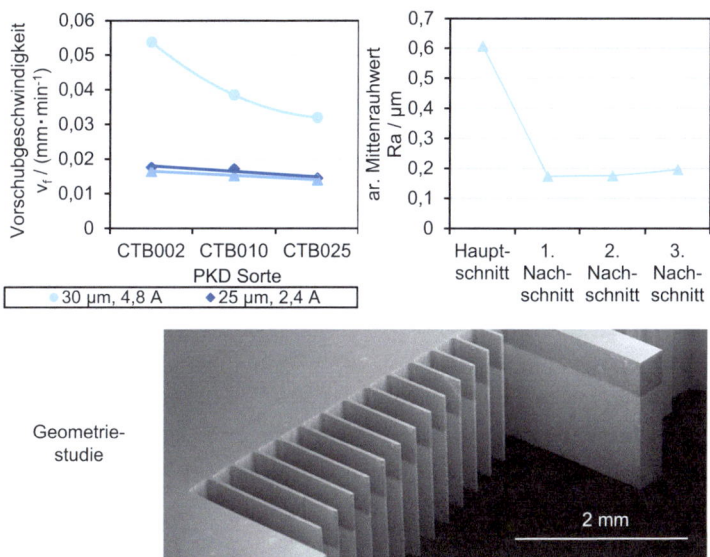

Abb. 9.33 Schnittraten beim EDM-Schneiden von PKD und Einfluss einer Nachschnitttechnologie auf die Oberflächengüte [Anto10]

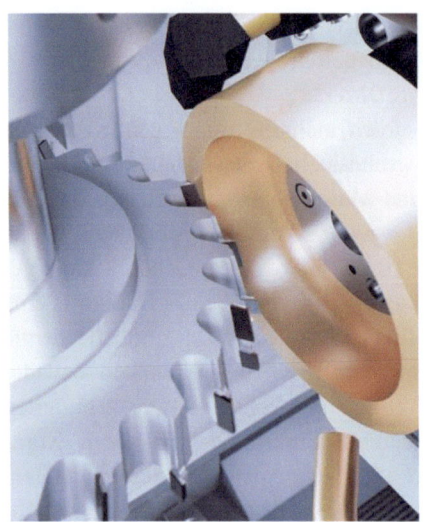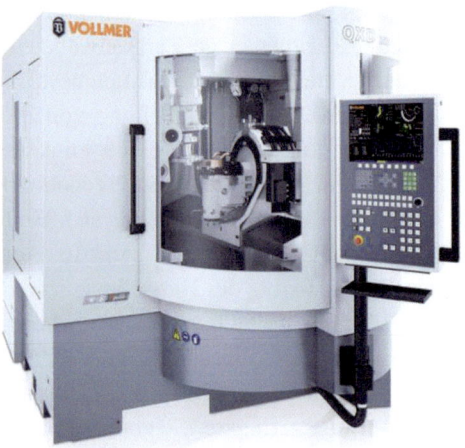

VOLLMER WERKE Maschinenfabrik GmbH, Marketing Services, Ehinger Straße 34, D-88400 Biberach/Riß

Abb. 9.34 Scheibenerodiermaschine zur funkenerosiven und schleiftechnologischen Bearbeitung von PKD-bestückten Werkzeugen. (Quelle: Vollmer)

Eine weitere wichtige Qualitätskenngröße ist die erreichbare Oberflächengüte. Beispielhaft zeigt Abb. 9.33 rechts, dass mit einer angepassten Mehrschnittstrategie gezielt der Mittenrauhwert der PKD-Schnittfläche beeinflusst werden kann. Die Feinschlichtschnitte wurden mit einer speziellen Mikroenergiestufe am Generator eingestellt, die hochfrequenten Entladeimpulse waren durch geringe Entladeströme und Impulszeiten von 100 bis 500 ns gekennzeichnet und die Vorschubgeschwindigkeit war bei 0,5 m/min begrenzt [Anto10].

In der Praxis sind für die Bearbeitung von PKD-bestückten Werkzeugen Universalmaschinen verfügbar, die eine Komplettbearbeitung mit Messen, Erodieren, Schleifen und Polieren in nur einer Aufspannung mittels sechs simultan gesteuerter CNC-Achsen ermöglichen (Abb. 9.34).

Beim Erodieren mit Scheibenwerkzeugen wird das Erodierwerkzeug standardmäßig als Kupfer- bzw. Wolfram-Kupfer-Elektrode ausgeführt.

Ein weiteres Beispiel zur integrierten Bearbeitung von Schneidplatten durch Schleifen und Erodieren zeigt Abb. 9.35. Die Variationsbreite von PKD-Schneidstoffen ist groß. Deshalb ist es notwendig, dass die Generatortechnologie ebenso wie die Schleiftechnologie auf die Bearbeitungsaufgabe angepasst werden können. Die Oberflächengüte und die Schneidenschartigkeit sind wichtige Qualitätsmerkmale an Wendeschneidplatten und Profilwerkzeugen. Mit Hochleistungsgeneratoren und einer optimierten Erodiertechnologie sind Voraussetzungen geschaffen, in vielen Fällen auch ohne eine abschließende Schleifbearbeitung die geforderten Endbearbeitungsqualitäten zu erreichen.

Abb. 9.35 Herstellen von Profilwerkzeugen durch Erodieren und Schleifen. (Quelle: Walter-Schleifring)

9.6 Abrichten von metallisch gebundenen Schleifscheiben

In diesem Abschnitt werden die Möglichkeiten der EDM- und ECM-Technologie für das Abrichten von metallgebundenen CBN- und Diamantschleifscheiben aufgezeigt. Die Verfahrensprinzipien für das Abrichten von metallgebundenen Schleifscheiben durch Drahterodieren werden in Abschn. 2.4.4 ausführlich beschrieben. Ein besonderes Verfahren ist das ELID-Schleifen (vgl. Abschn. 4.5.10). Diese Technologie wurde in den 1980er Jahren von Ohmori und Nakagawa eingeführt und patentiert [Ohmo90, Ohmo97]. In diesem Abschnitt werden Erläuterungen zu praktischen Anwendungen gegeben.

Das Zurücksetzen der Metallbindung durch chemische oder elektrochemische Auflösung ist Stand der Technik. Die chemische oder elektrochemische Auflösung von metallischen Bindungen wird insbesondere von Herstellern von Diamant- und CBN-Werkzeugen eingesetzt. Diese Technologien werden auch Schärftechnologien genannt. Im Allgemeinen wird ein konstanter Strom angelegt, und die Auflösung des Materials kann über die Elektrolysezeit gut eingestellt werden. Auf diese Weise werden vorgegebene Kornüberstände reproduzierbar erzeugt. Dieses sehr effektive Verfahren wird z. B. für die Vorbereitung von Diamant-Werkzeugen zur Bearbeitung von Granit, Marmor und anderen Steinmaterialien eingesetzt. Die Diamantwerkzeuge sind mit groben Korngrößen D602 oder D852 ausgestattet.

Ein Sonderverfahren der Schleiftechnik ist die ELID-Technologie (ELID steht für Electrolytic In-Process Dressing). Diese Technologie wird im Gegensatz zu dem zuvor beschriebenen Schärfen bei sehr feinkörnigen Schleifscheiben angewendet. Die Technologie kombiniert das Schleifen oder Polieren mit elektrochemischen Prinzipien. Hierauf soll in Ergänzung zu Kap. 4 auf einige Besonderheiten eingegangen werden. Bei der ELID-Technologie wird die Elektrolyse im passivierenden Bereich der Stromdichte-

Spannungskurve betrieben. An der Anode entsteht eine Deckschicht mit hohem elektrischen Widerstand, die entstehende Oxidschicht wächst im Laufe der Zeit an und ab einer bestimmten Schichtdicke kommt die Elektrolyse bei sonst konstanten Bedingungen zum Erliegen. Wenn dieser Vorgang gezielt gesteuert werden kann, ist er zum kontinuierlichen Schärfen von sehr feinkörnigen, hochkonzentrierten Diamantschleifscheiben geeignet. Erste Anwendungen waren das Polierschleifscheiben von Siliziumwafern [Ohmo90].

Um das ELID-Schleifen kontinuierlich mit geringstem ECM-Abtrag durchführen zu können, müssen die Komponenten des Gesamtsystems – Schleifscheibenzusammensetzung-Elektrolyt (Kühlschmierstoff) und die elektrische Spannungsquelle – fein aufeinander abgestimmt sein. In ersten Anwendungen wurden hocheisenhaltige Bindungen verwendet. Die Kühlschmierstoffe dienten gleichzeitig als Elektrolyt. Eisenbindungen sind aber in der Herstellung nicht einfach zu handhaben. Das Sintern erfolgt bei hohen Temperaturen über 900 °C, und die Sinteratmosphäre darf nicht oxidierend sein. In der Praxis werden zur Präzisionsbearbeitung von Glaswerkstoffen und anderen spröden Materialien vorwiegend Metallbindungen auf Bronzebasis eingesetzt. Zur Bearbeitung von Si-Wafern sind auch spezielle Kunstharzbindungen qualifiziert.

Klink [Klin09] hat sich von diesem Stand der Technik ausgehend wissenschaftlich mit dem funkenerosiven und elektrochemischen Abrichten von Kupfer-Bronze-, Eisen-Bronze- und Kobalt-Bronze-Legierungen auseinandergesetzt [Klin09]. Die Anwendung des funkenerosiven Drahtschneidens zum Profilieren und Schärfen von rotierenden Schleifscheiben ist auf Standardmaschinen durch Optimierung der Einstellparameter gut möglich. Stabile Prozessbedingungen werden durch kleine Drehzahlen unterstützt. Eine thermische Schädigung der Diamanten kann zwar nicht vollständig ausgeschlossen werden, diese liegt allerdings deutlich unterhalb von 1 μm und ist für die spätere Schleiffunktion nicht relevant [Klin09, Klin16].

Bei der ELID-Technologie ist die Bildung der Passivierungsschicht bis zu einer auf die Korngröße abgestimmten Dicke ein entscheidendes Kriterium. Die Oxidschicht wird durch die Schleifspäne entfernt, und dann startet die Neubildung der Deckschicht. Über diesen Kreis werden die Stabilität des Schleifscheibenprofils und damit die Arbeitsgenauigkeit beim Schleifen und auch der Werkzeugverschleiß gesteuert. Die abgetrennten Schichtbestandteile sind Oxide, die auch noch eine Polierfunktion an der Oberfläche des Werkstücks unterstützen können. Um den ELID-Prozess unter industriellen Bedingungen beherrschen zu können, müssen die Schichtbildungsreaktionen und die Schichtprodukte bekannt sein. Klink geht diesen Fragen für ein gewähltes Elektrolysesystem im Detail nach. Den prinzipiellen Verlauf des Aufbaus einer Oxidschicht bei der ELID-Technologie über der Zeit zeigt Abb. 9.36 für die Verwendung von Schleifscheiben mit einer Eisen-Kobalt Bronze. Die Tiefenwirkung des elektrochemischen Abtrags beträgt etwa 5 μm. Diese Schichttiefe wird nach etwa 2 min erreicht, sie bleibt dann quasi konstant. Die Oxidschichtdicke an der Schleifscheibenbindung wächst von der Oberfläche ausgehend nach 7 min auf etwa 25 μm an und bleibt unter den vorgegebenen Elektrolysebedingungen dann ebenfalls konstant.

9.6 Abrichten von metallisch gebundenen Schleifscheiben

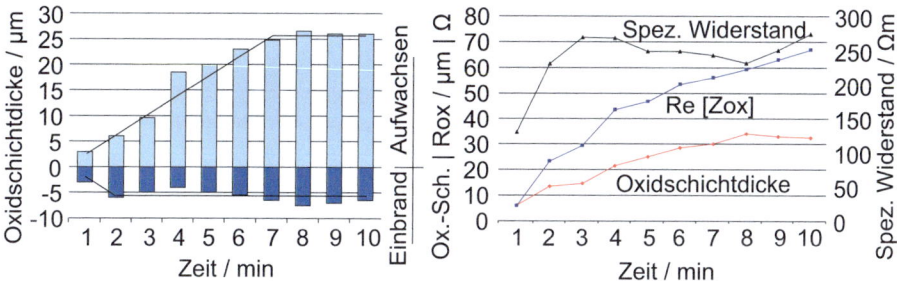

Parameter: U = 60 V; τ = 0,5; f = 100 kHz; α = 100°; Spaltbreite = 0,5 mm; v_c = 27 m/s
Schleifscheibe: Fe-Bz D7 (b, c, d, e, f); Breite = 2 mm
Elektrolyt: Cimiron CG-7:Wasser = 1:50

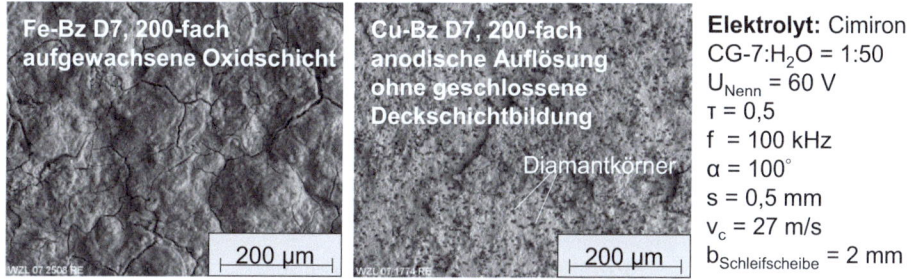

Abb. 9.36 Oxidschichtbildung beim ELID-Schleifen [Klin09, Kloc13d]

Die in Abb. 9.37 gezeigten Profile wurden durch Profilschleifen mittels drahtfunkenerodierter Profile hergestellt. Es wurden kommerziell erhältliche, zylindrische 1A1-Schleifscheiben mit D = 75 mm und b = 2 mm Breite mit eisenhaltiger Bronzebindung verwendet. Das hergestellte Formwerkzeug aus Hartmetall dient zum Blankpressen von optischen Linsen-Arrays. Zum Vorschleifen wurde eine D20-Korngröße mit der Konzentration C100 verwendet, zum Feinschleifen diente eine D7-Körnung mit der Konzentration C50 (Abb. 9.37). Das Toleranzband der Radien und der Oberflächengüte erfüllt die Präzisionsanforderungen.

Das Polierschleifen eines konkaven Formeinsatzes aus Hartmetall mit der ELID-Technologie zeigt Abb. 9.38. Es wurde Spiegelglanzqualität erreicht.

Zusammenfassend kann festgestellt werden: Es wurden die grundlegenden Mechanismen, die beim ELID-Schleifen wirken, und geeignete Einstellbedingungen des Prozesses für ein bestimmtes Elektrolysesystem untersucht. Es wurde gezeigt, dass der Prozess stabil betrieben werden kann. Für eine breite praktische Anwendung in Europa bleiben jedoch noch Herausforderungen. Insbesondere die Zusammensetzung des Kühlmediums, das so dotiert sein muss, dass die notwendigen elektrochemischen Anodenreaktionen stabil ablaufen, muss an die Zusammensetzung der Schleifwerkzeuge angepasst werden. Wenn alle Komponenten aufeinander abgestimmt sind und das Verfahren gut und zuverlässig funktioniert, muss die Kühlflüssigkeit behördlich zugelassen werden. Dies

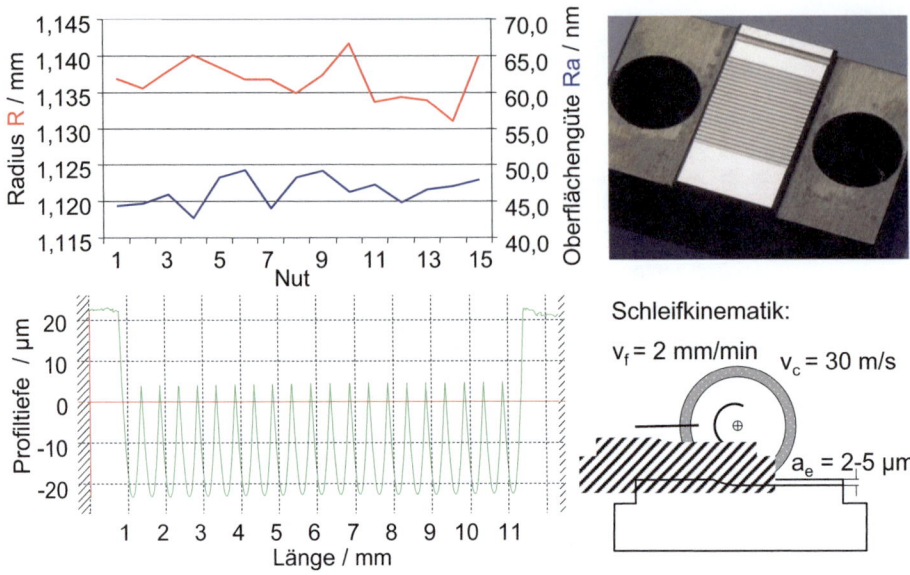

Abb. 9.37 Schleifen eines mehrrilligen Hartmetallwerkzeugs [Klin09, Kloc13d]

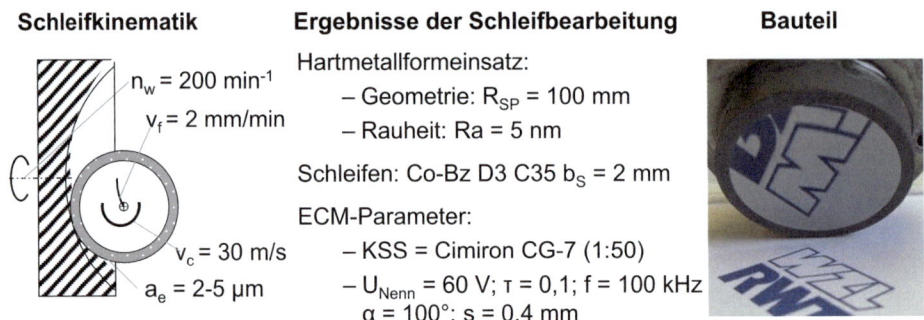

Abb. 9.38 Polierschleifen eines Hartmetalleinsatzes durch ELID-Technologie [Klin09]

mögen Gründe sein, warum das Verfahren in Europa noch keine breite Anwendung gefunden hat und auf Sonderfälle beschränkt ist. Das Potenzial ist aber nachweislich vorhanden [Klin09].

9.7 Prototypenfertigung von Verzahnungen

Zur Fertigung von Prototypenverzahnungen wurde untersucht, ob die Drahtfunkenerosion im Vergleich zum eingeführten Profilschleifen als Hartfeinbearbeitungsverfahren zur Herstellung von Laufverzahnungen grundsätzlich in Erwägung gezogen werden

9.7 Prototypenfertigung von Verzahnungen

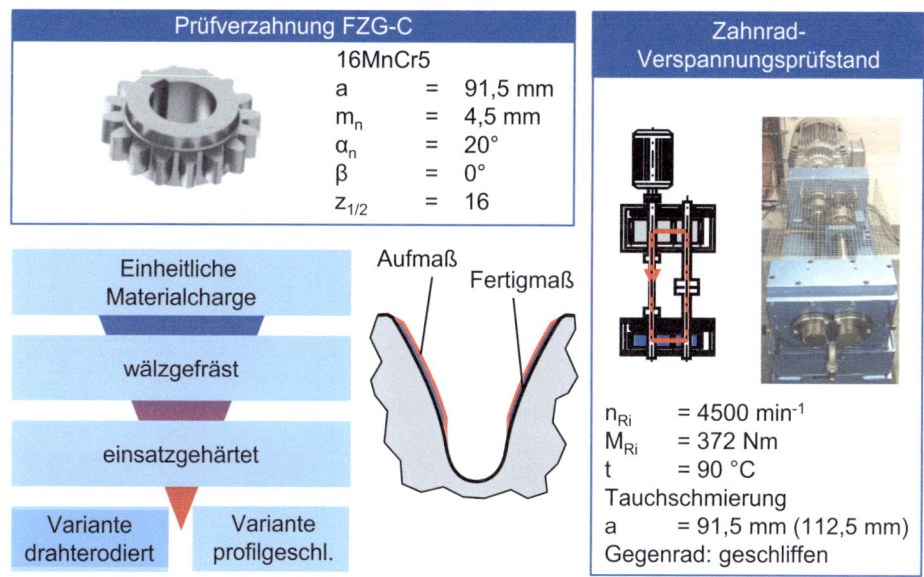

Abb. 9.39 Varianten zur Fertigung von Prototypen [Sari16]

kann. Bewertet wurden die geometrische Zahnradqualität und die Oberflächenintegrität, und es wurden auch Tragversuche durchgeführt. Die Endbearbeitungsverfahren nach dem Härten waren das Profilschleifen und die Drahtfunkenerosion. Die Versuchsbedingungen zeigt Abb. 9.39.

Abb. 9.40 zeigt die Profil- und Flankenlinien sowie die erreichte Oberflächengüte für beide Variantenfertigungen.

Die Profil- und Flankenlinien sind vergleichbar, die Rauhtiefe Rz der funkenerosiv bearbeiteten Zahnflanken ist etwas schlechter als die der geschliffenen Zahnflanken. Es wurde aber die Toleranzklasse IT 5 erreicht. Die Oberflächentopografien der beiden Testvarianten zeigen deutlich die erwarteten Fertigungscharakteristika. Beim Schleifen liegen gerichtete Schleifriefen vor, bei der durch Funkenerosion bearbeiteten Oberfläche sind die statistisch verteilten Entladekrater auf der Oberfläche gut zu sehen. Diese Oberflächentopografie könnte tribologisch durch die Ausbildung von Mikro-Druckpolstern vorteilhaft sein. Die Oberflächenrandzone zeigt bei der funkenerosiv bearbeiteten Flanke direkt an der Oberfläche Zugeigenspannungen, die steil abfallen und dann auf ähnlichem Niveau wie die durch Schleifen induzierten Druckeigenspannungen verlaufen (Abb. 9.41). Das Drahterodieren wurde auf einer handelsüblichen Maschine mit neuester Generatortechnologie und unter Verwendung eines wasserbasierten Dielektrikums durchgeführt, es wurden sechs Nachschnitte ausgeführt.

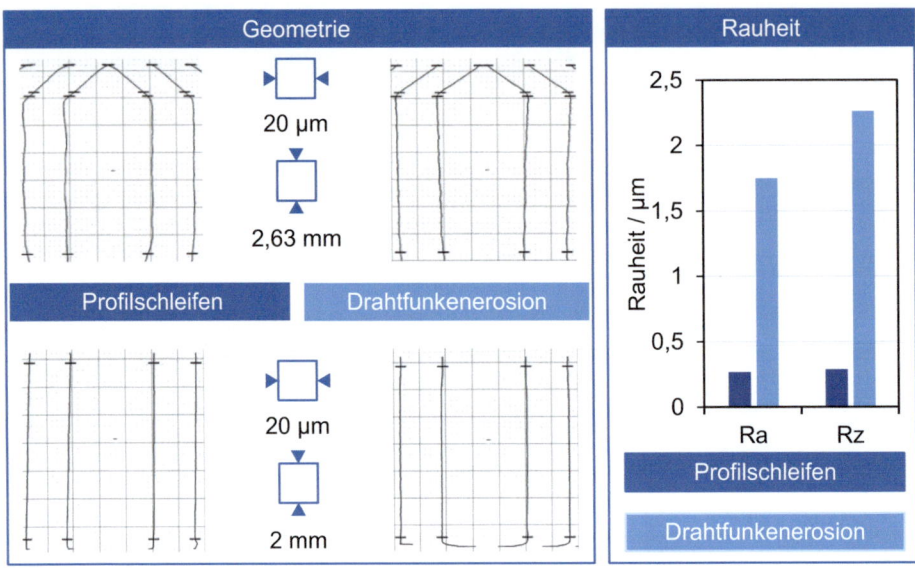

Abb. 9.40 Makrogeometrie der gefertigten Prototypen [Sari16]

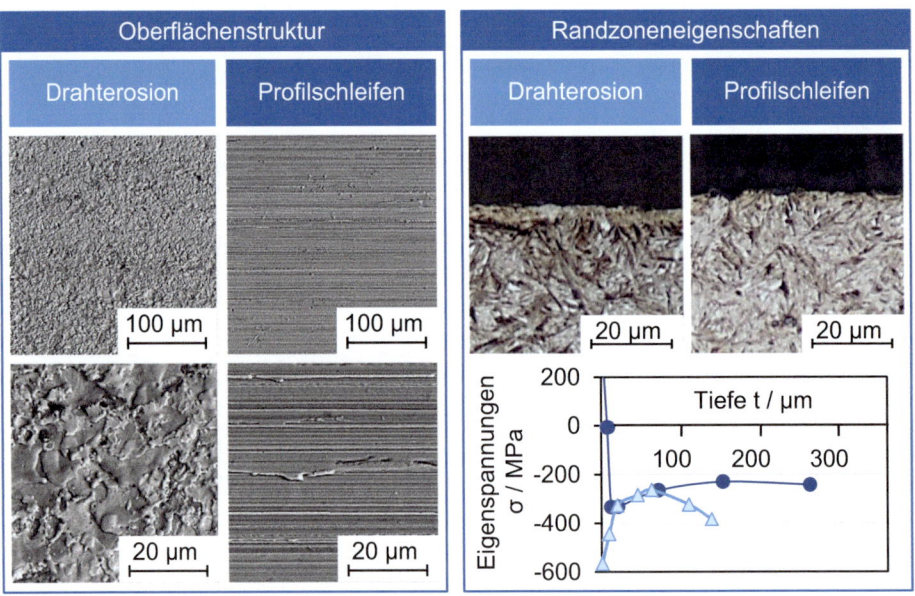

Abb. 9.41 Oberflächenstrukturen und Oberflächenrandzonen der Prototypenvarianten [Sari16]

9.7 Prototypenfertigung von Verzahnungen

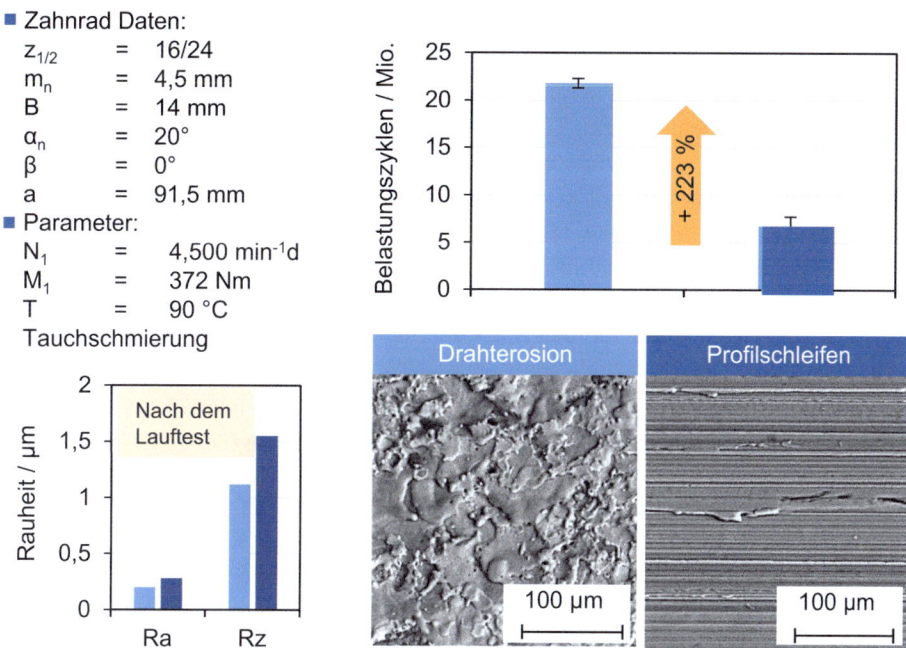

Abb. 9.42 Pittingbildung und Tragverhalten der Prototypenvarianten [Sari16]

Um Aussagen zum Tragverhalten zu bekommen, wurden Laufversuche durchgeführt. Abb. 9.42 zeigt die erreichten Lastwechselzahlen bis unzulässige Pittingbildung auftrat.

Die Oberflächentopografie nach dem Lauftest ist bei der WEDM-Variante partiell eingeebnet, dies zeigt sich auch an den etwas geringeren Rauhtiefen Rz. Außerdem ist nach Tests im Rollenprüfstand bei der WEDM-Variante keine Vorzugsrichtung erkennbar. Die Krater könnten Schmiermittel aufnehmen und die Reibung herabsetzen. Die durch Schleifen hergestellten Oberflächen zeigen keine erkennbaren Anomalien. Entlang einzelner Rauheitsspitzen treten allerdings kleine Ausbrüche auf, diese können auf Ermüdungsvorgänge zurückgeführt werden. Hier zeigen sich erste Anzeichen für spätere Ausfälle, bei der WEDM-Variante sind diese Versagensphänomene nicht ausgeprägt. Es ist naheliegend, dass die durch WEDM gefertigten Oberflächen höhere Lastzyklen ertragen konnten als die geschliffenen Oberflächen. Es wurde bisher nicht wissenschaftlich untersucht, ob die verbliebenen Mikro-Krater Schmiermittel aufnehmen und dadurch die Reibung signifikant herabsetzen.

Die schnelle Fertigung von Prototypen für Verzahnungen kann in der Entwicklungsphase für schnelle Feldtests notwendig sein. 3D-Drucken wird für die Herstellung von Gebrauchsmustern aus Polymeren schon angewendet. Prototypen aus typischen Stahlwerkstoffen, die einsatzgehärtet werden können, werden im Allgemeinen durch spanende Bearbeitung gefertigt. Verschiedene additive Fertigungstechnologien für die Fertigung von Zahnrädern befinden sich in der Forschung und praktischen Erprobung. Im Folgenden werden die Ergebnisse eines Technologievergleiches vorgestellt, in dem die Drahtfunkenerosion, das LMD-Verfahren (Laser Material Deposition) und das 5-Achsenfräsen diskutiert werden. Es wurde ein geradverzahntes Stirnrad aus 16MnCr5 mit einem Modul von 2,12 mm, 36 Zähnen und einer Höhe von 31,5 mm hergestellt [Bouq14]. Die weiteren Randbedingungen und die Versuchsergebnisse im Detail sind in [Bouq14] genannt. Es ist festzustellen, dass durch 5-Achsfräsen die Anforderungen alle erreicht wurden. Flanken-, Profil- und Fußmodifikationen können durch 5-Achsen-Fräsen ebenfalls realisiert werden. Die Drahtfunkenerosion ist technologisch ebenfalls eine gute Alternative, wenn die Einstellbedingungen und die Schnittstrategie optimiert wurden (Nachschnitte, Dielektrikum, Entladeenergien. Aufgrund der Durchdringung eines geraden Drahtes mit der zu schneidenden Geometrie ergeben sich hier allerdings geometrisch bedingte Einschränkungen. Mit der LMD-Technologie konnten aufgrund des Erzeugungsprinzips (lagenweises Schmelzen und Aufbauen wesentliche Qualitätsmerkmale nicht erreicht werden. Die LMD-Technologie kann aber bei Berücksichtigung eines ausreichenden Aufmaßes als Vorbearbeitung in Erwägung gezogen werden, die Endgeometrie müsste dann mit einem spanenden Fertigungsverfahren hergestellt werden [Bouq14].

9.8 Anwendungen im Werkzeugbau

9.8.1 Technologiebeispiele

Auch im Werkzeug- und Formenbau besteht Bedarf, die in der Praxis angewandten Fertigungstechnologien immer mit dem Stand der Technik zu vergleichen und auch Fertigungsalternativen zu bewerten. Neben den geometrischen Genauigkeiten und der mikrogeometrischen Ausbildung der Oberfläche ist der Aufbau der Oberflächenrandzone ein wichtiges Qualitätsmerkmal. Im Folgenden werden verschiedene Fertigungsverfahren verglichen, die zur Herstellung einer definierten Formkavität verwendet wurden (Abb. 9.43): Der zu bearbeitende Werkstoff war ein vergüteter Kaltarbeitsstahl 45NiCrMo16. Die Tiefe der Kavität und die zu erreichende Oberflächengüte wurden aus praktischen Anwendungen abgeleitet. Als Fertigungsverfahren kamen das Schleifen, Fräsen, die Laserbearbeitung und das Senkerodieren (SEDM) zum Einsatz [Klin18b]. Es wurden zwei Kavitäten mit einer Flächengröße von 15 mm × 15 mm hergestellt, die Härte des Werkstoffs betrug 50 HRC und die Tiefe betrug 0,2 mm. Die angestrebte Oberflächenrauheit betrug Ra = 0,4 µm (EDM VDI-Klasse 12) und die vertikalen Seitenwände hatten im Übergang zur Grundfläche innere Eckradien von 0,25 mm.

In der vorliegenden Fallstudie wurde für die Schlichtbearbeitung der Kavitäten das Umfangsfräsen mit Schaftfräsern gewählt. Die angewandte Schnittgeschwindigkeit

9.8 Anwendungen im Werkzeugbau

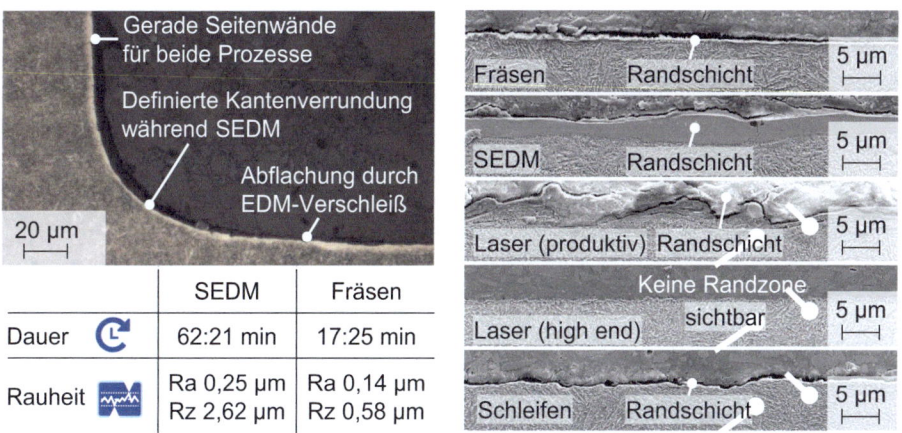

Abb. 9.43 Arbeitsergebnisse nach der Senkfunkenerosion und dem Fräsen [Klin18b]

betrug 120 m/min, bei einem Vorschub pro Zahn von $f_z = 0{,}002$ mm. Die EDM Versuche wurden mit einer Grafitelektrode und in einem ölbasierten Dielektrikum durchgeführt. Die Schleifoperationen wurden mit einer robotergeführten Schleifeinrichtung ausgeführt und als Lasersystem kamen zwei Laserquellen zum Einsatz, ein Nanosekunden-Laser und ein Pikosekunden-Laser. Die detaillierten Randbedingungen sind ausführlich in [Klin18b] beschrieben.

Zusammenfassend kann aus technologischer Sicht folgendes festgestellt werden: Durch Fräsen wurde eine gute Formgenauigkeit in kurzer Bearbeitungszeit erreicht, die Oberflächenrandzone war aber in Bereichen der Kontur sichtbar geschädigt. Durch Senkerodieren wurden bei mittellangen Bearbeitungszeiten gute Formgenauigkeiten erzielt, allerdings war die Wärmeeinflusszone deutlich ausgeprägt. Bei der Verwendung von Laserstrahlung war die Oberflächenintegrität gut, die Konturgenauigkeit aber gering. Die Bearbeitungszeit war relativ lang. Die besten Oberflächengüten wurden durch Schleifen erzielt, die Oberflächenrandzone zeigte keine Anomalien, die Formgenauigkeit war aber nicht ausreichend [Klin18b].

In einem zweiten Versuch wurde die Bearbeitungstiefe auf 1 mm erhöht. Unter diesen Bedingungen wurden nur das Fräsen und die Senkerosion miteinander verglichen. Mit beiden Fertigungsprozessen wurden gerade Seitenwände erzeugt. Beim Senkerodieren traten beim Übergang zur Grundfläche eine Kantenverrundung und geringer Elektrodenverschleiß auf. Je nach gewünschter Oberflächengüte und Formgenauigkeit müsste lediglich eine zweite Schlichtelektrode eingesetzt werden. Während für das Fräsen eine Verdreifachung der Bearbeitungszeit stattgefunden hat, ergab sich für die Senkerosion lediglich eine knappe Verdoppelung. Der Grund findet sich in der abtragoptimierten Prozessabstufung des Schruppens und Schlichtens (Abb. 9.44).

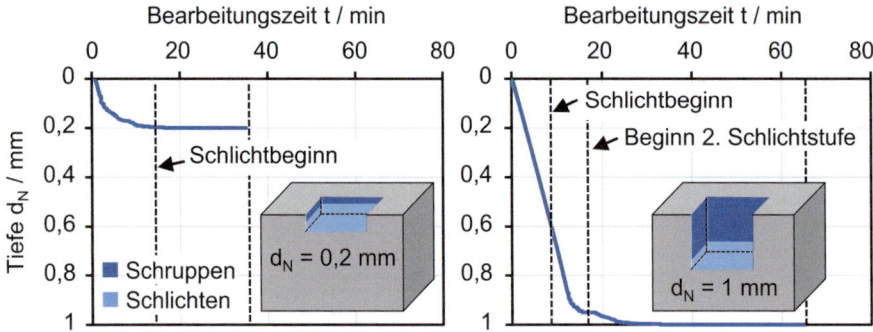

Abb. 9.44 Arbeitsergebnisse nach der Senkerosion für zwei Kavitätstiefen [Klin18b]

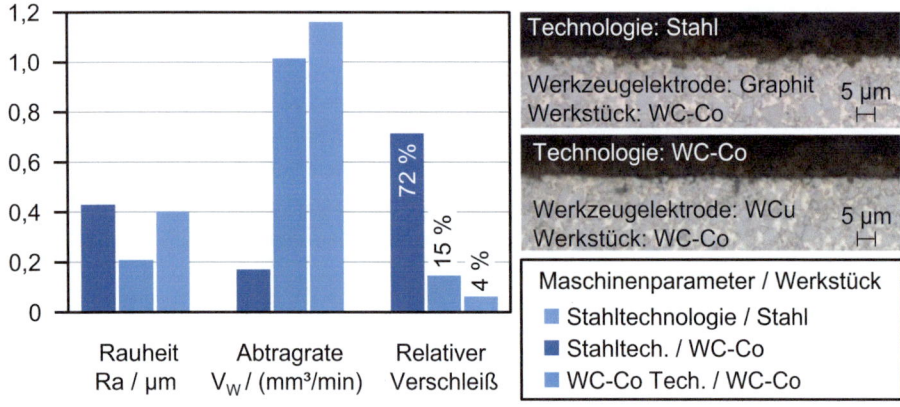

Abb. 9.45 Erodieren von Hartmetall mit unterschiedlichen Elektroden [Klin18b]

In einer weiteren Studie zum Senkerodieren wurde die Übertragbarkeit der Ergebnisse auf die Bearbeitung von Hartmetallen (Abb. 9.45) überprüft. Als Referenzgröße sind die bei der Bearbeitung von Stahlwerkstoffen erreichten Qualitätskennwerte auch gezeigt. Zunächst wurden zum Erodieren der Hartmetalle die von der Bearbeitung von Stahlwerkstoffen bekannten Einstellbedingungen angewendet (Grafitelektrode). Der Verschleiß war hoch, die Oberflächengüte gering und die Abtragrate war ebenfalls gering. Im Gegensatz dazu wird deutlich, dass mit einer für die Hartmetallbearbeitung optimierten Technologie und bei Verwendung von Wolfram-Kupfer-Elektroden erhebliche Qualitätsverbesserungen möglich sind (Abb. 9.45).

In Anlehnung an das beschriebene Vorgehen wurde auch für diesen Verfahrensvergleich eine wirtschaftliche Bewertung unter Berücksichtigung der Maschineninvestitionskosten vorgenommen. Eine Zusammenfassung und qualitative Wertung zeigt Abb. 9.46.

	Fräsen	SEDM	Laser
Produktivität	++	o	--
Gesamtkosten	o	+	--

Legende: ++ Sehr gut, + gut , o mittel , - schlecht , -- sehr schlecht

Abb. 9.46 Qualitative Wertung der Fertigungsalternativen [Klin18b]

9.8.2 Oxidationsbeständigkeit als Oberflächenfunktionalität

Die chemische Zusammensetzung und die metallurgische Konstitution des Grundgefüges, aber auch die durch das Fertigungsverfahren modifizierte Oberflächenrandzone bestimmen die Korrosions- und Oxidationsbeständigkeit der Werkzeugkavität. Ausgehend von einem martensitischen Grundgefüge eines 42CrMo4-Vergütungsstahls wurde der Einfluss der Funkenerosion und des Schleifens sowie der elektrochemischen Bearbeitung auf die Oxidationsbeständigkeit analysiert [Zand19]. Die Oxidationsbeständigkeit bei hohen Temperaturen ist für die praktische Anwendung von Spritzguss- und Schmiedewerkzeugen relevant. Als signifikante Kenngrößen der Oberflächenrandzone wurden der Eigenspannungszustand, die Rauheit, die chemische Zusammensetzung des Werkstoffs und die sich bildenden Oxidschichten berücksichtigt. Im Besonderen stand das Oxidationsverhalten der Oberflächen bei hohen Temperaturen in oxidierender Atmosphäre im Mittelpunkt der Forschungen.

Die Oxidationsbeständigkeit wurde durch in-situ thermogravimetrische Analyse während der Exposition der Proben in reinem Sauerstoff untersucht. Die Proben wurden mit einer Heizrate von 10 °C/min von 25 °C auf 600 °C aufgeheizt, für 24 h bei 600 °C gehalten und anschließend mit einer Abkühlrate von 10 °C/min auf Raumtemperatur abgekühlt. Nach dem Oxidationsversuch wurden Röntgenbeugungsanalysen durchgeführt, und es wurden die Schichtdicken sowie die Zusammensetzung der Schicht mit EDX (Energy Dispersive X-Ray Spectroscopy) ermittelt. Die detaillierten Bedingungen können aus [Zand19] entnommen werden.

Die hergestellten Oberflächentopografien entsprachen dem erwarteten, spezifischen Erscheinungsbild der angewendeten Fertigungsverfahren. Die geschliffene Oberfläche zeigte gerichtete Schleifspuren, die sich aus der Schnitt-, Vorschubbewegung und der Schleifscheibentopografie ableiten lassen. Die erodierten und elektrochemisch bearbeiteten Oberflächen zeigten keine richtungsabhängigen Strukturen. Die funkenerosiv hergestellten Oberflächen zeigten die spezifischen Krater und auf der elektrochemisch bearbeiteten Oberfläche waren vereinzelt Mikrovertiefungen zu sehen.

Die mikrogeometrische Bewertung der Oberflächentopografie erfolgte mit standardisierten Verfahren zur Oberflächencharakterisierung. Die funkenerosiv bearbeitete

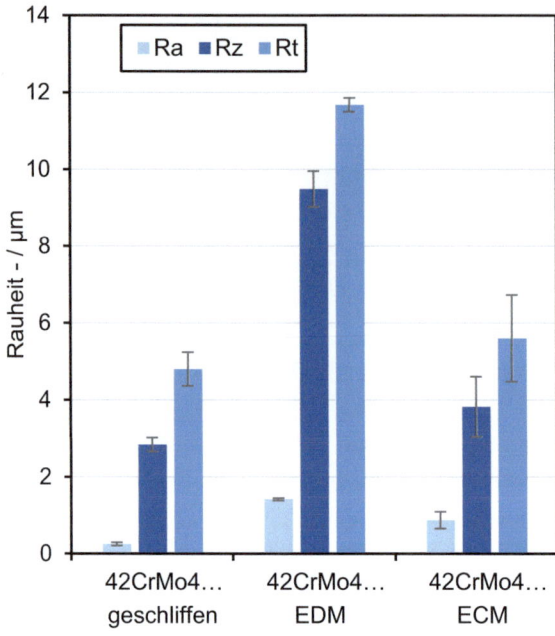

Abb. 9.47 Oberflächenrauheit nach dem Schleifen, der EDM- und der ECM-Bearbeitung [Zand19]

Oberfläche war etwas rauer als die geschliffene, weil Schmelzaufwürfe an den Rändern der Entladekrater in die Messung eingingen (Abb. 9.47). Die mikrogeometrische Oberflächenklassifizierung ist insofern wichtig, weil davon auszugehen ist, dass die Oxidationseffektivität von der Größe der aktiven Oberfläche mitbestimmt wird.

Die chemische Analyse der Oberflächen zeigt u. a. Natriumgehalte, die aus dem bei der ECM-Bearbeitung verwendeten $NaNO_3$-Elektrolyten stammten sowie Zink und Kupferanlagerungen, die von der Drahterosion herrührten. Außerdem wurden geringe Mengen an Phosphor und Silizium auf den ECM-Oberflächen gefunden, die auf die Legierungselemente des Grundmaterials zurückgeführt werden konnten. Nach der EDM-Bearbeitung waren die Chrom- und Mangangehalte leicht reduziert. Die aufgeschmolzene und wieder erstarrte Randzone nach der EDM-Bearbeitung hatte eine Dicke von 4 und 25 μm [Zand19]).

Die gemessenen Eigenspannungen entsprachen in den qualitativen Verläufen den Erwartungen, quantitativ wurden Druckeigenspannungen für die geschliffene Oberfläche im Bereich von -142 ± 62 MPa ermittelt, die höchsten Zugeigenspannungen lagen nach dem Erodieren im Bereich von 860 ± 42 MPa vor (Abb. 9.48).

Die Oberflächenaktivität wurde umfangreich in verschiedenen Zuständen analysiert und wissenschaftlich diskutiert. Die Wärmebehandlungsbedingungen sind zu Beginn

9.8 Anwendungen im Werkzeugbau

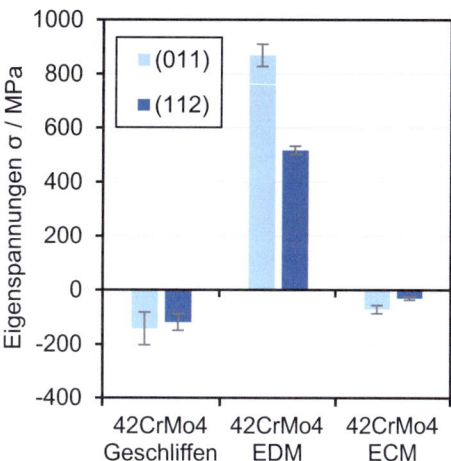

Abb. 9.48 Eigenspannungen nach dem Schleifen, der EDM- und der ECM-Bearbeitung [Zand19]

dieses Abschnitts genannt. In der Aufheizphase zeigte die elektrochemisch bearbeitete Probe den größten Massenzuwachs, überraschenderweise war der relative Massenzuwachs bei der elektroerosiv bearbeiteten Oberfläche am geringsten. Es ist möglich, dass das Schichtwachstum durch die an der Oberfläche abgelagerten Kupfer und Zinkablagerungen beeinflusst wird. In [Zand19] werden diese Phänomene umfassend diskutiert.

In Abb. 9.49 wird gezeigt, wie sich nach den verschiedenen Wärmebehandlungen die induzierten Eigenspannungen verändern. Es wurden nur die Eigenspannungen analysiert,

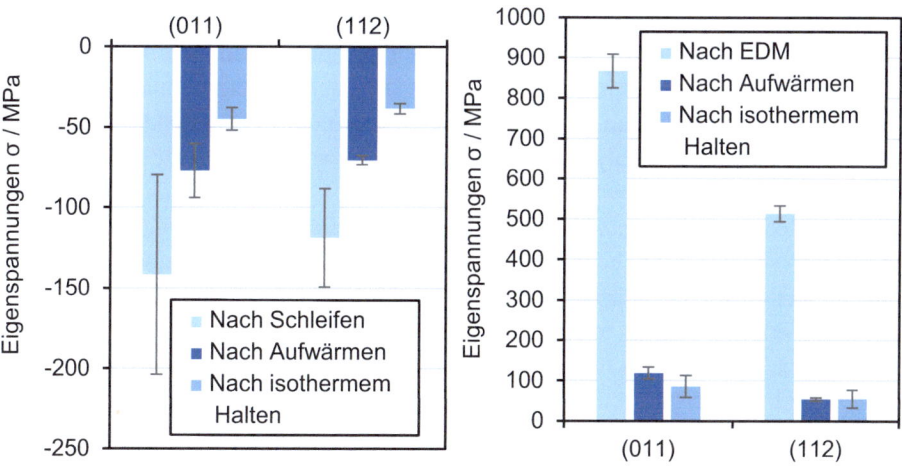

Abb. 9.49 Eigenspannungen bei verschiedenen Temperaturzyklen und in Abhängigkeit vom Fertigungsverfahren [Zand19]

die durch Schleifen und die Funkenerosion aufgebaut wurden, die elektrochemische Bearbeitung arbeitet spannungsfrei.

Die Zugeigenspannungen in der erodierten Probe fallen signifikant durch die Wärmebehandlung. Sie werden fast vollständig abgebaut. Die durch Schleifen induzierten Druckeigenspannungen fallen zwar auch, sie sind aber nach den angewandten Temperaturzyklen immer noch als Druckeigenspannung vorhanden.

Zusammenfassend kann festgestellt werden: Über die Rauheitskenngrößen kann kein eindeutiger Zusammenhang zum Oxidationsverhalten hergestellt werden, wenngleich die Größe der reaktiven Oberfläche eine wichtige Einflussgröße darstellt. Hierauf deuten auch die Mikrogrübchen auf der Oberfläche nach der ECM-Bearbeitung hin. Die Elektrolytreste auf der Oberfläche der ECM-Proben verdampfen recht schnell und bilden sich nicht signifikant im Oxidationsgeschehen ab. Die lokal vorhandenen Kupfer- und Zinkablagerungen nach der EDM-Bearbeitung sowie die weiße Schicht sind einerseits thermomechanisch instabil und können abplatzen, andererseits können Sie die Oxidschicht dotieren und die Schichtbildung beeinflussen. Die Ergebnisse zeigten auch, dass Druckeigenspannungen und kleine spezifische Oberflächen in der Gesamtheit vorteilhaft sind. Diese Eigenschaften werden durch Schleifen sicher erzeugt. Die durch Schleifen hergestellten Oberflächen zeigen einen höheren Korrosionswiderstand als die elektrochemisch erzeugten Funktionsflächen. Überraschenderweise zeigten auch die funkenerosiv bearbeiteten Oberflächen eine gute Oxidationsbeständigkeit. Das Wachstum der Oxidschicht verlief langsamer als bei den geschliffenen Oberflächen. Hier können die zuvor genannten Wechselwirkungen zwischen Oberflächenablagerungen und der Oxidschichtbildung wirksam geworden sein. Es wird ebenfalls deutlich, dass der Eigenspannungszustand, die chemische Zusammensetzung der Oberflächenrandzone und die Konstitution der sich bildenden Oxidschichten in Wechselwirkung zueinanderstehen [Zand19].

[Ehle21] untersuchte raue und reflektierende Oberflächen aus 42CrMo4 Kaltarbeitsstahl nach der elektrochemischen Bearbeitung. Es wurden Oberflächen mit verschiedenen Elektronenstrahlmethoden, Eigenspannungsmessungen und mit Mikrostrukturanalysen grundlegend untersucht und diskutiert. Die EDM-Bearbeitung fand in einem Natriumnitrat-Elektrolyten statt. Nach der Bearbeitung enthielt die Oberflächenrandzone Sauerstoff, die Dicke der Schicht betrug 50 bis 100 nm [Ehle21]. Es wurden verschiedene Oxide spezifiziert, darunter auch Eisen-Mischoxide. Reflektierende Oberflächen zeigten eine homogene Auflösung der Ferrit- und Zementit-Lamellen, während bei rauen Oberflächen die Zementit-Lamellen bevorzugt angegriffen wurden. Die Ferritphase ging relativ inhomogen in Lösung. Eigenspannungsmessungen zeigten keine Unterschiede für reflektierende und raue Oberflächen, da generell durch EDM keine Eigenspannungen in der Oberfläche erzeugt werden [Ehle21]. Diese Ergebnisse sind hilfreich für das Verständnis der an der Oberfläche ablaufenden Vorgänge auf der molekularen Skala. Sie sind auch geeignet, Diffusionswege bei Hochtemperaturanwendungen, z. B. dem Blankpressen von Optiken, zu verstehen und zu unterbinden.

9.8.3 Technologie-Benchmark

Zur Marktpositionierung werden unterschiedliche Methoden in der strategischen Unternehmensführung eingesetzt. Wettbewerbsanalysen und ein Technologie-Monitoring gehören dazu. Eine weitere wirkungsvolle Methode ist, an einem Technologie-Benchmark teilzunehmen. Die Aachener Werkzeugbauakademie WBA führt für Werkzeugbauunternehmen regelmäßig Technologie-Benchmarks durch [WBA23]. Hier liegt aufgrund der Vielzahl der durchgeführten Vergleiche eine umfangreiche Datenbasis für Werkzeugbauunternehmen vor, die als Referenz und zur Analyse zeitlicher Entwicklungen dient. Kennzeichnend ist, dass unternehmensstrategische, betriebswirtschaftliche und technologische Wertkriterien berücksichtigt werden können. Das teilnehmende Unternehmen erhält als Information die eigene, relative Positionierung mit Bezug auf den Mittelwert und obere bzw. untere Grenzen der jeweils betrachteten Merkmalsausprägung. Im Folgenden sollen einige Ergebnisse zu Technologiebewertungen vorgestellt werden, die in Zusammenarbeit mit Unternehmen des Werkzeugbaus durchgeführt wurden.

In den im Folgenden zusammengefassten Ergebnissen werden der Stand der Technik und mögliche Entwicklungspotenziale für das funkenerosive Senken im Werkzeugbau diskutiert [Boos21]. Es wurden führende Unternehmen der Werkzeugbaubranche befragt und es wurde ein Demonstrator Bauteil gefertigt. Die Studie fand im Jahr 2021 statt. Festgestellt wurde, dass die Senkerosion in einem ständigen Wettbewerb mit dem Mehrachsenfräsen steht, aber auch noch erhebliches Entwicklungspotenzial für den Werkzeug- und Formenbau hat. Hierzu gehören die Möglichkeiten zur Digitalisierung und die Einbindung in Unternehmensnetzwerke sowie eine weitergehende Automatisierung. Insbesondere die Entwicklungen in der Leistungselektronik und der Generatortechnologien sowie optimierter Regelungsstrategien zeigen gute Ergebnisse mit Bezug auf eine Reduzierung des Werkzeugverschleißes, insbesondere bei der gleichzeitigen Bearbeitung von mehreren Formkavitäten. Dies trifft für das Schruppen und das Schlichten zu. Grafit setzt sich als Elektrodenwerkstoff für die Senkerosion zunehmend durch. Grafit ist spanend gut zu bearbeiten, verschiedene Geometrieelemente lassen sich gut in einer Elektrode zusammenfassen, und bei Mehrfachbearbeitungen auf verschiedenen Maschinen können die Prozesse gut verkettet und automatisiert werden. Damit werden die Maschinenauslastungen erhöht und die Anzahl notwendiger Schlichtelektroden verringert. Die Elektrodenbewirtschaftung ist gut zu automatisieren. Für höchste Anforderungen an die Oberflächengüte behalten Kupferelektroden ihre Bedeutung. Trotz des guten erreichten Leistungsstandes wird deutlich, dass der Wissens- und Technologietransfer zwischen Herstellern, Anwendern und Forschungseinrichtungen noch verbessert werden kann. Es wird auch festgestellt, dass der Aufbau von Daten- und Prozessmodellen sowie die Anwendung von Methoden des maschinellen Lernens großes Potenzial bietet [Boos21]. Mit neuen Prozessmodellen kann auch die nächst höhere Stufe für modellbasierte Prozessregelungen initiiert werden.

Das Mehrachsenfräsen und die Senkerosion stellen im Werkzeug- und Formenbau Schlüsseltechnologien dar. Beide Technologien haben technologische Innovationszyklen erfahren, und in der praktischen Anwendung erscheinen die Technologien in vielen Bearbeitungsfällen gleichwertig. Eindeutige Entscheidungsregeln und generalisierte Auslegungsmodelle zur Technologieauswahl liegen nicht vor. Hierfür sind Wissensdefizite in der Arbeitsplanung und der Technologieausführung sowie grundsätzlich unterschiedliche Herangehensweisen in der Prozesskettengestaltung verantwortlich. Deshalb wurde der Stand der Technik in den Unternehmen in einem gemeinsamen Projekt zwischen Industrieunternehmen und dem Werkzeugmaschinenlabor WZL ermittelt [Wilm20]. Für eine vorgegebene Bearbeitungsaufgabe war die Entscheidung zu treffen, ob eine Kavität durch Mehrachsfräsen oder durch Senkerodieren hergestellt werden sollte. Die Ergebnisse basieren auf Informationen, die im Spritzgussbau, der Massiv- und der Blechumformung gewonnen wurden. Die teilnehmenden Unternehmen haben eine vorgegebene Demonstrator-Komponente gefertigt und außerdem an Interviews teilgenommen. Es wurde die gesamte Prozesskette betrachtet, bewertet wurden das technologische Arbeitsergebnis und auch die Fertigungskosten. Zusammenfassend kann ausgesagt werden, dass die Planung und Festlegung einer gesamten Prozesskette unternehmensspezifisch sehr unterschiedlich sein kann. Es wurde aber auch deutlich, dass Fräsen und Erodieren oftmals alternativ eingesetzt werden konnten. Bei gleicher Verfügbarkeit der Anlagentechnik erfolgt die Auswahl der geeigneteren Technologie aber nach wie vor aufgrund von Erfahrungen. Der in einem Unternehmen vorliegende Kenntnisstand zu den Möglichkeiten und Grenzen von im Markt verfügbaren Anlagen und Technologien können entscheidend sein [Wilm20]. Ein ständiges Technologie-Monitoring und kontinuierliche Schulungen sind angeraten. Weitere Informationen zum Einsatz der Senkerosion im Vergleich zur Fräsbearbeitung bei großen Aspektverhältnissen finden sich in [Garz13] sowie zum Einsatz von metallinfiltrierten Senkelektroden zur Verschleißreduktion in [Hols16].

Durch Drahterosion können komplexe Geometrien mit hoher Präzision hergestellt werden. Die Zielsetzung der im Folgenden vorgestellten Studie [Klin19b] war, die mit verschiedenen Anwendern aus unterschiedlichen Branchen des Werkzeugbaus durchgeführt wurde, eine zeitaktuelle Aussage zu bekommen, ob das vorliegende Technologiewissen in den Unternehmen den neuesten Stand der Erkenntnisse widerspiegelt und ob dieses Wissen auch für eine gegebene Bearbeitungsaufgabe angewendet werden kann. Er wurden Bauteile mit einer Referenzgeometrie spezifiziert und in den Unternehmen gefertigt. Dann wurde festgestellt, welche Genauigkeiten erzielt wurden und wie die Oberflächenrandzone aufgebaut war. Mit einer Kostenanalyse wurde auch eine wirtschaftliche Bewertung der Leistungsstände durchgeführt. Die Ergebnisse zeigten, dass grundsätzlich noch signifikante Potenziale zur Optimierung der Drahterosionsprozesse in den beteiligten Unternehmen vorhanden sind. Auch die implementierten Standardtechnologien der Maschinenhersteller besitzen noch Optimierungsspielraum. Es kann auch festgehalten werden, dass kontinuierliche Schulungen zum Stand der Technik durchgeführt werden sollten [Klin19b]. Produktivitätssteigerungen durch den Einsatz beschichteter Drahtelektroden werden in [Kloc13e] untersucht.

9.9 Anwendungen in der Medizintechnik

In Abschn. 4.4.12 wurde die Wirkungsweise der plasmagestützten Oberflächenkonversation (PEO) vorgestellt. Magnesiumlegierungen werden als Implantatwerkstoffe seit langem erfolgreich eingesetzt. Ein grundsätzliches Problem ist, dass Magnesiumoberflächen in physiologischer Umgebung eine hohe Reaktivität zeigen und damit nur eine begrenzte biologische Verträglichkeit für das umliegende Gewebe aufweisen. Durch Zugabe von Legierungselementen konnte die Abbaugeschwindigkeit von Magnesiumlegierungen verringert werden. Bekannte Legierungssysteme sind Mg-Y-RE und Mg-Ca-Zn, von denen es auch zugelassene Implantate gibt. Dennoch muss festgestellt werden, dass unter bestimmten Bedingungen, z. B. bei großvolumigen Implantaten mit großer Oberfläche, sich auch diese Legierungen zu schnell auflösen können. Dies kann zu einer überkritischen Freisetzung von Wasserstoffgas führen, das sich in Gastaschen sammelt und zum Verlust der mechanischen Integrität führt.

Beispiele sind z. B. orthopädische Schrauben mit großen Durchmessern und Längen oder große Plattensysteme. Ein erster Schritt ist, die Oberflächen mit einer Funktionsschicht zu überziehen, die ein Optimum an biologischer Verträglichkeit und Degradationsbeständigkeit darstellt.

Kopp [Kopp18] wählt zur Funktionalisierung der Oberfläche die plasmagestützte Oxidation (PEO), und er führte Forschungen durch, mit deren Ergebnissen eine wissensbasierte Auswahl von Elektrolyten vorgenommen werden kann. Die grundsätzliche Wirkungsweise ist, dass an der Oberfläche des Magnesium-Implantates in einem geeigneten wässrigen Elektrolyten durch Anlegen eines elektrischen Potenzials durch lokale Plasmen eine keramische Oberflächenschicht gebildet wird (siehe auch Abschn. 4.4.12). Dies kann dennoch nicht ausreichend sein, denn es wird zwar die anfängliche Degradation herabgesetzt, aber der Schutz hält nur so lange an, bis das Grundmaterial freigelegt ist. Aus diesem Grund sollten großvolumige Implantate mit einer zusätzlichen Makrostrukturierung versehen werden. Auf diese Weise kann die maximal verfügbare Fläche für die schützende Beschichtung vergrößert werden, und es werden Freiräume geschaffen, in die das umgebende Gewebe, z. B. Knochen oder Blutgefäße, gut einwachsen kann. Ein aus technologischer Sicht geeignetes Verfahren zur Makrostrukturierung ist die Funkenerosion (Abb. 9.50).

Schwade [Schw16] analysierte die Biokompatibilität erodierter Oberflächen und zeigte, dass bei der Verwendung von Kupferelektroden mit großen Entladeenergien Kupfer in die Oberfläche eingebaut wird, was nach einer Besiedelung der Oberfläche mit lebenden Zellen zu einer toxischen Reaktion und zu einem Absterben von Zellen führte (Abb. 9.51 links oben). Durch PEO wurde die biologische Kompatibilität sichtlich erhöht (Abb. 9.51 rechts unten). Dies konnte ebenfalls quantitativ durch drei zellbiologische Tests (XTT, BrdU und LDH) hinsichtlich der optischen Dichte (OD) mit und ohne Zellen (w/ bzw. w/o) analysiert werden. In allen drei Fällen liegen die Werte der PEO-Oberfläche über bzw. unter dem ISO-Niveau für Zytotoxizität (XTT, BrdU > 70%,

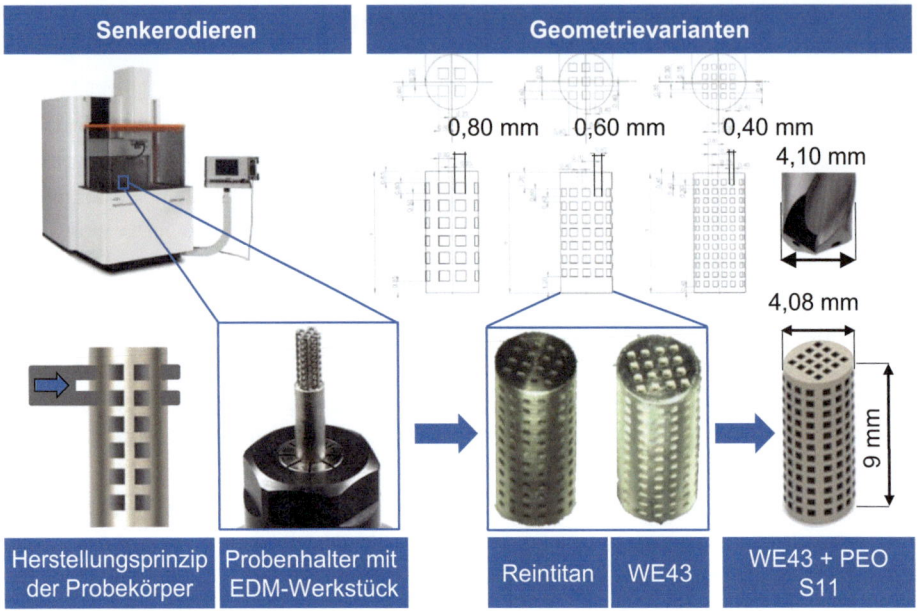

Abb. 9.50 Makrostrukturierung von Magnesium-Implantaten durch Senkerodieren [Kopp18, Kopp19]

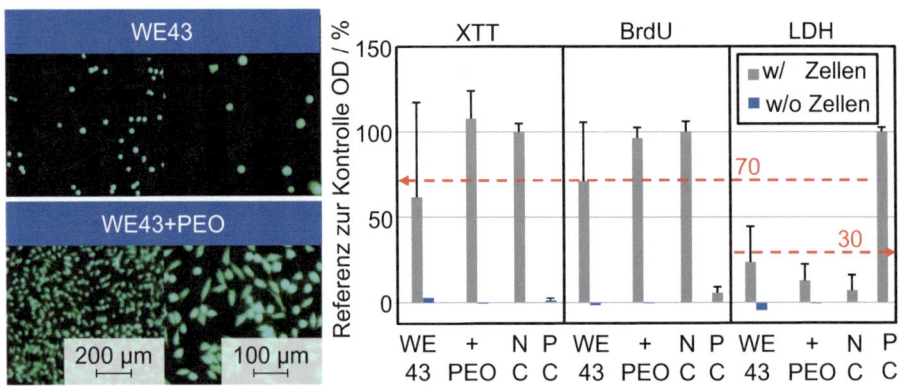

Abb. 9.51 Besiedelung von Magnesiumoberflächen durch lebende Zellen im erodierten Zustand und nach einer PEO-Behandlung [Kopp18, Kopp19, Schw16]

LDH < 30%). NC und PC bezeichnen die in diesem Kontext obligatorischen Negativ- und Positivkontrollen (engl. Negative and Positive Control).

Die durchgeführten Experimente ergaben, dass die gleichzeitige Herstellung der Kanäle mit mehreren Nadelelektroden zu einer erhöhten Abtragleistung führte [Kopp19]. Es ist naheliegend, dass eine gleichmäßigere Verteilung der Entladungen und wesentlich

9.9 Anwendungen in der Medizintechnik

bessere Spülbedingungen hierfür verantwortlich sind. Die Elektrodenarrays wurden aus feinkörnigem Grafit hergestellt, damit wurde auch die Kontaminierung der Oberfläche mit Kupfer vermieden.

Die Makrostrukturierung von Implantaten ist aber biologisch nur dann vorteilhaft, wenn die große Oberfläche nicht zu einer ausgeprägten Korrosion mit allen beschriebenen negativen Eigenschaften führt. Deshalb müssen Oberflächenvergrößerungen und anschließende Oberflächenfunktionalisierungen sowie die Lage und Anordnung von inneren Kanälen gut aufeinander abgestimmt sein. Die Oberflächenbehandlung muss die Oberflächenreaktivität so weit herabsetzen, dass nicht nur die Oberflächenvergrößerung kompensiert, sondern auch die Gesamtdegradation reduziert wird.

Dies waren die Erkenntnisse, auf denen Kopp wissenschaftliche Untersuchungen aufsetzte, um die kausalen Zusammenhänge zwischen Auflösung und Biokompatibilität nach der plasmaoxidischen Elektrolyse an Implantaten grundlegd zu erforschen [Kopp18]. Im Folgenden werden Beispiele gezeigt, bei denen ein PEO-Prozess mit verschiedenen Makrostrukturen kombiniert und der Einfluss auf das Auflösungs-, Einwachsverhalten und die Biokompatibilität in in-vitro- und in-vivo- Untersuchungen analysiert wurden [Kopp18] Abb. 9.52 zeigt Computer-Tomographie-Bilder, mit denen das Degradationsverhalten und das Einwachsen durch sich neu gebildetes Knochenmaterial beurteilt werden kann.

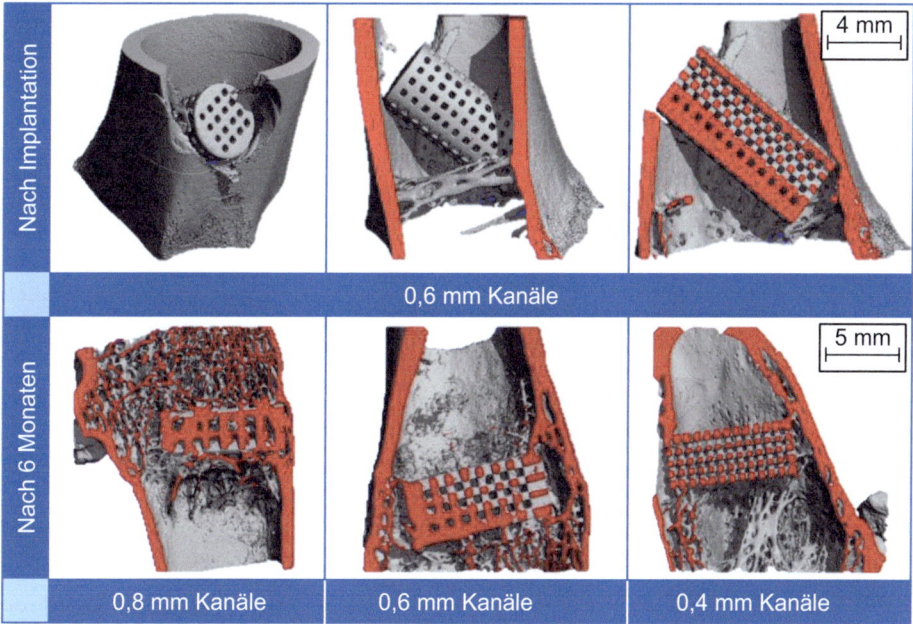

Abb. 9.52 Einwachsverhalten von Magnesium-Implantaten in Abhängigkeit von den Abmessungen der Innenstruktur und von der Verweildauer im biologischen System [Kopp18, Kopp19]

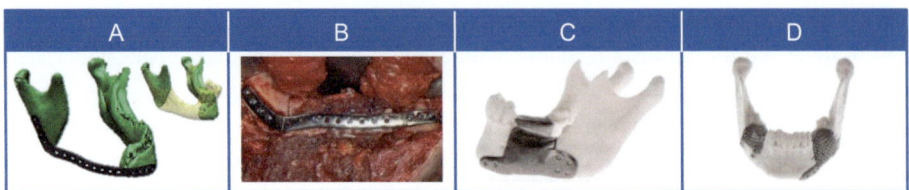

Abb. 9.53 Behandlung von Kieferdefekten mit patientenspezifischen Implantaten. (Quelle: Meotec [Kopp18])

Ergebnisse des Einwachsverhaltens von Implantaten in Körper von lebenden Kaninchen zeigten, dass die Kanalstrukturabmessungen einen wichtigen Einfluss auf das Einwachsverhalten ausüben. Im oberen Teil der Abb. 9.52 wird der Zustand nach der Implantation gezeigt, im unteren Teil des Bildes ist die Situation nach 6 Monaten Verweildauer für verschiedene Strukturabmessungen gezeigt. Es ist gut zu erkennen, dass sich die Stützstruktur auflöst und dass sich neues Knochenmaterial in der Innenstruktur des Implantats bildet [Kopp18]. Die Anwendung dieser Technologie liegt im Bereich der Mund-, Kiefer- und Gesichts-Chirurgie [Kopp18], Abb. 9.53. Für die Herstellung der strukturierten Stützimplantate werden auch additive Fertigungsverfahren eingesetzt. Dadurch wird es möglich, ganz individuell Implantate und auch innenliegende Stützstrukturen zu realisieren. Die hier vorgestellten Untersuchungen der Funkenerosion zum Strukturieren sind aber in jedem Fall hilfreich, den Geometrieeinfluss auf das Einwachsverhalten und auch auf die Effektivität von PEO zu studieren.

9.10 Prozesssignaturen

9.10.1 Allgemeines

Bei gleichen Prozesssignaturen müssten Prozesse mit Bezug auf die Funktionserfüllung gegeneinander austauschbar sein. Bei bekannten Prozesssignaturen muss es auch möglich sein, von den Funktionsanforderungen ausgehend auf mögliche Fertigungsverfahren zu schließen. Dies wird als das inverse Problem in der Fertigung bezeichnet. Mit diesen Einführungen soll es dem Leser möglich werden, die Modellierungswelt der Prozesssignaturen vom Grundsatz zu verstehen. Anhand der gezeigten Beispiele soll auch deutlich werden, dass diese Methodik im Grundsatz auf alle Fragen zur Wechselwirkung zwischen Fertigungsverfahren und Bauteilverhalten angewendet werden kann. Die grundsätzliche Modellkonfiguration zeigt Abb. 9.54.

Die Logik dieses Modellierungsrahmens ist folgende [Brin12, Karp22]: Die in der Wirkzone zwischen Werkzeug und Werkstück ablaufenden Vorgänge müssen physikalisch begründet und modelliert werden. Dazu ist es notwendig, die kausalen Zusammenhänge zwischen signifikanten Zustandsgrößen in der Wirkzone und ausgelösten Werkstoffmodifikationen zu erforschen. Zunächst ist es notwendig, die Randbedingungen gut

9.10 Prozesssignaturen

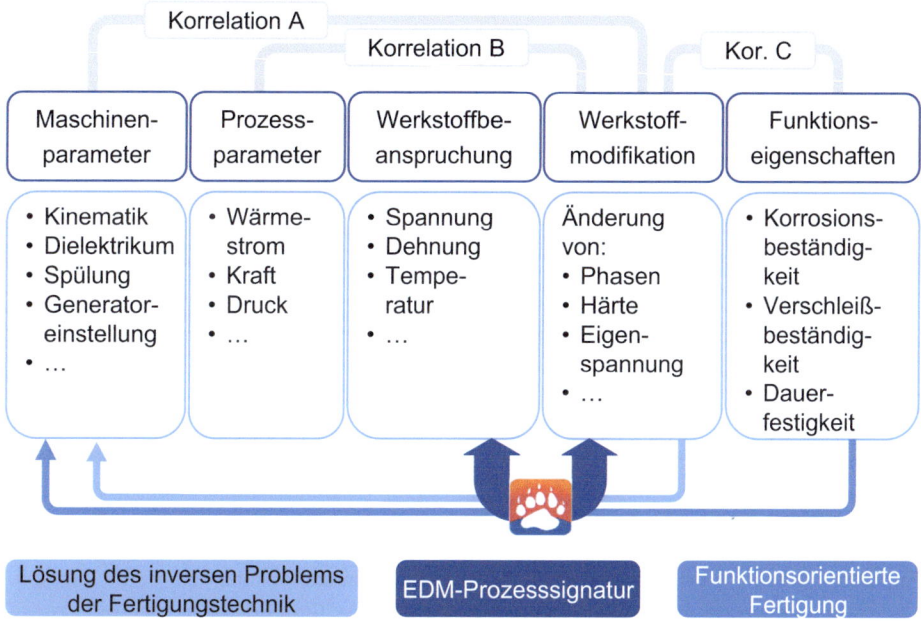

Abb. 9.54 Konzept der Prozesssignaturen [Brin12, Karp22, Klin22]

zu beschreiben. Trotzdem ist eine grundsätzliche Schwierigkeit, die mechanischen, thermischen oder chemischen Zustandsvariablen örtlich und zeitlich quantitativ zu kennen. Sie sind messtechnisch schwer zugänglich. Außerdem variieren sie zeitlich und örtlich und können darüber hinaus mit großen Gradienten versehen sein. Neue Messprinzipien und Fortschritte in der Simulation eröffnen aber Möglichkeiten, weitergehende kausale Zusammenhänge zwischen den Zustandsgrößen und Werkstoffmodifikationen zu finden (Prozesssignatur, Abb. 9.54). Wenn werkstoffphysikalisch begründete Zusammenhänge zwischen den Zustandsgrößen und signifikanten Werkstoffeigenschaften mathematisch modelliert werden können, dann darf angenommen werden, dass die inverse Lösung des Fertigungsproblems auch gelingen kann. Bei gleicher Prozesssignatur unterschiedlicher Prozesse müssten die Technologien technologisch gleichwertig sein. Für die praktische Anwendung ist es erforderlich, auch die Korrelationen zwischen den Materialeigenschaften (Modifikationen durch den Fertigungsprozess) und den Einstellparametern des Prozesses zu formulieren (Korrelationspfad A). Im Folgenden werden Prozesssignaturen für EDM- und ECM-Technologien vorgestellt.

9.10.2 Energiedissipation

Schneider [Schn21] führte erweiterte Forschungen zur Energiedissipation im Funkenspalt bei der EDM-Bearbeitung durch. Ein Schwerpunkt war, die Vorgänge zur

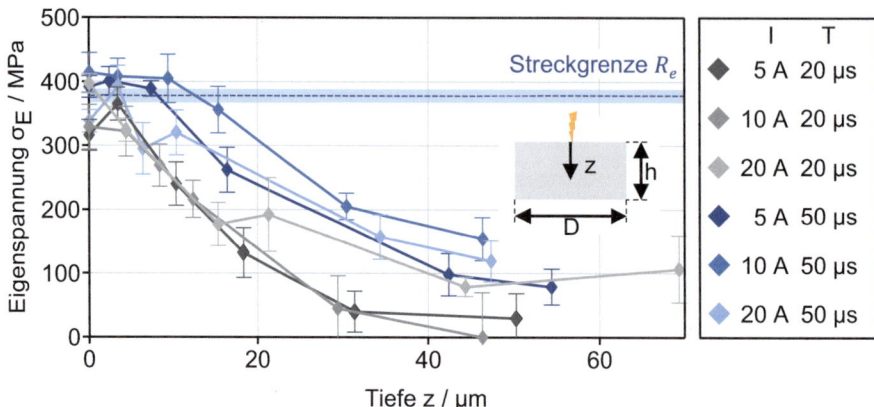

Abb. 9.55 Eigenspannungen in Abhängigkeit vom Abstand zur Oberfläche [Schn21, Klin22]

Gasblasenentwicklung, Strahlungsverluste des Plasmas und Energiedissipation durch die Ausbreitung von Stoßwellen mit in die Modellierung einzubeziehen. Er stellte ein neues Gesamtmodell für die Funkenerosion auf, berechnet die Temperaturen zeit- und ortsaufgelöst und vergleicht die berechneten Temperaturen mit gemessenen Werten. Die Ergebnisse zeigen eine gute Übereinstimmung. Jetzt war es möglich, von den Temperaturfeldern ausgehend die Formulierung einer Prozesssignatur für Eigenspannungen anzugehen [Schn21, Klin22]. Abb. 9.55 zeigt die Modifikation des Eigenspannungszustandes durch funkenerosive Bearbeitung für unterschiedliche Arbeitsbedingungen.

Bei gleicher Stromstärke und längeren Entladungszeiten dringen die Eigenspannungen tiefer in das Werkstück hinein. Höhere Stromstärken führen bei gleicher Entladezeit ebenfalls zu größeren Eindringtiefen. Die durchgeführten Forschungen zeigen, dass die in Abb. 9.55 gezeigten Spannungsverläufe auf thermische Dehnungen und damit auf die Temperatur zurückzuführen sind [Schn21, Klin22]. Die Temperatur ist die signifikante Zustandsgröße (Beanspruchungsgröße) für das Entstehen der Eigenspannungen. Schneider berechnet deshalb die zu erwartenden Temperaturverläufe (Abb. 9.56) und trägt dann auch die Eigenspannungen in Abhängigkeit von der maximalen Temperatur auf (Abb. 9.57).

Der in Abb. 9.57 dargestellte Zusammenhang beschreibt die Kausalität zwischen der dominierenden Zustandsgröße „Temperatur" und der daraus folgenden Modifikation des Werkstoffs, ausgedrückt durch die zu erwartenden Eigenspannungen. Dieser Zusammenhang stellt eine Komponente der Prozesssignatur dar und kann mathematisch abschnittsweise folgendermaßen formuliert werden:

$$\text{PSK}_{\text{ESP}} = \frac{R_e}{1750\,\text{K} - T_{\text{ESP}}} \times (T - T_{\text{ESP}}) \text{ für } T < 1750\,\text{K} \quad (9.1)$$

$$\text{PSK}_{\text{ESP}} = R_e \text{ für } T \geq 1750\,\text{K} \quad (9.2)$$

9.10 Prozesssignaturen

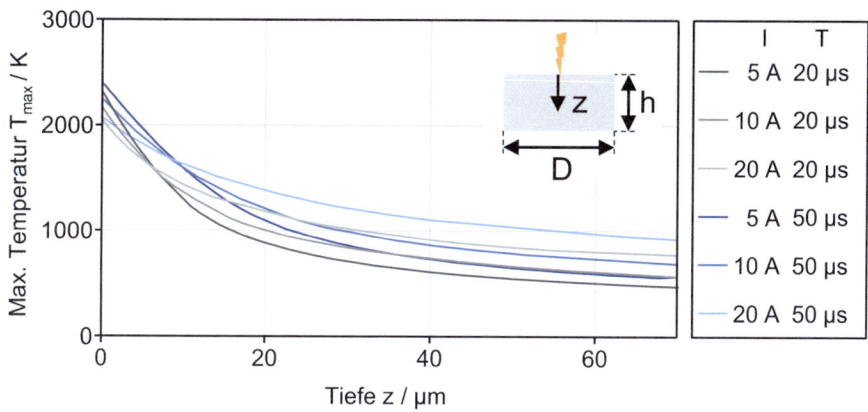

Abb. 9.56 Berechnete Temperaturverläufe für unterschiedliche Bedingungen [Schn21, Klin22]

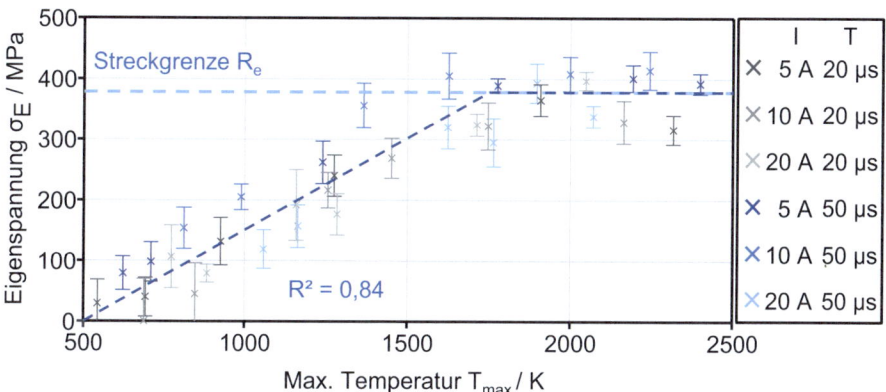

Abb. 9.57 Eigenspannungen in Abhängigkeit von der maximalen Temperatur [Schn21, Klin22]

Die Temperatur $T_{ESP} = 500$ K ist die minimale Temperatur, ab der Eigenspannungen entstehen und die Temperatur 1750 K im Nenner der Gl. 9.1 charakterisiert die Temperatureigenschaften des Werkstoffs. Die Zuordnung von lokalen Temperaturen zu den vorliegenden Eigenspannungen ist zulässig, wenn lokal die Streckgrenze des Materials überschritten wird. Da bei der Funkenerosion die Schmelztemperatur des Werkstoffs immer überschritten wird, ist davon auszugehen, dass für die Bearbeitung von Stahlwerkstoffen lokal auch immer die Streckgrenze überschritten wird. Es darf deshalb angenommen werden, dass diese Prozesssignaturkomponente für die Funkenerosion grundsätzlich gültig ist [Schn21, Klin22].

Wenn eine Prozesssignatur allgemeingültig formuliert ist, muss es auch möglich sein, von den Bauteileigenschaften invers auf die Prozesseinstellbedingungen zu schließen.

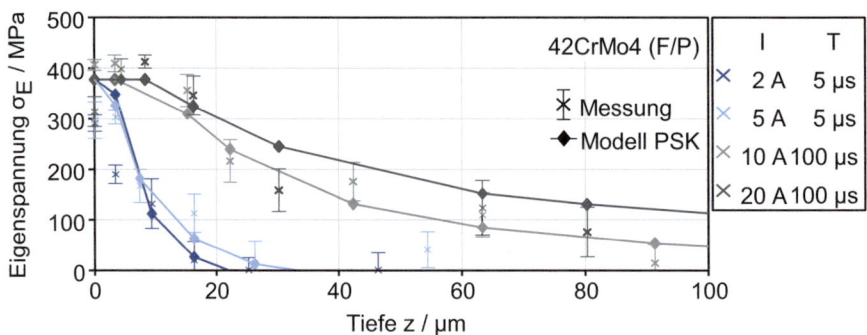

Abb. 9.58 Berechnete und gemessene Eigenspannungen [Schn21, Klin22]

Schneider berechnete die Eigenspannungen nach der zuvor aufgestellten Gl. 9.1 und 9.2. Eingangsgrößen sind die modellierten Temperaturen in diskreten Abständen zur Werkstückoberfläche, in denen auch die Eigenspannungen gemessen wurden. Auf die vollständige Herleitung der Modellierung sei auf [Schn21] verwiesen. Abb. 9.58 zeigt die Ergebnisse und macht deutlich, dass sowohl die maximalen Eigenspannungen als auch der Ort (die Tiefe) recht gut vorhergesagt werden können. Neben der Tiefenwirkung wird auch das Abklingen der Spannungen gut wiedergegeben [Schne21, Klin22].

9.10.3 Herstellen von dünnwandigen Grafitelektroden mit großem Aspektverhältnis

Grafit ist ein wichtiger Elektrodenwerkstoff für die Senkerosion. Im Werkzeug- und Formenbau und auch bei der Bearbeitung von Turbinenteilen besteht häufig die Notwendigkeit, sehr schmale und tiefe Kavitäten herzustellen. Das Längen- zu Breitenverhältnis wird als Aspektverhältnis bezeichnet. Im Werkzeugbau werden vorwiegend Werkzeugstähle bearbeitet, Turbinenbauteile für Flugtriebwerke werden vorzugsweise aus Titanlegierungen oder Nickelbasislegierungen hergestellt. Die einzuhaltenden Toleranzen sind sehr eng. Dies führt in der Praxis dazu, dass aufgrund der fluidmechanisch und thermisch induzierten Beanspruchungen Fertigungsabweichungen auftreten, die physikalisch lange Zeit nicht eindeutig erklärt waren. Die Zusammenhänge zeigt Abb. 9.59.

Die Abhebebewegungen und die auftretenden Beschleunigungen der Elektroden, um eine Bewegungsspülung zu unterstützen, können Gründe für die Schwankungen des Arbeitsergebnisses sein. In diesem Zusammenhang ist die Achskinematik der Maschinen eine wichtige Kenngröße, die durch den Ruck (dies ist die Ableitung der Beschleunigung nach der Zeit) beschrieben werden kann (Abb. 9.60).

Dieses Problem hat Zeis wissenschaftlich untersucht [Zeis17a]. Zunächst musste ein Materialmodell experimentell ermittelt werden, in dem die mechanischen, thermischen

9.10 Prozesssignaturen

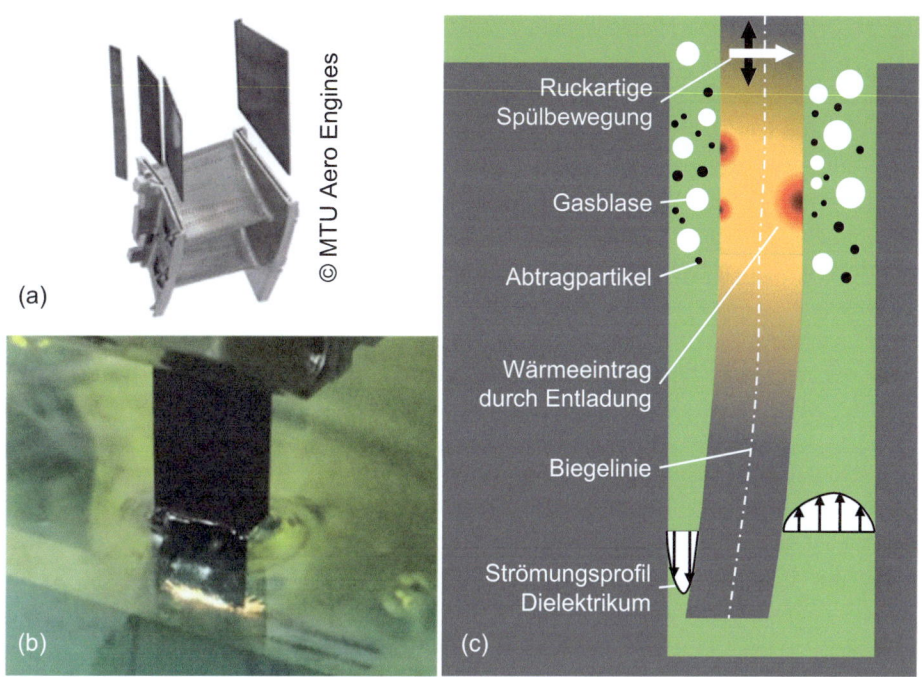

Abb. 9.59 Mechanische, thermische und fluidmechanische Wirkungen im Arbeitsspalt bei der Funkenerosion [Zeis17a, Zeis17b]

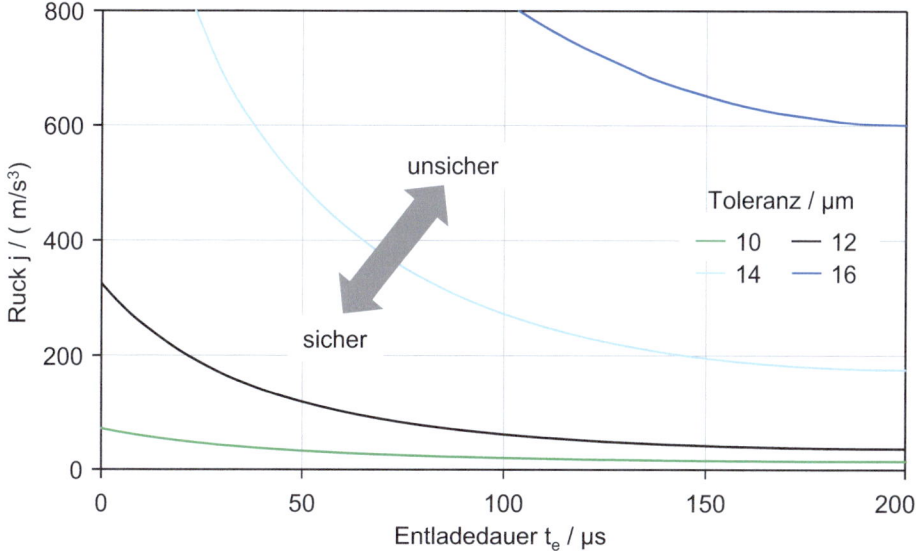

Abb. 9.60 Stabile und nichtstabile Arbeitsbereiche in Abhängigkeit vom Ruck der Rückzugsachse [Zeis17a, Zeis17b]

und elektrischen Materialeigenschaften von Grafit in Abhängigkeit von der Temperatur abgebildet waren. Die Anisotropie und basale Mikrorisse im polykristallinen Grafit haben starke Auswirkung auf die Eigenschaften, so steigen beispielsweise Biegefestigkeit und Elastizitätsmodul in Abhängigkeit von der Temperatur kontinuierlich an, bis es durch Hochtemperaturkriechen zu einem plötzlichen Abfall der genannten Festigkeitskennwerte kommt [Zeis17a]. Nach Charakterisierung des Materialverhaltens war es möglich, eine gekoppelte thermo-fluidmechanische Beanspruchungs- und Verformungsanalyse von dünnen Grafitelektroden aufzubauen, um die zu erwartenden Verformungen zu berechnen [Zeis17a]. Die Berechnung der Auslenkungen dünnwandiger Grafitelektroden mit großem Aspektverhältnis gelang recht gut, der numerische Rechenaufwand war allerdings für komplexe 3D-Geometrien hoch. Für praktische Anwendungen reduziert Zeis die Modellkonfiguration auf zwei Raumrichtungen und leitet mit einer Referenzgeometrie ein Kennlinienfeld ab (Abb. 9.60). Das dargestellte Kennlinienfeld zeigt Kurven gleicher Toleranz. Unterhalb der Kurven kann die geforderte Toleranz eingehalten werden, wenn der Arbeitspunkt oberhalb der zugehörigen Toleranzkurve liegt, sind Toleranzüberschreitungen wahrscheinlich.

Da ein kausaler Zusammenhang zwischen thermischen und mechanischen Beanspruchungen und der zu erwartenden Verformung von Elektrodengrafit hergestellt wird, kann diese Abhängigkeit als eine Komponente der Prozesssignatur interpretiert werden. Es ist möglich, bei gegebener Elektrodengeometrie Form- und Lagetoleranzen am Bauteil abzuschätzen. Zeis gibt auch eine Möglichkeit an, wie die Erkenntnisse mithilfe der Ähnlichkeitstheorie auf verwandte Geometrien übertragen werden können [Zeis17a]. Die qualitativen Zusammenhänge und den Weg zur Prozesssignatur zeigt Abb. 9.61.

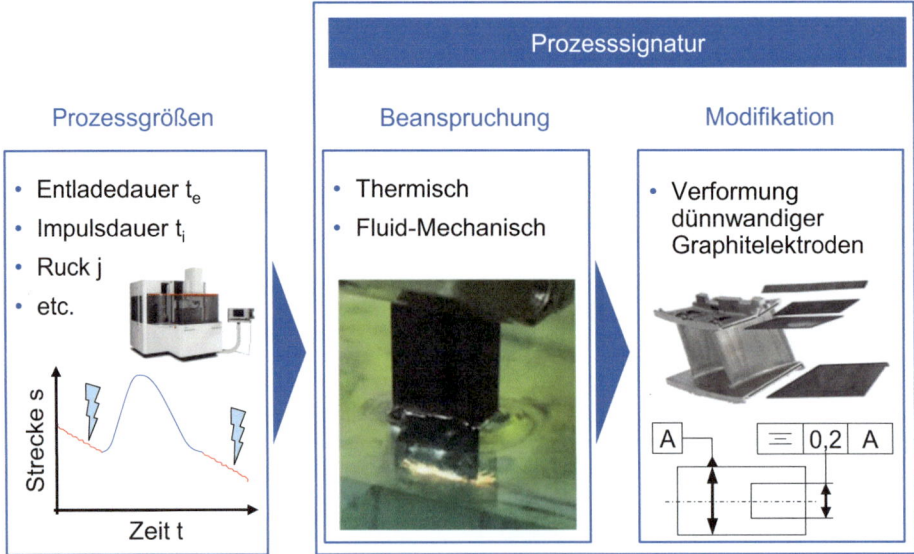

Abb. 9.61 Wechselwirkungen zwischen den Prozessgrößen, der Beanspruchung und Modifikation von dünnwandigen Grafitelektroden [Zeis17a, Zeis17b]

9.10.4 Elektrochemische Metallbearbeitung

Die Modellierung der elektrochemischen Formgebung auf der Makroskala ist für homogene Werkstoffe gut durchführbar, die verfügbaren Modelle werden kontinuierlich weiterentwickelt, vgl. [Kloc13b, Kloc14c, Kloc15b, Kloc18c, Heid22b]. Ein besonderes Merkmal von ECM ist, dass die Materialabnahme ausschließlich auf der molekularen Skala abläuft. Es müssen keine mechanischen Beanspruchungen berücksichtigt werden, soweit die Strömungsbedingungen im Spalt nicht betrachtet werden. Wenn aber auf der molekularen Skala die Oberflächenausbildung und die Oberflächenfeinstruktur von mehrphasigen Werkstoffen vorhergesagt werden soll, versagen die bisherigen Modellansätze häufig. In Abb. 9.62 ist vergrößert Titankarbonitrid, zu sehen, das im Vergleich zum umliegenden Gefüge ein deutlich anderes Auflösungsverhalten zeigt.

In Einzelfällen werden empirische Erklärungen für diese beobachteten Phänomene gegeben. Eine allgemeine Interpretation der Beobachtungen auf physikalischer Basis ist kaum möglich.

Treten durch Flüssigkeitsströmung Riefen in der Oberfläche auf, die deutlich sichtbar sind und durch Messwerte quantifiziert werden können, werden nur allgemeine Erklärungen gegeben. Es ist davon auszugehen, dass die Fluiddynamik, lokal unterschiedliche Elektrolysebedingungen, die Bildung von Grenzflächenschichten, die Zusammensetzung der intermetallischen Phasen (Abb. 9.63) und chemische Reaktionen auf sehr

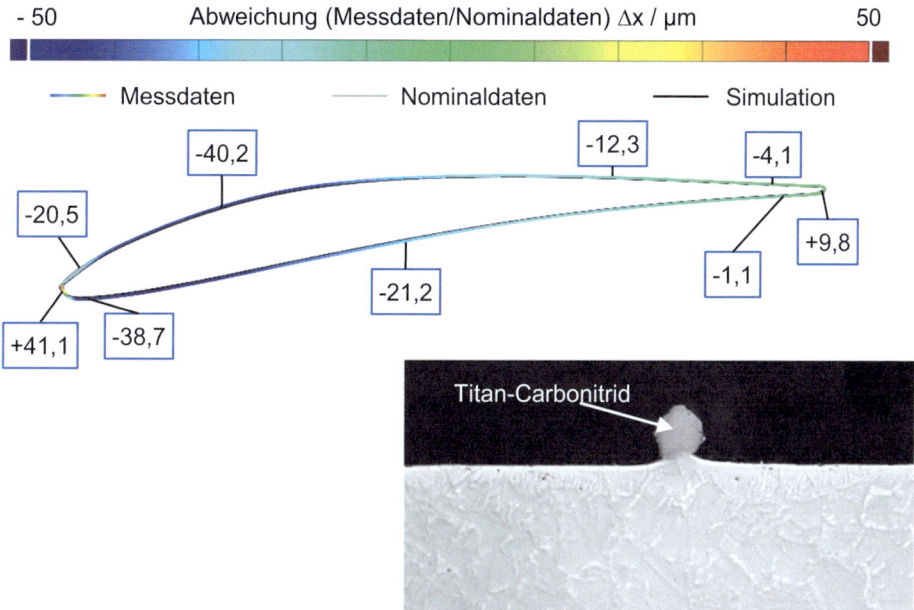

Abb. 9.62 Gefüge inhomogener Werkstoffe und Geometrieabweichungen [Zeis15]

Abb. 9.63 Energetische Modellierung des ECM-Prozesses [Hars19]

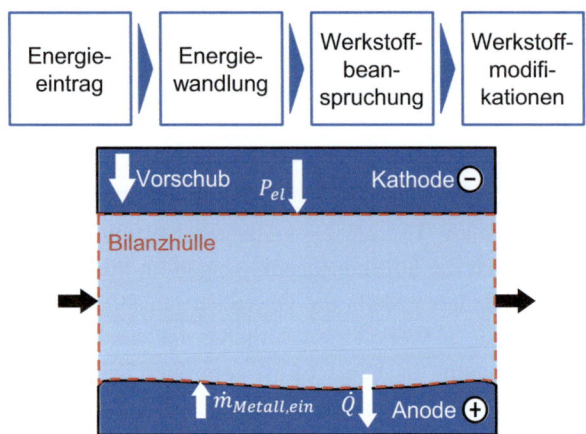

komplexe Weise miteinander verknüpft sind. Es ist wahrscheinlich, dass die konstitutiven Beziehungen auf molekularer Ebene diskutiert und modelliert werden müssen. Harst befasste sich mit dem oben beschriebenen Problem. Er untersuchte Methoden und Verfahren zur Erstellung einer ECM-Prozesssignatur für die Bearbeitung von Werkzeugstahl 42CrMo4 [Hars19]. Die Methodik und das Verfahren können auf andere Werkstoffe übertragen werden (Abb. 9.63). Er stellte fest, dass die bestehenden Modelle für ECM um Aspekte der lokalen Elektrolyse erweitert werden müssen. Er wandte eine energetische Modellierung von ECM auf der Kontinuums-Skala, der Mikrostrukturskala und der molekularen Skala des zu bearbeitenden Materials an. Auf konstitutive Weise verknüpfte er Parameter des elektrischen Feldes, des chemischen Potenzials, der Temperatur und der Wandschubspannung miteinander.

Auf Basis von Massen-, Energie- und Entropiebilanzen leitet Harst [Hars19] die dominierenden Werkstoffbeanspruchungen bei der ECM-Bearbeitung ab. Erstmals wird auch der Einfluss der Abtragprodukte auf die viskose Oxidschicht an der Anode und der Einfluss der Fluidströmung sowie der Wandschubspannung deutlich (Abb. 9.64).

Die aus den örtlichen Beanspruchungen resultierenden Werkstoffmodifikationen zeigt Abb. 9.65.

Harst zeigt ebenfalls, dass für inhomogene Werkstoffe mit verschiedenen Phasen, die unterschiedliches Auflöseverhalten zeigen, die vorhandenen Werkstoffmodelle erweitert werden müssen. Dazu erstellt er ein elektrochemisches Ersatzmodell. In diesem Modell sind die elektrochemischen Eigenschaften von einzelnen Werkstoffphasen als Halbleiterelemente (Dioden) in die Oxidschicht integriert (Abb. 9.66). Dadurch war es möglich, die unterschiedlichen Durchbruchpotenziale von Ferrit und Zementit zu berücksichtigen und den Auflösevorgang numerisch zu bestimmen.

Das unterschiedliche Auflösungsverhalten von Ferrit und Zementit innerhalb eines Perlitkornes zeigt (Abb. 9.67). Die Konzentration der Feldlinien an den Zementitlamellen führt zu einem örtlich konzentrierten Abtrag und zu einer charakteristischen

9.10 Prozesssignaturen

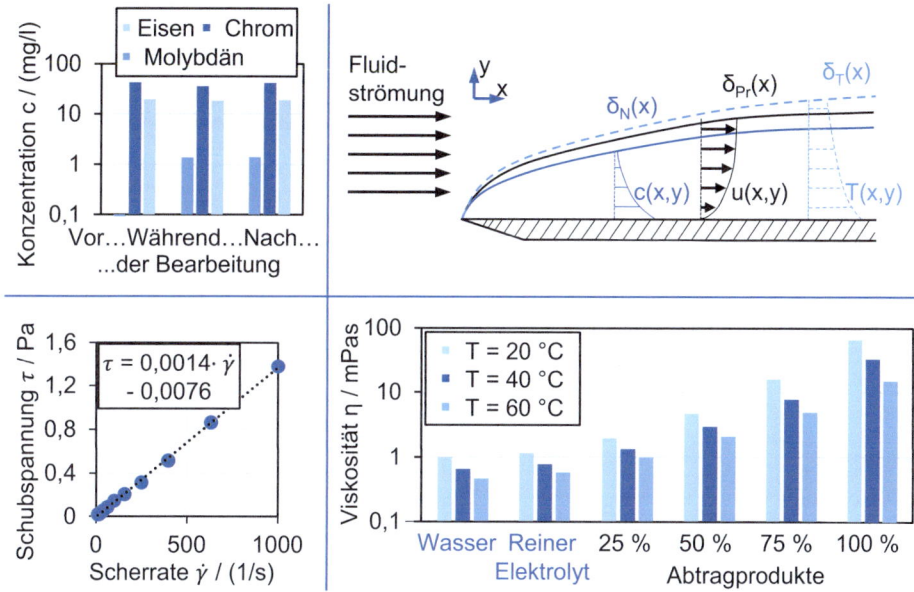

Abb. 9.64 Bestimmung der Werkstoffbeanspruchungen in der Grenzschicht [Hars19]

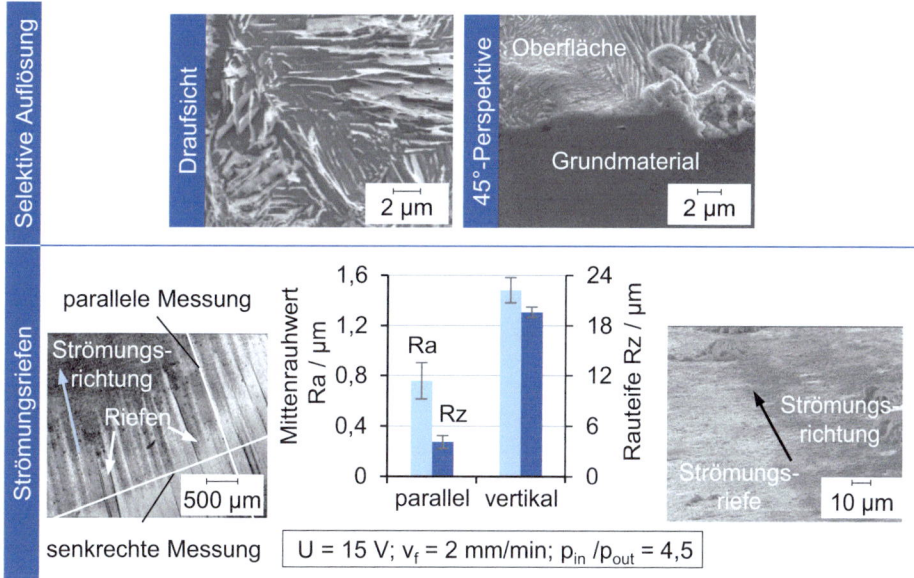

Abb. 9.65 Aus örtlichen Beanspruchungen resultierende Werkstoffmodifikationen am 42CrMo4 [Hars19]

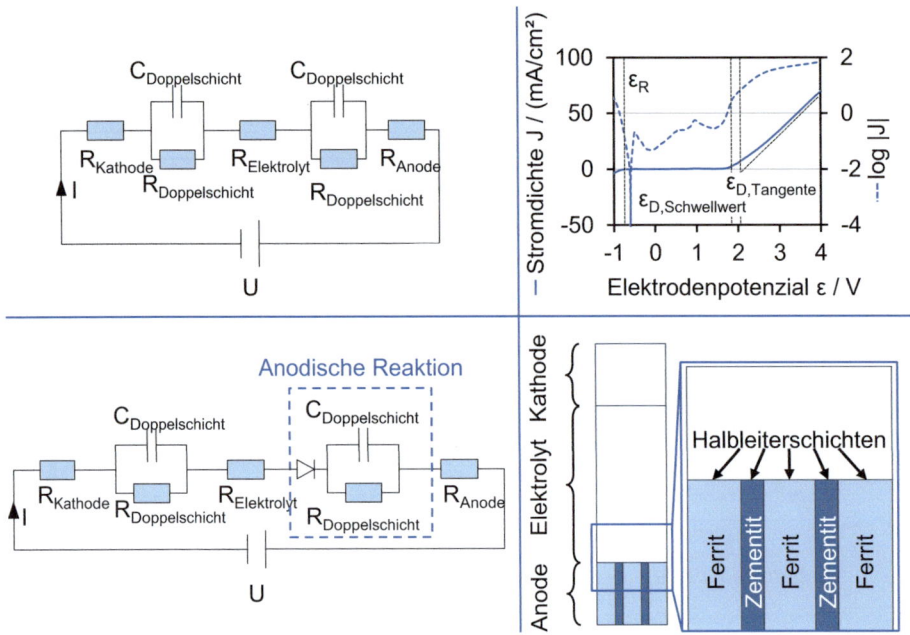

Abb. 9.66 Erweitertes Werkstoffmodell für die ECM-Bearbeitung mehrphasiger Werkstoffe [Hars19]

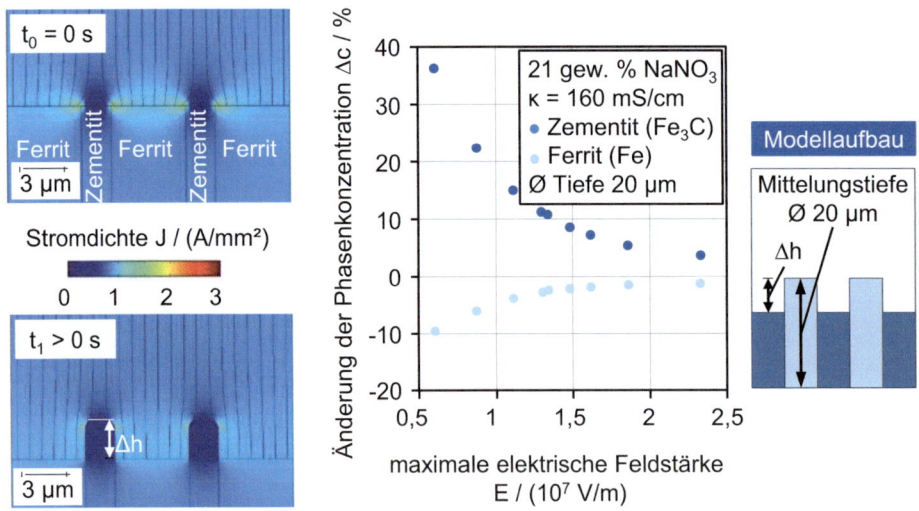

Abb. 9.67 Numerische Berechnung des Auflöseverhaltens unterschiedlicher Phasen [Hars19, Kloc18d]

Oberflächentopografie eines Perlitkornes, [Kloc17a, Kloc18d]. Abb. 9.67 rechts zeigt auch, dass die Werkstoffbeanspruchung (ausgedrückt durch die Höhendifferenz) mit der elektrischen Feldstärke korreliert. Dieser Zusammenhang kann deshalb als eine Komponente der ECM-Prozesssignatur angesehen werden, vgl. [Berg20].

Grundsätzlich ist es möglich, den Einfluss weiterer Beanspruchungen, wie der Temperatur, ebenfalls über die Durchbruchspannung zu berücksichtigen [Hars19]. Um das bereits erwähnte und optisch sichtbare Phänomen der Strömungsriefen (Abb. 9.65) modellieren zu können, muss die Wechselwirkung zwischen dem in der Grenzschicht viskosen Elektrolyten und der anodischen Oxidschicht bekannt sein. Harst weist nach, dass die Strömungsriefen infolge einer lokal erhöhten Wandschubspannung entstehen, bei der die oxidische Deckschicht abgetragen wird [Hars19]. Aufgrund der turbulenten Strömung was es aber nicht möglich, die Riefenbildung deterministisch vorherzusagen, es gelang aber, sichere und unsichere Bedingungen voneinander abzugrenzen.

Es muss darauf hingewiesen werden, dass diese Ergebnisse mit einer konstanten Spannungsquelle erzielt wurden. Zusammenfassend kann festgestellt werden, dass bei Kenntnis der lokalen Werkstoffeigenschaften und der im Prozess wirkenden lokalen Werkstoffbeanspruchungen Werkstoffmodifikationen vorausgesagt werden können. Die experimentelle Bestimmung der lokalen Werkstoffeigenschaften insbesondere der Grenzschichten und der lokalen Werkstoffbeanspruchung ist für Mehrphasenwerkstoffe aber aufwendig. Dennoch ist die Aufstellung von Prozesssignaturen für die elektrochemische Metallauflösung ein geeignetes Vorgehen, kausale Zusammenhänge zwischen Werkstoffbeanspruchungen und Werkstoffmodifikationen zu formulieren. Damit werden Voraussetzungen geschaffen, durch Wahl geeigneter Prozesseinstellbedingungen reproduzierbare ECM-Prozesse einzustellen. Einschränkend muss gesagt werden, dass diese Forschungsergebnisse bei der nicht gepulsten ECM-Bearbeitung an einem Vergütungsstahl gewonnen wurden. Wenn diese Modellierungen auf weitere Anwendungen übertragen werden sollen, dann müssten Werkstoffkennwerte in standardisierten Analyseverfahren aufgenommen werden [Hars19]. Die gewonnenen Daten sollten der Forschungswelt als offene Plattformen zur Verfügung gestellt werden.

Literatur

[Adma11] Unconventional (Advanced) Manufacturing Processes for Gas Engine Turbine Components- AdmapGas. 1st Periodic Report. Project No. 324325. Brussels 2011

[Agat22] https: (Stand: 31.12.2022) www.agathon.ch/neo/

[Anto10] ANTONOGLOU, G.: Drahtfunkenerosives Schneiden von Grafit und polykristallinem Diamant zur Werkzeugherstellung. Dissertation, RWTH Aachen. Hrsg: Apprimus Verlag. Wissenschaftsverlag des Instituts für Industriekommunikation und Fachmedien an der RWTH Aachen. Aachen 2011

[Appl98] APPEL, S.: Funkenerosive Bearbeitung von polykristallinem Diamant. Dissertation, TU Berlin 1998

[Berg18]   BERGS, T. et al.: Surface integrity and economical assessment of alternative manufactured profiled grooves in a nickel-based alloy. Procedia Manufacturing 18, 112–119, 2018

[Berg19]   BERGS, T. et al.: ECM roughing of profiled grooves in nickel-based alloys for turbomachinery applications. Procedia Manufacturing 40, 22–26, 2019

[Berg20]   BERGS, T., Harst, S.: Development of a process signature for electrochemical machining. CIRP Annals – Manufacturing Technology 69, 153–156, 2020

[BMBF18] Abschlussbericht: Funkenerosive (EDM) und elektrochemische (ECM) Hochleistungsendbearbeitung von feingegossenen und generativ hergestellten Turbinenrädern aus Gamma-Titanaluminid für den Automobilbau – "ETurbo". Rahmenprogramm Forschung für die Produktion von morgen. Förderkennzeichen 02PN2071

[Boos21]   BOSS, W. et al.: Erfolgreich Senkerodieren im Werkzeugbau. Aachen 2021. ISBN: 978-3-946612-31-5

[Bouq14]   BOUQUET, J. et al.: Fast production of gear prototypes – a comparison of technologies. Procedia CIRP 14 (2014) 77–82

[Brec13]   BRECHER, C. et al.: Finishing of polycrystalline diamond tools by combining laser ablation with grinding. Production Engineering Research Development. https.//doi.org/10.1007/s11740-013-0462-6. ISSN 0944-6524. German Academic Society for Production Engineering (WGP) 2013

[Brec14]   BRECHER, C. et al.: T.: Laser Roughing of PCD. 8th International Conference on Photonic Technologies LANE 2014. Physics Procedia (2014)

[Brin12]   BRINKSMEIER, E. et al.: Process Signatures – an Alternative Approach to Predicting Functional Workpiece Properties. 1st CIRP Conference on Surface Integrity (CSI). Procedia Engineering 19 (2011), S. 44–52

[DMG22]   https://de.dmgmori.com/produkte/maschinen/lasertec/lasertec-precisiontool, Stand: 31.12.2022

[Ehle21]   EHLE, L. et al.: Microstructural and chemical surface rim zone changes of ferrite-perlite 42CrMo4 steel after electrochemical machining. Materialwissenschaft und Werkstofftechnik, Volume 52, Issue 11, p. 1214–1229

[Garz13]   GARZON, M.; Analysis of Discharge Forces in Sinking EDM with High Aspect Ratio Electrodes; Dissertation RWTH Aachen; 2013

[Grue21]   GRÜNEBAUM, T.C.: Methodik zur Gestaltung von Technologieketten und Prozessfolgen nach lebensphasenübergreifend ökologisch-ökonomischen Kriterien. Dissertation, RWTH Aachen. Hrsg: Apprimus Verlag. Wissenschaftsverlag des Instituts für Industriekommunikation und Fachmedien an der RWTH Aachen. Aachen 2021

[Hars19]   HARST, S.: Entwicklung einer Prozesssignatur für die elektrochemische Metallbearbeitung. Dissertation, RWTH Aachen. Hrsg: Apprimus Verlag. Wissenschaftsverlag des Instituts für Industriekommunikation und Fachmedien an der RWTH Aachen. Aachen 2021

[Heid22a] HEIDEMANNS, L. et al.: Advancing electrochemical machining by the use of additive manufacturing for cathode production. Procedia CIRP 112, 328–333, 2022

[Heid22b] HEIDEMANNS, L. et al.: Thermographic in-situ investigation of precise electrochemical machining. Procedia CIRP 113, 404–409, 2022

[Herr20]   HERRIG, T.: Elektrochemisches Schneiden mit einer Drahtelektrode. Dissertation, RWTH Aachen. Hrsg: Apprimus Verlag. Wissenschaftsverlag des Instituts für Industriekommunikation und Fachmedien an der RWTH Aachen. Aachen 2020

[Hols16]   HOLSTEN, M. et al.: Technological and Economic Investigations on the Application of Metal Infiltrated Graphite Electrodes for the Sinking EDM of Cemented Carbides. Procedia CIRP 42, 632–637, 2016

[ILT19]	https://www.ilt.fraunhofer.de/de/presse/pressemitteilungen/pm2019/pressemitteilung-2019-9-24.html
[IPT22]	https://www.ipt.fraunhofer.de/content/dam/ipt/de/documents/Produktbl%C3%A4tter/589_Laserschruppen%20von%20Diamantwerkzeugen_smf_16.pdf
[Indu22]	https://industrieanzeiger.industrie.de/technik/fertigung/kombinierter-prozess-bringt-vorteile-in-der-pkd-bearbeitung/
[Karp22]	KARPUSCHEWSKI, B. et al.: Process Signatures – Knowledges-based approach towards function-oriented manufacturing. Procedia CIRP 108, 624–629, 2022
[Kelb06]	KELBASSA, I.: Qualifizieren des Laserstrahl-Auftragsschweißens von BLISKs aus Nickel- und Titanbasislegierungen. Dissertation, RWTH Aachen, 2006
[Klin09]	KLINK, A.: Funkenerosives und elektrochemisches Abrichten feinkörniger Schleifwerkzeuge. Dissertation, RWTH Aachen. Hrsg: Apprimus Verlag. Wissenschaftsverlag des Instituts für Industriekommunikation und Fachmedien an der RWTH Aachen. Aachen 2009
[Klin16]	KLINK, A.: Process Signatures of EDM and ECM Processes – Overview from Part Functionality and Surface Modification Point of View. Procedia CIRP 42, 240–245, 2016
[Klin18a]	KLINK, A. et al.: Technological and Economical Assessment of Alternative Process Chains for Turbocharger Impeller Manufacture. Procedia. CIRP 77 (2018), S. 586-589
[Klin18b]	KLINK, A. et al.: T.: Technology based assessment of subtractive machining processes for mold manufacture. 4th CIRP Conference on Surface Integrity (CSI 2018). Procedia CIRP 71 (2018) 401-406
[Klin19a]	KLINGBEIL, N.: Untersuchung des Drahtsystems zur Prozessstabilisierung für das drahtbasierte Laserauftragschweißen in der additiven Fertigung. Dissertation, RWTH Aachen. Hrsg: Apprimus Verlag. Wissenschaftsverlag des Instituts für Industriekommunikation und Fachmedien an der RWTH Aachen. Aachen 2019
[Klin19b]	KLINK, A. et al.: Einsatz von Drahterosion im Werkzeugbau. In: WBA Aachener Werkzeugbau-Akademie. Forschungsbericht 2019.
[Klin22]	KLINK, A. et al.: Development of a process signature for electrical discharge machining. CIRP Annals – Manufacturing Technology 00 (2022), S.1-4
[Kloc12a]	KLOCKE, F. et al.: Technological and Economical Comparision of Roughing Strategies via Milling, EDM and ECM for Titanium- and Nickel-based Blisks. Procedia CIRP 2(2012), p. 98-101
[Kloc12b]	KLOCKE, F. et al.: Developments in Wire-EDM for the manufacturing of fir tree slots in turbine discs made of Inconel 718. Key Engineering Materials, Vols. 504–506, 1177–1182, 2012
[Kloc12c]	KLOCKE, F. et al.: Technological and economical capabilities of manufacturing titanium- and nickel-based alloys via Electrochemical Machining (ECM). Key Engineering Materials, Vols. 504–506, 1237–1242, 2012
[Kloc13a]	KLOCKE, F. et al.: Experimental research on the Electrochemical Machining of Modern Titanium- and Nickel based Alloys for Aero Engine Components. Procedia CIRP (2013) 6, S. 368–372
[Kloc13b]	KLOCKE, F. et al.: Modeling and Simulation of the Electrochemical Machining (ECM) Material Removal Process for the Manufacture of Aero Engine Components. Procedia CIRP 8, 265–270, 2013
[Kloc13c]	KLOCKE, F. et al.: Technological and economical comparison of roughing strategies via milling, sinking-EDM, wire-EDM and ECM for titanium- and nickel-based blisks. CIRP Journal of Manufacturing Science and Technology, 6, 3, 198–203, 2013

[Kloc13d]	KLOCKE, F. et al.: Novel Processes for the Machining of Tool Inserts for Precision Glass Molding. Lecture Notes in Production Engineering, Volume Part F1132, Pages 85–98, 2013
[Kloc13e]	KLOCKE, F. et al.: Gesteigerte Produktivität der Schneiderosion durch Verwendung von beschichteten Drahtelektroden. Der Stahlformenbauer 29, 4, 6–10, 2013
[Kloc14a]	KLOCKE, F. et al.: Turbomachinery component manufacture by application of electrochemical, electro-physical and photonic processes. Cirp Annals. Manufacturing Technology 63 (2014), S. 703–726
[Kloc14b]	KLOCKE, F. et al.: Evaluation of Advanced Wire-EDM Capabilities for the Manufacture of Fir Tree Slots in Inconel 718. Procedia CIRP 14, 430–435, 2014
[Kloc14c]	KLOCKE, F. et al.: Optical In Situ Measurements and Interdisciplinary Modeling of the Electrochemical Sinking Process of Inconel 718. Procedia CIRP 24, 114–119, 2014
[Kloc14d]	KLOCKE, F. et al.: Quality assessment through in-process monitoring of wire-EDM for fir tree slot production. Procedia CIRP 24, 97–102, 2014
[Kloc15a]	KLOCKE, F. et al.: Technological and Economical Assessment of Alternative Process Chains for Blisk Manufacture. Procedia CIRP 35 (2015), S. 67-72
[Kloc15b]	KLOCKE, F. et al.: Interdisciplinary modelling of the electrochemical machining process for engine blades. CIRP Annals – Manufacturing Technology 64, 217–220, 2015
[Kloc15c]	KLOCKE, F. et al.: Experimental Research on the Electrochemical Machinability of selected γ-TiAl alloys for the manufacture of future Aero Engine Components. Procedia CIRP 35, 50–54, 2015
[Kloc17]	KLOCKE, F.: Fertigungsverfahren 1. Zerspanung mit geometrisch bestimmter Schneide. 9. Auflage. ISBN 978-3-662-54206-4. Springer Verlag, 2017
[Kloc17a]	KLOCKE, F. et al.: Modeling of the Electrochemical Dissolution Process for a Two-phase Material in a Passivating Electrolyte System. Procedia CIRP 58, 169–174, 2017
[Kloc18]	KLOCKE, F.: Fertigungsverfahren 2. Zerspanung mit geometrisch unbestimmter Schnei-de. Auflage. ISBN 978-3-662-58091-2. Springer Verlag, 2018
[Kloc18a]	KLOCKE, F. et al. Experimental Investigations of Cutting Rates and Surface Integrity in Wire Electrochemical Machining with Rotating Electrode. Procedia CIRP 2018, ISEM 19
[Kloc18b]	KLOCKE, F. et al.: Evaluation of Electrochemical Machining with Rotating Electrode for the Manufacture of Fir tree Slots. Proceedings of ASME Turbo Expo 2018. GT2018-76910. Lillestrom (Oslo), Norway
[Kloc18c]	KLOCKE, F. et al.: A Novel Modeling Approach for the Simulation of Precise Electrochemical Machining (PECM) with Pulsed Current and Oscillating Cathode. Procedia CIRP 68, 499–504, 2018
[Kloc18d]	KLOCKE, F. et al.: Modeling and Simulation of the Microstructure Evolution of 42CrMo4 Steel during Electrochemical Machining. Procedia CIRP 68, 505–510, 2018
[Kopp18]	KOPP, A.: Biokompatibilität plasma-elektrolytisch oxidierter Magnesiumwerkstoffe. Dissertation, RWTH Aachen. Hrsg: Apprimus Verlag. Wissenschaftsverlag des Instituts für Industriekommunikation und Fachmedien an der RWTH Aachen. Aachen 2018
[Kopp19]	KOPP, A. et al.: Defined surface adjustment for medical magnesium implants by electrical discharge machining (EDM) and plasma electrolytic oxidation (PEO). CIRP Annals – Manufacturing Technology 68 (2019) 583–586

[Küpp22]	KÜPPER, U. et al.: Effects of the Manufacturing Chain on the Surface Integrity when Machining Fir Tree Slots with Alternative Manufacturing Processes. Procedia CIRP 108, 728–733, 2022
[Kums22]	KUMSTEL, J.: Steigerung der Flächenrate beim Laserpolieren von Stahlwerkstoffen. Dissertation RWTH Aachen, 2022
[Lebk10]	LEBKÜCHNER, G.: Bearbeitungsstrategien als Grundlage für HPC. 3. Aachener High Performance Cutting Conference HPC. Werkzeugmaschinenlabor, Aachen 2010
[Ohle22]	OHLERT, M.: Contact between Abrasive Media and Workpiece in Robot-guided Centrifugal Finishing. Dissertation, RWTH Aachen. Hrsg: Apprimus Verlag. Wissenschaftsverlag des Instituts für Industriekommunikation und Fachmedien an der RWTH Aachen. Aachen 2022
[Ohmo90]	OHMORI, H.; NAKAGAWA, T.: Mirror Surface Grinding of Silicon Wafers with Electolytic In-Process Dressing. Annals of the CIRP, vol. 39, 1990, No.1, S. 329–332
[Ohmo97]	OHMORI, H. et al.: Apparatus and Method for Mirror Surface Grinding and Grinding Wheel Therefore. Schutzrecht US 5,639,363 (17.06.1997)
[Pete02]	PETERS, M.; LEYENS, C.: Titan und Titanlegierungen. Wiley-VCH, 2002
[RR05]	Rolls Royce – The Jet Engine, Wiley-VCH. ISBN: 0902121235, 2005
[Sari16]	SARI, D. et al.: A.: Adjusting surface integrity of gears using wire EDM to increase the flank load carrying capacity. 3rd CIRP Conference on Surface Integrity (CIRP CSI). Procedia CIRP 45 (2016) 295–298
[Schi15]	SCHINDLER, F.: Zerspanungsmechanismen beim Schleifen von polykristallinem Diamant. Dissertation, RWTH Aachen. Hrsg: Apprimus Verlag. Wissenschaftsverlag des Instituts für Industriekommunikation und Fachmedien an der RWTH Aachen. Aachen 2015
[Schn21]	SCHNEIDER, S.: Modellierung der Energiedissipation in der Funkenerosion. Dissertation, RWTH Aachen. Hrsg: Apprimus Verlag. Wissenschaftsverlag des Instituts für Industriekommunikation und Fachmedien an der RWTH Aachen. Aachen 2015
[Schw16]	SCHWADE, M.H.: Automatisierte Analyse hochfrequenter Prozesssignale bei der funkenerosiven Bearbeitung von Magnesium für die Medizintechnik. Dissertation, RWTH Aachen. Hrsg: Apprimus Verlag. Wissenschaftsverlag des Instituts für Industriekommunikation und Fachmedien an der RWTH Aachen. Aachen 2016
[Seim23]	SEIMANN, M. et al.: Methodical Evaluation of Process Chains for the Manufacturing of Rotating Engine Components – Blisk/IBR. Proceedings of ASME Turbo Expo 2023. GT2023-103706. Boston/Mass, 2023
[Seim19]	SEIMANN, M.: Prädiktive Werkzeug- und Prozessauslegung für das Räumen von Nickelbasislegierungen mit Hartmetallwerkzeugen. Dissertation, RWTH Aachen. Hrsg: Apprimus Verlag. Wissenschaftsverlag des Instituts für Industriekommunikation und Fachmedien an der RWTH Aachen. Aachen 2019
[Uhlm01]	UHLMANN, E. et al.: Funkenerosion in der Mikrotechnik-Einsatzgebiete und Verfahrensgrenzen. In.: wt Werkstattstechnik online. Jahrgang 91, 2001. Nr.12, S. 733–737
[Vogt15]	VOGTEL, P.: Außenräumen von Nickelbasislegierungen mit Hartmetallwerkzeugen. Dissertation, RWTH Aachen. Hrsg: Apprimus Verlag. Wissenschaftsverlag des Instituts für Industriekommunikation und Fachmedien an der RWTH Aachen. Aachen 2015
[WBA23]	https://werkzeugbau-akademie.de/, Stand: 20.12.2023
[Weck03]	WECK, M.: Mikromechanische Produktionstechnik. Abschlusskolloquium DFG Schwerpunktprogramm 1012. Hrsg: M. Weck. Shaker Verlag, Aachen 2003
[Wilm20]	WILMS, M. et al.: Best of Benchmark – Grenzfallbetrachtung zwischen Fräsen und Senkerosion. In: Mehr Neugier. Mehr Wissen. WBA-Forschungsbericht 2020.

[Witz14]   WITZE, J.: Qualifizierung des Laserstrahl-Auftragschweißens zur generativen Fertigung von Luftfahrtkomponenten. Dissertation, RWTH Aachen, 2014

[Well14]   WELLING, D.: Results of Surface Integrity and Fatigue Study of Wire-EDM compared to Broaching and Grinding for demanding Jet Engine Components made of Inconel 718. Procedia CIRP 13 (2014), S. 339–344

[Well15]   WELLING, D.: Wire EDM for the Manufacture of Fir Tree Slots in Nickel-Based Alloys for Jet Engine Components. Dissertation, RWTH Aachen. Hrsg: Apprimus Verlag. Wissenschaftsverlag des Instituts für Industriekommunikation und Fachmedien an der RWTH Aachen. Aachen 2015

[Zand19]   ZANDER, D. et al.: Influence of machining processes on rim zone properties and high temperature oxidation behaviour of 42CrMo4. Materials and Corrosion. Volume 70, Issue 12, P. 2190-2204

[Zeis14]   ZEIS, M. et al.: Alternativen zur Blisk-Fertigung. maschine + werkzeug 115, 70–71, 2014

[Zeis15]   ZEIS, M.: Modellierung des Abtragprozesses der elektrochemischen Senkbearbeitung von Triebwerksschaufeln. Dissertation, RWTH Aachen. Hrsg: Apprimus Verlag. Wissenschaftsverlag des Instituts für Industriekommunikation und Fachmedien an der RWTH Aachen. Aachen 2015

[Zeis17a] ZEIS, M.: Funkenerosives Senken – Verformung dünnwandiger Graphitelektroden mit hohen Aspektverhältnissen. Dissertation, RWTH Aachen. Hrsg: Apprimus Verlag. Wissenschaftsverlag des Instituts für Industriekommunikation und Fachmedien an der RWTH Aachen. Aachen 2017

[Zeis17b] ZEIS, M.: Deformation of thin graphite electrodes with high aspect ratio during sinking electrical discharge machining. CIRP Annals – Manufacturing Technology 63 (2014) 703–726

MIX
Papier aus verantwortungsvollen Quellen
Paper from responsible sources
FSC® C105338

If you have any concerns about our products,
you can contact us on
ProductSafety@springernature.com

In case Publisher is established outside the EU,
the EU authorized representative is:
Springer Nature Customer Service Center GmbH
Europaplatz 3, 69115 Heidelberg, Germany

Printed by Libri Plureos GmbH
in Hamburg, Germany